U0196633

菲拉雷特建筑学论集

[意] 菲拉雷特 著
周玉鹏 贾珺 译

Library of Western Classical Architectural Theory

西方建筑理论经典文库

菲拉雷特建筑学论集

[意] 菲拉雷特 著

周玉鹏 贾珺 译

中国建筑工业出版社

2013年度国家出版基金项目

著作权合同登记图字：01-2013-4174号

图书在版编目（CIP）数据

菲拉雷特建筑学论集／（意）菲拉雷特著；周玉鹏，贾珺译．—北京：中国建筑工业出版社，2010.10
（西方建筑理论经典文库）
ISBN 978-7-112-12497-8

Ⅰ．①菲…　Ⅱ．①菲…②周…③贾…　Ⅲ．①建筑学-文集　Ⅳ．①TU-53

中国版本图书馆CIP数据核字（2010）第201736号

Trattato di architecttura / Antonio Averlino Filarete
Filarete's Treatise on Architecture: Being the Treatise by Antonio Di Piero Averlino, Known as Filarete, translated with an Introduction and Notes by John R.Spencer

丛书策划
清华大学建筑学院　吴良镛　王贵祥
中国建筑工业出版社　张惠珍　董苏华

责任编辑：董苏华　戚琳琳
责任设计：陈　旭　付金红
责任校对：马　赛　赵　颖

西方建筑理论经典文库
菲拉雷特建筑学论集
[意] 菲拉雷特　著
周玉鹏　贾　珺　译
*
中国建筑工业出版社出版、发行（北京西郊百万庄）
各地新华书店、建筑书店经销
北京嘉泰利德公司制版
北京顺诚彩色印刷有限公司印刷
*
开本：787×1092毫米　1/16　印张：31¾　字数：617千字
2014年12月第一版　2014年12月第一次印刷
定价：**98.00**元
ISBN 978-7-112-12497-8
（19763）

目录

中文版总序

“西方建筑理论经典文库”系列丛书在中国建筑工业出版社的大力支持下，经过诸位译者的努力，终于开始陆续问世了，这应该是建筑界的一件盛事，我由衷地为此感到高兴。

建筑学是一门古老的学问，建筑理论发展的起始时间也是久远的，一般认为，最早的建筑理论著作是公元前 1 世纪古罗马建筑师维特鲁威的《建筑十书》。自维特鲁威始，到今天已经有 2000 多年的历史了。近代、现代与当代中国建筑的发展过程，无论我们承认与否，实际上是一个由最初的“西风东渐”，到逐渐地与主流的西方现代建筑发展趋势相交汇、相合流的过程。这就要求我们在认真地学习、整理、提炼我们中国自己传统建筑的历史与思想的基础之上，也需要去学习与了解西方建筑理论与实践的发展历史，以完善我们的知识体系。从维特鲁威算起，西方建筑走过了 2000 年，西方建筑理论的文本著述也经历了 2000 年。特别是文艺复兴之后的 500 年，既是西方建筑的一个重要的发展时期，也是西方建筑理论著述十分活跃的时期。从 15 世纪至 20 世纪，出现了一系列重要的建筑理论著作，这其中既包括 15 至 16 世纪文艺复兴时期意大利的一些建筑理论的奠基者，如阿尔伯蒂、菲拉雷特、帕拉第奥，也包括 17 世纪启蒙运动以来的一些重要建筑理论家和 18 至 19 世纪工业革命以来的一些在理论上颇有建树的学者，如意大利的塞利奥；法国的洛吉耶、布隆代尔、佩罗、维奥莱－勒－迪克；德国的森佩尔、申克尔；英国的沃顿、普金、拉斯金，以及 20 世纪初的路斯、沙利文、赖特、勒·柯布西耶等。可以说，西方建筑的历史就是伴随着这些建筑理论学者的名字和他们的论著，一步一步地走过来的。

在中国，这些西方著名建筑理论家的著述，虽然在有关西方建筑史的一般性著作中偶有提及，但却多是一些只言片语。在很长一个时期中，中国的建筑师与大学建筑系的教师与学生们，若希望了解那些在建筑史的阅读中时常会遇到的理论学者的著作及其理论，大约只能求助于外文文本。而外文阅读，并不是每一个人都能够轻松胜任的。何况作为一个学科，或一门学问，其理论发展过程中的重要原典性历史文本，是这门学科发展历史上的精髓所在。所以，一些具有较高理论层位的经典学科，对于自己学科发展史上的重要理论著作，不论其原来是什么语种的文本，都是一定要译成中文，以作为中国学界在这一学科领域的背景知识与理论基础的。比如，哲学史、美学史、艺术哲学，或一般哲学社会科学史上西方一些著名学者的著述，几乎都有系统的中文译本。其他一些学科领域，也各有自己学科史上的重要理论文本的引进与译介。相比较起来，建筑学科的经典性历史文本，特别是建筑理论史上一些具有里程碑意义的重要著述，至今还没有完整而系统的中文译本，这对于中国建筑教育界、建筑理论界与建筑创作界，无疑是一件憾事。

在几年前的一篇文章中，我特别谈到了建筑创作要“回归基本原理”（Back to the basic）的概念，这是一位西方当代建筑理论学者的观点。对于这一观点我是持赞成态度的。那么，什么是建筑的基本原理？怎样才能够理解和把握这些基本原理？如何将这些基本原理应用或贯穿于我们当前的建筑思维或建筑创作之中呢？要了解并做到这一点，尽管有这样或那样的可能途径，但其中一个重要的途径，就是要系统地阅读西方建筑史上一些著名建筑理论学者与建筑师的理论原著。从这些奠基性和经典性的理论著述中，结合其所处时代的建筑发展历史背景，去理解建筑的本义，建筑创作的原则，建筑理论争辩的要点等等，从而深化我们自己对于当代建筑的深入思考。正是为了满足中国建筑教育、建筑历史与理论，以及建筑创作领域对西方建筑理论经典文本的这一基本需求，我们才特别精选了这一套书籍，以清华大学建筑学院的教师为主体，进行了系统的翻译研究工作。

当然，这不是一个简单的文字翻译。因为这些重要理论典籍距离我们无论在时间上还是在空间上，都十分遥远，尤其是普通读者，对于这些理论著作中所涉及的许多西方历史与文化上的背景性知识知之不多，这就需要我们的译者，在准确、清晰的文字翻译工作之外，还要格外地花大气力，对于文本中出现的每一位历史人物、历史地点及历史建筑等相关的背景性知识逐一地进行追索，并尽可能地为这些人名、地名与事件加以注释，以方便读者的阅读。这就是我们这套书除了原有的英文版尾注之外，还需要大量由中译者添加的脚注的原因所在。而这也从另外一个侧面，增加了本书的学术深度与阅读上的知识关联度。相信面对这套书，无论是一位希望加强自己理论素养的建筑师，或建筑学子，还是一位希望在西方历史与文化方面寻求学术营养的普通读者，都会产生极其浓厚的阅读兴趣。

中国建筑的发展经历了 30 年的建设高潮时期，改革开放的大潮，催生出了中国历史上前所未有的建造力，全国各地都出现了蓬蓬勃勃的建设景观。这样伟大的时代，这样宏伟的建造场景，既令我们兴奋不已，也常常使我们惴惴不安。一方面是新的城市与建筑如雨后春笋般每日每时地破土而出，另外一个方面，却也令我们看到了建设过程中的种种不尽如人意之处，如对土地无节制的侵夺，城市、建筑与环境之间矛盾的日益突出，大量平庸甚至丑陋建筑的不断冒出，建筑耗能问题的日益尖锐，如此等等。

与建筑师关联比较密切的是建筑创作问题，就建筑创作而言，一个突出的问题是，一些投资人与建筑师满足于对既有建筑作品的模仿与重复，按照建筑画册的样式去要求或限定建筑师的创作。这样做的结果是，街头到处充斥的都是似曾相识的建筑形象，更有甚者，不惜花费重金去直接模仿欧美19世纪折中主义的所谓“欧陆风”式的建筑式样。这不仅反映了我们的一些建筑师在建筑创作上缺乏创新，尤其是缺乏对中国本土文化充分认知与思考基础上的创新，这也在一定程度上反映了，在这个大规模建造的时代，我们的建筑师在建筑文化的创造上，反而显得有点贫乏与无奈的矛盾。说到底，其中的原因之一，恐怕还是我们的许多建筑师，缺乏足够的理论素养。

当然，建筑理论并不是某个可以放之四海而皆准的简单公式，也不是一个可以包治百病的万能剂，建筑创作并不直接地依赖某位建筑理论家的任何理论界说。何况，这里所译介的理论著述，都是西方建筑发展史中既有的历史文本，其中也鲜有任何直接针对我们现实创作问题的理论阐释。因此，对于这些理论经典的阅读，就如同对于哲学史、艺术史上经典著作的阅读一样，是一个历史思想的重温过程，是一个理论营养的汲取过程，也是一个在阅读中对现实可能遇到的问题加以深入思考的过程。这或许就是我们的孔老夫子所说的“温故而知新”的道理所在吧。

中国人习惯说的一句话是“开卷有益”,也有一说是“读万卷书，行万里路”。现在的资讯发达了，人们每日面对的文本信息与电子信息，已呈爆炸的趋势。因而，阅读就要有所选择。作为一位建筑工作者，无论是从事建筑理论、建筑教育，或是从事建筑历史、建筑创作的人士，大约都在“建筑学”这样一个学科范畴之下，对于自己专业发展历史上的这些经典文本，在杂乱纷繁的现实生活与工作之余，挤出一点时间加以细细地研读，在阅读的愉悦中，回味一下自己走过的建筑之路，静下心来思考一些问题，无疑是大有裨益的。

吴良镛

中国科学院院士
中国工程院院士
清华大学建筑学院教授
2011 年度国家最高科学技术奖获得者

英译本序

编辑和翻译一篇文章总是会遇到各种问题和批评，正如阿尔伯蒂在他的《论绘画》中谦虚的声明，却似乎故意为了编辑者和翻译者而写：

> 如果这项工作没有你想象的那样令人满意，请不要责备我，因为至少我有勇气来承担如此庞大的工作。如果我的智力无法完成这些值得赞赏的尝试，那么也许在这些庞大而困难的事情中，只有我的初衷才应该获得赞赏。或许将来会有后继者，纠正我写下的错误。

编辑者知道他拿出来的文字，很少是原作者完美的表达，他也相当明白文章中提出的大部分问题不会被认真对待。一部翻译作品往往很难达到明智的翻译者所寻求的完美境界，因为翻译者知道他的劳动成果并不会重新创造原作者的语言。然而，有时一部作品本身是如此的重要，或者通过它能够了解一个时代，其翻译工作即使会遭遇很多困难，也仍然值得一做。而这本书同时具备上述两个原因。

我对这本书的期望很有限：我试图为一些研究文艺复兴时期的严肃的学者提供与现存最好的意大利文版本一样忠实的《菲拉雷特建筑学论集》的完整版本，并为学生提供一个更便于阅读的英文版本。注释对原文进行了补充和解释，但是原文中关于菲拉雷特的方案和实施建筑的讨论占据了较大的篇幅，译文全部特意加以压缩，还作了局部的删节。

《菲拉雷特建筑学论集》的第一个英文译本的问世，归功于已故的埃米尔·考夫曼（Emil Kaufmann）。他在去世前不久获得美国哲学协会的允许，开始着手整理有名的意大利文抄本，并希望能将它们翻译成英文。他从佛罗伦萨收集到马里亚贝基纳（Magliabecchiana）抄本（国家图书馆，Magl. Ⅱ，Ⅰ，140）的照片，从都灵找到了19世纪的意大利文副本［萨卢佐（Saluzzo）抄本，292号］，还搜集到了1484年由安东尼奥·邦菲尼·阿斯科利（Antonio Bonfini d'Ascoli）为马提亚·科菲努斯（Matthias Corvinus）所做的拉丁文译本［马尔恰努斯（Marcianus）抄本，cl. Ⅷ，n.11］。萨卢佐抄本已经被打印成正式稿，而且标上了脚注。然而他的工作就此停止，并在他去世后又交还给了美国哲学协会。经过一连串的波折之后，这项工作转到我的手中，耶鲁大学的乔治·库布勒（George Kubler）是其中的关键人物之一。就我本人而言，当然感谢考夫曼为此项任务所做的前期基础工作，但我必须承担起翻译和注释的职责。

这本书的问世也同样归功于一群人，对他们我深表谢意。美国哲学协会及其主任们允许我接替考夫曼留下的工作，并于1956—1957年提供了一项彭罗斯奖学金（Penrose Grant），1960年又提供了一笔来自约翰逊基金会（Johnson Fund）的奖学金，以帮助我的研究。耶鲁大学莫尔斯委员会（Morse Fellowship Committee）和1956-1957年的部分富布赖特研究津贴（Fulbright Grant）给我提供了在意大利学习一年的机会，在那里我得以更贴近地研究抄本和文物。ACLS赞助金（ACLS Grant-in-Aid）在抄本出版的准备工作中具有相当重要的意义。我在耶鲁的前任同事们，特别是乔治·库布勒、小查尔斯·西摩（Charles Seymour，Jr.），以及萨姆纳·克罗斯比（Sumner Crosby）在困难处境中所给予的默默的鼓励与帮助作用非浅。我深切感谢乌尔里希·米德尔多夫（Ulrich Middeldorf），是他允许我进入佛罗伦萨昆斯迪斯托里斯科（Kunsthistorisches）研究所卓越的图书馆，并给予我睿智的忠告，与我进行启发性的交谈。约翰·弗里索拉（John Frissora）扮演了一个尽责的唱反调者（advocatus diaboli），对我的翻译进行质疑并提出修改建议。他关于文艺复兴时期意大利语的广闻博识澄清了很多段落。威廉·克洛斯（William Kloss）协助完成了索引。

约翰·R·斯宾塞

1964年7月于俄亥俄州奥伯林

导 论

关于抄本的情况

人称菲拉雷特*的安东尼奥·迪·皮耶罗·阿韦利诺所写的这篇讨论建筑的论文，尽管被瓦萨里多次间接引用，并在其《著名画家、雕塑家、建筑家传》一书中大量使用，但直到1880年，即R·多姆出版关于其内容的简介之前[1]，该书一直无人问津。这样长时间的忽视，在很大程度上导致了现今保存下来的抄本数量十分有限。由菲拉雷特手写或由他口述、抄写员执笔的最原始的手稿早已荡然无存。沃尔夫冈·冯·厄廷根[2]以及拉扎罗尼和穆尼奥斯[3]认为，一个献给弗朗切斯科·斯弗扎的抄本，最接近已佚失的菲拉雷特的原稿。这个抄本原先由特里武尔齐奥收藏，后来转到米兰的斯弗切斯科城堡，并在1944年8月的空袭中被毁。而厄廷根在19世纪的摘要所引用的那份抄本[4]，也在米兰马焦雷医院的档案中找不到了。另外在佛罗伦萨有一个不完整的抄本（国家图书馆，帕拉蒂努斯抄本，1411），以非常残破的形式再现了斯弗扎抄本的一些内容。现存唯一完整的抄本，很可能就是由斯弗扎抄本转抄的一个本子。

现存最重要的抄本是献给皮耶罗·德·美第奇的，并构成了其图书馆藏的一部分（佛罗伦萨，国家图书馆，马里亚贝基纳Ⅱ，Ⅳ，140）。因为这一抄本注定要成为一个非常重要之图书馆的馆藏之一，并且因为它想要唤起一个潜在的赞助人慷慨解囊，因此它必定与菲拉雷特的原稿高度一致。然而，值得注意的是，早期学者提到了斯弗扎抄本与美第奇抄本之间存在重要差别，却并未举例说明。由于在现存的所有抄本之中，美第奇抄本最接近菲拉雷特论文的写作时间，因此，该抄本对于我们的研究来说具有更为重要的意义。

美第奇抄本是由专业文书誊抄后作为礼品呈献的。其拼写方式显示它是在米兰完成的，时间很可能早于菲拉雷特从马焦雷医院辞职的1465年8月。我们无法确切知道这篇抄本是由斯弗扎抄本还是由菲拉雷特原稿誊抄而来的。不过那时候，斯弗扎版本很可能已经在公爵的图书馆里了，因此相对而言，拿菲拉雷特论文的草稿来抄写似乎更加容易些。贯穿整篇抄本的笔迹都是一致的，所以很有可能文章的插图也出自同一人之手。插图中所画建筑的比例

---

* 这个词在希腊语中的含义是“热爱德艺的人”，因此在后文作为形容词（Filareto）使用的时候，译者就把它译为“热爱德艺的”，而不是“菲拉雷特的”。中文版由此开始，译名一律不加注外文，读者若要查对，可参照书后“中外名词对照”。——中文译者注

与文章中给出的比例有所不同，这似乎表明此人虽然受过抄写方面的训练，但未接受过建筑培训。15 世纪所用纸的开本很大（29 厘米 ×40 厘米），并留有很宽的空白用于插图。这个抄本里共有 215 幅插图（被错误地标注为 209 幅），另有 24 幅在文中提到过，但在这个版本中已经不见了。插图是用鹅毛笔画的，用的是和文字部分相同的棕色墨水。平面图的墙区通常涂有一圈玫瑰红，立面经常包含黄色笔触，景观则由鹅毛笔绘制，并带有玫瑰色、黄色、蓝色和绿色笔触。标题页的页脚印有美第奇的徽章。起首处绘有一位正在一幢房子上指挥施工的建筑师，通过与现存的菲拉雷特半身像章的对比，可以确定这是其本人的肖像。浩繁的卷帙、清晰的笔迹以及彩色的插图，这些都使这部抄本值得一座贵族的图书馆加以收藏。

美第奇抄本的重要性也在于，它是大部分现存抄本的母本。除了 1411 年的帕拉蒂努斯抄本以外，现存所有的意大利语版本都源于它。在美第奇抄本的各个意大利语衍本中，主要的一个是 15 世纪晚期在佛罗伦萨为卡拉布里亚公爵阿方索誊写的。这个版本最终辗转到了西班牙巴伦西亚大学图书馆。该抄本在 20 世纪 30 年代由马斯档案馆在巴伦西亚用相机翻拍了一部分；然而它的确切位置甚至它是否存在过，这些现在都不得而知。在锡耶纳、巴黎和都灵有很多美第奇抄本的现代复制品。厄廷根认为，这些现代版本对于研究菲拉雷特的文本意义不大。

由美第奇抄本而来的第二个支系的代表，是由安东尼奥·邦菲尼－阿斯科利于 1484 年为匈牙利国王马提亚·科菲努斯所做的拉丁文译本。该抄本现存于威尼斯圣马可图书馆。然而，这并不是一个忠实的译本，因为译者随意“修正”了菲拉雷特的建筑术语以及论文所引经典的出处和内容。每当邦菲尼遇到一段难以解释或翻译的段落，他就会删减甚至删掉它，而且每次都是这样。这个抄本对于美第奇抄本的补遗或晦涩段落的解释，作用都十分有限。然而，这个版本却有许多衍本。厄廷根详细描述了圣马可抄本四个有代表性的衍本。彼得格勒遗产博物馆的古科夫斯基教授于 1957 年发现了另外一个圣马可抄本的复制版本，但我未能见到。

下图大概表示出了这些版本之间的相互关系。虚线表示我猜想的联系。

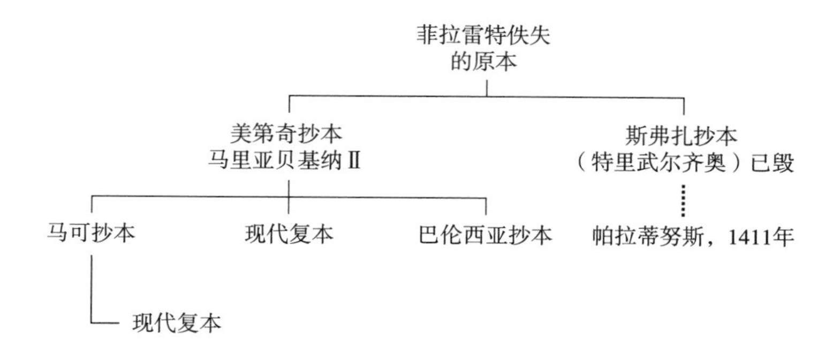

对菲拉雷特论文各个抄本的考据，由一系列的已佚版本和几乎无用的衍本构成，如果说这种情况难以令人满意的话，那么该论著的刊行本和拟出的刊本更是存在着很多不完善的地方。多姆肯定已经计划根据美第奇抄本的副本完成一个刊本，但他只出版了一本内容摘要。拉扎罗尼和穆尼奥斯也曾提议对斯弗扎和美第奇抄本进行学术校勘，但不知什么原因阻止了这样一个十分令人期待的版本出现。已经出版了的唯一版本是由厄廷根编辑的，但他的版本仅仅依据的是美第奇抄本，因此远远不能令人满意。[5] 其已出版的文本中仅有 14 幅线描图源自佛罗伦萨抄本中的 215 幅插图。尽管厄廷根提到了美第奇抄本与斯弗扎抄本在献辞上的不同，但他显然没有对二者进行校勘的意图。通过逐行比对统计，表明抄本中大概有一半的内容在这个版本中被删节。在已出版的一半文本当中，又有大约三分之一是以德语 - 意大利语双语的形式出现，三分之一是单独的意大利语，另外三分之一是德语的摘要。这样一个版本不能完全满足从艺术史、语言学或文学的角度对菲拉雷特论著进行研究的需求，因此这部重要的文献显然需要出版一个包括完整的文字和保持原有正投影画法的全部插图的新版本。

我这次对菲拉雷特论文的翻译和编辑，自然要依靠美第奇抄本。我还拿帕拉蒂努斯 1411 年的抄本和马可抄本与美第奇抄本的文本进行了比对，所有重要的区别都在注释中标明，希望以此呈上一个尽可能正确和完整的读本。

关于作者的情况

菲拉雷特论文的内容，来源于他作为雕刻家和建筑师长期而积极的职业生涯，其足迹遍及 15 世纪意大利的主要艺术中心。从出生地和气质来看，菲拉雷特是一个佛罗伦萨人。他在佛罗伦萨接受了艺术教育，他一生多次访问佛罗伦萨，居留时间或长或短，以此不断地深化着对这个城市之艺术的认识。这些早期的训练，在很大程度上解释了他在论文中所表现出来的对佛罗伦萨强烈的偏爱，以及他对非佛罗伦萨艺术，尤其是米兰艺术毫不留情的抨击。大约 1433 - 1447 年他住在罗马，古罗马艺术在他身上也产生了同样深刻的影响。他有机会研究古罗马的建筑、浮雕、彩色浮雕和隅石雕刻，以及文学，这一切对于他所设计的圣彼得大教堂中央门厅青铜大门及其论著的内容具有决定性的指引作用。菲拉雷特论文中所描述的建筑，在很大程度上想要重现古罗马的辉煌，但这只是一个 15 世纪佛罗伦萨人眼中的罗马。罗马也鼓励一种对装饰的偏爱，这是菲拉雷特从佛罗伦萨带来的，然而，1450 年左右在威尼斯的居留，为菲拉雷特提供了丰富的装饰语汇。这里有丰富的细节、丰富的进口大理石与斑岩石材料，丰富的镶嵌画与壁画的色彩，完全符合菲拉雷特对古代文物的定义。在米兰，他于 1451 - 1465 年为斯弗切斯科城堡、主教堂和马焦雷医院工作，并在此期间接受了伦巴第罗马风的风格那宏伟而简洁的形式，以及米兰式建筑装饰的色彩风格。这是少数几种与他个人的品味与风格以及其赞助人的品味一致的米兰艺术的语汇。菲拉雷特在佛罗伦萨、罗马、威尼斯和米兰的经历，在他的论文中融为了一体。既然这些经历来自不同的时间与地点，它们就需要一个比菲拉雷特更伟大的人来将它们融合成为均质的整体，然而正是这种均质性的缺乏，让这样一个人和这样一个作品，最典型地代表了同时造就了这两者的那个世纪。

关于论文的情况

安东尼奥·迪·皮耶罗·阿韦利诺，其艺名更为人们熟知，即菲拉雷特，人们对其艺术和作品的每一次研究，通常都要在开始的时候为他进行一些辩护。菲拉雷特不需要辩护；他的雕刻、建筑和艺术理论作品，因其独特的品质而理应受到人们的赏识。然而，早期的评论倾向于掩盖而不是揭示这些品质。

菲拉雷特讨论建筑理论和实践的论文，仍然存在解释上的问题。人们把它看成一部浪漫史，一首幻想曲，或者一个乌托邦体系，却很少注意作者已经相当明确表达出来的意图，即传授“建筑的模式和尺度”。[6] 这篇论文于1461－1464年间在米兰写作完成，以文学的方式描绘了一个理想城市斯弗金达及其港口浦鲁西亚城的建设。在这个虚构的故事中，菲拉雷特有机会非常详细地描述他对于建造这两个城市所需的理想建筑的概念。这样的虚构还为他那位高贵威仪的赞助人提供了一种毫不费力的教育方式，教导他来接受这样的理想建筑。菲拉雷特这篇论文的真正意图是要展现他所鼓吹的新建筑。其余部分全是陪衬。然而，红花周围的这些绿叶——天马行空的想象、妙语连珠、想入非非——喧宾夺主，掩盖了菲拉雷特论文的真正主旨。然而，只要读者以文本自身的方式来阅读、并牢记作者的真正意图，这部作品就能以其自己的价值傲然挺立，如同当年它带着恳请的话语被呈献给弗朗切斯科·斯弗扎和皮耶罗·德·美第奇时那样傲然挺立，它那恳请的话语是，“不要以为它出自维特鲁威或者其他杰出建筑师的手笔，它出自您热爱德艺的建筑师，佛罗伦萨的安东尼奥·阿韦利诺之手”。[7]

从最表面的层次来看，菲拉雷特的论文可以被当成一部文学作品来阅读，但却是一种独特的文学作品。在献辞中，菲拉雷特建议拿他的论文在高贵的赞助人面前高声诵读，也许是想效仿费代里戈·达·蒙泰费尔特罗的做法，他曾经让人在饭后朗读西塞罗和圣奥古斯丁的作品给他听。口语词汇似乎在菲拉雷特的论文中占据着主导地位。人们仿佛不仅能听到朗读者的声音，还能听到作者本人大段大段的口述、修正自己、调整措辞的声音。口语词汇和听者的身份，在很大程度上决定了文本行文的语调和内容。菲拉雷特想让他那高贵的赞助人寓教于乐。间或在快要接近这位贵人注意力极限的时候，他便会放下建筑工程的长篇大论，插入一段小插曲。不时在斯弗金达附近为开拓领域或寻找材料而进行的虚构旅行那些部分，诚然是论文整个虚构情节的组成部分，但也包含了引起听者兴趣的场景，例如打猎、田园短剧以及寓言故事。现代读者可能会认为，这些游离主题的内容是画蛇添足或者中世纪的过时手法。然而实际上，它们在论文中有着明确的目的，并在很大程度上体现了15世纪的文学品味。菲拉雷特频繁地引用古代实例，似乎有意要迎合读者对于古代的兴趣，并用广博的知识来掩盖建筑实践的枯燥无味，使其成为一门不拘泥于形式的人文艺术。同时，他还需要一个机会来展示自己作为一名人文主义艺术家的身份。正是出于这些原因，他罗列了古代与《圣经》时代以来的众多艺术家和发明家。他引用维特鲁威和普林尼来论述建筑的高贵，并用奥维德、狄奥多·西库鲁斯和希罗多德来为他的描述添枝加叶。他甚至向我们证明，他熟知拉丁文，能阅读阿尔伯蒂论绘画的拉丁文原文，也能阅读波焦用拉丁文翻译的狄奥多的前五书。[8] 然而，这些都是文学上的功夫，于菲拉雷特训导读者的主旨无关紧要。这些只不过是他在教学过程中顺带的几分有所助益的消遣。

因为菲拉雷特想让他的读者学会欣赏佛罗伦萨的“新艺术”，因此他不得不摧毁先于其存在的米兰艺术。传统与革新之间的斗争贯穿他的整个论文。菲拉雷特的倾向也非常明显。他毫不掩饰地鼓吹佛罗伦萨艺术中最先进的元素。然而，他的偏好并没有与弗朗切斯科·斯弗扎身边的权贵们不谋而合。为了矫正他们对于传统伦巴第艺术及其艺术家的偏爱，他杜撰了一大串激烈的辩论和实例，来向他的读者证明，哥特艺术（要理解为伦巴第艺术）是“坏的”，而佛罗伦萨艺术（要理解为文艺复兴艺术）是“好的”。他详细列举了很多佛罗伦萨艺术家作为典范，而将米兰人作为一个整体加以排斥；他甚至不屑于提到任何一个伦巴第人的名字。菲拉雷特谆谆教导的结果，让我们更加全面地了解了佛罗伦萨运动的生命力、投向该运动的人，以及它在某些地区遭遇的强烈反抗。

菲拉雷特论文的主要目的是教育。不管它对于15世纪的读者来说是多么有趣，也不管在现代的读者看来它是多么有用或者具有典型性，菲拉雷特一心一意教诲读者的决心是坚定的。他的插科打诨是为了让读者更容易接受；他对哥特建筑毁灭性的批判，旨在清除读者心中残存的最后一丝闭塞落后的品位。而为了填补这个空白，菲拉雷特提供了一整套新的形式，并根据读者是否倾听的意愿而作了一定的调整。相对顽固反感的人也许只能接受菲拉雷特那带有伦巴第装饰的佛罗伦萨宫殿，或是那些可能是他从威尼斯借鉴而来的别墅形制。[9] 更加开放的读者则很可能早就已经被那些源自阿尔伯蒂和伯鲁乃列斯基的教堂所感染。只有极其有限的一小部分人洞察到了菲拉雷特最为大胆的创新所具有的原创性和影响力——马焦雷医院的网格平面，全圆雕骑马群像的奔马题材，以及为人们所知的文艺复兴时期最早的集中式希腊十字教堂。胡安·德·埃雷拉、波拉约洛、莱昂纳多·达·芬奇和伯拉孟特代表着具有这种洞察力的那些英才。菲拉雷特教化的意图已经融化在他为读者精选的实例当中。他想要复兴意大利过去时代的艺术，一个从罗马共和国到12－13世纪野蛮人入侵之前一直未曾中断过的时代。他非常希望，甚至是一厢情愿地向当地的风格妥协，但他恳请赞助人和艺术家接受的新艺术，却是古代和意大利式的，尽管还带有一些佛罗伦萨的腔调，而且常常还在使用威尼斯和米兰的手法。

既然菲拉雷特的论文、生平和作品呈现出这样一系列复杂的问题，那么，在这个绪论中大致描绘出他研究的主要领域，也许对大家还是有所帮助的。对菲拉雷特所提出的设计方案进行全面研究，甚至对他已付诸实现的作品，包括建筑和雕塑作品都充分考虑，对这样一篇导言而言是不现实的。此外，这对于我们理解这篇论文而言也不是一个必要的补充，而应当是研究菲拉雷特文字作品之后的产物。因此，当前这个导论只涉及菲拉雷特的艺术所强调的那些宽泛而又基础的概念。对于某些读者来说，这是他们第一次接触菲拉雷特。其他读者通过删节的论文版本以及通过传统的评论，已经对他有了少许并且可能不太正确的了解。从我的观点来看，要在一篇简要的导言中把菲拉雷特论文完整的文本介绍给这两种读者，最适合的内容是主要的概念，我给它们定的标题是基本原则（*Rudimenta*）、装饰艺术（*Arte decorativa*），以及古代艺术－现代艺术（*Arte antica – arte moderna*）。第一个概念解释了艺术家所必须知道的那些艺术的基本原则，第二个简要介绍了菲拉雷特所提倡的装饰类型，以及他认为什么是装饰的观点，最后一个是新和旧之间根本的对立，这个话题与人类的历史一样的古老。在相应的历史背景下，这一点揭示了菲拉雷特对“古代艺术”的兴趣以及它对其同时代人的意义。这一概念对于理解这篇论文至关重要，没有它，我们就不得不既要接受瓦萨里对这篇论文狭隘的评价，即“充满愚昧，却还是有些好东西在里边”，也要接受施洛瑟不准确定性的“浪漫主义”这样一个标签。[10]因此，这篇导论绝对不是对这篇论文的文本所引出的无数问题（既有核心问题也有细枝末节的问题）的全面研究。

基本原则

建筑，或者如菲拉雷特所说，“建造的艺术”，有赖于三种基本的能力——对材料的认识、技术和设计。按照相当典型的15世纪的思想，这三种完全不同的要素被包含于基本原则的范畴之下，并被认为是取得艺术成就的先决条件。基本原则在所有艺术中的重要性，可以在文学、绘画、雕塑以及建筑对它的强调中找到证据，从琴尼尼《艺术之书》中的中世纪基本原则概念，向阿尔伯蒂《论绘画》中的现代基本原则概念过渡时所发生的重心的转移，也能证明这一点。

在阿尔伯蒂和菲拉雷特关于建筑的著作中，两人都不辞辛劳地想要证明他们在材料和技术方面的知识，好像他们都预料到会有人批评他们，说他们知道的建筑理论比建筑实践更多。菲拉雷特用了很长的篇幅（第三书）来罗列重要建筑材料的清单，可在这个清单完成之后，他就很少再回来深入讨论他对这门艺术的实际操作。材料和技术主要是他手下的工头与工人的事。建筑师只需要知道几个能够鉴定材料供应之质量，并判断工匠之熟练程度的简单测验就足矣。他只有在想向其他建筑师传递关于使用方法的特殊信息，比如一种新型的砖砌法，或者怎样制造罗马的“怪诞雕刻”，这时候，他才介入这个领域。阿尔伯蒂已经指出，建筑师的独特作用在于把握整个建筑的概念和布局，菲拉雷特对此也非常赞同。只有通过其在设计方面的能力，建筑师才能把他与建筑工程中的监工或包工头区别开来。材料、技术和设计——这三者是基本原则，是建筑的基础技能，必须牢牢掌握，就像一个人在开始写作前必须先要学习文法方面的技巧一样。在已完成的艺术作品中，这些要素就会丧失它们在身份识别方面的个性特征，以与艺术创作中的心智与技艺层面完美融合，而这也正是文艺复兴时期所有艺术不懈追求的目标。

设计

菲拉雷特论文中的每个平面，都基于一个简单的、主观选择的几何形状。然后建筑师将建筑的所有部分都放入这个抽象的模本当中，尽管不论从功能还是从美学的角度来看，其结果都并不总是令人满意。结构的几何形式，预示了其内部空间的划分或者其外部辅助形式的扩展，只有从某个角度而言，他的建筑才在像“有机”建筑那样“生长”。这些几何形状限定着，并受制于一系列简单的算术比例，该比例控制着部分和整体。尽管外墙或其包含的空间有时候可能会与教科书中常见的佛罗伦萨建筑不太相像，但这些决定了并标示着最终形式之特征的设计元素，只能被看做是佛罗伦萨的。

在一个依赖于简单几何形状的系统当中，菲拉雷特又采用了一个同样简单的比例系统。由于比例的应用在最近几年变得非常复杂，在很大程度上已经变成数学家们的领地，而另一方面，某些圈子已对它失去兴趣甚至绝口不提，故而贯穿于菲拉雷特全文的数字关系，对于上述两派而言可能都是荒诞的。此外，这些比例，它们的应用，以及它们的推演都如此显而易见，只需说出其名字就能被人理解。建筑师所选择的几何形状，是决定整体和部分之间之比例的主要因素。像阿尔伯蒂一样，菲拉雷特经常谈到“正方形，一个半正方形，或者两个正方形。”1∶1，2∶3 和 1∶2 这些比例最常见，尽管根据更大形式的划分，也经常伴有 3∶4 和 1∶4 这样的比例。尽管在把简单平面落实到有墙有壁的结构时，这些比例经常会带来很多问题，但基本形式所具有的简单的数字和谐，仍能贯穿始终。论文中始终没有出现像阿尔伯蒂的音乐和谐、平方根比例或者弗拉·卢卡·帕西奥里的黄金分割那样复杂的比例关系。相比之下，菲拉雷特更愿意保留在佛罗伦萨的伯鲁乃列斯基早期建筑中所展示的那种15世纪初期的简单算术关系。

在菲拉雷特建筑设计的下一个阶段，建筑的大致轮廓开始浮现。他选择的比例系统被首先用来划分原始几何形式的内部空间。这一过程大体上决定了主要空间和次要空间的性质，以及结构的大概位置。其结果是菲拉雷特称之为“线形图”的东西。从本质上来说，这是技术与材料赋予建筑以形式之前的思想观念。下一步需要在线形图中作调整，以便确定墙和扶壁的位置而又不改变内部空间的比例。在这一点上，线形图中所确定的比例和形状产生了非常大的影响，以至于菲拉雷特常常为了保留它们而不得不费尽周折。他经常迫不得已把墙体放在他最初设计的线条之内、之外或者横跨在它上面。为浦鲁西亚城设计的第一座神庙就是一个很好的例子（英文版图版10）。为了保留穹顶下面的区域与其侧面的礼拜堂之间2∶1的关系，穹顶的承重墙被放在了分割线的一侧，礼拜堂的墙体被放在了对面的那一侧，于是整个建筑的外墙就完全处在了最初的几何形状之外。通过这种方式，菲拉雷特得以在设计的每个阶段都始终保持同样的比例关系，但代价却是不得不深思熟虑地调整尺寸和结构。在这个设计方案中，一个边长60臂长的正方形被缩小成边长44臂长，另一个30臂长的正方形被缩小成22臂长，全都是为了在不改变比例的条件下给墙体腾地方。这种对线性和几何设计的痴迷执著，再加上要在这些线条上立墙的困难，至少就上述这个例子而言，我会说，文艺复兴建筑那经过“调整”的巴黎美院式的平面，比起那些精确的测绘图更接近于这位艺术家的初衷。对于菲拉雷特处理墙体之手法的讨论，眼下必须要推迟一下，但其功能在设计中是相当明确的。它主要的用途就是按预设的一组比例调整内部空间。与此同时，这种设计模式降低了墙体的重要性，因为它更强调空间的体量而不是围合的外壳。这种设计模式与15世纪在佛罗伦萨建成的那些作品的相似性，很可能暗示着这篇论文对于今后文艺复兴建筑的研究有着重要的价值。然而，它并没有表达出菲拉雷特的全部意图。只需简要地指明菲拉雷特对建筑空间的处理手法，就能立刻发现他的主要创新之一，以及基本原则对于该创新的重要性。

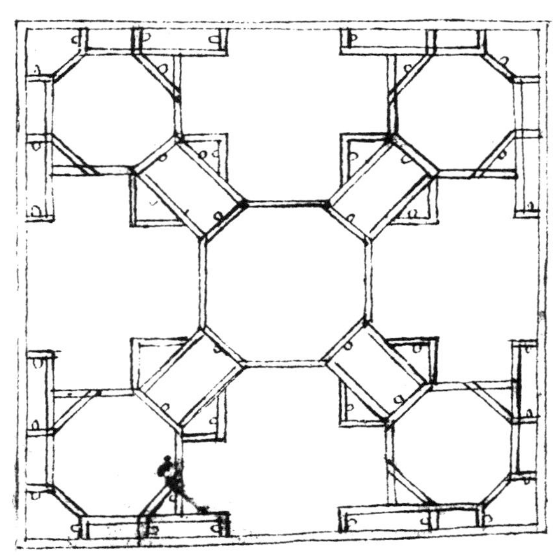

浦鲁西亚城第一座神庙平面

（英文版图版10）

菲拉雷特提出和付诸实施之建筑的内部空间，可以很好地被定性为棱角分明或者网格划分式的。他的空间都是界限分明、形式完整独立的实体。他显然不在乎空间的流动性，而更关心独立或者连续空间之间理性和比例上的关系。他在贤德庙（英文版图版 21、图版 22）的方案中，先构思了一个圆柱形的内部空间，上面再盖一个半球形穹顶。其内部又用非常典型的手法，做成了不具有空间穿透性的拱廊。这一简单的几何形体，包含了整个结构所围绕着的那条垂直轴线，并且决定了外部体量的母题。

在他的大部分宗教建筑中，一般都是墙决定着开口，而在不得不开口的地方，又通过墩子和倚柱的方式，让墙体在视觉上显得更加厚重。菲拉雷特提出和付诸实施的建筑强烈的墙壁特征，很可能恰当地反映了意大利罗马风建筑、伯鲁乃列斯基的早期作品，以及阿尔伯蒂理论对他的影响。这些相同的源头以及他在设计阶段的初期对几何形式的严格应用，很可能就是其内部空间形成棱角分明和网格划分式的主要原因。

菲拉雷特建筑的独特性，首先可以从他对外部的处理上看出。从空间转换的角度来看，统领这些建筑内部空间的那些理念，同样也被带到了外部的墙体当中，但当空间被认为压迫和侵犯了正立面的时候，菲拉雷特就会展现出他性格中全新的一面。换言之，论文中的平面强调的是线和面，并且从类型上看，都与伯鲁乃列斯基的旧圣器室相关联。文本的描述表明，棱角分明的实体从正方形和长方形的平面上拔地而起，很少或几乎没有赋予体量可塑造的风格。然而，同样是这些建筑的透视立面图，却显示出对简单几何平面所做的彻底改动，而这是出于一种对雕塑感根深蒂固的追求。这种具有雕塑感之体量的源头，可以在穿过浦鲁西亚城神庙（英文版图版 10、图版 11、图版 12 和图版 13）的小市场教堂（英文版图版 7 和图版 8）中找到。为了在三维的建筑中突出平面的二维属性，菲拉雷特明确感到有必要强调希腊十字的各臂及交点上的穹顶。这样一来，他就释放了在平面的四个角上被平面牢牢束缚着的穹顶覆盖的圣器室和钟塔。这进而意味着他有可能赋予圣器室和钟塔以从属性的形式，来创造正立面乃至四个立面上更强烈的可塑性。浦鲁西亚城的两座神庙，其正立面凸显了这种对建筑的可塑性处理的思路（英文版

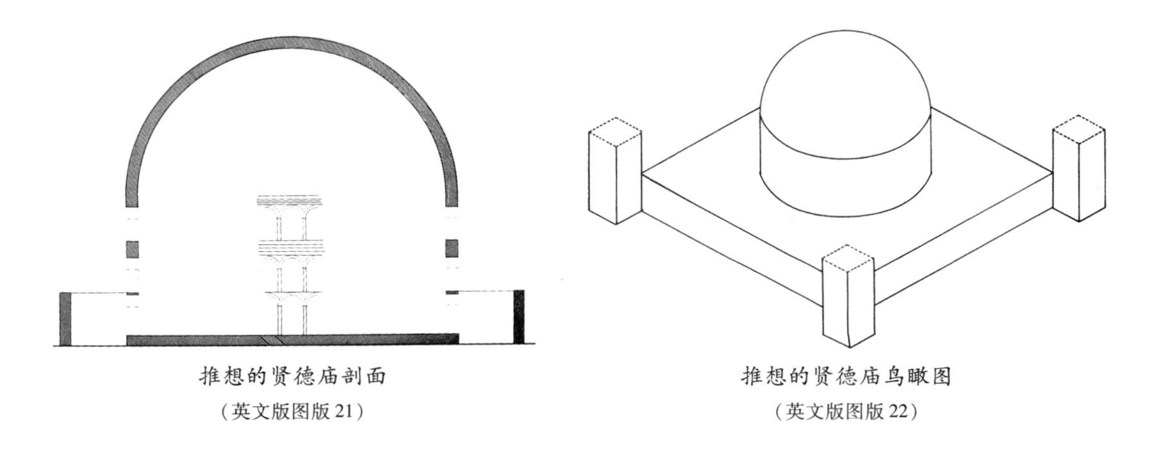

推想的贤德庙剖面
（英文版图版 21）

推想的贤德庙鸟瞰图
（英文版图版 22）

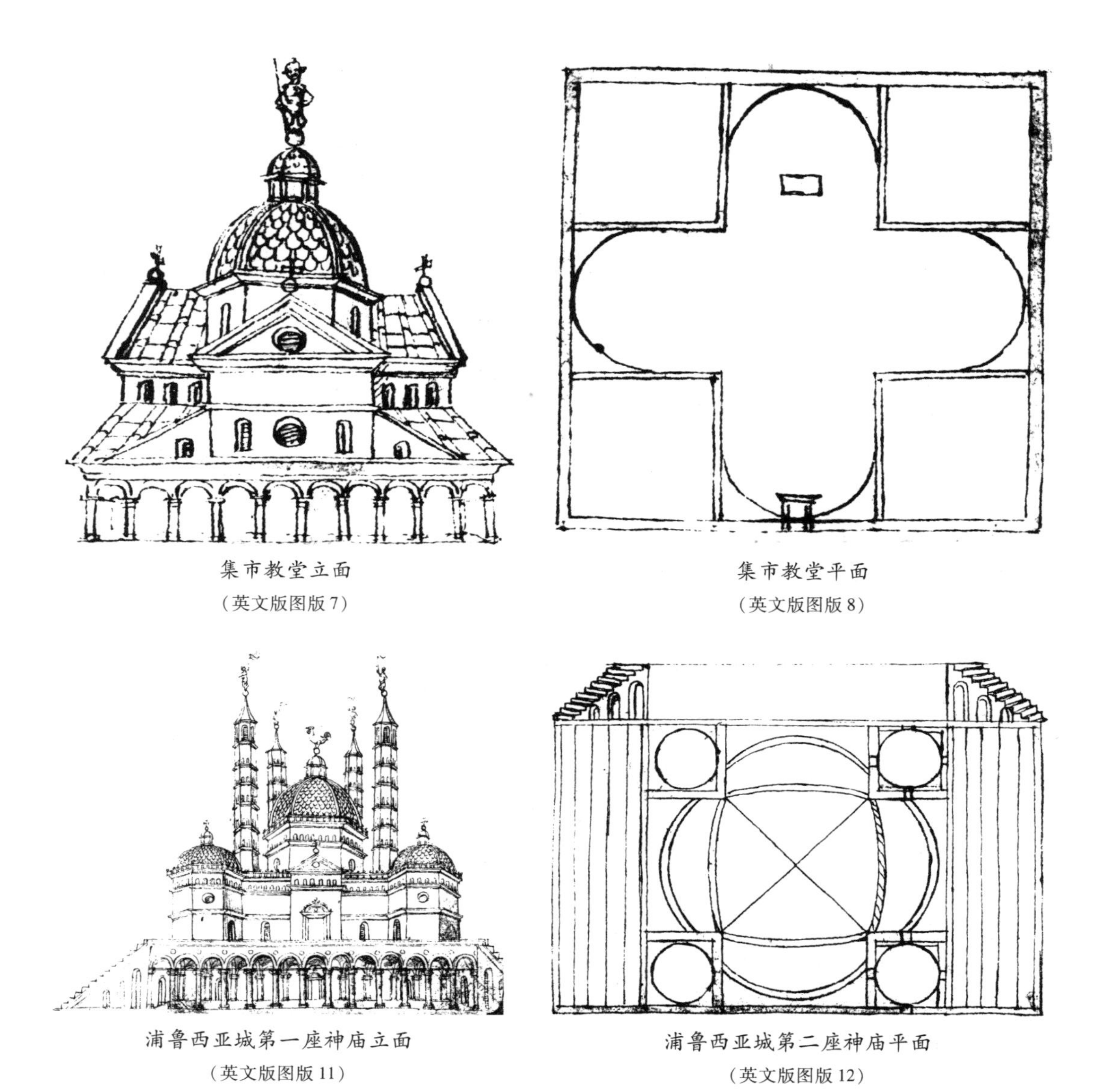

集市教堂立面
（英文版图版 7）

集市教堂平面
（英文版图版 8）

浦鲁西亚城第一座神庙立面
（英文版图版 11）

浦鲁西亚城第二座神庙平面
（英文版图版 12）

图版 11 和图版 13）。当最初的正方形被挖去很大一部分以后，他就把中殿的立面从两侧的耳堂或礼拜堂中凸显出来。处在角上的圣器室或者钟塔也被往前推进。其结果就是一个雕塑感很强的正立面，它并没有破坏室内空间各个独立平面的整体性，而是将它们进行重新布置，以保证光线能够清晰地烘托出主要的平面，而让次要的平面笼罩在阴影之中。那时，论文中提出的设计方案所表现出来的具有可塑性的体量，从罗马时代以后，就再以没有在意大利的土地上出现过，并且直到巴洛克时代人们才再次见到。同时，论文中提到的民用和市政建筑，也表现出同样对可塑性的追求，尽管常常表现得不那么强烈。公爵的府邸、贵族的住宅以及独特的猎宫，都有明显前凸的侧翼，其设计完全不像 15 世纪的意大利建筑，可能只有位于曼图亚的公爵府背立面

的小气处理例外，这个建筑被认为是卢卡·凡切利做的。尽管这里并不是对菲拉雷特提出和付诸实施的建筑展开全面讨论的地方，他设计模式的基本思路已经开始浮现。他像佛罗伦萨的同辈和先驱们一样，从线和面开始。在他的文本描述中，这种对线和面的强调一直延伸到立面上。而在整个建筑的透视表现图中，他用面和立方体刻画出了一种独特的具有可塑性的体量。

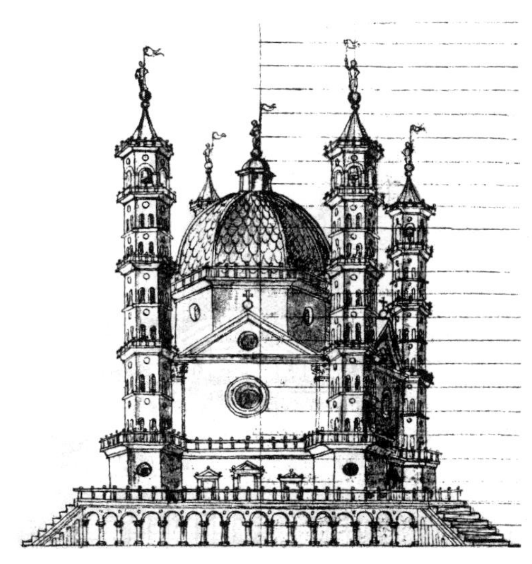

浦鲁西亚城第二座神庙立面

（英文版图版 13）

技术和材料

尽管菲拉雷特可能并不坚持认为，一个建筑师应当掌握施工方面的技术，但论文中却暗示了掌握这些技术的必要，因为他坚持认为，一个建筑师应该掌握如何去做双手所能做的一切。尽管这是建筑最为卑微无趣的一面，但是，它的的确确是基本原则的一个方面。菲拉雷特假定他的读者有广博的知识，而这在今天只能靠对文艺复兴建筑的考古学研究来补充。与此同时，他显然也意识到，他的一些施工方法虽然属于中世纪传统的一部分，但却非常重要，因为它们非常实用，并且最终来源于罗马，所以有必要再次记录。因此，他很少对他建筑的墙体如何拔地而起的方式绝口不提。除了传统的施工方法之外，他还认为有必要时不时地介绍一下自己的发明创造。如此一来，菲拉雷特就可以名正言顺地在一篇讲述建筑艺术的论文中，加入一些纯粹技术的内容。关于建筑从基础一直盖到屋顶的内容表明，这里的建筑方案和伯鲁乃列斯基、阿尔伯蒂以及其他人的建成方案一样，其形式绝对新颖，但其施工却完全属于传统的方式。

除了“沼泽地区的建筑”以外，菲拉雷特从没有给他在施工所采用的基础一个完整的描述；只有散落在各处的简短说明，而即使把这些说明拼凑起来，对于大部分文艺复兴建筑那不可见的基础而言，也不过是管中窥豹。与维特鲁威和阿尔伯蒂的提议不同，他似乎提倡把基础放在沙砾上，而不是去勘探一个更加坚实的地基。尽管基础的深度各有不同，但它们无一例外都深入冰冻线以下很多，即便在米兰也不例外。不过，菲拉雷特的施工中最令人惊诧的部分，可能要算基础的厚度了。他的首要法则是，基础的厚度应该是其所支撑的墙体之厚度的两倍。他会时不时在基础的各处插入一些“竖井”。这可能源于对描述罗马人在施工中放入双耳罐的文字和传统的误解，但这些东西确实能够在他的建筑中起到辅助排水和吸收地震波的双重作用。虽然还没有人尝试过对菲拉雷特建筑的基础进行发掘和研究，但可以肯定，他的描述是准确的。也许除了贝加莫大教堂以外，他所有建筑的基础都建造在沙砾之上。这些基础的特征在于他们的深度和宽度，可能还包括精心装饰的石料或砖砌外墙，里面填充着碎石和灰浆混合物。当然，它们最突出的特点，是它们硕大的体积，因为菲拉雷特的基础足以承载一座要塞。

在实际建造从这些巨大的基础上升起的墙体时，菲拉雷特为我们提供了更多的细节，而且看起来似乎更富有创造性。实际上，他对工匠常用的脚手架进行了改进，并对此非常满意，不过遗憾的是，文字的附图已经佚失。我们只有这样一句描述："我对脚手架作了特殊的调整，这样，两个工匠就可以一起工作了，而且还有爬梯供他们使用。"[11]不管这个调整可能是什么，其结果显然是一种更加轻巧而灵活的脚手架，因为他时不时会提到这种脚手架可以跟着工匠绕墙体移动一周，从而节省了大量木材。而墙体本身，不论是围城一周的防御性城墙，还是城内建筑的外墙，基本都是用同样的方法建造。这种方法源于罗马，并且在中世纪也没有失传，是由几层用石块或砖头砌成的一个中空的墙体构成。随着墙体的升高，工匠会不时停下来在中空部分填入碎石和灰浆。一旦填充完毕，墙体的施工就会再继续进行，如此反复。[12]与他同时代的人一样，菲拉雷特也会去建造私人和民用建筑、工事以及桥梁，完全采用与上文相同的方法。他也的确对这种施工方式进行过一次创新。在叙述建筑师的住宅时，他停下来描述并图示（英文版图版 14）了一种他发明的砖砌法。丁砖和顺砖的排列组合，从稳定性的角度来看可能还有所欠缺，但却与菲拉雷特对建筑施工的理念密切相关。有了这种砖砌法，他就可以做出坚固而又相互联结的管井（在图的左端和右端），里面放上他的"气门"——即联合了下水管和通气管的排污系统。中间部分明显偏弱的连接，用填充的碎石加以强化。这一发明是他建筑理念的基础，因为他希望经济（economy）、坚固（solidity）、适用（suitability）。管井减轻了基础的负担，又在不削弱结构的情况下，减少了需要填充的碎石。与此同时，管井周围的丁砖把墙的两个面连成一体。不管论文中描写的这种砖砌法是否真是菲拉雷特的发明，抑或只是对当时做法的改良，它都让我们了解了他所倡导的那种建筑，以及作为一个整体的 15 世纪意大利建筑的面貌。传统或者复兴的技术，可以与当时新发明和改进的技术结合，来提供菲拉雷特的设计所需的灵活性

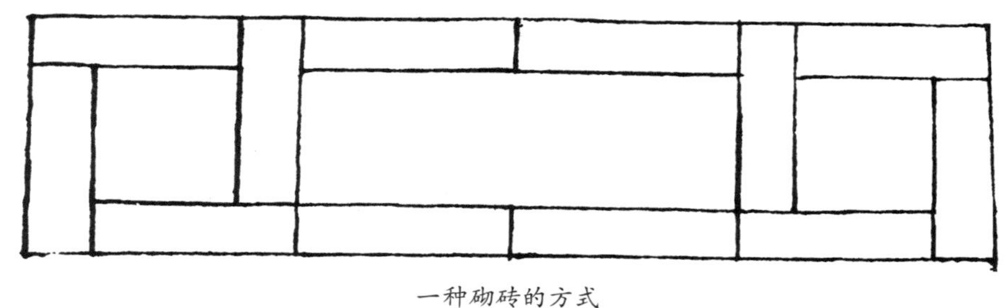

一种砌砖的方式

（英文版图版 14）

和坚固性。与此同时，根据论文的描述，这种施工方式既可以满足伦巴第风格对于砖立面的偏好，也可以用大理石或马赛克作饰面，来迎合菲拉雷特对于伟大罗马的向往。

对于菲拉雷特来说，建筑的基本原则就只意味着其字面上的意思，即走近建造艺术之前必须掌握的基本语汇。这些基本原则在论文中并没有占据一个非常重要的位置，而是与更为严肃的内容，如古代艺术、应当遵循的最佳范例或者对一个特定建筑的描述等，混在一起讨论。关于基本原则的知识贯穿论文的始终；尤其在讨论建筑师的教育、责任和收入的时候，更被摆在明显的位置。[13]论文中所涉及并研究的操作技术，施工的全面技能，以及设计的基本思维方法，都只不过是通向建筑之创造的第一步。建造的艺术建立在对于这些简单因素的有机综合之上，并以建筑师对于建筑本质的理解作为更加普遍而重要的框架。菲拉雷特在论文和实际作品中所表达的建筑意图，可以置于两个大的范畴之下，他可能已经把它们称作装饰艺术和古代艺术。

装饰艺术

按照菲拉雷特的话讲，建筑性装饰是整个结构的一个不可分割的组成部分。装饰不能独立存在，就像建筑不能没有装饰而存在一样。有时候，装饰似乎可以超越其纯粹的功能角色而获得一种自身的价值，但它绝不能完全脱离对建筑结构的依赖。菲拉雷特可能会坚持认为，装饰如果不按照结构和体量的概念一起考虑，建筑就是不完整的。任何一个部分都不能脱离其他部分而存在，也没有任何一个部分能完全支配其他部分。

在菲拉雷特提出和付诸实施的建筑当中，关于装饰艺术的概念体现出一种大胆的创新，但仍然也是一个被他所处的艺术环境创造和制约的创新。创新的一个方面在于他尝试着综合 15 世纪佛罗伦萨建筑的两种不同潮流。具体来说就是，他要将一种理性的统一赋予诸如巴齐礼拜堂这样一个建筑的装饰和结构。菲拉雷特和伯鲁乃列斯基一样，对墙体的整体性有着强烈的感觉。他在所有可能的地方都对墙的平面进行了强调和补充。他还非常欣赏卢卡·德拉·罗比亚的圆盘所具有的雕刻性和色彩质量。也许他在尝试进行综合的时候过于自大了，要知道很多比他更优秀的人也没能在这件事上面成功，不过，这一问题对于他的艺术来说仍然是基础性的：如何创造建筑和装饰，使二者在功能上既相互独立又融为一体。他所选择的形式要受到他所能获得的艺术语汇制约。他所采用的形式要由赞助人的品位决定。这二者都一起出现在了菲拉雷特的装饰艺术和“折中风格”当中。

菲拉雷特从佛罗伦萨获得他的装饰语汇元素，是在他职业生涯的两个不同时期。在他青年时期，他显然受到了很多纪念性建筑的影响，比如曼多拉之门、佛罗伦萨大教堂的卡诺尼奇之门，以及吉贝尔蒂为洗礼堂所做的第一套大门。这三个项目的建筑形式对菲拉雷特产生了强烈的影响，并在一定程度上决定了他未来将要在罗马去寻找的建筑原型。他成年以后，在佛罗伦萨又受到了更加前卫之作品的影响，比如在圣米歇尔图鲁斯的圣路易斯壁龛和蒙特普耳恰诺的阿拉加齐墓，以及吉贝尔蒂为锡耶纳洗礼盆做的镶板和第二套大门的一些早期镶板。传统与创新并存，这可以说是菲拉雷特本人和他作品的典型特点。他并不认为这两种风格是相互排斥的，相反，他认为二者是相辅相成的。这种风格的杂糅几乎没有产生什么影响或障碍，而是促使菲拉雷特在罗马找到了合适的建筑原型。在佛罗伦萨他学会了鉴别古迹；从古迹中他又找到了与佛罗伦萨相近的形式。他为圣彼得巴西利卡做的大门镶边，一部分来自一块现存于梵蒂冈石窟的装饰镶板，一部分来自曼多拉之门的雕饰边。尽管这些原型看上去很分散，菲拉雷特却从它们当中找出了一个共同的元素供他继承和演绎。罗马之行的结果是他的形式语汇大大地丰富，尽管这些素材的组织还是围绕着他对于线性和复杂装饰的偏爱展开，而不是一种至净无文和不加修饰的纪念性。瓦萨里错误地把菲拉雷特比作那个世纪之初的艺术家。菲拉雷特的论文显示他所仰慕的是生活在1450年左右的艺术家，因为他们受到了他所能给予的最高荣誉——让他们成为斯弗金达工匠中的一员。那个世纪中叶的绘画中内在的装饰性特征以及雕刻和建筑风格的宽松缓和，在菲拉雷特的这篇论文和他在米兰的晚期作品之中反复出现。佛罗伦萨的新形式也被加入到他不断丰富的艺术语汇中，并被带往威尼斯，在那里，菲拉雷特可以完全沉迷于他对色彩效果的强烈喜好当中。他的教育之路实际上到此已经结束；他所欠缺的只是一个赞助人和一个有品位的听众。

在米兰，关于赞助人的问题与威尼斯、佛罗伦萨或罗马的情况在性质上完全不同。米兰人钟情于哥特风格，其用情之深，使得米兰事实上成了欧洲极少数几个能让哥特式建筑一直延续到哥特复兴时期，并与之自然融合的城市之一。而菲拉雷特对米兰艺术家所能产生的直接影响，也仅限于装饰层面。论文中所提出并在马焦雷医院实际应用的装饰类型，代表着一种“折中的风格”，这种风格是米兰人可以接受的，并且最终在西欧大部分地方流传。在伦巴第人采用的折中风格里，哥特浮雕装饰的叶状形式开始越来越接近古代的原型。罗马叶饰壁柱和“军功柱”的遗物，使得这种风格保留了中世纪的曲线和相互交错的属性。与此同时，似乎无法证明米兰人直接引用了罗马的原型。真实情况是，罗马的装饰题材经过佛罗伦萨的艺术筛选之后才得以流传下来，而在这一过程中，它们被改造得更具佛罗伦萨特色，并因此失掉了很多古代的东西。在这些经过筛选的形式语汇中，米兰人和伦巴第人基本上只能接受那些最符合自己传统的东西。在米兰首次出现的折中风格的装饰，从句法上讲本质上是中世纪的，但是其语汇却源于被翻译到托斯卡纳的罗马形式。其结果既不是哥特式也不是古代的形式，而是某种很不寻常的东西，但似乎可以满足对于风格的全部定义。这种“折中风格”渗透到了各个层面，但是仅从其装饰方面来看，它可以呈现为简单的叶状形式，也可以按比例放大之后环绕着圆盘一样形式中的侧面头像或胸像，还可以谦逊地缩小尺度让胸像自由地凸显出来。这种装饰，特别是圆盘里的头像，被人们紧密地同15世纪末的伦巴第艺术联系在了一起，以致经常被认为是该艺术的主要特征之一。从事实上看，这些特征好像出现在菲拉雷特到达米兰以后。不过把引入这一系列新题材的功劳都归到他身上似乎太夸张了，尤其是因为我们对15世纪博洛尼亚艺术对于北意大利其他地区的影响还知之甚少，然而，菲拉雷特与他的上司在斯弗切斯科城堡展开的争论，围绕的恰恰是关于他所希望采用的装饰的本质，这一点有着非常重要的意义。在整篇论文当中，他似乎都在苦心孤诣地描写，甚至经常绘制出将要用到他建筑上的浅浮雕。菲拉雷特对用文字记录和图画描绘这些装饰表现出了传教士一样的热情，这是他重视装饰的又一个证明，他把这当做是把佛罗伦萨文艺复兴元素带入米兰的途径之一。佛罗伦萨文艺复兴的极端方面，在米兰人看来是根本无法接受的。不过，他们倒是可以接受一种经过改造的佛罗伦萨装饰形式，只要不和他们城市的传统装饰格格不入就行。

这种“折中风格”在很大程度上体现了菲拉雷特装饰艺术概念的具体形式。由于他的建筑虽然在其体量上本质是雕塑性的，但其要素仍然是由平面构成，因此他所追求的那种装饰，似乎同时具有雕塑性和平面性。为了达到这个目的，他使用了很多浅浮雕装饰、各种样式的马赛克，以及特殊处理的壁画。而雕塑性与平面性之间的矛盾也需要调和，所以他在这每一个媒介中都使用了一种能够突出形体可塑性的造型手段，同时对形体所放置的平面进行了强调。多纳泰罗的坎托里亚或许是与统领菲拉雷特装饰艺术的感觉并驾齐驱的例子中最有名的一个。除了某些浑圆的金属和石质雕塑这样特别明显的例子之外，论文中出现的所有装饰处理都以这种感觉为核心。从整体来看，这种感觉已经超越了纯粹地方化“折中风格”的意味，而上升为一种艺术的概念。

在菲拉雷特的论文中，画家比画作更受重视。论文中没有绘画作品的展示，也没有详细描述任何一幅画，创作这些作品的画家倒是不厌其烦地被罗列出来。菲拉雷特知道同时代的那些著名画家，并且非常欣赏他们的作品，然而，他们的作品只有很少一部分能够与他对装饰艺术的定义吻合。正因为如此，他几乎完全忽略了祭坛绘画，转而更多地强调壁画和马赛克装饰。再也没有什么能比他对一个圣哲罗姆修会的祭坛台座上的绘画所做的描述更加含糊不清的了，他写道：“圣女玛利亚怀抱圣婴基督，两侧是圣哲罗姆、弗朗西斯、本尼狄克、洗礼者约翰、凯瑟琳和露西。所有这些圣人都傲然挺立。我要在祭坛台座的绘画中，表现出这些圣人的热情。”

然而，他对壁画的描述及其主题的把握似乎更加准确。它们都占据着一个明确的位置，并且在装饰性和教化意义上彼此关联。总的来说，壁画主要出现在办公建筑的门廊和办公室的内装饰上，比如说公爵府的演讲厅、美德之屋或者修道院当中。在几乎所有的例子中，壁画都具有教化的含义。在宗教建筑中，绘画描述了圣人的生平，并特别强调了取自圣徒传中的那些催人奋进的事迹，比如公爵夫人建立的圣哲罗姆修会修道院中所描绘的《马尔奇传》。[14]公共和私人建筑中的壁画同样具有教化作用，所强调的是女性的美德，以及公爵夫人的侍从中持有这些美德的典范[15]，公爵府里的勇士及其战斗的场面[16]，以及市政厅里真与伪的较量[17]和公社大厅里的平民社员。[18]在美德之屋里再现的自由主义艺术[19]，例如建筑师住宅[20]里的古代艺术家和发明家，以及上文中简要列出的主题，都指明了壁画的寓言性，其目的是要引导欣赏者向着更高的贤名迈进。

从主题来看，人们不应当期望这些壁画不以一种国际风格的手法来完成，尤其是文中特别提到了这样一些艺术家，比如米凯利诺·达·贝索佐、贝内代托·本博和雅克·依韦尔尼。平民社员和好法官布鲁托是菲拉雷特打算放在正义厅里的，实际上，它们与14世纪在佛罗伦萨的圣米歇尔创作的类似壁画有着特别的联系。历史上著名的男男女女、人的生老病死、罗马和特洛伊大大小小的战斗，都是14世纪下半叶至15世纪上半叶的府邸和豪华内室最受欢迎的装饰题材。这些题材通常都是国际风格的。菲拉雷特对装饰斯弗金达城之画家的选择，强调了他对更加晚近的15世纪意大利绘画潮流的支持。马萨乔、马索利诺、弗拉·安杰利科、多梅尼科·韦内齐亚诺、佩塞利诺、卡斯塔尼奥[21]、皮耶罗·德拉·弗朗切斯卡、弗拉·菲利波·利比、曼特尼亚和佛帕[22]这些大师，假如他们是在菲拉雷特的论文所标示的时间里，在斯弗金达完成了像皮耶罗·德拉·弗朗切斯卡在阿雷佐所绘制的那种战争场景、像卡斯塔尼奥在利格莱雅所画的那些绅士淑女名人系列画，以及像曼特尼亚在埃雷米塔尼礼拜堂完成的那种古代场面，那么斯弗金达就会变得包罗万象，却唯独不像是一个中世纪晚期的幻象。与此同时，这些具体的实例与类似的国际风格壁画相比，更加符合菲拉雷特对于装饰艺术的概念，因为他能从这些实例中发现雕塑化的形象，某些情况下还能找出与墙体平面的明确关系。这样一个结论当然只是一种猜想，因为菲拉雷特只是在绘画附着在墙壁上时才对它们感兴趣，而对画家的罗列，仅仅是为了表明他知道艺术群体中最前沿的人物。

另一方面，论文中所出现的马赛克装饰，乍看起来像是犯了年代错误。菲拉雷特明确地意识到，艺术已经在邪恶的时代堕落了，并且在他自己的时代几乎销声匿迹。[23]以他的性格，他自然会尝试着让一种几乎被人遗忘的艺术重获生机。如果问他为什么这么做，他能给出的答案很多，但下面这几个可能在他的眼中最为重要。首先，他有古代的实例，他可能会扩大范围把11世纪也包含进去。他在一个地方列出了他在罗马见到的几个具体的马赛克装饰。[24]这些都值得模仿。他身边的例子还有威尼斯的古代圣马可巴西利卡，这显然是斯弗金达大教堂的原型。单凭佛罗伦萨的狭隘地方主义，就足以让他听取阿尔伯蒂的意见，在自己的教堂中使用马赛克和镶嵌大理石的装饰，并在马赛克工匠中加入佛罗伦萨有名的两位艺术家，即乌切罗和卡斯塔尼奥，他们都曾在他的有生之年被召到过威尼斯。而且，负责斯弗金达马赛克装饰的威尼斯匠人安杰洛·巴罗维埃里以及他的儿子马里诺，还很有可能是他的私交。最后，他的伦巴第听众已经形成了偏爱建筑中丰富色彩的趣味，因为他们把他们所能获得的材料都尽可能涂抹成不同深浅的白色、红色和黄色。华丽的马赛克非常适合为斯弗金达的建筑笼上一层古代那令人敬畏和耀眼的光环。

马赛克的题材显然源自威尼斯。把顶棚按照不同的使徒进行分区，取材于旧约和新约中的场景，被祝福的不同阶次的天使，以及后殿中的基督像，都清晰地让人想起威尼斯诸岛上的圣马可和其他教堂。不过，菲拉雷特的私人建筑的原型，却来自古代罗马的府邸。背板是用大理石板做成的，马赛克装饰的长椅看上去比罗马装饰更像科斯马蒂的作品，地板镶嵌的小块大理石是一种马赛克技术的变体，其题材可能不是源自罗马就是源自中世纪。与用来装饰斯弗金达城的绘画不同，马赛克装饰在私人或公共以及教会建筑之间有着清晰的分界。马赛克装饰只有在教堂里才会被赋予明确的寓意和象征性。除去极个别的例外，马赛克装饰在公爵住宅里基本上没有任何喻义。马赛克装饰完美地契合了菲拉雷特关于装饰艺术的概念，因为它包含了绘画的象征元素和设计的非象征性，它具备他为建筑倡导的全部耐久性和永恒性，而且还能同时满足他自己和他的赞助人对于色彩的钟爱。

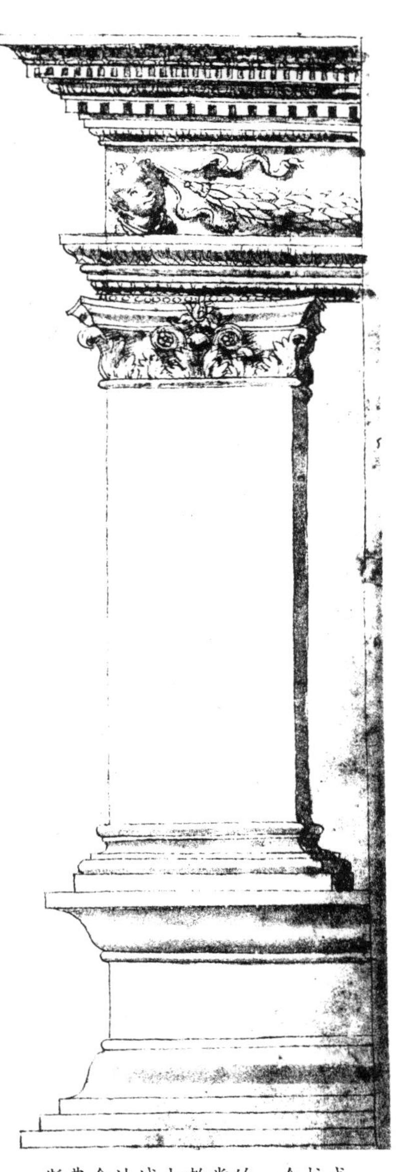

斯弗金达城大教堂的一个柱式

（英文版图版2）

浮雕比壁画和马赛克装饰更清楚地揭示了菲拉雷特“装饰艺术”的概念。我在前面提到过，建筑与装饰在菲拉雷特的头脑中是不可分离的要素。他在讨论斯弗金达大教堂（英文版图版2）的时候，所提出的理想柱式既是装饰性的又是结构性的。他在这种情况下选择的原型，是罗马的圣安杰洛堡转角处曾经存在过的一根壁柱，这表明他感兴趣的是装饰和结构，而不是在于尝试对柱式进行准确的考古学复原。他对柱础的线脚装饰所产生的光影变化非常着迷，并在论文中用一种精心勾勒的浅淡线条来表示，但是，更让他痴迷的似乎是由柱头的悬雕、檐口的垄沟以及额枋表面的可塑性处理所造成的更加丰富的光影变化。这绝对是整篇论文中最细致的渲染图之一，并且在颜料的使用上也耗费了最多的

（米兰马焦雷）医院入口
（英文版图版 9）

一座旋转塔图样的细部
（英文版图版 15）

心血。它是否是在菲拉雷特的指导下完成，这也许永远也无法确定，但它肯定源于他亲手绘制的一张图纸，他对这张图纸的细节进行了程度相当的渲染。他的意图，在这样一个例子当中，变得一目了然。建筑要作为雕塑的一种形式来处理，即既要有体量上的造型又要有表面上的细节。

关于装饰艺术这一概念最清晰的两个例子，是马焦雷医院的主入口（英文版图版 9）和旋转塔的入口（英文版图版 15）。前者把一个适当的壁柱和柱头与一个基本“准确”的拱门结合在一起。其下部是严肃的佛罗伦萨样式，而山墙乍看起来显得完全异想天开。额枋和斜挑檐的线脚，尽管源于古典，但看上去似乎更适合放在圣像牌那样的小块浮雕的边框上，而不是用在建筑上。山墙上奇思异想的植物－人像造型和斜挑檐上的哥特式卷叶饰，是罕见的古代与中世纪元素的组合。最有可能的情形是，这些卷叶饰的哥特式外形可能是出自论文这一个版本的插图师，尽管在佛罗伦萨也能找到相似的形式，比如在多纳泰罗的卡瓦尔坎蒂祭坛装饰画的边框上，还有在通往圣克罗切教堂第三个回廊的门上，但在那些地方几乎没有一点中世纪造型的痕迹。那么，菲拉雷特这个门的原型，就要到罗马的古迹，以及他于 1449 年和 1456 年在佛罗伦萨所作的两次短暂停留期间可能见过的实例中去寻找。不过，把这些基本的题材综合在一起，却完全是他自己的创造。他把门的各个功能组件都做了清楚的联结，但在山墙不承重的区域，他让他那对光影的爱自由驰骋。其结果虽然并不一定总是和谐的，但对于米兰的听众来说已经足够准确也足够华丽了。通往旋转塔的入口大体上表达了同样的追求。设计的各个元素基本上全都可以在罗马的原型中找到，壁柱和额枋上的装饰更是如此。入口上方的半月造型，一部分来自圣克罗切教堂的大门，一部分来自罗马石棺上的墓主像。整体的组织依然是典型的菲拉雷特手法。这里仍然在追求把建筑的各个构件都清晰地联结起来，并意趣盎然地让丰富的光影变化拂面而过。他将半月造型从主平面上缩进，并将壁柱和额枋前移，造成一种平面在空间中层层退后的感觉。最后一个平面的深度通过一个圆盘中的正面胸像加以强化，这个胸像仿佛要从这最后一个平面中跃出，从而强调了其在空间中的位置。建筑的体量通过对其表面的处理得到了强化，而这些表面错落有致，在建筑的平面上又创造了一种带有雕塑感和光线跳动的色彩。

菲拉雷特“装饰艺术”的概念，对于他自己的时代来说既是建筑性也是雕塑性的。尽管他对彩色大理石和马赛克的使用，以及对色彩效果的钟爱，显然是用一种画家的思维来表达的，但对他而言，绘画本身就是一种装饰艺术，被设计来覆盖建筑师作为一种支撑而提供的墙体。大概是出于这个原因，他经常强调对镶嵌大理石和神圣的马赛克图案的使用，因为这些装饰可以加固墙体的平面而不是毁坏它们。当绘画具有明确的空间效果时，比如在斯弗金达大教堂圣龛里的马赛克圣人像那样的情况，就会调整它们的位置，使其既强化对墙体的雕塑化处理，又不破坏其功能。

浮雕最能满足菲拉雷特对装饰的要求。作为一种建筑性的表面装饰，它体现了一种古代的功能。它用赤陶以及石材塑造，可以产生色彩斑斓的效果。最重要的是，它既强化了墙体的简单平面，同时又使其变得复杂。旋转塔的入口为这个看上去有些矛盾的说法提供了解释，因为菲拉雷特希望建筑性的雕塑也成为一种雕塑性建筑的装饰。这对于一个从浮雕雕塑师转行而来的建筑师来说一点也不意外，但是菲拉雷特的创新，远远超过了那些基于其原型的解释，以及基于在一个特殊的环境中接受到的新图案这样的解释。菲拉雷特在其论文中描写，并在他的马焦雷医院，可能还包括焦维亚要塞大门的高塔上加以应用的装饰艺术，甚至决定了其“折中风格”的特征。他提出的那种雕塑性建筑的概念，对于伦巴第人来说太过前卫了。它要等到莱昂纳多·达·芬奇和伯拉孟特来到米兰之后，才能在他们构思的建筑中得到体现。他们在艺术上的名声远远超过菲拉雷特本人，以至于他对集中式教堂的独特贡献基本上无人知晓。不过，他的装饰艺术对于他的米兰听众来说更容易接受。他们很快就接受了这一概念中显而易见的元素——圆盘中的浑圆或侧面胸像、“军功纪念章”、长长的赤陶檐壁，如此等等。

菲拉雷特的概念所具有的更深层次的含义，则更是鲜为人知，好在即使对他的理念只以一种最肤浅的方式加以接受，也有助于确立“折中风格”的特征，并推动其在整个西欧的蔓延。如果说没有菲拉雷特的影响，就不会产生位于帕维亚的切尔托萨的正立面、位于贝加莫的科莱奥尼的礼拜堂，或者巴黎的马德里宫，这样的陈述确实有些夸张，但是毋庸置疑的是，他是最先将佛罗伦萨的文艺复兴艺术理念引入北意大利的人之一，如果不是第一个的话。他在推进一种“折中风格”的形成，以及在北意大利创造一种特殊艺术氛围方面的作用是至关重要的。这种“折中风格”以及围绕着它而产生的那种艺术氛围，促进了从中世纪向文艺复兴的转变，并推动了文艺复兴形式和思维方式的传播。

古代艺术－现代艺术

菲拉雷特的论文最重要的一个方面，可以在他把“古代”和“现代”艺术对立的论述中找到。这种对立的原因，以及这种对立本身，在论文的主体部分都藏而不露。乍看起来，文中只有猛烈抨击哥特艺术和哥特艺术家的主观偏见。他对佛罗伦萨艺术和艺术家的赞美，似乎只是传统的托斯卡纳地方主义，就像他给赞助人和艺术家提出的建议，看起来不过是艺术论文中常见的说教。然而，对于“现代艺术”的抨击与对“古代艺术”的颂扬，在整篇论文中不断重复，以至于到最后再也不能对他们视而不见。在菲拉雷特的词汇中，“现代艺术”可以等同于哥特风格，而“古代艺术”可以等同于文艺复兴风格。这样一种区分，有助于解释论文中常常把“现代艺术”与对野兽主义，对理性和规则的缺失，以及对那些无知的匠人－建筑师们的激烈批评联系起来的倾向。然而，“古代艺术”也伴随着对伯鲁乃列斯基的赞扬、对罗马古迹的肯定，以及对开明统治者的称颂。菲拉雷特在这个方面的目的是相当清楚的。他对哥特式进行攻击，既因为那是一种属于佛罗伦萨最近之过去的风格，也因为那是一种依然还在伦巴第根深蒂固的风格。他所采用的那种批判，是15世纪的文学作品中一种显而易见之潮流的一部分，这种潮流为了重建更加正确的拉丁语文风而抵制地方方言。菲拉雷特的批判，在实质上，与阿尔伯蒂在《论绘画》或者洛伦佐·瓦拉在《论拉丁语》中所进行的批判一致，因为他同样希望，首先，要抵制最近的过去以便重返古代，其次，要创建一种在规模和辉煌程度上能与古代的艺术等量齐观的新艺术。与那些“小册子作家”的同侪们一样，菲拉雷特也在尝试着影响与他同时代的艺术家和赞助人，让他们反对“现代艺术”而接受“古代艺术”。建筑师会要求赞助人进行某些测试，以检验建筑师是否能够胜任，对于建筑师希望获得的委托项目，他也会向赞助人提供一些这类建筑的模型。艺术家和建筑师相应也会获得一张责任和权利的清单，这是对他的一种激励，要让他从“泥瓦匠”的行伍挣脱，他还会获得一组被设计来“净化”其艺术的模型。这种批判与劝诫的结合，在一位来访的贵族视察斯弗金达并对当时错误的做法发出简短却入木三分的辛辣讽刺时，达到了顶峰；这位贵族后来被认定是洛多维科·贡扎加。

当他看过并领会了所有东西之后，他说：“阁下，我仿佛又看到了昔日曾经屹立于罗马，以及在关于埃及的记载中流传下来的那些高贵的建筑。我仿佛再次重生，回到了古代，亲眼目睹了这些高贵的建筑。在我看来，它们是多么的美啊。”

“根据您的信仰，阁下，您认为为什么这些技艺会衰落，以至于古代的风俗不能延续，即便它是如此的美丽。”

“我告诉您吧，阁下。是这样的原因造成。随着文学在意大利的衰落，建筑也衰落了；我是说，拉丁的语言和文字变得日渐粗鄙，直到五六十年前为止，此后，思想又变得日渐文雅，并且重又被唤回到过去的时代。要我说，那真是一件令人恶心的事情。同样的事情也发生在建筑这门艺术身上，被蛮族发起的战争践踏和蹂躏了多少次之后，意大利竟成一片废土。然后，又有数不清的奇风异俗从阿尔卑斯山的另一边侵袭过来。由于意大利已经变得贫穷，因而没有再建造过伟大的建筑，因此，人们对于这些东西也不再经验丰富。随着人们经验的流失，他们的知识变得越来越不精细。因此，这些东西的知识终于失传了。这时，如果有任何一个人想在意大利盖任何一所房子，他就要求助于那些想干这活的人，找金匠、画家还有泥瓦匠。尽管他们这些手艺之间有相通的地方，但更多的是差别。他们会用自己知道的时尚，即在他们看来在现代传统中最好的时尚。金匠会把他们的房子盖得像神龛和香炉。他们用同样的样式来盖房子，因为这些形式在他们自己的工作里是美的，但这些形式与他们自己的工作而不是建筑有着更加密切的关联。他们已经接受的这些模型和习惯，我说过，是从山那边学来的，是从日耳曼人和法兰西人那里学来的。因为这个原因，古代的风俗就消失了。”[25]

事实上，这一段话，再加上弗朗切斯科·斯弗扎放弃“现代艺术”这一异端的另外那一段话，一同为菲拉雷特的建筑批判提供了支点。仔细分析这些段落，以及反复出现的对哥特建筑的谴责，就会更清楚地看到这篇论文的一个基本目的。

菲拉雷特对他所处时代的传统建筑进行的攻击，建立在四个基本要点上：它缺少真知，它源于蛮族，它忽视了某些自然“法则”，以及它没有遵从古代的权威。

论文中菲拉雷特对于哥特艺术缺少真知的批判，是以中世纪在技艺（Ars）和智识（Scientia）之间的争论为背景的，这一争论不断扩展，并且在15世纪发生了一次重心的转移。智识变得不仅仅是理论知识，而且还是一种以古迹、数学和对自然现象的观察为基础的知识。理论的重要性得到了极大的提高，以至于在阿尔伯蒂讨论绘画、雕塑和建筑的论文中，几乎很少甚至没有向这些艺术的实践者提出任何实践方面的建议。尽管15世纪的理论家没有人像洛多维科·多尔切那样走极端，认为提香和彼得罗·阿雷蒂诺仅仅从智力的角度而言，是水平相当的画家，但人们还是感到技艺，或者说实践，有可以被任何一个手工灵活的人所轻松掌握这样一种特性。画家试图把其艺术置身于人文艺术的行列，在这样一个比较当中，艺术在思想方面而不是手工技巧方面的重要性变得众所周知；菲拉雷特也为建筑师做着同样的努力。既然建筑将拥有和其他艺术一样的思想和理论基础，那些采用“现代艺术之糟糕实践”的人就注定无法成功。假如他们的东西做得不错，那也只是碰运气，而且可能不会再次重复。他们不懂艺术理论，所以必定要像瞎子一样在黑暗中摸索。在文中有三个不同的地方，“现代艺术”都因其比例缺乏理性而受到批判。文艺复兴对数学和以人类为中心的偏向，再加上未能理解哥特的“规则”，形成了这种批判的特点，并在论文中多次以不同的形式重复出现。简而言之，菲拉雷特对哥特建筑注定没落和文艺复兴建筑必然成功所做出的含蓄的解释，可以用下面这句言简意赅的话来重新加以概括：我们从维特鲁威那里，了解到古人在建筑中使用了一种数学的比例系统；因此我们应当效仿。使用数学就可以从人体中推衍出一种比例系统；我们只需找到一个理想的人体，或者从对现实人体的观察中，推导出理想的人体。

这种推理并不是菲拉雷特所独有的，其结果就是在论文中首先建立起人体的比例，然后将这些比例用于建筑的各个部分，最终构成了一种新建筑，其中包含了古代建筑全部的清晰性和理性。菲拉雷特的偏见，在很大程度上也是他在佛罗伦萨的同侪们偏见，在他总结柱础做法的那段中有明确的表述。

> 关于柱础您已经了解得足够多了，因为只要它们是用其他任何一种方式而不是用古代的方式建造，它们就不美。我尤其要恳请所有希望盖房子的人，或是那些有意继承这门艺术的人，一定要遵守这些规定，而上面这些就会是成果。如果他这样做了，这些成果就会带来愉悦。同时，它们不但可以满足行家的口味，连不懂得建筑的人也会喜欢。现代的玩意儿可不行；它们不会得到行家的赏识，因为他看不出它们的尺度或形式。[26]

新建筑的基础，必须要由源于古代的连贯一致的理论和古代的数学构成，但由于某些建筑师的盲目和刚愎自用，继续忽视古代，也由于古代的秩序必须现在就加以恢复，所以菲拉雷特和他同时代的很多人一样，必须找到某种解释，来说明为什么丑能够在过去取代了美。

菲拉雷特对于“现代艺术”的谴责，有一部分是建立在一种民族主义的观点之上。彼特拉克的爱国主义诗篇，早就为 14 世纪晚期的文学人文主义者提供了一个对于文学衰落和失败的解释，而 15 世纪的艺术人文主义者，立刻就把这种解释搬了过来，用来说明艺术领域情况相似的没落。不论哪种情况，责任都被归咎于北方的蛮族。尽管从来没有给出关于这些蛮族入侵的确切的历史时间，但 14 世纪和 15 世纪的人文主义者肯定不是在说五世纪的罗马沦陷。他们真正关心的，是历史上更晚近的事件，主要是 12 世纪和 13 世纪的事件，那时的日耳曼神圣罗马帝国，其皇帝在北意大利的城市中施加了，或者试图施加他们的统治。我已经指出，菲拉雷特和他同时代的人，似乎把我们现在称为早期基督教和罗马风的东西，当做罗马风格的直接延续。蛮族颠覆了这些既成的风格，并留下一个真空取而代之。这些蛮族入侵的一个结果就是，再也没有任何伟大的作品出现。当意大利再度繁荣昌盛，可以开始考虑重要的建筑工程时，却找不到有经验的建筑师。哥特建筑填补了这一真空，而菲拉雷特对其起源做出了天才般的解释，从他处于更有利地位的历史观点出发，这一解释看上去几乎是可信的。既然意大利找不到有经验的建筑师，而这种蛮族风格又是从北方入侵的，所以，任何人只要标榜自己是建筑师，就可以赢得意大利大型教堂的项目。所以，“金匠会把他们的房子盖得像圣龛和香炉”。对于一个习惯了佛罗伦萨大教堂那种忧郁的严肃之气的佛罗伦萨人来说，伦巴第和威尼斯的哥特建筑，看起来简直就是一件件巨大的黄金首饰。菲拉雷特所有批评的要点，与彼特拉克是一样的，都是要把蛮族及其影响从意大利文化中驱逐出去。哥特或现代艺术是非意大利的，是由蛮族带入的，它取代了本土的风格。从纯粹民族主义的角度来说，任何一个爱国主义的建筑师或赞助人，都应该由衷地排斥“现代艺术”，并忠于真正的意大利“古代艺术”。[27]

和众多富有战斗性和煽动性的理论家一样，菲拉雷特认为他自己特殊的偏见是正常的，而任何其他的形式都是背叛。其结果就是，他拿起一组“自然法则”来证明自己对于古代题材的选择是正确的，并以此向他的听众展示为什么他们应该排斥“现代艺术”。除去论文这些部分中所涉及的人本因素，菲拉雷特还在努力与早期文艺复兴思想的一种潮流保持一致，即试图找到统领宇宙的那些基本规律。奥古斯丁的格言——上帝在创世的时候，用数学在宇宙中进行测量、称重，并维持和谐——为文艺复兴社会中很大一群人的数学倾向，提供了一件看似合理的外衣，并鼓励人们从数学最简单的形式中，去发现最完美最普遍运用的艺术形式。这样，宇宙的“自然法则”，就在很多思想家和艺术家的头脑中，成了同样支配数学的规律。最简单的几何形式和最简单的算术比例，就体现着这些宇宙的“自然法则”。故而任何偏离这些基本规律的，以及从它们衍生出来的不必要的复杂化形式，都将被认为是 ipso facto，即丑的。

由于菲拉雷特的品位恰与这一群非常至关重要的艺术和文学人文主义者的倡导一致，所以，他也借助自然规律的权威，为他所倡导的建筑形式鸣锣开道。他为圆拱的使用进行的辩护，有一部分肯定是来自阿尔伯蒂的《论建筑》[28]，不过他比阿尔伯蒂的论述写得更长，并给了它一个更为可信的基础，尤其是对于这篇论文所针对的读者来说更是可信的。用他的话来讲，圆是最完美的形式，不仅仅因为它是一种基本的几何形式，更是因为目光可以扫过它一周而没有障碍。半圆亦然。哥特工人做出的尖拱就没有表现出同样的完美，因为它由一个圆的两段组成，并依靠几何的严密性来加以保证，但是其构成使得目光必须在两弧的交点处停下来，并大幅度改变方向。他的意思很明显。任何东西只要不给视觉带来困难，就是自然的，因此就是美的；任何东西如果让人觉得不自然，就是丑的，因此一定要加以排斥。

与这种自然即美相似的观点，在整个 15 世纪中都曾出现，只是面貌各有不同。探索宇宙及其运动的一般规律，有很多不同的表现，像库萨之尼古拉斯的《论博学的无知》里的愚人，对费奥·贝尔卡里及其同时代的人笔下的贝娅塔·维拉纳和其他单纯而又崇高之角色的再度关注，还有阿尔伯蒂和菲拉雷特等人对在艺术方面“并不博学的人”所做出之判断的青睐，这些都是。人们希望受过教育的人都是在美学和伦理方面的行家，但对他而言，受过教育的人应该通过教育形成一种品味。他们认为，只有朴素的人，才能最轻易地发现这个一般规律。因此，阿尔伯蒂在整个《论绘画》一书里都坚持认为，他所提倡的绘画必须让所有博学和不博学的人都喜欢。菲拉雷特也是如此，只不过是把这个自然法则用在了建筑问题上。博学的人自然会把“古代艺术”置于“现代艺术”之上，因为在前者中可以找到比例和秩序的应用。然而，没受过教育的人也会喜欢“古代艺术”，这倒不是因为他从中发现了思维对于尺度和秩序的驾驭，而是因为它更“自然”，故而能够更快更直接地诉诸他那朴素和自然的灵魂。假如这个观点被接受了，并如此频繁的出现，纯粹是通过无数次反复的力量，它也必定已经说服了社会中的很大一部分人，使伯鲁乃列斯基和佛罗伦萨的“新古代艺术”，必定不可避免地要战胜丑陋的哥特式的“现代实践”。

“现代艺术”受到谴责，不仅仅是因为它缺少一个真实的理论基础，又源于蛮族，而且蔑视自然规律，更是因为它与古代权威发生了直接冲突。从我们自己处于更有利地位的历史观点来看，学院派作风的最坏方面，显然在15世纪，通过这一时期作品中大量涌现的对于古代的含蓄接受，已经埋下了种子。古代的罗马共和国，在15世纪早期的佛罗伦萨被重新唤醒，成为其政治、文学、艺术的典范，这并不是出于一种亦步亦趋盲目的模仿，而是对于其心目中意大利文明之真正本土源头的顶礼膜拜。诚然，在当时的艺术家和人文主义者当中，对于古罗马之理解的深度和广度有着很大的差异。由于菲拉雷特比起当时很多受教育层次更高的人来说，没有足够的哲学和文学方面的知识，因此他的观点经常是相当浪漫的，不过，他对于罗马城及其历史的热爱，比起那些人来，在真诚严肃和深刻方面毫不逊色。正是他这种对罗马古迹的盲目崇拜，而不是对构建学术体系的追求，导致他把是否与古代艺术一致作为了判断优秀的标准。在年轻的公子问起“哪些是古代的，或者说，哪些更好”[29]的时候，菲拉雷特似乎和他一样高兴，因为美与古代，以及他的品味是一致的。古代因此成了试金石，而“既然古人没有用它们，我们也不应该用它们”的公理也在整篇论文中反复出现。有了这些背景，读者就自然而然地要接受圆拱[30]、科林斯柱头[31]、檐口和台基[32]、菲拉雷特混乱的柱子比例[33]，而最终接受整篇论文。推而广之，伯鲁乃列斯基的建筑及其在佛罗伦萨的衍生物也是美的，因为它和“古代艺术”的典范是一致的。

菲拉雷特很清楚，伯鲁乃列斯基通过他对“古代艺术”的复兴，已经在佛罗伦萨掀起了一场革命，他同样清楚的是，在意大利全国有越来越多的人拥护这场革命。由于这个原因，他要赞美佛罗伦萨人，并用了整整一书来讨论佛罗伦萨内外的美第奇建筑项目，还把洛多维科·贡扎加作为开明的贵族赞助人引入书中，因为他意识到了自己过去的错误，而且现在已经完全倒向了“古代艺术”。不论有学问的人还是头脑简单的人都景仰古代；他们都察觉到了古代艺术胜于现代的优点。当科西莫·德·美第奇和洛多维科·贡扎加被当做这种人的典型讲给弗朗切斯科·斯弗扎和加莱亚佐·斯弗扎听的时候，他们也将会非常明智地接受这种势不可当的古代声望和权威，并反对一切“现代”的东西。

菲拉雷特论文中教化目标的第一阶段的实施方法，就是对“现代艺术”进行理性的、民族的－感情的、自然的、专制的批判和反驳。与众多艺术宣言的作者一样，他也认为不破不立。对于佛罗伦萨的读者来说，他仿佛是在炮轰一个稻草人，因为佛罗伦萨几乎已经消灭了中世纪的建筑形式。可是要想让新艺术争取任何一名米兰的听众，菲拉雷特就必须对传统展开全面攻势。弗朗切斯科·斯弗扎首当其冲。显然这位公爵把自己和科西莫·德·美第奇以及费代里戈·达·蒙泰费尔特罗这样的贵人自豪地并列在一起。他急切地在自己周围摆上一圈杰出的人文主义者，兴冲冲地请来“外国”艺术家，并活跃在建筑舞台之上，这些都说明，他也希望成为和同时代的统治者一样的文艺复兴资助巨人米西纳斯。这样一个人应该可以被菲拉雷特论文中的理性论断轻易俘获，因为其身边的人文主义者早就用文学和科学评论把他的思维改造好了。而菲拉雷特用于自然科学论断的那些生理学试验和推理，对于公爵来说也不可能完全陌生。对于一个在晚近登极的统治者来说，几乎总是能非常容易地唤起他对古代的尊敬和爱慕，而对于弗朗切斯科·斯弗扎来说尤其如此，因为他一度当过教堂的幛旗手*，而且还多次到罗马旅行。他的儿子加莱亚佐则更容易被打动，因为他到永恒之城的旅行在时间上更晚，而且他的文学和艺术导师已经为他在罗马的停留做了充分的准备。最后一点就是，民族主义的情怀是弗朗切斯科·斯弗扎和菲拉雷特论文的米兰读者不可能轻易放弃的。伦巴第人比佛罗伦萨人更了解阿尔卑斯山对面的政治压力。因此，弗朗切斯科·斯弗扎在与威尼斯的战争终止于洛代和约之后，立即在他的北部边界上兴建要塞的举动是具有重要意义的。他在费尽周折之后，成功地让儿子加莱亚佐娶到了法兰西王室的公主，这既是一种恐惧，也是一种友谊。对于一个号称受过人文主义教育的意大利贵族来说，既有彼特拉克的爱国诗、同时又把政治现实放在核心地位的情感号召是不能不在考虑之列的。眼下我们不必在意菲拉雷特劝导的实际结果，即便马焦雷医院可能暗示出弗朗切斯科·斯弗扎在一定程度上已经动摇了。他的劝导应该是有说服力的，不过从我们的历史角度出发，对他在成功摧毁了现代艺术之后所要树立的古代艺术进行研究才是更重要的。

---

* 旗手，中世纪意大利城邦国家的行政长官。——中文译者注

菲拉雷特论文的关键就在洛多维科·贡扎加访问斯弗金达之后说的那几句话当中。"阁下，我仿佛又看到了昔日曾经屹立于罗马，以及在关于埃及的记载中流传下来的那些高贵的建筑。我仿佛再次重生，回到了古代，亲眼目睹了这些高贵的建筑。在我看来，它们是多么的美啊。"[34]这一段中关键的词语"rinascere a vedere"给翻译带来了相当的困难，而且译法各有千秋，但是重生和可见的感觉是明确的。[35]把首先使用"文艺复兴"一词归功于菲拉雷特也许太极端了，但是重生的概念的确是他所鼓吹的艺术和建筑中的一个基础部分。所要复兴的建筑类型似乎同样清晰；造访的贵族特别提到了罗马建筑的遗迹和涉及埃及建筑的文献。既然如此，论文中设想的建筑就不是什么菲拉雷特想入非非的结果，而是十分严肃地用文艺复兴的语汇来重建古代艺术的努力。

这段话不仅仅揭示出了论文的目的，讲这段话的人本身还强调了重生或复兴对于菲拉雷特的重要性。我已经证明，此人可以被认为是洛多维科·贡扎加。[36]菲拉雷特借他的嘴说出的这番话的重量和意义，对于弗朗切斯科·斯弗扎来说可想而知。菲拉雷特和贡扎加二人的交情早已为人们熟知。那么，这些话就是从一个密友口中说出来的，但贡扎加还是一个有学问而且受尊敬的朋友，他受过比托里诺·达·费尔特雷的教育，并且在当时还雇佣了莱昂·巴蒂斯塔·阿尔伯蒂。贡扎加被迫承认自己方法的错误："我曾经也被现代建筑所取悦，但一当我开始欣赏古代的东西，我就对现代日感厌恶。"[37]他转向佛罗伦萨的古代建筑，并在他的雷韦雷府邸和他在曼图亚及佛罗伦萨委托的教堂中都接受了这种风格，这些都为他的这段话增重不少。菲拉雷特的论断和借洛多维科·贡扎加之口说出的忏悔，真的让弗朗切斯科·斯弗扎在论文中建筑部分的末尾几页里放弃了自己的异教。"古代风格之美，容不得一丝怀疑，再不要有人给我说什么现代做法。我肯定，你们听了我的话，大部分人都要大吃一惊，因为在过去，我叫人造了许多房子，都是现代的做法。若是过去别人对我这么说，我也会像你们这么讲，但是，既然我见到了、也领会了古人使用的法式，特别是我听了这本黄金书的内容，我就改变了看法……我不想再多说。我知道古代的建筑方法比现代更美、尺度更佳，这就足够了。因此我决定，不论今后做什么建筑，是大是小，我都要用古代的方法。"[38]

古代建筑重生的概念不仅对于说服新的赞助人有重要意义，它的内涵还对15世纪产生了深远的影响。这篇论文本身及其知识基础也是一种重生，因为菲拉雷特在这篇论文的开头几页就表明，自己要揭露"一些我从古人那里发现或学到，而在今天几乎已经失传或被人遗忘的东西。"[39]这些措辞让人想起阿尔伯蒂《论绘画》的意大利语前言，因为菲拉雷特像阿尔伯蒂一样，在这里用一篇劝说性论文公开他对古代艺术的研究成果以及他自己对未来艺术的建议。菲拉雷特所强调的重生的文学内涵，特别是从伯鲁乃列斯基以及佛罗伦萨接受了古代艺术的意义上讲，一方面是由于他过分依赖文学描述而不是任何具体的考古研究，一方面是由于意大利14世纪末、15世纪初的文学人文主义者已经形成的习俗。对这一文学习俗的应用，一方面出现在菲拉雷特对伯鲁乃列斯基和佛罗伦萨接受古代艺术的赞许之中，一方面出现在他对现在不适宜的艺术为什么会取代过去适宜的艺术所做的解释之中。他当然早就知道与琴尼诺·琴尼尼文中出现的概括性论述相似的内容，其大意就是乔托把绘画从希腊式转化成拉丁式，并使其更现代。[40]这里应该再用一个类似的论述，但是伯鲁乃列斯基在菲拉雷特的眼中作用稍有不同。与其说伯鲁乃列斯基把建筑从本土式转化成了拉丁式，倒不如说他让古代秩序复活并恢复了其昔日的活力。恢复古代形式比进行转化更重要，这就解释了文学与建筑之间的比拟为什么会被重复三次。[41]蛮族腐蚀了西塞罗和维吉尔的作品之拉丁语的纯粹性，也同样腐蚀了罗马建筑的纯粹性。不过，西塞罗的作品得到了还原，而且文明的人现在使用更纯净的拉丁语；因此，同样的复兴现在也可以发生在其他艺术领域。这个比拟中还暗含着一种对于艺术的新兴趣以及发展的一个新高潮，因为埃涅阿斯·西尔维厄斯·皮科洛米尼早已表明他相信对修辞学的重视与绘画蓬勃发展二者之间存在一种直接的关系。[42]洛多维科·贡扎加简短发言的内涵对于我们理解菲拉雷特及其论文，还有他所在的时代都具有相当重要的意义。菲拉雷特希望其建造的建筑是重生时可以见到的属于古代的艺术。其复兴将类似于已经发生的文学复兴。最后，它必将引领一个新时代，让埃及、希腊和罗马的光荣以具体的形式，成为一个全新的乌托邦的象征。

菲拉雷特论文的目的有很多，有的达到了，有的却没有。它的基本作用是劝导，但是绝不能同作品的教育意义或是文学意义完全割裂开来。菲拉雷特在论文中试图说服赞助人和艺术家双方都接受自己的观点。他用了一定的篇幅来描述他认为新艺术应该是什么样的，还给出了实例、列举了拥护者，并批评了那些他认为不符合他所建立之标准的作品。赞助人在实例和劝导的怂恿之下，要接受这种新艺术，并且只雇佣那些拥护它的人。同样的，艺术家也要接受新艺术，或者受到鼓励继续坚持它。论文甚至还写了一节来规范建筑师和赞助人之间的关系，以保证双方都不会做出损害新艺术发展和传播的事情。这一节的内容还延伸到书中各个零散的部分。建筑师和赞助人列出一个清单，写明建筑师应该知道的东西以及一系列用来验证他是否“优秀而称职”的测试。同时，论文通篇出现的建筑类型的实例，也是要为建筑师提供一种灵感，并为赞助人提供一种鉴别建筑师是否拥护新风格的手段。

这篇论文不只是一本典范之书，因为它还给出了赞助人和建筑师双方都应该知道的基本原则。论述建筑材料的章节，还有那些对于施工技术和模式的零散描述，使这篇论文成为一本非常实用的手册，既可以放在工作间也可以放在图书馆。在劝导的过程中，菲拉雷特试图建立一种美学基础，通过它就能轻松地鉴别出最佳的建筑风格和装饰类型。而由于这些目标非常雄伟，他认为有必要把它们放到一个理想的乌托邦场景里来深入讨论。出自论文中教育层面的斯弗金达和浦鲁西亚城就是这样完美的场景，其中的一部分甚至是全部都能被用于差不多任何一种场景当中。从这个意义上讲，这两座城市与很多历史上的宏图巨制是不相上下的，比如尼古拉斯五世的莱奥尼诺镇、庇护二世的皮恩扎，还有洛多维科·莫罗的维杰瓦诺。这篇论文和这三个例子一样，雄才大略谁不知；只恨资金无处来。

尽管这篇论文提到了现实中的很多明显的相似之物，比如从16世纪至今的防御工事、17世纪至今的城市规划，以及无数的中世纪遗存，但是这部作品最重要的价值并不在于它是建立在晚近或远古的基础之上，也不在于它对未来的展望，而是在于它为我们理解一个极为复杂的半岛上的一个极为复杂的世纪提供了帮助。就像那个时代的人、作品和艺术一样，这部著作把古代、中世纪和15世纪混为一谈。与其说菲拉雷特是一个“准确”的文物研究者，倒不如说他是一个幻想家。他所关心的似乎不是文艺复兴的名声概念，也不是对后世的展望。他为自己的时代写作，为他所了解的社会写作。他不大可能会把他的理想城市看成是一个乌托邦，里面还住着完美的人。相反，他的城市是一个现实的方案。有了它，新艺术和古代艺术就可以通过赞助人和建筑师得以实现。“这［斯弗金达城］不是埃及伟大的底比斯，也不是人们传说中由塞米拉米斯神奇般建造起来的尼尼微或巴比伦，也不是人们传说中由卡德摩斯建造的希腊的底比斯第二，也不是拉俄墨冬建造、其子普里阿摩斯重建的特洛伊，也不是人们传说中在女王狄多的时代之前就建好的迦太基，而我更不想拿它和罗马相提并论……现在，让我们放下这些在古代和今天建立起来的宏伟城市吧；它们非常神奇、非常伟大，而且是耗费了大量的时间和金钱建造起来的。我不是说这座城市不花大钱就可以建造起来。有些要建造的房屋，没有大笔的开销是不可能做出来的，而高尚伟大的君王和公国，都不应该因为代价高昂而放弃建造雄伟壮丽的建筑。建筑从没有掏空一个国家的金库，也从没有夺去一个人的生命……到最后，一座大型建筑竣工的时候，国库既没有多一分钱也没有少一分钱，而建筑却真实地同它的声名和荣耀一起屹立在国家或城市之中。”[43]

献　辞

[1r]

啊！尊贵的皮耶罗·德·美第奇阁下，我知道您伟大而卓越不凡，您为美德和善行而欣喜，更为那些让美名万古流芳和令人景仰的事物而欣喜，这恰恰是高贵心灵的秉性。正因为如此，我认为学习一下建筑的样式和尺度无疑会令您感到愉快。对于您这样的人来说，这的确是有价值而又适当的事，其原因有很多个，而最主要的原因在于，这样您就可以把财富施予那些如果得不到这些施舍，他们就会因为贫困和物质匮乏而毁灭的人，反过来，千古流传的美名也可以保存下它们的美德和慷慨。我要把这样的赞美献给您和您的家族，特别是您的父亲，我把他尊为最令人景仰的人。谁敢说我的话是阿谀或者是讨人欢心的奉承？看看您和您最高贵、最令人景仰的父亲科西莫，由他们创立和委托修建的那些富丽堂皇的建筑，就是最好的明证。这其中包括佛罗伦萨圣母玛利亚教堂里华丽的天使来报礼拜堂，还有佛罗伦萨城内和城外其他那些美轮美奂的建筑，这些建筑不仅遍及我们周边的那些城市，还遍及托斯卡纳之外的各个地方。在米兰有一所高贵的住宅，我们将在第二十五书中看到，以及为他们建造的其他建筑，不过，我们在这里把这个先放一放吧。在我们意大利的各个地方，甚至是在异教横行的边境地区，都有他们建造的令人景仰的建筑。[44]在哪儿还能找到我们这个时代那样如此具有名望而又如此值得赞颂的个人呢？他们的其他美德和特殊品质我不想多说，例如他们通过自己的力量或者在公国的援助下保卫和拓展疆土的远见和仁爱。而且他们还在继续拓展着它。

但我现在不想在这上面展开，因为我的主题只是给建筑带来秩序。这您非常理解。为了让您相信我所说的话是真的，请看看圣洛伦佐教堂，圣马可教堂，还有大家都能看到的其他那些建筑。[45]编纂这部著作耗尽了我的精力。但我认为，出于上述原因，以及我对您的挚爱和善意，您看到它可能会感到高兴的。由于这些原因，我把它献给您，尽管它没有按照应有的方式，以对阁下您或是著作本身的尊敬而写成一部可敬的作品，因为它本应该是用拉丁语而不是通俗的口语写成。不过，我想会有更多的读者理解我。况且由最尊敬的作家创作的拉丁语作品已经够多了。这部著作就是它自己，不要以为它出自维特鲁威或者其他杰出建筑师的手笔，它出自您热爱德艺的建筑师，佛罗伦萨的安东尼奥·阿韦利诺之手。[46]为纪念尊贵的教皇尤金四世而在罗马圣彼得大教堂安装的青铜雕刻大门是我的作品，在米兰城，我的作品有米兰第

四任公爵弗朗切斯科·斯弗扎治下以上帝的名义修建的穷人的光荣庇护所，公爵大人用自己的手为其基础奠下了第一块基石。我还在那里和在贝加莫大教堂设计了其他一些东西。[47]

[1v] 近来，每当我有点空闲的时候，我就会编纂这部著作和其他一些小部头。如果不会给您带来不快的话，请读一读这本论建筑的书，或者叫人读给您听。我说过，在这里面，您会发现建造的各种方式。它还包含有各式各样的建筑类型。这些东西，我相信，会给您的耳朵带来相当大的愉悦。它包含比例、特性、尺度，还有它们的起源。这我将通过理性、权威以及实例进行展示，我还会表明他们是如何全部从人的形体和形式推演而来。此外，它还包括维护建筑所需遵守的一切东西。然后它讨论了建筑的材料以及如何使用石灰、砂、砖头、石头、木头、铁活、绳索，以及其他有用的东西。它还根据基址论述了基础及对它的要求。最后，它还包括建筑师应该知道的东西，同时还有建筑的委托人应该知道的东西。有了这些，我想他在盖房子的时候就不会犯错误了。[48]

第一书

以前我曾经在某个地方，看到有一个贵族和很多人在一起吃吃喝喝。在东拉西扯的谈话中，他们开始讨论起建筑。他们中的一个人说："在我看来，你固然对建筑有很高的评价，但是它看起来并不像很多人瞎说的那样了不起。他们说你必须得会好多种几何图形、作图和其他许多东西呢。我好像在哪天听人说过一个叫什么维特鲁威的人，还有一个好像叫阿基米德的人。他说他们写了关于建筑、尺度以及其他很多人们应该知道的零零碎碎。我要盖什么东西的时候，才没搞这些量来量去和其他那些杂七杂八的东西。我没有用他们神吹的那么多几何规则，也还盖得不赖。"

接着另一个看上去说话严肃一点的人开口了："可别那么说。我认为任何一个想要建造房子的人都应该清楚地知道尺度和作图，这样才能盖出大房子、大教堂，或是其他类型的建筑。假如他没有进行绘图、测量并做其他那些事，我认为他根本就不可能把房子正确地盖出来。我还觉得任何一个委任建筑的人都应该知道这些东西。尽管如此，我不会说，因为这不是我的职业，我就只需要知道一点点可以拿来说说而已的东西就够了。我愿意出大价钱来找人教我需要用些什么，以及如何使用，才能让一个建筑比例协调，并告诉我这些尺度方法的来源，以及为什么人们要以这种方式来思考和建造。我也想知道这些东西的起源是什么。"

听到这样的对话，我就走上前去，因为它和我的职业有关，而且也因为在座的人中，没有第二个从事这一行的人。我说："也许你们会觉得，由我来给你们讲讲这些样式和尺度，有点自以为是，因为古代和现代都有许多杰出的人写出了关于这个学科的优美的作品。例如，他们中有一位叫维特鲁威的人，在这个主题上写了一篇很有价值的论文，巴蒂斯塔·阿尔伯蒂也同样如此。[49]后者是我们这个时代在很多个学科里都最博学的人之一，他在建筑方面，尤其是在设计方面技艺超群——对于每一门由人的手来完成的艺术而言，设计都是其基础和手段。他对作图了如指掌，而且精通几何学和其他科学。他还用拉丁文写了一部最为优美的作品。出于这个原因，也因为我在写作和演讲方面没有太多经验，但擅长别的东西，因此我毛遂自荐。刚才我在试着描述建筑的样式和尺度时，看上去可能太唐突太自以为是了。我要用而且只用意大利语来进行描述，因为这些技艺——作图、雕塑和建筑——以及其他许

[2r]

多东西，还有实地考察，都令我高兴和满足，我也很有经验。在合适的地方，我会谈到它们。出于这个原因，我斗胆认为，那些知识不是很渊博的人会对它感到欣喜，而那些在文学方面技艺娴熟而又知识渊博的人，则会去读上面提到的两位作者。

由于这些东西有点艰深和令人费解，我恳请诸位阁下在听我讲述的过程中集中精力，集中的程度就仿佛他曾经命令他的部队去夺回或者保卫一个最重要的阵地，也仿佛他收到了部队传来的捷报，说他们不费吹灰之力就赢得了对敌人的胜利，成功地夺回，更好的情况是保卫住了那个阵地。请以这样的集中程度来听我讲述。如果您这样做了，我想您就会对此产生兴趣而一点也不会感到我讲的话枯燥乏味。您陶醉于其中的时候，也会学到一些有用的东西。

为了让您更好地理解，我将把我的讲话分成三部分。第一部分将追溯尺度的起源；建筑及其来源，应当如何维护它，以及建筑的施工所必需的东西；成为一名优秀的建筑师应该掌握的建筑知识；还有他应该注意的地方。第二部分将为想建造一座城池的人讲述施工的方法和手段，其基址的选择，以及建筑、广场和街道应该如何布置，才能使其按照自然的法则，变得精致、美丽而永恒。第三部分也是最后一个部分，将讲述如何根据古代的方法，再加上我从古人那里发现或学到，而在今天几乎已经失传或被人遗忘的东西，来建造各种形式的房屋。从这一部分里我们可以知道，古人的建筑比我们今天的建筑更加高贵。”[50]

“那好，你说为什么今天还能盖出美丽的建筑来呢？在我看来，至少米兰和佛罗伦萨的大教堂就要算几个。为了简单明了，别的我就不一一点名了。”

阁下，只要这些东西花费了高昂的费用，它们在您眼中就会显得很美。我们现在先不谈现代教堂中大量存在的失败。这些失败的原因在于，每一个建房人都几乎普遍认为，他雇了一个优秀的建筑师。正因为如此，这门艺术中的匠人比其他任何一门艺术中的匠人都多，而大师却比其他任何一门艺术中的都少。我指的主要是那些知道怎么把一块石头放入石灰，并用灰浆加以涂抹的人，他们都认为自己是出色的建筑大师。此外，如果建造了迷宫的阿基米德或第德勒斯*有可能复活的话，这些现代建筑师就会更加自以为是。就算他们真的做了些什么，他们的成功也更多依靠的是经验，而不是他们在作图、文学或尺度方面所掌握的知识。为了指明这些错误并对它们加以留心，[2v] 通过阅读此书，您将看到，如果信任了这样的人，就会犯错并导致别人对他犯错。这样的情况之所以会发生，是因为他们既不理解尺度也不理解建筑的比例。因此，他们犯了错误还认为已经做到了最好，而他们的无知又让他们盲目地自信，就像很多瞎子在一个瞎子的带领下，最后全都因为糟糕的向导

* 第德勒斯，希腊神话中技艺高超的匠人，据说他发明了细木工技艺、刨子、吊线与胶水；他同时还是一名建筑师，为国王米诺斯在克利特岛上修建了著名的迷宫。——中文译者注

掉到沟里去了一样。如果有明白人要告诉他们些什么，他们会认为自己知道得已经够多，宁肯继续自己错误的路线，也不愿按那个人所说的真理去做。为了挽救那些愿意回归真理的人，为了更崇高的利益，我愿意肩负这一重任。这样就能让他们认识到这些错误。为了让人们更容易理解，我打算从尺度的最初起源及其来源开始。接着我们将以同样的方式继续讨论建筑的起源和来源，还有其他与之有关的内容。

大家都知道，上帝创造了人类；肉体、灵魂、智慧、思维，一切都是上帝以完美的方式创造的。人体有结构和尺度，所有的部位都有与其特征和尺度相符的比例。上帝让它们互相生成，就像我们在自然中看到的情形一样。上帝赐予人类的大脑为追求生存和幸福而去做各种事情的动力。可以看出，有的人智力超群，有的人擅长这个领域，有的人擅长那个领域，有的多点，有的少点，事实上人和人之间就是这样。这经常是天空中的星座和行星造成的，因此，大自然会按照其意愿，让一个人比另一个人更加勤勉。不知多少次，为了顺应需要，人必然会在很多方面产生特别敏锐的智慧，尤其是在他最为需要的那方面更是如此。人们说，需求使人聪慧。人类首要的需求和必需品，在食物之后，就是住房；因此，人类努力营造可以居住的地方。从这里开始，便产生了公共和私人的建筑，我们下面就会看到。

既然人类是由上述尺度构成的，人类便决定采纳自己身上的尺度、部位、比例和体形，并把它们应用到建造房屋的方法当中。为了让您能够理解每一个部分及其来源，我将首先向您介绍人体所有的尺度、部位和比例。如果一个人体形完好，而且每个部位都与其他部分和谐，那么我们就说他的比例很好。您清楚地知道，如果一个人的肩膀扭曲，而且其他部位变得畸形的话，他的比例就不好。关于这一点，我会在适当的时候更加充分地讨论。维特鲁威说得不错，要想很好地理解关于建造这门艺术，就必须掌握七门科学，或至少尽可能多地涉猎它们。

让我们简要地看一看体形、比例以及人体的各个部位。就我对人体尺度的理解来看，共有五种体形。先抛开其中的两种，因为人们不可能从它们中得到真实或完美的尺度。这两种就是侏儒和那些长得过于高大，不同于常人而像巨人国里的人。也许我应该根据我在书中看到的情况，说一说这些巨人的起源。我不会说得太多，因为我并不太相信；那些话听上去更像是神话和诗歌，而不是历史。书里说很久以前，有一些女人是以这样的方式生下巨人的。有一群身材高大的英俊男子，他们的精子以一种间接的方式被结合在了一起。其中有一个男子与一群高大的女人睡在了一起。碰巧他的精子和那些与这个女孩睡过的其他人的精子一同被接受了。她的这种淫乱好色行为的结果是，她带着很多精子怀孕了，然后生下了很多高大的男子。书上说巨人就是这样生出来的。也因为如此，人们很难找到这样的人，他们也是对自然的一种扭曲。即便您真的找到了他们，也不要从他们身上量取尺度。让我们离 [3r]

开他们并开始讨论那三种主要的身材吧。他们分别是：小个、中个和大个的人，我们将从他们身上获取我们的尺度、比例和身体部位。您会说，我也见到过一些大个子的人，比如帕尔马的尼科洛，他是西格斯蒙德皇帝*在尤金四世的时代到罗马加冕时的随从。我还在罗马见过另一个来自阿斯科利在马尔凯地区的大个子。他身形巨大而且相当畸形。您说得不错，因为我也见过他们两个。他们因个头大而畸形，所以让我们把他们放在一边吧。[51]

既然大个、小个和中个的比例都具有普遍性，我们就从他们身上量取尺度。我相信古人就是从他们身上量取尺度的。我们还应该把这一规则作为最好的方式，并且一部分一部分地进行解释，好让每个人都能够理解它。因为我们最先是从希腊人那里得到这一尺度的——就像他们是从埃及和别的地方得到的一样——我们就沿用他们的术语。维特鲁威也是这样来命名的，所以我们就按照他们的顺序，把这些尺度、比例和身材称为多立克、爱奥尼和科林斯，并对它们做尽可能详细的解释。因此，我们的第一个尺度就将是这些——比例和体形。就目前而言，我们将把人体的主要尺度放在别的地方叙述。

我将讲述三种体形。它们的尺度是这样的。第一个我们叫做多立克，也就是高大的体形，我们用头作为它们的计量单位。它有九个头那么高。这种体形叫做多立克，即高大。矮小的那个叫爱奥尼，它有七个头那么高。第三个叫普通，或者中等，也就是科林斯，是八个头那么高。[52]其余的两种体形因为前述原因，我们就不管了。这些尺度的起源解释了为什么希腊人称它们为多立克、爱奥尼和科林斯，我会在别的地方对它们再作讨论。我们认为最大的适于最先讲。首先，我们从最大的开始。因为把大的东西放在小的前面看上去更合理，所以我们从这些开始。应该相信这些东西的发明者以前一定是从造型最好的大个男性身上量取的这些尺度，也就是体形。很可能该体形就是从亚当的身体上获取的，因为毋庸置疑，他是英俊的，而且比例比古往今来的任何男性都要好，要记住是上帝赐予了他体形。从此自然便把人类变形为大个、小个、中个，还有其他个头。您可以说发现这些尺度的人没见过亚当。但没准他们真的见过。没准亚当就是那个发明者呢。这个我们不得而知。我们相信最初的发明者，不论他们是谁，看到的都是最高贵最美的形式，不论具有这种形式的人是谁。既然亚当的形式最优美，基于上述种种原因，从[3v]他身上量取尺度是可信的，而且用他的头做了最初的计量单位。从头部开始是一件高贵的事情，因为头部是最尊贵最美丽的部位。所以古人从它开始是很好的，因为头部还是最突出最标准的部位，而且可以划分成很多不同的部分。关于为什么会把它作为最初的计量单位，以及为什么古人把它划分成很多部分，各个部分又各是什么，我的看法将在下面列出。古人测

---

* 西吉斯蒙德，神圣罗马帝国皇帝（1433－1437年）、匈牙利国王（1387－1437年）和波希米亚国王（1419－1437年）。他召开康斯坦茨会议（1414－1418年），结束了教会的分裂（1378－1417年）。——中文译者注

量了整个人体，然后构成尺度，并将其划分和增加，从这里便产生了一切。在我看来，我们应该对这些尺度从它们的源头被创立和发展出来的时候开始讨论。

因此，我们就从头部开始。首先，我们要把它划分成主要和最显而易见的部分。我相信古人先把它们分成了三部分，我们将采用同样的方法。我认为这三部分中的第一个是鼻子，因为它是用来分割和测量头部的最明显的器官。古人发现头部有三个鼻子那么长，也就是从鼻子到下巴的一个鼻长、鼻子自身，还有从鼻梁到发际的一个鼻长。耳朵的形式也是一样的[53]，因为耳朵的长度是从眼睛到耳朵根，也就是鼻子那么长。这是合理的。关于横跨面部的长度，也就是从一只耳朵到另一只耳朵的长度，是三个鼻长，或者面部的长度。脑袋的顶部一般是一头半的尺度，从相应比例的头来取其长度。您很清楚，如果这些计量单位改变了的话，它们就不再和谐了。

为了让您能够清楚地看出这些尺度是如何从人体中推演出来的，我将一个部位一个部位地为您量取这个人体的形式，以便您能够更好地理解您建筑中各个部位的尺度。我向您讲过，头部是人体诸部位中的一个。其支撑，也就是颈部，是头部长度的一半。具体的尺寸是，从颈部下到腹部，也就是胸部，是一个头。一肩到另一肩的宽度是两个头。从腹股沟上至胸部是两个头，因此从颈部到双腿分叉的地方是三个头。从大腿根部到膝盖有两个头。从膝关节到脚背还有两个头，而从脚背到足底有半个头。这样一来，加上颈部的半个头和脚部的半个头，一个比例匀称的男性体形就是九个头。其宽度的尺度与其长度，更确切地说是高度的尺度相等。如果您从腋窝量起到手腕，就是两个半头。因为手臂是两个半头，而张开的手长度与脚或头的长度一样，所以人体的垂直和水平长度是一样的。这样的话，如果伸出双臂张开双手，人体在任何一个方向上都是九个头。维特鲁威说肚脐是人体的中点。如果用圆规画一个圆把人体圈在里边，那肚脐就会是那个圆的圆心。圆就是从这里产生的。这足以证明我们的论断，即所有尺度都源于人体。不过，肚脐似乎并不刚好位于中间处，但圆还是圆的。正方形和其他每一个尺度也都源于人体。目前来说，对于人体的尺度及其派生的尺度，讲这么多就足够了。现在我们将马上在下面更加详细地研究它们。[54] [4r]

为了能够更加深入，或者说更加清晰地理解这些尺度及其变体，我们将根据它们的变体说出它们的名称，并用我们白话的习语来为它们命名。我认为我们应该首先按照我前面说的那样，弄清这个头是如何变成三个部分的，即按照我的理解，其长度是如何被乘以三倍的。根据推理可以看出，头部本身可以被划分成三个主要的部分；因此在我看来，古人希望用三来对它做乘法。人体中再也没有像手臂一样如此完美地与这一尺度吻合的部位了。如果您量一下手臂，就像我说的那样伸展手臂，您就会发现它有三个头那么长。因此，这第一个尺度就叫做 1 臂长。[55]臂长又包含六种尺度。臂长就像磅一样被分成十二份。这些小份被称为盎司*，有些地方叫波利西。它也可以被分成八份，而这样一份叫做 1/8 臂长；它是一个半盎司。它还可以被分成六份，而这样的小份被称为 1/6 臂长；它是两盎司。把它分成四份后，这样的小份被称为 1/4 臂长；这是三盎司。把它分成三份后，这样的小份就被称为 1/3 臂长；这是四盎司。把它一分为二，就叫做 1/2 臂长；它是六盎司。通过这样的方式您就可以看到，在前面说的臂长中就包含了尺度的六种变化，以及臂长是如何划分的。当然也可以对这些尺度作更细微的处理，因为可以根据使用方法和使用者的不同，而把它们变成很多种不同的形式。有很多人讨论过它们，而且讨论的内容非常广泛。我只会讨论那些我认为对我们最有用的内容，其他的我将留给那些希望更深入更细致地理解它们的人。让他们去读数学家和几何学家写的书吧，比如像欧几里得那样细致地论述这些内容的书，或者对他进行评论的坎帕诺・达・维杰瓦诺[56]对于尺度的全部奥妙所作的展示。我们只需要提到那些用来测量我们建筑的单位。因此，让我们放下其他这些尺度吧，像什么步长，即两个臂长，以及管长，即四个臂长，还有材长，为四个半米兰臂长。所谓的竿长[57]是……，我们也先不用管它，因为这些都是丈量土地和领地的尺度。在每个地区，根据测量的地点和对象不同，都有不同的尺度。被测量的东西越是珍贵，尺度也就越大或越小，即便是在尺度的名称和性质相同的情况下，我们以臂长为例。测量木头的臂长比测量羊毛的臂长长。羊毛的臂长比天鹅绒的臂长长，以此类推。罗马的臂长比其他地方的臂长要长，因为在那里它是四个掌长。也许这是因为那里的臂长是从大个男性身上起源的。因为罗马依然是最大的城市，也许他们希望与这种伟大保持一致。其他类型的尺度有曾经被称为腕尺的单位，今天不再使用了。

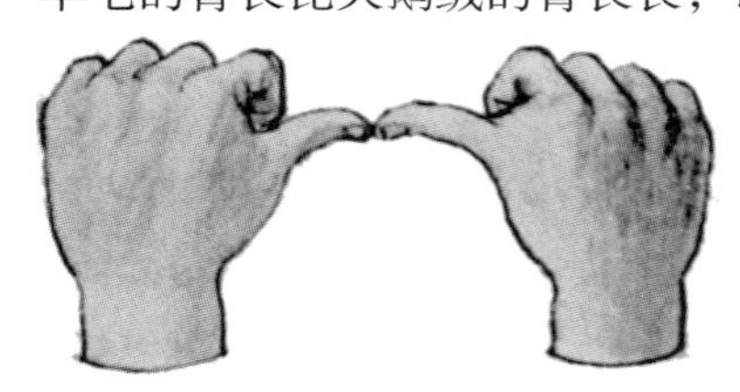

[4v] 我想一腕尺是两个头长，更明确地说就是 1/2 臂长，因为它看起来和肘部一样，在手臂的中央。另一种尺度以前叫做足长；虽然很少使用但也许某些地方还在用。这个足长等于紧握的双手，或者您也可以说是四个手指蜷在一起，第五个伸出来。当一个拇指的尖和另一个的尖连在一起的时候，这就叫做一个足长（4r 图）。还有一种叫做掌长；这是从伸开的手演变来的。我在前面说的情况是真实而合理的，这些尺度根据地理位置和发明者的愿望而变得有的大有的小。

您已经看到了理解和掌握我们的事务所需要的这些人体尺度，尺度是从何处以及以何种方式产生的，它是如何根据需要和设计进行分布和划分的，而且您还熟悉了这些变体在我们习语中的名称，也就是白话。

---

* 盎司与波利西同意，是一种已经废止的类似时的短小长度单位，现在该词只用作重量单位使用，其意大利语形式是 oncia，意大利语复数形式是 once，汉语则不区分其单复数形式，一律译为盎司。——中文译者注

现在我们要看看建筑的起源，其最初发明时所要满足的需要，然后是这些尺度是如何在其施工中应用的。因此，我们将按照我和您说过的那样，首先叙述一下建筑的起源是从何而来的以及建筑是怎么发明的——这将依据我的意见、别人的看法、可能性，以及熟练工匠的说法。在合适的地方我将用让您深信不疑的方式来描述它们。

毫无疑问，建筑是人类创造的，但是我们不能确定谁是第一个建造房屋和居所的人。人们相信亚当被逐出天堂的时候天在下雨。由于他手上没有别的东西来遮蔽自己，他就把双手放在头顶上防止被雨淋（4v 图）。因为他被生存所迫一定要找到其生路，包括食物和房屋，他不得不保护自己不受风吹雨打。有人说大洪水之前没下过雨。我是倾向于有雨的，因为如果大地要开花结果就必须下雨。既然食物和房屋对于人的生命来说是必需的，人们就应该由此相信亚当在用自己的手做了一个屋顶，并考虑了他生存所需的东西之后，他酝酿并设计了某种居所来保护自己不受日晒雨淋。当他意识到并理解了他的必需以后，我们可以相信他用一些树枝做成了某种遮蔽物，或是一个棚子，或者也许是某种在他需要的时候可以躲入的巢穴。如果是这样的话，很可能亚当就是第一个建造房子的人。

您会说，可他是怎么在没有铁的情况下造出这个遮蔽物的呢？我要用两个论断来回答，即，他尽自己最大的努力通过上帝赐予他的恩惠，或者自己的手段生存下来，他也会以同样的努力来搭建一个棚子。就像他本能地把双手放在头顶上一样，他也可以折断树枝并用同样的方法把他们切成一小段一小段，然后把它们扎进地里并搭成棚子（5r、5v 图）。他也许是这么做的，也许不是。根据我的意见，我认为他是发明居所的第一人，也就是房子，或者如您喜欢叫它棚子。诚然如维特鲁威所说，最早创造居所的是那些最先居住在森林里，并尽其所能地盖起棚子挖出洞穴的人。不管怎样，我相信从上述原因来看，是亚当第一。不管是谁，肯定最初的起源是来自生存的需要。

[5r]

您已经看到并且理解了建筑最初起源的来历。现在您将理解建筑的形式是如何从人体及其各个部位的形式和尺度演变出来的，就像我前面向您讲的那样。由于建筑是人类出于必需和需求而创造的，它就带有人类几乎所有的形式和特征，这一点我将用推理和图示向您展示。建筑确实是根据这些样式和类比建造的，并依此进行推演和排序。为了证明这是真的：您知道人体身上有哪些尺度、形式和部位；您清楚人体的头部，或叫面部更好，如何有着最主要美，并通过它识别每一个人。大厦也应该有同其面部相协调的其他部位，尽管有些人面容俊美，却有着或多或少畸形和扭曲的身体部位。没有人想见到这样的人，因为他并不美观；大厦同样如此。

当我给出推理和类比的时候，您就会看到建筑的确是从人体中得出形式、结构部件、尺度和特征的。您无法否认有很多不同类型和特征的人，美的、不太美的和更美的；富的、穷的、更穷的和更富的；老的、少的和中年的；畸形的、残疾的；还有很多不同的种类、状态和形式。这里有一个共通之处显而易见而且世人皆知，但却没有引起多少人的高度关注。他们不重视它，因为大家都太熟悉它了；正因为如此，它就成了无人知晓的秘密之一。我想，上帝创造它是为了更大的美。即在人类的千世百代中，不论过去、现在还是将来，没有一个人会与另一个人在每一个特别之处都完全相似。即使偶尔发现一个人与另一个人在面部或者身形的某一个地方相似，但他们的其他地方也不会相似的。即便他们在所有这些方面都一模一样，但他们还是不同的。瓦列里乌斯说，曾经有一个罗马公民长得非常像庞贝，以至于很多次人们都误以为他是庞贝并向他致敬。对于庞贝来说，要是他在渡过埃及海的时候把他带在身边就好了，那样的话，这个人就可以替他被俘虏了。我也确信他们的身材和面容很像，但他们不可能在每一个特别的地方都完全相像。人体有这样的区别和不同，有一个很好的理由。我向您讲过，建筑是以人类的形式和比喻建造的。您在建筑中可以看到同样的结果。您从来没见过任何建筑，或者说叫房子或居所更为恰当，在结构、形式或美感上与另一个完全一样。它们有的大、有的小、有的中等、有的美、有的不太美，还有丑的，还有更丑的，就像人本身一样。由于这个原因，我相信上帝在人体中所展现出来的这种与野生动物一样的多样性和差异性，正是为了显示他伟大的力量和智慧，并且我还说过，为了显示更伟大的美。如此一来，上帝就帮助人类的思维认识到——因为人类还不知道自己从何而来——还从来没有一个与另一个完全

相同的建筑。因此上帝希望人类，能够像他用自己的形象创造人类一样，也造出一些和人类自身相像的东西。这样一来，人类就通过运用上帝赋予的智慧，按照自己的形象制造一些事物的过程，参与到上帝的事业当中。 [5v]

不过，您会说："我见过非常相像的人，比如我在米兰见过的那两个。他们来自布雷西亚，人们只要见了一个就等于见了另一个。"我不会诧异的，因为他们是一个模子里出来的。但还是有一些区别的；如果没有别的差异，那么不是他们的服装不同就是灵魂不同。对于建筑您也可以这么说。罗马的大角斗场和维罗纳的竞技场看上去真的非常相像。尽管如此，却还有大小和面积上的差别。即便它们非常相似，却还有我说过的那些区别。您可以相信我，因为这两个我都见过。即使它们在您看来非常相像，区别还是有的。对于第一个理由和类比来说，这已经足够了。

您可能还会说："我见过很多非常相似的住宅，虽然它们不是高贵的大厦，而是穷人的村舍、棚屋，或者，确切地说就是乡下破败的茅草屋、露营的台子、帐篷，还有罩篷、洞窟等等其他住所。"我要回答您的是，它们的性质确实如此，故而其间会有一些，实际上是许多相似之处，但是如果您仔细观察就会发现，它们之间的差别不是一星半点。就像人们常说的那样，鞑靼人的面孔都是一样的，或者用个更好的例子，埃塞俄比亚人即便都是黑人，仔细看还是不一样的。这是毫无疑问的。还有，大自然创造了很多非常相似的动物，比如苍蝇、蚂蚁、蠕虫、青蛙，以及很多鱼类，以至于它们在种群中是无法被区分开的。这就够了；我们不需要走极端。有价值的东西已经够了。

我已经说过，建筑就是仿照人体建造的。您可以说，如果人类愿意，他就可以用一种形式和外表造出很多彼此相像的东西来，让它们全都一样。您很清楚，上帝可以让全部人类都相似；但是，他并没有这么做。假如没有获得上帝允许，人类也不能自己就做这样的事。即便大流士或者亚历山大或者任何富人的所有财富都给了一个人，而他要完全按相同的样式和相同的形式盖一百座一千座房子的话，也绝不可能使他们每个部分都一样，即使它们可

能全部出自一人之手。这里我要说一些话留给那些爱思考的人。如果它们都由一人所建，其相似性会像作家或画家在创作中的笔迹一样可以辨认么？画家因其所绘形体的手法而成名，并且在每个领域都可以通过其风格而辨别出他来。不过这是另一个问题。尽管如此，每个人不论对其作品作出多么大的改动，也会通过其手法被辨认出来。我曾经见过画家和雕刻家创作的头像，特别是前面提到的那位至高无上的先生，弗朗切斯科·斯弗扎公爵。人们画了很多他的肖像，那是因为他的头高贵而英俊。这些肖像中不止一个画得与[6r]其非常相似，而且看起来的确很像他；尽管如此，这些作品之间还是存在差别。我还见过文书抄写中的不同。至于这些细微差别、性质和相似性从何而来，我们还是交给哲学家去发现吧。

您看，我用一个类比向您展示出建筑是从人，即从他的形式、身体组成部分和尺度衍化而来的。维特鲁威也说过，建筑是从人的形式衍化而来的。[58]现在，我要像跟您说过的那样，为您展示建筑是如何通过比拟人体的部位和形式而获得形式和实体的。您知道所有的建筑都需要很多组成部分和连接的通道，即出入口。它们都应该根据其起源塑造形式和进行布置。建筑内部和外部的外表，其布局都要有效地进行组织，使得各组成部分和进出部分都布置合理，就像人体内外的各个部位都正确分布一样。

在尽您最大的努力对它们进行测量、分区和布置的时候，请考虑我说的话并清楚地理解它们。我会接着向您展示建筑是一个活生生的人。您会看到它要吃什么才能活下来，完全无异于人类。它也会有生老病死，有时还可以被好的医生治好。有时，它也会和人一样，因为疏于保健而旧病复发。很多时候，在好的医生关照下，它又恢复了健康并且延年益寿，最后还能寿终正寝。还有些建筑从不害病却一瞬间暴卒而亡；其他的又被别的什么人因为这样那样的原因所杀戮。

您可以说，一座建筑不会像人一样生老病死。我要向您说的是，建筑恰恰会出现那样的情况，当它不吃饭的时候就会病，也就是说，如果不对其进行维护，它就会像人没有进食那样一点一点地衰弱下去，最终死亡。这正是发生在建筑身上的事。如果在生病的时候有一位大夫，即对它进行修补和治疗的匠人，它就会以良好的状态屹立很长时间。这是显而易见的。我可以为此证明，因为米兰西格诺里娅的宫廷就由于缺少食物而生了病，半死不活的，而耗费了巨大开销之后，我又为其恢复了健康。[59]没有这样的保护，它就会迅速走向终结。您需要不断地维护并保卫它不受侵蚀和过度疲劳，因为，就像人由于过度疲劳而会消瘦生病一样，建筑也是如此。侵蚀使建筑的身体像人体一样腐烂。过劳使其像人一样毁灭和死亡，就像上面说的那样。这是我不会否认的。我不相信您曾经听说过，一个建筑又高又厚的墙，在没有维护的情况下，也不会在短时间内风化。要证明这是真的，请看看罗马，那里可以看到一些理应永存的建筑。然而它们没有得到食物，就是说没有得到维护，结果它们濒临毁灭。如果您去看看戴克里先浴场，您就会惊叹一座这般技艺的建筑竟沦落到如此田地。就我们现在所知道的情况来看，它有超过三百根柱子，有大有小，有斑岩、大理石，以及其他各种石材。我在书中看到有 [6v] 16 万人花了 12 年时间来建造它。看看安东尼阿娜[60]，看看帕西斯神庙，那里还有一根尺寸超大的大理石柱子。它一周有 24 道凹槽，全都超过一掌宽，凹槽之间还有超过那个宽度一半的间隔。马焦雷宫、卡彼托山这些我们仍然还可以在书中看到的奇迹在哪里啊？我们在尼禄奖章上的镌刻中依然还能看到的、有着青铜雕刻大门的尼禄之宫在哪里啊？被称为平丘的屋大维剧场和宫殿在哪里啊？在它里面或在它前面有一座方尖碑，上面全部刻着动物形象的埃及文字，就像在圣彼得的那座方尖碑一样。除了群芳苑里的一些洞穴以外，再也看不到了的庞贝剧场在哪里啊？恺撒的剧场又在哪里啊？人们说在罗马还有一些遗迹，就是那靠近伯爵塔的墙壁的一翼。在大斗兽场附近还有一个叫做勒・卡波西的，已是断壁残垣满青藤。它的庭院还保留了一小部分，里面有一个完好无损的石瓶，是用一块完整的石头做成，周长大约有 30 臂长。现在我要暂时放下大斗兽场和许多其他的东西。我暂时不谈万神庙，即圆形圣母堂，因为它更完好。这可能是由于它尊敬宗教而有了可以吃的食物。我对于阿格里帕之屋什么都不想说，除了它们曾经有过的青铜门窗，现在那里除了残墙断壁什么也不剩了。这些墙靠近一座庙宇，阿格里帕用它建了一个门廊。这个门廊依然可以通过建筑本身看出，也可以从那些 1 臂长高的文字中看出来。在这座神庙里，阿格里帕也做了很多高宽超常的柱子。他叫人把门廊的梁做成青铜的，以支撑其顶部；这在今天还能见到。他还命人做了很多东西和很多建筑，也都再也看不到了。假如这些建筑没有留下来作证，即使是人们在文字记录中发现了它们，也绝不会相信这位罗马的公民曾经做了这么多。其他人的成就也毫不逊色，只是到今天都荡然无存罢了。

而且不论是建筑还是业主的名声都不存在了，因为它们没有得到维护，而且可能还有人加速了它们的灭亡，我说过，这样的情况确实是有的。我想这是由于内外战争造成的。我还读到过阿提拉和托蒂拉，他们几乎彻底抛弃和毁灭了那些建筑，如果不是有人告诉他们，说他们的名声，将会因为他们行为的粗鲁野蛮，而在很短的时间内消失的话。正因为如此，他们决定只留下一个毁灭它们的痕迹。在所有最坚实和最美丽的建筑上，以及在那些看起来受到最好地修缮而保存下来的建筑上，他们叫人用镐和凿打了一些洞，就像他们真的想毁掉它们那样。我想这是他们从罗马人自己身上学来的传统，要知道罗马人会派人到欠债或者有民事纠纷的人家里去，在他们的墙上打个小洞。这在罗马今天的房子上还能看到。我说过，他们叫人在所有最高贵的地方上打洞凿缝。有人说这些洞和缝是罗马人自己弄的，为的是取出把这些石块联结在一起的青铜钉和铅。这不大可能，因为进入这些高大的建筑以后，

[7r] 很少会有人再往上走，比如到图拉真柱的顶端，或者到安东尼阿娜的顶部，那里有很多高贵的纪念物，都是最优秀的匠人用大理石手工雕刻而成的，或是到圣安杰洛城堡里去，那是图拉真和哈德良的墓室，或是到很多别的地方，细数起来实在需要很长的篇幅才能罗列。这些洞还是更有可能因为上述的原因才开凿的。不论究竟是怎么回事，很清楚的一点是，被杀戮或者得不到饭吃，人就会死；建筑亦同样如此。

您可以说，人吃了饭终究也会死的。建筑随着时间的推移也必然倾颓，就像一个人比别人死得早，或者健康状况更好或更差。很多时候这要看它的体质，也就是生于吉星高照或者天降祥瑞的情势。建筑也会或快或慢地衰老，这要看材料的好坏以及营造时的星运和祥瑞。

我在前面说过逝去的勇士和明君，著名的伟大建筑也会消亡。就像伟人的声名会流传，建筑也以其独特的方式产生了几乎同样的效果。这二者相辅相成，一同把他们活着时候的名誉流传给我们。通过文字记录，我们知道了很多声名显赫的令人景仰的人，因为他们制造了伟大而又美丽的事物，也就是他们所建立起来的伟大的建筑。建筑的声名也同样如此，因为它的宏大和美丽，那些人的声名将因为他制造的伟大而又美丽的事物而得以延续。这也同样适用于建筑，即建筑因为人的功绩被后世铭记。纵使它们已遭废弃踪迹难觅，我们仍然可以因为上述的原因而了解到它们。我们可以在作家的作品中找到很多这样的例子，比如波尔塞纳的迷宫，根据瓦罗的叙述，位于托斯卡纳。他说它有 300 呎高。其内部的布局方式如此诡异，以至任何一个不带丝线或向导进去的人都会找不到出路。其顶上有四座金字塔，150 呎高，每面都 80 呎宽。在每个塔的顶上，还有一个很高很大的青铜马，马上还有一个装置，可以在风吹动的时候发出像铃铛一样的响声。他说那里还有一个圆形建筑，其上面还有四个金字塔，与其余的建筑一样高。他还说，波尔塞纳倾一国之所有于此，所以它现在已经荡然无存了。[61] 这是由于前面说过原因。我们还可以列出其他曾经存在过，而今天仅见于文字的非凡建筑。阿尔泰米西娅建造的陵墓在哪里啊？底比斯的建筑和底比斯城本身在哪里啊，我说的是埃及的底比斯，据说它有一百扇大门，其中的很多扇大门都很高？塞米拉米斯之城在哪里啊？[62] 我不想在这第一书里再继续列举那些伟大而神奇的建筑，那些曾经由值得扬名的伟人建造或命人建造的建筑。知道建筑也有生有死、也能够加速死亡或者延年益寿就足够了——既如似水流年之易逝，又如人生之易老，也似身形之不存。在第二书中，我将讨论建筑是如何像人体的发育一样，被按比例地建造起来。

第二书

以上第一书，以下第二书。 [7v]

建筑是如何像人体的发育一样，被按比例地建造起来

在第一书中，您已经通过我的证明看到了建筑的起源以及我对于其起源的看法，它是如何根据人体得出比例的，它需要怎样的营养和管理，以及它由于缺乏营养和管理，又会如何像人一样患病和死亡。您已经简要地浏览了尺度，理解了它们的名称和来源，它们的体形和形式。我和您讲了它们是用希腊语命名的，被称为多立克、爱奥尼和科林斯。我和您讲的多立克是较大体形的那一个；科林斯在中间，而爱奥尼最小，原因就是建筑师维特鲁威在他的书中所讲的，他在书中给出了它们在屋大维皇帝时代的样子。[63]在这些柱式中，多立克、爱奥尼和科林斯在尺度和组成上与它们比例原型的形式，或者说形式的体形是对应的。我会向您做我最好的解释，并以愚见之所及，阐明这三种柱式和模式能够为我们带来什么。

也许您会说："你跟我讲，建筑与人是相似的。那么，如果是这样的话，它就需要先怀孕再分娩。"人类自己就是这样的，所以建筑也应该是这样。用这样一个您可以理解的比喻就是，首先它要怀孕，然后才能分娩。母亲怀胎九月，有时是七月，再生出她的孩子；她用呵护和细心照料将他喂养大。

"告诉我，这种'怀孕'是如何做到的?"

建筑是以这种方式怀孕*的。用另一个比喻来说，既然没人能够不要女人就自己怀孕，建筑也不能由一个人独立构思出来。就像没有女人就生不出小孩一样，想盖房子的人也需要一名建筑师。他和建筑师一起构思建筑，然后由建筑师生产。在建筑师分娩之后，他就成了建筑的母亲。在分娩之前，他应该为这次怀孕而魂牵梦绕、反复思考、辗转反侧，在头脑中一直酝酿七到九个月，就像一个女人要在体内怀着她的孩子七到九个月一样。对于他与赞助人共同进行的这一创造，建筑师还应该根据自己的意愿，画出这次怀孕的各种图纸。就像女人没有男人什么也做不了一样，建筑师就是怀着这种构思的母亲。当他对此进行了各种方式的沉思、考虑和思考之后，接下来就应该根据他自己的需求和根据赞助人的条件，选择在他看来最合适和最美观的造型。当这一次

---

* "怀孕"一词的英文单词 conceive，也有"构思"的意思。——中文译者注

分娩完成以后，也就是建筑师用木头，根据建成之后建筑的尺度和比例，为其最终形式做了一个小型的浅浮雕方案之后，他便拿去给父亲看。

我把建筑师比作母亲，而他还需要成为一名护士。因此他既是护士又是母亲。如同母亲对亲子的挚爱一般，建筑师也将含辛茹苦地养育它，让它茁壮成长，如果可能还要让它最终成人；如果不行，他也要为它安排好，使它不至于因为尚未成熟而夭折。[8r] 慈母爱其子，并在父亲的博学和帮助之下，努力让孩子优秀而俊美，还要一位严师让他英勇而值得赞美。同样地，建筑师也应该为使其建筑优秀和美观而奋斗。恰如母亲不遗余力地为儿子寻觅好师傅一样，建筑师也应该找到出色的工人、匠师和所有这项工作需要的其他人，只要赞助人不妨碍他。没有赞助人的友好意愿，建筑师就会像一个全然不能抵触丈夫意志的妻子一样；建筑师绝对就是这样的。我们这里将讲述一些建筑师应该做的事情，以及应该为建筑师做的事情。

建筑师应该熟练掌握很多东西，但在目前我不想讲他应该知道什么，因为我打算在别的地方讨论这个。[64]眼下我只想说一说在建筑按照上述方法被构思并确定之后，建筑师在准备建造的过程中所负的责任。我们还将描述挑选这位建筑师作为其钟爱之物的组织者和执行者的那个人，应该为建筑师做的事情。

营造只不过是一种感官上的乐趣，如同坠入爱河中的人的乐趣一样。任何一个有过亲身经历的人，都知道营造的过程中有着无尽的快乐和欲望，不论一个人做了多少次，他都还想做得更多。有时候根本不会在乎代价；每天都有数不清的例子。当一个男子堕入爱河，他就会满心欢喜地去见他的心上人。如果心上人在一个他能去的地方，他就绝不会为花去的时间感到惋惜和无聊。所以盖房子的人也满心欢喜地去看他的建筑，越是频繁地去看就越是想看，心花也越是怒放。任凭时光流逝而他却没有一丝倦意，仍然是兴致勃勃地去看它、谈论它，简直就像一个堕入爱河的人在谈论自己的心上人。如果得到夸奖他就会高兴，心里更是乐开了花。如果建筑没有在身边而又有人来对他谈起，他就会欢欣鼓舞一定要去看一看。他为建筑丢了魂，时时刻刻都愿把自己认为最好的东西拿来送给它，完全像一个恋爱中的人所做的那样。他也绝不会半途而废；他爱它。他让建筑变得有用和可敬，只出于两个目的。第一个是实用，第二个是名誉，这样人们就会说，是他让如此美丽的建筑拔地而起的。

既然建筑是通过建筑师出色的工作而完成的，他就应该受到一切应有的爱戴和尊敬。也是由于这样的原因，建筑师应该鞠躬尽瘁地把建筑做到最好。当他按照我已经向您讲过的那样预先为建筑安排好的时候，才会感到满意。他要用木头做出有尺度、有分隔和得到认可的模型。他要根据建筑所在的场地，安排调配工程启动和运作所需的一切，比如石灰、砂、砖头、石头、木头、基础、绳索，以及其他必需的供给品。他应该挑选并鉴别出上等工匠，因为他们的担子很重。即便建筑师可能是优秀而令人满意的，如果工匠们让人不快的话，也就是说，如果他们不是合格的匠人，他们就会给建筑师带来麻烦，而且建筑师也可能会因为他们，而给建筑造成伤害。当他把一切都准备好布置好以后，他就应该向建筑的主人汇报。由于建筑师或许不能在每一个需要的时候都和他说上话，赞助人就应该指定一个代理人——一个合适、尽责和友好的人，他将会在需要的时候照顾好建筑师和必要的建筑物资。他绝不能在任何一个方面凌驾于建筑师之上，除非有建筑的赞助人或是主人的命令。相反，建筑师应该指挥他去做与建筑有关的事情，而且他必须服从。建筑师应该处理我所说过的一切事宜，而且他应该提前对它们做好安排，这样建筑才不会由于他的疏忽而缺少任何东西。建筑师应该对这些工匠进行管理，让他们所做的每一件事都赶在进度的前面，而完全不必返工或是推倒重来。这样建筑师才能起到他的作用之一。 [8v]

按照我的设想，建筑师应该根据赞助人的要求和希望，理解大厦的布局和功能。他应该耐心地理解清楚会计的作用和权力，并仔细地协调事务，从而以可能付出的最小代价来获得每一处利益。他应该实施所有与增强建筑主体和各个部位有关的事，并且非常细致地考虑每一处得失，锱铢必较，就像是他在花自己的钱一样。建筑师应该于通盘之上做到明察秋毫，所需之物不论大小都能协调组织好，协助建筑的施工。即使赞助人或其代理人要节省开支，如果建筑师认为建筑将会因此受损的话，也决不能点头同意。他应该把每一样东西都立起来，而决不可以容忍任何不足和遗憾存在，不管是由于物资稀缺还是贪婪，并让自己的建筑因此而受到批评。我说过，建筑师必须洞悉每一个微小的细节和每一处利益，但决不允许任何缺失和不足在他的眼皮底下溜走。他还应该注意每一笔开销是否价格合理；也就是说，建筑所需的一切必须根据其自身的价值来交易，而一分也不能多。应该付给工人他们应得的工钱，要么根据手艺，要么根据交给他们的工作。建筑师应该和代理人一道分析并确定费用，这样他就可以向赞助人进行汇报了。应该把它们列出来，让一年一年的开销可以和全部费用总额放在一起看。假如赶上一个大型建筑，有很多匠师筑造墙体，他就应该对他们进行组织和协调，使他们不至于浪费任何时间或是互相之间发生冲突。他应该挑选一个他认为最能干的大匠，向他解释未来工程的安排，让他能够清楚地理解从而指挥其他的人。为了让他总是能够明白，要把你每天的要求和进度交给他，他就会接受并执行。如果建筑师没有这么做，那么在工程出了错误之后，建筑师再根据自己的安排检查已经完成的工作时，就不会发现是谁犯的错。由于这个原因，就有必要使用这种方法。对于建筑师的准备工作讲到这里就够了。木匠、石匠以及其他人，都应该有一个这样的监工，他有能力指导其他人，也能够理解建筑师委托给他的事务。对于建筑师的作用，到此我们已经说得够多了，即便还有其他一些与他相关的事务我们还没有谈 [9r]

到。我们会在它们出现的时候提到它们的。[65]

现在我们要说一说应该为建筑师做些什么。首先，赞助人如果希望自己的建筑能够顺利完成，就应该爱戴并尊敬建筑师，还要对他表现出像对待妻子一样的热爱和诚挚。没有建筑师，谁也不能构思或奉献出一座好的建筑，原因前面已经讲过。他的知识是少见的，故他应该因此受到尊敬，因为一个人有贤才才能被称为高贵的。您已经选了他作为组织者和执行者。您已经把您的灵魂放在他的手里，而他的灵魂也在您的手里，这样才能用前面说的您对他的爱戴来满足您的愿望。* 他为您效忠，苦心经营，就是为了您所喜爱的、花费了您无数财产而只是想看到它完成的那样东西。

有很多人为此倾家荡产，并以不动产作抵押获得贷款，仅仅是为了从营造中得到不同寻常的快乐。我们在书中读到过米洛，一个罗马公民，杀了克洛狄乌斯的那个人，他命人盖了一栋不可思议的房子，所费不计其数。他所借的大部分钱来自高利贷或者他的朋友，目的却仅仅是为了在这座房子的营造中得到非同一般的肉欲和快感。我们还读到过马库斯・阿格里帕，他盖了很多房子，其中有一个剧场的作者，即其建筑师，是奥斯蒂亚的瓦列里乌斯。他就受到了赞助人非同一般的热爱和尊敬。

维特鲁威说，亚历山大驻扎在希腊期间，有一个叫泽诺克拉泰斯[66]的人来找他谈。亚历山大的一些手下答应了他，却拖延了几天。最后他开始怀疑自己是否能够被这位君主所认识，就像人们说的那样，经常发生在那些觐见君王的使者身上。为了从求见人那里得到一些好处，这些人不见金子不开口，为的就是让使者等着去猜引见费的最低底价。因为他确信情况如此，又由于他没有任何拿得出手的物品，便决定用自己的智慧谋求一见。一天，亚历山大在人群中公开露面，泽诺克拉泰斯脱光了自己的衣服，背上披着狮子皮，头上顶着白杨花冠，手里拿着像赫尔克里斯所持的那种木杖，挤进人群中间。当人们看到他的这身打扮，便闪开一条路，于是他很快就来到了君主的面前。亚历山大见了他又惊又喜，因为他是一个英俊的人，身材和相貌都很好。他问他是谁，他回答说："我叫泽诺克拉泰斯，是马其顿的一位建筑师。"他问他这么做是什么意思。他答道："因为我没有别的办法能见到您或是同您讲话。"亚历山大很高兴，并问他要做什么。他说自己在不远的黎巴嫩山** 上设计了一尊巨像，一只手托起一座城市，另一只手握着一只奠酒容器，里面汇集了山上所有的水。亚历山大问他，有没有找到将要定居在这座城里来种粮食吃的人。他说没有。"那样的话，"亚历山大说，"就好比一个女人生了孩子却没有奶。"大帝对他的出现很高兴，并允许他留在身边。当他来到今天亚历山大港所在的位置时，说道："泽诺克拉泰斯，我要你在这里建一座城市，因

[9v]

---

* 这是按照英译者的译法，参照原文，似乎也可以译为"您与建筑师的灵魂交织在一起，你中有我、我中有你，以您的挚爱鼓舞建筑师来实现您的理想"。——中文译者注

** 参见第十三书99r，注释。——中文译者注

为这里有可以耕作的土地。”就在这里大帝命他建城，并以自己的名字命名为亚历山大城。他非常喜欢这位泽诺克拉泰斯，而且给了他很大的荣誉，因为大帝在他身上看到了能够成就事业的优点。还有更多的人和更多的事可以说，但是眼下说这些就足够了。

我说建筑师应该受到尊敬并按照其知识给予相应的薪酬，因为在建筑师得到善待的情况下，他总是会想去做对建筑既有用又有利的事情。一方面，他的思考所带来的益处会有一天超出其工资，而另一方面，他也可以神不知鬼不觉地带来巨大的损失。其实每个人都是这样的，如果发现自己没有得到应有的尊重，就不会热爱自己的工作或是作出有益的贡献。另外，不论付给他什么他都会表现得倍加珍惜，使他显得乐于效劳。有时候他应该得到一些东西。我认识的一个人[67]身上发生的事请不要做。他告诉我他建了一座有很多好处和用途的建筑。而到了承诺的支付他薪水的时候，他告诉我他被扣了六分之一。他认为自己完全应该得到全额甚至更多，但至少不应该比已经承诺给他的还要少。结果他非常鄙视那些赞助人，并失去了对他们的许多爱戴。人决不能这么做。如果您可能过于贪财或者无法同意给他如此大的一笔薪水，那么在这被公开或泄露之前应该知会他。薪水的损失远不及名声的损失，因为看起来好像是建筑师犯了什么错误。千万别捡了芝麻，丢了西瓜，我总是这样说的。建筑师应该得到尊敬，如果他是一个值得尊敬的人。而且，任何为他工作和监督他的人都应该服从并尊敬他。既然您知道他就像我说的那样，您就不应该在方案达成共识以后再改动或改变柱式、设计、组成部分或建筑的形式，因为这会挫伤他的意志，而且对于建筑和设计师双方都将是一种损失和耻辱。我现在不想再说更多关于建筑师的东西了。我相信通过这些，您就已经可以知道应该为他做些什么了。

您已经看到了对任何一个想要建房的人都必需的制度；现在是时候看看有多少种建筑的类型。在我看来有三种，即公共建筑、私人建筑和神圣建筑。神圣建筑又包含三种其他的类型，即公用型、共有型和私有型。共有型是指那些城市大教堂什么的，此类之后是私有型。公用型，怎么说呢，就是小兄弟会修士的修道庵，也就是圣芳济各会，还有其他的女修道会。私有型就像那些方济各会修行教徒的寓所和修道院，它们有着各种不同类别的修行和生活方式。我们将在合适的时间描述它们的形式，以及在我看来它们是如何被盖起来的。[68]

您已经见到并理解了神圣建筑；现在我们要看看公共建筑和公用建筑。[69] ［10r］这些是贵人合着政府的官邸、按照机关的裁决举行审判的殿堂，例如市长或警长的办公厅。这些是公用建筑。这一类别还包括公共建筑，比如浴场、客栈、酒馆、妓院、凉廊和剧场，即竞技的地方——即使它们今天不再使用了，古代还是用过的。私人建筑基本上涵盖了所有剩下的建筑，而这些我们又分成三部分，比如，绅士的宅邸、平民的住宅和贫民窟。城外也有房屋和建筑。这些再分成两类，市民和绅士的房屋，以及村民的房屋。还有两种其他类型的建筑，即城市和城堡。这些都是高贵的，将在恰当的时间进行全面的讨论。

还有另外一种类型的建筑，比如那些被建来保卫土地的堡垒。它们是公共的，因为每个人都可以去看，但又是私人的，因为它们体现着私有财产权。发明它们是因为有必要并要确保和平的生活。它们就像土地的公爵和诸侯。因此它们是私人的，因为不是每个人在任何时候都可以和公爵交谈的。公爵身边总是围着一群人，他们负责阻止他人接近公爵，以保持其权力的尊严和名誉。如果不论在哪里人们都可以随处找他，他就不会受到高度的尊敬。如同公爵象征着、统治着、管理着并守卫着他的城市，同时人们惧怕他并服从他一样，城堡，或者说叫堡垒更好，也受到守护并成为城市的护卫。由于这个原因它是私人的；除了令他高兴的人和得到他许可的人以外，其他人是不能进去的。如果他做了相反的事，就得不到应有的尊敬。可能会有这样的情况，对公爵而言也一样，那就是人口过多会变得令人不悦和令人厌恶。可以用一支军队将其押走，但会给很多人带来极大的不幸。到此为止吧；到时候我们还会谈论它的性质，以及如何根据上述原因对它进行管理和强化，还有为什么每座城市和城堡都需要一个公爵，或者说某种领导更好，以保证它们可以不分昼夜地得到保卫，不受心怀鬼胎的人破坏。这些人兴冲冲而来，可是一看戒备森严，只能改主意。我说过，当我描述其模度和法式的时候，我就会描述其法式和模度还有其性质以及保卫城市的最佳位置。[70]

所有这些建筑都是献给各类人的，并且根据礼数的规范以不同的方式建造。首先，我们要讨论宗教建筑，这其中我们将先展示其模式和尺度。不过，我们必须在制衣之前先织布。因此，我将先描述一座城市，按我的设想把它建成一个令人愉快和美丽的城市。我将描述其外围以及里面分布的上述所有的建筑。我将根据它们的性质向您展示这些建筑的比例、形式和尺度，并对它们每一个都详细列出前面说过的比例。我将尽愚见之所及为您进行展示。

[10v]

宗教建筑类型的数量：

我讲过，宗教建筑有三种类型，即公用型、共有型和私有型，而有些既是公用的又是共有的。有些是公用兼私有。公用和共有的是大教堂，即城市的主教堂和教区教堂。后者私有和共有的都有，而且几乎是公用的——打个比方说——就像所有那些由牧师主持的教堂一样。有两个原因使大教堂成为共有和公用的。它是共有的，因为它是用社区所有人的钱建起来的；因此，它对于所有人都是共有的。每个人都可以来听里面的祷告，就像在自己的教区教堂里一样，故而它对于每个人都是公用的。其他的教区教堂是私有的，因为除了该教区的成员之外，谁也不能在那里举行圣事。它们是共有的，因为它们对于街坊邻居是共有的。我将向您展示这些建筑的比例和尺寸。[71]

公共和神圣的建筑：

公共和神圣的建筑就是那些修士的修会之所在。这些在一定程度上既是公用的又是私有的。私有的是那些圣芳济各会修行教徒的地方；它们有各种比例和类型。我将讨论每一个类型的比例。还有一些慈善机构，比如医院，而且这些都是公用和共有的。它们的外观和用途各异，因此有不同的比例。到时候我们会讨论它们的。其他用于宗教的私有建筑有寺院，修士和修女的修道院，即住着隐修士的那些，比如加尔都西会、洞穴以及隐居寺。这些类型的建筑是私有的，只是比其他私有建筑更私密一点。[72]

公爵建筑类型的数量：

我们已经讨论了宗教建筑的类型；现在我们将谈论公爵建筑，还有政府，或者您愿意的话，叫做皇家建筑类型的数量。这些同时是共有的、公用的和私有的。它们是公用的，因为每个人都可以获准进入其中，并且可能除了某些房间外，其他地方都很容易就可以进去。当我们讨论它们的建造时，我们会分清所有的类型。它们是私有的，因为公爵住在那里；没有他的许可是不能进入这些地方的。

法庭：

举行审判的那些建筑是共有和公用的。它们也是公用的、共有的和私有的，亦即人们举行一般审判的那些建筑。市政厅对每一个人都是公用的和共有的。市长和警长的办公厅，以及类似进行罪犯审判的机关是共有的、私有的和公用的，原因和上面说到的公爵的情形一样。我们将给出与这每一个类型相关的比例和形式。[73]

私有建筑： [11r]

还剩私有建筑没有讨论。这些根据它们的法式属于三种样式和类别。这些建筑有绅士的府邸和平民、普通工匠、状况不佳的人以及穷人的住宅。我们将把后者简要带过，因为它们几乎不需要什么投资或艺术。我们将只讨论其他的建筑和城外的住宅。[74]

也许对有些人来说，似乎从小型建筑开始更好一些，这样可以展示出建筑的模度和法式，然后继续依次向最大的建筑推进。我已经有了一个想法，准备建造一座城市，我们将在里面建造起所有属于那里的建筑，每个都有它适合的法式和尺度。但是，因为我不能自己就把它建起来，所以要和承担费用的人先谈一谈。如果他对成本满意的话，我就把它建起来。在他开始为其奠基或者做任何别的事之前，我首先要为他作一个设计。我已经想出了一个会令他高兴的方法。既然他当下不是太忙，我打算去向他说一说这件事。我想这个主意会让他高兴的，就像泽诺克拉泰斯令亚历山大大帝高兴一样。

我和他讲过以后，他对我说这个创意让他很满意，但是他不想看设计，因为他无论如何要把它盖起来。在我努力进行设计的同时，我告诉了他开始建造它所必需的东西。为了这件事，我们首先需要大量的鹤嘴锄、镐头还有铁锹，另外我们还需要备好足够的石灰和大石块。我们将谈论如何处理砖头和如何制作石灰以保证其质量。我们会在挖沟和挖基础的时候得到大量的砂。我们还会论及砂，最好的以及最坏的。由于您可以轻松地得到您所需数量的石头、石灰和砂，我们将通过设计对其进行计算，这样您就能够知道现场使用的石头、石灰和砂的数量了。您还需要其他东西，比如木头、绳索和铁器；我们将在设计中把它们都体现出来。

不过，我和您说过，建筑师有责任与要盖房子的人一起构思建筑。我早已和我的公爵大人完成了城市的构思，并且和他一起检查了很多很多遍，我自己思考之后，再和他一起决定。然后我确定了方案，即我用线条为他画了一张表现其基础的图纸，他很高兴。在开工之前，我告诉他需要些什么。在我努力准备其基础所需的一切材料用具的同时，我还要制作前面提到过的模型，或者说三维设计。这样，每一个看到这本书的人都可以看到并理解这座城市，其中的建筑根据其必要的类型、形式和模式而具有相应的尺度和比例，而且都是立体的。

也许先讨论一下它将用到的比例会更好。我们还应该讨论一下为了保证［11v］质量和耐久性而最佳的伐木时间、在建筑中使用的石材的类型，还有那些用来制作石灰的原料，以及其他所有在建造过程中有用和必需的东西。

我想我们首先应该从建造这座城市开始，但是我和您说过，我将首先进行设计。接着您会看到，我将对我们的任务所需的一切事务，按照最佳的方式进行管理。现在我们要描述所有前面提过的东西，或者更好的说法是，我将就它们写一篇综合论文，其本身简明扼要，您接下来就会看到。

现在我从城市的图样开始说起。我将把这个图样叫做阿韦里亚诺，这座城市叫做斯弗金达*。我们将按照这样的形式来建造它。我将选择一个我曾经见过并考察过多次的地方。为了使您能够理解它，我将向您描述它，让您可以在理解的同时直观地看到它。

我所见过的这个地方水土很好，我认为城市建在这里将会非常有益于健康，就是说，健康而且丰饶。至少那里有人们赖以生存的东西。我将即刻为您描述它（11v 图）。它是一个群山环绕着的峡谷。南面的山高一些，这样一来，名为奥斯托（南风）、阿弗里科（西南风）和诺特（南风）的风就无法侵袭它。东面的山为它牢牢地挡住来自欧罗（东南风）、萨布索拉诺（东风）和武尔图诺（东南风）的东风。其西部略微低一些。温和的泽菲洛（西风）、奇尔乔（西风）和法沃尼奥（西风）从那里轻轻地吹拂。当然，博瑞亚斯（东北风）会在某些时候带着阿奎洛（东北风）和欧鲁斯（东南风）造访北门，它们会比其他的风带来更多的热情。[75]当我们找到这个地方以后，我再告诉您在什么样的条件、星象和吉兆下，以及在什么时刻开始动工[76]；您将理解与此有关的所有东西的属性。我将告诉您有关这个地方的所有事情，还有我们在这个山谷中发现的东西，因为您知道它是四面环山的。[77]

---

* 阿韦里亚诺意指菲拉雷特本人，斯弗金多意指斯弗扎之城，菲拉雷特以此暗示了这座想象的城市与其设计者和他想争取的赞助人之间的关系。——中文译者注

我在那里曾经进行过一次探险。我在山谷附近发现一位绅士。他要去位于山谷入口处的某个属于他的房子，它坐落在一座小山上，俯瞰着整个山谷。他向我致以热烈的欢迎，然后带我进到他的房间里，并请我和他一起进餐。用餐结束之后我们聊了很多东西，他看出来我想游览这座山谷。他非常绅士地说："让我们上马吧，我要同您一道去，并为您展示一下这个地方。"由于我渴望知道这座山谷全部的好处和用途，我向他问起山谷中流淌的小河叫什么名字。他说小河叫斯弗金多，山谷叫因达。这令我万分兴奋，随即接受了这位绅士向我发出的邀请。在他的陪同下，我参观了这个地方及其河谷，那里没有大宗的房产，却有很多农房和畜圈。从这个平原我们看到了许多牛羊和其他动物，还有大片可以耕种的土地。我向同伴问起这座山谷中种植的作物，还有它们的长势。他回答说，这里的谷子、葡萄酒、油、藏红花和苹果，比他知道的任何地方的都要好，还有家养和野生的最可口的水果和肉类、上好的禽类，以及猎人能够想到的任何种类。

［12r］

就在我们这么边走边谈的过程中，两只雄獐从我们不远处跳了出来。它们的脚跟在一片草地下若隐若现，然后一蹦一跳地穿过了草地。在附近的一片树林的入口处，其中的一只陷入了一张农夫设在那里的大网。当农夫的狗看见了这头鹿，便扑了上去把它逮住。我们走上前去捉住了这头雄鹿。待狗的主人一出现便认出了我的同伴，然后非常殷勤而礼貌地坚持要把这只雄獐送给我们。因为我们没要，所以不得不留下来和他一起过夜，其间他对我们表示了极大的敬意。到了第二天早上，他坚持要我们和他一起吃午饭，地点他已经在河岸边准备好了。他拿出好几张网，不一会儿就从河里打上来好几条大鱼，然后我们就在一个牧羊人的小棚子里把鱼做熟了。我们在这条河的岸边吃了午餐，在我看来似乎从没有吃过比这更美味的东西了，即使是我在这山谷中吃过的东西也比不上。随后我们沿着这条河骑马行进，看着它的走势，探寻它的究竟。

这就到此为止吧；我将用一张图向您展示它，您就能理解得更清楚了（11v 图）。现在我想尽自己所能为您讲述这座山谷在我眼中的形象。

我和您讲过，这座山谷是非常美好的。我想它长有 80 场长，即，大约十哩*。假如您不知道一场长是多长的话，8 场长就是一哩。一条河沿着南山流淌。这条河之后一哩的地方就进入了山谷，河水流向东。从山谷的入口往后两哩处，河流像蛇身一样弯曲，就像您在旁边的图中看到的一样。然后它在山谷中散开，拐了几个弯，却不是很多。河岸非常坚固，不论河水有多满也不会冲垮河岸离开河道。河水清澈极了，波光粼粼的，以至于您无论何时都能看见河床上的砾石，而且里面还产肥美的鱼。山没有高出平原太多，而是舒缓的拔起，非常优美非常惬意。即便如此，它的高度还是足以为山谷挡住我在前面说过的那些风。这一部分被绿树还有各种结果的植物所覆盖。在另一侧，朝北的方向，有一座不太高的山。但是沿着那个方向继续走，越过其他几座山谷之后，便陡然而上，与高高的阿尔卑斯山脉连在了一起。这个地方非常富饶多产，人类最奢侈的生活也能在这里完全得到满足。帕拉斯、刻瑞斯、密涅瓦还有巴克斯**在这里飨用了很多祭品。[12v]

接着我在山谷中发现一个地方，即使从远处望去也令我兴奋不已。越是靠近它我就越是喜欢它。它从平原上拔起，周长大约有半哩。不过，它却没有完全与山体脱离，而是连接着山麓。它优雅地散开并在大山前面形成一座小山。它又被一圈三哩长的树林所包围，一切看上去都是绿莹莹的。当我让同伴带我去看看这座小山的时候，他告诉我那里全是月桂树、山毛榉和橡树，而山顶上有很多橄榄树。另外，他还跟我说那里有充足的泉水，又清又美。听了这些，我坚决要去。

我们乘那里的一条小船渡河。过河的时候，船夫说："往水里瞧。"我一看，里面有好几条漂亮的鱼。我问它们是什么鱼，他回答说是鳟鱼。它们很美，看着它们在河中畅游，我也非常开心。于是带着这美丽清澈的河水和观鱼所带来的双重喜悦，我们渡过了河水。渡河之后我们向树林进发，走上一条小径之后一路前行。那里除了他告诉我可以找到的那些树种以外，没有其他的树。这条寂寞的小径只有月桂树和山毛榉的影子陪伴。站在小径上透过树林，我看见两只雄鹿躺在我们不远处。它们一嗅到我们便吓得蹦了起来，穿过树林逃跑了，偶尔还要回头看一看。继续沿着这条小径走，我们到了山顶，那里有大约半哩的平地。在平地的尽头有一眼泉水汩汩作声。这里有几棵月桂树、橄榄树和山毛榉，而橡树却越来越少。它们脚下仿佛洒满了闪亮的翡翠，那其实是一种小型的绿色植物。

在平地的这一角，我们找到了一处隐居的地方，您会把它叫做密室。[78]它离泉水很近。我们走过去敲了敲门。一个相当深沉而柔缓的声音传来，一边感谢上帝一边问道："你们是谁?"我们回答了他。一个身材高大俊美、还留

---

* 每哩为 3000 臂长，各地臂长合现代长度单位不一，所以本书用哩表示，而不是英里。——中文译者注

** 帕拉斯，即雅典娜，智慧女神；刻瑞斯，即谷神；密涅瓦，即智慧和技术及工艺之神；巴克斯，即酒神。——中文译者注

着很长胡子的人把门打开了，然后问我们在找什么。我们回答说是来游览这个地方的，而且对此非常满意。他向我们致以热情的祝福，并用衷心地欢迎我们来到他的居所。他供奉的圣像就在那里，即吾主与吾母之像。他邀请我们同他一起进食，并且倾其所有置于我们面前，面包、几个苹果，还有泉水。它们在我看来都无比甘美。我们讨论了很多不同的东西。其间我跟他说这里应该建一座教堂，而他也非常支持我这么做。因此，既是出于他的恳求，也是由于这个地方很美很适合，所以我决定请求我的主人让我按照自己的方式建一座神庙。如果没有意外的话，它将会成为一件壮丽而尊贵的作品。在这之后，我们辞别了这位圣人，并从另一侧下山去了。 [13r]

下来的途中，我们在山这一侧发现了雄鹿、雄獐等动物。从另一侧出来时，我们看到泉水顺着流到河里，清澈得宛如一条水晶。我们在里面很多处都看到了很大的螯虾。然后我们走出了树林，沿着山谷前进。我越看这块场地越是喜欢，因为我觉得世界上再也没有比这更适合更优美的可以用来建城的地方了。

这时我的同伴对我说："如果要在这里建任何一座城市，都会把这片树林给砍掉。"

我跟他说不，因为这不是建筑所需要的那种木材。更何况，东边山里的森林中，还有很多建筑所需的木材，运输起来也很方便。由于这个原因，我不认为这片森林有任何被砍掉的必要。我会劝说我的主人不要这么做，而且既然我们希望把这里变成最为神圣和虔诚的地方，我们就不能允许砍掉任何东西。对于这一点您丝毫不用怀疑，因为河水完全适宜把山上的各种树木运送下来。运输之所以很容易，是因为河水一直上到山谷的顶部，那里能看见大船和货船。它们也能来到上游，因为这河不是很长。我认为从山谷的底部到海岸不会超过三十哩，因此它们可以轻松地从下游过来。

您已经看过了这个场地。我想您此时激动的心情应该和它打动我的时候是一样的，特别是因为它所在的山谷空气新鲜、富饶而多产，就像我的文字带您体验的一样。

我已经向您讲述了我将如何通过前文中的赞助人赋予我的权利来建造这座城市。第一步我要用这种形式和比例画一张图（13v 图）。其基本形式是两个正方形，一个落在另一个上面，而不要让四角重合。在每一个正方形当中，每一个角都和相邻的两个角是等距的。相邻的两个角之间的距离是 10 场长，也就是一又四分之一哩。每个正方形的周长是 80 场长，直径 28 场长。角周长是 80 场长。这就是我向您讲过的设计方案的形式。在每个角的位置，我打算做一个圆，即一个圆塔。我将向您解释哩和场长的分度——一哩是 3000 臂长，同时按照我的说法，也是 8 场长。于是一场长就是 375 臂长。[79]

您已经了解了这些尺寸。既然我已经向赞助人展示了线图，我想让您也来看一看这张图，它就画在这一页的另一边上。它是按照缩小了的比例来画的。您看，它被调整成了较小的正方形。这样您就可以知道与这些较小尺度 [13v]

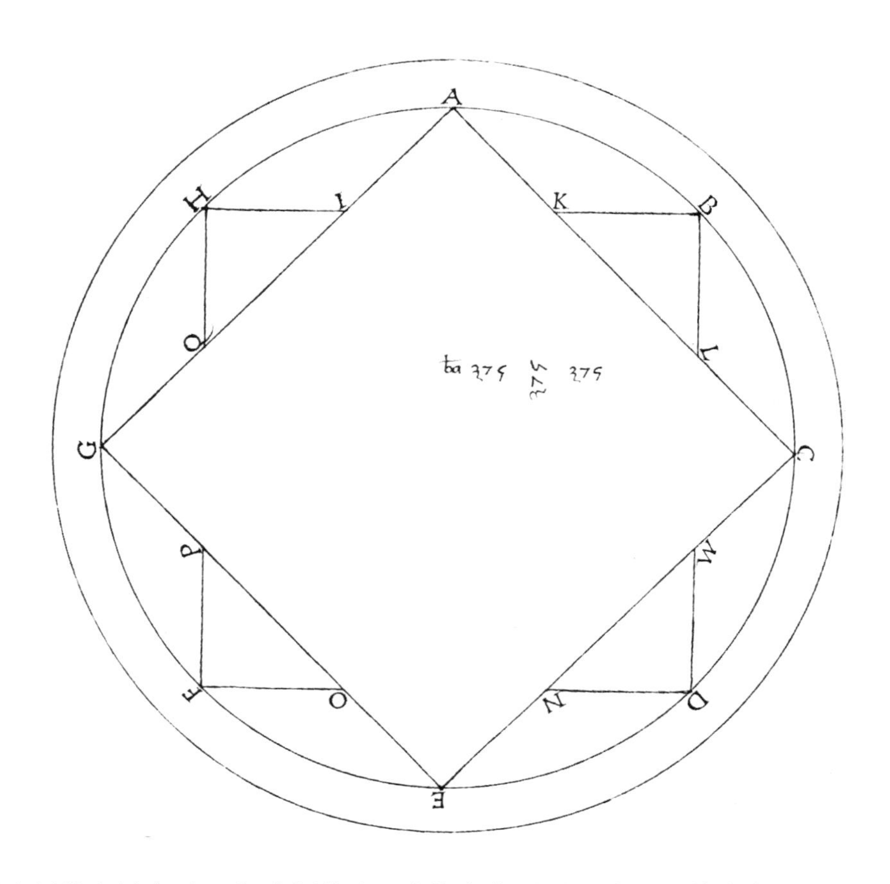

成比例的大尺度了。我对您讲过，我将向您展示这张图，其线条已被调整为更小的正方形。您可以按照您自己良好的感觉来决定它们的大小，不过我希望它们每个正方形都是 4 场长。这也就是说每个正方形为半哩。如此一来，您就可以知道城市有多大。不论用哩、场长还是臂长，您都知道多少场长是一哩，多少臂长是 1 场长。作一个乘法您就会知道周长是多少以及每边有多［14r］长。用这些尺度，特别是用臂长，我们就可以建造出这幅图中所画的、未来在这个城市中的建筑。

您从这张线图中已经知道了如何通过这些线条来理解我对于这个城市的描述。[80]为了让您能更好地理解它，我想做一个浅浮雕的图样。这个浅浮雕图样就好比我用一个正方形来代表五个正方形。即便如此，它们两个图样都同样是方方正正的，这个您应该看得出来。您知道，我让每个正方形所代表的这五个部分都是 4 场长，即半哩。为了缩小这个场长——把它分成许多小比例的臂长，份数就和您在图中看到的一样多——我们需要把它分成 375 份，因为我不可能在半页纸中把它画得更大。为了在这么小的地方放下如此之多的份数，就需要一个更小的符号，一个我们可以画得尽可能小的符号，这是必要的。想象一下，把 375 个小点放大后会有多大。它们将会比这些□中的每一个（即 1 场长）所包含的空间都要大得多。这就是 1 场长的空间□，这是真的。正如您所知，这是不可能的。所以，您一定要通过我向您所进行的讲述来理解我的浅浮雕图样，而不能通过视觉演示。对于您来说，未来的浅浮雕图样与我所作的描述是同样形式的就可以了。正如您所看到的那样，这里有两个重叠的正方形，大小相等，都是7500臂长。这两个正方形的周长有30000臂长。

为了让您清楚地理解我希望通过这幅图向您展示的东西，我打算在里面画出所有的建筑，每种类型一个：一座教堂、一座贵族的宫殿、一座绅士的宅邸、一座官员的府邸，以及平民的住宅。我还将画一张图，上面有我计划在城市里建造的几个建筑，这样您就可以知道每一个的尺度、比例和造型了。您将会看到图首先被分割成正方形，然后每座建筑都被放在它自己的位置上。[81]

首先，这个八角形的墙将是6臂长厚。我要它的高是其厚的四倍。城门放在钝角处。街道从大门直达城中心，那里将会是广场。它长1场长、宽0.5场长。在其最显要处是大教堂及其附属建筑。在其另一端是庭院，也就是贵族的府邸，还有其他的附属住宅，比如市长和警长的住宅，也都配有与它们相关的所有东西。在这广场的中央，将会立起一座用我的方式建造的高塔，其高度足以让人在上面看到郊外。然后在广场的每一个角上，我都会另外再建两个广场，一个给商人，另一个用来卖日用品，也就是必需品。后者将会同警长厅联系起来，另一个同市长厅联系。接下来，我们将在我们认为最好的地方，分配其他的公共和私人建筑，还有教堂。然后在紧靠广场后面的直角处，我们将留出1场长的地方，建一个动物和其他商品的市场。这些将通向教堂的角落。在庭院的后面我们要留出另一个同样大小的空间，以便进行演出什么的，无论是节日庆典还是马上比武，或者为别的什么事由，比如说按照古代的方式，建一个古代形式的剧场，虽然这样的雄伟壮观在今天已不常见。也许我会为纪念那些古人而建造一个呢。 [14v]

我们将根据其特点划分每一个地方。请相信我，在建造的时候，我们将热忱工作，做得比我们在这幅图中所显示的更多。这样，它将会比它现在更令您高兴，因为我永远在工作中保持着精益求精的习惯。如果我没能用这张图让您满意的话，请不要在心中产生怀疑，我将会在实际的工作中对您进行补偿，因为我想让每一个人都高度赞美它，并对这些建筑和这座城市的华美感到惊叹。

关于城堡，也就是其堡垒，我不想多说。在我们建造它的时候，我会为您把它建好，并且您也会说它是美观和坚固的。我不愿再在这张图中多花时间了，因为我们想去进行安排并开始建造这座城市。

第三书

论城市的建造[82]

在我们开始实际施工之前，我想我们应该提供所有可能会用到的东西。因此，我将首先告诉您那些最必需的东西，然后再是那些有用的东西，以及如何使用它们。以前我和您讲过，我将从砂、石灰、砖头、木料、铁活和绳索开始。在这第三书中，我们将涉及上文说过的所有东西，以便让您下达命令并召人去做。这样在我们开工的时候，就不会临时再去四处寻找那些不可或缺的东西了。

即便我知道这些东西不需要讲得很长——它们太寻常太明显了，我想您肯定非常熟悉它们——可我还是要告诉您我所知道的最佳方法；比如，并不是每种石头都能制出合格的石灰。[83]

[15r]

为了让用于我们斯弗金达城墙的石灰又好又足——这样的石灰我见过也用过——它应该是用河里的石头做的，尤其是那些来自阿迪杰河里的石头。马焦雷湖[84]的石头很好，但它用在某些地方好，用到其他地方则不然。它是一种石灰华。河里的石头是圆的，像砾石那样。山里的石头块很大，必须碎成小块才能充分燃烧。米兰的也不错。在罗马有充足的石头；那是一种要么全是孔要么孔很多的石灰华。可以采集到大块大块这样的石头。在要用的时候就把它打碎，然后叫人研磨几天甚至几个月。据说这是最好的石灰，因为它的表层密布着砂，那里的人叫它波佐拉纳*。它的产量很大，从地里和街上都能挖出来，就像在米兰这里的做法一样。在佛罗伦萨，我们还有另一种石头叫做阿尔贝雷斯，也能制出很好的石灰。它也要像在罗马那样磨上好几天。事实上，我们的确是从阿尔诺或者附近的其他河里取砂的。我在帕多瓦还见过另一种石头，和佛罗伦萨的石头很相像。它也能制出很好的石灰，制作的方法和罗马还有佛罗伦萨的方法是一样的。大理石不适于造石灰，即便它们数量充足而且有些地方也用它们造。我在罗马就见过这么做的。之所以会发生这样的情形，有两个原因：第一，因为它们确实量很大而且，第二，因为罗马随着时代的变迁，已经耗尽了所有的材料和尊严。如今，它们已经把高贵的建筑蚕食得一干二净，用数不清的残砖断瓦做成石灰，仅仅是因为吝啬的恶魔阻止了他们派人去这种石头的原产地取材。其实不远的地方就有很多，

---

* 意为“波佐利之土”。——中文译者注

而且由于有河也很容易运输。一些人付出了这样的代价，也成就了这样的辉煌。一些人叫人把这些石头运到这里，为的就是雕琢这些琼楼玉宇，好让自己的美名流芳百世。可其他人没有爱惜这些东西，而是为它们的毁灭推波助澜。如果这些大厦的缔造者回到今天来的话，他们一定会把这些人，连同这些现在被粉碎来要做石灰的、曾经高贵的大理石人像，一并投入炉火之中。我不想在石灰上面继续展开了，因为它太平常，连最小的工匠也知道。众所周知，它必须和砂混合在一起，而且每个人都知道，根据位置、国家和地方习惯的不同，需要对其进行怎样的加工才能使用。

现在，我要讨论不同地区所使用的砂，为什么根据其性质，有的地方要多加石灰，有的又要少加一些。[85]在罗马，人们用一种叫波佐拉纳的东西。它是黑色的，而且我说过，是从地里和街上挖出来的。维特鲁威说它比其他任何一种砂都要好。 [15v]

“含土不多的砂怎么样?”

很好。您可以通过放在手里揉搓来鉴别它。如果发出吱吱的声音就是好的；假如没有就不好，因为里面含土。河砂很好因为洗刷充分，但是它需要更多的石灰。这对于我们来说不是非常重要，因为我先前已经确认过了，在我们未来建城的地方，河里和乡下都有很好的砂。因为它看上去数量充足而且是河砂的品质，我们在为下基础而挖沟渠的时候，就会有足够多的砂。石灰也是一样的情况，因为我的朋友跟我讲过，西面的山里有很多种石头，可以顺着河流运过来。我不希望在砂和石灰上继续展开了；只要它们不是用大理石或者砂岩做得就会很好，而且黏性很强。

您已经知道了什么样的砂是最好的。如果您想对石灰和砂的性质有更深入的了解，并想知道为什么一种会优于另一种，就去阅读维特鲁威的书吧。我无法告诉您是谁最先发现石灰的，因为我还没有找到。我想它是偶然被发现的，就像很多其他通过持续加热而被发现的事物一样，比如，玻璃和熔炼金属就是偶然通过持续加热而被发现的。关于砂和石灰就说这么多吧。

我现在要说一说砖头[86]，它是用某种方法把泥土加工之后制成的“石头”，然后进行烘烤使其性能优良，能够耐水耐寒。您已经理解了足够多有关石灰和砂的知识。现在我要和您讨论砖头，以及如何把它处理得优质而坚固。为了制出优质的砖头，您必须小心地选择好的黏土。

“我想让你告诉我如何才能鉴别呢。”

您必须小心，即不要让土太肥也不要太瘦。也就是说，不应该含砂，也不应该太脆，因为如果太瘦就做不出好砖。假如没有充分加热就会呈粉状，而若是烘烤过久就会扭曲。假使像我说的那样太肥的话，就会很重，而且在干燥或者烧烤的过程中容易断裂，另外也更难切割。当您找到了这种土，或者说黏土更好，不论是红是白，只要它满足这些条件就是优质的。白的一般被认为更好一些。

“它是怎么调配的呢?”

应该把它砸碎并摊在阴凉的地方，直到把它碾成细粉。然后用细筛滤出小的，也就是细的。再次调配，然后就可以做您的砖了。假如环境或者季节不够冷，叫人把它舂好再筛，就像我刚才说的那样，就没问题了。火候一定要掌握好，既不要过火也不要欠火。如果过了火，它就会膨胀从而破坏形状。如果欠火它就会变弱，因为它会在寒冷的时候变酥，并且很快就会自己塌掉。它可以被做成很多尺寸。这里的普通砖长1/2臂长，宽1/4臂长，厚1/8臂长。其他类型的有，长2/3臂长，宽1/2臂长。这些叫做瓦，并且根据其用途还有很多不同的尺寸。但这不是我们的主题。只要它们是按照我前面说过的方法制成的就够了。同时，它们也是根据将要使用它们的位置的要求来制作的，不管是作屋顶的覆瓦还是仰瓦。如果您愿意，用土来做也可以。按照我为您展示的方法来加工这些土。关于用赤陶来做“石头”我就讲这么多了。

[16r]

我将向您讲一讲那些适于筑墙和在建筑中使用的石头。[87]您应该只取最有用的，并选择那里最好的。有很多类型的石头，它们在颜色、硬度和强度上都不尽相同。您希望用在建筑上能保持长久的石头是塞里基奥大理石。在米兰，人们使用安杰拉石，但是由于石灰也是用它来制造，如果有别的石头，我就建议您不要用它。即便如此，它还是相当不错的。它颜色是白的，也有红的和黄的，就是说，它倾近于这些颜色。它有这样一种特点，即下雨时会变绿。还有一种石头叫做阔可里。它非常坚硬，而且有很多品种和颜色。有些做石灰很好，其他做玻璃也不错。另外的一些既不适合做前者也不适合做后者，但用在墙缝中很好。特别是那些体积较大的，可以在河流及多水的地方找到；这些一般叫做砾石。在公共建筑中任何露天的部位都不要使用它们，而且也不应该在被遮蔽的地方使用，除非您实在没有别的办法。我和您讲过，不同的地方，石头的品种也不相同。

维罗纳产一种很好很漂亮的石头，有红色、白色、黑色，以及各种颜色的。建筑中可以用它。佛罗伦萨还有其他品种的石头。它有很多种砂岩，都是泛蓝色的。有些太软；这些不能用，特别是在露天的情况下。还有一种米色的石头，也就是土色。它能够用于街道铺路，还经常用于建筑，因为它非常耐久而且容易加工。这些都不适于制造石灰。它们质量很好，而且更重要的是，您不必担心这些建筑会重演在罗马发生过的悲剧——被拆毁磨成石灰。不远的地方产一种红黑相间的大理石，就是从普拉托附近的一座山中采掘出来的那种。我想这还不到两三哩远，但是人们并不挖掘大块的石材。佛罗伦萨使用的白色大理石来自卡拉拉。这种大理石非常白而且非常漂亮。即使大理石不是一种非常珍贵的石头，但它也比任何一种我向您讲过的石头都更精美和高贵。因此，我将说一说有关它的情况，好让您理解其特点，也好让您能够知道，在使用的时候，针对手上的工作应该选择哪个品种。

[16v]

我对大理石及其产地的了解有哪些呢。最好、最漂亮以及最高贵的大理石，是在卡拉拉的热那亚地区找到的那种。任何到过那里的人都知道，这是一种很美的大理石。那里还有一些没有这么美，有些比这还要美，不过总体而言，它和您在公共作品中见到的一样美。我向您讲过，这种大理石比其他的都好，因此也是最漂亮的。那里有一个品种特别地漂亮；它纹理很大，而且，还不是全白。这适于承重而且非常耐久。那里还有另外一个品种也相当漂亮，却不像其他任何一种。它的美无法用语言来表达，纯白之中绝没有一点瑕疵。这就是马库斯·卢库勒斯要用在自己豪宅中的那种。因为他过于痴迷于乳白而无暇的大理石，以至于人们开始把它叫做禄华*大理石。罗马今天还在使用这一名称。倘使有人见了没有一点瑕疵的白色大理石，就会把它称作禄华大理石。它特别适于制作庄严而美丽的东西，例如模像，也就是某位贵人的雕像，或者是圣人的坟墓，或者任何具有纪念效果的东西。

在意大利的其他地方有大量的大理石。有些我在米兰见过，是从附近的山里挖出来的。它有三个品种。第一种是纯白的。第二种是有黑点的。这些斑点不是能让它好看的那种斑点，虽然我在别的地方见过漂亮的斑点。还有一个品种就更丑了。这种人们管它叫劣质大理石。它一点也不好看，但却比白的和其他的都要好加工。白的实际上也并不是表里如一的。即便一眼看上去非常漂亮，在加工的时候也会变得非常脏，因为里面一般都会有某些看起来像是铁的小点，只是比铁更硬一些。另外，它在加工过程中既不黏也不软，这是与众不同的。它经常会被弄脏或弄碎，所以任何想加工它的人都必须熟悉它，而且非常有经验。不论是做人像还是其他作品，很多情况下您以为加工完成了，结果在最明显的部分掉了一块，把作品全毁了。我说这个是因为我有过这样的经历。[88]其他的即便一眼看上去没有这么漂亮，但它们的性能更好。人们花巨大的投资，用这种大理石建造大教堂。在科莫周边地区还有另一种大理石，依我看更好。但由于它不容易运输或者不是非常适合，您也许应该选取我列举过的那些。即便如此，人们还是派人到科莫去采集这种大理石，用在新建立面后面的老立面上。[89]

我说过，在意大利很多地方都有一种大理石。据说厄尔巴就有一些。这种大理石看起来没有其他某些大理石那么漂亮。人们叫他含盐大理石，因为它有一种极像盐一样的纹理。它非常难加工，但是很耐久，而且尽管加工起来很困难，但人们还是用它制作了很多华美的作品。它趋向于一种泛红的颜色。我想在意大利还应该有更多，不过它并不为人们所熟知。当我在贝加莫建造大教堂的时候，我在各处的地里见过一些白色的，还有一些黑色的大理石。我问起这种石头，人们说大概十二哩远的某个地方有一些。我去看了，是真的。在相隔不远的地方，这两种大理石都能找到。我在别的地方还从来没见过类似的东西。 [17r]

---

* 禄华大理石，即按照卢库勒斯的名字命名的大理石。——中文译者注

在希腊也有很多大理石，这些我们可以从我在威尼斯和罗马见到的，来自希腊的东西里有所了解。这种大理石有点像来自厄尔巴的大理石。也有其他品种的。这种大理石非常漂亮，因为它变化丰富，而且有自然的斑点，使其大部分看上去有点像咸肉，红白交错的，有些看起来则像云彩。其他的还有不同的变化。在后者中会以一种奇妙的方式呈现出各种天然的动物造型。威尼斯的圣马可教堂就是一个例子，那里有很多板材，上面有各种天然形成的造型。如果您有机会到那里去，请看您右手一侧总督礼拜堂的入口处，在那里您将会看到一个人像，您会说那是彩画画出来的。其形状是一位隐士，留着胡子，穿着一件粗毛布衣，双手握在一起，看起来就像是在祈祷的样子。我不知道它是如何形成的，但一定是大自然绘制了它。[90]当初这两块石板被锯开的时候，这些纹理就出现了，俨然是人工制作的镶嵌画。当拼在一起的时候，这两块石板就呈现出了这个人像。您仔细观察就会知道，我说的是事实。我曾听说君士坦丁堡的圣索菲亚有更多像这个一样的石板，人物和动物的造型千奇百怪。倘若您能想个法子弄到这些中的一块作为装饰，它们将会为您的建筑锦上添花。因为它们非常美观，所以会让装饰更为光鲜。威尼斯人已经为他们的教堂做了这件事，对此那些行家们是知情的。

关于大理石我已经说得够多了。现在还有其他品种的石料需要讨论。它们要尊贵得多，而且可以用在需要珍贵石料的地方。既然您博闻强识，我就简明扼要地说一下。石料有三种类型，就像人有三等一样，即贵族、有产阶级和农民。于此对应，有三种石料，即珍贵的、半珍贵的和不珍贵的。不珍贵的有很多个分支，比如大理石、砂岩，还有很多其他品种，就像城外的居民也有很多种类一样。如同有些人比其他人更加优雅一般，石料也是这样。最普遍的是叫做斑岩的多色石料，有红有绿，还有其他混杂的颜色。这是一种非常坚硬的石料，而且比其他大理石更加珍贵。有某种白色石料叫做条纹岩，它不是全白的，因其硬度可以同这一品种归为一类。还有一种绿色斑岩叫做蛇纹岩。它非常坚硬，而且有比底色稍浅的方形小点。另外还有颜色很多的，它们叫做多色品种。它们都非常坚硬而且难于加工；尽管如此，古人还是用它们制作了精美的作品，并切割了很多石板来装饰他们的庙宇和住宅。他们还斥巨资费巨力用它当木头来制作人像、花瓶、陵墓和镶嵌画。

[17v]

我向您讲过，石料有三种分类，下面讲的是珍贵的那类。在珍贵石料中最低等的那些是玉髓、红纹玛瑙和碧玉。这些中有很多都能在托斯卡纳找到，离佛罗伦萨不远。由多纳泰罗加以抛光的那些有很多都是极美的。接下来是红玉髓、紫水晶和石榴石等诸多品种，有的密实有的通透，也就是透明。通透的是最尊贵的，比方说，红宝石、粉红宝石、蓝宝石、绿宝石和钻石等其他品种，尽管它们的外形没有这么美观。它们的外形和硬度有很大区别。例如，这些通透的石料，也就是璀璨而无形的那些，比如红宝石和粉红宝石等等，就像是贵族。这些石头细致而精美，而且加工之后不会失去颜色和硬度。就好比贵族应该是杰出的，即使与很多人接触和来往也会出淤泥而不染。钻石就像教皇，貌不惊人。就像钻石在必要的时候可以击碎其他每一种石头，以及在人们近看的时候可以看到自己的镜像一样，教皇在必要的时候一定很强硬也一定能击垮其他的贵族，并且像钻石一样映射出人们心中的善德。

您已经了解了珍贵的石头、半珍贵的石头，还有那些不珍贵的，也就是用来做石灰的那些石头。这后面两个，怎么说呢，就像乡野村夫一样，没了他们，人们也什么都做不了。同样的道理，没有了石灰，也建不成建筑。还有其他更为粗鄙的品种；即便如此，它们也是有用的，就像牧羊人和住在森林里的人一样。还有一种石头叫做石灰华，基本上是没有光泽的。还有其他品种的石料，它们既不适于做石灰也不美观，但即使是这样，它们在没有别的石料的情况下，还是能用的。这些就像最粗鄙的人。我当然不知道珍贵的石头是从哪里来的，例如斑岩等。有人说红色斑岩来自埃及，而且据说绿色的产自更远的地方。其他更珍贵的石头的产地是没有准确信息的；有人说是这个地方，有人说是那个地方。正如我说过的，这些都是个比喻的说法。

有些人认为它们是用混合物人工制成的。这看上去似乎至少对了一半；由于它们所呈现出来的混合状态和各种颜色，很多人都说它们是人工制造的。我说过，我在罗马见过很多看起来真像混合物的材料，特别是两根在阿拉库埃里教堂的柱子。它们上面有很多不同种类和不同颜色的色块，看上去像是人工制造的。尽管如此，它不是人工制造的，因为我对它进行过试验。我把它们放在火里，结果它们在烈焰中化作了玻璃。如果它是混合物的话，就不可能有这种抗分解能力，也不会化成玻璃。基于这一点，我并不相信那种说法，因为那是不可能的。我确实相信人们能够把石灰与石头以及其他材料混合，做出非常坚硬的东西，因为我试验过。您有机会见到它们的话，就能够理解一些这样的东西了，因为我说过，我对它进行过实验，而且它们非常耐久非常坚硬。[91]　[18r]

到此关于石料我已经说得够多了，石灰和砂也是。到建造我们大厦的时候，我将谈及一些特殊的情况，前提是它们没有被提到过。您会看到我选用什么来建造我的大厦。您将注意到我希望别人为我制作的东西；我要每样东西都按照我自己的方式来做，不论是砖头、石头、石灰、铁活、木头、绳索，还是任何一种我所需要的东西。

我说过，您已经了解了石头、石灰和砂。现在我们将讨论铁活和绳索。首先，您要让人做好数量能够满足需求的鹤嘴锄、镐头和铁锨。请准备得稍微多一点以备可能的损坏和破损，并且确保它们是用上乘的工艺和上好的铁制成的。要注意让监工教有关这方面的手艺（也就是锻铁技术）出色的匠师来打造它们，因为有一个知道如何把铁打好的匠师，会是一件极为有利的事。找到这样一位匠师，是要他负责管理铁器和其他施工中必需的物品。当然，建筑师也有义务检查其是否合格。我们将在必要的时候采办铁制工具。

您需要使用的绳索应该制作优良，特别是那些用来提拉重物的绳索。您一直要监督好负责此种供应的人。请留心这个建议：他应该检查大麻并确保它又白又长。然后用这些纤维制造绳索。当大麻梳理完毕排好之后，只要是按照这种形式制造的，它就会更加耐久而且更加安全。不过它不应该太粗，因为其强度不在于其粗细而在于其品质。相反，要确保其状态良好并切割适当，特别是在它将被用于提拉很重的物品时。您已经了解了铁器和绳索。当您需要某一种铁器更胜于其他的时候，我会对其模式进行解释，也就是说如何制作它，对于绳索也是，因为您将在一种情况下比在另一种情况下更需要它们。

现在我想和您谈一谈木头[92]，那些优于其他品种的木头，如何照料它们以及何时砍伐才能最经久耐用。请不要怀疑伐木的最佳时间在 8 月朔望，因为这时比一年中的任何时候都要好。很多木材都适于做建筑——如果它们长在南坡——这要看它们未来的用途。如果您想用它们作脚手架，就应该用某个品种。如果您想用它们做拱顶的模架，就应该用另一个品种。用于支撑屋顶的木材有很多种。如果它们要用来做脚手架、窗户，或者其他装饰，您可能需要其他品种的木材。根据其用途，有些木头比其他的要好。在需要这些东西的时候，我将告诉您哪些在我看来是最佳的，前提是能够找到它们的话。如果不行，我们就从可用的东西中，选择最好的那个。 [18v]

我要讲一讲我所听说到的关于它们的特点。我将从最结实最耐久的那些开始。最结实的木材是这些：硬橡木是一种非常结实的木材。它非常适合用于建筑中需要承载压力的部位，比如屋架、横梁，或者其他类似的地方，只不过不应该放在雨水可以侵蚀的地方。尽管如此，它放在水里也绝不会腐烂，前提是一直浸泡在水中，不让空气接触它。它尤其适合于沼泽地里的基础。到需要用它们做基础的时候，您就会理解它们的特性，还有其他适于在有水浸泡的地方做基础的品种。硬橡木目前说到这里已经足够了。橡木和土耳其橡木也许是同一个种类，所以这就够了。榆木也是一种结实的木材，但不能以同样的方法使用，因为它比起橡木来既没有那么结实，也没有那么美观。还有很多其他品种的木材，比如白蜡、角树和白杨。它们都很好，但是没这么结实。柏木和松木也很容易折断。杜松不但结实而且有韧性；因此桶箍是用它做的。在这一地区有充足的优质建筑木材，特别是落叶松。它是非常好的木材，结实而且美观，可以制出很多美观的构件，比如横梁和其他支撑结构，而且它非常耐久。维特鲁威对其评价很高。他说它不会生出讨厌的虫子，咬木头的虫子。它里面的汁液是苦的，所以不会被这些虫子蛀蚀。还有一种木材叫做油松。用它可以制出一种叫松节油的液体。这不是一种非常结实的木材，但是却可以用于制作木板、板材，及其他很多东西。还有一种木材叫杉木，它同时产自托斯卡纳亚平宁山的两侧。它很好很耐久。这种冷杉是很大的树，屋顶上很长的横梁就是用它们做的。在罗马的圣彼得大教堂，我注意到整个屋顶都是用这种木材做的。如果维护好的话，可以持续很久。考虑到湿气的问题，它不应该被围起来，因为在它与墙体接触的任何地方，都一定会在石灰的作用下迅速腐烂。基于这一点，请您注意永远不要把承载墙体重量的木头围起来。当我在自己的建筑中使用木头的时候，您就会看到我是怎么做的了。在外观上，这种木材非常像落叶松和油松。我已经向您讲述了我所见过的持续了很久的杉木。它也像我说过的那样，是一种非常结实的承重木材。这种木材可以撑起完全由青铜制造的屋顶，就足以证明这是真的。总之，冷杉应该按照我上面说的，在秋天刚到的时候砍伐。所有其他的木材也都应该在这一时间砍伐。 [19r]

关于落叶松，前面提到过的那些作者说，当恺撒在罗马涅*的时候，军队需要补给，于是他就派人到附近的城镇和居民那里去索要。其中有一个叫拉里涅奥的地方不想屈服。后来他们逃到田间，并用这种木材建了一座塔，很好地保卫了他们自己，使敌人无法前进。几个回合下来，当恺撒看到塔中的人除了杆子和石头之外，没有任何攻击性的武器，便下令部队靠近塔底，并把他们随身带来的一捆捆柴火点燃。刹那间火焰吞噬了整座木塔。恺撒在一旁坐等木塔烧垮。而当他发现木塔毫发未损的时候，又命令部队再逼近一些。这地方的人见无路可逃，就投降了。恺撒问他们这种不怕火烧的木材是哪里产的，他们说在那个地方就有相当大的产量。因此，这座城堡就被叫做拉里涅奥，而这种材料，即木材，就被叫做拉里涅亚。今天这种木材被叫做拉里斯，即落叶松。[93]

还有别的优质而美丽的木材，例如柏木。这种木材大部分来自克里特岛。它是一种非常芳香的木材，而且适于制作亚麻衣柜。有人说，它的香味能让亚麻永不腐烂，也就是说，它的香味会弥漫在衣柜中的亚麻布之间。

雪松也是一种耐久的木材。以弗所的人们用它制成了一座帕拉斯女神像，因为按照维特鲁威所说，它能够持续很长时间。[94]

此外还有非常多的木材品种，全部讲出来花的时间就太长了，特别是那些来自外国岛屿的外国木材。如果您希望对它们有更多的了解，请阅读维特鲁威的书，因为他对它们的性质有最为深入的研究。我所讨论的仅仅是我们可以使用的本地木材。在我们不得不使用其他品种的时候，我将在它们出现的地方谈起它们，比如，胡桃木、山梨木、梨木，还有其他果树，桤木、山毛榉，以及其他用于特别构件的种类，比如镶木画、装饰等类似的地方。由

---

* 罗马涅区：意大利中北部的一个历史地区，该地区曾是拜占庭帝国在意大利的势力中心，后来受教皇统治，现为艾米利亚－罗马涅区的一部分。——中文译者注

于我想尽早开始对我们城市的施工进行布局，让我们为这些内容的讨论画一个句号吧，因为我觉得我们说的够多了。不过我说过，希望深入考察它们的人可以去阅读上述作家的作品。

在我开始描述工程之前，我希望更清楚地知道我将需要什么以及开工所必需的东西。首先，在上级的批准下，我想去研究一下必需品存放的地点和[19v]位置，然后看看它们是否可以方便地拿取。我做完这个以后，我将下命令运输那些我们的工程所必需的东西。

有了我们这项杰出工程的出资人的许可，还有他的书面批准和命令，我骑上马奔向山谷，径直去找我第一次去山谷时曾给过我如此热情款待的那位绅士的房子。碰巧他那天在同妻子和孩子们一起出来游玩，就像所有的绅士一样。他见了我，便致以极大的敬意，并给了我一个诚挚的问候。我向他说明来意。为了表示他对派我来此的那个人的敬爱，他以非凡的热情邀我参观了所有的地方。这一天剩下的时间里，我们便休息了。

第二天清晨，他和儿子一起上了马，他儿子的腕上还带着一只鹰。陪同我们的还有他的一队人马，以及四个熟悉这片乡野的人，他们都是徒步行进。一个人拿条皮带牵着条狗，另一个拿着一柄长矛，还有一个人领着一群猎犬。我们在一起，骑的骑走的走，非常开心。我们沿着溪流朝东往上游走。到了山口处，山谷收缩成一哩或一哩半的美丽草坪。在我们行进的途中，一只野兔从草丛里蹦了出来，而且令我们兴奋的是，青年人手下的一条狗往下游追了不一会就逮到了它。我们骑了大约有六哩，山谷继续缩小，到最后山脚几乎紧挨着河水。溪流两侧的平地都已经很小了，以至于人们可以触到水面。当我们到了山隘的时候，他对我说："等我们过了这道弯，山谷就会再次开阔，但还是会比刚才那里窄一些。"他问我是愿意到我们四周的山里去，还是到那些在山谷尽头的山里去。由于我希望找到要找的东西，我就说到这山里，去寻找能够满足我们需要的石材和木材。我们随即开始上山，在爬了半哩之后，我看见了紧靠路边的白色物体。我走了过去，发现那是一种绝好的石灰。接着我告诉那位绅士，说我已经找到了我想要的东西。

接着他带来的一个随从说："这儿全是这种东西。从这儿一直下到因达山谷，再没有别的东西了。"

听到他说这些，我非常高兴。我看了看四周，发现我们处在一片很大的树林中。当我问起的时候，他们告诉我，说这里有橡树、白蜡树，还有其他种类的树木。我意识到这个地点将可以在采挖石灰的时候派上用场。

我们转向东面，然后稍微爬高了一点，回头环顾整个山谷，这时它已经可以一览无余了。这时我看到一处高地，在我看来大约有一哩高，差不多四哩长。我问同伴那是什么。他们回答说那是河水源头处那座大山旁边的山。河水在那里分叉，形成两条支流，然后又汇在一起，就像您看到这下面画着的一样（19v 图）。这座山叫做因多，而这条河由于受山形所迫，

故而称作斯弗金多。 [20r]

我们就这样肩并肩地骑着走，我的向导对我说："我们最好跨过这条河，然后到我的一些朋友住的一座别墅去用餐。"

我们跨上了那里的一条小船。水面闪亮如镜，河水清澈见底。过河之后我们来到了离河大约半哩远的别墅。这处小小的平地简直就是一幅画。沿着河岸边是一片雅致的白杨林，里面还有其他树种。它们非常符合我们的需要，对此我很是兴奋。待我们到了别墅，他的一个朋友和熟人，给予了我们热烈的欢迎，而且备好了正餐。这个地方让我们不虚此行。

饭罢我们又上了马，而即使上了马，还要答应晚上回来在他这里过夜。他是这样好心又讨人喜欢的人，所以我们就把猎物交给他，然后骑马奔向山里去。当我发现它四壁如此陡峭，便问我们能否上得去。四个人中有一个比其他人更熟悉这个地方，他说我们可以上去，但是相当困难，而且骑马也不是很安全。

由于我很想看看这个地方，就说："如果您愿意去，我就要看看。"他们回答说很乐意去。我转向那位绅士，然后说他应该留在后面。他不想这样，而是第一个下了马。我们都下了马，然后把马交给他的一个仆人在这里看管。接着我们跨过了这条河环绕着山的一条支流。在这条支流上有一座小木桥。我们从它上面跨过了河，然后从一条相当短的小路开始上山，那条小路几乎是从石头里凿出来的。这座山全是石灰华，就像罗马的龙奇廖内*一样，而且同样地陡峭，因为它看起来四壁全如鬼斧劈出来的。这里有一处很大的平地，长着松树和其他的树，下面是非常漂亮的草地。我们在四处走动的时候，发现了两头受惊吓跳了出来的达玛鹿**。随从放出他们的狗，在它们后面追了老远，终于抓住了它们，这让我们非常高兴愉快。我们巡视了这处平地之后，发现一条溪水从中间流过，就像米兰这里的一条水渠一样。我想它是源自这

* 罗马城附近的一个地名，那里有著名的狂欢节。——中文译者注

** 欧洲产的一种小鹿，夏季红黄色的毛皮上有白斑，公鹿双角扁平。——中文译者注

条河的支流。我们沿着这条小溪走到平地的尽头，那里有一座陡峭的小山把河水一分为二。

我们就这样到达了山峰。这里最宽的地方也没有一箭地，而且山峰脚下就是这条小溪的源头。我问同伴有没有可能到山峰上去，以及那上面有什么。他们补充说那后面有一片大湖，这两条支流就从那里流出来。尽管我很想去看看，但我们没有上去，因为晚祷的时刻就要到了。我们折了回去，又跨过了那座桥。参观了这里的环境之后，我非常高兴，因为在我看来，这里是赏心悦目的。这里有各种各样的飞禽走兽；树木郁郁葱葱，而且在这里，每种谷物都能绵延播种超过四哩见方。这也是他们告诉我的。[20v]

我们过河之后便上了马，朝山那边奔去。一路上那位绅士的儿子一边同仆人谈话，一边穿过了这个地方。等我们来到山脚下，他便与我们会合，还拿着好多山鹑和鹌鹑。他说山里这些东西很多，还有雉鸡等其他鸟类。从小桥到山脚大概有五六哩长的路。我看到很多树。有胡桃和白杨等，还有其他很多种类，所以我想有足够的树木来满足我们最先的需要了。我们一边讨论很多事，我也一边询问这乡野的情况，不知不觉就到了当天早上吃过饭的那间房子。等到了那里，迎接我们的是欢乐的笑容和亲切的问候。我们翻身下马，一刻也不耽误就坐到了桌前，大开胃口尽情饕餮。描述晚餐的布置可能会花很长的时间。根本没有必要烹饪我们的猎物，因为我们主人的盛情款待，食物充足，即使放在城里也是享受不完的。我想这是因为他的朋友和我的缘故。我的朋友可能告诉了他我的身份，并且为了表示对派我来此地的那个人的爱戴，他想尽了办法来表达他至诚的敬意。也许这是他的习惯，因为他在我看来是一个非常热心的人，就像我们的新朋友说的那样。不管原因是什么，他向我们表示出极大的尊敬，而且在席间，我们还讨论了很多事情。其中就有我来访的原因。他亲自告诉我说，他知道群山中不远处有很多地方，可以在那里找到各种各样的石头。而在前面更远的地方，朝向山峰靠近湖边的位置，有很多种类的高大树木。我收集了一下，发现它们很可能不是冷杉就是落叶松，或者是我们可以用得上的某种其他木材。他请求同我们一道前往。我们去睡觉了；接着第二天早晨，所有人一起，有的人徒步有的人骑马，大家和新向导一齐出发。

我们在山谷中行进了一段距离便到了山脚下，一条相当大的河从那里流出。我们又前进了好一段路程，约莫有三四哩，还找到了很多不同的石头。我现在可以对自己说不虚此行了。我们下了马边走边看，又往上穿过山中，无时无刻地寻找各种合适的石头，让它们可以根据人们的需要采集成或大或小的石料。在我们边走边找的同时，我说我的勘探完成了，尽管我们还没有找到任何大理石。我们的向导说不知道大理石是什么。“但是在河的对岸，离这里不远的很多地方，都有一种看着像雪一样的白色石头。离那不远处还有一种石头，看起来像烧尽的煤炭。”我从中判断出他说的就是白色和黑色的大理石。我随即说道："以你的信仰为证，带我去看看吧。"他回答说乐意效劳，但他想先吃午饭。虽然我并不需要，因为我已经习惯了废寝忘食地工作，但我还是和其余的同伴一样高兴。我们在一片沿着河边生长的山毛榉树下下了马。我们的向导担当后勤，已经把我们昨天的猎物全都做好了。在这片清新的草地上，他铺开了亚麻布。我们便以野餐的方式坐下来在树荫里用午餐，明镜一般的河水送来徐徐微风，吹得好不惬意。为了取乐，我们又把一块块面包悠闲地投入湖中。一群群鱼儿争先恐后地游来吃，惹得用餐的人没有一个不起身来观赏这一妙景，正是：颗颗粒粒争沉浮，鳞鳞尾尾竞先后。不经意间还会游来一尾肥鱼，大得足可以让两个人饱饱地吃个够。 [21r]

丰盛的午宴结束之后，我们便出发向上游走了两哩地。这里有一座桥，我们跨过它就到了向导提到过的那个地方。我看过去，发现一种白色的像雪一样的粉末。靠近观察之后我发现这就是大理石，为此我兴奋不已。接着我们又走了大约一哩地，到了一处小峡谷，中间流过一条源自山中的小溪。虽然很小但却黑得像墨水。我问他为什么这么黑。他回答说河床是黑的。我再仔细一看，才意识到那是一种看着像煤一样的黑色大理石。这也令我喜出望外，因为我发现所有的东西都可以大块地切割轻易地运走，而且这里离那条河也不远。

我们向上往山里走，等到了山脊的位置，就能够看到湖了。湖面很长，一眼望不到边。在我看来，它的宽度在最狭窄的地方也要超过十哩。转向南岸，我看到一片绿色，而且还有很高的树。我和向导问起那些树，他说是冷杉。等我们靠得足够近以后，我发现那是一片非常美丽的树林，而且可以满足我们的需要。我不知道它们是否可以砍下来从湖中运到湖口，再从那里顺流而下。既然已经发现、也识别出、并找到了我们需要的大部分材料，我就对同伴们说，最好还是返回了吧。于是我们便掉头回来，归途中又发现了各种颜色的木材和石头，都对我们的工程有用。我问这些山中是否有什么地方出铁。他告诉我说有。当我问他那里有多远的时候，他说大概有三十哩，并提出如果我想去的话，他可以带路。我向他表示感谢，并告诉他我真的非常想让他为我带路，但是我现在没有这个时间。不管怎样，我打算改日再来。

要把每一件事都讲就会太长了，尤其是我们在攀登那些高山时的快乐。我们见到了熊、牡鹿、野猪等很多动物。其中我们还遇到了一头相对较小的野猪，那带着狗的四个人对它穷追不舍，最后小家伙终于被逮住并杀死了，因为他们带了猎狗和长矛。我们对此感到非常高兴。我们把它放在用来背我们午餐的牲口上，一边走一边为打到这头野猪高兴，还有一头后来他们在水边抓到的小鹿。我们愉快地回到了别墅，我们的客栈。虽然我们在路上就已经把剩下的午餐吃完了，但我们在丰盛的餐桌前，还是胃口大开，一边交谈一边兴致勃勃地回味我们发现的东西。然后我问他们是否曾经造过盖房子的砖头。他告诉我说造过，或者说，实际上是瓦，因为那里有上好的土，可以 [21v]

制造贴砖和屋瓦等类似的构件。

我们上床睡觉了，到了早上，除了制造砖头（也就是贴砖和屋瓦）的土以外，再也没有什么需要我去看的了。所有的同伴都上了马，向我的朋友和他的随从道了别，并用猎物的一部分作为临别的礼物。虽然每个人都希望我们能把它随身带走，我们费尽口舌最后还是留下了一部分。而与他辞别也同样不舍，因为他想和我们一起同行送别。告辞之后，我们沿着山谷走了出来。在途中，我发现那里有制作所有将来需要的东西的上好泥土。在行进的过程中，我们高兴地发现了一些奔跑的雄獐和野兔，而且兴奋地抓了一只。另外，那位绅士的儿子用他的猎鹰逮住了一些鹌鹑和山鹑，这让我们也很开心。最后我们到了他家，也就是那栋别墅，我们出发的地方。他的妻子在这里用一个恰当的欢迎向我们表示问候，就好像有人告诉了她我们到达的时刻一样。由于这个原因，餐食准备得不但令我满意，而且可以向另外的人表示敬意。我当然知道面前的这份敬意，不只是针对被派来的人，更是向派人来的那个人致意。不管怎样，他对我绝对是尽到了地主之谊。他明确地显示出他是一位绅士，而他的妻子和孩子也是。倘若我是他们家庭中的一员，他们也决不可能对我表示出更多一分的敬爱。在那天剩下的时间里，我都留在了那里，接着第二天早晨便告辞了。每个人都非常热情地同我握手。我说什么也阻止不了他和他儿子骑上马送了我四哩多。然后我就和他们极为真诚地道别，之后来到了这里。

第四书

以上第三书，以下第四书。

当我向公爵汇报了我所发现的所有东西，以及出于对他的敬爱而使我受到的尊敬时，他极为满意。他说，到了我认为最佳的时刻，我就应该采办开工所必需的东西了。我回答说想首先采办最需要的东西。这个我们将在第四书中来处理。

[22r]

在万能的上帝帮助之下，我们将开始兴建我们的斯弗金达，我首先要提供那些将会最先使用到的东西，例如必要的铁活。根据负责这些事务的人的陈述，这些东西已经在几天前就备齐了。

现在我们需要提供石灰、石料，特别是砖头。为了让您能够有充足的供应，同时知道将会在石灰、特别是石料上——因为它很贵——需要花多少钱，也为了让您能够理解我的方案，我将给您一条标准，即一平方臂长的墙上要用多少石料和石灰。有了这个标准，您就可以计算更大臂长面积的花费了。然后把这个数量做乘法扩大到一个场长，再把场长扩大到一哩。这样，我们就能够通过乘法覆盖整座城市，您也就可以看出需要多少石料，以及石灰还有其他一般和特殊开支的总和成本了。用这种方法可以看出在这座城市上，也就是在环城一周的墙上将会投资多少。我希望首先进行这一计算，如此一来，您就可以派人去定做您所需要数量的砖头和石灰了。

为了使我能够为您给出正确的尺寸，同时对我向您讲过的东西进行解释，我第一步将按照所需的长度、宽度和厚度给出砖头的尺寸。有三种标准的尺寸。首先，我将给您常用的尺寸，因为使用这种尺寸的数量很大，然后是中等尺寸，而最后是大尺寸，一个接着一个。

常用的砖长是1/2 臂长，或者说六盎司。宽度是长度的二分之一，也就是三盎司，而厚度是宽度的一半，即一又二分之一盎司。这就是常用的尺寸。在我看来，砖头可以用于三种尺度。它们是爱奥尼、多立克和科林斯尺度。64 块这样的砖就是一个平方臂长*。为了证明是这样的，请取出两块砖并把它们首尾相连，即成一个臂长。然后把这两块砖重复四次，即再排三对，使其在平面上每边的长度和宽度都是一个臂长。要在高度上实现就需要在第一层上面再叠置七层。这样一来，您就得到了一个平方臂长。

---

* 其实是立方臂长，即长向4块、侧向4块、高9块砖。——中文译者注

既然我们希望把斯弗金达的城墙做成6臂长厚，每平方臂长的墙体就有384块砖。要把它做成20臂长高的话，就像我和您讲的，每臂长的墙体都是6臂长厚、20臂长高，那就会是7680块砖。每块这样的砖要花1便士。我和几个匠师已经做好了这个协定，他们将按照我的指导制造砖头。他们已经答应了为我效力，并给我提供所需的数量。我想他们给了我这个价格仅仅是因为在这个地方获取木材并运输的便捷。每块1便士，1000块就是4里拉3分加4便士。那就正好是1个威尼斯杜卡，因为它现在价值4里拉6分。我不认为将来会超出这个价格很多的，您也会看到的。不过话说回来，也有可能涨价。不管怎么样，我们可以认为每千块1杜卡。这种20臂长高、6臂长厚的墙体完成之后，以每杜卡兑换4里拉3分加2便士的汇率计算，将会需要7¾杜卡。同时这些砖头也就是32里拉加1个米兰皇家分。接下来是工匠和备好了用于砌砖的石灰。灰浆还需要计算。

［22v］

我想您知道每一千块砖头需要400重量单位的石灰，而每一百重量单位的石灰需要四担砂。我不希望您在石灰上的开销超过每百单位5分，因为它的产地非常近。这种墙体每臂长需要三十个百重量单位的石灰加66磅，因此就是3066磅……石灰就是每担7里拉13分6便士。您知道每千单位石灰需要四十担砂，因此对应每千单位石灰砂就要花掉您30分。接着您还知道每臂长墙体用于石灰的砂会是5里拉加10分。那么石灰、砂和砖就会花掉60里拉5分6便士。[95]

现在只剩下工匠了，那么我就向您说明一下要付给工匠们的工钱数额。我已经和几位极为令人满意的工匠定下了合约，建造墙体时使用砖头的话，是每砌一千单位付给他们16分。如果这看起来太多了，您也可以按天来计算。

我要特别强调这一点；如果发现一位工匠非常出色，您就不应该吝惜一分钱。我说这个时是假设他在来工作的时候没有贪心，也不是为了挣大钱的情况。如果他的收入可观是因为他出色地完成了工作，并且我们的成本比按天支付还要少的话，对于我来说又有什么区别呢？诚然，施工中需要的任务不可能全部都分包，因为某些活儿直到着手去做之前都是无法估计准确的。有些时候，有的人会用较低的价格分出一个活儿。有时，一个工匠不管是因为贪婪还是为了挣钱，也就是糊口，都会接一个自己根本不会的活儿。当他发现自己一窍不通也做不了的时候，他就会为了赶紧脱手而敷衍了事。在这方面您要积极地听取建议并万分小心，注意观察此人在类似的活儿上是怎么做的。事实上，您应该在发现某一个工匠很出色而且活儿干得很好的时候，明智地作出自己的判断。或者如果您察觉到他不是非常出色，只要他是在按照要求完成自己的工作，也不应该从岗位上把他开除。然而，他要是出于贪婪或者邪念想得到这活儿，抑或是从手艺同样好的其他先来的人那里抢活儿，后来因为贪婪得到了工作，您就不应该怜悯他。既然他损害了其他人的利益才拿到工作，他就应该在出现任何问题的时候承担损失。

我坚信这样的情况不会发生在我们的城市中，因为公爵大人已经告诉了我，每当必需的物品备齐了以后，他就会给这个项目分配足够的工匠，让他们在一周或者最多十天内完成。因此就不会存在密谋的动机。您会说我做不到这一点，因为这么多工匠和助手全在一起只能带来混乱。我要回答说，指令下达的方式应该是这样的，即使有更多的人也会让工作有条不紊地推进，并能顺利竣工。为了避免这种不利的情况发生，指挥我的人已经命令我做好部署，并做好安排让一分钟也不浪费。为了达到这些要求，我们首先需要核查清楚完成这项工作需要多少工匠和工人。 [23r]

第一步我们将弄清楚 1 臂长墙体需要多少工匠和工人。接着，我们将根据上面得出的条件，用乘法算出完成全部墙体所需的人数。1 臂长这样的墙体，从地面直到顶部每天将需要四个工匠，每个工匠还需要七个打杂的工人，负责制作灰浆和搬砖。这些对于节省工匠的时间是非常必要的。更重要的是，我们需要在每两位工匠之间都有人进行增援，也就是填补两面墙之间的中空部分。为了用 1 臂长得出我们的计算，由于 1 场长有 375 臂长，我们就要用 4 乘以 375；这就是 1500。因此我们每 1 场长就需要这个人数的工匠。

您已经看到了 1 场长所需的工匠数量。把场长乘以 8 就得到哩，这样您就清楚会有多少工匠了。我算出是 12000。现在我们要确定工人和填工。[96]简而言之我们每位工匠需要七名工人；那就是 84000 加上 6000 名填工。按照这一计算将会是 90000 名工人和填工，再加上工匠就是 102000 人。这些工匠，按照上述方式搭配之后，每天将会砌 3000 万块砖。于是我们的城市就会在十天之内完成。

“你已经告诉了我将来需要的工匠和工人，但是还有另外一件对于我们的事业非常重要而且举足轻重的事情。那就是，如果所有人，第一个人还有最后一个人，都要在同一时间工作的话，那将会像一场舞会。如果有好的指挥和好的乐曲，第一个和最后一个就能保持协调。”

“我希望它会是这样，因为我们首先要有为舞蹈所配的同样优美的音乐。倘若让世界上最好的指挥来引导舞蹈，而音乐却不好的话，他就永远也无法指挥得让每个人都跳好舞。这是完全相同的。负责供应的人已经为我们提供了绝好的音乐，有了它指挥是绝对不会出错的。就是说，他希望此处的音乐和他别的事务是一个道理。他尤其希望每个人都有很好的收入，因为这才是让万物和谐的音乐。这样一来，每个人都会尽到自己的责任，梦想着共同奏响最美妙的乐章。指挥根据人们的合约会知道每个人要做什么和要怎么做。” [23v]

“我想知道你给他下什么命令来完成这些，好让我知道每个人是否尽职了。”

“我会告诉您的。在此您需要安排人，叫他们去做与必要的准备有关的事。我将告诉您，为了让每个人都细心和有所敬畏，而且知道出现纰漏时谁该负责，对此我们需要做的事情。第一，所有的工匠都应该分开。当他们被分开以后，应该有我在前面说过的那种人来指导并纠正他们，以保证工作中不会出现不轨的动机，或是在工匠内部产生矛盾。为了达到这一目的，工匠就应该以这种方式被隔开。他们应该隔开 3 臂长远，并且每十个工匠要有一名上面说到过的人，也就是能够指挥工匠和工人的人。于是这些工匠就间隔 30 臂长的地方。我不希望他们有一点返工，而总是尽他们的可能盖得高一些，并且围绕着建筑上上下下来回走动。大约将会有 1000 名这种监工。所有这些人一共是 103200 人。监工应该年轻机敏，但仍需谨慎。当所有这些人和工匠都按照我上面说的分隔和组织好之后，他们会占用六哩的地方，并根据这一方案连续不断地施工。在城墙周长的十哩中，这六哩的地方会给您留下四哩。一旦工匠完成，他们就可以开始搭脚手架。这样一来一分一秒也不会浪费了。”

“到目前为止，我很喜欢这个方案，但是有一个问题。你认为如此之多的工匠和工人会尊敬那些监工，听从他们的命令么？即便不是 10000 人而是 1000 人，他们也不会尊敬这些监工的。我相信在这样巨大的人群中自然蕴含着危机。”

“既然是阁下您的意思，我们会注意这一点的。首先，阁下您有必要亲临现场一周或十天的时间，因为每个人看到您的尊容都将充满恐惧和敬畏。”

“我警告你，假如有这么一群人，他们既不会对任何人感到恐惧也不会感到敬畏，他们更不会尊敬贵族或者贵妇，怎么办？”

“万万急不得呀。如果您心存疑虑，我可以对此进行处理。派军队来，叫士兵们排成一线。然后下一道命令，用绞架的威胁使每个人都留在自己的岗位上。对于任何违抗的人都将执行军法，决不留情也决不宽恕。”

“这很好。这军队的供给你是怎么考虑的？”

“我是这样考虑的。既然这是一个短时期的问题，就命令每个人自带十天的面包和其他东西。另外，每个人都将允许根据自己的喜好带食品和吃的东西，而不收任何费税。”

“就这么办。你应该规定一个吃饭的时间，好让每个人都按时工作。”

“等我们到了这一步，我会把它安排好的。”

“我想事先了解一下你做了什么安排，好让他们这么多人挤在一起不会耽误时间。”

“我会做这样的安排。您看，每位监工都负责指导他的十名工匠并为他们 [24r] 分配任务。他会让每名工匠都带上他的工人，使他们总会同时达到。这一规定将严格遵守；早上他们会工作四个小时，不多也不少。然后每个人都会和他的小队一起吃饭。对每个小队都要有离开岗位时的工作量标准。他们会有一个小时的吃饭时间，到了每哩吹喇叭的时候，他们全都要回去干活。不论浪费多少时间，都会从他们的工资中扣除，如果不必要扣钱的话就让他们加点班。在午饭后的四五个小时里，可以给他们半个小时或更多的休息时间，这要看当时的情况。”

“还剩一条规定，我知道他们是按日发工钱的。工匠每天应该给多少钱？我们要先弄清这个，还有工人的。”

“按照这些工时来看，他们的工钱不得低于每天 12 米兰皇家分，工人是每天 5 分，而填工是 6 分。这就够了。”[97]

“由于人员庞杂，假如没有好的方法，那工资的发放将会一团糟。”

“这方面的安排是非常好的。我们会对其进行管理，使得每位监工都能领到该小队的工钱，并付给每名工匠前一天的工资，他的每次分期款都记在一张小卡片上，上面是他的名字和总额，以便让他知道该领多少。然后每名工匠会给他的工人发工钱。此时每个人都必须守信用，因为每名工匠都要站在他自己的工人面前。之后每个人都要把自己的卡片交给监工，他再把这些卡片呈给司库，或者任何阁下您指派的人选。这样他们就会领到一天又一天的工钱而不会有任何骚动或混乱。”

“告诉我每天需要支付多少工钱。”

“我只需告诉您一个小队要领的钱，然后您乘以其他小队的数量就可以清楚了。首先，10 个工匠每天 12 分钱就是 6 里拉。70 个工人每天 5 分钱就是 17 里拉 10 分钱。对于 5 个填工是每天 6 分钱，这就是 1 里拉加 10 分钱。17 个半加上 1 个半，再加上 6 就是 25 里拉。根据现在流通的情况应该使用弗罗林，即每个小队 6¼弗罗林。1200 个小队的工匠和工人就是每天 6900 弗罗林*，汇率是 4 里拉兑换 1 弗罗林。”

“到目前为止我很满意，但所有这些工匠和工人都将从哪里来呢？况且这些工人也许比你想象的要更熟练一点才行。”

“千万不要怀疑我们可以从您自己的领地里找到足够的工匠，也不要怀疑我们可以派人去有工匠的地方找到充足的人数。一旦这座城市的声名和美誉传扬出去，我们就会有用不完的工匠和工人。”

“你有这种头脑我很高兴。我们已经向工匠和工人发出了命令；你要对切割石头的工匠下什么命令呢？”

[24v]

“我打算用石头建造城门，或许塔也是，那么我们就得知道需要多少石匠。我想最好是先把城墙一周全砌起来，然后留出拱腋。然后我们就只派工匠来做这项工作，这样就不会有大的混乱了。他们会在一周内砌好所有的城门，最多十天。”

“如果你看合适那就这么办了。现在还剩什么？”

“我们需要做好砖头和石灰并运到工地。然后等我们到了吉星高照的时候，也就是说，当有利于我们工程的行星升起的时候，我们将命人开挖基础。

---

* 菲拉雷特的计算似乎又有误，如果全算的话是 7500 弗罗林。只算工匠和工人是 7050 弗罗林。——中文译者注

我们将按照约好的进行。您需要派这些人同我一道去，包括您希望负责运输的人，以及按需要支付款项的出纳和财务。”

“就这么做。”

在我找到了一位令人满意又很负责任的人之后，我们一起出发去了因达谷，并同乡下人一起安排制作石灰和砖头的事宜。他们此时还不能制作砖头，因为火炉和柴火以及黏土回火的供应还没有先期到位。为了让砖头质量更好，并同时备好大量木柴，这些东西要让有这方面经验的人，在冬天的六个月里准备妥当。我已经和他们说过了。我还跟其他人说好了，他们答应第二年3月会送来所有的东西，并把所说数量的石灰和砖头运到指定地点。他们都领了钱，这样就可以置备一切物品了。此外我还下令建造了很多货船，也就是小船，或者叫浮舟和驳船更好，还有大量的货车和手推车，虽然所有物品都要用河水运输。等我回来汇报了我下达的命令，他对我所做的非常满意。到了运送必需物品的时候，每个人都遵守了约好的时间，提供了我们从他们那里订购的木材和其他东西。我向公爵汇报说一切都井井有条。

他说：“我很高兴你找到了我们将来需要的所有东西。现在再没有别的要做，就等下令确定最佳的开工时间了。越早我越高兴。”他想从那些占星师里找一个来问一问，因为他们对计算并确定完成类似事业的最佳时刻感兴趣。他派人找来一位在这种占星术方面最出色的人。

公爵大人以这样的方式与他谈话。“我希望建一座城市。我想让你告诉我开工的最佳时间。”

占星师回答说非常乐意效劳，然后就走开了。他用自己的知识计算出了建造一座城市最适宜的时刻。他回来，并且说已经计算出了最适于奠基的日期和时刻。

接着公爵说道：“告诉我是什么时候，这个吉日和吉兆是什么。”

“在此千年中的第60年，4月的第15天，10点之后的第21分钟，此时将是为建造一座城市奠基的适宜时刻。[98]在这一时刻，太阳升起之时，一个确定的属土的命宫会处于优势位置。掌管这个优势位置的是金星。运势就在一个确定的属土的命宫中。月亮在一个确定的命宫中。掌管这个命宫的是吉，因为她在本宫中并处于优势位置。恰在那一时刻，月亮将会在天顶被纳入土星的宫位，土星有统管筑城的神力。这是吉，因为与土星呈三星连珠之大吉星位。土星处于本宫是吉，因为它同时位于第十宫并且掌管着月亮的宫位。从运势来看，它处在第十宫的完全友善的星位，也就是与土星三星连珠之星位。根据上述全部原因判断，就得出了前面说的时刻。为所说的城市选择的开工日期和时刻都是吉利的。”

[25r]

当公爵从他的占星师那里听到这些，并发现奠基的时间也很近了，便与我进行了下面这番对话。我用这种方式对他先开了口。

“阁下，既然吉星和吉时一周之内就要到来，我觉得可以为放下第一块基石下达一切所需的命令了。”

“好主意。但是我们应该从不同的角度再考虑一下。第一，我们不能因为人员庞杂而坏了名声。同时由于城市很大，奠基这样的工程一定要举行各种仪式。”

“我将安排这些仪式，如果阁下您恩准的话，我会用我认为最佳的方式进行。”

“我很满意，但我还是很想知道你要给出什么样的命令。”

“阁下，计划将是这样的。当所有人都到达第一块基石将要放下的地点周围以后，将会有阁下您挑选的八位显耀人物待在选好的某个不远的地方，而且还会有音乐和乐器。然后他们会把所有备好的东西带来，呈献给阁下您。您将和主教、您的公子还有我一同参加仪式。”

“这都让我很高兴，但是我要知道这些东西是什么。”

“我已经准备好了以下物品。首先是一块大理石，上面刻有年份、阁下您的尊名、教皇大人的名字，还有我的名字。接下来是一个大理石匣子，放在奠基石的上面，里面有一本青铜书，记载着我们的这个时代和名人的事迹。在外页上，也就是封面上，将有以我首创的形式刻画的善恶图。里面会有一些其他的道德箴言，和我已经开始写作的另一本青铜书是一样的。我们应该把这放在一个可以被人们看到的地方，并且匣子的外面要对此有所记载。我所做的高贵的事情将被刻下来，例如前面提到过的青铜大门、米兰的医院、贝加莫教堂，以及我做过的其他高贵的事。我一定会言出即行的，除非有人暗算，就像我的一个很好的朋友遭遇的那些让他功亏一篑的不测一样。这是在尼古拉斯教皇的时代由罗马人干的事。眼下关于这些阴谋我不想再多说什么。匣子里面还会有很多名人的青铜和铅质雕像。我还做了一个陶瓶，里面装满了黍粒和小麦，或者您喜欢的话，放谷子也行。盖子上有克洛索、拉克西斯和阿特洛波斯*的肖像，他们上面除了生与死之外什么也没有写。我还准备了一个玻璃瓶，里面装满了水，另一个装满了酒，另一个装满了牛奶，另一个装满了油，最后一个装满了蜂蜜。”[99] [25v]

“我喜欢这些仪式。你为什么要在基础中放入这些东西呢？我想让你告诉并为我作出解释。”

“我在这个基础中放入这些东西的理由是，众所周知，万物有始必有终。到了那一天，他们就会发现这些东西，然后从中知道我们的名字并纪念我们，就像我们在遗迹或发掘中找到一些高贵的东西时产生的回忆一样。在发现了一个展现古代的东西，上面还留下了命人建造它的人的名字时，我们是会很

---

* 这三位是命运女神，克洛索负责纺织生命之线；拉克西斯掌管生命之线的长短；阿特洛波斯专司切割生命之线。——中文译者注

高兴也很兴奋的。”

“我很欣赏这石头、这书，还有这匣子，但是装满谷子的瓶子和它的盖子意味着什么呢?”

“这个瓶子是一个比喻。一座城市就应该像一个人的身体，基于这个原因，它也应该装满赋予人类生命的一切东西。盖子上是三位至关重要的女神，她们是我们生命的基础，也就是，一个纺线，一个纳线，另一个断线。瓶子上除却生死两字再无他物可寻，因为这世上非生即死。侵蚀一座城市的各种因素决定了它存在时间的长短。我把水放在那里，因为它本身是一种清洁、纯净、透明的元素，而且能够造福于天下苍生。如果没有其他物质的污染，它永远都是洁净而清澈的。同样地，城市的居民应该是纯洁而无私的，还要互相帮助。就像水被污秽或者不适宜的东西玷污了变混一样，领地上的人民也会因恶习扰动而变得迷乱。我放酒是因为只要有节制，它就是适于人类生活的一种饮料。它一过量就会同时摧毁理智和健康。我放牛奶是因为大家都知道，它是血液的精华；它贡献出了营养，才成了纯白色。当领地的人民身染血色的时候，他们就应该得到净化和清洗，然后变得洁白；他们应该互相滋养而不应赤面而视，亦即相互之间变得非常暴躁和恶毒。油是一种非常有用的液体，而且其性质特殊，可以浮在水面上。产出这种液体的植物是献给智慧女神帕拉斯的。橄榄叶象征着胜利与和平。这座伟大的城市应该拥有胜利、和平，并像油一样，以恰当的方式用智慧、愉悦征服那些比自己弱小的城市。蜂蜜也放在那里，是因为它是一种非常甜美的液体，并且对很多东西[26r]都有用。产蜜的动物都很勤奋、艰苦，而且公平。他们渴望，同时也拥有一位高高在上的君主统治者，并且他们会执行他的所有命令。大家服从命令各司其职。当他们的统治者年迈体衰再也飞不动了，他们就会用公正和仁爱抬着他。城市里的人民亦应如此。他们应该勤勉上进、恪尽职守，并执行上级给他们的命令。他们应该爱戴并听命于他们的君主，并且在他需要他们的时候，不论是因为战争还是别的什么情况所迫，他们应该像对待亲生父亲一样帮助他。君主应该在必要的时候公平而严厉，但不时也要仁慈而宽厚。这样他们的果实才会甜美而实用，就像蜜蜂辛劳的成果一样。”

“这些东西的含义让我很高兴。你有没有把它们写下来，以便在它们被发现的时候能够知道为什么会把它们放在那里?”

“没有，阁下。”

“叫人把它们照你刚才说的写下来，然后把它们跟其他东西一起放进去。”

“悉听尊便，阁下，即刻就去办。”

“我将下达这些命令，让暴动绝不可能发生。我会带上我的重骑兵把工匠和工人分开。为了从根本上杜绝交谈和失误，我将为每名监工派十名骑兵和五十名步兵。小队会一个一个有秩序地排成队；其余的重骑兵将稍微站得远一点。我希望这些监工都是名声不错的人，他们要同如此庞杂的人员一起工作8－10天。然后我要举行一次游行，其中有主教、新来的贵族，还有我的夫人和儿子。游行将正好从在基础中埋放你说过的那些东西的地方开始，然后行进到将要放下第一块基石的位置。在这里牧师大人将祝福这块基石、这个地方，还有这个基址。接着在造物主的帮助之下，在对吾主的赞美和尊敬之中，我们将开工建城，这样吾主就会成为它的支持者和保护者，并保佑它永世长存。但首先我们应该命人挖好基础。”

“不，因为在祈福之后，阁下您将拿一把铲子挖头三铲土。然后您的公子，从最大的开始到最小的结束，每人都要挖三铲。挖完以后，我们会同主教一起进餐以示慈善，这样未来城市的居民就会是仁慈博爱的。这样一来，基础就已经挖好了，阁下您和主教就可以放入基石和其他东西了。然后有人会把墙体的基础一直填到地平的高度。当天除了继续挖掘基础，就不再需要做别的事情了。此时每个人都可以回去了，留下那些负责完成上述事情的人。”

“你说一周之内就可以开始雇佣工匠和工人了？我必须开始写信，好让他们当天都会到这里来。”

“这在几天前就已经有人办妥了。下达的命令是这样的：每个人都应该在前一天到达因达谷的预定位置，每个中队到自己的区域，即到达我已交给各位监工的军旗那里。所有的军旗都将在我们施工的周界以内。工地已经放好了线，城门和主要街道也标记出来了。阁下您也有必要在前一天派出重骑兵，按照阁下您所说的为每一个小队指派一个。” [26v]

“那样的话，我们就应该在星期天早上抵达。”

“阁下，这对于我们在吉时吉象开工是必要的。”

到了择好的吉时，万事俱备，各就各位，公爵大人、他那优雅的夫人、他们的儿子们，还有其他的亲属，都按照预定的方式，与诸多贵族和绅士一同行进。人们形成一个壮观的队伍，并十分严肃而热烈地来到了指定地点。当他们看到了那个地方和地基之后，公爵大人和同行的所有人都万分兴奋。时间快到早上第三个小时的一半了，主教和他的神职人员来到了全部将被放入基础的物品所在的地方。游行从这里开始，井然有序，然后伴着肃穆的圣歌，华丽而绚丽地前进着，俨然已经是在城市之中。队伍是这样的：领头的是主教，穿着他的主教祭袍，紧随着他的是公爵大人及其随从，然后是那八位绅士同我一起，两人一组，每人手中都拿着前面说的那些物品，有的拿这个有的拿那个。我拿着的瓶子里面装满了谷粒，里面还有一些谷子。其他的人都遵照了公爵大人要求。

他们到了指定地点之后，主教和其他神职人员举行了一个适于这种场合的庄严仪式，接着为基石、基址，以及所有的东西进行了赐福活动。伴随着极为严肃的音乐和圣歌，那些物品被放了进去。做完这个以后，主教怀着对三位一体的崇敬首先挖了三铲。然后对公爵大人说他也应该尽到自己的义务，即应该在我们要挖基础的地方挖三铲。他这样做了，而所有参加此次奠基仪式的人也这样做了。每个人都在土中挖了三次，象征着圣三位一体的圣父、圣子和圣灵，同时也是对三位一体的赞美。教皇就是这样下达的命令，而仪式也是这样进行的。他和公爵挖了三次，口中说道“以圣父、圣子、圣灵的名义”。这也象征着三个时世，过去、现在和未来。这些完成之后，我们为了表示仁爱和慈善而有秩序地用餐。在此期间，指定位置的挖掘进展得非常好，因此到了午餐结束的时候，基础已经是又好又令人满意了。

在挖掘的过程中，一个工人在身边发现了一个洞。他用铲子挖出一大块土，露出了一个洞穴，里面盘着一条很大很美的蟒蛇。工人被它吓坏了，但是那条蟒蛇看到自己被发现，巢穴也被毁掉了，便猛地抬起头来，愤怒地离开了那个地方，高昂的头看上去简直要高出地面两臂长。它朝我们城市的中心爬去。大家都看着它移动。一个人追上去要杀了它。他拿一根棍子狠狠地朝它打去，如果击中了必死无疑，可惜棍子头打偏了。蛇感到有东西碰到了它，便向他发起闪电般的攻击，速度之快让我们根本来不及救他。那条蟒蛇用自己的身体死死缠住他的脖子，然后把他活活绞死了。之后它便松开了他的脖子，慢慢下来，自个走了。很多人都想上去杀了它。当公爵看到了这一征兆，便下令谁也不许动它。它既没有骚扰城内外的任何人，也没有给他们带来任何麻烦。它到了将要建造广场的城中心。这里非常巧也非常幸运的是，几乎是在广场的中央，或者说靠近中央的地方，有一棵高大的月桂树，并且和它在一条线上、靠近广场开始的地方，有一颗很大的空心老橡树。蛇不想从这里面进去，而是径直爬上了月桂树。它爬到树上，找到了一个洞，钻了进去。大家都站在一边，全神贯注地看着这个动物钻进月桂树里。一群蜜蜂落到了这棵月桂树顶上。大家看到这个情景几乎都惊呆了。公爵说：“这些肯定是有重大意义的征兆。”[100]

[27r]

用餐之后，一切都根据占星师的描述准备好了，他也在场。他断定这一时刻进行奠基是最吉利的。公爵大人和牧师拿起奠基石，并把它放入基础里面。一只鹰出现在我们头上，盘旋着注视我们，仿佛我们是它的猎物。这引起了不小的赞叹。奠基完成了。那个大理石匣子被放在了奠基石的顶上，而我在它周围放下了装满酒、油、奶、蜜和水的瓶子。我们把它们都放在它四周。那个装着谷粒的赤陶瓶我放在了匣子的上面。所有这些物品，青铜书还有别的东西，此时都安置在了匣子中。公爵和他的随从走出挖好的基础坑，接着我命人在这里先把它围起来，然后再填到与地面平齐。这样一来，此处的一小部分基础就完成了。其他的基础被分成几个部分，安排非常妥当，全部在当天挖好了。用了102000名工匠和工人，还不算其他来帮忙的很多人。

您可能会说如此庞杂的人员不可能被管理和组织得这么好，让所有人都干活，尤其是考虑到有铁质工具的情况。每样东西都是按照前面说的方式供应的。铁质工具除了工人自带的以外，也有充足的供应。公爵大人也加入这些工人的行列，东奔西走，加油鼓劲，息事宁人，因而当日既无暴乱之徒，也无刁难之事。当晚每个人都达到了指定区域自己的小队那里，没有一点喧闹。同时，非常幸运的是，这些基础不需要挖得非常深，因为整个平地在往下挖 4 臂长，或最多 6 臂长之后，就变得全是碎石。而且还有很好的砂。我 [27v] 们有了很好的基础，并且因为它们还不到 8 臂长宽，所以在当天，挖掘工作就全部完成了，只留了城门的地方没有挖。[101]

当天晚上，公爵派人叫我去他在橡树下的营地。他的帐篷就扎在树跟前，因为那里有树荫。他对我说，这一天过得很好，工作做得也很好。他说我们应该找到一种方法，让明天能够继续保持良好的秩序，并且让其余要做的工作也能进行得越来越好。

“悉听尊便。阁下您明天应该按时到达，命令这些工匠开工，这样您就会看到事情将以令您满意的方式进展。我们还需要保证这些工匠拿到工资。”

“无论如何，我们应该给他们发放工资。明天就是星期一了。按照预先安排好的，给他们昨天的工钱，因为按照我的理解就应该这么做。明天早点到这里来，我们好安排必要的事宜。”

每个人都去睡觉了，只留下那些守夜的人。重骑兵按照大敌当前的战斗状态布置。到了早上命我到达的时间，我准时出现在公爵要求的地方，也就是他的营地。因为他是一丝不苟的人，所以早就起来了，并且向我问好，说：“是时候了？”

我回答说：“您准备好了就是时候了。”他走出帐篷，登上坐骑。就在此时，另一只鹰，或许还是昨天那只，从那棵橡树上展翅而飞。公爵对此着实吃了一惊，说道：“这头鹰是什么意思？”他朝橡树方向看去，发现了一个鸟巢。我们认为这是一个吉兆。

我们去了每一个小队的每一处营地。他为每一名监工及其小队布置工作，而每个人都被安置到了自己的岗位。由于挖出了很多砾石，我们便决定用砾石和石灰垒出高于地面一臂长，或者说用砾石和石灰一直填到高于地面一臂长更好。为了打下良好的基础，我用一份石灰与三份砾石混合。每个人都用尽全身的力气敲打石灰和砾石，但又非常有规律。取水是很方便的，因为我早就命人从河中引出了一条水渠。河水流过我们工地的中间，这样我们就可以便捷地取水了。这样，基础很快就按照下达的命令与规定的条件填好了。完成之后，就到了吃饭的时间。根据前面说的规定，每个人都高高兴兴地回到了自己的区域，没有任何不轨或骚乱。

就在大家用餐的时候，公爵大人和我在工地四处巡视，同行的还有一位非常有责任心又非常有效率的人，他的任务就是后勤供给，确保没有任何短缺。他问了我很多事情。其中他问道：“你如何布置这些塔；要建多少座？”

“我把它们按照这种方式进行划分。对应字母 A 到字母 K 的每一个直角 [28r]

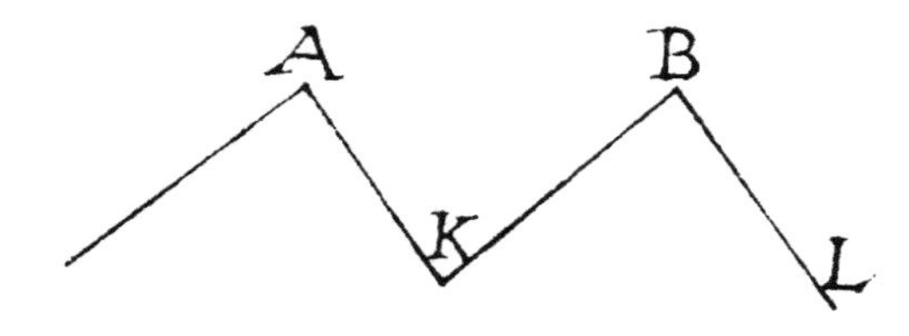

(28r 图)，我要建十座塔，每个 20 臂长见方，而从字母 K 到字母 B 也是一样。您在图中可以看出，从字母 K 开始有 6 场长，即 2250 臂长。从用字母 A 标记的那个直角的那些臂长中，我拿出 1 场长的十五分之一，或说 25 臂长。我从标记为 K 的非直角中，也拿出同样的长度，这个地方就剩下 2200 臂长了。减去十座塔的厚度就会剩下 2000 臂长，这样每座塔到另一座之间就是 200 臂长。”

当他理解了之后感到非常满意：“那么你在这两个角上分别留出的 25 臂长怎么办?”

“我想在标着 A 的那个角上建一座宽度 50 臂长的圆塔（28r 图)，同时我还想在标着 K 的非直角的位置建一座 50 臂长的城门，就像您看到这里画着的一样。在标着 A 和 B 的直角处的塔，将会守卫标着 K 和 L 的城门。这种布局就会使它们受到直角处的塔的掩护。”[102]

“一切都令我满意，但是告诉我，你已经按照你说的形式，为所有的塔做好基础了么?”

“除了那些城门的基础之外，都完成了。”

他看过并理解之后，对目前的状况感到高兴。他命令总管在午饭的时候，安排人给所有人发工资，因为他不想一直拖到傍晚。总管回复说，他已经按照要求把钱发给了每个小队。

我们在谈话中度过了一个小时之后，每个喇叭便在各自的位置上开始吹响。当工匠听到那些声音，便到达他们指定的地点。当我们看到每个人都在按要求工作的时候，他和我才到他的营地去吃饭。这里我们发现那只鹰从头顶上飞过，爪子里是它的猎物。它落到那棵橡树上，回到了自己的巢穴中。公爵下令谁也不许碰它。之后我们便进去吃饭。

我很快就离开去视察工作了。我在工地四周巡视。午饭之后公爵来到了工地，发现很大一部分城墙已经完成了。他对此感到非常惊讶，便问他们是不是已经拿了工钱。回答是肯定的。在他边走边看的过程中，他的总管走上来并被问道：“他们是如何这么迅速地拿到工钱的?”

总管说：“我们给了每位监工一张卡片，卡片的顶部写有他的名字。然后我们又给了他十张卡，卡上每位工匠名字的上面是监工的名字。每一张这样的卡片都配有一个袋子，上面写着里面装的钱数。袋子里面有每个工人的卡片和他应得的工钱，每天 5 分，工匠也是同样做法，只是钱数不同。所有这些卡片我们都已经交给了监工，他们今晚就会把它们分发下去。然后明天我们将以同样的方式发放它们，那么这样就为前一天付了工钱，他们就会以这种方式领到工资。”

尽管如此，当我们来到工地的时候，公爵还是想问一问是不是每个人都拿到了工钱。因为大家都回去了，所以他派了一名传令官来问是否每个人都拿到了工资。大家异口同声地回答拿到了。每个人都欣喜若狂地喊道："万岁！万岁！我们的大人啊！"。每个人都以高昂的情绪工作着，由于对公爵的至爱，以及工作的安排方式恰当，大家没有一个不是竭尽全力地扑在工作上，一心想作出比分配的任务更大的贡献。 [28v]

公爵大人在工地四处巡视，一处也不放过。当工匠占据的那部分，即六哩的城墙完成后，他们又开始剩余的四哩。这一部分只完成了地平以上不超过1臂长的基础。在这四哩内的每个人都开始砌墙。其余的人回去开始为将要施工的部分搭脚手架。他们可以工作得很轻松，因为每哩有1200工匠，所以就有4800工匠和他们的工人一起搭脚手架。我确实为脚手架做了特殊的处理，好让两个工匠能够同时工作，另外还有供他们使用的梯子。他们在移动的过程中完成墙体。有两个人相互面对面，一个在墙里面一个在墙外面，这里画出了工作的方式。[103]因为有大量的工匠和其他人在工作，他们认为在砌墙中工人一个紧接着另一个地搭脚手架会更快一些，由于有充足的木材适合于此项工作。于是就按照我说的做了。由于人数众多，所以墙体刚刚砌好，那部分的脚手架就迅速地搭起来了。当脚手架搭好，工匠也完成了剩余部分的墙体之后，他们便跃上脚手架，而其他的工匠很快就搭起了其余的脚手架，也就是四哩的那部分。* 接着他们开始工作并完成了当日的部分，并为次日的开始做好了准备。在他们工作的同时，公爵看到这样一大群人井井有条地工作，不禁喜上心头。

在他感到高兴的同时，天空中出现了一些猎鹰，或是苍鹰还是别的什么，试图在擒获一些其他鸟类。我不知道它们是鸭子还是雉鸡，鹌鹑还是苍鹭。不管它们是什么，都正好在我们的工地上被追得四处乱跑。或许是担心自己的幼仔，或许是怜悯这些鸟类，那棵橡树里的鹰开始驱逐那些猎鹰。它追上了它们，对其中最大的一只发起攻击并杀死了它。结果刚好掉在公爵面前，其他的便四散逃窜，再也看不见踪影了。公爵对此感到非常兴奋，也非常诧异。他说："这些肯定有重大意义。等我们有时间去问了，我很想听一些博学的人给我解释一下这其中的意义和启示。"

到了晚上离开工地的时间，每位监工都对他的小队进行了总结。他把卡片和袋子发给那些负责的人，每个人又同他的小组回到了自己的营地。我们陪同公爵回到了他的营地。等我们到了那里，他告诉我不要离开，并留我和他共进晚餐。席间他问了我很多事情，特别是明天要做些什么。我尽了最大的努力回答了他所有的问题。他向我提出的问题之一就是，为什么把基础以上的墙体从一开始确定的8臂长宽缩小到7臂长。"这在我看来是正确的，因 [29r]

---

* 菲拉雷特显然对他在施工中的这一创新津津乐道。但很遗憾的是，他对此的描述并不清楚，加之图片遗失，所以，我们已经很难搞清楚他这一创新的真实面貌。——中文译者注

为基础比墙体要宽是合理的。另外，我还认为，你的确应该在外侧留出比内侧更多的基础。然后你要让墙体更多地向内侧收进而不是向外侧突出，因为在外侧从上到下都是垂直的，而在内侧却收进了，我看，有3臂长。你为什么要这么做?”

“我会告诉您的，阁下。墙体在地平处是1臂长高、7臂长宽。我要抽出3臂长把这做成一个带顶的墙。”

“怎么做?”

“用这种方法。等明天墙体砌到7臂长高，我将在墙体中留出拱腋来放入拱顶。接着在朝向城市的方向，也就是在内侧，我会把墙体砌成3臂长高、1臂长厚。我会在各处做很多瞭望孔，就像我在外侧做的一样。然后在这3臂长的顶上，我将在每隔2臂长的地方做一根厚1臂长的壁柱，像墙体一样。我将让它占用4臂长的高度，然后在每两根之间发一道券，这还会占掉1臂长的高度。这道拱廊将会离地面9臂长。它有2臂长宽，也就是其开口的宽度，它还有一个1臂长厚的拱顶。按照给出的高度，累计到它的最高处将会是10臂长。我打算在这上面再做一道7臂长高的通道，内侧朝向城市的那边起一道刚好高1.5臂长的女墙。在外侧我认为需要的各处，会建瞭望孔和斜面墙。当第二层通道完成以后，我将在墙的外侧开始做第三个通道的支架，而且我要用每个1.5臂长的悬挑，把这些支架抬到这面墙的最高处。两两之间的距离将会是相等的，即1.5臂长。我将起一个结实的拱顶，并让它足以承载自身的3臂长厚度。这上面还会有塔，支架上还会有城垛。朝向城市的方向会有一道1.5臂长高、0.5臂长宽的女墙。如果有需要，人们可以在墙面上骑马，因为它有6.5臂长宽。外墙除了底部和顶部以外厚度都是4臂长”（英文版图版16）。

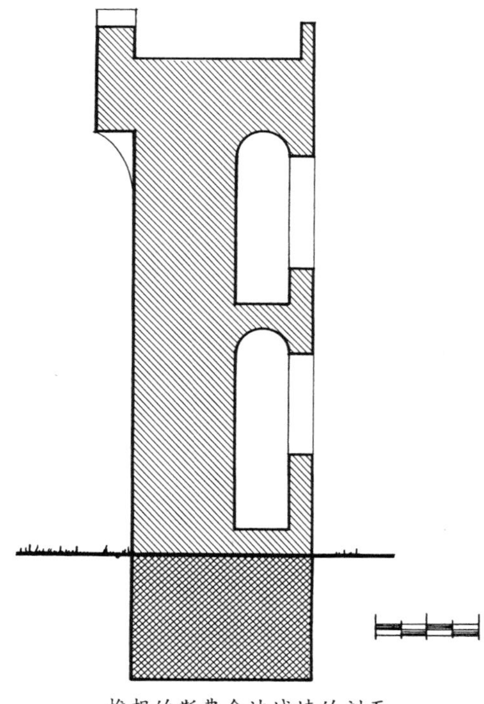

推想的斯弗金达城墙的剖面

（英文版图版16）

“比起你一开始为我说明的那个，我更喜欢这个。”

“我的确是说过要对其进行改进的。”

“它够厚了，毕竟是土墙么。另外，我觉得砌墙的砖头也会用得比你之前算的要少。”

“这没有大碍，因为我们当初没有把城垛和胸墙算进去。而对于那些塔而言，我们也没有考虑到它们实际上在内侧会比墙面突出5臂长，外侧突出8臂长。”

“我们需要重新计算得到新的数字。”

“我不认为有这个必要，因为我们既不会

缺砖也不会缺石灰。”

“你打算把这些塔做多高?”

“我想让它们比墙高出塔边长的一半，也就是 10 臂长，带拱顶、支架，还有带顶的城垛。每面墙上都会有一座塔。我们会对他们进行布置，让它们在完工之后可以住人，就像罗马的那些一样，或者在我看来是这样的。” [29v]

“如果事情像你告诉我的这样发展就太幸运了。”

“阁下您明天就会慢慢发现事实如此。”

“现在道别吧，明天按时到这里来。”我当晚便告辞了。

第二天早晨，我按时来到阁下他的面前。他起床之后又听过了弥撒，便问我正在进行的是什么。我回答说他们工作非常卖力。因为他想看个究竟，便上马去了工地，一同前往的还有他的一些随从和我。到了这里他四处查看，一切都与我向他汇报的吻合。他感到心满意足。由于外墙面已经垒到了预定高度，我就派人让工人把平台留给拱顶作起拱点。到了吃饭时间，大家都像昨天一样离开了，到了规定时间又都回来工作。当公爵大人看到各项事务都进展顺利，他也去吃饭了。在交代给他们如何继续之后，我也离开了。很快我就回来了，接着便到处视察，处理必要的事务。到了午饭时间为止，所有的壁柱都已经垒到了起拱的高度。当公爵来了，见到成果之后，他发现这比之前要好得多，因此非常高兴。在部队吃完饭回到工地之后，工人已经在当晚完成了所有塔之间的拱券。一共有六十道拱，壁柱也是一样多。所有东西都是以这种方式筑造起来的。工人还做好了拱顶。

在同一天出现了更多的鸟，在它们自己叽叽喳喳吵个不停的同时，还是那只鹰把它们给撵走了。这些鸟有鸢鹞有乌鸦，都混在一起。看着它们在空中互相厮打，颇有一番情趣。

第二天，工程的进展依然是同样的模式，同样地有条理。人人各就其位，各司其职。第六天的工程进展之迅速，工人劳动之勤奋，连上部通道也完成了。到了第七天和第八天，城垛和胸墙都做好了。第九天和第十天，除了直角处的塔以外，所有的都建成了。在第十天，铺天盖地来了数不清的八哥。它们几乎全都栖息在了那只鹰的橡树上，不过鹰倒是没从巢中出来，也没有一只鸟靠近它的巢穴。还有很多落在了那棵月桂树和场地中的一些橄榄树上，尽管这里还是一片荒地，因为还没有人开发过河的这些转弯的地方。尽管我们的工人已经砍下了很多树木来建造营地和凉棚，但还是剩下了很多树。这些鸟整夜都散布在各处，一直吵吵嚷嚷到天亮。到了早上，它们都聚到了一起；那些分散在周围的鸟全都来到了这棵橡树。在这里，那只鹰从巢中飞起，直刺青天，随后其他鸟跟着一起，边飞边唱，就像是在向它表示尊敬一样。公爵大人和所有的人都对此感到愉快，然后他说：“我多么想将建设期间出现的这一切征兆都弄得一清二楚啊。” [30r]

“阁下，只要您愿意，我将随时在这个问题上给您满意的答复。如果您高兴，我现在就把所有的事情给您解释清楚。”

“现在别说；我要你安排好需要完成的工作，不过先为我解释清楚那些必须完成的部分。”

“剩下的所有东西，城门、环城的壕沟、城壕前的墙，还有从一个直角到下一个之间的墙，都将在我离开之前完成。”

“很好，接下来，你需要命令这些工人不得以任何形式浪费时间。”

第五书

以上第四书，以下第五书。

由于今天是星期天，我想我们不应该工作。我对过去几天的工作毫无遗憾。如今在这第五书中，我将安排好每一件我们需要做的事情，以便明天就可以开始工作。这是公爵命令我做的。他骑上马，然后满心欢喜地在山谷中巡视了一整天。到了晚上他对我说："果不其然，这个地方我太满意了。"

"如果阁下您看了上面的另一处山谷，也绝对不会失望的。"

他答道："见过了这座山谷，又听了你说的话，我对它充满信心。"

他在离这里三哩远的地方，看到一处高地上有一片树林，他开始和我讲起他看到这片树林时的喜悦心情。我想那就是当初我见了也非常喜欢的那个地方，我们还曾经在那里发现过一位隐士。他告诉了我他从很多雄獐和野兔还有其他动物身上得到的快乐，在我看来他们似乎还抓到了一些。他在用餐的时候讲了这些消遣活动。他还说了隐士的一些事情，并且表示无论如何也要在那里建一座教堂。他明令禁止任何人以任何目的砍伐那些树。吃完之后，他开始问我对明天的工作下了什么指令。

"您这里的总管已经理解了我下达的命令，阁下。"

他回答说，安排非常妥当，不会耽误任何时间，所以工程很快就可以完成。

"告诉我，你下了什么指令？"

"我的命令是，第二天早上的第一件事就是，每个人都要拿来鹤嘴锄、铲子和镐头。我希望您成为第一个开挖城壕的人。这些城壕将离城墙 10 臂长远。我想它们应该有 30 臂长宽，如果尺寸让您满意的话。一旦挖好，壕沟就应该在两侧砌起来。朝向城市一侧的沟壁在地面以上的高度将同沟壁上的城垛一样，即，沟壁高出地平 3 臂长，然后是城垛。沟对面一侧将只和地平等高，不多也不少。" [30v]

"这很好，但要在有城垛的墙上做一两个踏步，让人在四处巡逻的时候，可以看到从城内的角落处一直到这一点的全部情况。我喜欢这个方案。不过对于建造城门和直角处的塔——因为我要它们用石头砌成——你将如何布置？既然我在这里，我希望看到它们全部完成，必要的东西一样也不能少。"[104]

"不要担心，因为我已经下了命令，保证在这些城壕完工之前，手上会有足够的切割好的石头来供应城门和塔，而且还有一些剩余的石头去做其他工作。阁下您应该记得，我说过我会负责石料的。六个月之前，我派了很多名工匠到上部山谷去，根据我的要求开采并打磨石料。”他的总管也确认了这一点。

这个安排让他心满意足，同时，他还说要确保没有任何缺憾，也要保证不欠工人工钱。他问到今天为止，是不是所有人都拿到了工钱。

会计长回答说：“都拿了，除了一天的工钱，因为今天的还没有发。根据您的旨意要推后一天。他们明天就会得到全部工资。”

“我还想知道另一件事。你跟我说城墙里的那些塔是可以住人的。我已经从外面见过它们了，而且非常喜欢，但是我不知道它们里面是怎么布置的。因此，我明天要去看看。不过，告诉我它们是如何设计的，因为你说，人们可以从下部通道进去。通道有多宽（30v 图）？”

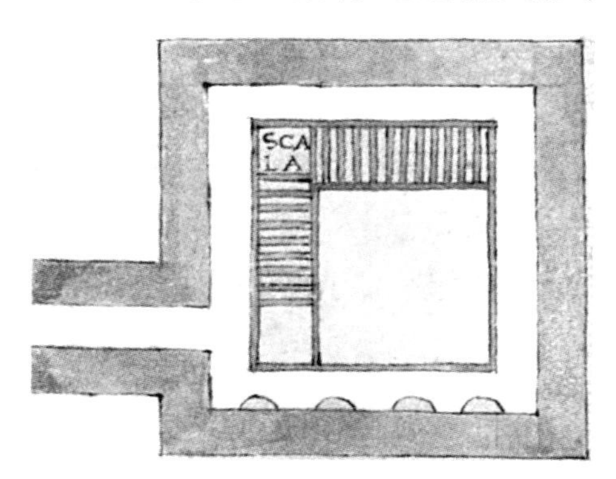

“它和城墙中的通道一样宽，也就是两臂长的地方，有四扇窗户为通道和塔的底部采光。离窗户两臂长的地方有一堵墙，形成了一条穿塔而过的通道。在这一层上留下了一块一边是 11 臂长、另一边是 12 臂长的地方。它是从城墙里的通道进去的，人一旦进来，就会在左边看到楼梯。然后转向右边继续走。塔在一侧延伸出 5 臂长的距离，另一侧 3 臂长。在较短的一侧有一个连接通道的出口；它是这个样子的。从 12 臂长的一边我拿出 4 臂长，从门那边拿走 1 臂长。这样一边剩下 8 臂长，另一边剩下 11 臂长。我用这 4 臂长做一面墙，里面做一个 2 臂长的空间。在这 2 臂长里，我放一个高 5 臂长的楼梯。接着我转个方向再做一个楼梯，放在两道跨度 5 臂长的拱券之上，拱券之间还有一根一个 0.5 臂长厚的壁柱。这一部分高度也是 5 臂长，并通往第一个拱顶结构，这个拱顶离地面有 10 臂长；其上下楼面距离是 9 臂长。这就把我们带到了第二层通廊的高度。我在下面使用的布局会向上一直重复到最后一个拱顶结构。如果阁下您愿意，也可以骑马上去。”

“我很喜欢，不过让我们对它进行一下布置，好让每一座塔能够同时住进两三个人也不会感到不舒服。”

[31r] “我已经用了好几种方法对此进行了处理。第一，我在底层进来之后的左手边 11 臂长空间的中间，做了一个壁炉。我把它放入墙内 2 臂长深，它上面的一层也做了。不过，我只把它放入墙中 1 臂长深，以便让烟雾都能够从同一个管道中排走；尽管如此，它们是分开的。在壁炉的右边我开了一个窗户，它有一个 0.5 臂长宽、4 臂长高。底层楼面高出地平有 0.5 个臂长。在 1 臂长高的位置，有一个小孔可以排水。然后有另外两个带分隔的小孔，用来挂水

桶和其他容器，也就是玻璃杯、饮料瓶、烛台等。光线会从一个瞭望口中照进来，瞭望口从它上面一直延伸到下面。在另一侧，也就是左侧，将会有一个同样大小的瞭望口，就好像一个上了锁的衣柜或者楼梯下面的壁橱。在对面一侧还有一个储藏木柴的地方。在右侧我留下了一些洞口，这样，落到塔顶的雨水就可以从这些墙里面流下去，把所有的石屑带到城壕里去。这些下水管的设计，可以让所有排出的废水或者落下的雨水，都从这个下水道排走。为了得到饮用水，我们将在紧靠塔身、朝向城市一侧的外壁打一口井。这样一来，每座塔即使是在最高的一层上，也能从他自己的窗户那里提水。”

“它们都已经按照这种方式建造了么?”

“是的，阁下。”

“明天我一定要看看；如果和你说的一样，我会非常高兴的。”

“您会看到的；而且阁下您见了一个，就等于见了全部。”

“以上帝的名义，但愿如此；明天就会见分晓。上床去吧，明天早上早点来。”

第二天一早，每个人都按照最初的命令来上班了，但是踌躇满志的公爵已经在我前面到达了工地。我想他还记得我跟他说过，希望他用鹤嘴锄挖第一下。他做到了，而且挖了不止四下。而且，他叫我在离城墙 10 臂长的地方拉线，定出 30 臂长的宽度。他拿起锄头并按我之前说的做了。然而，在他举起锄头挖的时候，他发现了一大群搬燕麦的蚂蚁。它们有的太小了，只好两三个抬一粒。它们正在地里的某处洞穴中储存给养。看到这里，公爵停了下来，因为他不希望打扰它们，也不想弄坏它们的小房子。他往前走了很远，这样它们就安全了，完全不受阻碍。然后全体人员都兴高采烈地投入到工作中去了，个个干劲十足。公爵大人又在工地上待了一会，不时给工人们打气。之后他便离开去看那些塔了。

他骑马上了城墙，看到了很多人。在城墙上，他骑马沿着一个城角走。到了他去用餐的时候，工人们也已经习惯在这时吃饭了。号声响起的时刻，人们又像过去一样回去，继续以昂扬的斗志工作。公爵在离开以后，当天一直到晚上都没有回到工地上。等他真的回来了，向我问的第一个“问题”就是，每个人是不是都已经拿到了工钱。他得到的答复是肯定的。他希望这件事要做好。每个人都被问到是否拿了工钱。工地上的每个人都回答说拿了，而且为了证明这一点，他们看上去是在拼了命工作。那劲头似乎是一大早精力最旺盛的时候，而不是傍晚疲惫的样子。他们都大声地喊着：“万岁！万岁！大人!”。这群情激昂的场面感动了他，于是便准许所有人去休息一下。当晚他们就没再工作。工人们都为此开恩向他敬礼，之后每个人便回到了自己的住处，兴奋不已，就像过节一样。公爵也随着人流一同离开，回到了他平日的住处。

[31v]

等我们回来以后，我说过，我已经是累得什么也吃不下了，就想一头倒在床上睡。但是他派人来叫我，说："别走。"即使这在我看来是件麻烦事，我还是听了他的话，老老实实地留在了那里。饭菜准备好之后，他要我在餐桌落座和他一同进餐。[105]他一边吃饭，一边和其他一同进餐的人讨论他当天在巡视山谷时看到的东西。在我看来他兴致高昂，而且似乎他对每件事情都很满意，要知道在那里打猎和放鹰多么宜人。在海阔天空的谈话结束之后，他转过来问我当天的工作进展如何。

我回答他说："非常好。您没看到几乎所有的城壕都在今天完工了么，这样到明天中午，我就打算开始砌筑城内侧的墙。"

他接着说道："我不信。"

不管怎样，我重申了一遍。他怎么也无法相信。他那强烈的怀疑最终迫使我们打了一个赌，用他的衣服赌我一碗樱桃。我们俩都信誓旦旦的，因为我一心要把他那身华服赢过来，而他觉得工程根本不可能在这么短的时间内完成，另一个原因是，我会竭尽全力地快速安排工作。即使尽快完工他也没有损失。

他真心诚意地对我说："如果你赢了，以上帝的名义，我发誓会在那一刻脱下我的衣服。如果你输了，就要拿出那些樱桃，另外还得添点什么。"

"阁下您高兴要什么我就拿什么。"

"一言为定。"当晚我们的对话就结束了。事实上，他还说了他尤其对那些塔到目前为止的状态感到满意。

第二天一早，我连他的营地都没去就自觉地直奔工地。我寸步不离那些负责开挖整整一圈城壕的工人，而且给他们打气，给他们加油。完成之后我让他们去吃饭，尽管他们都非常好心地要求多干一会，仅仅是为了完成工作，同时也是为了给我面子。我对此感到非常满意，随后便去吃饭了。很快，他们又都在预定的时间回到了指定的岗位。等他们到了以后，我把工匠和工人的大部分都投入到建设中去，还有全部与他们在这一阶段有关的其他人员。到了下午休息的时候，地面以上超过三分之二的城墙都已经完成了，而且所有的城壕都清理到了预定深度。水从城壕的各个地方涌出。当看到水如此迅速涌出的时候，我感到非常高兴。水面低于地平不是很多；它总共有 12 臂长深。[32r] 令我喜出望外的是，我不但赌赢了，而且工作也完成得非常出色。下午，工人都去工间休息了，而我则到公爵的营地去，希望在那里找到他，并问他要一些赌注之外的东西。结果我被告知他已经骑马去了郊外。那天直到晚上他才再次出现。我迅速返回工地，然后尽我所能督促工人工作，用话语和表扬激励他们。如此一来，一方面是出于对君主的爱戴，一方面是由于我和其他人的鼓励，全部城壕一圈的沟壁都砌到了地平的高度，对面的沟壁也已经开始了。

到了晚上大概是集合的时间，公爵出现了，他老远就让一个随从喊道："你输了！"

我想他是觉得城壕根本就没有开始挖，于是答道："走近点，您还没到呢。您马上就会发现自己是大错特错了。"

他接着和随从一起走上前来。我过去迎接他们，像往常一样行了我的敬礼，然后对他说："脱吧，阁下。"

他说："什么？"

"您没看到这一切么？"

他靠近之后便看了个一清二楚，惊呆了。为了揶揄我一下，他俏皮地说："我没看到一处砌好的城垛。"

我回答说："那可不在赌注里。"

他说："怎么不在？你不记得我说过希望开始砌城垛么？"然后，他叫在旁边的一个随从来作证。证人用一个眼神表示确实如此。

接着我说道："阁下，这些是圣真纳约的证人，他们在四点会去找那些说谎的人。* 但是这回他们不用去了，因为等您的总管来了，一切就会水落石出的，我知道他是不会指鹿为马的。"

就在这样互相开着玩笑的过程中，他问起是否每个人都拿到了工钱，而得到的答复是肯定的，就只差当天的。接着每个人都到自己的小队集合去了，这俨然成了习惯，随后每个人都去了指定的营地。

公爵也离开了，我同他一起回到他的营地。我在那里请求宽恕，并索要那套衣服。他叫我别走开，于是我就留下。等他出现的时候，又想继续新沟壁。"虽然我输了，别的人还是会说完成如此大量的工作实在令人难以置信。我方才说的那些话，不过是儿戏。"由于他要上床了，便把脱下来的那套衣服给了我。他接着又说，如果第二天能够完成城壕的话，他会给我一件绝对能让我开心的礼物。

"但我肯定，那是不可能的，阁下。我对阁下您一无所求，只希望能够以我认为合适的方式来建造它们。我很开心，而且我一定会尽力的。不过现在还是让我回去吧，一切都交给我了。"我出来便回到了自己的住处，而他也带着这些话进入了梦乡。第二天一早，我又赶到了工地，干劲一点也不亚于昨天。我以极大的关心和爱护激励每个人工作。我告诉每位监工，当天要鼓励自己的小队，因为公爵大人希望看到这道沟壁整个一圈都全部完成。他们都真诚地答应要尽最大努力去做。于是，他们以极大的热情和速度鞭策全体工人劳动。因此，所有人都带着敬爱和愉悦的心情扑到了工作中去，不到吃饭时间就已经完成了所有的城垛。[32v] 他们都去吃饭了，而且还没等到预定的时间就立刻回来，进行城壕对面，即另一侧沟壁的工作。他们如此忘我地工作，以至于在下午加餐时间之前，就已经把所有的东西做好了标记。

* San Gennaio 恐为 San Gennaro，即 Januarius，那不勒斯的守护神，传说他凝固的血在 9 月 19 日会溶化。denaio 恐为 denaro。但此处英译文的含义仍不确切。——中文译者注

我看了这些之后，便马上到公爵的帐篷里去，发现他正在下象棋。他问我怎么了。我回答说："阁下，骑上您的马来看看。"

"什么，"他说，"你已经完成了城垛？"

"您还会看到更多东西呢。"

"让我下完这一盘，我会去看的。"他的一个马和一个相已经控制住了对方的王，他又拱了一个卒，将死了他的对手，赢了这一局。他骑上马，来到了让他大吃一惊的地方，工作的进展远远超出他的想象。他非常惊诧，随即下令在给我100杜卡之外，还承诺再送一套衣服。这让我喜笑颜开，因为这比起他已经给我的东西来毫不逊色。毋庸置疑，当一个人为君主效力的时候，再次发放薪水意味着他伺候得好，同时也是他应有的嘉奖，因为对于那些效忠的人来说，他的所作所为能够被接受是一种极大的宽慰。他四处查看各项工作，并非常满意。

接着我对他说："阁下，我希望阁下您遵守给我的承诺。"

他回答说："什么承诺？"

"我可以随心所欲地指挥这些工人。"

他回答说非常愿意，还说我可以随意。接着他又说："可你想干什么呢？"

"您马上就会明白的。"然后我叫工人都离开岗位去休息。他看了这些感到很高兴，并对此很满意。工人们群情激昂，全体用洪亮的声音唱道："万岁！万岁！大人！"而且他们对我的态度也非常好。当天就再没有其他的工作了。每个人都高高兴兴地回到了自己的住处。公爵大人把工地整个视察了一遍之后，便回到了他的住处。

当晚他派人来找我，并问我还剩下什么要做的。我告诉他还有直角处的塔和城门。他随后对我说："最好进行一下安排，以便节省时间。"

"计划是没有问题的；阁下您一定已经见过到目前为止运到我们工地的石料的数量了。您知道最近三天，您的总管除了负责运输这些塔所需的石料以外，没干别的事情。"

"你觉得这些塔会缺石料么？"

"我倒是觉得会富余一些。"

"很好，我很高兴。你应该确保供应充足，以便让建设早日完工，因为我说过，我不想在这城墙及其各部分完成之前离开。"

"阁下不要怀疑，阁下您所说的一切都会很快完成的。因为那些工匠、石料、石灰等所有必要的东西都准备好了，您完全不需要担心。"

"你的话着实令我满意，但是我很想知道你将如何建造这些塔。"

"阁下，可能阁下您会用与此不同的方法来建造它们。我将告诉您我在头脑中是如何设计它们以便于建造的。如果您对此满意的话，我们就按这种形式建造它们；如果不满意，它们就按照您喜欢的任何方式来建造。"

[33r] "就这么定了。给我讲讲你是怎么画它的，然后我们再决定。"

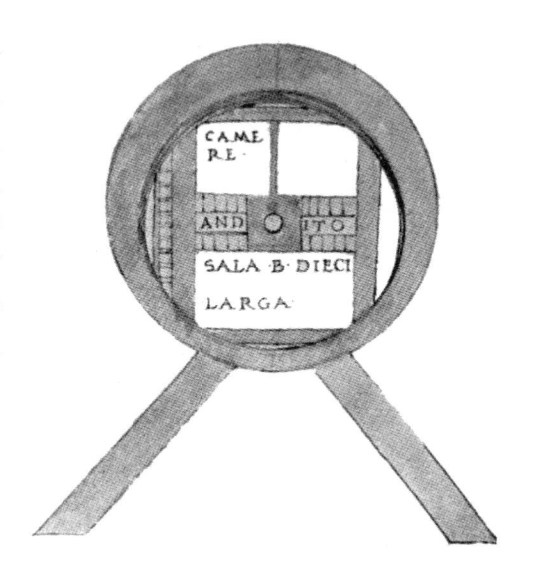

“我设计它的方法是这样的，您马上就会看到。阁下您已经知道了那些塔将会是圆形的，并且将占据40臂长的一个正方形。[106]我把这正方形缩小成一个周长120臂长的圆。我把墙做成7臂长厚，里面有一条宽2臂长的楼梯。城市最远处的外墙厚6臂长，然后渐渐缩小到最细处的2臂长。这一部分朝向城市，并占了圆的六分之一。其余的五部分就像您在这张图中看到的那样逐渐增加（33r图）。”

“你把这些塔做多高?”

“您想要多高就多高。”

“对不起，我在问你想把它们做多高。”

“我的想法是一个正方形。”

“告诉我是多少臂长；我不懂什么正方形。”

“它们距地面40臂长，或者说高出城墙20臂长。”

“很好；它们里面你打算怎么做?”

“它们里面将是这个样子的，因为我和您讲过，我希望把它们的外面做成圆形的。我希望内部空间是正方形的。这个正方形将是26臂长。在它的中间，我打算在每边上做一个6臂长的壁柱，然后在这根壁柱的中间开一个2臂长的圆形洞口。这就作为两个房间的分隔，为我在各边两侧留出了10臂长。我在其中之一做两个10臂长的房间，另一个做一个长20臂长、宽10臂长的大厅。有一条长10宽4（臂长）的楼梯井把房间和大厅分开。高度上，从一个拱顶到下一个将是10臂长。”

“一切都令我满意，不过，万一楼梯被占领，我想还能从另一条路进去。我还希望知道人们将如何取水。”

“阁下，楼梯将在大厅和房间之间的这些楼梯井里。我讲过，它们宽4臂长，长10臂长，高也是10臂长。因此，一条宽1臂长的狭窄楼梯就足够让一个人跟着一个人上去了。如果有必要的话，可以把它做成一个0.5臂长。我拿出楼梯井顶部的10臂长，并把它往上砌4臂长。然后我在顶部发一道券，再把它往上砌2臂长。然后，我把另一部分放回到对面的墙上，这样，楼梯的终点就正好在起点的上方了。我就用这种方法一层一层地延伸这条秘密楼梯，直到最顶层。”

“你要做多少层拱顶?”

“我打算做四层。”

“一切都令我非常满意，不过，在我看来做五层更好，这样它会更高更挺拔。”

“我们会用这种方法解决水的问题。”

“你是不是想告诉我要在壁柱的空腔里打一口井?”

“那会很好的，阁下。”

“你可以考虑一下让它适宜居住所需要的其他事情，比如壁炉、水管，还有盥洗室。”

“我会把每一件事都处理好的。我要对其进行设计，以便让落在上面的雨水会在一两个地方被收集起来，并全部从墙壁中的一个圆形下水管道流走。它会通过一个下水道排出，或者排入城壕。”

“你把入口放在哪里?”

“我可以把它放在好几个位置，在首层的第一条通廊和城墙高度上的第二 [33v] 条通廊上都可以。就看您喜欢哪里了。”

“我想城墙的上部要比其他地方好。你将如何进行布置，来为楼梯、瞭望口、射击槽还有窗户提供必要的采光，而不至于让它们成为阴暗的地方呢?你将如何把它们一直做到顶端呢?”

“首先，我要做一些支架和城垛。之后，我会造一个结实的平台，三四臂长厚，并把它做成直径 12 臂长或 16 臂长的圆形。它的高度不是 10 臂长就是 12 臂长，随您所愿。它会有顶，还有一名卫兵，或者任何您希望守在那里的人。秘密楼梯的终点就会在那里。这将像钟塔一样有顶，另外，我会放一个圆球和一面旗帜在顶峰。”

“这我很喜欢，不过到它建成的时候，我会告诉你我想在顶峰放点什么。你打算怎么给它盖顶?”

“这要看您的意思了，我可以用木头也可以用石头给它做一个塔顶，也就是拱顶。”

“毫无疑问；它无论如何也应该用石头，万一有火灾或者其他事故呢。这个圆形到城垛之间有多大地方?”

“大约有 9 臂长。”

“我希望上部第二层拱顶，也就是塔的倒数第二层拱顶，有一个挑出 1 臂长的檐口，这样，驻守在这一层的人就可以稍微活动一下了。由于有的人在攀登这个旋转楼梯的时候，会头晕，所以你要尽可能地把它做平。”

“我在我所有的项目中，都一直是这样做楼梯的，特别是在人们要爬高的地方。”

“再叫人围着檐口安一圈铁扶手，这样，人们在那里行走就安全了。”

“阁下您提到这一点我很荣幸，因为我已经下令建造这个檐口了。到明天以前要做很多事情，才能把各项事务都落实到位，所以我认为，用一年的时间来完成全部这些工作，和用一千年来做是一样轻松的。明天我会指派工匠和工人到各自的岗位。我希望阁下您也能到场。您知道我在那儿需要您，以防万一。”

“明天一早就来吧，我会去的。”

我告辞了，翌日清晨，我按照要求来了。我发现他是一个永远事事尽心的绅士，不过他在这项工程上尤为积极和投入。他说："你来晚了。"随后便骑上了他的马。工程已经分配好了，全体人员都按照命令，驻扎在八个不同的区域。南部是我们的基地。[107]他命令按照昨晚的方案建造那些塔。他们便以准确的形式开始砌筑，工匠们也被分配到每一座塔上去了。他认为这些塔应该在两天内完成，因为一切都已经准备好了——砖头、石头、石灰，以及所有必需的东西。他再没对我说什么，只是问了我将如何建造外墙面，还有石料的尺寸和形状。

我说："阁下，它们在这里。让我们去看看它们的形状和大小。"

关于这个问题，他对我说："你叫人按什么尺寸来制作它们？"

我回答说："它们的确有不同的尺寸，但是普通的厚度是 3 臂长。其他尺寸有二分之一的，也就是一半。大体上看，做出来的有些是三分之一或四分之一那么厚，但是长度和宽度是不会少的。"

"告诉我，它们在城墙中会占多大的地方？" [34r]

"它们至少会占用 1¼臂长的空间。"

"那上面呢？"

"至少 2½臂长，或者还要多一些。"

"以上帝的名义，就这样吧。够多么？"

"够，而且有富余。"

"我对你没有别的要求了，除了你要确保进展要像你刚才解释的那样顺利。"

"不要担心，我也希望能够完成得又快又好。"

"你认为需要多少天才能建成一座？"

"我向您保证，从今天开始，不超过四天，您就会看到令您满意的成果。我不用再多说了，您今明两天可以去放松一下，回来就可以看到工作已经完成了。不过，请把您的总管留下来，以后您会看到他和我做了什么。"

"就这样了，以上帝的名义。我将到上部的山谷去看一看，你不是告诉我说那里很美么。"

他走了，我们留下来投入到指挥工作中，以保证八座塔能够在两天之内建成。您可以说这是不可能的，但我们确实做到了。每座塔指派 1500 人。在木质平台上提举石料和石灰的时候，工人和机械帮了很大的忙。一切都组织得有条不紊，因此石料和砖头都能够按照需要，被非常熟练而便捷地垒砌好。工程所需的东西一样也不少。首先，我们遵循了我们的君主兼工程主管的主要原则，即不能拖欠工人工资；每个人都按照要求付给前一天的报酬。然后，由于汇集了很多地方的大量优秀工匠，所以不乏好法子。因为有种类繁多的物资，不论发生什么情况，或是缺少什么东西，比如一部机器或者木材或者任何其他极为有用的东西，都能马上解决。

到了第二天，公爵在晚上下班的时间到了工地。尽管他从远处就已经见到了，但全部完成似乎是不可能的。他说我们一定是用了魔法来建造的。我回答说我们是用各方面的知识指导他们施工的。接着他问我外部的所有东西是不是都按照他的设想来布置的。我答道："阁下，您明天就可以看到了。塔上都有瞭望口、射击槽，还有所需的一切。"我又补充说："阁下，您见了它以后，我保证您会说，那上面什么也不缺，不论是窗户、门、楼梯、壁炉，还是任何其他可以在这种地方派上用场的东西。这里只缺一样东西，而我认为这样东西不可或缺，阁下。"

"这是什么东西呢?"

"每一座的名字。"

"那是肯定的，我们当然需要这个。你在把它们为我画成图的时候曾经告诉我，你想让我给它们起个名字。很好，今晚来找我，那时我会告诉你每一座的名字。"说完他就走了。大家集合点名之后便回自己的住处去了。

到了晚上，我来到他面前。他跟我说可以在这里用餐。席间我们谈论了很多事；其中我们说起了上部山谷令他陶醉的风景，还有我去巡游时，由于居民对他的爱戴而受到的礼遇。我们撇开这个话题，又回到我们的塔上来，讨论它们的美和施工的迅速。他当着在场的诸位贵族的面说："出发吧，勤快[34v]点。我答应你，一旦城门竣工，我就送你一件让你对我感到满意的礼物，另外，我们这里的总管也不会受委屈的。"

"我想给塔起这些名字。南面的两座塔，每个都将有一个以它们的风命名的名字，东面、北面和西面的那些也一样。尽管有人坚持认为只有十二个名字，我们会根据我头脑中的一个文献对它们进行补充。我想让你为我找来几名出色的工匠，他们将在每座塔上做一个青铜人像来代表每种风。人像手中会牢牢地握住一面旗帜，以便在刮风的时候能够指示出风向。如果可能的话，还要在设计中给人像的手中增加一个小号，这样，刮来的风就能把它吹响，就像人们传说中亚历山大命人在卡斯皮山做的那样。"[108]

"别担心，阁下，我会找到能做这个的工匠。到了必要的时候，我也会尽我的一份力。关于响声，我想是可以做到的，尤其是在有这种可以在风吹来的时候响起，能把声音传得很远的工具的情况下。我想在建造城门的同时安排人做这些。我将派人四处去找工匠，这样它们很快就能完成了。关于它们的名字，我们将等到这些风的人像做好以后，再赋予每座塔以未来的名字和造型。不管怎样，我现在就想叫人做一块大理石碑，上面写下每座塔的名字，这样，所有看到它的人就都能够知道了。这件事我是这么做的，把东面那些塔的名字，用大字写在宽 1 臂长的上部檐口的中楣上。一个是东南风，即东南风塔，另一个是东风，即东风塔。西面双塔之一叫西风，即西风之塔，另一个叫冬西风，即冬西风塔。南面双塔一个叫南风，即南风塔，另一个叫西南风或西南风塔。对于北面双塔，一个叫西北风，或西北风塔，而另一个叫北风或北风塔。这些就是我们城市八座塔的名字。”[109]

在他陶醉其中的时候，我把这些全都记下来了，随后他对我说：“明天我想去看看，我还要你安排，找人把这些字按照我说的刻在每座塔上。明天早上到城门，把这些安排快速定下来。”

公爵大人根本不需要提醒，准备好了就问我打算怎么建造城门。我回答说：“我已经想出了一个方法，可以把它们建造得很好。我派大队人马去挖掘地基。在他们挖的同时，把这些基础填至不超过地面1臂长的高度，我将为您把它们画一个出来。从这图中您就可以理解所有其他的了，因为它们将全是一样的形式。”

“很好，我会看这图的，你注意不要浪费时间。来吃午饭吧，我想知道它们将怎么建造。”

我把所有人员都派去挖这些地基了，我自己去安排砾石和石灰。到了午饭时间，我便离开迅速来到他面前。他告诉我，对于那些塔，他见到后十分满意。“如果你能把城门也做成同样的水平，我就不只是感到满意了。” [35r]

“别担心，我还会把它们造得更好呢。”

“如果你能做到，就足够了。”

“您就拭目以待吧。眼下我会为您画出它们中的一个，就现在。”

“当然好，给我画一个看看。”

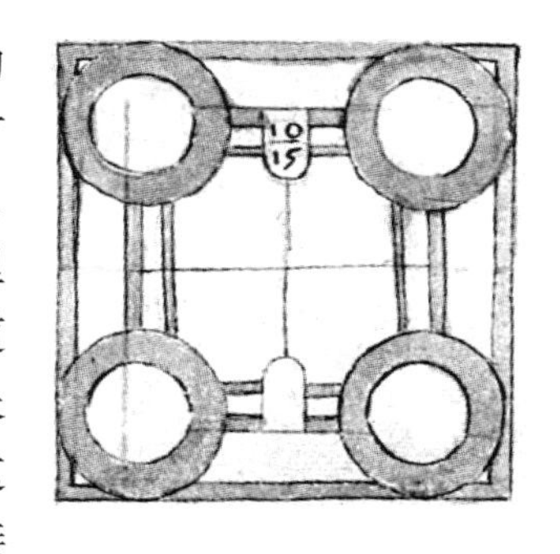

“我首先画出这种形式（35r图）。由于主要的各塔是40臂长见方，为了做吊桥，我还要半个正方形，因此就是一个60臂长的正方形。这个正方形，我将用各边上的中线进行十字分割，就像您在这里看到的一样。在各角之间的中间位置，我会做一道城门，宽10臂长，高15臂长。把它做成高15臂长的理由，我会在讨论门的尺度的时候进行解释。[110]这还为我剩下50臂长。从角到门每边是25臂长。接着在每个角上，我会圈出一个圆，大小刚好不会超出那个角。在每个里面我将造一座圆塔，直径有20臂长。在塔的讨论过程中，我已经向您讲过了围一个圆需要多长，即，直径的三倍。这样一来，它们在城门一侧和城墙一侧上的间隔就都是20臂长了。”

“告诉我，这座城门的墙你要做多厚？”

“和其他的一样，4臂长。”

“你说这个正方形每边是60臂长；那你如何划分这座城门？一个开口到另一个有多远？”

“去掉城墙的厚度，我还剩下一个32臂长的正方形，即这个正方形总共留下了32臂长给我做两座城门之间的开口。我将在靠城的一侧拿出20臂长。在这内侧上，我会做一面1臂长厚的墙。于是两墙之间就剩下了一个5臂长的地方。我们把它做成 6 臂长，因为要这一侧的墙有 3 臂长厚，就足以抵御炮击。”

“你有了这 20 臂长，接下来要做什么呢？”

“我将在它上面 20 臂长高的地方做一个十字拱。在此之上，我将建造军营，所以在需要的时候，里面就可以住人。我会把上到军营里的楼梯放在两墙之间 6 臂长的空间里。在上面，还剩下一块长 34 臂长、宽 30 臂长的空间，其中可以放下一个攀登的楼梯，宽 12 臂长、长 20 臂长，还有两个每边 10 臂长的房间，一个厨房，以及其他必要的东西。前部的两座塔，还有其他的塔，都将提供其防卫工事所需的一切，厨房及其所需的一切。”

“这个房间你想做多高？”

“我将把它做成 10 臂长高。”

“上面你要做什么？”

“除了一圈托架上的垛口之外，全是开敞的。”

“你想要把这些塔做多高？”

“还要 10 臂长做托架上的垛口，和其顶上类似其他大型塔的穹顶，因为我想在那里放一个人像，要么是青铜的，要么是大理石的，看您喜欢哪个了。”

“到目前为止我很满意，但是我想知道你将如何建造基础。”

“基础将会是这种形式的。我将把整个正方形都用砾石和灰浆填满，只是在刚填到 1 臂长的时候，要留出一块 20 臂长见方的地方。在每一座塔下面，[35v] 我都会留出一个 3 臂长的开口直达地下水。我为每座塔留一个洞口来打井。”

“可是告诉我，一口井不够么，或者最多两口，用得着这么多么？”

“我这样做有几个原因。一个是为了取水；另一个是为了防震。如果真的发生地震，也不会十分危险，尽管这个国家似乎少有地震灾害。”

“为什么？”

“我会告诉您的。地层的外壳不是很厚，因此风就不能聚集在地层的孔隙中。由于这个原因，我们就不需要为地震而提心吊胆；不过，有了这些孔洞，它们给我们带来的灾害就会减轻。

我打算把这 20 臂长空间的拱顶做得高一些，让人可以坐在小船里从下面通过。我将对它进行设计，使它在夜间可以用链条关闭，或者是用网或箅子等其他方式。这样它就安全了。”

“我喜欢这个主意。注意抓紧时间。明天就要让我看到些动静。今天我就不想去视察工地了，因为我想去看看山谷中靠近阿韦洛河的其他地区。”

我回到工地，发现地基已经挖好，而且用砾石和灰浆填到了指定高度。当我看到已经完成到这里，心里是相当满意。我命人用 1 臂长厚的墙把这些基础，圆塔上的挡板，还有中间的 20 臂长全都给围起来，其中还有若干大小 1 臂长的开口，通向 20 臂长的空间。我将用一条 8 臂长的地道贯通中间，连接各塔，其顶上是一道桶形拱。这将从正方形的一角到 20 臂长的另一角，而全部这三个拱顶都将是同样的高度。它们会高出地平 4 臂长。这种布局被负责这部分工程的工匠所领会，因而所有的工头都以饱满的热情积极的工作。那些砌墙和为拱顶搭支架的工人理解得非常到位，以至于到第一天的晚上为止，地平高度的首层下部拱顶及其楼梯和洞口都已经完成了。每一件事都能做得按部就班，井井有条。当晚，我以为公爵大人已经回来了，就去了他的住处，可是我被告知他留在了那边，要去看阿韦洛山谷。我便离开回到了自己的住处，第二天早，上我又麻利又勤快地赶到了工地。

到了工地以后，我把希望每个人做的事情都交代给四位工匠头领。我给他们这几个人的任务则是，指挥其他所有的工匠。由于用于城门和其他部位——诸如门、窗、瞭望口、射击槽，以及其他有用的事物——所需的琢石和一切必要的东西都已安排妥当，工人们如此辛勤的劳动得到了回报，第二天全部都达到了城墙的高度，即地平以上 20 臂长。各个部位都按照自己的用途被建好了。夜幕降临的时候，不用我多说，大家就能心照不宣地知道明天要做些什么，于是，他们便都回到了自己的住处。 [36r]

我去打听公爵的消息，然后得知他还没回来。我听了以后反而有点高兴，因为我希望明天能够建成这些塔。我回到住处，第二天清晨早早出现在工地上。我四处视察这第三天的进展情况，并鼓励工人们完成了全部八座塔，没做的只有我留在城门前面和靠城一侧还有塔周围的齿形矮墙。我这么做是因为，他有可能想添加一些东西，不论是铭文还是某种纪念物。每个人都遵守了预定的指令，没有造成任何混乱。现在我真有点得意忘形了。当晚我去了帐篷，并听说公爵就要回来了。我在喜悦中等待着他的归来。虽然他回来的时候已经不早了，但太阳神*的力量还没有褪尽，人们还能看清脚下的路。当他到了以后，他说在途中已经见到了一座完成的塔，但因为是傍晚，他没能完全看清楚。下马之后，他便放松下来，问我其他的进展如何。

我回答说："全部完成。"他心满意足地问我还有什么要做。我告诉他只剩下外门、直角之间的城墙、城壕，以及低于城墙或主城门的各门了。

"告诉我，你想把这些角之间的城墙建多高？"

"我只想把它做成 6 臂长高，不算城垛，然后是城垛，4 臂长厚，其宽度要能够让人在靠近城市的一侧走上一整圈。在各角之间我将建一座城门。我把它做成这种形式的。我会拿一个 30 臂长的正方形，每边留出 12 臂长。我在每边上建一道 4 臂长厚的墙。然后，我将做一道一臂长厚的墙，它离 4 臂长厚的墙有 6 臂长远。在这个地方，我将安放上来的楼梯，一侧有一条，对面一侧还有一条，也就是说，一条在靠近城市的一侧，另一条在较远的一侧，就像这里画出的基础图一样（36v 图）。它的高度将是一个正方形，即 30 臂

---

* 菲伯斯，希腊神话中的太阳神。——中文译者注

长。在这6臂长的空间里，将按照公爵大人您的旨意，放上住宅、卫兵室和收费处。我打算把吊桥做成长10臂长，并在其两旁对应6臂长的洞口处做侧门。在外墙面上，我将做一个三角形的凸堡，其高度算了托架上的城垛，也只有12臂长，另外还要做一个与其他门相同的城门，也有城垛和托架。”

“我很喜欢这些，但是我认为，你可以把这个正方形做成20臂长高，四角再各加一座高10臂长的正方形小塔。这里的城墙只需要厚2臂长。然后，你就会有一个6臂长的内部空间，可以用于任何设施。那些托架和城垛肯定会给它们锦上添花的。”

“它将会按照阁下您的意愿建造的。”

[36v]

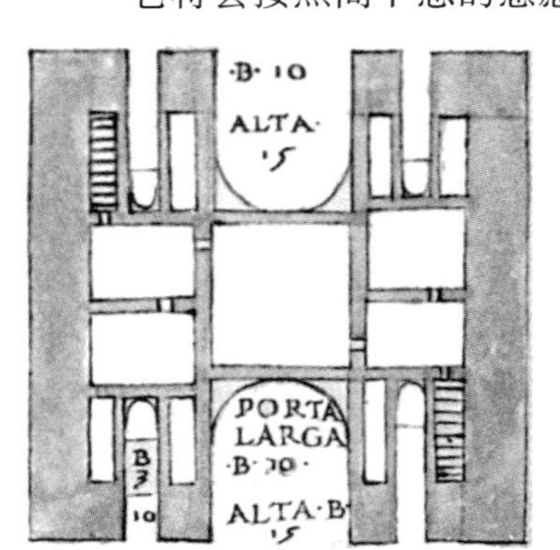

“我想让你提醒我一下直角之间的距离是多少来着。”

“那是10场长。”

“现在告诉我，你想建多少座塔，还有你要把它们造多大。”

“从城门到角的位置有十座12臂长见方的小塔——一边与另一边一样大——高度和宽度也一样。它们将从这里在外墙面上伸出8臂长，并与内侧墙面平齐。外侧墙是4臂长厚，各边是2臂长，而朝向城市的一边是1臂长。在任何高度上，内侧尺寸都是8臂长乘7。沿城墙会有一条任何人都能走的通道。如果需要的话，上面将有一个拱顶，配有上去的楼梯。它上面还会有与其他类似的有垛口的托架。这堵墙的尽端，或者说各角的起点更好，我会在每边上做一个20臂长的塔，高度相等绝不多。它会有两个拱顶，即两层。这样您就全明白了。其余的小塔都是一样的；它们相隔200臂长，尽管可以多多少少有些变化。”

“这个布局让我很满意。不过，为了不浪费时间，要保证明天就能落实。你越早完工我就越高兴。至于那些城门，我明天就去看，然后我们再决定要做什么。”

此时此刻，关于这些事情再没有别的话可说了，只是他到了餐桌上，我不得不同他一起进餐。他开始讲述他到过的山谷的位置，以及他在打猎捕鸟过程中享受到的快乐，还有其他的一些娱乐活动。他说那个地方是这个样子的。他们沿着阿韦洛河边的一条路行进，在骑了大约四哩以后，山谷最宽的地方也只有两哩左右了。“等我们过了这个地方就开始收紧了，最窄的地方只有半哩。这里两边都是很高的堤岸。往上一看，我发现两块岩石相互对立，俨然是在交战中。下面的河水几乎是把它们切开的。关于河水，我就什么也不说了，因为你已经见过了，而且知道它有多清澈多干净。那绝对是清澈见底。我们经过这处狭窄的隘路，就像是走出一座门似的。随后一下子便豁然开朗，眼前仿佛打开了一幅画卷，为我展现出一座平原，我一看就知道每边都要超过十哩。见了它，你不会相信这座平原都是陆地，因为大部分都是水面。在我看来，它简直就是，怎么说呢，水陆各半。我发现在中间最窄的地方有两哩，最宽处是三哩。我问它的名字，人们回答说叫阿韦洛湖，人们还说这里面有大量肥美的鱼。这在我看来，对我们的城市再有用不过了。此处山野在我眼中是极其宜人且富饶的，因为除了一些橄榄和蔓藤外，我什么也没见到。为了回答我的问题，他们说这里还产上好的酒、油、谷，以及其他对人生活有益的水果。那里景色很美，非常美，让我非常高兴，我很满足。如果有时间，我会去进一步视察的。现在让我们把这先放一放吧。你明天要保证准时，因为我会在那里，还必须保证要做的工作都已经安排妥当。”当晚就这样了，他遣我回去，我便走了。 [37r]

第二天早上，我去了工地，并把所有的工匠和工人都分配了指定的工作。我把他们分成八组，每组都有上述的指令和方法，我向他们说明要做的事情，并留下来监督他们的工作。这时公爵大人出现了，他见每个人都忙于工作，便十分满意。

他说：“让我们去看看那些城门。”当我们到达第一座城门，也就是南面的那座时，他在城门前不远处停了下来，仔细观察，琢磨自己有多么喜欢它。接着他对我说，他非常满意，因为它是按照这种方式建造的。他想到里面去看一看。他还想把一块大理石匾嵌在边齿中，匾上刻有文字，说明城门的名字、年份、建造城门所用的时间、城市的周长，以及建造它的工匠和工人数量。“要在每座城门上都刻上这些文字，要尽快派人完成。给我在前面这里围出一块地方来，像个小院子一样。要把它做成一个正方形，每边都与城门的宽度相等；高度将不得超出地平 12 臂长，然后你再看看是不是需要做城垛。这里的大门有 10 臂长高、6 臂长宽就足够了。把它建得和城门一样漂亮，所有其他的都照此办理。既然是我给这些城门挑选名字，我想把这座门称为布兰迪西玛。”我命令备好石料和铭文，然后嵌入为它留好的位置。

进入城门，他说想从里面看看。他下了马进到里面去了。他想把上上下下全都看个遍，而他所见到的一切，都让他非常满意。他说想在吃过午饭之后就见到一切。他骑上马就离开了。我回到工地上，高兴地看到进展如此之快。大家都离开去吃饭了。而时间一到，每个人又都回到了自己的岗位上，继续工作。我视察了每一个地方，而当我了解了完成的工作之后，便向领班的石匠解释他们要做的工作。我负责公爵命令要做的东西，也就是大门以及要刻上去的铭文，在我把这些都交代清楚之后，便去与公爵大人会合了。

他正在一路视察所有的城门，而当我找到他的时候，他把其他七座的名字也告诉了我。这些名字，就像我说的那样，要同他说过的其他话一起刻在大理石上。他说在这第二座城门上应该写波利提西玛大门，第三座写菲利斯弗玛大门，第四座写斯弗洛斯弗玛，第五座写洛多斯弗玛，第六座写斯卡尼斯弗玛，第七座写奥塔维斯弗玛。[111]第八座还缺个名字，所以让我们叫它阿韦利纳，因为它通往阿韦洛河。就这样，他为每一座城门进行了命名。到了晚上，每个人都兴高采烈地回到了自己的住处。

第二天早上，我到了工地。安排好的绝大部分工作都已经完成了。当天，为围合城市所必需的全部工作都完成了，城壕、城墙、城门、塔楼、外门，以及按照协商和要求，要用墙体包围的整体部分。当外围一周全部完成时——城墙、城壕、相互平行的前部壕沟——而他也全都见到并了解了之后，[37v]他便要求给每个人发放全部工资。他还希望我负责留下那些我认为将会对我们其他要做的工作有用的工匠。当天，公爵大人命令他的大部分重骑兵一起骑着马用长矛比武，并以此作为庆典。他们手持长矛，一个中队一个中队地相互冲刺，同时还用其他物品发起猛攻。不过，他们没有用铁进行攻击，怕万一发生事故伤了人。那一整天，那里都是庆典和娱乐的海洋。到了夜幕降临的时候，大家便回到了自己的住处。

他派人来找我，并问我下一步要做什么。我回答说我希望建造城市，规划街道、广场，以及公共和私人建筑。

“这让我很满意，但是我想要知道，”他说，“在你动手之前，要如何进行设计。我要用自己的方式建造要塞，因为可能你比我更善于处理其他建筑。而这一个我更加得心应手，因为我已经有过用武力或者其他方法去夺取它们的经历。因此，我希望用自己的方法来稍稍对其进行一下调整。”

“以上帝的名义，如您所愿。阁下您可以把它解释给我听，而我将会按照您的愿望来实现它。”

第六书

以上第五书，以下第六书。

“给我找一两副圆规，还有一把尺子，这样，我就可以给你在一张纸上画出基础图。然后按我说的做，再找一个本子。你可以把我给你的所有尺寸和比例都写下来。如果你忘了什么东西，就可以拿出这个本子，再把它们找出来。”

“给您圆规、本子，还有尺子。”[112]

“那就在这第六书中记下这些尺寸。用这种方法，首先，在这张纸上画出一个四场长，即1500臂长的正方形（38r图A）。把它挖成12臂长，或14臂长更好，然后把土扔到这个正方形里面去。接着把沟壁往上砌到地面高度，上面只做一个带城垛的女墙。然后把它抹平。在离城壕40臂长远的地方，再挖一条30臂长宽的壕沟。把土扔进去，接着再隔40臂长，挖一条25臂长的壕沟。然后再隔40臂长，挖一条30臂长宽的壕沟，或者25臂长更好吧，把土扔向你留在后面的那一条沟里。此后再隔40臂长，挖一条20臂长宽的沟，把土扔到前面。再一次隔40臂长，再挖一条20臂长的壕沟。接着再隔40臂长，挖一条50臂长宽的壕沟。所有的这些土都扔进留出的正方形里，此时它将会是600臂长*。请牢记这一点，因为这些沟壑和沟壁相差很大。我不知道为你所做的设计，能否让你明白我的意思。我希望第一道沟像我告诉你的那样绝对平直，而第二道则需要不断转向。” [38r]

“我确信我已经明白了您的意思。您想把它的回转曲折，做成像第德勒斯为囚禁弥诺陶洛斯而建造的迷宫一样。”

“正中下怀，你看出了我心思。你是否曾经见过图上或文字中描绘的迷宫，可以拿来帮你建造实物的么？”

“见过，阁下。我这就为您在这一页上画一个出来”（38r图B）。

“既然你明白了这些，我将解释与城堡有关的一切。”

“为了让您看出我理解了，这里我将画出它的草图。”

“大体上说，是没有问题的。这我看出来了，你理解了我的意思。我相信，在建造城墙和壕沟的过程中，你会细化所有的东西，并用你的设计让它更加完善。”

---

* 仅根据此处的文字描述计算，似乎应该是652臂长。——中文译者注

“您可以相信，我也希望事情这样发展。我想按照人们传说的波尔塞纳的方式做。”

“以上帝的名义，类似这样的工程一定会完成的。非常好，我将把它的全部方案都交给你。我知道会有人说，为何要这么多壕沟和街道？我知道这很重要，等城堡完成以后，每个人就都能明白它是不是有用了。

城堡。你有一个600臂长的正方形。我不想让你做出超过300臂长的正方形。你要把这个给我在每边上分成三个正方形，然后你要留下它的四个主要的角，也就是四隅。城墙是12臂长高。我要在留在中间的正方形的每个角上都起一座圆塔；这一共就是八座。到这里你都听懂我的意思了？”

“我想是的。”

“给我画一张小图，让我看出你明白了。”

“我就在这一页的这里画吧”（38r图A）。

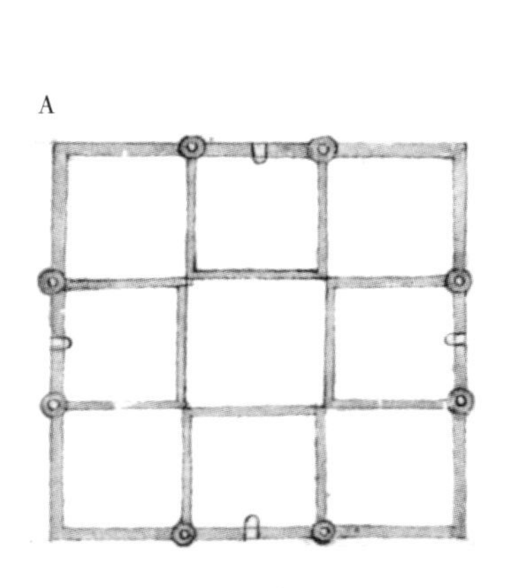
A

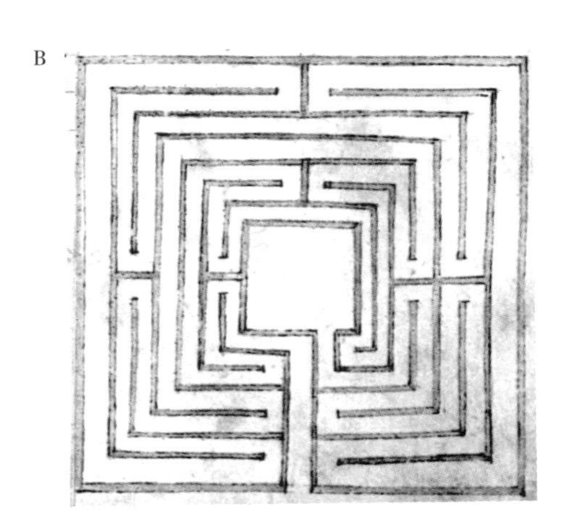
B

“我想你开始理解我的意思了。我想在每两座塔之间有一座宽6臂长、高9臂长的城门，两侧各有一扇小门。[113]我说一个，你要举一反三。你有那四个带城门的正方形。从带城门的一侧到中间的内部距离是90臂长，另一侧是92臂长。中间的正方形的各边上都为你刚好留出了100臂长。在这个正方形中，我要做一个60臂长见方的塔。每边还剩下20臂长。在这20臂长中，我要做10条壕沟，或者最多12条。我要其余部分全是道路。对于那些带城门的正方形：你已经明白，我想让城墙高出地平30臂长。四周都要有柱廊，8臂长宽，带柱子12臂长高。在首层上，我们将按照需要做一些房间和大厅。所有这些都要带拱顶。我们还要做一些房间、大厅，以及其他将会对我们的工程有用的地方。在这下面，我想做储藏室、道路和其他看起来必要的东西。这样一来，你就可以在下部位置地平高度的一角处，做一个长40臂长、宽20臂长的房间。然后你可以在这些楼梯的两端做两间房，一边12臂长而另一边20臂长。在另一侧，你可以做一个宽12臂长、长20臂长的厨房，再加上它的壁炉、水槽

[38v]

和水井，还要给厨师和备餐室一个长8臂长的房间。你会看到两个一边8臂长、另一边10臂长的地方，那就可以给你做房间和备餐室。从长度中留下的70臂长里，你可以做一个长30臂长、宽20臂长的大厅。长度方向还剩下40臂长，你可以在这里做房间和办公室，以及其他可以满足我们需要的东西。”

“你已经了解了下部；现在我要告诉你，我想在上部做些什么。在每座大门的入口处，也就是在遇到另一个角的位置，我想要一个每边4臂长宽的楼梯（38v图）。它将爬升到13臂长的高度。我还想让它伸到环绕一周的8臂长宽的柱廊下面。楼梯从起点上到平台都将是6臂长宽。这要上六步，每步1/3臂长高、1/2臂长深。这就从高度中占去了2臂长，从宽度中占去了3臂长。在这些楼梯的终点，有一个6臂长宽的平台——与楼梯的宽度相等——深入墙壁5臂长。要上这两部楼梯，你必须每个爬11臂长，走20臂长的距离。你要做34个踏步，最多高1/3臂长，宽七盎司或者略多一点，即1/2臂长加一盎司。我讲过，它有4臂长宽。我相信，如果你需要，也可以骑马上去。在这部楼梯的终点，会有一扇门，我要在那里做一间长50臂长、宽30臂长的大厅。在这些楼梯的终点，将有一扇门，通向宽3臂长、长40臂长的通道。此处将有两个房间，每个长18臂长、宽16臂长。在它们后面将有三间房，一边长10臂长，另一边12臂长。中间的房间要比其他的大；它一边是16臂长，另一边是10臂长。它的高度，连同其他两间和大厅的高度，都会是15臂长。然后，在拱顶之上，城垛和托架将是它们应有的样子。在另一侧上的40臂长和30臂长中，你要做三间房，每个16臂长见方，再要另外三间作前厅，也许还要一条3臂长的通道。我说过，我讲一个的情形，就适用于建造过程中所有其他的情形。在施工中，如果需要调整或增加什么东西，去做就是了。

你要把下面的储藏室分成两部分。我要一部分净距离是16臂长，另一部分是12臂长，它们之间有一道2臂长的墙，它们顶上有一道桶形拱。在这两部分之一中，我们将安置磨坊、烤箱，以及一个储藏木柴的地方，同时如果有必要的话，还要一个地方放马匹和物资，以及其他有用的东西。

柱廊的拱券从一个柱子到另一个的距离是6臂长。我希望柱子是1臂长厚。要把它做得足够高，让拱顶离地平有12臂长。”

[39r]　“有好几种柱子的比例供您选用。如果您想要柱子立在地面上，就用一种比例；如果您要把它放在离地面很高的地方，就是另一种；在它周围放个基座，将会赋予它其他的比例。我想最好做一道矮墙，让它在两根柱子之间形成一条长凳。我将把柱子做成 8 臂长高。在柱础和柱头之间是柱身；柱身将是 6½臂长，柱头是 1 臂长，而柱础是 1/2 臂长。加上墙身的 1 臂长，柱子就会离地 9 臂长，而拱顶发券的 3 臂长就能给我们所需的 12 臂长。”

“你说柱子有很多种比例。我想了解一下。”

“在您高兴的时候，我将为你描述它们，并作出解释。”

“很好，现在让我们建塔吧，以后有机会了，我会非常乐意听你讲它们的。到目前为止，你已经理解了所有的东西；现在还剩下中间的塔要做。你知道，你每边都有一块 100 臂长的地方。我不希望它超过 60 臂长见方，所以周围还剩下一个 20 臂长的地方。我要你留出 8 臂长做一条环路。在每个通往上部的楼梯下面，都会有一扇宽 3 臂长、高 6 臂长的门。那么壕沟总共就宽 12 臂长。我要沟坡从壕沟底部占去 10 臂长，并升到城墙上高于地平 10 臂长的位置（39r 图）。沟壁只高出地平 1 臂长。接着，我要给它一个五六臂长的基础，你来看它怎样最合适。在沟坡的延伸部位，你要开一个 3 臂长的口，高 4 或 5 臂长，你看哪个最好。在壕沟里，每个沟坡的拐角处，我要做一个小拱券，高过沟底 1 臂长，宽 3 臂长。然后在两侧砌起 1/2 臂长的沟壁，带上 3 臂长高的托架，把你的拱顶就放在它上面。这就是 4 臂长，加上下面那个拱券的 1 臂长，你从沟底往上就有 5 臂长了。接着把尖头的大铁钉放在它上面。通过它，你就能跨过壕沟的沟壁，进入储藏室，我希望储藏室连接着城门的圆塔。到这里，你都听明白我的意思了吗？”

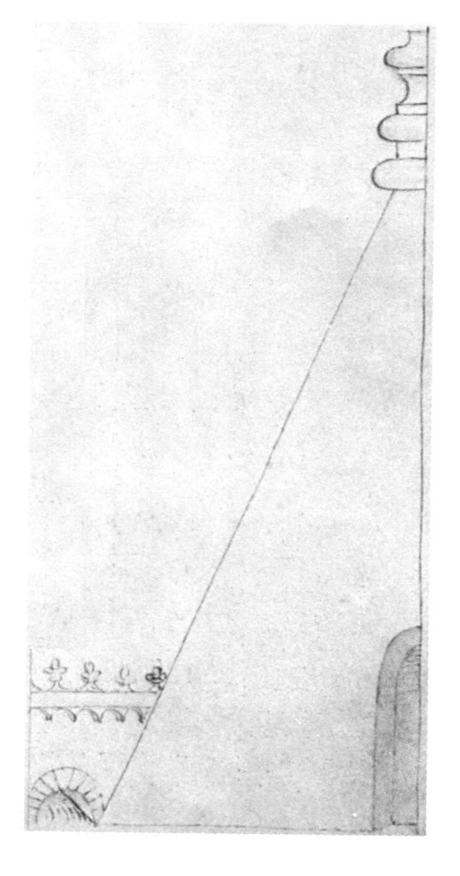

“是的，阁下。”

“把它写下来，这样你一旦把它忘了，就可以再找到。听我说要如何做基础。在塔的基础下面，除了沟坡以外，你还要做一堵 12 臂长厚的墙。在它里面，你要留出一个 4 臂长的开口。这要在墙体厚度的 6 臂长和 2 臂长之间；确定 6 臂长要在外侧。这个开口将是我们的楼梯（39v 图）。它的上升坡度要做得让人骑马也可以很容易上去。”

“好的，我们会让它在每个正方形中升起 20 臂长。”

“好，不过我更喜欢一边平、另一边升起，这样更方便。你可以说，在某个角处做一个旋转楼梯，这样就会形成一个开窗和采光都更为整齐的正方形。这样一来，我们把它建造起来，采光就能很好了，但是我不想那么造它。任何要爬这么高的人都会头晕的。这种情况发生在我身上的时候，总是很让我讨厌。它还是这么造吧。在基础的正中，给我打一口 2 臂长宽的井(39v 图 B、C)。然后在这口井周围，给我砌一堵 4 臂长厚的墙，这样，墙的每一边都是 1 臂长厚。把它砌成 7 臂长高。在这口井的正上方，每个角做一个 4 臂长厚的壁柱，使它升到墙壁的高度，即 7 臂长。然后发一道券，厚 2 臂长，宽是 4 臂长。在下面做一个 1½臂长宽的拱，让人可以从井里打水。我要每个角都这么做。接下来，在它上面，按照你认为最好最结实的方式砌好拱顶。因为你理解了这些，我要你在四臂长的墙壁中间开一个 1½臂长的开口。在那里做一个小楼梯，这样，我就可以在不愿被人发现的时候，神不知鬼不觉地爬上一层又一层。你可以在这分隔墙上的两侧做一个入口，让人可以从一个到另一个里面去。这面墙将会串联整座塔，因为我打算在另一侧的这些拱上砌一堵墙，这样整座塔将会以这种你能够理解的方式联系在一起。如此一来，它就会像一个十字架那样一层连接着一层。

［39v］

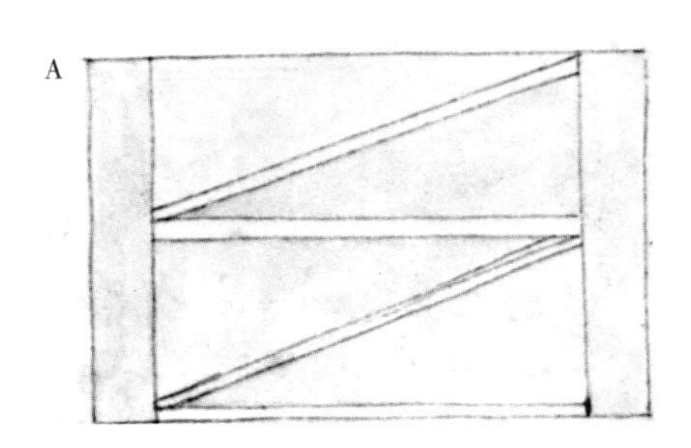

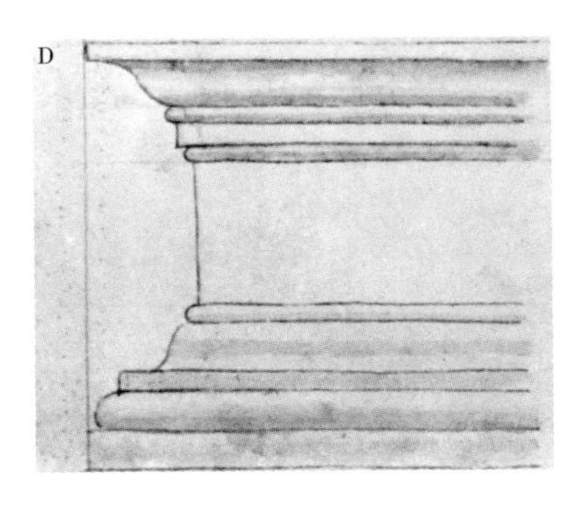

在基础的下部，我们将不会做其他房间了，因为磨坊、烤焙室以及其他储藏室，可以按照你认为最好的方式添加。在上面紧挨的一层，也就是第二层，我们将储备武器和其他供给。我们将用这种方法建造第三层。我们要留一部分做一个大厅，另一部分我们把它分成三份，即两间房子，每个都是一边 12 臂长，另一边 16 臂长。中间的一个将是厨房，它一边是 8 臂长，另一边是 16 臂长。建造它的过程中，要注意别让楼梯挡住采光。我希望这个方案一直延续六层，或者说 100 臂长。然后我要你退后 5 臂长，做一个 15 臂长高的正方形，再带一个某种我不知道如何表达其形式的檐口。那个我只要见了，就会知道和我心里想的是不是一样了。”

“我想您是这个意思（39v 图 D）。根据我所掌握的知识，这应该会让您满意的。”

"就是它。你明白了我的意思。

在这上面，你要接着作一个圆，让它再退后 5 臂长，这样它的直径就是 50 臂长，而周长将是 150 臂长。在这上面给我做一个檐口，上下都要，像这个样子。然后在一个面上，用和底下同样的基础和檐口，做一个 30 臂长的正方形。再退后 5 臂长，再做一个 70 臂长高。它的直径将是 25 臂长，并在其顶端做一个至少悬挑 2 臂长的檐口。这里做一个正方形，带上其檐口每边 20 臂长。接着在这个正方形上，我要 16 根 12 臂长高、1½臂长厚的柱子。它们将间隔 4 臂长，也就是相互之间通过它们上面的一道拱分开。在每两根柱子之间，都会有一道拱，因此就是八道拱。让水井永远保持同样的关系。在这些

[40r] 柱子和拱上面，将加一个 20 臂长的穹隆。它将是尖拱。它上面将有一个 10¼ 臂长的球，在穹顶的最高点上。你知道，公开和隐秘的楼梯都应该按照它们开始的方式继续。在这最后一个 20 臂长的正方形中，要有一个礼拜堂，我希望至少每个星期日能做一次弥撒。在上面各柱子之间，我想放一口自己设计的大钟。而且，考虑到闪电，我想要一个教皇做的那种神羔*，因为它们具有一种特性，能让它们所在之处免受雷击。

我想你已经领会了我的这些思想。在实施过程当中，你可以随意增加你认为最好的东西。根据你自己的意见，给外观做漂亮的装饰。我将告诉你我想在外面做些什么。在城壕里沟坡起始的位置——因为沟坡逐渐缩小——拿一个 8 臂长的壁柱直接顶上去。当它上到了塔的边上，也就是沟坡的顶端，将厚 4 臂长，宽是 8 臂长，就像我说过的那样"（39r 图）。

"这很好，没有必要从城壕的底部开始，因为它会伸出 5 臂长。"

"那就在城墙恢复到其正常尺寸的位置开始。在这根壁柱顶上，你将看到吊桥和城门的宽度是 4 臂长，长度是 6 臂长。城门也将是同样的大小。然后在沟壁上做一根壁柱，尺度与沟坡上的那个要一样。让它在顶部突出 2 臂长。我要它一直延伸到城门处城墙的高度，也就是按照这种形式，高出地面 30 臂长。在地平高度的中间位置上，可以有一两道拱券。在那个高度上，我想从塔那里放一个长度与城壕的宽度相等的吊桥。在这一点的位置上，我想让人能从这些房间的顶上，到达四座城门中的任何一座，并且可以用任何一种方式，从下部的房间进入各塔中。你已经知道，人可以从这些塔里上到城墙的顶上。我还希望能够通过一座越过地平高度上的柱廊的桥，从塔里到达大厅的高度，也就是在绕塔一周的柱廊上面。这些你可以从这里看到的小图中理解"（40r 图）。

"如果不是从图中看到，是不可能把这个建筑方案解释清楚的。即便有了图也很难理解。任何看不明白图的人，都不能很好地理解它，因为看懂一张

* 神羔（agnus dei），耶稣被称为上帝的羔羊，这里指的就是耶稣像，常常被树立在教堂建筑的最高处，能起到避雷针的作用。——中文译者注

图要比画一张图还难。这似乎在推理上是矛盾的，因为很多人凭经验画图，却不知道自己在干什么。谁也不应该对此感到吃惊，因为我曾经见过很多被尊为画图大师的人，也就是画家吧，还有其他一些与画图相关的艺术大师，都不能对建筑这门艺术有所作为。如果您问他们：'您为什么要画这些建筑、人像、动物，或者别的什么呢？'他们就会对您哑口无言。[114]尽管如此，对于一个看不懂图的人来说，这还是很好的。如果一个真的能够看懂图的人指出了他的错误，说这个物体、人像、动物或者其他东西要如何做、在哪里做，以及用何种比例做的时候，他就会发现自己犯了很多错误，即便那在眼睛看来似乎是美观的。由于这个原因，绝不要让任何人轻视绘图。双手制造的一切，没有一个不通过这样或那样的方式与绘图联系在一起。任何希望按照正确的方式学会它的人，都只能通过智力上的辛勤耕耘才能掌握它。” [40v]

“眼下，让我们把这个讨论和奥妙先放一放吧。等我们有时间了，我还想让你给我讲讲这其中的道理。你已经了解了我想要完成的工作了么？”

“是的，阁下。”

“有办法让这座城堡迅速建成么？”

“我想会有办法的，因为我们不缺工匠和工人，石头和石灰。阁下您希望什么时候开始呢？”

“我想明天早上就开工。”

“那阁下您要按时到那里，这样我们才能开始建造城市和那些对于一座城市，特别是对于这一座城市最为需要的建筑。”

“既然这样，明天一早就按照城壕的形状放线，然后叫工人赶紧开始挖沟。”

第二天，我早早地就按照他的指示所要求的去放线了。首先，我布置好了围绕每边 10 场长的正方形的外城壕。对于这个部位，我按说好的方式，离开 40 臂长拉出了两条线。外城壕就在这个位置，它整整一周都没有任何阻碍或隔挡。接着，我又从另一个拉出 40 臂长然后又是 30 臂长远。这一距离要挖成一个同样宽度的壕沟，即 30 臂长。我根据他给出的尺寸，布好从前一个

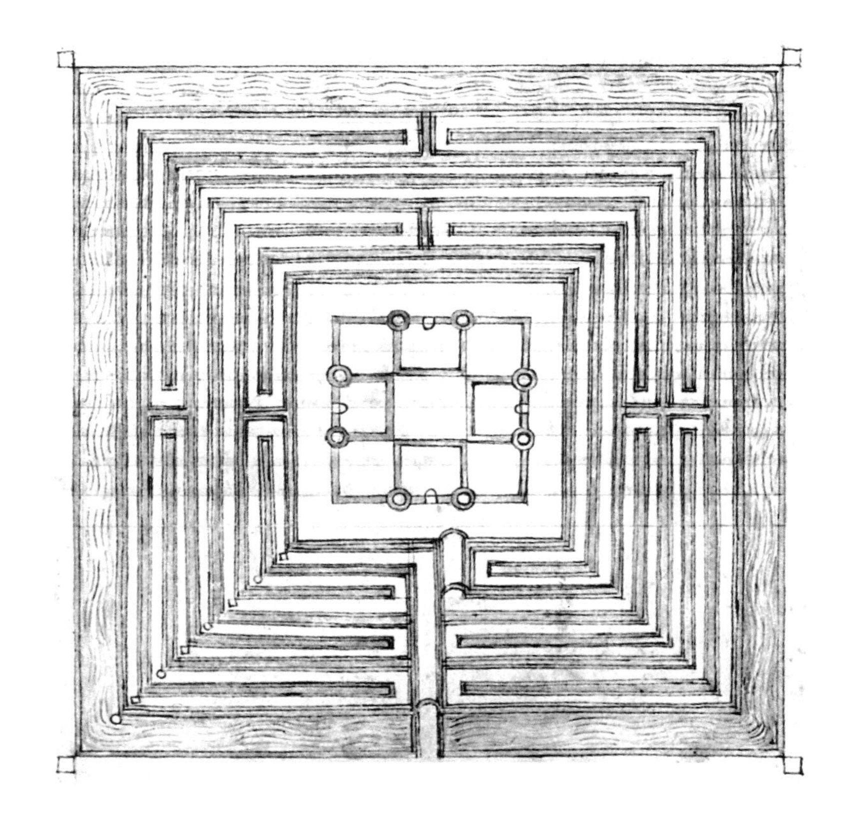

到下一个的距离。为了让他清楚地知道我已经理解了，我为他画了这样一张图（40v 图）。接着，我按照这里画出的距离和尺寸拉好了线。当这些完成以［41r］后，公爵大人便出现了。他是第一个用鹤嘴锄挖土的人。然后，他命令所有的士兵拿起镐头和铲子工作一整天。人员如此众多——有士兵，有工匠，也有工人——以至于所有的壕沟当天就挖好了。第二天，我们就准备好开始建造城墙了。在每一个角的位置，也就是各隅处，他希望建一座圆塔和一个广场，每个都按顺序超出下一个 3 臂长。

“在入口以及在 40 臂长的位置，我想要一个同样大小的广场。我希望它是完全密实的，只留出一块地方，足以放下一座宽 8 臂长、高 12 臂长的城门就可以了。这样，两侧就剩下 16 臂长。在这个地方，我要你做一条从塔直接通向城堡中心的地下通道。应该对其内部设计进行周密的考虑，使它可以放得下两道吊闸，即可以放下来的门，如果万一有必要的话，就能够秘密地放下去。我想让这广场显得美观，而壕沟要互相连通，好让通道的布局不至于被阻断。我想在第一个入口处做一道城门，即第一个拱顶开始的位置，以便在这些拱顶把城堡完全包围起来以后，连通入口和城堡未来所在的广场。我要这么做，是因为在我想去城堡的时候，可以快速到达，而不必在所有的通道中来回穿梭。”

“阁下，我想我明白了您的意思，但是为了避免出错，我们将按照您的指示来建造所有这些塔和沟壁，以及地下通道。如果您愿意这样的话，我们可以在地下做一条连接各塔的通道。”

“按照你认为最佳的方式去做吧。”

“遵命，但是我会只留下那两个入口，因为我想根据我对您旨意的理解，在综合我的设计之后，再把他们画出来。”

“我很满意，因为我想要它们成为美观的入口，特别是前面那座，还有外面那座。”

沟壁的主要部分，还有它们的塔，都在第二天就建好了。他想到那里去看看城堡的基础，并到那里去为此开工。在我们将要开始建造基础的地方，突然飞起来一些鸟和猎鹰。那些鸟朝我们飞过来，并因为害怕那只猎鹰而落在了这个地方。它们几乎就让我们在它们眼前挖掘，根本不会飞走。它们恐怕是吓破了胆，即使在我们挖掘基础的时候也不敢飞走，那只猎鹰也没有离开这个地方，而是一直在空中盘旋。看到这些，公爵大人不希望任何人伤害这些鸟，除非它妨碍了城墙的基础和城堡之前的壕沟的挖掘工作。[115]他希望并决定外部饰面要用石料嵌在灰浆里，因为我们带的足够多。从沟坡往上用的是粗面石[116]，而从沟坡往下——壕沟中所包含的全部——是精琢石。即便他已经按照自己的方式布置了这些城墙，我还是增添了我认为将会有用的东西。他很高兴，对于那些排水口也很满意，它们收集并排出屋顶上的雨水和可能被用于任何用途的水。所有这些东西都建好了：地下储藏室和秘密通道、方案中所有的地上房间、柱廊和他所要求的别的空间、按照这种塔所需的模式和方法所布置的圆塔大门的内部和外部。我们还完成了高 30 臂长的城墙，这和他的要求是一样的，一周都有城垛，高出 30 臂长城墙十臂长的塔，也建到了托架的位置，托架的出挑与城墙的出挑是相等的——即两臂长，每个上面还带有胸墙和城垛。他想要一座 20 臂长高的小塔，直径只有 12 臂长，墙壁只有 2 臂长厚。这给内部空间留下了 8 臂长。在这座小塔里面，一条楼梯穿过两层拱顶，一个在另一个上面，在它顶上有一个小的尖拱穹顶，再带一个球。在球的上面，有一面带有他纹章的旗帜。所有的城门都建成了，每一个都有自己的吊闸、吊桥、侧门、钉脊、顶棚堞口，在他要求的位置上还有堞口。在某些地方，我认为可以做一些有用的东西，我也都做了。 ［41v］

当一切都完工之后，我们便开始建造 60 臂长中间的塔，我们挖开了壕沟，并按确定好的方案把它的沟壁砌好。我按照自己认为建塔所需的数量，对工匠进行了分组，因为这个地方对于这样一群人来说有些小。我把沟坡的模式和做法交代给他们，然后它内外都照着他预先确定的样子做好了，内部的分区也符合他的要求（41v 图）。我说沟坡完成了。我让沟坡的底部突出 2 臂长，其城垛在地平高度。通道也这样围绕着塔延伸。接着，按照我所说的，在每一层的每一面，我都放了六扇宽 4 臂长、高 8 臂长的窗户，两两之间有四臂长的墙壁。我在那里放了一根 2 臂长宽的壁柱，从墙上挑出 1/3 臂长，

还在每一个角上放了一根宽 6 臂宽、出挑 1/2 臂长、高 14 臂长的壁柱。在 14 臂长的高度，我放了一道檐口，看上去是由壁柱支撑的。这道檐口挑出了 1½臂长作为女墙，还带有某些很大很令人满意的铁作。万一有情况，百叶窗，即储备物资可以放在那里，让人能够在室外得到供应。* 它是用这种方式布置的；这道檐口在每一层，或每 30 臂长的位置上，都环绕一圈。塔有多少臂长高，就有多少扇窗户，即 365 扇。

当他看到塔是这样建成的，便说道："我很高兴。但是你为什么要开这么多扇窗户，还给它们这么多造型呢？有方的，有圆的，有八边形的，还有十二边形的。"

我向他解释其中的原因。"首先，我做了这么多扇窗户，是因为阁下您希望它是 365 臂长高。我希望开窗的数量与一年中的天数是相等的。因此，塔就有了这么多窗户。由于有日夜之分，有些窗户用栏杆挡住了一部分，有些是半开半闭的。我给它们的这四种不同的造型，代表着四个季节，春天、夏天、秋天和冬天。"[117]

[42r]

当他理解了所有东西以后，他感到很满足。他从楼梯走进去，到了大厅和房间里面，然后又穿过了所有的小房间。他想上到那最高处去，等到了那里，他看到礼拜堂已经建成了，并布置好了所有需要的东西。他想去看看神羔所在的位置，然后又想去看看顶上的钟塔。他说一切都令他非常满意。他问我球和青铜人像有多大。我回答说，球的直径是 5 臂长，人像是 12 臂长高，而球的底部是 3 臂长。他认为应该有一个卫兵一直守在礼拜堂下面的地方，看管所有需要的东西。他希望卫兵伙食所需的一切都要安排好，让他能够通过操作竖井管道中的机械，快速地把它提拉上来。于是就这么做了。他随后视察了这里所有的地方。让水在厚厚的墙体中从一层落到另一层的通道，

* 如果不采用英译本的译法，参照原文，似乎也可以直接译为"百叶窗可以放在那里，让人能够在室外走动"。——中文译者注

让他极为满意，墙体中的壁炉和所有其他满足塔楼居住要求的房间也是。他想看一看基础和从塔楼通往大门的地下通道。他一路走下去，直到这些地方，然后往里面看了看。他问我是否所有其他的通道都是用同样的方式建造的，我回答说，是的。随后他说很满意。我们走上塔楼，然后又下来，从城墙顶部的门出来。我们一边走一边到处看，接着从城墙走下来，又回到了塔楼。在第二个吊桥上，我们从柱廊的上面进入了大门所在的正方形塔楼，然后我们一路查看大厅、房间、前厅，以及上面所有的房间，还有下面那些在地平之下的房间——柱廊、厨房、食品室和办公室。简而言之，他想看到所有的东西，而当他都见过了以后，他说一切都令他非常满意，不过无论如何，他都想看到这两个入口建成。

“阁下，您刚才说，您想让我为您画一个我认为最好，而且也应该是最美的图样。因此，我在这里为您画好了一个，让您可以很清楚地理解它”（42r 图）。[118]

“为我说明一下它的尺寸，还有你要如何划分它。”

“我打算用这种方式布置它。我把这 40 臂长分成五部分。我将从这些宽 8 臂长、高 12 臂长的部分中选一个做大门。我会拿去大门两侧的其他两个部分中的角部，然后把它们往前推 1/2 臂长。我会把大门和隅部之间的另外两个部分留下来，隅部会从墙面直着突出 4 臂长。由于我要从 40 臂长中扣除 8 臂长，这就给我留下了一个 32 臂长的正方形。在这上方，我将做一个直径 28 臂长的圆，整整一周都留出 2 臂长的墙。我要把它做成 28 臂长高。然后在它上方，我会做一个 24 臂长高、2 臂长厚的正方形。在这上方会有另一个形状，是八边形的，直径是 4 臂长，高是 12 臂长。在下部我要发两道上下重叠的券，每个都是 8 臂长宽，带 3 臂长的墙壁，每道券之间都是 1 臂长。每道这样的墙壁都将是 8 臂长厚。这样一来，人就可以在需要的时候，通过厚厚的墙体取水了，这一直可以上到地平的高度上。我会在内角的位置上把墙体做成两臂长厚，并在这里留出通道的空间。这座塔楼可以从地下通道进入，也可以从位于圆柱形顶上的上部通道进入。在这个正方形的顶部，应该有一个公用的楼梯，让所有人都能从第一个正方形上去。我做这个，是为了防止万一有人违背主人的意思进入这个正方形。这种

［42v］

情况下，主人应该派人到上部的圆柱形上去阻击他们，尽管他们都是乌合之众。在这下部空间，我说过，我要考虑两扇青铜大门或铁门的做法，让人们看不见。万一有需要，它们可以立刻被强制关闭，任何人也无法阻止。用于投下石块的堞口，将会建在这正上方。”

“一切都很好；我很满意。我想让你给我找几名出色的工匠，他们要知道如何雕刻大理石和青铜，因为我想让人用这种方法，为这座建筑制作四匹马。我想要一座桥，跨过城壕，从南门正前方的塔楼到达这同一个入口。通过它，人就可以沿着城墙到达城堡。你明白我的意思了吗?”

“我想我明白了您的意思。我相信您对它的描述，就和我在这里画出来的一样”(42v 图)。

“好。”

“我会派人去找工匠，这样，指令很快就可以传达下去，因为这些可不是随便就能处理的东西。这个阶段会有大量的工作，这些工匠将会明白的。其他有关此处和四个入口的必要的准备都会做好，而我就可以开始对城市、其街道和广场进行布局了，这样一点时间都不会浪费。”

“给我稍稍解释一下你的布局和建筑，你打算最开始从何处着手，还有，你要如何分配这些工匠和工人，才能保证不会浪费时间。”

“组织方案是这样的。第一步，我要在城市的中间做一个宽 150 臂长、长 300 臂长的广场。[119]为了让阁下您能更好地理解我的意思，我会把它在这一页的这个地方画出来（43r 图即英文版图版 1）。因为我们在这么小的一个地方作画，所以各种东西都不能画出应有的细节。画图方法所不能表达的在真实尺寸方面的东西，我会尽量用语言来加以解释。

首先，为了让您可以理解整体的尺度，您看到的这样的小方格，每个都代表 1 场长。1 场长，我在前面讲过，是 375 臂长。按照这个算法，您就可以做乘法，看看这张图中所有的东西都是多大。每座建筑都可以通过计算得出它的大小。我已经在这里把它们粗略地誊写过来了。我会把我想出来的两种划分和布置它的方法告诉您，因为要把每种设计它的不同方案都画出来会非常困难。您最喜欢的那个将会被实施。这就是组织方案。您可以从这里看出并理解，这个广场位于城市的中间。我在上面讲过，它的宽度是 150 臂长，而长度是 300 臂长；后者从东到西，前者从南到北。每个这样的小方格都是一场长，或 375 臂长。在东端我将建造大教堂，而宫廷在西端。目前，我还

[43r]

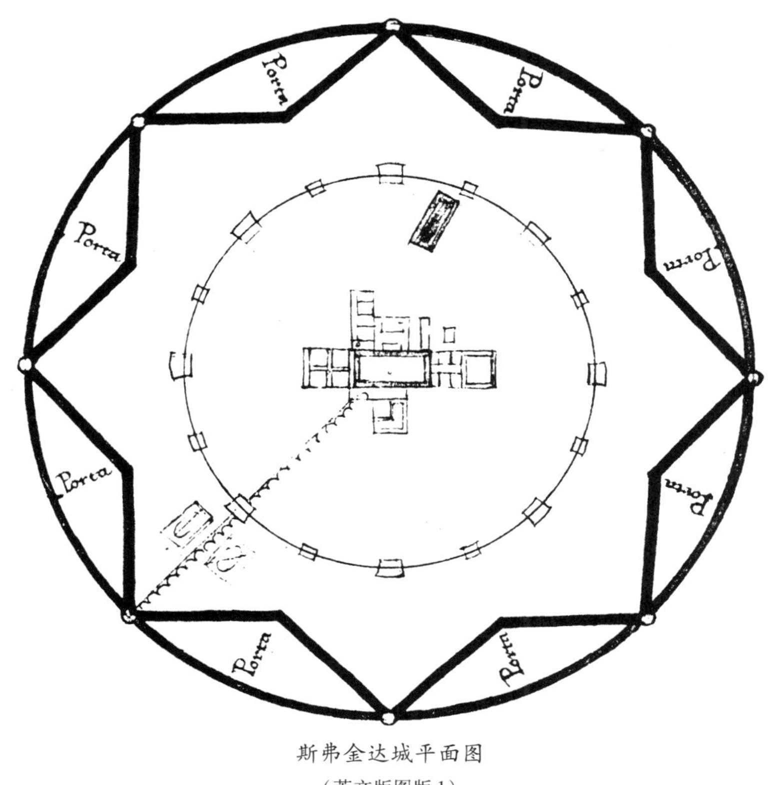

斯弗金达城平面图

（英文版图版 1）

不会谈到它们的尺寸，因为到了我们建造它们的时候，您就会全明白了。在广场的北部，我将做商人的广场，宽 1/4 场长，也就是 93¾臂长，而长度是 1/2 场长。在广场的南边，我会做另外一个广场，那是一种卖食品的市场，比如肉类、水果、蔬菜，还有其他人们生活所必需的东西。这将是 1/3 场长宽，长 2/3 场长，或大约 250 臂长。在这个的顶部，最靠近院子的那个角上，我会做警长厅，这样，只有那条街会把它们隔开。在商人的市场上，我将在一端做市长厅，而它的对面是法庭。在北部我会做市区监狱。这将在法庭的正后方。在东部，广场的角上，我会做铸币厂，货币就在那里制造并储藏，它的旁边就是海关。在商人的广场上，我说过，将是警长厅，而另一边是肉铺、鸡市和鱼铺，后者要依时令来设置。在这个广场后面，朝向南方，将是妓院、公共浴场和客栈，或者叫做酒馆。它们会一直延伸到东边，延伸多远由您来定。除了每个直角处的一条主街以外，每座大门都会有一条大街通往广场。由于地方很大，我会在每条城门大道上离大门 1500 臂长的地方做一个广场，广场一边 160 臂长，另一边是 80 臂长。在朝东的两个广场和朝西的两个广场上，会卖稻草和木柴。朝北的两个广场上会卖油和其他东西。在南面的广场上会卖谷物和酒。如果您认为有必要，还可以在每一个广场里面做一两个肉铺。艺术家们都将住在这些广场周围。[120]

［43v］

在这些通往塔楼的每条大街上，也就是不与城门相连的那些大街上，我会做一个教堂给圣芳济各会、奥古斯丁教团、多明我会，或其他修会。在每个这样的广场上，还会有一座教区教堂。我还打算让这些大街有足够的坡度，以保证从广场流过来的水，会把每条大街都清洗干净，一直到城门那里。其他不通往城门的街道将要进行调整，使其具有足够的坡度让水流向大门。我还打算为所有的主街建造柱廊。”

“你要把它们做多大？”

“主街是40臂长，其他的街道是20臂长。因为我们在附近有充足的水源，我打算把水从若干个地方引入城市中，尤其是广场上。在它的中心处，我想做一个水库，它的设计可以保证您在需要清洗街道的时候，只需打开某些喷嘴就可以了。充足的水流就会喷涌而出，把所有的街道和广场都洗得干干净净，这样就可以让它们整洁如新了。在这个水库的上方，我打算做一个神奇的标志物。”

“做吧，但一定要保证那棵月桂和橡树都不要被砍倒。”

“不用担心，它们一定会被保护起来的，因为我的第一个妙想就会用到它们。

“我更希望减少穿过城市的车马的数量。由于这个原因，也是为了让居民更加便利，我就想出了让水沿着所有主街流通的方法，因为因多河和阿韦洛河非常近，也非常有用。这样一来，人们就可以坐小船进城了，而且可以走水路到达广场的所有地方。如果它们用这种方式进行再次划分，这八个广场上每个都会有一部分水面。”[121]

“这两个设计我都很满意，不过，为了让城市的各个方面都能让人感到舒适，还是隔一条街道做一个吧，这样就可以兼有水路交通了。它们给马匹和行人的空间要一样大，要有走车的，也要有不走车的。你可以把这些不是运河的街道，用优质石料铺上路面，如果你愿意的话。它们的坡度会朝广场方向上升，而且它们可以在街道两侧都有柱廊，宽8－10臂长，而夹在它们之间的街道可以是同样的宽度。我想，这样它们就会非常好了。特别要让这些柱廊高出街道一两个臂长。其他的水街可能也是同样的做法，只是在有水的地方要宽一些。运河上的柱廊可以是同样大小，或者大点小点，你看怎么合适就怎么来。可以从陆路或水路在广场中移动，这将会是特别美妙而又特别方便的。注意要把广场提升到足够的高度，让桥可以跨过运河。它们至少要有20臂长宽。把它做成这个样子。”

[44r]

他让我拉出线来。根据这个方案，我们发给工匠和工人鹤嘴锄、铲子和镐头，让他们开始工作。当天我们开了一个好头。

按照他的指示，我派人去找他需要的工匠。他们来了以后，我就给他们解释，还拿出图来看，上面是公爵大人希望找人在城堡幕墙的入口上做的工作。之后他们就被派去工作，而我们叫人去运优质大理石和颜色各异的石材。工程就这样开始了，并分配给了很多工匠。这些工匠大部分都是佛罗伦萨人。

他们完工之后，每个人都要在自己的作品上刻上名字。

在他们工作的过程中，我也没有浪费时间，一直在对城市进行布局。正如我所说的，工程持续了四天。城市被分成街道和广场，所有的运河都已经挖好了；地形也进行了调整，以满足我们工程的要求。他的愿望就是我的命令，所有运河和所有街道的桥梁都要有围墙。所有的街道和运河都以这种方式，在一周之内修好并建起了围墙。这在他和其他人看来是一件不可思议的事情。由于完工非常迅速，他认为做得很令人满意。与此同时，他说我应该考查一下那些工匠，只留下那些最必要的工作所需要的人。到那时，我应该更为谨慎地把握进度，不可操之过急，因为这是工程中至关重要的部分。"我还想回米兰去，十五天或二十天之后再回来。把所有你说过要做的事都做完。我会回来看的。"

在我理解了他的意图之后，我把所有我认为最有用的人都留下来了。其他人拿了工钱就让他们回去。第二天早上，他带上他的全部人马离开了。他说我应该处理最重要的事情，尤其是城堡幕墙的大门和入口。

公爵大人走了之后，他的总管和我就安排剩下的工匠工作，修理并收拾那些没有做完的东西，例如路桥、城市的木桥、塔，还有城堡。一切都进行了视察和整理。水被放入城市中，各个出入口根据需要，有的把水拦住，有的让水通过。在这个时候，入口建成了。我让人在各个入口上雕刻了一些他的纪念物——他的战斗、凯旋、收复的城池，那些通过突袭夺取的，还有其他那些，在经过了长时间的围攻之后，终于弹尽粮绝向他缴械投降的；上面还有一些他失利的例子，我们现在不需要多说，因为它们都可以在这些雕刻中见到。在这其中，可以看到那里有一个身着戎装的男子，由两个长着翅膀的魂灵拉着他的头发，离开地面足足有一个臂长。还有一头公牛，嘴里[122]套着马嚼子，好像一匹马似的，前面一个裸体的小爱神牵着它。那里还有很多其他的幻想场面。上面到处都有文字，告诉我们哪些东西是他创作的，或者毋宁说是他给我们留下深刻印象的。 [44v]

这些工匠的姓名有这些。[123]我把他们罗列如下：多纳泰罗、卢卡、一位阿戈斯蒂诺和他的哥哥奥塔维亚诺。那里还有一位值得尊敬的大师，叫做狄赛德里奥，另一位叫做迪诺。那里还有米开罗佐、帕尼奥，以及贝尔纳多和他的一个兄弟。我还派人找来其他几位；其中就有洛伦佐·迪·巴尔托洛，一位青铜方面的大师，还有他的儿子维托里奥；据说这位父亲已经过世了。我派人去找马萨乔，可他也不在人世了。我派人去找两个在罗马给我当过学徒的人；他们一个叫瓦罗内，另一个叫尼科洛。我派人去找另一个在曼图亚工作的人，他叫卢卡。我派人到西班牙去找另一个人，他叫德罗。我可能还会叫人去找另一位出色的建筑师，如果他不是已经在前一段时间去世了的话；他的名字叫做皮波·迪·赛尔·伯鲁乃列斯基。这些都是佛罗伦萨人。每当我听说有雕塑方面的大师时，我就会派人去找他们。我们去了锡耶纳，那里有一个来自科尔托纳的人，名字叫乌尔巴诺。我可能还会派人去找另一个锡耶纳人，他是一位杰出的大师，名叫雅各布·德拉·奎尔恰，只是他也不在世了。还有一个来自蒙特普尔恰诺的人，他曾经是我的学生，名叫帕斯奎诺。在比萨有两个，一个叫安东尼奥，另一个叫以赛亚。还有一个可能会来的，他叫乔凡尼，但是他死于威尼斯；他是一个很好的大师。多梅尼科·德尔·拉戈·迪·卢加诺，皮波·迪·赛尔·伯鲁乃列斯基的信徒之一，也在那里，还有一个杰雷米亚·达·克雷莫纳，他做了几件上好的青铜作品。一个出色的大师也在那里，他既是斯拉夫人也是加泰罗尼亚人。多梅尼科·迪·卡波·迪斯特里亚本来也会来的，假如他没有在为塔利亚科佐伯爵工作的时候，死于维科瓦罗的话。虽然还有很多其他的大师，但比起这些来都不值一提了。还有来自佛罗伦萨的一位叫安东尼奥的和一位叫尼科洛的人，他们在费拉拉做了一尊青铜马。所有这些就像我说的那样，都在自己的作品上进行了铭刻和署名。还有很多没有署名的。因此我并不关心他们；况且他们也不像其他人那样令人满意。

当我看到工作已经近乎完美，我便下命令，让人们去做我认为为执行主人的要求而必须完成的工作。当我把一切必要的工作都安排妥当之后，就骑上马离开去找主人。他一见到我，便马上问我事情进展如何。我回答说："非常顺利。"

他笑了笑，对我说："真不知该如何感谢你。"由于用餐的时间到了，他对我说："别走了；在这儿吃吧。"他又同长子坐在桌前，旁边还有其他一些贵族，而我和他的总管坐在离他的桌子不远的另一桌，并同他的另一位至交[45r]一起用餐。很快，我自己来到主人的面前。他问我工作进展到什么程度了。我把所有进度都进行了汇报，而他对此非常满意。为了让席间的贵族们也能明白，他叫我把建造过程中所使用的全部比例和法式一一道来，同时说明到当日为止，每天都是如何度过的。我对他们和盘托出。当我提到那些征兆的时候，他和其他人都集中了注意力，他的公子也是，虽然他们当中已经有人见证过这些征兆。

接着公爵大人说道："我一定要知道那条毒蛇的意义，它如此敏捷而又残忍地杀死了那个人，然后逃到了蜜蜂聚集的那棵月桂树上；那头鹰的含义，它和那只猎鹰以及其他鸟进行搏斗，还杀死了一只掉到我的面前；它赶走的那只乌鸦的意义；所有那些八哥的含义，它们一大群飞过来，栖息在它安巢的那棵橡树上；以及那只猎鹰盘旋之下的那些鸟的意义，它们在我们为城堡挖基础的一整天里，一直都寸步不离那个地方，以至于徒手就能抓住它们。"大家都全神贯注，对这些事情惊叹不已。

接着我说道："阁下，我可以为您解释所有这些征兆，因为在阁下您离开的第二天，我想是的，也可能是这些事件发生之后的两三天吧，一个看上去很好，也确实很好的人来了。他骑着马来到这里，还带着一个仆人，四处东张西望。他打听起这座城市，因为这看起来是一件了不起的大事，一件可以载入史册的历史事件。关于他向我问起的那些形式，我都作了解释。他告诉我，他赶来目睹这一壮举，是因为它已经名声在外。他还说，现在看来，这比他听说的还要壮观。因为他看上去是个好人，我便邀他一同进餐。席间我们谈论了很多事情，特别是关于这件事，因为我把所有发生过的事情都告诉了他。他为我解释了这一切。我说：'请您仁慈地为我讲述一下这条毒蛇的含义。'[124]

他是这样回答的。'这条毒蛇的含义是这样的。既然毒蛇是一种近乎长生不老的动物，那么这座城市也会长命百岁。那个人的血光之灾是这个意思：有些人会像野兽一样毫无理由地冲进这座城市，妄图要伤害它，而这座城市将会大发雷霆，将其斩尽杀绝。血雨腥风之后，它又会恢复宁静，审慎而明智地进行自我管理。由于月桂是献给智慧的，并且是常绿芬芳的，因此这座城市也会是这样。这些蜜蜂，他继续说，是爱好和平的、多产的，也是勤勉的动物，它们人不犯我、我不犯人，而一旦它们遭到攻击，或是它们的成果被抢走，它们就会发起猛烈的攻击。这座城市中的人民也会同样如此。他们将会是像蜜蜂一样伟大的民族，因为他们有一个对他们公正仁爱的君主。当它们的蜂王再也飞不动的时候，它们就抬着它走。它们这样做是出于慈悲以及对它们蜂王的热爱。同样的道理，这些人民也将爱戴他们的君主。'这就是他告诉我的关于这条毒蛇和月桂树的事情。"

公爵大人只对我说了一句话："你把那棵月桂树保留了吗？"

"是的，阁下，还有那棵橡树。" [45v]

"对于那只鹰他又是怎么说的呢？"

"他首先向我解释了它的本性。他说鹰的本性是从不让任何鸟接近自己的巢穴。他*总是为它们留下一部分自己的猎物，并绝不伤害更为弱小的动物。当他在巢中有了孩子，他就让它们注视着太阳。如果谁不死死地盯住太阳，他就把它扔出巢穴，再也不要它了。他还说，普林尼说闪电永远不会击中月桂树，因此，这棵月桂树从来没有被闪电击中过。因此，我们可以确定，这预示着这个国家将会有一位明君。他将是一位伟大的君王，绝不会让其他诸侯接近他，除非是出于他的宽宏大量。关于那群与他进行搏斗的猎鹰——未来会有某些诸侯，为了夺取他的领地而向他宣战；此时，他会把他们彻底剿灭。那些乌鸦也是将会威胁他的野蛮人。这个领地的君主一定会击败他们，打断他们的骨头。那些栖息在橡树上又不受鹰干扰的八哥，表明这将是一个伟大民族。以后还会有很多其他杰出的民族归顺他们，并像尊敬自己的君主一样尊重他们。他将给他们带来仁爱和快乐。鹰在橡树中的巢穴，他说，预示着这座城市将会是富饶而又多产的，拥有人民生活所需的一切，他还说宫廷一定要永远在这里。他说，那只在城堡的建造过程中飞来的猎鹰，暗示出这

---

* 菲拉雷特在这里用了拟人的手法，把鹰当做成年男子来看待。——中文译者注

座城堡将会是这座城市及很多其他城市的护卫。另外，因为有了这座城堡，这里的人民将会是顺从而敬畏的。他还和我讲了那些阁下您不希望伤害的蚂蚁。他说您没有伤害它们是很好的，因为这意味着，在乡下将会有很多在田间劳作的人，他们会在土地上劳作，让其富饶而多产，就像上面说的那样。如果您伤害了它们，他说就会发生很多起义，让您永远无法在这里坐稳江山。”

当他们听到这些话，每个人都对此瞠目结舌。对于这些征兆的解释，让公爵大人和他的公子非常激动。主人和其他人都被我深深地打动了，他们给了我享受不尽的荣华富贵。他的公子对我抱有特别的好感。他对我们的对话感到非常满意，以至于他爱上了建筑这门科学。基于这一点，他恳请父亲准许他去看一看，学一学所有已经建成的东西，并留下来看看其他将要建造的房子。这样，他就可以理解一些原理了。如果他也想建个什么东西的话，他就有能力鉴别和理解它们。当他完成了请求之后，他的父亲觉得这是值得的。旁边的人也都支持他。他最终点了头，并表示自己很高兴。

“不过，事实上，”他转向我，补充说道，“我今年不想再造更多的建筑了，因为冬天就要来了。现在，我要你为将来做准备，还有那些以后会用得着的东西。你应该把所有那些最先要建的房子画出来。然后，等季节到了，我们就下令开始要做的工作。不过，现在我想去看看已经完成了的工作。”

[46r]

第二天早上，公爵大人、他的公子，还有很多其他的人都一同骑上了马，然后我们来到了他和我刚刚建好的城市。我们到了山谷中，当城市和乡下肥沃的土壤在他眼前像画卷一样展开的时候，他说了这样一些话[125]：“多么美好而又富饶的地方啊！”到了我们的目的地，并视察了那里的一切之后，他对看到的这一切都十分满意，尤其是对那座城堡。他的公子还要更为兴奋。当他理解了这些设计，塔的特点，以及它们是如何被命名的之后，他想让我解释给他听。我给他讲完了以后，他说这些都是很美的名字，但是不知道加利斯福玛是什么意思。我为他做了解释。随后他更加激动了，因为那里有他自己的名字。因为这一点，他对我的好感又平添了好几分。他听了城门和城市的名字，感到非常激动和喜悦。他和公爵大人都见过了所有的东西，而且每个人都对一切感到非常满意。

公爵大人问我，塔顶上的青铜人像是否已经造好了，还有他希望立在四个入口处的青铜马是不是也完成了。

我回答说：“没有，还没有，但是它们今年冬天就将完成。”

他命令一定要完成。在他视察过一切之后，他问我是否每个人都拿到了工钱。我回答说，是的。接着他说，我应该留下那些在冬天最需要的工匠，让其他人都回去。我照办了。只有切石工和几个石匠留下来了。然后，公爵大人和他的公子就回去了。我又待了几天，安排剩余的工作。等我布置好了所有要做的事情，我便留下了几名工匠负责监督各项工作，保证按照确定的计划实施。之后，我就去安排未来所需要的事务。

第七书

以上第六书，以下第七书。

等我到了以后，我就开始为自己准备将会需要的所有东西。一天，我到一个木匠作坊去，公爵大人的公子碰巧路过。虽然他也是一位贵族，但他乔装打扮，带着几个同伴，穿着非常活泼。他们穿着白色衣服，头上戴着小帽子，脚下穿着厚底靴，手里还拿着弓箭，就像菲伯斯在追求达芙妮时拿的一样。他就这副模样和同伴们走在一起。当他在那里发现我的时候，他叫出了我的名字。也许他觉得没准我认不出他来，但是我一听到他的声音，转过去看到他的脸，就知道是谁了。即便有很精致的白色面罩挡着，但那仁慈的面容告诉我，这个声音就是他。我马上向他行了必要的礼节，而他也确信自己被认出来了。也许如果我假装不认识他的话，他会对我说一些别的话。他只说了一句“今晚来找我谈话”，然后就走了。[46v]

由于我热衷于为他效力，我当晚便到阁下他那里去了。他问我当天在作坊里干什么。我回答说，正在采办一些用来在上面为待建的房屋画图的木板。他问我想要开始做什么建筑。我回答说，我想从大教堂开始，然后是庭院，接下来按照其应该的样子，建造整个广场。但是我想分开来作每一张图。

接着他对我说：“我很想看看你画图，因为那可以让我对它们有一个更好的理解。”

“悉听尊便，阁下。那我是来这里画图呢，还是您到我的房间去？”

“你想什么时候开始？”

“明天。”

“很好。我会和你在一起待上一两个小时，之后我们再看要做什么。”

第二天早上，我以为他很可能忘了这碴儿，所以根本没有察觉到，他一直站在我的身旁。我正沉迷于创作和测量。他站了好一会儿，一直在我背后看，却一点也没让我发觉，他刚才进来得实在是太安静了。要不是我的一个学徒发现了他，我认为他一定会在那里站更长时间的。我回头看见他的时候，吓了一跳。他善意地按住我的肩，然后说：“继续做你的事。”我没有别的办法向他表示敬意，只不过他希望我告诉他，他需要做些什么。我回答说，如果他不把它写下来的话，会很难记住的，因为虽然我对于这些东西比他还熟悉，我也要写下来的。我表明，到这一分钟为止，我已经写了六书，而这是第七书。因此您也应该这么做。

他叫来一个随从，说："去给我拿文具来，一样也不许少。"随从把书写所需的东西全拿来了，之后他便开始记录。他说："请告诉我一座建筑所需的柱式和比例。"

我见他兴致勃勃，而且字写得又好又快，于是就说："请把我给您讲的写下来，并试着进行理解。这很困难，尤其是对于一个没有读过我写的前六书的人，前六书中有尺度、其来源、名称等所有内容。因此，如果我们把它完整地读一遍，或许会更好。那样就会更容易理解尺度，其名称和性质，以及如何缩小比例。"

他回答说："好啊，把它给我吧，我会读的。"他把他的东西交给随从，然后一起走了。当天剩下的时光里，我都待在那里，任由自己的思想驰骋。

第二天同一时刻，他又来了，并问我做了什么。我向他行了礼，然后拿给他看。他见了非常高兴，说："我想这一定会是一座美观的建筑，只要它按照这种方法来建造。"

我回答说，它在立面上会更漂亮。

他说："为我解释一下眼前这张图中所有的尺度和形式，还有各个部位吧。我想我能比以前更好地理解这一切了，因为我看了所有的那六书。我在[47r]书中理解了一千样好看的东西，它们是关于尺度、比例和体形的，还有尺度和建筑的起源。你可以看出我全读了。我无论如何也想让你知道，我要你为我解释一些关于绘图的事情。"

"阁下您已经在那六书中见到了尺度的起源，还有它们是如何衍生、分割和缩小的。如果您希望看懂这个按照比例绘制的建筑图，您就必须首先要知道，这座庙宇或您想建造的任何建筑到底占用了多少臂长的空间，这样您才能清楚地理解立体的、原样大小的实物。"[126]

"那么告诉我，它的周长有多少臂长？"

"我会告诉您的，而且我还会向您解释我是如何做的。请记住要把它写下来，因为这项建筑的工作非常困难，既是因为它自己，也是因为其中所用到的大量事物的不同形式和名称。我会努力，尽我最大的努力，来把一切说明白。

我是这样做的。首先，这也是您要建造任何东西时将要做的事情，首先，我做了一个每边150臂长的正方形，就像您看到这一页上画的这样（47r图B）。然后我把它分成15份；这每一份就代表10臂长。您可以说，这么小的东西怎么可能是10臂长呢？由于这个正方形是150臂长，而且看上去很小，那么这每一份就是10臂长。如果您想清晰地理解这种缩小，请拿这幅圆规，并把这其中的一份分成10小份。然后再用圆规立一条垂直线，长度是这一小份的三倍。假如您知道如何绘图，我就会叫你用同样的尺寸画一个人像。接着把它想象成和这个一样大。然后您就会理解臂长及其他所有尺度的缩小了。我不知道您是否理解了我的意思。"

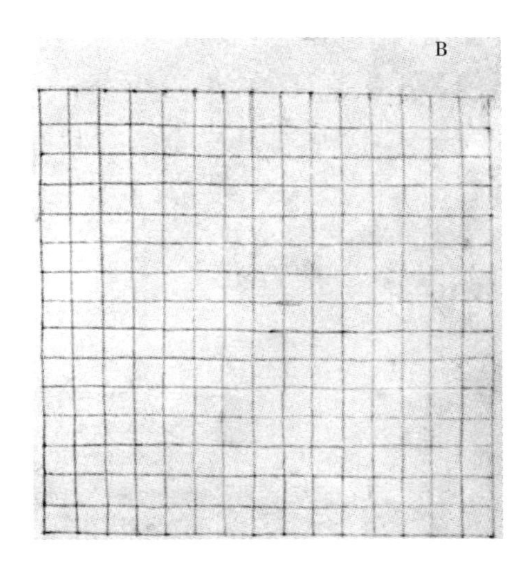

"我想我懂你的意思了，因为所有的尺度都源于人体的形式。以这种方式，通过假设一个变小的人体，所有照着他画出的尺度就都变小了。这样，建筑的图就是按照比例画的了。虽然这些图在我们真人看起来很小，但倘若人变成和图一样小的话，那图在他们眼中，就会和我们所见到的已经建造起来的建筑一样大了。就像真人可以站在建筑里一样，小人也可以站在图里面。"

"阁下，我认为您已经理解得非常透彻了；其实比我想象的还要好得多。"

"不管怎么说，我想学着画一点。"

"阁下您会做得很好的，因为您知道，双手建造的一切都与绘图有关。这没有什么丢人的，因为我以前讲过，这是一种鲜为人知而又无人问津的科学。但在古代可不是这样，因为伟大的君王都想掌握这种科学。尼禄和哈德良皇帝就是他们当中一流的画家。费比乌斯家族在罗马是执政官也是名人，他们非常热爱这门科学，还让很多大师去从事绘画。国王波利克里托斯也有同样的传说。今天还有一位在世的国王，他是一位杰出的作图大师。您一定能把它学好的，因为它将让您感受到千般快乐。"

"我已经准备好了。我想明天就开始。告诉我该怎么做，我要每天练习绘图一个小时，最多两个小时。" [47v]

"您已经理解了我们开始建造房屋的第一步，即对这座庙宇所占据的空间或距离进行的初步整理和测量。这是 150 臂长，我们上面讲过。现在您需要理解我为了让它永恒、美观、实用而采用的布局方法。一个人希望自己的身体组织构造优美，以满足那三项与自己有关的性质，而建筑也是同样的道理。人体应该造型优美、比例匀称、面相好[127]，这样才能健康长寿。他还应该有聪慧的头脑，以便追求他存在的价值和意义。如果他缺少了这些东西之一，他就不能处于一种完美的状态；建筑也是如此。我们必须用理性处理所有的部位，这样，它才能获得建筑的本质所要求的足够内涵。考虑到这一点，我将告诉您我是如何为建造它而进行准备，以使它能够具有这三项特征和条件：永恒、美观、实用。

“为了永恒：首先我们将挖出一道 20 臂长宽的壕沟。这将形成一个 190 臂长的正方形。这一步完成之后，我将再用两个同样的宽度做成一个十字形。在这道壕沟的中间和各角处，我会做一个直径 2 臂长的木桶，然后把它放在可以挖出水的深度。一共有十七口这样的水井。这一步完成之后，我把砾石和石灰填到它们里面去，一直到顶。然后我想让人用优质石料再往上砌 1 臂长高。每口井都照此办理。我在基础中到处都留有 2 臂长宽、4 臂长高的空间，然后再砌一堵平行的墙，上面有拱顶。在每口井上面，我都会留出一个半臂长的开口，在地面高度也是这样。我想在地面以上 6 臂长高的两墙之间，起一道拱顶，拱顶要非常结实，有 1½臂长厚，以保证上面的墙体能有坚固的基础。不过，我会给这些地下空间采光，这样它们也能够使用。为了让它们非常坚固，我要在每个角上，即各隅中间的位置，发一道 10 臂长宽的拱券。然后我将把这些拱券放在十字形的中间，让所有的拱顶都同样大小。我这么做是为了更高的强度。所有这些拱顶都宽 22 臂长，高 10 臂长。这样一来，它们就可以用作圣器室或者其他您想要的宗教用途了。等我把所有拱顶的高度都统一，里里外外的比例都调整好了以后，我将建造楼梯。这些楼梯将有十五步，每步 1/3 臂长高，1/2 臂长宽。其距离都是相等的，即离墙 8 臂长。我将在它周围起一个拱顶，让它也可以用作圣器室或者任何您认为合适的用途。这一步完成之后，一切也都按我说的那样做了，此时我将把这一层的建筑画出来，就像您在这里看到的一样。”

[48r]

“在你给我解释它之前，我想让你告诉我，为什么要在基础中留出那些水井。”

“我做这些水井有几个理由。第一，如果万一有地震发生，也不会对建筑造成伤害，因为地震会遇到那些空的地方，并因此不会像没有这些水井时那样对建筑产生破坏。我这么做还为了能让落下的雨水可以通过它们排走。”

“这些理由让我很喜欢它们；看来它们确实是非常有用的东西。我还想知道为什么大部分教堂都是用十字形式建造的。”

“教堂按照十字形式建造的原因是这样的。自基督诞生以后，这种形式就已被用来对他表示崇拜，因为他曾被置于十字架之上。与此相似，自基督教诞生以后，大部分教堂就都用十字形式建造。在古代，它们是用圆形和其他形式和样式建造的，因为他们是偶像崇拜者，并且缺乏敬意。今天在罗马还有一座，叫做圆形圣母堂——曾经也叫万神庙，还有佛罗伦萨的圣乔凡尼教堂，据说曾经是献给战神马尔斯的。它有八个面。古人还用很多其他的形式来建造教堂。按照维特鲁威的说法，古人以前使用三种类型的教堂，其实叫神庙更好。他们建造了某种神庙献给赫尔克里斯、密涅瓦或马尔斯。这些叫做多立克样式。它们是朴素的，不加修饰，用粗石建造，做工不是非常讲究，也没有很多活力，而是非常沉重非常压抑的。古人还创造了另一种类型和样式，叫做科林斯式。这些做工更为华丽、美观，而且细腻。他们把这些献给维纳斯、普罗塞耳皮娜以及弗洛拉，或者刻瑞斯。古人还创造了另一种类型叫做爱奥尼式，而这些较为低劣，也就是质量较差，也没有其他的那么壮观。这些被他们献给黛安娜、朱诺、巴克斯，以及其他类似的神。即便维特鲁威没这么说，我想他们还有其他的类型，用来献给森林之神潘、法翁，还有其他古人追随的林中的神灵。他们用树干和其他稀奇古怪的东西来编织它们。我们也有各种类型的教堂。古人一般把他们的教堂盖得很矮，而我们正好相反，为了另一个理由，我们要把我们的教堂盖得高高的。古人把他们的教堂造得低矮，向下倾斜得更多，我说过，因为他们要表达的是谦卑。他们认为，人在进入神庙的时候，应该谦虚地降低自己的身份，就是说，要放下自己的灵魂和心，去接近上帝。为了这个目的，他们把教堂做成这种低矮的形式，仅仅是出于崇拜。然而，基督徒们把教堂建得很高，以便让人在进入教堂的时候，让心灵能够得到升华而接近上帝，也让思维和灵魂在冥想之中升腾而接近上帝。这两种形式都源于一个崇高的目的。”[128]

“我想了解一下这些东西，因为我好像在这篇论文的前面读到过，你说建筑源于人体的形式。建筑和人体一样，有它自己的组成部分，而它也就应该是这样。” ［48v］

“阁下，您说得对，但是您非常清楚，人体的组成和形式也是不一样的。各个部位被按照不同的方式组合在一起，但即便如此，由于它们是相似的，所以还是一样的。”

“我求你，给我解释一下吧。”

“也许您首先搞清楚图是怎么回事会比较好。”

“那就按照你认为最佳的方式做，不过，也许你把它给我解释清楚了，我就会更好地理解尺度和度量了。”

“好的；今天我就不想再多讲了。明天您来的时候，我将告诉您您想要的东西。”

“我很满意。派人来找我吧，因为我无论如何也要开始画图。”

“只要您愿意，一定能做得非常好。但还有一件事我想在您开始之前提醒您。请您一定要坚持到底，因为如果您半途而废的话，还不如不要开始的好。”[129]

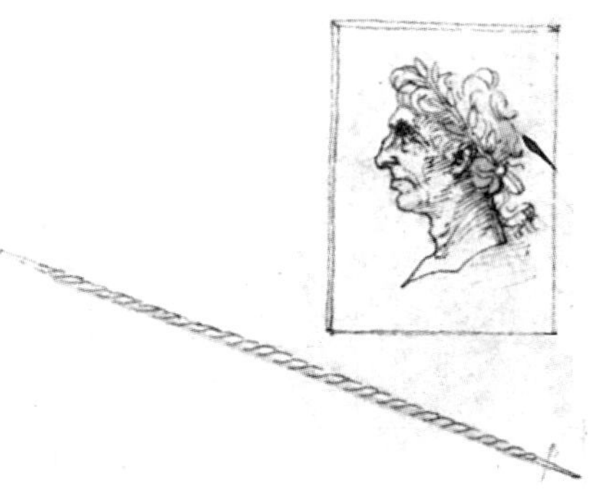

“你看着吧。只要你肯教我，我就会每天来这里学至少一个小时。”

“那我当下就要教您一些东西。拿着这块按照要求已经打好石膏粉的画板，还有这支铁笔（48v图）。第一次只要做出板上画好的人头的轮廓就行。您已经熟悉了我所讲的关于人头尺度的内容；它首先被分成了三个主要的部分。”

“我会尽我所知把它做好的，而且我每天都会把它拿给您看的。再会。”然后他就走了。我留下，来思考如何能够把他的问题解释清楚。

第二天，对于他会不会来我是半信半疑，然而，他还是带着画板，按照约定来了，画板上画着很多图。它们都画得非常好，虽然他毫无经验，却做得比预期的要好很多。他直接就要我解释尺度、度量、比例、类型和组成，就和以前问过的一样。

“我都会告诉您的。我首先要讲类型。建筑有很多种类型，就像人一样。我前面讲过，重要的类型是最尊贵的。您清楚地知道有些人比其他人更高贵；建筑也是一样的，要看它们有什么用、住在里面的是什么人。就像人要根据自己的尊严穿衣打扮一样，建筑也得这么做。这座建筑是最为尊贵的一个。因此，它应该像它的主人一样有华丽的装饰，因为是他在用它来支持这些神职和圣物。由于那些主持仪式的人，在履行神职的时候，会给自己穿上各式华丽的法衣，上面还装饰着金银、珍珠、刺绣，还有高贵珍稀的物件，用于同样目的的建筑，也应该以同样的程度进行装饰。因此，它应该用美丽的石材做成自己的华服和装饰。除了美丽的石材，它还应该用黄金和色彩，做成华丽高贵的雕刻来装饰。为它们涂上彩画，让它们尽可能地美。[130]

您已经了解了类型和尊严，以及神庙为什么要美观华丽。您知道，一位主教或大教堂教士或牧师，他以不隆重的方式行进是欠妥的，尤其是在他们主持神圣仪式的时候。同样，如果一位主教的身体或四肢畸形，那也是不恰当的。因此，建筑也应该比例匀称，并带有与其体量相称的组成部分。就好比人体为了自身的维持而需要有气孔、入口和中空的地方一样，建筑也需要这些。您知道，一个人是通过其面部、胸部以及其他显眼的部位而被识别的；教堂最美观和最令人愉快的部位，同样应该是其朝向前面的部位。由于人最主要的美体现在他的面部，建筑也应该是这样。通往人体内部的入口是嘴，而人是用眼睛看东西的。建筑同样也需要它们，即一扇门和可以见到阳光的窗户。其他的部位遵循同样的相似性；就像一个人要吃东西才能生存一样，建筑也应该按照您已经理解的方式来维持和管理。

[49r]

对于建筑构成与人体的类比，现在就说这么多了。建筑的组成和比例应该与其体量和谐。如果建筑很大，它所有的部位就都应该大。给一座高大的神庙配以矮小的柱子、拱券、大门，或是其他组成部分，就不太合适。它们应该与建筑的主体成比例。我将在后面为您讲述这些组成部分根据它们的大小所需的尺度和度量。不过今天就到此为止吧。”

第二天，他又在老时间来了。他到的时候，手里拿着个笔记本，并拿给我看。当一个人真想学点东西的时候，他就会虚心地问问题；他就是这样的。在我给他改错的过程中，我把他要学的方法展示给他。他全神贯注地听，然后问了比我预想的还要多的问题。接着，他向我请教建筑的尺度和度量。我见他如此渴求、积极而又愿意学，便开始在心中思考，如何才能把这些东西，以最好的方式给他解释清楚，好让他可以最轻松地理解它们，并追求更多的东西。

为了回答他的问题，我说："阁下，您已经搞清了这座建筑的基础如何布置和实施，一直到底层的平面。现在，您就能从这里理解它上面的尺度和度量，以及它地面以上的内外部分应该如何建造。您知道它有 150 臂长见方。基础要稍微多一点，因为我挖得略微要宽一些。我希望它更宽，因为基础一定要比在地面上升起的墙体宽。这个您已经知道。我把第一层或者说地板做好，就像您在这张图中看到的一样（49v 图 A）。我把每边分成三部分，然后从一边向另一边画一条线。它们相交形成一个十字形。然后我把每小边再分一半，这样，它们就都被分割成了正方形。完成这一步之后，我将在每个角 [49v] 的地方留一个正方形（49v 图 B）。当我按照这种方法把它分割好了以后，我会用另一条连接一点和另一点的直线标记这道墙，使从一条线到另一条线的距离是 6 臂长。这是我对外墙主墙的安排。其实可以做得薄一点，但是我把它做这么厚，是为了让建筑更坚固更耐久。另一道内墙我做成四臂长厚，那些 25 臂长的正方形的角落部分除外。"[131]

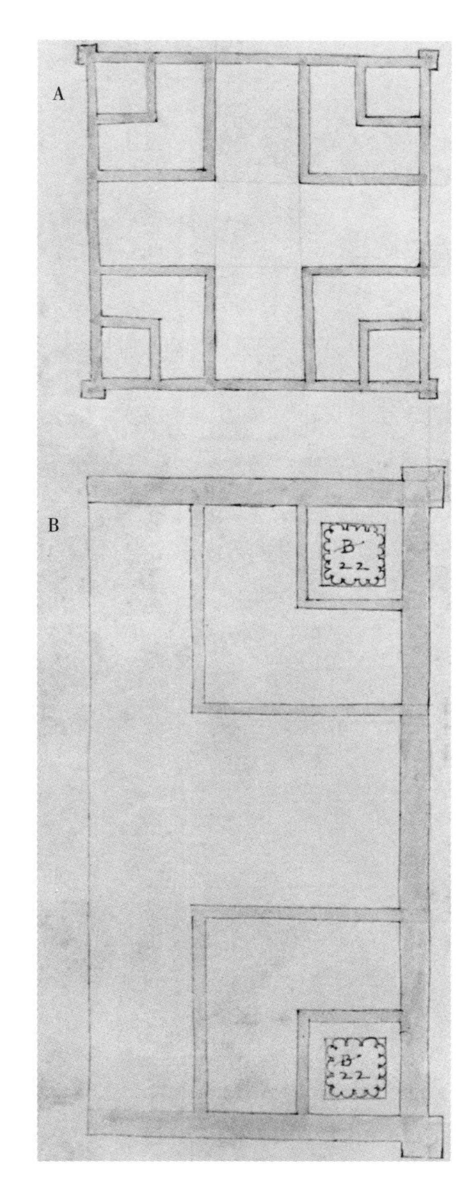

"角落部分的那些正方形占多大地方?"

"我让它们每个从另一道墙上向前 2 臂长，而这有很好的理由。"

"我很想知道你为什么这么做，还想了解一下这些在角部的 25 臂长的正方形。"

"到时候我都会告诉您的。我想到目前为止，您已经理解了我的意思。您应该知道这些内墙是如何砌起来的。角部正方形的内墙将是 8 臂长厚。您可以从这张图中得到比我口述更好的理解（49v 图）。因此我把整个正方形都画出来了，还把它分成了 6 个相等的正方形。它们每边 25 臂长，而大的正方形是 36 个小的正方形，或者您喜欢的话，叫它们平行面也可以。我会把这个给您讲清楚。请记住我说的话，因为它很难。首先，这个角部是每边 25 臂长，我讲过的，和其他都一样。从内角通向教堂的墙壁内侧上，我先拿去 2 臂长。从对面的两边上，也就是从外墙上，面向广场朝北的地方，我只拿去 1 臂长。这个正方形的每边还剩下 22 臂长。我说过，它的外墙有 8 臂长厚。在角部，这些墙本身一边是 8

臂长，另一边是8臂长。请记住，我在一处做的事情，对于所有四个角都适用。我然后从这个正方形的每边上拿去5臂长，接着，我用这5臂长做一道1臂长的墙，厚是3臂长，高是2臂长。这要绕正方形一周。在它上面，我每边放两根柱子，厚1臂长，高是7臂长。两两之间的距离是3臂长。在这上面，我做一道1.5臂长的拱廊，就像您在这个画出的正方形中看到的一样（49v图B）。您看，阁下，您必须非常专心，因为这是一件非常难以理解的事情。

然后，我在这些带角的，也就是十字形的柱子上，做一个拱顶，到最高点是6臂长。您知道，这个拱顶将离地面18臂长。通往最高处的楼梯将在柱廊的5臂长空间里。由于柱廊的开口只有4臂长，楼梯在边上只能占用2臂长。这往上将通往拱顶的顶部。在这里，它将被做平，并使上下都能接到柱子的一臂长的那道墙上，上升到拱顶最高处的位置。此后，我要在这道墙上［50r］做一个4臂长的房间。这将跨过楼梯并与之相连。它还绕正方形一周。虽然它在楼梯的上方，但这个小房间可以作为很多东西的储藏间，因为在内部可以做出若干壁橱，每个至少2臂长。书籍和其他物品也可以储存在这里。在这个房间上面，要放一个和下面类似的楼层，高12臂长。那个楼梯将通往这一层，而我们将有一个和下面一样大的空间，就是说每边22臂长。

我要继续讲这道包围22臂长空间的墙。我将切掉各个直角，把它变成一个八边形（50r图）。在这个空间里，我将做几个1½臂长宽的楼梯，它们都通向上一层。它将有33臂长高。在四个主要的面上，也就是对应原始墙面的那些，我要离楼面4臂长做两个圣龛。它们将宽2臂长，高是4臂长，还带一个古代做法的壁龛，下面有一道檐口，把各面都连接在一起。然后，我将在这四个面靠上的地方，每个都做一个圆窗。其直径为2臂长，也许我们会做一扇窗户，或者任何我们认为合适的东西。接着在外部，我们要做一道挑出1½臂长的檐口，带一道铁质或石质的女墙，好让人可以走动。这里，我将在这个空间上面，起一个八边形的拱顶，它要有12臂长高。在拱顶的顶上，我将做一个1臂长的圆窗。这个拱顶以及其下面的部分，将离地平有52臂长。

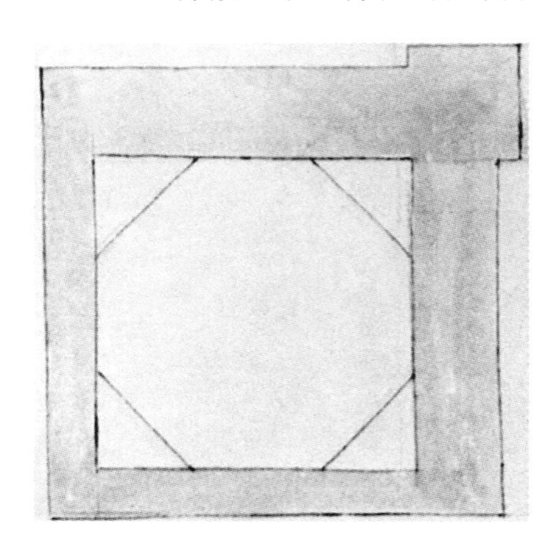

所有其他的拱顶，除了中间72臂长高的大拱顶以外，都将达到这个高度。我上面说过，这也将适用于其他四个角部。我不知道到这里您是否都听懂了我的意思。”

“我全都听懂了。不过，我想知道你为什么要把这四个角部布置成这种形式，原因是什么。”

“我现在不想再多讲了，但我明天将告诉您，为什么我要把它们做成这种形式的原因。”

到了第二天，他不但没有忘记过来，而且还带上了给他的画板。他来了以后，便问我头一天问的事。为了满足他的要求，我告诉他由于什么原因，出于什么目的，我把它们做成这种形式。我给他讲完之后，他对我说："请再说一遍，好让我能充分地理解它。"

"阁下，首先，我把这些正方形中的两个拿来做圣器室，另外两个做洗礼堂。后面这两个放在入口的前面。"

"你为什么要把它们的上部做得像神庙一样呢？"

"我做了它们四个，因为我希望把它们献给四福音书的作者，因为有他们的努力，才使得我们的宗教得以维持和发展，而它们也将成为此处的地标。为了继续这一比喻，我把这些正方形做成这种样子，墙壁更厚，使它们坚固得足以支撑这座神庙。它们也将是一个地标，因为我打算把它们盖的很高，并在它们顶上做些钟塔。从这些文字中，您可以理解我的比喻了，因为人们将会从远处就能看到这座神庙的样子，听到它们的钟声，从而知道它的所在。"[132] [50v]

"我很欣赏这个，然而我想知道，把它们放在角上而不是别的地方，是出于什么考虑。"

"我会告诉您其中的理由，让您明白的。我要用一个比喻来说明，为什么这个支撑是在角上，而不是在任何其他的地方。比喻是这样的。您曾经问我，为什么教堂要建成十字的形式。我说它们建成十字形，是要比拟十字架，而这是真的。想象一下，有四个人张开他们的双臂。每个人都背对背，用最长那根指头的尖部与另一个人接触。这四个人将用他们自己的四个部位，形成一个正方形。如果他们在手臂下面没有某些支撑的话，他们就不能保持这个姿势站很长时间。由于这座大厦在四个角上都很坚固，它将更为持久。我把它们放在这里，就是这个原因。我不知道这个理由和法则是否让您满意。"

"我非常满意，而且这个理由也让我很高兴。我对这四个角相当满意，不过，我还是想象你说的那样，弄清楚内部的墙是怎么回事，还有，你将给它们和那些拱券、柱子、门、柱廊，以及其他与这座大厦有关的东西以何种形式和做法。我还想请教一下形成柱子和拱券的规则。我还想知道什么形式是最漂亮的，因为我已经见过很多制作它们的不同方法了。有的似乎是用圆规做的，有的似乎是用一面反过来的盾牌做的——也就是上下颠倒——有的是方形的，有的是这样，有的是那样。"

"这我将在后面为您解释。[133]现在，让我们回到我们的论题上，即内部的墙，还有我打算用何种形式和做法来建造它们。如果您明天不忙的话，请来这里，我会向您解释您想知道的一切。"

"就算再忙，那也要天大的事情才能拦住我。我已经拿定主意了，要学会这些建筑和画图的方法和规则。你也看出来了，我希望你教会我，所以不要再从我身上找借口了。"

"阁下，您是如何开始的就请如何坚持。您会发现这每天都会给您带来更多的喜悦，而且，您会做得越来越轻松。尽管有的时候，您会觉得已经跨入了这门艺术的大门，而其他时候，您又会感到力不从心。无论如何，请不要因此失去信心。坚持下去，直到您最终获得突破，更上一层楼。如此一来，即便您认为现在自己做得不够好，最终却一定能更加出色。虽然学习是枯燥而艰难的，但它就像一朵玫瑰。它的茎上长满了刺和尖，但是它的花却芬芳艳丽。学习也是一样的。虽然开始很困难很辛苦，可一旦掌握了知识，它就会带来极大的满足和快乐，而且人们会对付出的一切辛劳感到欣慰和感激。”

“我不会放弃的。现在告诉我要做什么，我马上就去做。”

“好极了。我想明天向您解释这些内部的墙和拱券是什么样子的。如果有时间的话，我也许还会告诉您，那些理解建造这座大厦的设计所需的其他东西。”

他不仅不是很忙，而且比前几天来得更早。他急切地向我发问，就像一个孩子，虽然还没学好走路，就已经急着要跑起来了。我对他说：“阁下，您[51r]已经看懂了所有的角部以及它们的形式，还有我为什么把它们做成您现在看到的样子。内部的墙您也知道是 4 臂长厚，除了那些支撑别处的角部；这里将是 8 臂长厚的壁柱。支撑中殿拱顶的那些必须更为坚固。这些内部的墙，即这些壁柱，还有角部的各墙面，即所有的外墙，都是 50 臂长高，就是说，等于支撑穹隆的四根墩柱的高度。在此之上，我要在四边从一墩到另一墩发四道 4 臂长宽的券，然后从各角处再发另外两道。每个角都会有两道券。这个拱顶下的空间面积将是 50 臂长。每个都宽 25 臂长，高 50 臂长，或者说宽度 25 臂长、长度 25 臂长、高度 50 臂长。于是我们就有了十四道券。其实应该有十六道，但我要拿去十字顶部的两道给唱诗班或者高祭坛。

我说过，我想做一个高祭坛。我想让它高出地面 16 臂长。我想这么做，首先是因为高祭坛离地面 16 臂长，才能显得又高又突出。我们将把东端全部拿掉，这里，我要在顶部做一个半圆。它宽 30 臂长，也就是说，直径是 30 臂长，而这个半圆要嵌入外墙的厚度中 3 个臂长。由于这一空间有 50 臂长宽，所以，就会在两侧留出 10 臂长的地方。我们会在这里做一个圣龛，来保存基督的身体。在两侧都会有一个 8 臂长的空间，让我们做一个上升的楼梯。我们会在这里开一个“移开的”圣器室，或者叫前圣器室更好。主圣器室将会是后殿两侧的圆形浮雕所包围的空间。我们会起两个拱顶，放在与后殿一样高的柱子上。[134]在圣器室拱顶的下面，我们会把礼拜堂做得尽可能地大。人可以从这些圣器室到达角部的礼拜堂。在高祭坛下面的空间里，将是礼拜堂和做弥撒的祭坛。我不知您是否听懂了我的意思。”

“我想是的。不过我想知道，这些墙体将如何施工。就是说，它们是经过雕琢的石头呢，还是有其他的装饰？”

“关于这个，我不想多说，因为它用语言很难解释清楚。我会为您画出所有我想做的装饰、柱头、柱础、檐口、拱券、门窗，以及每一样个别的东西。

我会为您把它们都画得很好，让您可以清楚地理解它们，还有其他那些必要的部位，比如管风琴楼座、布道的讲坛，以及其他细部。我还会完完全全地向您解释外部装饰的特征，它们和内部的特征是不一样的。

我要继续用一种我认为您一定可以理解的方法来讲。我将做两个楼梯，每个宽5臂长，让人可以轻松地登上祭坛。在前部，祭坛的高度上，我们将做一个高度足够安全的女墙。在这上面，我们将立一些8臂长高的柱子。在这些柱子上面，我们将放一道3臂长厚的檐口在各边上。在此之上，中间将会是一个十字架图像，上面有圣母玛利亚和圣约翰。在这下面，中间的位置上，托架将挑出一个讲坛，既可以进行布道，也可以诵读福音。 [51v]

在边上，您将会发现一道和前面一样的、带柱子的女墙（51v图）。我给主要的承重拱券，即25臂长的拱券边上的每道券，放两根柱子。我将把这些柱子放在一个高10臂长，宽4臂长的方形上面。在这些柱子上，我将发7臂长的券，高度是3½臂长。我们会把一个1½臂长的方形，放在柱头上面，这样，柱子、拱券以及柱子下面的方形都是31臂长。拱券的厚度就会是1½臂长。在它上面，我们将做一道2½臂长高的檐口。从地面到这一高度，算上柱子和拱券，一共将是35臂长。这道檐口将有一个3臂长宽的楼面，并从墙面挑出，形成一道女墙，这样，人就可以在教堂四处走动。接着，我们将发一道券，高度足以让总高达到50臂长。中殿侧面的拱顶将于这一个相等。在这些拱顶上面，我还会再做一个25臂长高的拱顶，我会尽可能把它们拉平，做得和中间的大券一样。它会把下面的这些拱顶全部连通，而这些拱顶又会朝向教堂的内部。这些拱顶比中殿的主要拱顶矮10臂长。在没有拱顶的地方，即十字的顶部，会有一条通道，它在挑出3臂长的托架上，有一道女墙。在这下面，会有另一条在柱子上面的通道。因此，人们可以通过两种类型的通道，在内部到处穿行。内部空间的布局已经讲的够多了；您可以很容易地理解外面的各个部分。

首先，我说过，我打算在整个外围做一道柱廊（47r图）。在前面，它将和中殿一样大，即长为50臂长。我将建一道高25臂长的柱廊，它只有三道券。它会有四根柱子，每根厚2臂长，高16臂长。柱子两两之间的距离是12臂长。在柱子的每个柱头上面，有一道2臂长的墩身，而拱券就从这个方形，或者说墩身上起拱。拱券将是6臂长高，1臂长厚，而它们将占去42臂长的距离，算上拱券和柱子。在角部每边将剩下 66 臂长。这就是 182 臂长。取它的一半就是 91 臂长。从 91 里拿去 22，就剩下 69 臂长。由于柱廊是 10 臂长宽，它就会延伸至 79 臂长。因此，我们将做十一道拱券，每个跨度 6 臂长，然后再做十二道其他的。在这些拱券中，会有十二根柱子，每根 1 臂长厚，[52r] 这样，66 臂长的拱券，加上柱子的 12 臂长，就是 78 臂长。还剩下 1 臂长。1 臂长就落在这个柱廊的转角处，我将在这里放两根柱子，这样，一根可以从一边支撑拱券，另一根从另一边支撑。我将把所有其他的侧面，都用与这前立面同样的方法处理，只有后部的立面要用另一种方法来做。

就像我在那四个人的比喻中为您讲的那样，他们都直立着，伸出他们的手臂与其他人接触。每个人都背对着另一个，全都以同样的方式露出他们的脸。我要这四个人中的一个，即东边的那个转过来。他会在其他人露出脸面的时候，转过身去。在这个比喻中，我把这些立面之一用另一种方法转过来。前面的那个，就是我做祭坛的那个，处于一种不同的形式，就好像前面的那个人和后面的那个人之间的不同一样。变化是这样的。考虑到高祭坛的穹隆，我把它按照您已经见过的方法变成一个半圆。到目前为止，您已经理解了我是如何构思这些东西的。”

“在这个外部柱廊的上方，也就是 25 臂长的那个上面，我再做一条和内部第一层拱顶处于同样高度的走廊；人可以从一条走廊通向另一条。这将突出 3 臂长，有托架，带一道女墙，这样，人就可以安全地通过。还是在这个柱廊上方，与侧廊拱顶等高的位置，即 15 臂长的高度，将伸出一道檐口，其宽度足以让人在它上面走动。[135]它还可以用于收集雨水，并排放到指定位置。这将与侧廊拱顶处于同一高度，侧廊比中殿拱顶最高点要低 10 臂长。[136]从这里到屋顶梁架有 4 臂长。屋脊是 12½臂长。为了加固中殿的主拱顶，我将从钟塔的两个内墙面发两道拱，让它们靠在主拱顶高度的 10 臂长的高处立面上。您会通过这张图明白这些的，因为我没有在这里说明我想做的所有东西。现在我不想再多说了。等您回来以后，我再完整地向您解释。”

第二天是一个节日，所以他没有来。我想完成我的图，这样才能给将来需要的石头下订单。我继续按照教堂的主体比例来做中殿的穹隆。[137]在这些拱券上，我们将立一道 16 臂长高，1½臂长厚的墙。接着，我想在离这道墙 1½ 臂长的地方，再做一道 1 臂长的墙。这将围起一个高出这条通道的楼面四臂长的空间。在 4 臂长高的地方，两个墙壁将连接在一起。它总共有 4 臂长。[52v] 再高出 2 臂长，我要做几个直径 4 臂长的圆窗。上下将会有 6 臂长的墙面。这些圆窗会出现在没有拱顶覆盖的几个侧面，即没有直接出现在拱顶的上方。在 16 臂长的高度上，我将做一道内部和外部的檐口。外部的檐口会到达屋顶脊部的高度。我要在内部的檐口上，再做一条走廊，以便于行走，虽然人在外部也能走。那里还会有一些小门，让人可以从内部走到外部去。在外部，我要做一条楼梯，下到屋顶的坡面上。每个屋顶的每一端，都会有两条这样的楼梯，而在另一端也有两条。因此就是十六条楼梯。我这么做，可以让人在来往流量很大的时候，也能够轻松自如地四处走动。

我想在这道檐口的高度上开始建造穹隆（52v 图和英文版图版 17）。这个正方形的直径是 64 臂长，但由于它被缩小成了八个角和八条边，所以实际是 25 臂长。拿去大直径的一半，这个拱顶就是 32 臂长高，而其实际半径是 25 臂长。我希望这个穹隆的墙壁是 1½臂长厚。虽然我把这个正方形缩小成了一个八角形，我还会把这个穹隆做成圆形的，就像一个倒扣过来的碗。为了把它做得比其半径 25 臂长还要高一些，我将用一副圆规把它抬高，一直到 32 臂长的高度。通过把它在正方形的各角处缩小到八角形的范围内，我就腾出了足够的空间给 25 臂长的直径。因为在这些角部还留下一些空间，即一个大约 11 臂长多的平面，而且形状几乎是三角形的，所以我要做一个扶壁或壁柱。我把它们放在角部，这样，它们就可以成为穹隆的支撑了。您可以从中看出有四个这样的扶壁。它们要么升起 15 臂长，和垂直墙壁一样高，要么升起约 12 臂长。[138]在这 12 臂长处，我将做一道伸出 2 臂长、带女墙的檐口，这样，人就可以在这里以及鼓座内外的垂直墙壁间安全行走了。

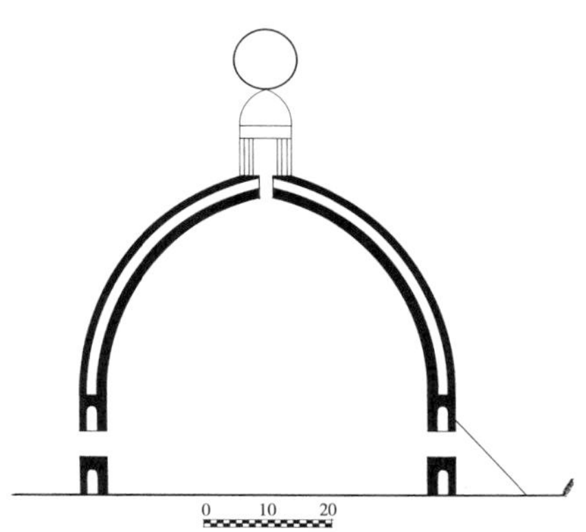

推想的斯弗金达城大教堂穹顶的剖面
（英文版图版 17）

在这个穹隆的鼓座上，还剩下一个 1½臂长的空间，因为我把外墙墙面做成只有 1 臂长厚。不过，我在这些扶壁的正上方留出了足够的空间，这些扶壁把外墙墙面和拱顶连接在一起，让人可以通过。每隔 4 臂长的高度，我就做一个小拱顶，大小与穹隆的墙壁和这道外墙之间的距离一样。在这道外墙中，会有一个扶壁。在内部我将放上拱券和柱子，每根直径 1/2 臂长，高 4 臂长，这些壁柱上还有楼梯，让人可以轻松地走上檐口的这一层。从这里，我将开始建造升到穹隆顶部的楼梯。它们的设计和布置，可以让人在不受任何阻碍的情况下，安全的通过它们，即便来来往往的不止一个人。 [53r]

这个穹隆顶盖的设计，能够保证雨水永远也无法侵蚀它，而是被疏导到预定的位置。在这个拱顶的最高点处，将有一个圆形的开口，一个 2 臂长的气孔，而在最高点这里，会有一个至少3臂长的平面。在这个圆窗的四周和顶部，我将放上八副对柱，每根6臂长高，直径是2/3臂长。在这上面，我将放置一道2臂长高的檐口。然后在它上面是穹顶，高6臂长（52v图和英文版图版17）。圆形球体还有它的基座将是10臂长高。您知道，这些都是内空的尺寸，因为高度还要加上墙壁的厚度。从地板，也就是地面开始，直到最高处是150臂长。屋顶的全部雨水都向下流到立面以上的檐口里去，那里会有一根管道收集这些雨水，并通过上述管道排入基础中的“水井”中去。

到了第二天，他会不会又不来，我还是半信半疑，可是他比往常来得还要早。他态度诚恳地问我，是不是已经做了别的什么东西。我回答说是的。他有点生气，责怪我为什么不等等，然后咒骂他的捕鸟活动，还有那个怂恿他去打猎的人，而且谁也劝不住。我见他情绪如此糟糕，便说：“阁下请息怒，如果您愿意，我将解释我是如何布置和测量所有东西的，还有我是如何设计的。”

“你要是愿意这么做，我会非常高兴的。只要你在画这些图，我就再也不会去打猎了。只要它不会打扰你，我就希望它成为我唯一的乐趣。”

“阁下，敝人荣幸至极，我一见到阁下您就感到非常幸福。”我把做过的所有东西从头到尾讲给他听，结果他理解得非常好。

接着他对我说：“这座神庙还有什么要做的?”

我告诉他除了钟塔、内外的装饰还有大门以外，再也没有别的事情要做了。

“你打算怎么做这些钟塔呢?”

“钟塔的形式将是这样的。我将用一系列重叠的拱顶把它们抬升到屋顶的高度，就像您在这里看到的那样。[139]在这个位置上，我将做一道带女墙的檐口，出挑与支撑墙体上的檐口一样远，上面可以走人。从这里往上，我将把它每条边缩小6臂长。为了让这最后一道拱顶结实，我将在它下面发四道券来支撑上面的墙体。在它上面，我要把塔身从垂直墙体处往后退，缩小6臂长。如果我没有做这四道拱，墙体就不够结实。我打算按照我说的那样，把它缩小6臂长。这样，我就剩下了一个每边18臂长的正方形。这里我想开始做一个正方形，它的墙壁将是2臂长厚，下面带一个基座，上面带一道檐口，就像您看到在这边上画着的一样

[53v] （53r图）。[140]在这上面，我要做一道女墙，让人可以安全地在各处走动，然后是一个直径14臂长的圆。这里我想安放十四根柱子，每根直径1臂长，长9臂长。在这些柱子上面，会有一道2臂长高的檐口。柱子两两之间的距离是2

臂长。我还想让这些柱子离圆周 2 臂长远。我想在这个圆剩余的 8 臂长直径中，做一道 1 臂长厚的墙。现在，这个圆形还余下 6 臂长的空间，用来做楼梯井。我希望用和下面穹隆上的一排八根柱子同样的尺寸、度量和布局来进行布置。每排柱子都会立在一道 1 臂长的墙上，人就可以这样一步一步地登上楼梯了。人从一个带拱顶的房间，可以进入另一个开了窗的房间。然后，在这些钟塔的每座上面，我都会放置三口调好音的大钟。[141] 在这些柱子上面，会有一个尖顶，它由两排柱子抬起 25 臂长。在顶点位置会有一个高 2 臂长的球体，底座是 4 臂长，而在这个球顶上，将有一只雄鸡。这个我们在四座钟塔上都要做。”

“嗯，告诉我为什么你选择一只雄鸡而不是别的什么东西。我的确在别的教堂钟塔的尖顶处见到过雄鸡，但是我以为那是一只鸽子或者其他的鸟。告诉我你为什么要做一只雄鸡而不是别的什么鸟？”[142]

“我会告诉您的，阁下，就像一位主教曾经告诉我的那样，他过去想重建他的教堂，而我那时在为他画图。当我做到这里的时候，他想让我给他做一只雄鸡。我问他，就像您刚才问我那样，为什么是一只雄鸡而不是别的什么？他告诉我，教会的第一训令就是这么要求的。它要成为一个象征，因为雄鸡在任何时候都会啼叫，而牧师也应该如此。任何负责主持神圣仪式的人，都应该是尽职尽责的，而且要像雄鸡一样，在任何时候都保持清醒。因为这个理由，我们要做一只雄鸡。”

“我很荣幸能听到这些。现在我想了解一下你要做在外面的装饰。”

“我今天不想给您解释它了，因为略微有些长。等您下次来的时候，我会告诉您我想在这座神庙中做的所有装饰。”

“还有大门，你要怎么做它们，那些将是重要的部分？”

“会有四座大门。它们将是 6 臂长宽，16 臂长高。在这些大门的两边，每边还各有一对侧门。这些门宽 6 臂长，高 12 臂长。它们都是方形的，即矩形的，用漂亮的大理石以及其他石材和装饰制成。目前我不想再多说了。”

“既然这个方案你不想再多说了，至少告诉我你打算做些什么。”

“我打算做这个。我想让人做一块 2 臂长的木板，并把您期望的宫廷大小按比例画下来。我想让您在这块画板上画出基础来。然后，我会为您用木头照它应该的样子做一个模型。”

“现在这就说好，因为我想看看，学学如何让自己设计一些东西。”

“您也许能做，但如果您知道如何画图，就可以更加轻松地完成了。”

“这也要，如果上帝允许，我也要学。再会。”说完他就走了。 [54r]

当矩形画板做好了以后，我把它按照通常的做法，用网格分成与公爵府实际长度相等的臂长数。在我完成了这些分格之后，公子的一个仆人来问我在做什么。我拿给他看。他说公子想来视察，要我等等他。“遵命，”我答道。

结果他眨眼就到了，似乎他在信使一回府就立刻出发了。他到了以后，就把他的画板拿给我看，上面画了好几个头像。我还没来得及开口，他就要我为他演示与画图有关的一些东西，还要再给他做一个方案。

这些都做完之后，他问我已经开始做什么了。我把画板拿给他看，而他想让我告诉他那个地方有多大。我回答说一边和教堂前立面一样大，即 150 臂长，而另一边有一个相等的空间。他马上看出这就是两个正方形。他再次问我打算如何布置它，要用什么方法建造它。我立即把两种方案都讲给他听，并还说，我打算选择他在这里看到的两种方案中的一个来施工。“我将把两个方案都画出来，然后执行您和您父亲大人看中的那个。”

“这很好，不过，在你画这些图之前，我想了解一下柱子和其他东西的做法，如果你觉得可以的话。我想，那样会让我更好地理解它们，而且描述的过程也会没那么枯燥。”

“这对我来说一点也不麻烦。它对于我来说也一点都不枯燥，因为您喜欢它。作出您自己的选择吧，如果您想让我给您讲讲柱子的做法，它们是如何被发现的，以及采用了何种比喻；大门、拱券、檐口，还有所有这些东西的做法，此外还包括用于装饰或实用的建筑类型。”

“这我当然想要。”

“说实话，如果您知道如何把图画好的话，您就可以更加轻松地理解这些内容了。为了让您可以清楚地理解它们，我将为您画出它们中几个的形式和装饰，就按照古人发明和使用它们时的样子。我只会用这里的图来帮助您一下；然后您就可以自己做，自己理解了。”

“很好，如果你准备好了，我们就开始画柱子或其他你为我解释的东西吧。”

“当下只要学会画人像就行了，因为柱子所有的尺度和比例，还有其他东西都包含在其中了。为了让您很好地理解这些尺度，并在任何您需要的时候都能轻松地把它们画出来，您必须对它们进行高效的记录，并把这些保存下来，就像您已经对其他尺度所做的那样。这样，您就又会得到一书。明天就是第八书了，您可以在里面开始记下柱子的尺度和模式，以及其他与之有关的内容。明天再来吧，我在第八书中将开始讨论柱子的起源。如果您愿意，我们可以继续这个推理过程，或者回到您宫廷的建造上。我们将按照情况做最合适的事。”

[54v] “我们就这么做。明天我会来给你看我画的东西，之后你就要给我讲这些东西。”

“好的，但是我不想让您花这么多时间画图，耽误了您的学习，也就是您的阅读，因为它们对于理解这些至关重要。您应该注意，每天一小时画图就够了。在您学习有点疲劳的时候，您可以画一个小时或半个小时，或者随便您想画多久都行，当做一种消遣娱乐。不过，每天都要坚持您的学习，您就会发现可以更好地理解这些了。您会从中得到极大的宽慰和愉悦。接着从现在开始的四到六个月，我将向您按照规则展示如何画一个大型建筑，或是一个人像，还有要如何画才能看上去逼真。”

“哦，这会让我非常激动的。我不会为任何事情荒废我的学习，因为我从它们中收获了无尽的乐趣。而且，似乎我的师傅曾经给我讲过好几次有关某些建筑、桥梁等类似的内容，可我当时没法像现在一样把它们记住。我很想问问他，是否有人在讨论建筑，如果有的话，我想让他给我讲讲他们的一些作品。”

“您一定会做得非常好的。再会。”然后他就走了。当天再没有说些什么。

第八书

以上第七书，以下第八书。

到了第二天，我还什么都没准备好他就来了，随后就开始问我做了什么。我回答说，除了吃饭什么都没做呢。他没有忘记带上他的笔记本，当他把做好的东西拿给我看的时候，他告诉我，我应该给他讲讲柱式的起源和尺度。

“阁下，柱式的起源是从建造第一个居所的时候开始的。[143]需求教导着人类，* 当他第一次建造一个棚屋或藤架之类东西的时候，就要砍下一根往两个相反方向分叉的木头。他把所有其他的树枝都削掉，只留下两个分叉。当做好了四根这样的木头并插入地中以后，他把另外四根木头架在它们上面，就像您在这张图中看到的一样（54v 图）。这样，柱子就开始形成了。这是我自己对于柱子起源的看法。随着时间的推移，它们变得越来越光滑和完美。人们随之赋予了这些支撑物以尺度、形式、比例、名称，并对它们加以衍化。

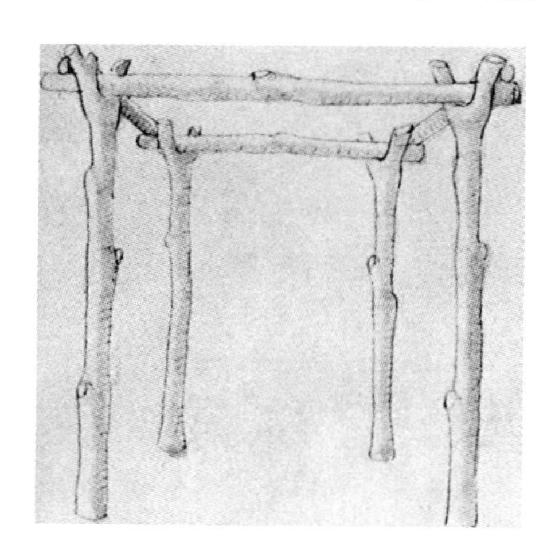

在第一书中，我们曾经说过，建筑起源于人体，人体赋予建筑以形式；柱式也是一样。我将首先和您讲讲它是如何从人体的形式起源并获得其尺度的。

[55r]

关于它的起源，按照维特鲁威的说法是，那些磨光的和没有其他装饰的柱子，就像裸体的男性。那些有凹槽的柱子，是雅典人卡利马楚斯根据一个女人的身体衍化而来，这也是依据刚才那位作者的说法。这位卡利马楚斯看到了一位年轻的女性穿着一件有折痕和褶皱的长衣。她非常娇美，令他愉悦。为了模仿她，他给柱子加上了褶皱，也就是凹槽。在他以后，柱子的做法延续了这种形式。

柱头的形式，也就是被比作装饰的部分，同样是那位卡利马楚斯发明的。根据上面说的那个作者的论述，这个比喻是这样的。当这个年轻的姑娘夭折

---

* 参看 2v“需求使人聪慧”。——中文译者注

以后，她的保姆悲痛欲绝，为了表达深切的爱意，保姆每天都要给她的墓地送去食物。有一次，她把食物拿来，放在篮子里就走了。它就一直留在了那里，我不知过了几日。当卡利马楚斯路过的时候，看了一眼，他看到某种枝叶和花草从这个篮子下面长了出来，并缠在了它的边沿上。在他看来，这些东西可以做成一个柱头的形式，放在柱子的顶上。就这样，人们说，这种装饰造型便产生了。

我还听说过另一个故事，根据我在罗马和其他很多地方的见闻，它看上去更加可信了，尽管这些地方还创造了很多不同类型的装饰。我将在这里用一张图为您展示我在各地所见到的东西。[144]这在我看来更加可信。人们传说，偶然、幸运或者无论如何，一根木头被插入了一个农民房屋前的空地。他的妻子，根据传说，有一个破花瓶，也许是完整的，不管怎么样吧。她在花瓶里装满了土，并在里面撒上种子，或者在里面种上了某种花草。过了一段时间，这个花瓶里外都长出了一样多的花芽。随着植株一天天地长大，所有缠在花瓶外面的叶子似乎都想沿着它往上爬。里面的叶子也沿着它不断生长，伸出来，然后垂下去，俨然是花瓶的一种装饰。有人在路过的时候，看出这是由大自然偶然天成的。这令他很兴奋，于是他就把这用到了柱头的造型和装饰上面。从那时开始一直沿用至今。事实上，不论走到哪里，您所见到的古代柱头，大部分都是这种造型的。如果您还记得的话，所有的这些柱头看上去都像一个放在柱子上面的花瓶。但对于那些不愿尝试着去理解它的人来说，这些叶子也的确看上去不像，特别是那些不懂这门艺术的人更是这么认为。我可以肯定，我现在和您讲了以后，您一旦看到了它们其中的一个，就会明白，它们看上去绝对就是一个放在叶丛中的花瓶，而上面的盖子，仿佛要把花瓶里长出来的叶子压扁。盖子的重量迫使它们向下生长，扭曲着，盘旋着，就像很多在某个空间中生长，必须通过一个狭窄的缝隙逃离那里的植物一样。

您已经了解了柱子和柱头的起源。那么柱础，或者最好说柱子的脚部，又是如何发明的呢？我只有一种解释，我认为有人碰巧在它下面放了一块木板。这种情况现在也还常常能见到，人们把一块木头放在某些东西的下面。如果它不够长，我们就在它下面垫一块木板或者别的什么东西，这样它就够高了。我想有人看到过类似这样的东西，并由此发明了柱础。不过，他对它做了调整，并赋予其优美的造型。它在那时就为古人所用，今天为我们所用。任何想把它做得漂亮的人，都会接受古人的这个比喻和造型。 [55v]

您已经知道了柱子所有这些部位的起源了。现在您要了解它的尺度、特征和形式。我在前面说过，建筑源自人体；就像人体有各个部位一样，大厦也有它的组成部分。柱子不仅仅是建筑的一个部分，更体现着它的特征，因为很多建筑没有柱子是无法建造的。这就好比一位贵族需要很多不同类型的佣人和支持者。有辅佐贵族的绅士。贵族越是高位就越需要更多不同方面支持、装饰、保护他的人——比如卫兵和其他人——因为没有他们，贵族就一事无成。因此，一位贵族就需要很多不同的人；他在不同的场合使用他们，而他们则为他效力。一座大型建筑也是一样的，需要很多不同的东西。根据贵族的地位，不论是世俗的还是宗教的，他都需要很多类型的人。这与建筑如出一辙，不论是神庙还是您更喜欢的大教堂，今天几乎所有的城市都把它称作主教堂。这种教堂就像是所有牧师之主的教皇。同样的，这些大教堂要比所有其他的教堂都更宏伟。毫无疑问，教皇应该有不同于红衣主教、主教和其他高级教士的威严和风度。教堂也应该是这样。教堂的装饰应该同它的身份相吻合和一致。因此，由于这些原因和类型差异，柱子就是与建筑的某些特征相关的组成部分。就像建筑源于人体，源于其尺度、特征、形式和比例一样，柱式也源于人体。

磨光的柱子，按照维特鲁威的说法，源自裸体的男性，而有凹槽的柱子源自盛装的少妇，我们已经讲过。二者都源自人体的形式。既然事实如此，它们从人体中获得其体形、形式和尺度。这些体形，或者叫爱奥尼、多立克和科林斯更好，属于大、中、小三种形式。它们应该根据其体形得出形式、比例和尺度。既然人是万物的尺度，那么柱式就应该根据他的形式来形成尺度和比例。关于体形和形式：我已经讲过，人有三种体形和形式；柱式也是同样的道理，即有大个、小个和中个。小个应该像七头高的人。那么柱式就有七个柱头高。柱头的高度应该和柱子的直径一样。厚度的直径：您应该知道柱子的周长有多少；周长的三分之一就是它的直径。不论您想把它做薄还是做厚，这就是它的法则。现在请好好了解一下中等的类型。同样的，这些就像有八个头高的人；按照这个比喻，就可以做出八个柱头高的柱子了。另一个体形是九个头的。这种是最大的体形，就是说，这种柱子有九个柱头 [56r] 高。[145]任何人只要想一想就会发现，它和我说过的完全一样。这就像君王们也需要三种类型的人才能称王，也就是上层、中层和下层阶级。您现在知道了柱式的体形和形式，以及这些类型是如何源于人体的。现在，我想让您看看由人体得出的尺度。

柱式应当具有的尺度：就像人体是用其头部来衡量的一样，柱式也应该用它的柱头来衡量。您知道我所讲的关于柱子的直径、尺度及其柱头的内容。柱头就是柱式的头部。维特鲁威把它叫做柱顶梁；他使用的是古语。我不想用它们，因为它们晦涩而且已经被淘汰了。相反，我将告诉您今天通用的词汇。”[146]

“好，还是告诉我那些今天流行的词汇吧，我可不喜欢这种麻烦的东西，尤其是与建筑的形式和尺度有关的内容。”

“您所言极是。由于这个原因，我会尽量把这些内容讲得浅显易懂，因为就像您说的那样，它们本身就很难于理解，特别是对于一个不会画图的人来说。我想到目前为止，您都听懂了我的意思。”

“是的，非常明白。”

“如果您有不明白的地方，请一定告诉我。”

“我会告诉你的。”

“阁下，就像您已经知道的那样，人体的头部有三个主要部分，而面部可以分成三份。这些我们在第一书中已经讲过了。这个尺度就是鼻子。这是三个部分中最突出的一个。柱头也应该按照同样的方式划分。它高度中的两份应该被叶子占去。剩下的第三份要分成两半。[147]从中间往上，这一部分被做成一个像人戴在头上的法冠。当一个人按照正确的方法戴上它以后，前额的一半就被占去了，这恰好是人脸的三分之一。从这中间往下，做了各种装饰，就像人带上了某种装饰、绷带或者任何他在戴上法冠之前缠在头上的东西（英文版图版19）。您可能要说，这样的装饰应该和我们的比例和比喻保持一致。”[148]

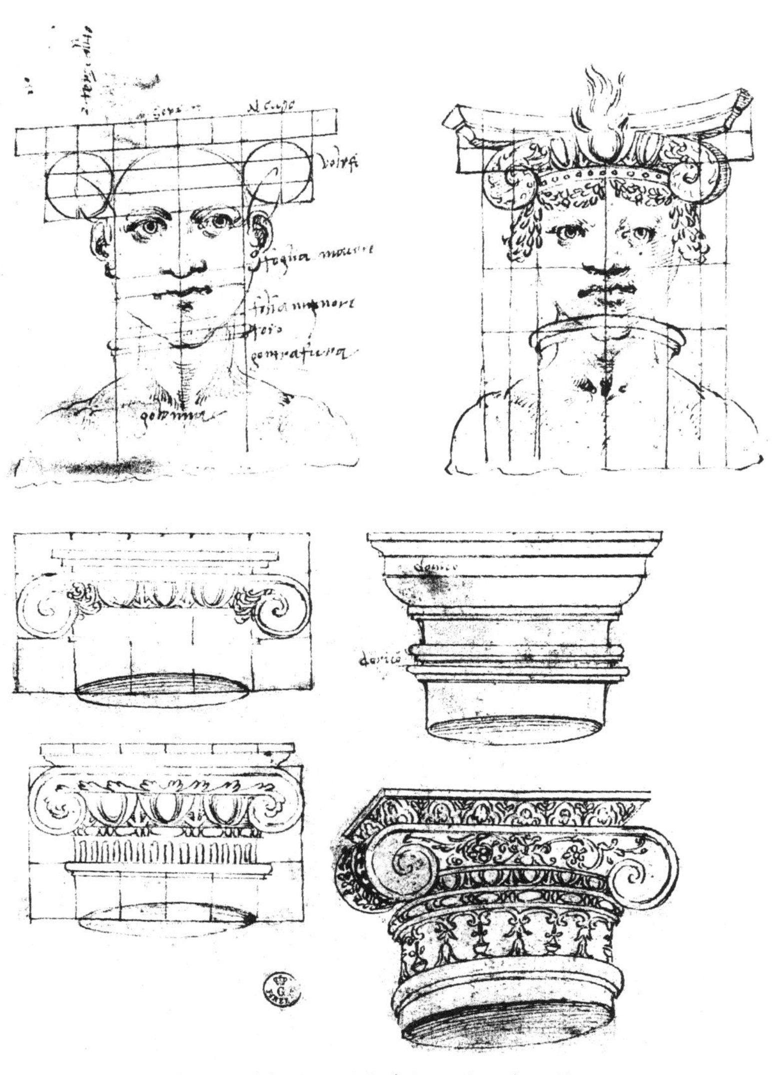

拟人化的柱头，图由弗拉·焦孔多绘制

（英文版图版19）

“你刚才跟我说，它像一个放在柱子顶上的花瓶。”

“当然了，它还很像花瓶上的盖子呢。”

“我很想看看它画出来的样子，这样才能更好地理解。”

“我会为您画一个，不过，先让我告诉您柱身和柱础的尺度。”

“我很满意，但不管怎样，我还是想让你给我画一个。”

“我会把所有不同类型的柱式都为您画出来的。不过，我还想做些别的事情。我希望您也画一个。我会给您这些柱子以及其柱头和柱础的比例和规则。目前，您已经掌握了足够有关柱头的内容了。如果到我们画图的时候还剩下些什么问题，我会向您解释的。

柱础应该是柱头高度的一半，因为到人体中脚背的位置，或者说到踝关节处，正好是半个头。柱式的脚部应该在这个比喻中是一样的。由于这一点，我不打算给它以不同于我刚说过的其他形式和演化。不管用哪一种模式来做，[56v] 它们形式的类型都是为了美而创造的。的确，它们有各种类型的装饰和类比。根据我对它们的理解，我会在绘制它们的时候向您解释它们的。

柱身也有点像人的身体，因为它应该在中部再圆满一点，也就是说，要有收分。这么做是为了让它在承重时更坚固。它在头部还应该比在脚部稍微细一点。”

“在头部是多少?”

“它应该比直径少十一分之一，而在下面柱础的上面部分，应该比直径少十二分之一。从柱础开始把这种长细比一直往上画，让它在中部微微鼓起。这个鼓起的位置在柱础以上高度的三分之一处，而不是从顶部以下的三分之一，这还是由于承重的原因。这也更为自然，因为您看，树木，尤其是松树、冷杉、柏树，还有很多其他树木，都是越往顶上变得越细。柱式也应该是一样的。虽然有很多种柱子，但只有三种是主要的。[149]

我说过，它们就像人的各种类型，比如作为支持者和装饰侍奉在贵族身边的绅士。中层阶级也很有用，也是一种装饰，但没有绅士那么华丽。最下层的等级用于满足贵族的实用需求，并为他服务，而他们没有其他两个更高级别的华丽外表。我会在其他类别出现的时候进行解释。柱式内在地包含了上述比喻。柱式有爱奥尼式、多立克式和科林斯式。多立克是尺寸最大的，科林斯在中间，而爱奥尼是其中最小的，也就是七个头。这最后一个柱式就像最低的阶层，也就是，用来承重的。它用于建筑中需要承载最大重量的位置。那些八个头的也要放在需要承载和支撑建筑各个部分的位置。那些尺寸最大的放在承载和装饰建筑的地方，但它们不会承受和其他两种类型那么多的重量。当我们把它们放在相应的位置上以后，您就会更好地理解它们的特点了。

还有其他的两种类型和体形，就像人群中有侏儒和巨人一样。在必要的时候，那些像侏儒一样的柱子将被用于无其他类型可用的某些地方。发生这种情况的时候，我会根据它们所使用的地方来解释它们的尺度。它们要做成三个或者两个半直径高。所有低于七个头的柱子都可以被认为属于这一种类型。它们是按照位置来决定的，不论是三个头还是四个头，还是任何最符合要求的高度。那些七个头以下的柱子都以这种方式被应用。

那些体形更大，像巨人一样的柱子，有很多种类型，但极少有人使用。在我看来，古人使用，它们更多地是为了效果，而不是建筑承重。为了证明这一点，我以罗马的两根非常大的柱子为例，我说，它们尺寸很大。它们在公共广场中傲然挺立，不但高耸入云，而且装饰华美，不论远观近看都叫人叹为观止。"[150] [57r]

"告诉我它们是怎么做的。"

"请让我先讲完这些柱式的类型，然后我再给您讲它们所采用的形式，并且如果您愿意的话，我还要为您在图中展示它们。

我已经向您讲了足够多有关柱式的内容，只有装饰还没有谈到。除了凹槽，柱子没有使用其他的装饰。我的确见过一些带有卷叶和鸟类还要怪兽的，特别是在罗马的圣彼得大教堂中的那些柱子。如果您真的要去那里的话，请看看那些支撑着维罗妮卡圣龛的柱子吧，它们就被做成了一种奇怪的形状。我想那个制作它们的人，是从某种树上得到的灵感，他也许在那树上看到了从根部爬上来的常青藤。[151]他吸收了这种形式，并把它用于这些柱式。也许那上面还有其他鸟兽，就像人们经常看到的那样。"[152]

"我已经见过这种能爬上树的常青藤了。"

"因为他喜欢，所以就用在这些柱子上了，就像我说的那样。它们都很好，而且是一位大师所做。有的人说它们来自耶路撒冷。的确还有许多小柱子，有时候它们看上去并没有按照规则制作。我们可以在需要的时候再来讨论它们。尽管如此，它们依然可以被比作人体，因为有畸形和怪异的人，小孩，以及其他类型的人。柱式也有同样的类型。这一点也不奇怪，因为它们可能是由不了解柱式所需的尺度和形式的工匠制作而成的。这种情况是存在的，特别是在我们自己的时代。它们过去有，今天也还到处都有，原因就是前面讲过的那些。不过事实上，在我们意大利的某些地方，已经开始欣赏并延续古人正确的模式和尺度了，所以出现了不同于近一两百年来一直在使用的东西。我说过，这些尺度也会被一些其实并不理解它们的人使用。"

"我想知道其中的区别。给我讲讲吧，因为在我所见过的东西里，有的看起来要比其他的更漂亮。"

"这在您多掌握了一点如何画图的知识以后，会理解得更加透彻。您也会更好地理解我的解释。我会给您讲一个古代和现代事物存在差别的例子。它是这样的：就像古代和现代文学之间存在差异一样，建筑、雕塑或者任何需要画图的领域，都存在着同样的差异。眼下哪还能找到一位诸如图利乌斯、维吉尔或是其他人那样的大师？即便有人想效仿他们，也达不到同样的完美。这些与建筑相关的技能也是一样的。

目前关于柱式已经讲的够多了。我今天不希望再给您的大脑增加负担。

您如果愿意，可以明天再来，我会给您讲您喜欢的内容，不论是讲宫廷的建造，还是继续这些与拱券、檐口和其他装饰有关的原理。如果您明天想休息一下，我就什么都不做，直到阁下您来。”

[57v] “我无论如何也要来学这些东西，因为它们一定会让我高兴的。你想什么时候给我画一张图，让我看看这些柱式是怎么做的呢?”

“您希望什么时候就什么时候；如果您明天来，我就给您画一张。”

“这样很好；那我今天就告辞了。”

到了第二天，他没有忘记约定，还是老时间来的。他到了以后，就问我是否已经画完了柱式。“还没有，阁下，因为我想知道您是想要那些来自罗马的还是别的地方的。”

“我都想要，不过眼下还是画你喜欢的吧。”

“对于我来说，画一个其他的会更好，这样，当我们在施工中用到它的时候，您就可以更清楚地理解它了。我们将画一个前面已经说过的——多立克、爱奥尼和科林斯——其原则、尺度和三种体形您都已经掌握了。您看，我用圆规给多立克画出九个圆，给科林斯画出八个，而给爱奥尼是七个（57v 图 A、B、C）。

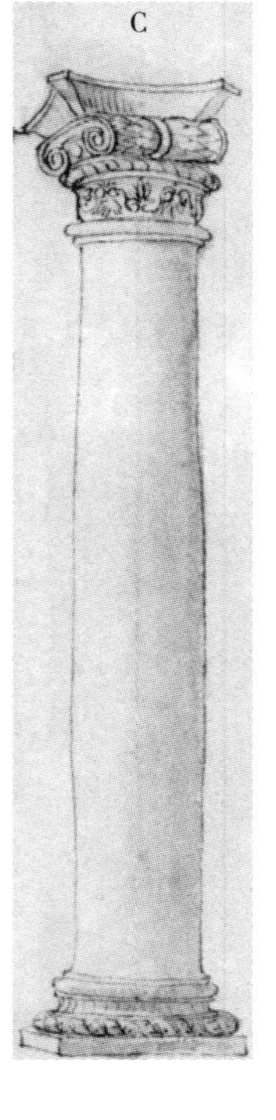

眼下，您对柱式已经了解的够多了，而且也在图中见过足够多大大小小的柱子。我会在图中为您再次展示它们的。只是，在我看来，现在最好继续为我们高贵的府邸画图吧。"

"按你的意思来。"

"您已经见过并理解了我是如何把画板分割成小方格，或者叫网格更好，它们一边是330格，另一边是160格。您看到了我是如何用两种不同的方法布置基础的。我不知道哪一种您更喜欢，是那个带一个庭院的，还是带两个的那个。"

"两个我都喜欢，如果你愿意，把两个都画出来，然后我们会把它拿给我的父亲大人看。他选中的那个将会实施。"

"我想您已经知道每个这样的网格或小方格每边是10臂长。用它们就可以把一切都按比例进行测量。它们应该分成10份，但由于它们太小了，如果我们要把它们画出来，线条就会互相重叠。这样，您就可以把这些方格理解成上述臂长了。每条这样的线都可以视作1臂长。

您在这里看到的，画出来的这个基础（57v图D）是一种类型，并且是以这种方式布置的。在前柱廊，或者叫凉廊，有十一道拱券。这些拱券有12臂长，而柱子有2臂长厚。还有十三根18臂长高的柱子。[153]拱券将是6臂长高。这些总共有24臂长高。这就形成了一个一比二的比例。这将高出地平2臂长，并有六个踏步。这个楼层会覆盖全部。我将在与这个前凉廊同样的高度上，用同样的方式，在其他各边上建造其他的，这将不会超过第一个的一半，也就是宽6臂长，高12臂长。在地平以下，会有一个宽6臂长的地下室通往各处。这里将接收所有的污水和废水。

[58r] 我们将把地下主要的墙体做成6臂长厚，但是，我想让这些墙是双层的。我说过，它们将是1½臂长厚，墙体之间还有一个1½臂长的空间。地面以上有3臂长就足够了。这同样适用于所有带拱顶的柱廊和房间。在地下会有酒窖和木材等杂物的储藏室。您看，我将会做两个庭院，每个都有一圈柱廊。这圈柱廊宽8臂长，高12臂长。在两个庭院之间，有30臂长。在两道回廊之间，以及其后面，将有14臂长宽的房间。这些将被用作办公室和其他必要的用途。在侧面，将会有8臂长见方的空间。在这两个部分会有厨房、食品室、佣人食堂，以及其他有用而且必要的房间，来为这座建筑的功能服务。这是后面的部分。

在前面，即朝向广场的部分，您可以从这张图中看出（57v图D和58v图），柱廊的柱子将是24臂长高。凉廊是16臂长深，而柱子之间的距离是12臂长。柱子将是2½臂长厚。立面将是60臂长高，侧面40臂长，而与立面相对的部分也会是同样的高度，即60臂长。其宽度将是30臂长。朝向花园的首层凉廊将是12臂长宽。由于这个原因，下部的宽度将是18臂长，而上部的是30臂长。在这个上部的位置，我认为做一个长100臂长的大厅，并在每个上部的末端带一个房间会很好的。如果您愿意，我们也可以在这个大厅的周围做一些房间。”

“这在我看来非常好，但是，这个大厅还应该装饰得富丽堂皇。”

“不必担心，它一定会建得金碧辉煌。请把装饰的任务交给我吧。

也许阁下的令尊大人希望把这些花园建成和这张线图（57v 图 D）所画的一样。它们将宽 60 臂长，长 120 臂长，带一整圈深 6 臂长的柱廊。在花园的底部，会有一个 12 臂长见方的地方，可以做一个房间或者其他住宅。在花园的中间，我们将做一个长 40 臂长，宽 30 臂长的鱼塘，中央还有一个周长 12 臂长的喷泉。我说过，在这两个花园的每一个周围，都会有一道 6 臂长深的带拱顶的柱廊，其设计可以让人进入这条通道。中间的柱廊宽 12 臂长，它把两个花园一分为二，而侧边的两条柱廊宽是 6 臂长。它们的布局将保证喷泉里的水不会落到它们上面，而是流回到水池里。

从面前的这些基础中您可以看出，马厩出现在花园的后面（57v 图 D）。在马厩和花园之间，是一条宽 20 臂长，长 100 臂长的街道。在它的中间，有［58v］一道通往马厩的大门。这条街道的理由是这样的。当阁下您希望在不被发现的情况下观察马匹的动作时，可以轻松地实现。”

“这些马厩有多大?”

“它们宽 20 臂长，长 60 臂长。在上面还会有一部分被分割成储藏喂马的谷物、干草和麦秆的地方和空间。于是这些马厩就会有一整圈柱廊，而且它们还会有一个与马厩等长，宽度是 20 臂长的院子。其入口将放在后面，有一道两个马厩共用的门。

堤岸，即小船的码头，就像您从图中看到的那样，放在池塘的后面，并穿过柱廊下面的一道拱顶，从那里进入运河。”

“到这里我都听懂了，而且我很满意。我想在实施过程当中，你也许会根据你的判断，增加一些东西并省略其他的。”

“您所言极是；在施工过程中，我会在必要的情况下，对某些东西进行优化调整，以追求更高的实用性和美观性。您可以从这张小图中了解到立面未来的样子，并从中考虑各个部位的样子”（58v 图）。

“不错。我很满意。”

“那么，按照我们说的，在实施过程中，您和令尊都可以随意进行增减。”

“一座建筑可以建成很多不同的形式，但最终必须确定一种形式，并贯彻下去。您已经见过了一个方案。还有另一个实施方案，即带一个院子，同时各边各角上都有房间和住所。您也可以做两个院子，一个在前一个在后，中间是居住区，也就是上面和下面的各个大厅和房间，都按照需要做最好的布置。还有一种方法，在前部做一个很大的院子，前面和边上都没有房间。我讲过，可能的方案太多了，全部讲完要用很长时间；更重要的是，它们不可能全都被人理解。不过我要告诉您一件事：随着您自己掌握的绘图知识不断

增多，您就会一点一点地理解越来越多的建筑类型和种类。您将要掌握的各种建筑类型，会比您现在能说出来的还要多。”

“我相信你所说的话，即没有图的话，这些东西理解起来会非常困难。由于这个原因，我会尽最大的努力去学习它。我恳请你根据你对我的学习能力的判断，为我展示一些建筑的原则。”

“不要怀疑，阁下您只要有决心，就一定能学会。”

“我还想了解一下拱券和大门的来历，它们应有的比例，它们的演化，以及它们最初是如何发明的，如果你知道有关它们起源的任何东西的话。”

“它们的起源及它们是如何发明的。我会告诉您我所听到的东西。眼下我不想再多说了，因为没有时间了。明天您来的时候，我会全部告诉您。”

“我很满意。再见。”

第二天，他开门见山地问我，应该如何建造拱券，它的起源，以及它在荷载很重的情况下，以什么样的形式才是最美最结实的；同样还有大门，什么样的形式才是最漂亮的，是方的还是圆的，什么样的比例才能让它们比其他类型更加合理。 [59r]

“阁下，您问的可真不少。我会把我听说的讲给您听。拱券，是用稻草还是别的什么东西建造第一个居所的人，在做大门的时候创造的。我认为他是拿了一根富有柔韧性的木头，然后把它弄弯，这样就形成了一个半圆（59r 图 A）。要不是这样，就是他把它绑在了其他两根垂直的木头上，这些木头就插在他打算做大门的位置上（59r 图 B）。我想拱券是用第一种途径发明的。然后别的什么人又做了一点改进。他做了一个圆，接着把它砍去一半，然后也许把它放在了两根木头上，形成了一个上面有一道半圆的大门。长方形的大门几乎是用同一种途径发明的。有人把两根木头插在了地上，形成了一个垂直于地面的入口。然后他在它们之间又横着绑了一根木头。也许他是把它们钉上去的，或者是绑上去的；不管他是怎么做的，这作为它的起源似乎还是

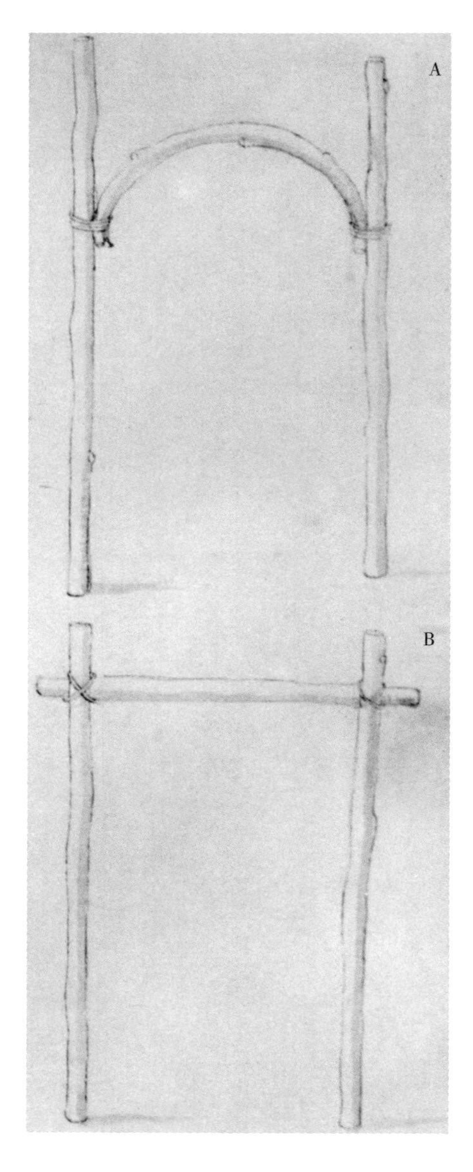

合理的。不论它是用这种还是那种方法建造的，都没有什么差别。[154]

我们现在将要考察它们的原则，并看一看它们哪种形式最好。我们还要看一看古人是如何使用它们、如何改进它们，并把所有这些与建筑相关的东西都归纳成原则的。这样，通过继承它们的做法，我就能够为任何一个要盖房子，或者叫人给他盖房子的人，同时也是一个希望效法古人、抛弃在今天四处泛滥之观念的人，提供帮助。

我对所有遵循古代实践和风格的人，都要无限地赞美。我祝福菲利波·迪·赛尔·伯鲁乃列斯基的在天之灵，他曾经是一位佛罗伦萨公民，一位著名的德高望重的建筑师，一位第德勒斯最精妙的继承人，他让古代的建筑做法在我们的佛罗伦萨城中重放光芒。结果在今天，不论是教堂还是公共和私人建筑，除了古代做法以外，再没有使用别的方法了。为了证明这是真的，请看那些平民，他们在叫人建造教堂或住房的时候，都会转向这种做法，例如在被称作蔓藤街的坊区街，那里的住房改建就是这样。[155]整个立面是由精雕细琢的石头构成的，并全部以古代风格建成。这对于任何研究并寻找建筑中的古代传统和施工方法的人来说，都是非常振奋人心的。如果它不是最美最实用的样式，就不会被用在佛罗伦萨，这我是说过的。而且，曼图亚的君主见多识广，如果这些做法不像我说的那样，他是不会采用的。他过去在波河建的那些城堡中，有一座城堡里的房子，就是对此的证明。[156]

我恳请每一个人都抛弃现代的做法。不要让自己被那些执著于这种糟糕实践的工匠所迷惑。发明这种做法的人该受到诅咒！我想只有那些尚未开化的野蛮人，才有可能把它带到意大利来。我会给您举个例子。在古代和现代建筑之间，有一个类似于文学的对比。这就同西塞罗或维吉尔的语言，与三四十年前所使用的语言之间的差别一样。今天，语言已经被恢复到了更好的用法上，已不再是统治着过去时代——至少经过了几百年时间——的那些语言，而今天，人们用的是隽秀的散文般的语言说话。这种情况之所以发生，[59v]完全是因为他们效法了维吉尔和其他令人敬仰之人的古代风格。我给您在建筑方面同样的对比，因为所有效法古代实践的人，都完全适用于上述对比，也就是西塞罗和维吉尔式的语言所引起的对比。我不想再多说了，但是我恳求阁下您，至少不要在已经建造的东西上使用现代形式。我敢肯定，当您在进一步了解了绘图之后，您就会明白我说的都是真的了。”

“我确实没有完全理解这些差别，但是我见过一些东西，比起其他的来让我更喜欢，比如某些柱子、拱券、大门，还有拱顶。”

“您最喜欢哪些柱子？”

“我曾经见过的看上去非常古老的那些。有些拱券是尖的，有些是圆的；比起那些尖的来，我更喜欢圆的。不过，我不知道哪个更好。我见过一些大门是标准的正方形。其他的有这样的小拱，还有别的什么东西打破了这个正方形。我更喜欢标准的正方形。告诉我，哪些是古代的，哪些是更好的？”

“阁下，您正在开始形成自己的品味和理解了。尖的拱券，还有您所描述的正方形中有累赘的大门，就是这些拙劣的现代实例。

您已经了解了拱券和长方形大门的由来。您已经听说了它们的起源。现在该理解为什么圆形最美，它们应该如何使用，以及它们应该如何根据古代做法建造。

圆形拱券比尖形拱券更美的原因。毋庸置疑，以任何方式阻碍视线的任何一个东西，都不如引导视线而不约束它的那些东西美。圆拱就是这样的。您已经注意到了，您的眼睛在观看半圆形拱券的时候，一点也不会受到阻碍。观看一个完整的圆时也是如此。在您看着它的时候，眼睛，或者叫视线更好，只要一瞥就能迅速地环绕整个圆周。视线可以顺着走，因为它没有任何约束或障碍。半圆也是一样的，因为在您看它的时候，眼睛，或视线，很快就能跑到另一边去，而没有任何障碍、阻隔，或其他约束。它从半圆的一端跑到另一端。尖拱就不是这样子，因为眼睛，或视线，在尖的部分要停顿一下，并且不能像看半圆那样顺着走。这是因为它背离了完美性。尖拱就是，怎么说呢，就好比您把一个圆分成了六段，然后用能使两个圆互相接触的方法延续其中的一段。里面的六分之一穿过它所接触的那个圆的中心。这与第一个圆相连之后，就会在转动圆规的时候形成两个尖拱。* 通过这种画圆的方法，您想画多少个尖拱就可以画多少个。虽然我把这个方法教给了您，但我并不建议您使用它。我这么做，仅仅是为了让您看出，它们既不好也不美。您也许会说，尖拱很结实很令人满意。这不假，但是，如果您用很好的拱腋做一个圆拱，也就是半圆，它也会很结实的。为了证明这是真的：我曾经在罗马见过一些很大的圆拱，它们如今还很结实，特别是那些浴场里的，在安东尼阿娜的，还有很多其他建筑中的。如果罗马人曾经对它们的强度有过半点怀疑的话，他们就会一上一下建造两个拱券，也绝对不会用任何这样的尖拱。 [60r]

---

* 从这里的文字判断，应该是让两个同等大小的圆互相穿过对方的圆心，相交部分即是上下两个相反的等边尖拱。——中文译者注

既然他们没有使用尖拱，我们也不应该使用它们。

大门可以是四边形的，也可以是半圆形的。不过，古人在过去大部分使用的都是长方形的，而且在私人建筑上，我们从没有发现过长方形以外的东西。事实上，城市的大门都是圆形的，就像在罗马。有三种类型的大门。明天再来吧，到时我会为您讲解它们应该遵循的原则，古人使用的比例，还要讲一讲拱券形式中与此相同的内容。”

第二天，他又在老时间来了，一如既往地好学，随即向我请教拱券和大门的做法和比例，它们应该如何建造，以及最佳的方法。而我则尽力满足他的要求。

首先，关于大门应该遵循的做法，我要告诉您它们的高度和宽度。我说过，它的形式可以有三种类型，就像柱式和其他在前面提到的各个部位一样。这些同样要根据位置发生变化，因为不同的位置需要不同的尺度。它们是由两个正方形、一个半和一个直径构成。[157]这些就是那三种类型的尺度——拱券也有这同样的尺度规则——即多立克、爱奥尼和科林斯，或一个半正方形、一个正方形直径和两个正方形。您在前面就已经知道了直径是如何从正方形中作出的了。

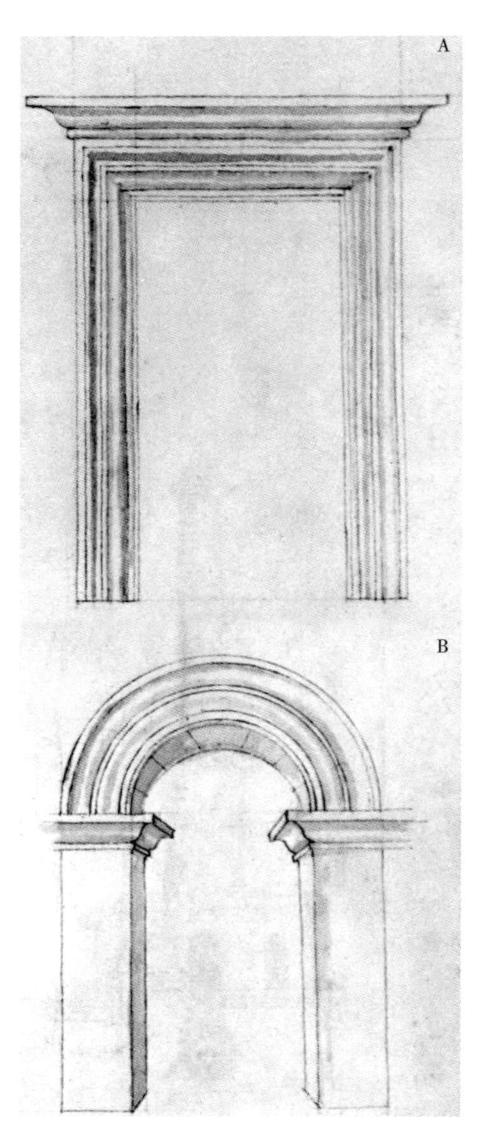

它们要使用不同类型的装饰，但一般来说，它们采用的都是您在这里看到的画出来的这些形式，即它们各个部位的形式（60r 图 A 和图 B）。不过，这些装饰有很多不同的类型。当我们把这些装饰用到我们的建筑当中去之后，您就会见到它们，而您最喜爱的那些也会用到。我说过，古人曾经以这种形式使用这些柱式，而这种形式在他们看来是最适于檐枋、圆拱和大门的。请注意，这些仅仅是方形大门的形式；圆形的门是这些形式。实际上，它们还可以增加其他的组成部分，从而形成更为丰富的装饰，您在我们未来的建筑上就会看到这些。

您已经知道了拱券和大门的尺度，以及古人曾经使用的形式。低劣的现代做法把它们糟蹋得一塌糊涂，让我一个字也不愿意多说，因为它们的造型一点也不美观。它们的形式丑陋至极，讨论它们既会玷污您的耳朵，又会弄脏我的嘴。只要您见到任何与此图相异的造型，那就一定是现代的。诚然，它们对于那些不懂得画图的人来说还算漂亮，因为它们是用很多低贱的东西拼凑起来的。不管怎样，我恳请每一个发现它们的人不要去看它们，而要忠于古代。所有其他与建筑有关的东西也应该采用古代的做法。其他使用画图技术的艺术家——画家、木石雕刻家，还有其他艺术家——也应该与古代典范统一。关于这些差别，我不想再多说了。您到目前为止学会了这么多已经足够了，因为我相信您通过这些学习都已经掌握了。如果您致力于画图的话，那么，您就会亲自从中体会到并陶醉于古代精品的美，同时察觉到现代的丑。让我们放下这个话题吧。 [60v]

您已经见过并理解了您的建筑的方案，也知道了柱式、拱券、大门的做法及其起源。

"您对见过的这张图满意吗，还是您想看看另一种类型?"

"如果你不介意的话，我想让你给我做那个只带一个院子的方案。我想让它带一个100臂长见方的院子。然后立面要做得和带两个院子的那个一模一样。"

"我们会的。之后我们会再做另一个方案，而您最喜欢的那个将被实施，这我答应过的。在我开始画其他图之前，我想确定一下广场的布局，然后我要做大主教的宫殿。我知道您对监督它的施工并不十分感兴趣，因为您会在它建成的时候来视察。"

"谁说的? 我当然想去学习学习。"

"这对于您来说会太乏味了，因为我要花好几天的时间集中精力在它上面。我以后会快速地为您把它解释清楚的。在这段时间里，您也许可以专心致志地画图，这样您反而可以更好地理解它。"

"如果这在你看来是最佳方案的话，我也很乐意这么做。但我觉得你这么说是因为你嫌我在这里很烦。"

"情况绝对不是这样的，阁下。您能光临寒舍这么多次，我非常荣幸。"

"那好吧，你完成了以后就告诉我。那时你就可以把它解释给我听了。这件事我会按照你说的去做，但是我想让你在将来能到我那里去给我展示一些画图的东西。"

"我会全心全意地把它做好。到时派人来叫我，我马上就会来的，以免打扰阁下您忙于其他事务。"

"我很快就会派人来找你的。"于是他就走了。

阁下他离开之后，我命人备好了一块画板，以便为广场的布局画图。第一步，我按照习惯的做法，把整个分区用方格做好。我把这个分区做成150臂长宽，300臂长长，即整个广场的大小。在各边上，我打算做一条12臂长宽的运河，它将会整整环绕一周。接着我要建一道柱廊，8臂长深，高12臂长。在广场的中间，我打算树立一个喷泉，样子就和您在这里看到的图一样(60v图)。广场将有六个入口，顶部两个，中部两个，还有底部两个。在这

些大门周围，将有银匠的作坊。在对面，将以最佳的方式布置布商的店铺和行会。关于行会的位置，我就不想再多说了，因为我知道它们将会被放在恰当的地方。这个广场中所有店铺的下面，都会有地下室，以便满足各个行业全部设施的要求。在柱廊和运河之间会有一条街道，再要 8 臂长宽。它将比柱廊低 1½臂长，所以也要比广场低。在广场的每个入口，都会有一座 6 臂长或 8 臂长的桥，而在广场的周围，面向运河会有一道 2 臂长高的女墙。还会有朝向广场的座位。

[61r]

在我画完了中央广场的这些图之后，我决定在阁下他到来之前，布置好其他的广场，比如商人的广场，还有另外一个带一连串食品店的广场。我讲过，这些将会在中央广场的对面。商人的广场将在右手边，而市场在左边。市长厅将建在商人的广场中；警长厅我们将建在市场广场中。所有其他的广场，每个都按照各自的特点，根据城市的这张平面图所画的位置进行定位和布置。

公子等不及了。他派人来找我，说想来见我。我拒绝了他，因为我有很多东西想给他看，所以不希望他在我画完所有图之前就来，这些图是要按顺序给他进行讲解的。

我完成了这些广场、商铺，以及卖食品的公共广场的布局。在这些的周围，将会有药铺及其他与人体健康有关的行业。目前没有必要对它们进行解释，只需要知道它们属于建筑的一部分就可以了。因此我想在这两个广场中做如下的事情；我希望把市长厅和法庭放在商人的广场。在另一个广场中，或者您愿意的话，可以管它叫各种东西的市场，我要建造人民领袖的府邸，以及其他在这个广场四周的住宅。关于屠夫和鱼商我就不多说了，因为我肯定他们会被妥善安置的。由于会被柱廊和运河所环绕，我不会怀疑肉铺和那些卖鱼的店铺会沿着围绕广场的运河来布置。那些卖鱼和卖肉的店铺都应该用这种方式布置，让它们处于运河的水面以上。这样做可以保证它们不会产生腐败物质，或是给城市空气造成污染。[158]除此之外，它还会被安排在其他的每个广场上，让平民根据季节和其他情况卖鱼和肉，给居住在乡下的人带来更多方便。

这不是埃及伟大的底比斯，也不是人们传说中由塞米拉米斯神奇般建造起来的尼尼微或巴比伦，也不是人们传说中由卡德摩斯建造的希腊的底比斯第二，也不是拉俄墨冬建造、其子普里阿摩斯重建的特洛伊，也不是人们传说中在女王狄多的时代之前就建好的迦太基，而我更不想拿它和罗马相提并论，因为它在我们的书中曾经统治着绝大部分世界。今天有人说他们听说过，或是在书中读到过那些到过中国的人所写的游记*，那是一个很大的国家。他们说中国在鞑靼地区，有的书中说那里有两万多座桥。因为这和很多其他奇妙的记载，在我们看来是不可思议的，所以，如果我谎称见过它们，就会给自己丢脸。 [61v]

现在，让我们放下这些在古代和今天建立起来的宏伟城市吧；它们非常神奇、非常伟大，而且是耗费了巨大的时间和金钱建造起来的。[159]我不是说这座城市不花大钱就可以建造起来。有些要建造的房屋，没有大笔的开销是不可能做出来的，而高尚伟大的君王和公国，都不应该因为代价高昂而放弃建造雄伟壮丽的建筑。建筑从没有掏空一个国家的金库，也从没有夺去一个人的生命，尽管我们确实读到过一座建造在埃及的神庙。人们说它美轮美奂，却不得不建造在沼泽中，这样才能保证它不受地震的袭击。它就建在这样一个地方，但为了让基础耐久，他们除了打桩，还要放入羊毛和木炭。在这座神庙中，菲迪亚斯为他们制作了一根柱子，上面的雕刻出神入化，而其他高贵的匠师也在那里留下了作品，就像我们在书中看到的那样。据说整整300年的时间，这座神庙一直压榨着几乎是亚洲全境的血汗。[160]让我们略过所罗门在耶路撒冷建造的神庙吧，我们在《圣经》中读到过这非同小可的开支，还有那些由公民和公社建起来的很多其他建筑。如果他们曾经被开支挡住了脚步的话，那就什么伟绩也无法铸就了，而百年之后也就不会有人发现他们的足迹或丰碑了。这对于罗马城来说尤其如此，不但建筑遍地而且不乏奇葩异草。如果没有这些建筑的遗骸，即便有相关的文字记载，您也根本想象不出它曾经的模样。然而只消看看它们的遗迹[161]，任何人仔细想想之后，都会发现记载的一切全是真的。在这方面，我只能鼓励每一个关心过造价的人，尤其是那些可以承担得起的人，比如贵族和政府；而他们还是不肯花钱。到最后，一座大型建筑竣工的时候，国库既没有多一分钱也没有少一分钱，而建筑却真实地同它的声名和荣耀屹立在国家或城市之中。因此，我会尝试布置和建造所有我们的这个城市还需要做的建筑，不论公共的还是私人的。我认为它们应该是壮丽的，一分多余的钱也不要留下，即便同样的建筑可以用很多不同的方式建造。这对于神庙和其他类型的建筑也是一样的。我会选择对我来说最优美的类型。任何后来人想要建造更华丽的建筑或其他不同的类型，都可以按照他所掌握的最佳方式建造它们；位置和基址也是一样的。

当我把所有要建造的公共建筑的图都画完以后，公子就来了，并想让我

---

* 即马可波罗游记，该书将中国的金朝称为Cathay，是英语化的Catai。该词源自契丹的Khitan。但它其实只包括长江流域以北的部分。在马可波罗的游记中，南方（南宋）被称为带有贬义的蛮子（Mangi）。——中文译者注

有条理地解释每一个建筑。在他把这些弄清楚之后，他只说，他希望为他的[62r]父亲大人进行解释。他还希望我也在场。万一他记不清什么东西了，我就可以在那里进行补充。于是我就陪着他一同去见阁下。我们给他带去了所有我画的图。当他见到并看懂了这些图之后，即便上面没有准确的尺寸，他也认为非常满意。他不想再听更多的解释了，而是希望下令置备开工所需的物品，如果可能的话，还要在年内建成这座城市中的建筑。

"我想要所有的公共建筑都按照最佳的方式建造。目前我只想让你去采办必要的东西，也就是砖头和石灰。工程开始以后，在我们建造它们的过程中，我才会有心思听你解释所有的内容。去负责那些必要的物品吧，就是我说的那些。"

有了他和他公子的许可，我便去置备前面说过的那些东西了，即各种类型的石材和砖头。当我处理好了所有事务以后就回来了。我向阁下他汇报说，所有物品都已准备妥当，尤其是石材。他问我是在哪里找到的，是什么品种什么颜色。我把所有情况都告诉了他。当我告诉他找到了很多品种和颜色的石材时，他非常高兴，比如有白色的、红色的，还有黑色的大理石和很多其他的石材，有的趋向于淡棕色[162]，有的是绿色，有的是蓝色，还有的上面点缀着各种斑点，看上去极为精美。各种各样的石材被切割成大块挖掘出来，有的做柱子，有的做出檐，还有的做大门，一切都物尽其用。他问我木材是否已经准备好了。

"我也准备好了充足的木材。也许在施工的过程中，我们需要再置办一些其他的木材，因为我们有很多房子要盖，不过请不要担心，我们到需要的时候一定会有足够的建材。我已经做好了安排，很快就会得到所有的品种和尺码。"

"现在你需要召集工匠和工人，尤其是切石工和石匠。你要保证召集足够的人数，马上就把落下的进度赶上。"

"关于雕刻家，我有一些今年冬天被派去制作城堡大门的人，现在他们都完工了。我会带上他们，然后再添些人手，直到人数多到让我满意为止，前提是能够找到这么多人。"

"什么，你觉得你找不到这么多人？"

"我没有把握，因为我们需要大量的人力来建造这些石质建筑。"

"哪里有人就去哪里找，找够为止。"

当所有必需的东西都备好以后，有了石料也有了加工它的工匠，我便带着建筑的图和比例离开了。等到了我们的城市刚刚建成之后，我发现它早已名声在外，并因此从意大利各地的城市引来了很多雕刻家和石匠，还有的来自意大利以外的地方。我见了他们感到非常高兴。我们检查了每一名工匠的资质。[163]他们有的砌墙，有的雕花，有的造像；有的是木材大匠，有的是石材[62v]大匠，还有的是起重机械等方面的专家。由于我们人手已经足够，我便指派所有的工头去做他们最擅长的工作。当这些都安排好，所有必要的东西，像石材、砖头、石灰、木材，还有我们工程所需的其他物品，也都准备好了之后，我便向他们解释这些图和比例。我先说明我想最先要建的东西。然后我把最先想做的建筑装饰物，也就是底座、檐板、檐枋和大门，做成模型。指令被飞快地传送到工地上，命令为前面提到的神庙雕刻石材，这座神庙就是我说过的，希望最先建造其底座和檐板的那个。我把我的详细要求交代给工匠们；这样他们就能理解它们的造型了。我又用图解释了一遍，让他们能够看懂并理解其中的尺寸和比例，每一个我都会在下一书中分别进行描述。与我们建筑所有的其他部位一样，这些檐口和基座都会被纳入三种尺度和类型，即多立克、爱奥尼和科林斯式。

在第八书中，您首先看到了柱式的起源，它们的演化、尺度、比例和类型，还有拱券应该如何建造。在这第八书中，您还见到了皇家住宅的设计和广场的平面，就像您在第七书中见到了主教堂的设计，以及第六书中见到了城市的布局。要塞、塔楼和城墙的建造，我们在第五书中进行了展示，而您也理解了。在第四书中，您看到了施工和我们的斯弗金达城是如何建造的。在第三书中，您看到了砂、石灰、石材和砖头，以及类似的与建筑相关的材料。在第二书中，您看到了建筑是如何从人体衍生出来，以及其各个部分是如何模仿人体的。尽管在第一书中提到了建筑的起源、尺度和演化，我还是在第二书中为您精确地演示了建筑是如何诞生的——通过类比，几乎和人体一样。同时，我还为您说明了建筑师必须知道和应该做的事。[164]

第九书

以上第八书，以下第九书。

在第九书中，我打算首先讨论檐部和柱础的所有做法和形式。我还会根据它们在古代的用法进行论述。我们会对其中方便和有用的内容进行展开。

古人曾经使用的檐部和柱础的形式：他们修饰了建筑的所有组成部分和装饰。他们还把能够用上的最好最美的形式都用在了建筑上。因此他们所创造并修饰的这些檐部和柱础的形式，是可以使用的最佳最美的

[63r]

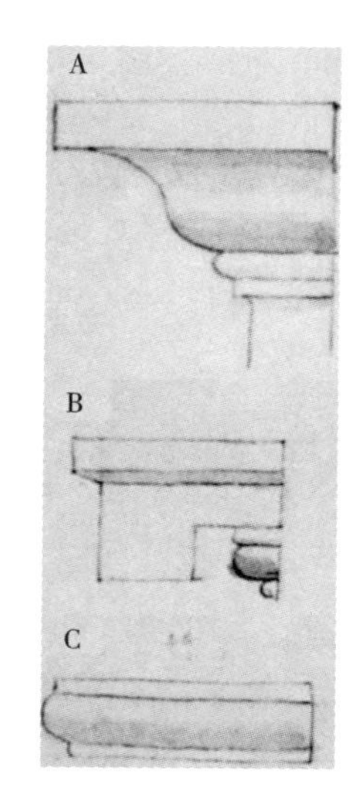

形式。我不清楚它们的演化过程，但是我想，它们中有一些是偶然间被发现的，然后被改造成更好的形式。为了让建筑更美，他们还用各种类型的装饰美化它们，有的是用叶子，有的是用模仿于自然界的其他东西，有些好看，有些不那么好看。这些形式和装饰，您将在这里的一张图中见到，它们都是我在罗马和各地发现并考察过的。这些，我说过，我们在这里会为您用一张图来展示。这样您就会明白古人曾经使用了什么构件，它们是如何被使用的，以及它们是在何处被使用的。我还想展示一些托架；在米兰这里它们被称作花腿桌。您也将会在一张图中见到它们的形式和装饰。古人曾经使用的大烛台也将这么讲，还有多种类型的花瓶、它们的其他装饰、墓室，以及其他很多我所发现的不同类型的东西。[165]

当我把这些告诉公子的时候，他的目光中便燃起了火焰，迫不及待地要在图中看到它们。首先，他要我给他画出檐部的各种类型。它们都画在这里了。檐部之所以这么叫，是因为它突出了其部位，其实是它的角部，挑向外面，就好似一根犄角。[166]第一个部位叫拱顶花边*，因为它总是被放在上面，也就是在檐部的其他部位之上（63r 图 A）。其下第二个部分叫做喉形，因为它就像一个颚下略胖的喉咙。附着在它上面的小圆形叫做座盘，或者还是叫小圆吧（63r 图 A）。把它放在这里是为了把一个部位同另一个部位隔开，因

---

* cymatium，檐部最高处采用波状花纹（cyma）线脚时的叫法。波状花纹，由凹进四分之一圆的凹弧饰（cavetto）和凸出四分之一圆的圆凸形线脚装饰（ovolo）组成；凹进在最上时叫正波纹线（cyma recta），凸出在最上时叫反波纹线（cyma reversa）。——中文译者注

为下一个部位是正方形的。为了让它表现的更突出，这个小圆被放在了这个正方形和喉形之间。古人就是用这种方法排列它的。由于这个原因，这个正方形被做成了你在这张图中看到的样子（63r 图 B）。它叫集水槽，因为如果有雨水落在它上面，就会流到这个正方形的末端，然后掉到土里去。它会产生这样的效果，是因为雨水由于突出的部位而不能再继续沿着墙面往下流了，还因为线脚是按照您在这里看到的形式排列的。雨水终归泥土，乃其本性使然。在它下面的一个部位，应该在有很大出挑的时候被放在托架上。托架的间距等于其宽度。那些出挑不是很远的就不应该有托架，而是另一种形式的构件。它比一个半圆略多些，也就是您在这张图中看到的样子（63r 图 C），不过它的上方和下方都要在中间被一个凸圆线脚分开。它被叫做卵形线脚，是因为其上面放有某种卵形的装饰。这在我描述其装饰的时候，您就能够理解了。在这个部位下面做了一个正方形的东西（63v 图 A）。它被叫做齿饰，因为这些构件用雕刻进行装饰之后，就会像真牙一样全部呈齿状。它们两两之间的距离等于一齿的三分之一。它就是用这种形式制作的，而下面的构件就像这里画出来的一样。随后的部位是这种形式的（63v 图 C）。它被叫做上楣檐，因为它在檐枋上是以这种造型出现的。它几乎就是一个上下颠倒的拱顶花边，因为它有小喉形，不［63v］过还有一点不同，您可以从这张图中看出来（63v 图 B）。在它下面也有小圆，这样，您就可以更清楚地看到并识别出这些构件了。一般来说，每个构件之间都要做这种分隔。下一个构件叫檐壁，它通常是平的。不过确实存在一些微圆的，但不是很突出。也许它们更接近于四分之一圆，比如这种样子的。接着下一个部位做得就像一个檐枋。它的形式就和您在这图中看到的一样，即一道檐上再带一道檐，中间用小圆隔开，就和我们在上面讲过的一样（63v 图 D）。我们的确在每个小檐口之间用一个带饰，或者叫束带更好，留出了更多的空间。这您同样在看前面带有它们装饰的图的时候就可以理解了。您看过之后就会更好地理解它们，并领会其中的意思。

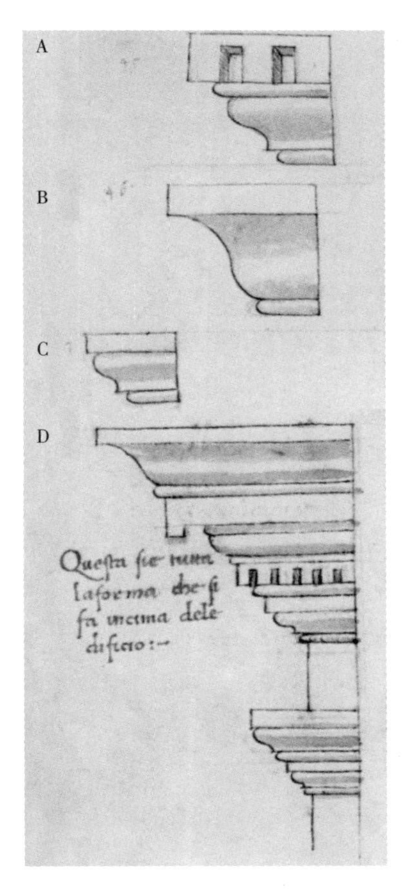

“您已经见到了檐部的主体，以及我们在建筑的顶部和终点要放的东西。古人给这些不同的构件使用了与之一样繁多的名称。我们要是使用那些名称来给它们命名，或者用维特鲁威的术语，就会非常困难。因此，我更倾向于使用我们的白话为您给它们命名，

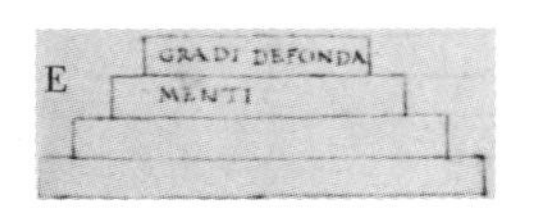

这样就能更好地理解和识别它们了。您通过图已经明白了这些，而且您也在我为您进行的展示中见到了这个檐部的形式和构件。”

“我想知道这种檐部的尺度。”

“尺度我会为您在我的图中展示尺度，上面还会带有它们的装饰。眼前对您来说，以这种方式接触它们就足够了，因为只需要了解上述檐部的形式、比例和组成部分。

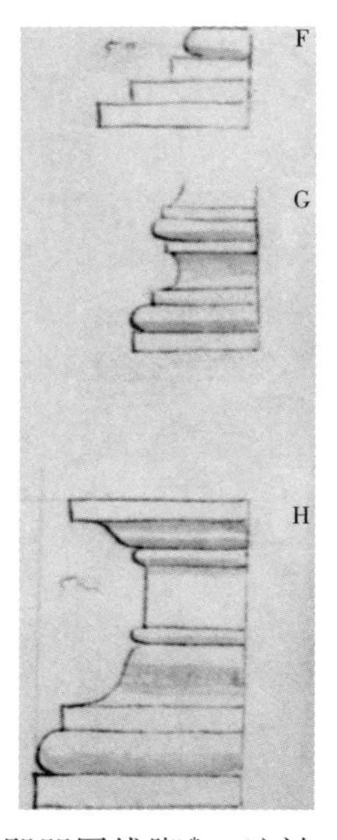

您从上面已经了解了这种檐部的模式和形式。现在，我将为您展示古人用来确定柱础结构的檐部。它是这个样子的。事实上，它和装了檐枋的檐部几乎是相同的。另外，确实有些人根据他们自己的喜好，调整了这些柱式，有时是在正方形的部位，有时是在大檐口上，但这些形式是更为普遍的。

我们在上面为您展示了檐部。现在，我将为您展示古人使用的柱础。他们建筑底部的基础要升到地平以上。由于它们在地平位置，古人首先做了两三个正方形踏板，几乎就是一个台阶。它们是这个样子的（63v 图 E）。接着，他们一般都会在这上面使用两种类型的构件。这些我会在这边上为您用一张图来展示。在这里，您看到基部有三个正方形踏板。有时候，他们根据情况会做两个。他们在最后一个正方形上放置的构件是圆的，即半圆线脚。它是这个样子的（63v 图 F）。上面的第二个构件正好相反，就好像是从中间锯开后挖成像凹槽一样的东西，即凹圆线脚*。这被他们放在圆的那个上面，就是您在这里看到的样子（63v 图 G）。在这上面，[64r] 他们还要放一个小圆，然后在这个小圆上面是一个小方形或平缘。这些柱础是最常见的。几乎所有的柱式都有这种形式和做法的柱础。其他柱础的形式有这些。它们的做法您在这里的图中就能看到（63v 图 H）。尽管如此，古人总是做大方板，然后在它们上面放一个圆座，圆座上面再放拱顶花边形的檐板。不过它是上下颠倒的。古人还用了很多其他美观的类型，和这些相去不远。他们用了像拱顶花边的形式，又让它们以您在这里看到方式互相面对（64r 图 A）。很多时候，他们先使用这种形式，然后再在它上面做前面提到的其他东西。如果接下来要做需要柱础的柱子，他们都会遵照这种方式来做。柱础做好以后，同一母题就要在整个立面上都执行。尽管它被放在了上面讲过的形式之上，也还是非常漂亮的，您从这张图中就可以看出来。

* scotia，内凹的圆线脚，用于过渡柱础的上小下大两个直径不同的花托（torus）。——中文译者注

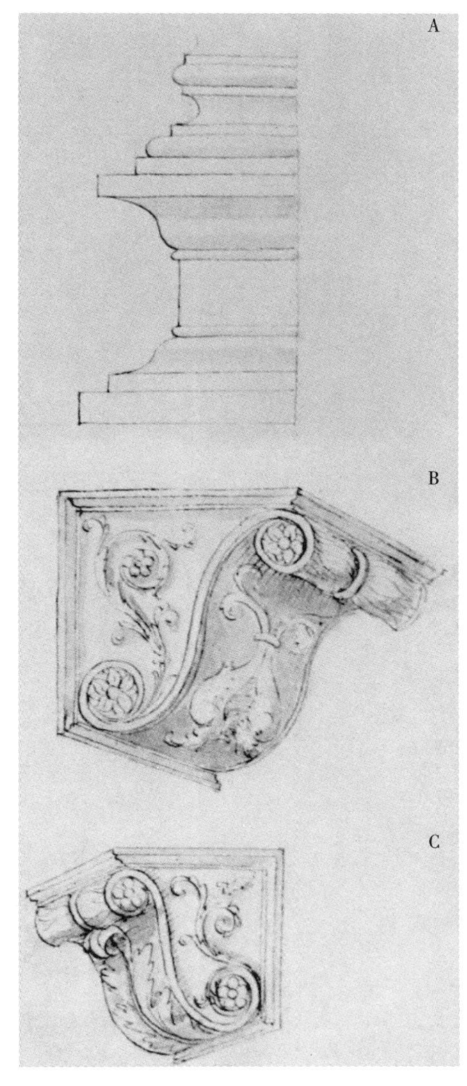

关于柱础您已经了解得足够多了，因为只要它们是用其他任何一种方式而不是用古代的方式建造，它们就不美。我尤其要恳请所有希望盖房子的人，或是那些有意继承这门艺术的人，一定要遵守这些规定，而上面这些就会是成果。如果他这样做了，这些成果就会带来愉悦。同时，它们不但可以满足行家的口味，连不懂得建筑的人也会喜欢。现代的玩意儿可不行；它们不会得到行家的赏识，因为他看不出它们的尺度或形式。

檐部和柱础您都已经了解了。现在该是看看托架的时候了，或者您还是更喜欢叫镶板也行，它们在很多地方都被用作支撑物，尤其是在梁下和其他位置。它的形式来自拱顶花边，即主檐部的最后一个构件，或者，在您看来也是第一个构件。它们的做法您在这张图中可以看到（64r 图 B、C、D）。[167]它们的装饰各种各样。这些我会在做檐部和柱础的装饰时，用一张图为您展示。对于其他地方，比如柱头、花瓶、女像柱、大烛台、墓室和祭坛，我也会这么做的，就像我在罗马和别的地方见到的雕刻在大理石上的那些东西那样。它们非常古老，而且让我万分喜悦。我想，在您看到它们以这种形式被画出来之后，也会感到高兴的。”

在我们忙于这个讨论的过程中，公爵大人派人来召我。等我到了阁下他的面前，他问我都做了什么，置备了什么。我回答说已经准备好了大量的砖头和石料。砌墙和雕琢石头的工匠也悉数到达。听到这里，他问我先开始做什么最好。我回答说最好从大教堂开始，因为它的图已经画完了。接下来应该是带有我们宫廷的广场。

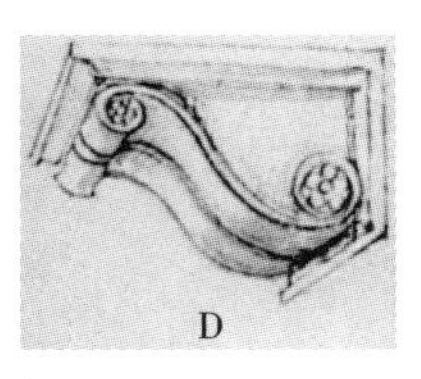

“很好，既然图画好了，就从它开始。”

命令一下达，教堂就先按照图中的模式和布置开工了。首先，所有的基础都开始挖掘，无论图中这座建筑缺了什么，都会被补充上。就这样，工程进展极快，工人热火朝天，而耗费则毫不吝惜，方案的实施有如神助。这尤其要归功于我们那些杰出的雕刻家。上面提到的那些工匠构成了主体，在这些人之外，我们还增添了其他能力出色的工匠。这还要归功于那些色彩斑斓的石料，它们让这座神庙的气势更加磅礴，秀美更加不凡。

［64v］

为了让大家都能够清楚地理解这座神庙里里外外的每一处装饰，我将在这里用一张图展示我下令制作的装饰。由于基础达到了地上，我首先用这种形式安排人手做了一个基座。我会在这边上的图中，把它画出一小部分来（64v 图）。

我除了基座本身的形式以外，再没有在它上面做任何雕刻，因为我从来没有见过任何基座上有雕刻的古代建筑。我认为这是因为那些雕刻很快就会被毁掉，因为它靠近地面。由于这个原因，我也没有命人雕刻这个基座。我把它放在地平以上，柱廊的上面，就像您从图中理解的那样，它要高出地面 1⅓臂长。那 1/3 臂长我要留给一个踏步。那 1 臂长会被用作一条长凳，因为我希望到处都能有一个可以坐的长凳。基座将放在这条长凳上面。从长凳开始的总高是 12 臂长。我把它画在了下面（见导论中英文版图版 2）。[168]现在您可以看到它的尺寸了，因为它是按照比例画的。两点之间的距离与踏步的 1 臂长是成比例的。

上部的檐部，也就是神庙的拱顶花边，是这样的。它所采用的装饰是您在这张小图中看到的雕刻。它有 12 臂长高。柱础和檐壁一样是 4 臂长宽，檐枋是 3 臂长，而檐部总共是 5 臂长。在转角上，我做了一个正方形壁柱，8 臂长宽，突出 1 臂长。在这之上，我做了一个和柱子上一样的柱头。这个柱头是这样的。这与转角有关。

我会为您展示我为正立面和侧立面设计并实施的方案。柱廊的施工一丝不苟地按图进行。关于装饰，外部的布置和内部是一样的。我还会在这边上给内部画一张图，这样，所有没见过这座建筑的人，都会通过看这些图而同时理解其外部和内部。[169]

地面像教堂的基础一样被分成四部分。在中间穹隆的正下方有一个圆，大小和穹隆相等。里面描绘着陆地和水面。在它周围放有标着十二个符号的月份。在四个正方形中，是一年的四个季节和四种元素。这些设计采用一种类似马赛克的材料，但它们其实是石材，并用与铺在威尼斯圣马可教堂地面上的马赛克类似的小块拼成。不过，这些都是用我所提到过的东西做成的，[65r] 到处都有花叶和其他美丽的装饰。穹隆的拱顶都是以这种方式用马赛克制作的。圆窗在穹隆的中间，在其周围环绕着蓝色背景下射出的无数道金光。在穹隆剩余的所有地方，都以最常用的画法列出了各级天使。在那里没有刻画出任何形式的圣主形象，只是用中间圆窗周围的圣光作为其意象的比喻。我这么做，是因为没有一个人能够用确定的相貌刻画出上帝的形象，只有那句圣言：上帝说他用自己的形象创造了与他相像的人类。即便如此，也还是不清楚上帝所指的是肉体还是灵魂上的相似。不管怎样，我把这个意象做成了一个灿烂辉煌的太阳，用它的万丈金光照亮了整个穹隆。然后在穹隆的较低的各面上，用马赛克人像描绘出了四位福音书作者和基督教的四博士*。审判中的基督和玛利亚形象，安坐在一个蓝色背景下的金光之中，这是用马赛克做在穹隆中，高祭坛所在的后殿之上。接着，从后殿的半圆拱直到中央穹隆的起拱点上，全都是用马赛克制作的。其中在教堂中心的每个角上，都有一个在圣龛中的大型使徒像，设计制作得仿佛每个圣龛中的使徒像都是立体的。在中间间隔的地方有很多取材于旧约和新约的故事。所有的拱顶都用马赛克作出了先知的人像、受到祝福的圣徒和赎罪的灵魂。[170]这些彩画不是一位，而是很多位画师所做。他们从意大利和阿尔卑斯山以外的各地汇集到这里。他们都是杰出的和值得歌颂的绘画大师。事实上，一开始只有四个人表明他们知道如何使用马赛克创作。这其中有两位是威尼斯人，而另外两位是佛罗伦萨人。[171]他们创作得非常好，把所有东西都用马赛克做出来了。所有步入这座神庙的人，都可以亲眼目睹这件令人叹为观止的作品。

离这个穹隆顶部三分之一的地方，有一道檐口，它在教堂的内部环绕一周。它由带凹槽的浅浮雕柱子支撑。在柱子之间都是斑岩、大理石和各式各样的玻璃，以不同的方式制作。类似的东西在罗马也可以见到。在圣彼得大教堂的柱廊里，有一些笼子，里面装着鸟。[172]在罗马的其他地方，例如圣普拉塞德和在圣安东尼奥后面的圣安德里亚，这样的作品您能看个够。[173]在米兰的一个附着在于圣洛伦佐大教堂的小神庙中，也有类似的作品——圣洛伦佐可是一座华丽的教堂，不管是谁建造了它，都可以称得上匠心独运。[174]这个穹隆下部的三分之一，镶嵌着混有各种颜色的大理石板，到处还有不同颜色的斑岩。其地面全部是像威尼斯圣马可大教堂的那种石质马赛克，但这里描绘的全是其他的东西。在这里，您会见到地狱和炼狱中主要的恶行，它诅咒那些灵魂永受惩罚，还有那些吞噬罪人的痛苦。炼狱也在那里，灵魂要接受净化并为他们的罪行进行忏悔。在上部的拱顶，我说过，是用马赛克描绘的受到祝福的灵魂。 [65v]

在其他要讲述的装饰中，还有祭坛。[175]这座高祭坛有四根斑岩柱。在它们之上是一个石质的纯白大理石，它上面还有一个圣龛。这个圣龛有四根青铜柱子支撑，柱子上装饰有各式各样的雕刻和上面提到的所有东西。接着，这个盖顶，或者叫华亭，整个都镀上了青铜，还装饰着各种雕刻和人物，这些我会为您在一张图中展示的。祭坛的装饰是全银的，有很多漂亮的雕刻和珐琅。而祭坛的正面更是价值不菲，因为那是全金的，还嵌着昂贵的宝石。这是由诸位技艺绝伦的金匠精工制作的，他们仅仅是因为我们新建成的这座城市的美名，才来到这里的。他们来自意大利内外的各个地方；他们有法兰西人、日耳曼人，还有其他地方的人。我不清楚是不是在我们意大利人中有一

---

* Four doctors of the church，即圣安布罗斯、圣奥古斯丁、圣杰罗姆和教皇格里高利一世，他们是1298年提名的最初四位教会博士。——中文译者注

个名字叫马津果的佛罗伦萨人，还有另一个用乌银镶嵌进行精美雕刻的人，他的名字叫马索·德尔·菲尼圭拉。还有一个名字叫朱利亚诺，被人们称作“搬运工”，以及一个安东尼奥·德尔·波拉约洛的人。这些都是佛罗伦萨人。那里有锡耶纳的乔凡尼·图里尼，一位大师尼科洛·德拉·瓜尔迪亚，一位叫保罗·达·罗马的，彼得罗·保罗·达·托迪，以及一位来自福利尼奥的人。这么多的工匠来自这么多的地方，您没办法知道他们全部人的名字。[176]

管风琴楼座也非常小心地建好了，用的是大理石和斑岩，还有其他名贵和漂亮的石料，别处我们也是这么做的。诵读福音书和使徒信的地方也建好了。所有的祭坛都做得非常高贵。大理石和青铜大烛台也做在了很多地方，特别是在祭坛的前面。这些一共有十二座，每座用的都是纯白的大理石。在这十二座中间，有一座镀上了青铜，显得要比其他的绚烂得多。在神庙的很多地方都有一些。尤其是在中间位置、高祭坛的前面树立了一座，这是用来在复活节放火炬的。

大门都镀上了青铜，并刻有各种故事。工匠是下面这些：洛伦佐·迪·巴尔托洛做了其中的两个，多纳泰罗和我做了一对，和您在罗马圣彼得大教堂见到过的一样，圣彼得大教堂那个大门是我在教皇尤金四世的时候制作的，它也像圣器室的那些一样。[177]圣水洗礼盆都是用斑岩、大理石，或其他漂亮的石材制成的。我会把每一个都按照它恰当的形式画出来。[178]柱子的柱头、柱础、檐部，还其他内部外部的东西都镀了金，您从这些图中就能看出来。它们在哪里是黄色的，人们就知道哪里是镀金的。[179]

这就是神庙的形式。如果您已经理解了上面的图文描述，您就可以明白它的特征以及它的装饰手法。这都应该很容易理解，因为每样东西都给出了它的名称和位置，还有它的用途和装饰品的功能。

您可以说，考虑一下预算吧，不要做这些银装饰了，尤其不要做青铜大烛台了。我这么做是为了让它们由于上述原因可以更耐久。而再看看所罗门圣殿，也是非常堂皇的，有数不清的装饰品。它里面有青铜的花瓶，上面有公牛和许多其他东西，还有各种金质装饰品，这都是我们从书中看到的。我们倾向于用这些装饰来把它建成这种样子。任何希望把它建得更华丽更美观的人，都会这么做的。它越是美观，我就越是喜欢它。我非常清楚，一件作品可以用很多种方式来做，还有各式各样的装饰品。而这一个我不希望用别的方法来做。

[66r]

我现在想加上主教、教士和牧师的住处。主教、教士和牧师的住所将是这个样子的。在教堂的后面，我做了一个和教堂的正方形一样大的正方形。在这个正方形中，我做了一个正方形回廊院，带一周 16 臂长高，宽是 10 臂长的柱廊。柱子有 1⅓臂长厚，从柱头到柱础是 12 臂长高。这个多功能住所一部分会给主教；其余的部分会给教士和牧师。对着教堂的后部会有一道很大的门，这就是公共入口。人可以进到一个教士和大主教公用的大

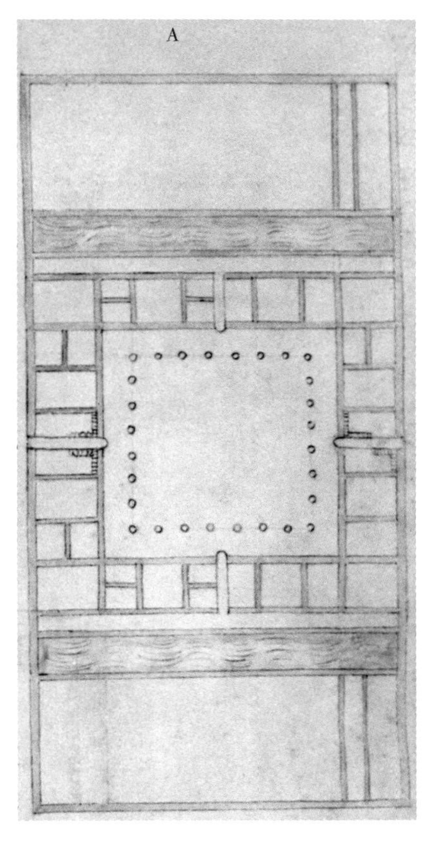

院里。大主教和众教士每人都会有一个宽度是院子一半的花园。住所的基础将会是这种形式的（66r 图 A）。它被分出了三个部分，就像前面说的那样。有两个入口；第二个朝向位于教堂后部的柱廊。您可以从这张小图中理解它的基础。它的尺寸是下面这些：住所的正方形是 160 臂长。花园是这个的一半，前面说过。建筑下面完全都被拱顶覆盖着。这些拱顶的跨度是 15 臂长。边墙有 1½臂长厚。接着是 1½臂长的空间，然后再是 1 臂长厚的一堵墙。我会在这个空间里做一个排水沟，所有的输水道都将汇集到这里。盥洗室也会把水排到这个地方，这样，废水就可以把所有的东西都带走了。在基础中，这堵墙是 5 臂长厚。这时，我把它的尺寸和厚度进行缩减，一直到地平高度。从地平往上到第一层拱顶将是 2 臂长。从这一层往上，我会把它缩减到 1 臂长。因此，柱廊所有的下部拱顶都会在与教堂柱廊相等的高度上。就像下部拱顶被分成了两部分一样，地平以上的那些也将被一分为二。分隔拱顶的墙体是双层的。在它的内部，有一个 1 臂长的空腔围成的下水道，也就是一条水管，它从中间一直通下去。所有来自教堂和主教宫殿的水都经过设计，从这条水管流走，把所有的东西都清扫带走。[180]

在地上，这座建筑和您在这里的平面图和文字描述中所看到的形式是完全一样的（66r 图 A 和 B）。在地下，有用于各种物品的储藏室。在地上，上部拱顶的高度位置会有一道柱廊，柱子高 8 臂长。在这一高度上，将有大厅和房间，它们一部分朝向回廊院，一部分朝向花园。

同样的方案也适用于教士的一侧，只不过各个部分会进行不同的调整，

[66v] 以满足人员需要的便利。牧师会被安排住在下面，而教士在上面。至于主教的一侧，人既可以从这里进入教堂，也可以从下面柱廊的高度进入。

我为这座建筑画了一张图——大主教宫殿和教团，即教士要居住的地方。也许对于很多人来说，让主教、教士和牧师居住在一起不是非常适合。我这么做只是出于下面的原因。在我看来，当牧羊人靠近他的羊群时，它们就会更加警觉。它们就不会越过善举的界限，尤其是在晚上，因为当牧羊人圈好了他的羊群时，他就再不用担心狼群了。这样，当善良的牧羊人日夜守在他的羊群身边时，它们就会更加安全。

"现在您该说说，您是否愿意用这种方式建造它。"

"我会和父亲大人一样愿意的。让我们把它拿给他看吧，然后就这么做了。"

我把它拿给他看了，我的理由也让他很高兴。他命令我尽快开始建造它。当我下令置办那些将会需要的东西时，我以迅捷的速度开展工作，它很快就按照前面说过的样子被砌好了。它最终成为一座壮丽的建筑。任何没有见过这座建筑的人，都可以从此书中的这张仅仅表现了正立面的图里理解它（66r图B），而所有学过画图或者做过这些东西的人，都可以看懂并理解它，就仿佛它是立体的或是实际建成的样子。

要展示出内部所有的装饰品会很困难。只看看外部的一些就足够了，从中还可以理解到内部的装饰。您在这里看到，檐部全是大理石的，门窗也是。墙壁用的是其他石材，有点类似蓝色或黑色。外部也全都用了各种颜色的变化。这对于您理解教堂和主教及教士的宫殿来说应该足够了。

"现在我觉得，既然教堂已经完工了，我们就应该布置我们的宫廷了。广场也应该标记出来，这样我们就可以布置其他建筑了，尤其是那个我想在广场中喷泉上建造的不同寻常的纪念碑。"

"画张图给我看看。"

"好的，不过最好和令尊大人说一说；如果他喜欢这个，我就这么做。"

我们去把方案讲给他听。他说我们应该先做宫廷和广场。然后他想让我把它画出来，这样，他就能更好地理解首先要做的东西了。广场和宫廷按照已经画好的图确定了布局。实际上还增添了很多绘画和雕塑的装饰品。

关于这些东西，公子已经掌握了画图的方法，并把这些当做了爱好，他不但技艺熟练，而且理解透彻，以至于他自己也设计了很多东西。在他设计的东西中，就有一个这样的凉廊。它的长度与宫廷的宽度相等，并位于后部，朝向花园。它有16臂长宽，高度与此相等。他告诉他父亲，如果准许的话，他想用自己的方式来装饰这个凉廊。他父亲回答说，他可以按照自己喜欢的方式来。他向我询问我认为最好的装饰是什么。我回答说，它可以用很多种方式进行装饰，每一种都会很好看。我觉得最高贵最好的方法，应该是首先
[67r] 做一个漂亮的地面，然后用黄金和群青装饰拱顶。不论哪种做法，这些都是必要的。

"不过，告诉我在拱顶的内部应该做些什么呢。我想它应该做成像满天金星的天空，底色是蓝的。"

"好的，但是让我们把天空中所有的天象，行星，还有恒星，都做出来吧。"

"我喜欢这个方案，不过要怎么把它画出来呢?"

"阁下，我想用石灰和其他原料制作一种糨糊，然后用它做成我在很多地方见过的浅浮雕。古人把它用在他们的建筑上，特别是在罗马。我相信您在大角斗场里和别的地方都见过它。用在这里会很漂亮的。"[181]

"好的，但是我想让你教给我制作这种糨糊的方法。"

"我非常乐意，不过我会在别的时间把它教给您的，在我为您传授其他相关内容和其他一些会让您称心如意的东西的时候吧。"

"那好吧。我同意。我们要在下面的地面上做什么呢?"

"在地面上，我也会做一些奇妙而又美丽的东西。"

"你知道，我认为我们应该在地面上首先做出一年的四季，然后是四种元素，最后是一个地球的形象，因为天象已经画在拱顶上了。"

"很好，这对于地面来说也会是一个高贵而适宜的东西。在立面的一角将安一个座位。它应该是高贵而美观的，由大理石制成，并用镶木画配上彩色玻璃，以各种方式一直往下做到地面上。在上面，床头所占的区域，即一块2.5－3臂长的地方，也应该是同样做法。"

"我很喜欢，不过，跟我说说，这个地面要用什么东西来做，才能使其美观。"

"它将用类似于玻璃马赛克制成。转角处，我们还会用一种看上去像碧玉的玻璃，以及很多材料制作。在座位上面还会有一种玻璃，它放在那里会很美观。这些材料每块都将是平的。在它们里面可以见到雕刻出来的人像、动物和形形色色的东西，手法之妙，一定能让它们成为一道奇观。"

"我喜欢这个方案，可让谁来制作这些玻璃马赛克呢?"

"我的一位非常要好的朋友，安杰洛·达·穆拉诺大师将制作它们。"[182]

"他就是那位用水晶加工精美作品的人么?"

"是的，阁下。"

"还有谁会用玻璃制作你刚才说的那种东西，就是看上去仿佛在里面刻有人物，并且像碧玉一样的东西?"

"我会做那些的。"

"哦，你知道怎么制作它们?"

"是的，阁下。"

"告诉我你怎么做才能让它们看起来在里面有人物?我还想了解一下其他的种类。"

"我目前还不想告诉您，不过，到我教给您那种糨糊和其他东西的时候，我会把这个也传授给您的。”

“那好，不过你可要把它记住。”

“在侧立面上，我想我们应该让人，把所有那些测量天空和大地之科学的占星家和数学家都画出来，比如托勒密及其他开创这门科学的人。最重要的是，我必须找到出色的画家；不管他们在哪，都要把他们找到，为了找到优秀的画匠，要不惜重金。”

“我将把这项工作交给你，因为我知道你理解这些东西。”

在他交给了我这项任务之后，只要我知道有对我来说最合适的画家，我便派人到他所在的地方去。找来的人中，有一位佛罗伦萨的弗拉特·菲利波，一位来自博尔戈的皮耶罗，一位来自帕多瓦的被叫做斯夸尔乔内的安德里亚，一位来自费拉拉的古斯曼，一位温琴蒂奥·布雷夏诺，还有其他几位。

“浅浮雕的拱顶，谁来做？也应该找来杰出的工匠吧。”

“不用担心，我们会让优秀的工匠来制作它们，即狄赛德里奥，一位叫克里斯托法诺的人，还有杰雷米亚·达·克雷莫纳。如果有必要，我们还可以叫其他人。”[183]

于是便达成了一致，下达了命令。由于工作勤勉而且资金宽裕，一切都 [67v] 在很短的时间内，根据上述要求建成了。工程的实施，让任何人见了，都会感到这是一件赏心悦目的奇观，因为不但施工神奇，而且人物和其他雕像也制作得非常精美。

他还希望在公爵大人的宫廷和公爵夫人的宫廷之间的分隔处进行装饰，夫人的宫廷还没有做彩画。他希望只对夫人宫廷靠近公爵宫廷的部分用彩画进行装饰。这个宫廷的大小和公爵的那个一样，也有和公爵宫廷一样的大理石和其他各种石材的柱子。他说他当然也希望这个宫廷非常美丽。[184]

“我要各处的每块地面的边上都有 1 臂长的空间，它们做得要像是地球。在它的中间将会像大海一样，也就是让它看起来像水面。这里将绘制第德勒斯之子是如何打算和他的父亲一起飞翔，然后又掉入了大海的*；忒修斯是如何夺走了菲德拉，并把她的妹妹留在了岛上的；他的父亲埃勾斯王是如何在见到了黑帆之后，从宫殿的窗户跳了出去的**；还要画上诸位海神。我还想展示阿比杜斯的利安得是如何由于对海罗的爱而游到她家去看她的。这个我希望放在中间的位置。在其余的部分，我想展现阿尔泰米西

---

* 米诺斯为了不让世人知道迷宫的秘密，把第德勒斯和他的儿子伊卡洛斯囚禁在克里特岛的高塔里。第德勒斯用羽毛和蜂蜡制成了翅膀，于是父子二人飞了出来。但他告诉儿子不要飞得太高，因为太阳会烤化蜂蜡；也不要飞得太低，因为海水的潮气会沾湿羽毛。可是他的儿子飞着飞着就想冲向上天，终于蜂蜡被阳光烤化，他的儿子被摔死了。父亲为自己的发明而哭泣，并把那个地方称作伊卡里亚岛。——中文译者注

** 雅典王埃勾斯与其子忒修斯约定，如果他能杀死弥诺陶洛斯，就在返航的时候升起白帆。可是忒修斯回来的时候忘记了，升起了黑帆。父王以为儿子死了，悲伤地跳入了大海。此后这里就被叫做爱琴海。——中文译者注

娅是如何俘虏了罗得人，并用他们自己的船占领了罗得岛的；屋大维在擒获克利奥帕特拉时的战船，恺撒借以在夜晚侥幸渡过海港的小船，他是如何带着手中的信游过去的，以及庞贝死时的场景。我还想在地面上做其他的东西。在上面的拱顶处，我希望画法厄同正驾着太阳之马，第德勒斯在略低的位置飞翔，同时巴克斯正在抢夺阿里阿德涅，朱庇特正挟着该尼墨得斯，并用闪电击打法厄同和朱诺的战车。在中间，朱庇特会坐在众神之间。在侧立面上，我想要做几个我读到过的故事，菲伯斯追逐达芙妮，她最后变成了一棵月桂树；欧罗巴是如何被化作公牛的朱庇特驮走的；那西塞斯是如何变成了一朵花的*；黛安娜是如何把亚克托安变成小鹿的；珀尔修斯是如何斩下梅杜莎之头的；普路托对普洛塞尔皮娜的强暴，还有其他的故事。”

“这会美妙至极的，可是在我们继续进行之前，我想问一问令堂大人，她是否喜欢这些东西，另外有没有某件东西让她特别喜欢。”

“你说的对。我要你也一起去。”

我们去把一切都告诉了她。她看了所有东西以后非常高兴。不过，她说想要人把“端庄之神”和那些遵守了这一美德的人画在立面上。首先我们画了朱迪思，其次是珀涅罗珀，再次是阿尔泰米西娅，第四个是马丁娜，还有很多其他的人。她们都被用最高贵的姿态画在了其他彩画的上面。这些画画得栩栩如生，得到的赞许完全不亚于其他的部分。她还希望把女预言家也画在这个立面上。

我们同意画这些东西，并让人把它们都做了出来。在绘制这些的过程中，公子希望设计一下宫廷的入口，也就是用一道柱廊把内院围起来，就像我们说过的那样。他说他认为在那里画一些罗马人的古代战役会非常好，例如在波尔塞纳驻扎在罗马之前与他进行的战斗，霍雷肖**正摧毁大桥，缪西乌斯·斯科沃拉在烧自己的手臂***，还有其他几个。我也认为这会很美，但是我觉得我们可以用更快的速度把创世之初直至今日所有的名人都画出来。它就会像罗马的一座大厅，里面画着所有时代的纪元和那个时代的人，美妙绝伦，让这座大厅既高贵又华丽。[185] ［68r］

---

* 那西塞斯在希腊神话中是比奥夏的一位美少年，他的容貌让所有的男女都爱慕不已，可是他拒绝了所有人的追求。这触怒了神灵，作为惩罚，让他爱上了水中自己的倒影，并最终死在了水边，变成了水仙花，继续看着水面。水仙即与此神话人物同名。——中文译者注

** 即帕布里乌斯·霍雷修斯，与斯布里乌斯·拉西乌斯和提图斯·赫尔米尼乌斯共同守卫罗马大桥。在第十三书第 162（93v）页中出现时，被称作霍雷修斯。——中文译者注

*** 盖乌斯·缪西乌斯·斯科沃拉。在伊特鲁里亚国王波尔塞纳围攻罗马的时候，他潜入敌方阵营，试图刺杀国王。但他杀错了人，被国王抓住了，可他说出了那段著名的话：“我是盖乌斯·缪西乌斯，罗马的一位公民。我来这里，作为你的敌人要杀死我的敌人，我有勇气来杀就有勇气去死。我们罗马人做事是英勇的，而在灾难降临的时候，受难也是英勇的。”国王又怕又怒，叫人把他投入火焰。他不但接受了，而且把右手伸进火中，表情泰然自若。国王终于被打动了，放走了他。从此他就被人们记为斯科沃拉，意为“左撇子”。——中文译者注

“我喜欢这个，但我们应该先向公爵大人汇报一下，然后我们再做他喜欢的那个。”

我们把所有的东西都告诉了他，结果他都很满意。关于各个时代的那个题材被选中了。这些著名的工匠随即接受了他们的任务，而宫廷全都铺好了。

中间是那棵我建造城市时就有的橡树。他还希望把外边的那棵月桂也留下来。您知道他希望把这做成一个院子而不是两个。后来他决定把它做成这个样子的。在中间沿着橡树的地方，他想做一个喷泉，一部分是大理石的，一部分是青铜的。在喷泉里面保存着那棵橡树，上面还带着那头鹰。这就将是喷泉中心的柱体。它是青铜做的，造型好像一棵橡树上落满了八哥，每只都从嘴里喷出水来。鹰巢好似一个花瓶。在它中间是那头鹰的形象，水流经过设计从花瓶和枝杈中流出。这与原物如此之和谐，让所有见过它的人都为之惊叹。由于会有人可以读到这些文字却看不到实物，我就把它按照原样画了出来（68r 图）。那只鹰与猎鹰的搏斗，以及在建造城市过程中发生的所有事件，都刻在了这块大理石上。上面还刻有文字，说明了日期，这些事件是如何发生的，还有那只鹰的含义。

当宫廷的喷泉完成之后，我便决定在柱廊的下面绘制所有的时代和名人，不论是哪个学科的分支、不论是哪个时代，只要值得载入史册的人都要。他们都被排列好，一级一级的，每人下面都有文字说明他们的姓名和画在这里的原因。首先，我把时代之神画成了一位织造人类的女性。第一个要画的站在她身边的人就是亚当；织者出现在他的身后。人类第一个时代出现了亚当和夏娃，后面是其他人。土八该隐拿着线的末端，因为他是第一个时代中值得纪念的最后一人。据说他是很多东西的始祖，特别是音乐。这第一个时代持续了 930 年。

第二个时代以同样的方法绘制。她的身边首先是诺亚，而最后一个是亚述的尼努什王，他还没被织出来。这位尼努什活在亚当之后的 1800 年，所以我认为这个时代延续了 900 年。

[68v]　第三个时代还是用同样的方法画的。亚伯拉罕和以撒在第一位。科林斯的第一位国王阿雷底斯在他们旁边握着线。这一时代延续到所罗门时期。

第四个时代是用同样的方法绘制的。大卫和所罗门站在最靠近的位置，然后按照顺序是其他人。沿着纺线出现了雅典明君比西斯特拉特斯。狂君塔尔坎和诗人伊索生活在这个时代。第四个时代到此为止。

第五个时代是以同一方法绘制的。最近处是波斯国王康比斯，他在埃及建造了巴比伦。屋大维，即奥古斯都握着纺线的末端。这第五个时代延续到屋大维。

第六个时代按照与其他一样的方法绘制。在她附近站着被圣女赋予肉身的基督，即基督降生。坦布拉内握着纺线的末端，因为他是我们目前所在的第六个时代的最后一位。我说过，我命人把所有这些值得留名的人都画在了柱廊下面。

当柱廊画好了这些有价值的纪念物之后，我决定叫人在上面的大厅处画一些值得纪念，并且非常高贵的东西。我考虑是否要叫人画上亚历山大大帝或恺撒。他们两人都非常尊贵。让我们在一边画上恺撒的事迹，另一边画亚历山大吧。于是就这么做了。

这部分完成之后，他想让我们在大门前面、柱廊之下给凉廊设计一样漂亮的东西。

“我已经想到了一种方法，我想一定会不错的。它将是一件值得纪念而又非常尊贵的东西。更重要的是，它还从没有在别的地方做过。我想，我在青铜书中所做的‘善恶图’* 会是最好的选择，我相信您已经见过它了。”[186]

“你还没把它给我看过呢。”

“没有么？我以为在我把它呈现给令尊大人的时候，阁下已经见过了呢。”

“没有，你把它给我父亲看的时候我没在。告诉我你以前是如何表现他们的。”

“我以前是用这种形式表现他们的（143r 图）。首先，我做了一个尖角菱形，上面立着一个天使形象的人，他的头好像太阳一样。他全副武装，一只手拿着一根月桂枝，另一只手里是一根枣椰枝。在菱形的下方有一座蜂蜜的喷泉，里面还有成群的蜜蜂。一个象征‘盛名’的人物在它的上空飞翔。我以前就是用这种构图来表现‘善’的。我画了一个有七根辐条支撑轮缘的轮子。这些辐条是七种动物，代表着七宗罪**。它们不断地从口中吐出令人作呕的东西。接着，我在底部做了一口喷泉，一群猪躺在污物和泥浆里。然后在这轮子上面，我画了一个肥胖的裸体男子，他有一张像萨梯***一样的面孔。他一只手里拿着一块棋盘，上面有三个赌博用的骰子，另一只手里是一只大食盘，上面是食物和饮料。他在一个阴暗的地方，一座大山中的洞穴里，而山顶上树立着‘善’。我已经把攀向‘善’的艰辛都画出来了，因为那座大山攀登起来非常困难非常陡峭。人必须要蜿蜒闯过人 [69r]

---

* 见前文（25r）。菲拉雷特在那里也把这称作自己的首创。——中文译者注

** seven cardinal sins。即“淫欲”、“暴食”、“贪婪”、“懒惰”、“狂怒”、“妒忌”和“傲慢”。与之相对的七大功（Seven Virtues）为“贞洁”、“节食”、“慈善”、“勤勉”、“容忍”、“友善”和“谦逊”。——中文译者注

*** saty，希腊及罗马神话中半人半兽的森林之神，引申为好色之徒，性欲极强的男人。——中文译者注

迹罕至的小径，历尽千辛万苦才能到达‘善’。‘恶’则正相反，因为它就在山脚下，人可以很容易地接近他。”

“太好了；我非常喜欢。但是，我想我们应该同时表现与‘善恶’有关的内容；那些修成善的人和那些堕落为恶的人都要。因此，任何见到他们的人都会弃恶扬善的。我想我们应该这么做，如果你同意的话。找那些工匠来，然后下令让人完成这些东西。”

“我有疑虑，阁下；我们应该等一等，因为能够把这些东西画好的工匠非常少。”

“我当然想要画好了。可是优秀的工匠就找不到么？”[187]

“我不知道为什么。不幸的是，本可以来的人已经死于佛罗伦萨了。他们都曾经是杰出的大师。有一位叫马萨乔的，一位叫马索利诺的，还有一位叫弗拉·乔凡尼的僧人。接着最近又有三位其他优秀的大师过世了；一位叫多梅尼科·韦内齐亚诺，还有一位叫弗朗切斯科·佩塞罗的——这位佩塞罗是画动物的超级大师——还有一位叫贝尔托的，他死在了里昂的罗讷河上。还有一位非常博学、绘画经验非常丰富的大师叫安德里亚·卡斯塔尼奥。由于这些情况，我想找到优秀的画家会非常困难。”

“既然如此，我们只好用可以找到的人，尽我们最大的努力去做了。”

“如果您愿意的话，我们可以越过阿尔卑斯山去看看有没有优秀的画家。那里有一位杰出的大师叫扬·范·艾克。他也过世了。我想还有一位非常出色的大师罗杰。还有一位让·富凯；如果他还活着的话，也是一位优秀的大师，特别是在真人肖像方面。他曾经在罗马为尤金教皇及其两位扈从创作了一幅肖像，那看起来栩栩如生。他是在亚麻上创作的，这幅作品被存放在密涅瓦的圣器室里。我讲这个，是因为他那幅画是我在那儿的时候画的。我们要看看能不能找他们来，如果不行，我们就用那些可以找到的人。”

在我们作出了这个决定之后，他禀报了他的父亲公爵大人。这个设计让他很高兴。所有与善恶相关的细节都实施得非常好，让所有目睹它们的人都钦佩不已。它靠近大厅的顶部，并朝向公爵的房间和他礼拜堂的出口。

礼拜堂的出口被设计成这样，即让人可以以这样的方式进入这间大厅。公爵可以从他的房间到达用于会议的房间。议员站在大厅的底部，这样就没有一个人可以靠近他了。会议结束之后，他就回到自己的房间，不需要经过他们面前。他希望礼拜堂的大厅也这样设计。我们在别的地方已经讲过其中的理由了。如果他们当中有人对他心怀不轨，他不应该像恺撒一样，在会议的过程中被他的军官和议员刺杀。公爵希望叫人把‘正义’、‘克制’和‘审慎’画在会议室大门的上方。在另一边，他的主座上，他想画上‘坚韧’。

他还对我说：“我还很想知道是否有办法画上‘理智’和‘意志’。我想

[69v] 要把它们画在这里。你以前见过它们么？”

“我从没见过有人把它们画出来，或是用任何形式来表现它们，不过，它们还是可以做出来的。我想画上‘真’与‘伪’也会很好的，只是我倾向于前者。如果您喜欢的话，我可以设计出一个形象来同时满足您和我的要求，然后我们就可以让人把它画出来了。”

“好吧，以汝之信仰，稍稍想一想它吧。你自然已经把‘善恶’画得活灵活现了。不过，我还是想让你为我对它进行更为深入的解释。”

“我会按照您的意愿把它讲清楚，让您理解的。”

我在这个妙想上进行了大量的思考和创作。到他问我的时候，我回答说：“我想我已经找到了一种同时表现‘意志’和‘理智’的方法了”（69v 图 A）。

“好的，告诉我你怎么做；我自然非常想听一听。”

“我想出来表现它的方法是这样的。让我们画一个裸体女人，一只脚踏在一个轮子上，双脚和两肩都有翅膀，而头上长满了眼睛。她一只手要拿着一架天平，一边要比另一边低，另一只手看上去要抓住整个世界。‘理智’在她身边，是这个样子的：她坐在一颗心上；一只手拿着平衡的天平，另一只手是缰绳，每条线都对应着人类的一种知觉。她脚上穿着铅拖鞋。她有三张脸：老年、中年和青年。后者象征着未来，中年是现在，而老年是过去。如果这个您满意的话，我们就可以让人把它画上去。我还想出了一种在一张图中画出‘和平’与‘战争’的方法。”

“我想要了解一下这些。不过，我更想让人按照你的思路把这些图像画出来，也就是‘意志’和‘理智’。”

这些都画上去了，还带有其他装饰品和名言的文字。在宫廷的其他各部分中，还画了很多别的有价值的东西，用高贵的绘画和古代现代的纪念物把整个宫廷都装饰起来了。我还用其他与宫廷的功能有关的东西进行了装饰，尤

风神埃俄罗斯青铜暖炉，15 世纪
（英文版图版 20）

其是壁炉、出口、大门还有窗户。在饭厅里，我加上了餐具柜、水槽、点亮的大烛台还有薪架。这些装饰品我每种只讲一个。

首先是壁炉：我会讲这间大厅里的壁炉之一（69v 图 B）。它是用一种美丽而耐热的石头制成的。它出自一位优秀工匠之手，即卢卡·德拉·罗比亚。他是一个佛罗伦萨人。在上面中间的位置，刻着伏尔甘，斯科沃拉在烧自己的胳膊，还有土八该隐。在中心是法厄同在菲伯斯的战车里，由于对蝎子的恐惧而催马狂奔。斯特劳和发现火的埃及人在顶部的檐壁上。据说他们在把石头拖过一块岩石的时候，石头间的碰撞产生出了火星。[188]那还有很多别的东西，在图中都能看到。薪架被做成了这个样子。托着木柴的部分是大铁棒。在前面的部分中有一个青铜瓶。它的盖子是一个裸体小爱神，脸颊因吹气而鼓起。他被设计成在火烧得很旺时，或他被转动之后，就会使劲往火里吹气。他是这样制作的（英文版图版 20）。瓶子是空的，焊接得非常好，体形也细长。灌入它们的水来自他嘴里的洞口，也就是他嘴中间的细管，吹气用的也是这里。他的脑袋里有一个塞住的洞，这样他就不能从嘴部以外的地方冒水蒸气了。在有水的时候他会像一个风箱一样一直吹气。[189]大烛台是一个 12 岁的少年形象，裸体、挺拔，并且做在轮子上，这样它们就可以很容易地从一个地方被挪到另一个地方去（69v 图 F）。

[70r]

大门、出口和窗户全都由各种各样的石头精工制作而成。我会把它们中

的每一个都在图中画出来（69v 图 C、D、E），这样它们的形式就能看得很清楚了。有些入口，即木制出口，是用青铜做的，尤其是正门和其他几个。房间的门用各种镌刻制成。您也许会感到非常吃惊，这里有些门是用青铜做的。它们是用于紧急情况和很多其他必要的用途。如果领地里发生起义的话，它们也不会被烧毁。马库斯·阿格里帕把自己家里的所有门窗都做成青铜的，并因此从没有被攻占过。[190]

那里还有私人和公共空间，或者叫盥洗室，和基础联系在一起，并被设计成可以让水把任何碎屑都冲走。雨水在这里通过一种设施被收集起来；水把它们洗刷干净，然后流入地下运河。整个房间，即大厅所有排水的地方，例如洗手或类似东西的地方，都用各种不同的形式和做法建造。为了让您能够理解它们是如何建造的，我会为您画一个。它可以用各种方法建造，而且有很多种类型（70r 图）。

“这宫廷所有的东西、构件和装饰品，都让我满意，但是，我想这样的一个宫廷应当有一个很大但单独的厨房。这样，如果希望开一个大型宴会的话，对于容下一个大型餐桌来说它就会是宽敞而适宜的。”

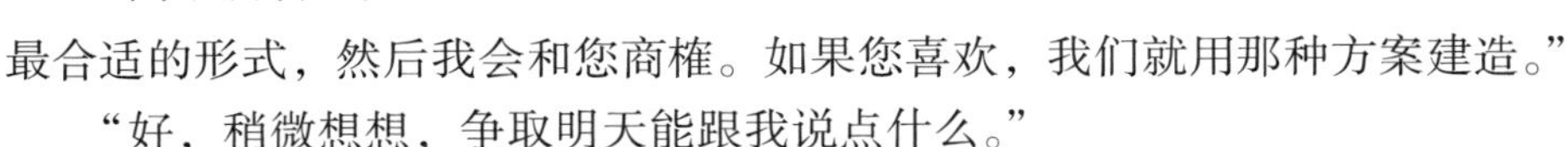

“阁下所言极是。我会考虑一种在我看来最合适的形式，然后我会和您商榷。如果您喜欢，我们就用那种方案建造。”

“好，稍微想想，争取明天能跟我说点什么。”

我当天思考和设计了一整天。第二天我把我的方案交给他，结果他很满意。它是用这种方法做的（70v 图）。第一步，我拿出一个每边 70 臂长的正方形。这个正方形我分成了三份。我打算把中间的一份做得像一个院子，或者说回廊院。它将长 34 臂长，两边的两份每个都是 16 臂长宽。中间的一份，即回廊院宽是 34 臂长，长是 70 臂长。在其中一份的顶部，我要做一道柱廊，深 10 臂长，长度根据需要而定（70v 图 A 和 B）。这道柱廊长度所包含的一个部分，将是一个可以同时用于厨房两个部分的蓄水池。这个蓄水池可以通过管道同时为这两个部分供水。水会流入锅炉中，在那里被火加热。这其中有一个部分会被柱子上的拱顶覆盖。那里会有两列柱子，间隔 6 臂长，即发券的地方。在对面它们间隔 8 臂长。它上面将会有拱顶。在前面朝向宫廷的拱

[70v] 券高 12 臂长，其他的拱券高 6 臂长。用这些，我们就可以建造一个靠着墙壁的拱顶，其高度与另一个相等。这儿会有非常多的圆窗，每个直径 1½臂长，从中可以排烟。它们会做得像壁炉一样，因此雨水就不会落到它们里面了。这一部分将是开敞的，并且有这道柱廊，这样，即便在举行宴会的过程中，有大量烧烤食物的火焰，人们也可以留在那里。在对面，我要用与此相同的方法建造墙壁、柱子和拱顶，带被围起的青铜瓶和煮肉的平底煮锅。这里还会有洗锅碗瓢盆的地方。这将是烤面包的烤箱所在的地方。您知道，它在任何一边上都是 70 臂长。我们会拿去 20 臂长做上面说过的面包房。我想它应该是这个样子的。

“我很喜欢，但是我想让你把刚才描述过的形式，给我画在一张纸上。然后我会让我父亲大人过目。如果他喜欢，那就这么做了。”

“首先我会画出基础（70v 图 A），然后是立面中的一个（70v 图 B）。这样一来，他就可以理解您在本书中的这个地方见过的所有模式了。为了让它通风良好，我会把地面到拱顶端部的高度做成 14 臂长。把它献给他吧，好让他决定叫人尽快把它建起来。”

“我会拿上它的，如果你把它给我的话。”

我很快就把它画出来了，然后我们一道把它献给了公爵，并为他讲解了所有的图。他理解了所有的内容，并希望用那种方法建造它。实际上还根据他的要求，增加了其他构件。

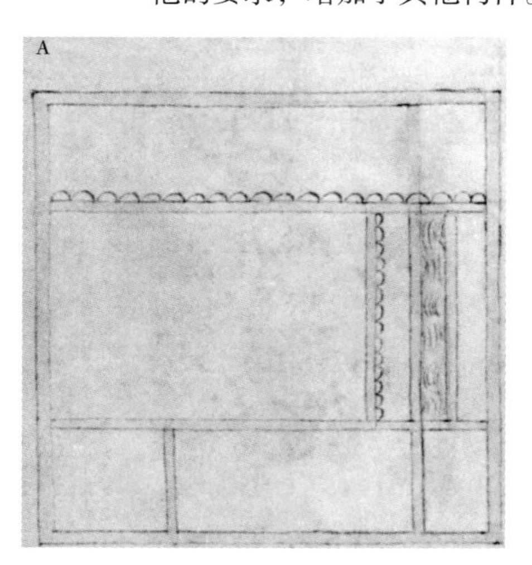
A

“在我看来，我们现在应该考察并布置商人的广场、市政厅、市长厅，以及打造钱币的铸币厂。”

“我还想让你为我解释一下这些都要如何建造，才能满足并适于它们的要求。”

“我想把市长厅和市政厅放在商人广场上。它们会像我说的那样被放在相对的两边上。商人的广场会首先建造。我会为您画出广场，然后我将在上面做出店铺，或者还是做府邸和商人们做他们生意的地方。我会把它一部分一部分地解释给您听，让您明白它的形式和比例都很好。我会去画这些东西的图，然后我会按照各个部分把它们展示给您。您会在第十书中看到所有的内容。”

B

第十书

以上第九书，以下第十书。

在我搞清了他的要求之后，我便即刻着手绘制并设计将建立在商人广场上的府邸的基址和风格。我先画出了广场的尺寸，然后是市长厅；我接着设计了铸币厂、市监狱，还有海关署。它们的选址和第六书中出现的图是一样的（43r 图即英文版图版 1）。

在我定好了广场的比例之后，我把它拿去给公子看。他看懂之后对我说："让我们去把它呈给我父亲大人看吧。"我们便一道去了。公爵大人想让我详细地把所有内容都解释一下，全部的尺寸、各个部分，还有选址。我在他面前开始按顺序详述每一样东西。我首先解释说明了广场的平面。它是这个样子的，即用平行的线画出来的部分，在这张小的轮廓图中就可以看到[191]（71r 图）。这个广场宽 96 臂长，长 186 臂长。他在了解了广场两个方向上的尺寸之后，感到非常满意，并希望我给他解释一下我在图中画出的其他建筑的尺寸。首先，他想知道我是以什么形式画它们的，还有这些建筑将放在广场的什么位置上。我把绘制和设计它们的方法展示给他看，就和这里可以看出来的一样。

［71r］

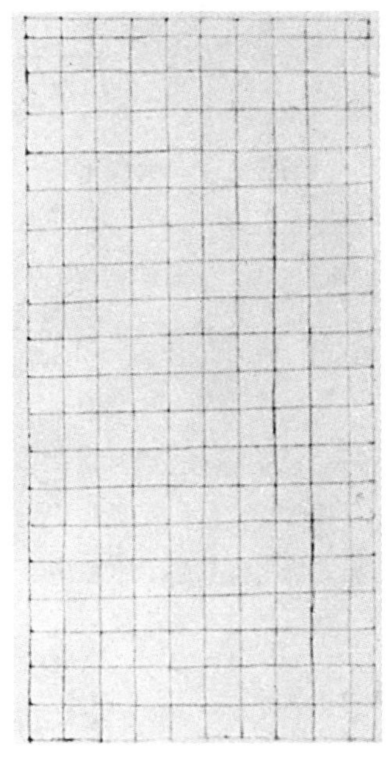

"我把民事裁判大厅放在广场的中间；它占去了整体的四分之一。它全部都立在墩子上。我这么做是为了让商人们可以在这里继续进行交易和其他买卖。我说过，它下面全都立在方墩上。它完全被这些墩子支撑着形成拱顶。它们每个都是 9 臂长高，2 臂长见方。在每个墩子之间有一个座位，高 1.5 臂长。这些墩子两两间隔 6 臂长。角部的墩子将是 3 臂长见方。广场将会像我说的那样，长 186 臂长，宽 96 臂长。这些拱顶的高度会达到 12 臂长；因为墩子是 9 臂长高，而拱顶又占去了 3 臂长，所以它们就是 12 臂长高。这座大殿是 50 臂长宽，70 臂长长。在它前面有一块地方，一边是 20 臂长，另一边是 36 臂长。在它的每一端都有一道柱廊，即其上部和下部都朝向广场的柱廊。这最后一个广场完全被柱廊包围起来，这样人就可以从另一道柱廊的顶上进入市长厅的柱廊。然后可以从上部柱廊继续向上。在

12 臂长的高度上，我做了一个宽 34 臂长，长 78 臂长的大厅。在这道柱廊的上方，我留出了一条 6 臂长宽的开敞通道。它从宫殿的两角沿伸出来并有一道女墙。在这 20 臂长的空间里，我做了通往柱廊顶部的楼梯。在这座大厅的中间，我将放上柱子，高 12 臂长，厚度与此成比例。它们和下面的墩子一样，间隔是 6 臂长。柱子将直接落在墩子上。我想这座大厅也可以在中间被分开，这样，如果有人愿意的话，他就可以在其中的一半举行会议或是做其他的事情。在另一部分里，根据情况就可以是法官和其他官员，还有他们的公证人。还可以用另一种方法来做，即在中间留出一个 14 臂长或 16 臂长的回廊院，然后在上面做两个大厅，每个 16 臂长。它们可以在被分隔后用作同样的目的。"

"好。两个方案我都喜欢。不过，跟我讲讲市长厅和其他要立在广场周围的建筑。"

"我在早先说过，我想把市长厅放在广场的顶部，不过，我现在觉得放在[71v]广场底部中的一个部位会更好。一端会在府邸一角的正上方，在那里这两个角几乎以这种形式碰到了一起。然后，监狱会放在最近的一角上，就像您在这里看到的图一样（73r 图即英文版图版 3、图版 4）。我可以把这座府邸放在广场的一边上，也就是在广场一边上留下的部位。这就达到了整个广场的八分之三，即 $69\frac{3}{4}$臂长。市长厅的立面在一边上将是这个尺寸，而另一边上将是 40 臂长。我会把它布置成这种形式。首先我要做一个回廊院，它一边是 30 臂长。另一边是同样的尺寸，因为我要从两端上拿去 70 臂长中的 20 臂长，得到一个正方形。然后我将从朝向广场的一边上拿去 10 臂长，然后在四周做一道柱廊，宽是 6 臂长。在这一边上还剩下 4 臂长给楼梯，上去就是要盖的房间，或者还是叫住房吧。这个入口我讲过，它要朝向广场，宽 6 臂长，高 12 臂长，和里面的柱廊一样。在减去楼梯之后，剩下的空间将是市长家人的居住区。在回廊院其他的两个对边上，柱廊的空间是 6 臂长，和我讲过的一样。还余下 14 臂长。在这个空间里会有一个大厅，它其中的一边是 20 臂长。在另一部分里会有两个房间，每个 10 臂长。在对边上会有一个厨房和家庭餐厅。储藏室和马棚将在下面。一部分将是储藏室，还有一部分用来储存木柴，作马棚和马所需的东西，麦秆、干草，还有别的东西。它们都会被布置得很好的，因为它们至少会在入口的位置高出地面 2 臂长。由于这个原因，这些储藏室和马棚都会很不错的。每个端头的靠上部分都会像我说的那样，宽度和长度都是 20 臂长。不过，我想把这些部分中的一个分成一个每边 20 臂长的正方形大厅，而另一个分成两个一边 14 臂长、另一边是 10 臂长的房间，每个还要有一个 6 臂长的前厅。人可以从这些部分之一穿过一道 2 臂长宽的门到达另一个。我还会做其他的居住区和实用的东西，壁炉、水库和盥洗室。目前，我就不会再讨论这些了，因为可以从前面提过的东西中理解我们将要建造的形式。这也可以从以后我们要讨论的内容里看出，因为我打算在其他建筑中讨论它们，即输水道和必要的设施。我在前面说过，我就让它们沿着墙体流下，以便冲走府邸里的所有废物。”

“到这里我都很喜欢，可是你要在哪里造监狱呢？”

“我会把主监狱或市监狱建在靠近这座府邸的地方，从广场的一端开始。”

“你现在不必讨论它。”

“我现在开始讨论府邸本身的监狱。这我将做在一条边上，在那些拱顶的下面。它就会对应上部的房间，其中刑讯室可以按照需要做在这样的建筑里。”

“我都满意，但要保证在每个角上画一座塔，塔要突出墙面 4 臂长。它们要比屋顶高出 12 臂长。它们顶上还应该有一口大钟。然后，我要把‘正义’、‘坚韧’、‘审慎’和‘克制’，用大理石刻在大门上方。这我希望在主入口的上方。我要在里面画上其他东西。先把这些做完，之后我们会让人把其他的画好并进行装饰，一切都要妥当。和我解释一下你要怎么做主监狱。”[192] [72r]

“要我说，这座监狱要做成这个样子。您看，这是一个各边或各面都是 100 臂长的正方形（72r 图）。我选用下面这个方案是为了让它坚固，也为了防止任何被关在里面的人在没有被获准的情况下逃离。大体的平面会是这种形式的。我要在外围做一个正方形，墙厚 3 臂长，然后从这里离开 5 臂长，再是一道 2 臂长厚的墙。在两道墙之间将有水；厕所将面向这里。入口几乎是在这些面之一的一个角上。它将朝向两墙之间的地方，并从这里到达正方形的拐弯处。这里我们要再做一道门，向一个每边 30 臂长的院子敞开。为牢房提供采光的铁窗会朝向这个院子。第一道门只有不超过 1½臂长宽，高是 2 臂长；向院子敞开的那道门一点也不会比这个宽，不过高度是 3 臂长。在这两道门之间还有一道更矮的门。

犯人的牢房将根据所犯罪行的轻重而有所不同，也就是说，因债务而入狱的人会被关在更宽敞的地方。这些牢房会按照如下方式布置。首先，我们要把其中一间做得和院子一样宽，一边是 30 臂长，而另一边是 20 臂长。院子的其他三个部分和四角都将是每边 20 臂长的长方形。在四个角上将是四间囚牢，条件要险恶残酷得多。在这里面将关押那些犯下死罪的人。该上绞架的盗贼会被关在一处，判决斩首的，即杀人犯在另一处。下一个将是那些该上火刑的。要被拖着五马分尸的叛徒和类似的犯罪分子要在另一处。

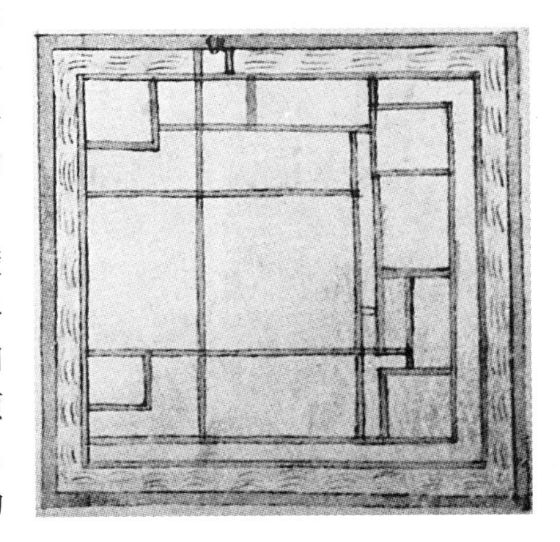

这些囚牢将按照这个形式建造；它们的墙壁在每边上会是 3 臂长厚。因此内部空间就会是 14 臂长。它们会有拱顶，而拱顶的高度几乎和它们的宽度一样。它们的光线从某些高度几乎在拱顶位置的竖槽中穿过，这样谁也不能和囚犯说话，或是给他们送进来或扔进来任何东西了。它们的入口会很别扭，又矮又窄。所有的都会用不同的形式建造，并赋予不同的名称。第一个要叫‘无望’，第二个叫‘苦牢’，第三个叫‘黑暗’，第四个叫‘痛楚’。* 我讲过，这四间囚牢要关被判死刑的人。它们的牢门都用铁做，而且全都有拱顶。其他的牢房也要有拱顶。在囚牢的墙和外围墙之间水的位置，以及水面以上拱顶高度的位置，将有一道 5 臂长宽的铁格栅，把所有水面包围的面积都罩住。有四座塔会高出拱顶 20 臂长。围墙会比拱顶高 12 臂长。在其中三座塔的顶部，会有给囚犯的各种地方；第四座几乎就是在大门上方，它将是监狱看守的营房。”

［72v］

“到目前为止我都很满意，不过在它建成以后可以再增加一些东西。你想在哪里做海关？”

“我会把它放在广场的另一角。它一边是 60 臂长，另一边是 40 臂长，在正门前还有一道柱廊。它在里面会有一个 20 臂长见方的院子，院子三边有柱廊。房间、住所和仓库会在里面，这个院子的下面。它的正门会直接面对广场的顶部。和前面说过的一样，正门前会有一条运河，让人可以通过水陆两种途径直达海关大门。它还会有一道朝向广场的大门。官员们，也就是海关职员，都有各自的房间。设计的方案可以满足此类建筑的需求。”

“这我也很满意。这里你也可以在施工的过程中，根据需要添加有用的东西。就剩下铸币厂了。你要把它放在哪？”

“我要把它放在广场的顶部，海关的正上方。它将是 80 臂长见方，四周带一道柱廊，而且还会有一个 30 臂长乘 20 臂长的回廊院，它只在两边有柱廊。这要经过组织，满足将在这里进行的工艺，不论是熔化金银，还是打造或化验硬币。这会在柱廊的前面，朝向广场。他们制作化验用酸和硝酸的地方，以及他们提纯金属与实施该工艺所有其他细节的地方，都是分开的。

阁下，这些建筑中的一切，并不是用文字就都能说明白的，不过在它们建造的过程中，工匠和监工[193]会根据需要安排这些空间的。”

“这倒不假。这些够了；到建造它们的时候，就都可以根据需要进行布置了。告诉我是否还有其他东西要建在这个广场的周围？”

“在广场的每个边上，也就是在市政厅的前后，都会有 40 臂长见方的小广场，每个里面还有一座小教堂。由于它们的服务是连续的，所以对于那些商人和其他在这两个广场周围的人来说，就都会很有用很适合。[194]在一个广场上会是珠宝商、制作金器的人，而在另一个上是汇兑银行。在这个广场的对边上，即市长厅的对面，会有一座大殿，让所有小行会可以在里面进行协商、听证，并制定他们的规章。这个我说过，要一边 70 臂长，另一边是 100 臂长。在它里面会有一个回廊院，宽 30 臂长，长 60 臂长，四周全有柱廊。这

［73r］

* 参看第二十书 282（165r）页，另一座监狱名称上的不同：苦劳之牢、折磨之牢、饥饿之牢和无宁之牢。——中文译者注

里，我讲过，将是全体行会的房间。在广场的对边上，海关的对面，将是与此类似的另一个地方。这里将是主要行会的议事厅：商人、羊毛、丝绸、金匠、汇兑，以及其他地位更高的行会。两座建筑都是同样的大小。由于这些行会大小不一，他们所占的部分会随着其人数的增多而有所扩大。您想让它按照您在此图中看到的样子建造么？”（73r 图即英文版图版 3，图版 4）

“就按这个方案做；如果你还能做得更好就做。如果不能，也要保证不能比这个差，因为我要提醒你，我会把这张图带在身上。这相当令人满意，不过我想让你为我解释并画出其他卖水果和食品的广场是什么样的。”

“您想让我先告诉您它将来的样子么？”

“你把它画出来就够了。先把它画出来，然后再按照图一部分一部分地把它给我解释清楚。”

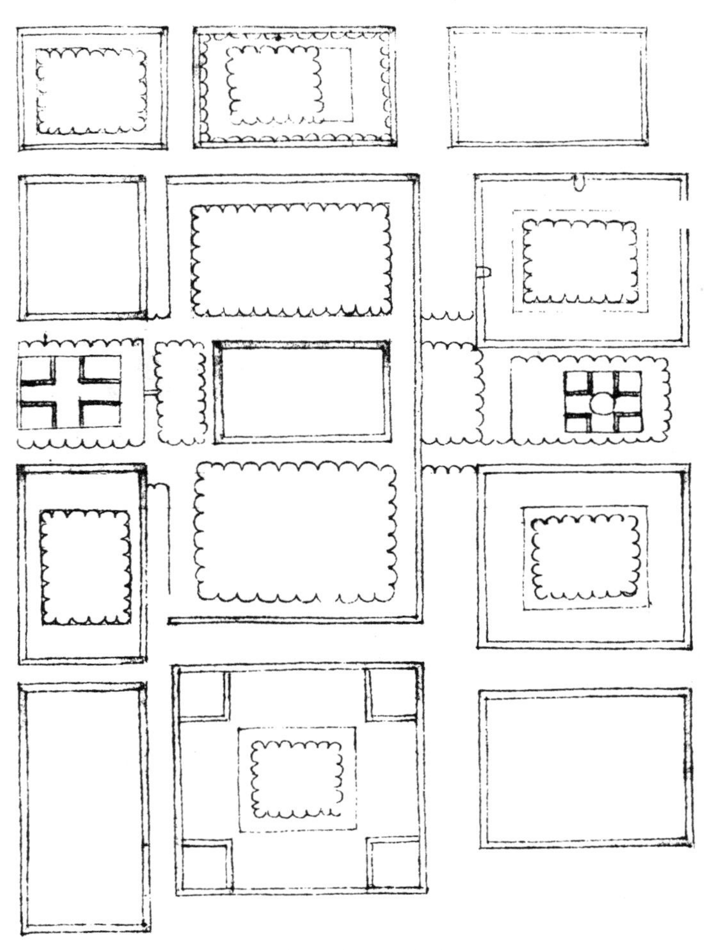

一座广场上的公共建筑平面

（英文版图版 3）

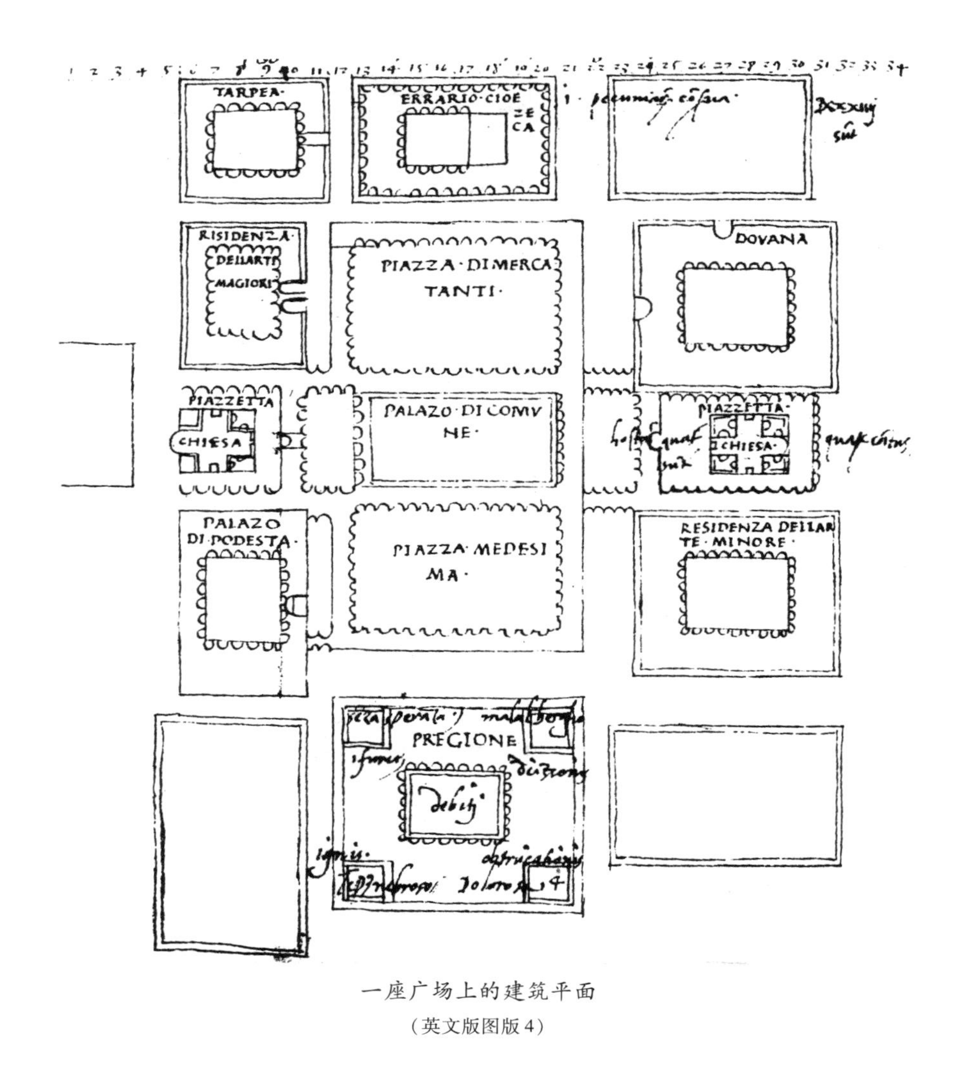

一座广场上的建筑平面

（英文版图版 4）

"明天我会把它画在一张纸上带给您的。"

"好，不过要让它按比例来画。"

"我会用小方格，即小臂长给出它的尺度的。"

［73v］　我画好了图，然后把它带给了公爵大人。

"现在给我把所有的内容一部分一部分地解释清楚。"

"首先，阁下，我将给您它的尺寸、长度和宽度。它将长 200 臂长，宽 100 臂长。如果您愿意，这将是净的长度。"

"当然，我怎么会希望它更小呢。"

"我把这个广场做成这个样子，您看（73v 图即图版 5、图版 6）。首先，我要在它周围做一道 10 臂长宽的柱廊，它要有柱子支撑。北面全部都会是肉铺。它会是这个样子的。这道柱廊会有 20 臂长宽，其中的 10 臂长要围起来，就是说在这 20 臂长的中间会有一道墙。在广场的后面将是屠宰牲畜的地方，沿柱廊还有一条运河排走所有的废物。这在整个柱廊的中心。在运河上会有

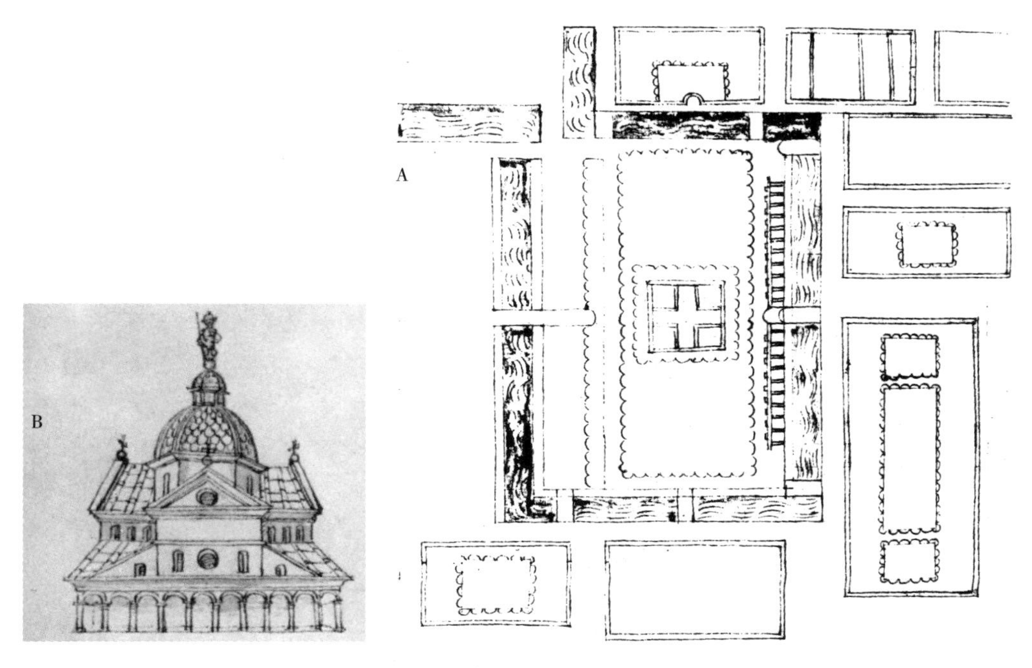

某集市广场平面

（英文版图版5）

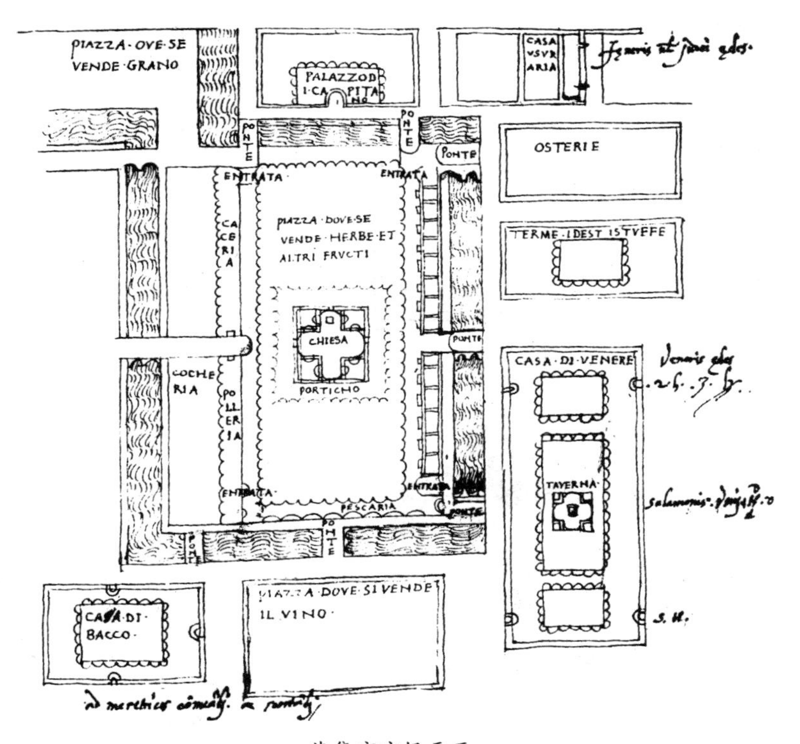

某集市广场平面

（英文版图版6）

一座桥把各部分隔开。各种各样的肉将在这道柱廊的一侧销售。我说过，这
[74r] 道分开柱廊的墙会有几道门。这些会开向柱廊后面的部分，人们可以在那里存放剩余的肉。在街面的前面将是他们切肉的区域。广场一端的西部将是鱼市。运河也许可以从它边上流过。在南部将是卖禽类和奶酪、香肠之类东西的市场。面包房会在东端。广场将以这种方式被包围起来。

在广场的中间，就像您在这张图中看到的一样（英文版图版5、图版6 及导论中图版7、图版8），我们将做一个60 臂长见方的柱廊，深度和各边上的一样，即10 臂长。我们还剩下一个40 臂长的正方形。这里我们要做4 –6 个踏步，然后在余下的地方我们要建一座教堂。在这座教堂的最高处会，放一尊科皮亚女神像。水果贩可以在下雨的时候站在这道柱廊下面的踏步上。在广场两端余下的空间里可以卖蔬菜，另一端会卖别的东西，不论是木柴还是某种二手货。”

“到这里我都很喜欢。警长厅应该靠近这里，以便用威严镇住百姓。”

“这会建在广场的顶部，即靠上的一端，那里是卖面包的地方。它将面向广场和通往主广场的主街。在这些柱廊上方，也就是在肉铺和其他店铺的上面，会有一间议事厅。虽然已经为各行会在商人广场建了一座，但他们也许会人数过多，导致这一处无法容纳他们所有人。警长厅会把出口放在大街一侧，并要通过一道很宽的大门进入。在它的周围会有一个30 臂长见方的院子。这个院子会在两边有10 臂长的柱廊。其余垂直的两边就是墙。这里会有20 臂长宽的房间。在这较低的地方，会有地窖、监狱和其他需要的东西。在正上方的广场里，卖面包的柱廊上面会有一个开敞的凉廊。它的一部分会有顶；审判结束后将在这里宣读判决。这座府邸将有四座塔，每个角上一座，都比屋顶高出12 臂长。”

“现在给我讲讲这里画的其他东西。都是些什么？”

“在肉铺后面的地方是维纳斯管辖的范围，即欢娱之所。这个，您看，就像一个院子。它将有三个入口，您可以从这里的图中看出（英文版图版6）。浴室将在街道的另一边，对着屠户的入口。它们将用这种方法建造。在人进入大门的时候，会发现一个房间，里面都是长椅，房间的一侧有两个房间，另一侧也有两个。在这两间房之间，会有一道门通往一间暖房，也就是说，
[74v] 温干浴。在这之后将是一个热浴，它的浴室会根据用途进行组织，即有时候水要热一点、有时候水要冷一点，因为人是到那里去蒸浴的。那还有一个回廊院，一边20 臂长，另一边是30 臂长。这个回廊院四周会有一道柱廊，里面是烧水的火和其他地方。锅炉将有从井中导入的进水管和出水口，这样，一切都可以用极快的速度完成。在这回廊院的另一边，是妇女去的地方。在这上面将是一间办公室，控制这里进行的工作。”

“这我喜欢。”

“接着在街道的上方，您看，将是客栈，在另一边妓院的下面，会是一间酒馆。在广场的底部会有一个鱼市，就像您在这图中看到的那样。在广场的

对边上，对着屠户的地方，是禽类市场和餐馆。在广场靠下的一边上，将是放高利贷的地方。在这广场一端的正上方，还会有另外一个小广场。它里面将是一个储存盐和批发酒水的地方。沿着它，朝向这个小广场，会有一座带院子的大型建筑，是卖面粉的。万事都会做得井井有条。同样的，在实施过程中，它们还会有所改进。如果建造它们的人知道如何对其进行设计的话，那么谁也无法用语言或图样说明，这些东西最终会是什么样。”

“你说得对。这就够了。”他希望下令叫它们尽快实施。“告诉我，是否一切都已经准备妥当，可以让这些建筑迅速建成了么?”

“一旦你确定了建筑的方案，就立刻置办所有物资。您喜欢这个么?”

“我很是喜欢，不过我肯定，在建造它们的时候，它们会比图中的样子更漂亮。安排所有需要的事宜，还有工匠和其他需要的东西，让它可以在两周之内完工。我希望其他公共和私人建筑也同时建成，尤其是神圣建筑、修道院和教区教堂，还有其他几个我打算建的东西。”

“悉听尊便，阁下，我会把一切都办妥的。”

所有前面讲过的为了完成这些地方、建筑和广场所必需的东西，都在很短的时间内安排妥当了。它们在工匠神速的施工下进展十分顺利，以至于所有的地方都在他所规定的期限内建成了。既然他把这件事交给我来办，我就在全部完工之后向他进行汇报。他听到全部完工之后，几乎不敢相信，可以说是喜出望外。

第二天一早，他一句话也没多说就要来视察。他骑上马，飞奔来到城里。当他见到广场和建筑都按照方案建成之后，比之前更惊诧了，因为它们比他在图中见过的不知要美多少。他要一个一个地视察每座建筑。

他说：“说实话，有谁曾经想过能在这么短的时间里让如此众多的天宫大厦拔地而起。”他接着说：“还有一件事；我一定要这些建筑加上应有的绘画和装饰。”

“毫无疑问。”

“好，这你要考虑一下，因为它们应该是弘扬道德的，还要和建筑相称。” [75r]

“阁下，如果您愿意，这里可以画一些我认为效果不错的东西。我会把它们给您一一道来。”

“只要它们是有价值的，我就可以接受。”

他的公子也在场，听到这里便迈上前来说：“阁下，它们会做得很好的，而且如果阁下您高兴，我也可以做一些设计。”

“也好。每个人都想一想吧，不管是什么，只要是最美最高贵的就一定要做。有的可以用大理石做，就像市长厅大门上方的四种美德*。我对它们是喜

* 柏拉图之四大德，即审慎、正义、克制或约束、坚韧或勇气。在《共和国》中，这些品德又与阶级相联系，自制与生产阶级，坚定与战士阶级，精明与统治者，公平位于三者之间。加上神学三德：信仰、希望、慈爱，即为七德。但这与和七宗罪相对的七大功不完全一样。——中文译者注

爱至极。嗯，让我们再去看它们一眼吧，因为它们出自一位杰出的大师之手，而在我看来实在是巧夺天工。”

我们便去欣赏这些图画。他问我这位大师是谁。我说是那位同伴。公爵叫他过来，并问他的姓名和出身。他回答说他叫狄赛德里奥，是佛罗伦萨人。

“我非常喜欢你的作品。”随后他握了握他的手。

他回答说：“我们还会有更美的作品。”

公爵进去之后，看到了回廊院的柱廊。他很喜欢，接着他说，这第一个入口非常应该增加绘画。有人建议画这个，有人建议画那个，最后公子开口了：“阁下，我已经想出了一些放在这里既高贵又得体的东西。”

“是什么?”

“是这个。在这第一处入口应该画‘真’和‘伪’，因为这是骗子和犯人接受惩罚的地方。”

“这的确会很有价值也很美。‘真’和‘伪’要怎么画呢?”

听到这里，我说：“阁下，我会告诉您我在各地见到的描绘它们的方法。”

“和我讲讲。”

“‘真’是如何绘制的：她是一位裸体的美女，蒙着一层白色的面纱，手中握着一只荷包，里面装满了背面朝上的钱币。看上去就像是她在把金钱洒到地上。她在另一只手中捏着一根橄榄枝。她的双脚离地面很高，在白色的大理石上，而在她的头顶上，落着一只鸽子。‘伪’是一个穿着黑衣的女人，双脚穿着靴子，还有很多补丁。她手中握着一个紧闭的钱包，里面全是钱。她的另一只手里拿着一根短杖，上面盘着一条毒蛇。在她的头上落着一只乌鸦。她双脚站在水里。我见过它们用这种方式来表现。之后我又见过‘真’用铁匠的一副钳子拽出‘伪’的舌头，同时‘真’头顶上的鸽子也把乌鸦的舌头拉了出来。”

“我喜欢这个。叫人去做吧。”

“这些回廊院此时就会在入口处表现这‘真’和‘伪’。在下面，柱廊的里面，我要让‘正义’和‘真’用一只手按住‘伪’的肩膀，另一只手执宝剑指向她的喉咙。犯下的罪行应该沿着这道柱廊延伸下去，例如盗贼、叛徒所犯的罪行和所有该判死刑的罪行，还要有他们的处罚和死刑方式，这根据所犯的罪行将有所不同。这么做是为了震慑所有进来的人，给那些胆敢犯罪的人一个警告，也让那些关到这里来的人一眼就能看到自己的下场。”

“这我很满意。就叫人这么画，只是我想让你找一位出色的画师。”他随后进到别的房间里，视察了所有地方，并感到非常高兴。在上部第一个大厅里，他想让人画出正在审问一些罪犯的法官，还有一位主持人听取双方的辩论。在他坐着的审判席的上方，要写“平心”和“兼听”。这座建筑就这样里里外外都画上了与之相称的东西。保罗·乌切罗和他的搭档们把它画了上去；他是一位出类拔萃的绘画大师。[195]

[75v]

然后他离开想去看看公社大厅。这也让他很高兴。在入口上，他想让人画一个老人的形象，他身着华丽的盛装，挂满了宝石，还长着金色的胡须。他一手拿着一面巨大的镜子，另一只手里是一只孔雀。他身边簇拥着人群，有的拔掉他的胡须，有的拽下他的宝石，有的撕下他的一块衣服，有人把他往一边拉，有人往另一边拉。在他所坐的审判席上，我想让人写上“中庸”。在会议厅里，应该画上所有为公国建言献策的人，就像罗马人法布里修斯和很多其他那样的人。还应该有那些一言丧邦的人，不管是由于愚昧还是出于歹意，而且连祸国殃民的结局也要画上。他们进谏的奖励也应该表现出来，这样，所有提议的人都会在发言的时候保持明智和审慎。公爵看了里面所有的东西以后，便要去看外面。他全都看明白了，而且对此非常满意。

他说他想让人把墨丘利的雕像做成大理石的，然后放在这座大厅前面的广场上。尽管埃及人曾经把它画成了狗头，我们会把他做成一个人头，而在他的脚下放一条狗。[196]古人做得好，因为墨丘利是献给商人的，尽管他还有很多其他的象征。它将会被做在这里，因为商人应该是有良心的、精明的、忠诚的和可靠的，就像狗一样。

“这要怎么做?”

“您知道：他头上要戴一顶小帽，脚下穿一双凉鞋，头上和双脚都有翅膀，而手中是双蛇杖，即上面有两条毒蛇交缠在一起的权杖。”

当这安排好之后，他想看看所有的地方，例如海关。在他视察过所有东西之后，他要在入口的上方画出那些最先向商品和其他东西征收税费的人。在他看过了所有这些之后，他又想去看看铸币厂。看过它之后，他还是希望在大门的上方画出那些最先制造货币的人，以及那些最早发明使用现金的人。随后他进入了金库，或者叫货币的储藏室。这里他想做一些有青铜雕像的门，表现那些曾经忠诚地守卫和保护金库的人。其中就有保卫金库不让恺撒进去的麦提路斯。这些门都按照传说中罗马的那些样式设计，在它们被开启的时候会拉响一个装置，让很远的地方都能听见。[197]然后他去了各行会议事厅所在的地方。他希望每门手艺的创造者都被画在每个门的上面。

在铸币厂附近有一间房子，是他为几个常见的事物提供的，也就是为几门手艺提供，对公众开放。任何希望学习这些手艺的人，都可以留在这里，一直到他学会并可以指导其他的人。这些技艺是演奏、歌唱、击剑、跳舞，还有其他大城市中常见的类似技艺。在这个入口处——就像进到一个四周都有柱廊的院子，柱廊下面是给各种技艺的不同空间——他叫人在每个入口处上方画了那种技艺的创始人。他巡查了所有这些地方，并按照他最称心的方式对它们进行了调整。在看完这些之后，他只说：“加上这些东西它们就完美了。大门要这样做：开启很困难，却可以自己关闭，而且内外都必须用钥匙。” [76r]

接着他去看另一个广场，也就是市场的那个。他要上部的那个叫贸易广场。他到了那里以后，发现那里一眼望去，简直是惊为天物。他在进去之前先想看看公社大厅两侧的那两座小教堂。他想把一个叫做圣马太，因为他是一位兑换货币的银行家。另一个他想叫圣玛利亚·德拉·格拉奇。它们要加上应有的绘画和装饰。他想要以这种方式纪念两位圣人。当他到了上部的广场，他想把它称作康提迪奥广场。然后他对它进行检查，一个地方接着一个地方，真可谓无微不至。

当他到了另一个广场之后，他环视四周的一切，仿佛不知从何开始。他说："让我们从一角开始吧，因为我要看到所有的东西，一处接着一处。"我们首先去了审判长要住的地方。他穿过朝向下部大门的门进来，又进到院子里去。他把所有地方都看过了，而对他来说可谓美不胜收。当他发现柱廊很大而且是立在柱子上的，便说他希望对它也要进行装饰和绘画。在入口大门的上方，他叫人画上了'严肃'和'正义'，还有其他东西，这些对人可以起到震慑作用。它们就像市长厅里的那些一样，只是更加威严一些。随后他出来，想去一个一个地视察各处，肉铺、鱼市、浴室、妓院、客栈和酒馆。在每个地方，他都想叫人画上那门手艺的创始人。他想让巴克斯站在卖酒的地方，而且要用大理石制作。同样的，维纳斯和普里亚普斯要立在妓院的入口，上面还要写出那是什么。在卖谷物，也就是小麦和其他作物的地方，他想要雕刻出谷神刻瑞斯，因为她是谷物的女神。[198]

然后他想去位于中间的神庙，其实是教堂。当他从外面看到教堂的时候，他说他要在最高处做一个人像，表现这个教堂代表性的圣徒。他沿着楼梯盘旋而上，我说过这些楼梯是正方形的，然后登上了最高的一级，他发现这要比其他的宽四臂长。

他说："你为什么要把这做这么宽？"

"为了让它更好。我们也可以在它上面放上所有用于石头和谷物还有其他东西的度量，臂长、管长、足长，或是任何可能有的其他度量。它们都可以沿着教堂的墙面排列，根据它们的用途刻在石头里或者凸刻出来。"[199]

"好，我喜欢这个。叫人来做吧。要由你来确定这些度量。"

"如您所愿。"

"让我们简要地查看一下这座小教堂的外部。"

"它是正方形的。"

"内部是什么样的；看起来它被缩成了一个八边形？""阁下，您看，它外部是正方形的；内部几乎被分成了一个十字形。然后在中间，它被缩成了一个八边形，就像您在它的这张基础图中看到的一样"（见导论中英文版图版7、图版8）。[76v]

"这很好。我希望给它加上装饰和绘画，大门也要做到漂亮。"

"我会叫人用青铜制作它们。"

"按你的意思来，只要它们又好又美就行。"

于是它就这么设计了。公爵走出去下了楼梯，回过头来又看了看，这一切都令他称心如意。他说在柱廊外面，大门的前方，应该立起一根高 20 臂长或 22 臂长的柱子，顶上带一个科皮亚女神像。柱子应该刻上所有已知的水果。女神头上应该顶着一个装满水果的篮子，手里拿着一根装满果实的羊角，里面的水果要像篮子里的水果一样不断溢出。[200]

当一切都安排妥当之后，他说："还剩什么要做的?"

"还有很多东西；修士的主教堂、修道院、教区教堂，还有其他公共和私人建筑需要完成。"

"我想让你先做小兄弟会的那座，然后再做其他的。我希望这座教堂在从我的庭院后面经过的那条街上。我想让你给我先把它画成图。接下来我们就要做其他的，使其能够最好地满足它们的需要。明天就叫人把它完成。"

公爵离开了，而我便坐下来画这张图。完成之后，我便把图带给他。公爵看了之后，便要我全部解释一遍，还问我这地方有多大。我回答说我是按照比例把它画出来的，教堂是 300 臂长见方，我认为这已经够好够大了。它是这样的。我把基础做成了您看到的这种样子（77r 图 A）。

"我看出来了，你做了一个正方形，接着把它分成了三部分，我觉得是这样吧，然后又拿去了其中的两部分。"

"是的，阁下。我们会用这两部分做教堂和僧侣的住所。一部分将是厨房花园。它一边有 100 臂长，另一边是 300 臂长。接着我拿去两份，每份有 200 臂长。然后我要从中间 200 臂长的那一份中减去一个一边 100 臂长、另一边 140 臂长的方形。这个花园，您看，长 300 臂长，宽 100 臂长。实际上，我把它从中间分开，并从中拿出了 20 臂长做畜栏和储存木柴、干草等东西的地方，以及园丁的房间。接下来，就像您看到的那样，我从教堂最靠近花园一边的地方，又拿出了 20 臂长做他们的厨房。在两边上我做了食堂，一边 40 臂长，另一边也是 40 臂长。在食堂和教堂之间，我留出了一个 20 臂长的空间，其长度是 100 臂长。这里我做墓地。然后我在教堂的两边上做了两个回廊院。朝向后部，最靠近花园的那两个将给僧侣用，而在前面的那两个会更为公用。这些回廊院都会有拱顶，在它们之上将是宿舍房间。每个回廊院里还会各有一间牧师会礼堂。您可以理解这座教堂应该是什么样子的，因为它将宽 100 臂长，长是 140 臂长。它就像您看到的一样被分成了三部分，中殿 [77r] 40 臂长，教堂两侧的侧廊都是 30 臂长，各带有四个一列的礼拜堂，每个都宽是 16 臂长，深是 12 臂长。您看，礼拜堂的高度将是 24 臂长（77r 图 B）。在每个礼拜堂的前面和间隔处，会有一个 3 臂长宽的壁柱。每个礼拜堂之间的墙壁都是 2 臂长厚。在礼拜堂和中殿之间，将有 12 臂长的距离。这里有五道拱券，每道宽 12 臂长，高是 24 臂长。支撑这些拱券的墩子将是 3 臂长见方。在朝前的一面上，它们将以浮雕的形式突出墙面 1/2 臂长，宽是 2 臂长，即与壁柱在两侧留出的距离一样。在这些拱券之上，一道墙会上升 16 臂长到达

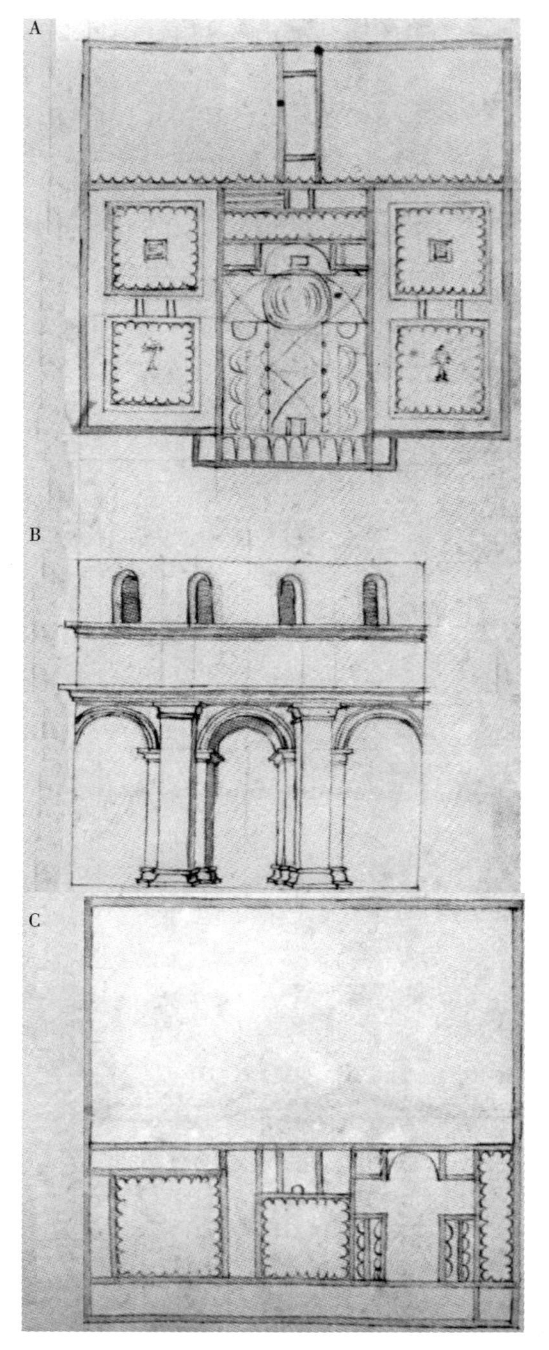

拱顶的起拱点。墙体本身将占去其中的 8 臂长。在余下的 8 臂长里，我们要开窗。在这一高度上要开始做中殿的屋顶。我们会在升到礼拜堂拱券正上方的屋顶以上的那一角上做扶壁。它们会和中殿拱顶之上的屋顶一样高。它离地平有 60 臂长高。上部屋顶要再高出 10 臂长，而坡度是 1∶4。这在外部就是 70 臂长。这个屋顶的最高点将有两座 30 臂长见方的钟塔，就像您看到的一样。它们可以是八边形或者圆形的，您喜欢哪个都行。在前面会有一道柱廊，深 10 臂长，高是 15 臂长。门窗、壁柱、柱子，还有其他东西，在它们做好之后也会是同样的比例。”[201]

“很好，这就够了。我很喜欢。我想让你下令迅速把它建成。”

“还有其他的呢，您不希望我下令建造它们么?”

“当然了。把它们每个都给我画张图，然后我们就开始。不过，以上帝的名义，我还是希望首先建造这一座。”

“我会用这种方式画一张图给多明我会的布道僧。它将和圣芳济各会的那座一样大，不过我要用另一种方式建造它（77r 图 C)。我只在进入教堂的左手边做两个回廊院。在教堂里面会有三路像小兄弟会那样的中殿。那会有六或八个踏步，看您喜欢哪个了。教堂将宽 60 臂长，长 120 臂长。中殿将是 30 臂长，而侧廊是 15 臂长。事实上，边上还会有每个 10 臂长的礼拜堂，这样，加上礼拜堂就一共是 80 臂长了。在教堂使用了适当的尺寸和构件，而所有与之有关的东西都建成之后，您就会明白了。”

“我很是满意。”

“现在还剩下圣奥古斯丁修会隐修兄弟的教堂。它将是这个样子的（77v 图)。我将拿 300 臂长，并从中留出一个 80 臂长的正方形给教堂。然后我拿去教堂前面的 40 臂长。这加上教堂的 80 臂长，就给我在教堂后面留下了 180

臂长的地方。接下来，教堂边上留下的空间将用来做两个160臂长的回廊院。这加上教堂的80臂长，还给我剩下60臂长，那里会按照最佳的方式建造厨房花园。”

“很好，赶快让我看到它画在这里的样子。”

“遵命。这就是（77v图）。您看，它是按照应有的样子布置的。”

“给我看看。我想你是希望我看出前面要做一道柱廊。这让我很高兴。显然这些院子，其实是回廊院，放在教堂前面真是糟蹋了，就像罗马的圣彼得和圣保罗的那些一样；它还是这么建吧。把两个这样的回廊院放在边上。这样会很好的，前提是你可以保证找到能够理解并知道如何指挥的人。” [77v]

“在它建成之后，就会保证教堂或住所里应有尽有，又好又实用。”[202]他希望叫人下令让它赶紧建成。

“我没心思了解其他的。其他的你看着办，只要它们好就行。”

“如果万一有什么东西我认为应该做的话，我会给您写信的。”

“直接就按你的意思办就行了。”

公爵走了，还备好了所需物资的款项。我命令开始建造上面讲过的教堂。首先，我们要建给小兄弟会的那座，然后是布道兄弟的，最后是隐修士的。它们的建造布局，让每一个人都非常满意。那些给卡迈尔派白衣修士、塞莱斯廷会、白衣圣本笃，和各种其他教派和修会的教堂还需要建。[203]一切都按照我认为最理想的方式进行布置。卡迈尔派白衣修士的教堂占用了和其他的教堂一样大的正方形。在这个正方形里，我把教堂做成长100臂长，宽60臂长，还有两个与圣奥古斯丁修会的教堂类似的回廊院。这座教堂被建成了一个十字形，有三路中殿，侧边还有突出墙面的礼拜堂。[204]我在主礼拜堂或后殿的两侧做了两个礼拜堂，在角里是圣器室。这样我就布置好了它们的设施，就和其他的一样，让这里样样齐全。

接着我布置了隐士会、塞莱斯廷会、本笃会，以及其他的某些僧侣修会的教堂。所有这些完成之后，我们建造了同样的修行教徒的教堂。这也建成之后，我们为佳兰会和所有其他的修会建造了修道庵。

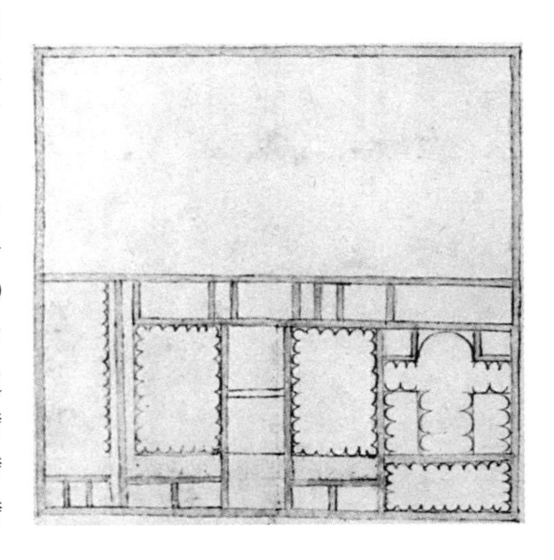

第一个，也就是佳兰会的那座，我是这样布置的（78r图）。我在一边上拿出200臂长，另一边拿出300臂长，并采用您在这张基础平面中可以看到的形式布局。我从它的边上拿出200臂长，即全部的200臂长。从300臂长的边上我拿出150臂长，这样我还有150臂长和200臂长，正好是教堂的基础和修道庵的住所。我讲过，教堂可以在这里看到。我先用这些尺寸建造它。我在一边上拿出60臂长，另一边拿出100臂长，然后做三路中殿。中殿我做成30臂长宽，而侧廊每道是15臂长。它的形状是一个十字，而耳堂和中殿的尺寸是一样的。这样，还剩30臂长给高祭坛或后殿。边上还留下15臂长，可以做几个圣器室和钟塔。因为这个礼拜堂会是一个30臂长的正方形里的半圆，我会从这个正方形中拿出10臂长给这个半穹。于是还剩下20臂长给十字中心区，而在这里，我要做唱诗池。我说过，圣器[78r]室会在两侧。在两侧，它们的正上方12臂长的高度，我们将放上柱子。它们是12臂长高，算上一道3臂长高的女墙。还有三道拱券，而在每根柱子之间，都会有我说过的这种透空女墙，高度和我上面说的一样。在这个地方，修女们将去定时咏唱。在后殿占据的10臂长里，将是通往大钟的地方，她们可以在不被发觉的情况下进去。它一边的情况和另一边是一致的。她们住所的外观和组织形式可以从这张基础图中看出来。不要怀疑，它在施工的过程中一定会建得便利、美观而端庄，就像一座修道院应有的样子。为了不让工匠们犯错误，我会给他们建筑所有的尺寸和它们应有的大小。

关于修道庵就说这么多，因为在施工过程中，我们还可以用很多种方法对它们进行变更。对于我们的新城来说，目前这些就够了。您看，您可以从我们的基础布局中理解她们的宿舍和房间。她们只有一个入口通往修道庵。对她们来说，进入教堂只有一个入口，就是您在图中看到的这样。她们可以在举行圣事的时间，或在其他可能出现的情况下，从这里进入教堂。它将具备此类建筑需要的所有配置。

在第十一书中，我们将讨论教区教堂、本笃会修道院、隐修寺，以及与神圣建筑有关的其他内容，也许还会遇到其他东西。

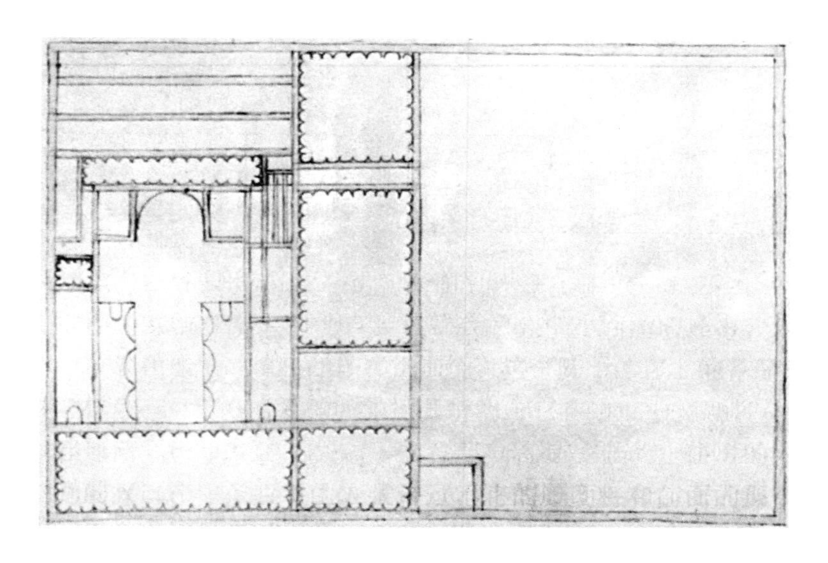

第十一书

以上第十书，以下第十一书。

让我们首先从教区教堂开始讲述这第十一书吧。我将只讲其中的一个；其他的将在遇到它们的时候再讲。我们建造的第一座教区教堂将是这个样子的，您从这里的基础图中就可以看出来（78v 图 A）。它将是这种形式的。第一步，我做了一个一边 100 臂长、另一边 60 臂长的长方形。在这个地方，我拿出一个 40 臂长的正方形。我把它的前柱廊做成长 20 臂长。这就在每个角上留下了 10 臂长。在这两个角上，我们将建造钟塔。在内部它是以这种方式布置的。我用沿着其面宽方向的柱子把教堂从中间分开，就像一道柱廊一样。我做了五道拱券，让其中一个通往主祭坛，其他两边的两个通往两座祭坛。在它上方将是，怎么说呢，一条通道，而这里将是一个用于吟诵福音的讲坛。从教堂的中间到尽头，还会在两边上有两道拱券架在柱子上。在它们上方会有一条通道达到诵读福音的地方。从这里还可以进入一些与教堂相连的住所。主祭坛将是一个半穹隆，就像边上的那两个一样，而且有拱顶。在教堂的后面将是一个墓地。它一边是 20 臂长，另一边是 40 臂长。我要把这抬高至少 3 臂长。在教堂的两侧还是同样的小柱廊。牧师的住所、花园，还有储藏室，由于它们需要储存一些东西，所以会沿着教堂布置。圣器室会在教堂的前角，主礼拜堂的两侧。这些圣器室的顶部为了教堂的美观，会采用钟塔的形式。我说过，它在上下都会有拱顶。事实上，较低的部分会全部立在 4 臂长高的柱子上。教堂的各个地方都会保持比例。这里会有一个请愿坛，可以从边上的柱廊进入。它将低于地面 3 臂长，而光线会从地平高度的棂窗里射进来。楼梯将只做在前部。这座教堂就讲到这里。在它们建成之后，还可以根据需要增加其他东西。[205]

［78v］

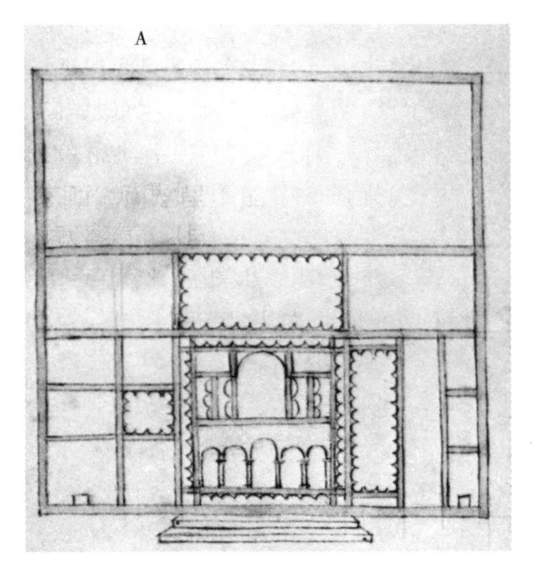

现在让我们放下这座教区教堂，做一个本笃会修道院。它将是这个样子的（78v 图 B 和英文版图版 18）。我会拿一个一边 200 臂

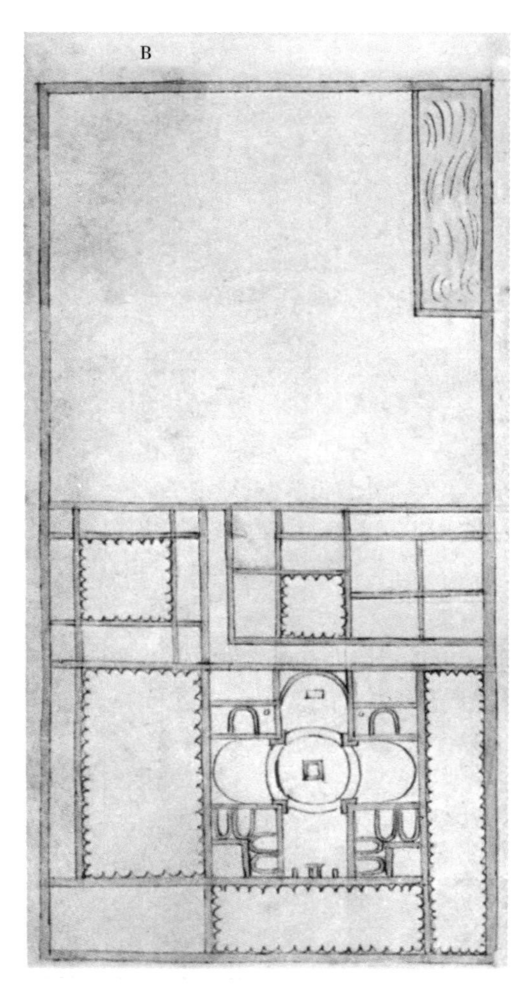

长，另一边是400臂长的空间来建。从这400臂长中，我要拿出一个200臂长的正方形，它的里面是一个100臂长的正方形。在这里面，我要建教堂。它会是这个样子的。墙壁在外部厚4臂长，即在这个正方形的外部。它的内部空间在一边上将是一样的，而另一边只有一路中殿。它将是十字形的，中间是一个穹隆，它下面是一座祭坛。在与大门一边相对的地方，将是一座祭坛，这里就是僧侣的唱诗席。在十字的各角上，将有两个宽12臂长，高18臂长的礼拜堂。每个礼拜堂上方都会有一个穹隆。和您在前面见过的一样，这些礼拜堂的宽度达到了12臂长。从前门的入口到角上，和从十字到角上的体积是相等的。因此这些礼拜堂就相互联系在了一起，就是说排列之后，从礼拜堂的起点一直到终点，其内部空间都是12臂长，就像我讲过的那样。尽管如此，从礼拜堂的边界到教堂的墙壁是18臂长。因此，每个都有4臂长做其内墙。还剩下一个14臂长见方的地方。它将会是，怎么说呢，一个隐秘的礼拜堂或圣器室。它将采用您从这图中看到的形式。钟塔会在圣器室的拱顶上方。这座教堂的高度等于它立面上的宽度，即100臂长。那么修道院就会是这个样子了，您从这基础图中就可以看出来。它的各个部分就会这样得到尺度和比例。尽管如此，您可以从我用语言或图样进行解释说明的施工中，得到更好的理解。接下来，让我们结束这部分，并下令建造它吧。[206]

命令下达，而所有这些教堂和修道院所需的东西都准备好了。公爵希望它们早日建成。

[79r]　就此而言，他希望再画些别的图给贫民医院。

当他让我给一所医院画图的时候，我说："阁下，我会画一个的，就和我在米兰做过的那个一样。如果您愿意，我会告诉您它是什么样子的。"

"那是当然，我要听听看，如果真能让我喜欢，我们就用同样的方法建造我们的医院。"

"我以前是用下述方法布置它的。公爵和被指定来统治和管理这所医院的市民选择了基址。它被拿给我看；地方很美，而且对于这样一座建筑来说简直是绝妙。公爵命令我给基址画一张比例图。它一边是400臂长，另一边是

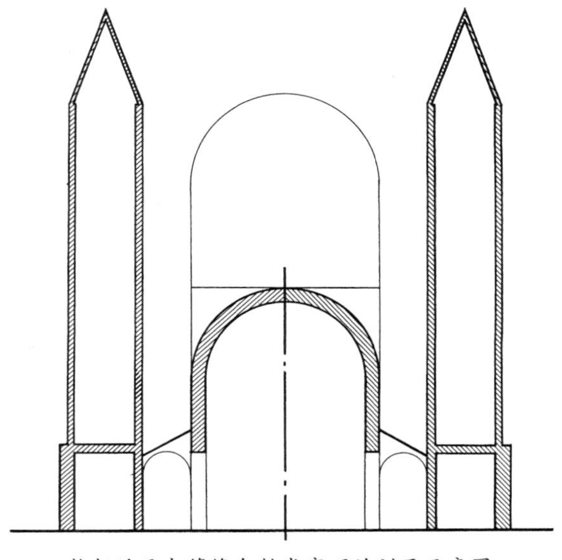

推想的圣本笃修会教堂穹顶的剖面示意图
（英文版图版 18）

160 臂长（79r 图 B）。国君作为统治者和一位博学的人，认为最好在开始之前就清楚地知道它应该是美观的，而且应该有能力满足体弱的男男女女和私生子的需要。他把画图的任务交给了我。首先，他问我是否见过佛罗伦萨和锡耶纳的医院，还有我是否记得它们的样子。我回答说是的。他想见到一张基础的草图，我就尽力根据回忆给他画了一张。我为他画了佛罗伦萨的医院。不过，它似乎没有他设想的那么好，而且他不知道是否其他的医院可以进行改良直到满足我们的要求。[207]

我已经记录了场地和要求。我说我要做一个我认为最适于这座建筑需要的方案，因为他和其他人非常重视盥洗室的便利和洁净。我说过，场地是再合适这不过了。城市的壕沟沿着 400 臂长的一边走，我想我可以用它的水来清洗盥洗室和那里会产生的其他垃圾。在我了解了他的要求之后，我叫人做了一块长 4 臂长，宽 2 臂长的画板，然后我把它分成三个主要的部分。其中的两个部分每个是 160 臂长，另一个是 80 臂长。我把这四个正方形 * 的每一个臂长都分成 100 个网格，或者叫小方格更好，全用 4 臂长的线来画。这样我就可以在每边上拿出其中的 160 个臂长，在这块画板上做两个每个 160

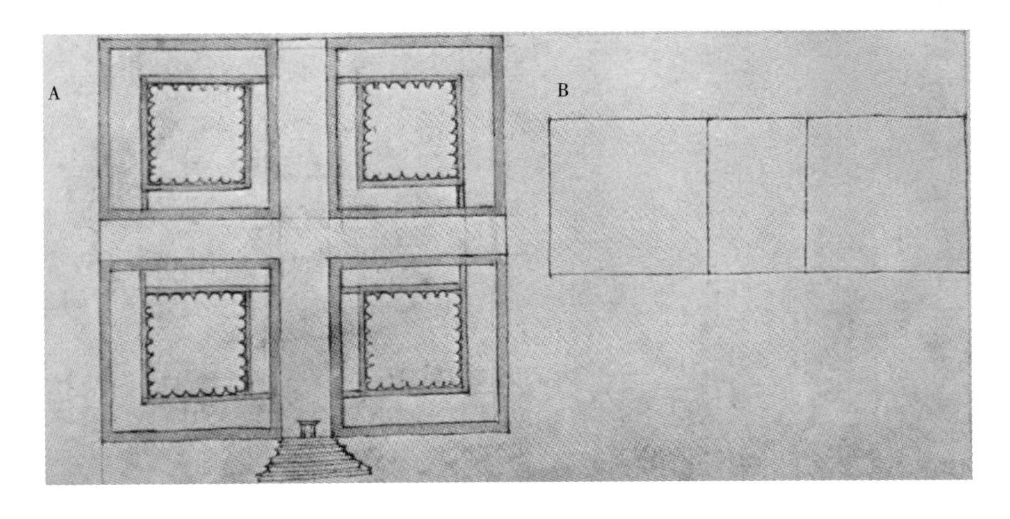

* 这里菲拉雷特的原文和英文译者的译文都有些含糊，我的理解是，这里提到的“四个正方形”应当指的是“4 臂长的画板”，被分成了 100 个小方格，每个方格代表 4 臂长，才能与后面的描述对应。——中文译者注

臂长的正方形。在一边上还有 80 臂长的地方，另一边上还有 160 臂长。我把这个地方放在中间，即两个正方形之间，您可以从这张小草图里看出来（79r 图 B）。

这个场地被分成了三部分，我说过的，而这两个正方形每个都边长 160 臂长。一个宽 16 臂长的十字内接于它们中间。病房部分的基础就是您在这张小图中看到的样子（79r 图 A）。这个十字的基础厚 6 个米兰臂长。在这个厚度或宽度中，我从其中拿去 2 臂长。从内侧朝向储藏室的一边再拿去两个。在另一侧的外边上，我拿去一个，再向上 4 臂长，做一个和这个开口一样大的拱顶，即 2 臂长。在这个地方我做一道矮墙，就像一条休息的长凳。这里根据水位的高度高 1 臂长，另一处是一个半，再一处是 2 臂长，因为它有一条运河，把水从壕沟引到十字的末端，即医院的前部入口。这里有一个蓄水池，宽 2 臂长，长度和十字外部的臂宽相等，即 18 臂长。每端有一道闸门挡住水道里的水。当闸门升起的时候，所有这里的水，都会一下子涌到与这 1 臂长的水道并行的 1 臂长的开口里。我在外墙的墙身里做了一条水道，我说过，它是 1 臂长厚，也以和其他水道同样的方式输水。布置的方式可以保证只要堵住它，就能进行检查和清洁。它的动力之大，可以在蓄水池开启排水的时候，推动一座磨坊。它的出水口在进水口的下面。它的位置足够低，保证可以在壕沟的水面以下排出。它在排水的时候不会造成任何损害，只会清洁盥洗室和城外的道路，对在那个方向上拥有田地的所有人都极为有利。”

[79v]

“我想我已经清楚地理解了这个关于清洁的讨论，还有你所说的围绕这个十字形的一翼流动的水。到目前为止我很满意。给我简要地说明一下这些盥洗室是如何为病人考虑的，还有它们怎么才能不会散发臭味。”

“阁下，您到目前为止已经通过这张小图（79r 图 B）理解了这个正方形的轮廓。”

“是的，我已经明白了。”

“我把这整座建筑都建在地平以上 4 臂长的高度上；因此外部的这道柱廊也高出地平 4 臂长（83v 图 C）。在这大门的正前方是一个楼梯，它所占据的空间和每道拱券的宽度相等。这些拱券是 5 臂长。在这道柱廊下面布置了做店铺的地方。这些都是宽 5½臂长，高是 4 臂长，进深比柱廊的深度要大，即 10 臂长。[208] 当人到达这道柱廊的高度时，就要上一个小台阶，然后进入医院楼面。我讲过，它宽 16 臂长。整个楼层都有拱顶。在这下面的储藏室将是高 7 臂长。由于它们的顶棚高出地平 4 臂长，我们就往下挖到地平以下 3 臂长，让总高达到 7 臂长。这个储藏室的楼面比清洁盥洗室的水道底面要低 1 臂长。

盥洗室是这样布置的。您已经知道，水道被拱顶架在四臂长的高度上，而它们宽 2 臂长，我在上面讲过。在这上面还有一个，比地平高度上的那个，即楼梯处的那个要高三分之一。它的宽度和高度与下面的那个一样。在这个高度上，每两床之间，有一个开口与这个水道相连。在这里，便桶和开口经过设计，可以让所有的排泄物落入水道中，里面的水不断流动着，冲洗并带走所有的东西，就像我说的那样。绝对不会产生任何一种异味，因为它们的设计非常周到，所有的地方都一直覆盖着，而且总会被水洗刷清洁着。此外，［80r］每十臂长还有两个气孔从某些扶壁和壁柱中通过。万一产生了什么异味，就可以从这些与下水道一直通上来的气孔中排出。我讲过，它们直通屋顶最高处。它们也会收集所有落在屋顶上的雨水，因为我已经进行了设计，让雨水能够从这些水道中流走。它们在最高处，墙体的里面，因为我已经做了一道檐口，从墙面上突出 1 臂长。这条 1/2 臂长宽的水道就在这檐口和墙体之间，并在建筑中到处都有。它经过设计可以让水流经这些气孔，这样就不会有令人不快的气味从水道或屋顶上产生，因为光靠雨水就足以保持它们的干净和清洁了。由于上述原因，病房里绝不会发出任何异味。”[209]

“到目前为止我很满意；现在告诉我其他房间你是怎么布置的。”

“阁下，其他房间是这样布置的。您已经知道了外部柱廊是如何建造的，下面是它的店铺，前面是它的楼梯，宽度和一道拱券相等。事实上，有些人认为我应该叫人把楼梯做得和医院的总长一样。这在我看来并不实用，原因有很多。它将花费巨大的投资，而这个地方却不需要这样的楼梯。它既不能赏景也不能观看比赛和游行。店铺也不应该放在这里。它要建得既美观又实用。”[210]

“你说得对。我赞同你的意见，因为你把它做成这个样子是更好的选择。这就像你说的那样，这不是一个观看表演的剧场。更何况没有大量的人流会在同一时间进入这样的地方，而是三三两两地来。楼梯只在大门的前面才是需要的。不论从哪个角度看，这个方案都比其他的更让我喜欢。给我讲讲其他的东西，因为直到这里我都很满意。”

“阁下，在进入第一道门的时候，在下部拱顶的顶点，或说盥洗室的入口高度上，左边和右边有一个楼梯。在这个拱顶的上方——我说过拱顶的厚度是 2 臂长——出来就是外部了。这是一个开敞的凉廊，人在里面可以像在走廊里一样到处走动。扶壁的宽度和外部墙体的厚度一样。这个拱顶及其出口，或者说拱券更好，宽度足以让一个人穿过并四处走动。这些拱券有三个这样的扶壁重叠而上。我为了美观而建造它们，同时也为通道省下了石料。在这条走廊里，会发现一条从外部墙体里面爬到上面一层的楼梯。这条楼梯大约长 10 臂长。在这楼梯上方还有一条，大概三四臂长高，通往另一层。这里有一道小门，开向病床上方的顶棚。从这里上几步台阶，就到了通往屋顶的水［80v］道，再往上是屋顶，俯瞰医院上部的所有地方。

让我们回到下面的楼梯。在它们下面有一道门。注意，我说这些地方中的一个，就是在说全部。进入这些楼梯下面的门之后，就会在一边看到为病人服务的房间（82v 图 B）。这里将是医务室、理发店，还有类似的服务。在对面，也就是右边的正方形里，将是绅士的房间，为了表示尊敬，将与平民分开。这些就是朝向前面柱廊的两个正方形。在这道柱廊的上方，将会是其他用于各种需要的房间。这些下部的单元房和病床处于同一楼层。在这上方也许会根据需要做其他房间。在前部柱廊的上方有一个开敞的凉廊，与医院主体的整个宽度相等。[211]它有一道漂亮的女墙，上面有一句隽语表明这座建筑的日期、作者和创立者。您现在已经了解了朝前的两个部分。”

“那两座回廊院要怎么放进这里面?”

“它们四周也有一道柱廊，宽度最多3臂长。在离开医院的时候，可以从有顶的地方之下到达各处。您看，边上的部分是十字形的（82v 图 B）。各边都有一道上下有拱顶的柱廊，和前面的那个一样。它南面的门和前面的那些是一样的。[212]北边也是一样的。不过，这里将是把医院一分为二的80臂长的回廊院所在的地方。教堂就在它的中间。就像十字的这一部分的门一样，回廊院也有一个作为柱廊出口的门。人可以直接进入教堂，因为教堂的一扇门和医院的一扇门在一条直线上。西部变成了后部，并朝向壕沟。这里还有另一扇门，因为医院的外墙和城墙，其实是壕墙之间，有12臂长的空间。这一空间可以有很多用途。在这门的正下方是清洗盥洗室的进水口。它从这里到达储藏室的主入口。这正好落在入口的下面，所以乘船可以直接到达储藏室的门。于是，必需品就可以很轻松地运输了。”

“告诉我，每次都必须进入储藏室才能到这门的位置么?”

“不，阁下，因为从十字的每端都可以进来，不用每次都来这里。”

“这很好。给我讲讲你建造的其他两个正方形。”

“它们是单元房或者住所，就像上面讲过的那些，区别在于其中之一是用作面包房、肉铺和建筑需要的其他功能。在另一个里面是房间和绅士的私人单元房。它们非常美观，带一个小巧而精美的鱼塘。这水可以对医院有很大帮助，除了清洗盥洗室，我还把它通到了很多其他的地方。由于这个原因，[81r]它会给医院带来很多便利。

在这剖面图中，您已经理解了它的本质形式及其细节。诚然，文字的描述远不及亲眼去看，因为有很多部位和装饰品细数起来就会过长。每天早晨都要在十字的中心举行弥撒，这里还有一个穹隆。这里所有的病人都可以看见它，因为祭坛恰好在这个十字的中间，就像我说过的那样。”

“到目前为止所有的东西我都明白了。告诉我其他部分要怎么做。”

“阁下，我跟您讲过，在男性医院和女性医院之间，有一段80臂长的距离。这就是前面提到的回廊院。您知道，在它周围有一道宽8臂长的柱廊，高度与前面的和边上的那个一样。这里我们要把主入口做成一个壮丽的大门。这座大门的跨度是6臂长宽，高度是10臂长。在这入口里面是8臂长宽，因为在这入口的两侧有宽1臂长的台座。这条通道长10臂长。在进入大门的时候，您会看到两个房间，或叫大厅，每个宽12臂长，长18臂长，沿着每个边上，还有一个宽6臂长，长12臂长的房间。在主层入口的80臂长的每一端都有一间。它们上面和下面都有拱顶，而在人离开的时候，就会进到这回廊院里的柱廊里面。在这上方有与下面相似的住房，只是下面的那些没有这么宽。后者只有 12 臂长，而上面的是 20 臂长。把柱廊加到下部房间的宽度上，我们就得到了 20 臂长，和在上面是一样的。被指派管理医院的官员就在这些下部房间里。小教堂主管及其下属安排在上面，配有他们需要的一切。从这里就可以在这些柱廊的上面达到医院的各个地方。

我说过，人在离开入口通道的时候会进入柱廊。这是一个广场，或者说回廊院更合适，它一边 40 臂长，另一边 64 臂长。这里有一座 40 臂长见方的教堂（81v 图 A、B）。我会告诉您它是如何建造的，不过首先我要说明一下回廊院。我讲过，教堂前面的广场就是前面提到的宽度。后面的那个是同样大小。尽管它们是一体的，我们却可以说它们是两个，因为教堂把它们隔开了。安葬死者的墓地在后部广场上。它每边 30 臂长，并将回到水边。"

"这肯定是一个很大的拱顶啊。"

"阁下，我在中间做了 6 臂长见方的墩子，上面将落着拱顶。它们的跨度不需要超过 12 臂长。"

"这样的话，墩子就不需要特别大，或是特别厚重了。"

"不，阁下。我把墙做成 1 臂长厚，留下了一个 4 臂长的通道，还有一个可以下到最底部的楼梯。这里有平行的铁杆，就像一个格栅一样，是停放尸体的地方。这几乎与水面在同一高度上。它的高度要超过 12 臂长。在地平以上有四根柱子，每周一都要为死者的灵魂举行弥撒。在祭坛的下面，人可以从这个楼梯下到最底部。它在上面有好几个开口可以把尸体放进来。

[81v]

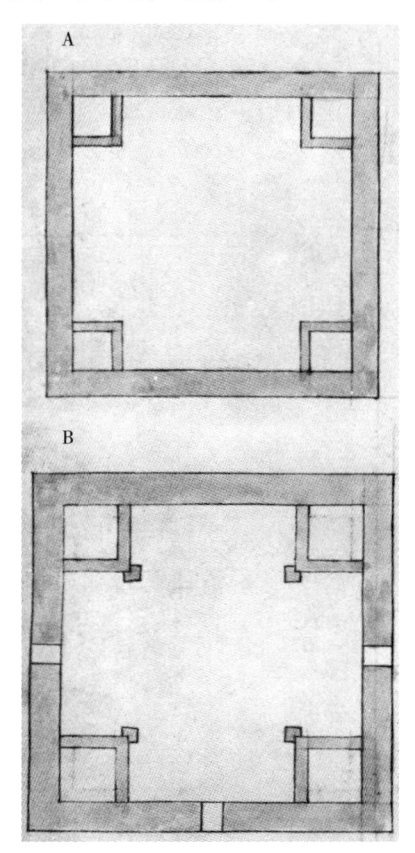

就像朝前的部分有小教堂主管的住所一样，后面的部分也有为教堂服务的牧师的住所。它们在上部区域的住所宽 18 臂长，长 30 臂长。这一共就是 60 臂长。在中间有一个 20 臂长的空间把这些住所隔开，并围住一个凉廊。下面的住所是 12 臂长。这些柱廊有的占去 8 臂长，就和前面的那些一样。在围绕教堂的柱廊那一部分里，有墓室。这对于教堂的柱廊同样适用，这座教堂我说过是正方形的。它的基础就是您在这里看到的图中的样子（81v 图 A）。这些是它下部的基础。我把这说给您，是因为它们在地平以下是这个样子的。在地平以下的空间有 7 臂长。这里有一座祭坛进行弥撒，也有其他的祈祷仪式。它恰好在中间，就像放病床的十字中的那个。这座祭坛正好在教皇庇护二世于 1460 年 3 月 25 日恩准赦免罪行和苦难时设立祭坛的位置。[213] 从这里可以下去，这您已经明白，然后再回到地平高度。这就通向前面提到的与大门在一条直线上的上部祭坛。由于有两个上下叠置的门，在一边上有一条地下楼梯，另一边上有另一条，所以人可以从一边进去再从另一边出来。

在地平以上的部分，即教堂的地面，是这个样子的，您从下面的基础中就能看到（81v 图 A、B）。在地面以下的墙是厚 4 臂长。外墙是 2 臂长。地平以上的那些是厚 3 臂长，就是说有内外两道墙，都是这种形式的。上部空间的体积将是每边 34 臂长。然后它每边都要按照您在这张图中看到的方式进行划分（81v 图 B）。十字宽 18 臂长，长 34 臂长。边上的两个圣器室包含 6 臂长的空间。在入口大门处的两个礼拜堂也是 6 臂长。您看，它有两个圣器室。圣器室上方的穹隆是高 6 臂长。在这些圣器室上面的一层，有两个高 6 臂长的房间，宽度和圣器室相等。礼拜堂在这层上会达到同样的高度，也就是 12 臂长。在这些礼拜堂上方，有一个高宽都相等的地方。在这一层上，我们已经达到了 18 臂长的高度。这些都朝向教堂的内部。在此之上，还有另一个地方也朝向内部。这就在该层上达到了 24 臂长的高度。耳堂和支撑穹隆的四道拱券的内部空间也是 24 臂长。这些拱券就像那些支撑它们的壁柱一样，厚 3 臂长。[214] 这就一共是 27 臂长的高度。在这些拱券之上有一道檐口把整体联系在一起；人到了上部一层，可以在它上面到处走动。上部墙体被缩小到八个面。它在垂直方向上是高 6 臂长，而这里还有另一道檐口，在它上面，我们开始建造穹隆的拱顶。从这道檐口到穹隆的顶点是 10 臂长。这样一来，从教堂的楼面起，总高是 48 臂长。这个高度是从内部测量的。在各边上，礼拜堂和圣器室的上方，有钟塔，每座都比穹隆高出 20 臂长。”

[82r]

“教堂的主体有多高？”

“在外部只比地面高出 40 臂长，每边都是这样。它一周都有一道挑出的檐口，檐口设计成可以让人到这上部一层，在它上面四处走动。所有落在屋顶和穹隆上的雨水都被集中到下水道，或者叫水道里去了，我把这些水道建在了墙体里面，并让它们把雨水导入基础中的某些收集雨水的水井中。涌出的水又补充了雨水。

其实表达和理解所有细节的完整描述会非常困难，但是我会按照建造它的样子把它画下来。您从这张图中可以得到比阅读更好的理解。这就是外部；您可以通过上面的描述理解内部的情况。关于柱廊我就不多说了，因为您已经知道它们将完全包围这座建筑。主祭坛就像它应该的那样，位于教堂的首部。从耳堂到这座祭坛上要登三个台阶。

圣器室就像它们的名字一样华丽。在这些圣器室的上方，有门通往附近的房间，那里是圣器司事可以睡觉的地方。他们可以从这里进入教堂，也可以敲响大钟。牧师可以在任何时刻相当方便地进入教堂，因为在教堂后部的柱廊两边的两个门边都有一条楼梯。[215]

您已经理解了教堂的建造方式。我敢断言，如果阁下您亲眼去看的话，还会见到很多设施和装饰品等其他东西，一一描述或申明会很长。现在您已经以一种简要的形式弄清楚了男性医院的主体部分。等您亲眼见到了之后，它会让您喜出望外的。

现在我要为您讲一讲女性的那边。它的形式和大小与男性那边的一样，只是这些地方不同：女性的一边只在三个部分中有病床。因为女性病人比男性要少，所以没有必要在十字的所有各臂都放病床。它几乎就是一个丁字形。就像您在这里看到的图一样（82r 图），十字中没有病床的那部分是一条通道，牧师可以通过它上到祭坛处做弥撒。有一道铁格栅把祭坛全部包围，这样谁也无法进入这个保护区。有了这道格栅，女性就不能达到祭坛，除非从外部穿过，然后走上这条通道。这条通道就按照您看到的样子建造。两边都有一道柱廊，让人可以非常方便地在遮盖之下达到祭坛。这一部分用同样的方式建造，高度和宽度都与另一个大小相等。它通往柱廊的门和入口与其他的门相对应。不过，这些门朝向侧面的柱廊而不是正面的柱廊。［82v］

从柱廊进来之后，就会发现某种正方形的礼拜堂一直开着。这里有一扇门。在这扇门的内侧有两间房，每个宽 6 臂长，长 10 臂长。它们每个都有一个转盘，这样带到这里来的孩子就可以放在这个轮子上了。两位妇女负责接收带到这里来的小家伙们，她们会一直睡在这些房间里。[216]

这四个回廊院和其他部分完全相同，在它们的一臂中有房间给那些看护病人的人。还有另一处给那些要在这里接受教育的孩子们，并经过布置，让人在没有被许可的情况下无法进入。在另一臂中有医院必需的地方，一间厨房、洗衣房、浴室等其他东西。所有这些都带拱顶。它们的储藏室在十字的下面，就像在男性那边一样。这一边，我讲过，和另一边是大小相等的，并用同样的方法协调比例进行建造。它们是连在一起的，但是男女是分开的，您从这图中就可以看出来。每个是一个单元，因为中间教堂的位置上有那个 80 臂长的回廊院。同时，它还有一个柱廊，四周都是店铺，就像另一边一样，这样在任何人眼中它都好像是一体的。”

“我很想去看看，因为我觉得，从你的描述来看，它应该是一件美轮美奂的杰作。”

“我相信，您在参观之后会更喜欢它的，因为谁也不能用语言把一切都说明白。我要在这里把所有的基础都画在一张图里（82v 图 B）。您可以看到正立面；沿着它有各种装饰物。[217]病床和其他东西不可能用语言或图样表达得面面俱到。”

“它真的会是你给我在这里看的样子么？”

“是的，阁下。”

“我很喜欢。我不想把它做成别的样子。就用这种形式设计建造它。[218]到我们处理装饰品的时候，你就可以按照你认为的最佳方式来制作它们了。”

他委任我来置办并准备所有快速建造它所需的东西。我早已准备好了大部分的石灰、石料和这座建筑所需要的其他东西。接着我召来了大量的工匠和工人，以至于我们一天就把主基础给挖好了。第二天，我们把基础抬至地平高度，因为我们施工所需的建材供应非常充足[219]，而且水源供应也很充足。水源的供应如此充足，以至于我把它用和米兰的那座医院同样的方式建造，周围也有水道来洗刷盥洗室。总而言之，公爵希望这里的东西和另一座一样。而他确实想让我用自己的方法制作装饰品。首先他想要一个漂亮的地面，沿着柱廊入口的前面铺满。我发现了某种用不同颜色制成的混合物，干燥之后比石头还硬。它的硬度之高，连铁器也很难在上面留下痕迹。[220]

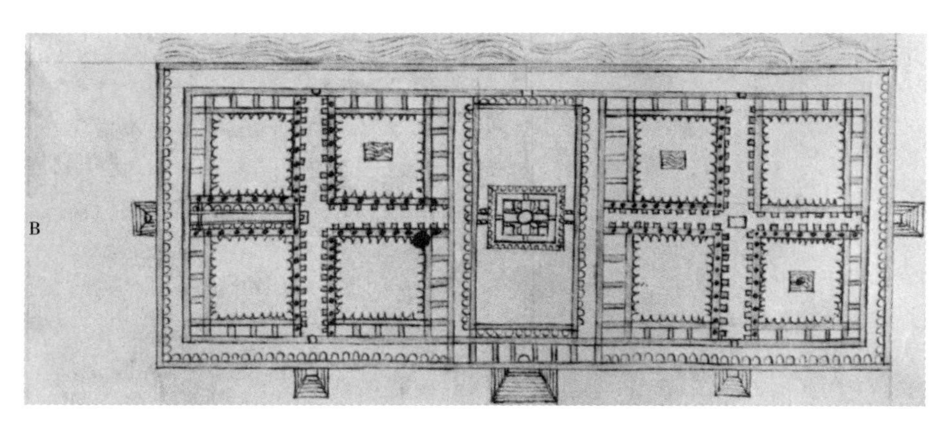

进入教堂所在的回廊院的大门：我做了一个大理石大门，宽 5 臂长，高［83r］是 10 臂长（82v 图 A 和 83v 图 B）。在它上方是一个这种样子的隽语。在内部、入口拱顶的顶棚上，我用这种混合物做出了所有的行星和恒星，让所有进来的人都赞不绝口，而那些看懂其中奥妙的人更是心悦诚服。即便是那些不懂的人看了也会很高兴的。我们把教堂建得和另一座一模一样。这座用了白色、红色和黑色的彩色大理石，全部都是用马赛克制作的。马赛克是由威尼斯的大师制作的，他是安杰洛・达・穆拉诺大师之子。他叫马里诺。[221]我安排在这里进行创作的画家是另一位杰出的大师。窗户全是玻璃的。穹隆的外部和这座教堂的屋顶都是用某种玻璃的混合物覆盖的。

这座建筑里有很多设施。其中我造了一个磨臼来碾谷子等东西，还有一个洗衣房来洗衣服。我把水流进行了设计，让它运作一对风箱来压缩水体。风力把水喷得和首层楼面一样高；这要比10臂长还高。任何了解其中奥妙的人，都可以从这些词语中理解如何建造才能把它喷得这么高。人们能够想到的每种设施都在这座建筑里了。那些装饰品也是极为华丽的，就是说，适于这座建筑的一切。病床舒适便利。床架是宽2½臂长，长3½臂长。每个床头都有一个柜橱，或者叫小窗。它打开的时候，窗扇就变成了一张小桌，病人就可以在上面用餐。柜橱的后面有一个洞，废水可以从这里倒出。然后从这个洞口流下来到盥洗室的水道里。每张床都有自己的水洞。[222]每张床架的底部有一个小箱子，在需要的时候，里面可以存放一些东西。这里还有两个大型壁炉和两个水槽。壁炉中总会有火。为这个地方做了太多的事情，以至于对那些没有亲眼见过它们的人来说，描述或讲解都是很困难的。

公爵大人还希望把这所医院的建造过程画在柱廊里，因为我把在米兰做过的那个医院给他讲了。公爵大人和被指派管理这所医院的人，希望把这座建筑施工的方法和程序，用绘画的形式表现出来加以纪念。建造的过程画在了柱廊的前部。它是这个样子的。很多房子原先是属于贵族的，现在被公爵大人继承之后推倒了。他希望把它们全都推倒夷平，把场地和这些建筑的废墟，也就是石料、铁件和木材给医院。这些礼品给我们项目的开工带来了极大帮助，因为这些废墟里有大量的石料，男区十字的全部基础，一直到地平高度都是用这些材料建造的。[223] ［83v］

在以基督和领喜圣女的名义建造医院的地方被建成之后，安排了一个大主教和所有神职人员的庄严游行。[224]在神职人员之后，是公爵弗朗切斯科·斯弗扎和最为耀眼的比安卡·玛利亚，伯爵加莱亚佐和夫人伊波利塔，菲利波·玛利亚和他别的孩子，还有很多其他的贵族，其中就有曼图亚侯爵和古列尔莫·迪·蒙费拉托。还有两位阿拉贡的阿方索国王派来的大使；他们的名字是圣安杰洛伯爵，另一位是个那不勒斯的绅士。塔代奥·伊莫拉大人也在那里，和很多很多贵族在一起，同米兰的群众一道游行至预定地点，铺下第一块石头奠基。等我们到了上述地点，我和一位被委派来的人进行奠基。公爵命令要把它放在基础中。它上面写着世纪、日期和月份，也就是1457年4月4日。[225]还举行了其他一些仪式。它们有如下这些。首先有三个玻璃瓶，一个装满水，另一个装满酒，还有一个装满油。我还放进了一个陶瓶，里面有一个装着几样东西的铅质盒子。其中有某些刻着名人头像的奖章。这些东西被放在容纳它们的

空间里。这里为某些圣事进行了咏唱。然后公爵大人、主教和我，把这块装有前面说的所有物品的奠基石放了下去。为了给后人留下一个标记，立起了一种像标志，或者叫界石的东西。它是用一种柱子或壁柱的形式建造的。在它上面写着一句由托马索·达·列蒂[226]所写的隽语，它是这样写的：FRANCISCVS. SFORTIA. DVX. IIII. SED. QVIAMISSVM. PER. PRAEC-ESSORVM. OBITVM. VRBIS. IMPERIVM. RECVPERA-VIT. HOC. MVNVS. CRISTI. PAVPERIBVS. DEDIT. FV-

NDAVIT. QVE. MCCCCLVII. DIE. XII. APRILIS. 他想让人们把这些东西都画在柱廊里并永远纪念。它出自优秀大师之手，并是一件壮观的作品。在中间大门的上方也有一句由可敬的诗人菲勒佛所写的隽语，就和上面讲过和写的一样。公爵大人希望把这些都画在我们的新城里。在大门的前面又设立了一块这样的界石，而它用了最美的大理石，并全部用高贵的东西进行了雕刻。那其中就刻有公爵奠基的肖像，还有我的肖像和其他尊贵的纪念物。在它顶上是圣女身着美丽花衣的形象（83v 图 A）。在其最高处还刻有一年四季，建筑是如何建造的，还有其他令人愉悦的东西。我相信，任何见到它的人，都会和看到米兰的那座一样兴奋。于是，当医院建成之后，公爵非常高兴。其间，不论哪位客人来拜访，他都会把这作为领地中最高贵的建筑展示给他。

[84r] 当它完工之后，我上面讲过，公爵对我说了其他要建的东西，并嘱咐道：“按你的意思来。”

接着，他的长子，这位在我们的研究过程中一秒钟也没有浪费的人，对他的父亲说：“阁下，如果您愿意，请允许我和他一道设计其他要建的东西。”公爵回答他说愿意。他把完成其他建筑的任务交给了他的公子和我，然后就离开了。

我们按照说好的留在了后面。公子对我说：“你看，既然他已经准许了，我想我们就盖一些高贵的建筑吧，一方面是因为你已经为我解释了古迹，而

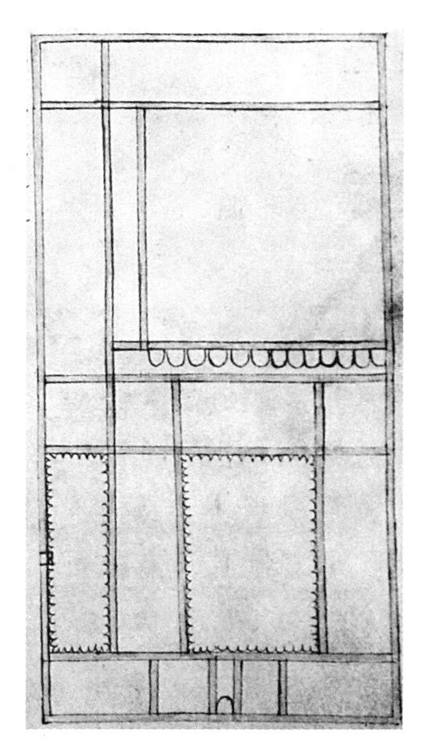

更重要的是因为，我们应该建造一些像你说过的那些曾经存在过的建筑，比方说大斗兽场、庞贝剧场，还有你给我讲的其他那些。”

“阁下，我十分满意，不过首先我们应该保证，每个人都知道如何建造自己的房子。第一步，如果您乐意的话，我会为每个阶层的人做一栋房子。”

“好，我很满意，但是要快点把它们盖起来，因为在我们用古代做法建成一座建筑之前，我会度日如年的。在同一时间里，我要去乡下稍微看一看，你可以按照我的要求迅速把它们完成。”

“我需要两周，最多二十天。”公子带着所有的随从走了，而我留下来设计建筑。

首先，我把绅士的府邸布置成这种形式（84r 图）。我拿出长度中的 200 臂长，宽度中的 100 臂长，然后用您从这张图中能够看到的方式把它分开。首先是关于凸前的部分，即立面的位置：在这中间应该有一道门。它的宽度将是 4 臂长；高度是 8 臂长。它所有的部位都将保持这个比例，即所有其他的空间都将是两个正方形。它们将有多立克或大型的特征和比例。我这么做是因为业主的地位；在人群中，他是大人或上层的一员。[227] 因此建筑就应该与居者和谐。那么，由于这个原因，我们会把您在对基础的描述中所见到的这种建造形式和建筑特征用于这个阶层。基础我讲过，首先要按照上述方法垒好，即两个主体正方形（84r 图）。我把第一个拿给内部住房，而第二个给花园和马厩。您看，平面是这样的。我从前部和边上拿出 20 臂长。边上将有 80 臂长，前面有 100 臂长。然后，房间在前面会是 20 臂长深。这样一来，这些房间的中间还剩下一个每边 40 臂长的院子。您可以说，它是 100 臂长。您已经拿了 40 臂长给住房，所以每边还剩 60 臂长。是的，不过我在边上做了一个 20 臂长乘 40 臂长的院子。这将为府邸的家用需求服务。它将有一个入口，所有这些东西，木柴、酒、谷物，以及府邸所需的一切供给，都可以从这里运进来。家庭居住区、厨房、储藏室，还有佣人的宿舍都会朝向这个院子。在前面的那个部分会给主人。在对边上将是妇女的居住区。 [84v]

下面是比例和平面，尽管您可以按照我说的，从这第一张基础图中理解它们。前部入口：在进来的时候，大门两侧将有一个宽 10 臂长，长 16 臂长的房间。从院子或叫回廊院的长度中减去这两段距离和大门占去的空间，我们就得出了留给角落的数量。两侧留下了 30 臂长的空间。这里将要做两个大厅，一边是 18 臂长，另一边是 28 臂长。这些是访客的居住区。您可以看出来，它们在前部入口处的地平高度上。在它们正上方有一个房间，宽

18 臂长，长度和院子相等。它将长 40 臂长。接着在两端，有两个宽度与此相等的大房间；这些是正方形的。还剩下 8 臂长，我在这里做了一个亚麻压榨机，还有一个用于写字、藏书或其他娱乐的地方。这个住房的高度在第一层将是 12 臂长，在第二层是 14 臂长。在这些上方的其他房间，应该保持同样的比例和形式，这样，加上顶棚、拱顶和屋顶与立面相关的厚度，这个大厅将是 50 臂长高。接着我在角上做了两个像塔一样的结构，这是为了更加美观，也是为了与形式和特征保持和谐。我把它们再提高 30 臂长，然后在每个顶上，我又加了一个带柱子的凉廊。这样，一共就是高 100 臂长。这是非常合适的，因为它应该与多立克尺度的特征相呼应，作为一种高贵的象征赫然屹立。这与前部有关。为了让您可以对它理解得更好，我会用一张图来展示它（84v 图）。也许您会觉得它这样做太高了。如果您见到它被盖起来，它看上去就不会是这样了，而是恰到好处。它将严格按照图样建造。

后部将是同样的高度。边上的部分将是高 30 臂长。它们会在上下都有拱顶。我们可以让它们敞开，或是在柱子上加顶，不论是整体还是一半，不论是长度上还是宽度上，看您喜欢哪样。既有带顶的凉廊，也有不带顶的，人们可以住在里面，就像人们说的那种大马士革式，也就是有植物的凉廊。根据地点，只要该区域不是太冷，都会这么做的。如果场地对于寒气过于开敞，就可以加顶。边上房间的平面：这些会朝向小院，那里将是厨房和面包房。我讲过，会有一个扈从的餐厅，还有给他们的房间和空间，以及储藏室、食品室和这种房子运作所需的一切。储藏室会在这正下方。它们将长 80 臂长。因此，储藏室在这边上占去了房子的全长。在对边的下部，会根据需要有士兵、奴隶和仆人的房间。[228]在上方会有房间和住房。在[85r]下面的对边上，面向花园将有一个带柱子的凉廊。它将是宽 10 臂长，长 40 臂长。那么马厩就会在花园的后部（84r 图）。它们宽 10 臂长，长 40 臂长。宽度上还会再有 10 臂长来存放木柴，而在它上面是储藏空间。从这 40 臂长到 100 臂长之间将有一道墙，把花园和马厩分开。这里可以训练马匹，储存肥料还有其他东西。从房子到马厩还会有一条 6 臂长宽的通道。这里将在花园的一侧有一道 4 臂长高的墙。它的拱顶将在柱子或壁柱上，而在外部它将搭在墙上。花园将非常干净，并用一个棚架搭满。在中间我们会做一个清净的水池。住房所需的其他东西一样也不会少，因为一切都会安排好的，盥洗室以及其他设施，比如排出废水还有带走雨水的水井和空间。

我会按照通常的方式布置它们，即我会在墙体的各个部位做水道，把它往下带到基础中，并通过设计，使雨水会冲刷和清洗所有的东西。壁炉会建在需要的地方。在这道柱廊的上方，还留着一条带柱子的通道，它通向同样的地方，是给上流人士使用的。

在下一书中，我们将讨论爱奥尼和科林斯式的特征和住所。

第十二书

以上第十一书，以下第十二书。

我已经讲述了建造这座府邸的方法，保证它所需的东西一样不少。它很快就建成了，还配上了所有的附属物。公子到乡下去四处游览了，因为他喜欢这些东西带来的乐趣。他在自己设定的十天期限之前就回来了，而府邸刚要完工。

他到了以后，第一件要做的事就是看看这座建筑。他看完了也弄清了所有东西之后，说他喜欢极了。"可是我想让它有彩画。"他命令给建筑画上美妙的古代故事。其中他希望画上安菲翁所做的底比斯建筑，以及底比斯与雅典之间的战斗。在大厅，他想画特洛伊的毁灭。房间里他要画植物和其他悦目的东西。当它全部装饰并画完之后，他说这美极了。

"现在还剩下什么要做的？因为我想让我们用古代风格来设计建造一座建筑。最近几天我四处骑马游览时，看过的某些场景和地方，又在我的头脑中呈现出很多其他的想法来。"

"我将作出建筑的另外两种类型，即商人的和匠人的建筑。然后我们会建造阁下您中意的任何东西。"于是就这么定了。

[85v]

"我还要再离开几天，既然你在这上面有这么多要做。我不想让你的心思被其他东西打乱。一定要在我回来的时候把所有的都做完。"

他走了，我留下。我争分夺秒地命令把这些房子按照这种方式建造。我用这种形式建造了商人的房子。[229]它一边是150臂长，另一边是50臂长。我建造它的形式，您可以从这张只有基础的图（85v图）和这张图的划分中看出来。首先，您看，我在前面做了一个一边20臂长，另一边24臂长的院子。在靠前部分里的柱廊只有4臂长宽。人们可以在下雨的时候步入这道柱廊。在上面，人们可以站在露天的地方。它就会像一个小凉廊。还有，人们可以把植物和芳草放在这里。植物和柱廊将围绕着这个院子。边上的各部分将有6臂长宽，这样就有可能在必要的时候摆开货物。它在边上的宽度将是一样的，这就可以建造储藏室。有店铺和书房的各部分将是一样的。住房的入口将会和前部柱廊的入口在一条直线上。我讲过，它的厚度将和前面的那个是一样的，或者叫宽度更好，是4臂长。您可以从基础的描绘中（85v图）看出入口。这个入口有4臂长宽，而大门只有3臂长。接着又一条算上柱廊长14臂

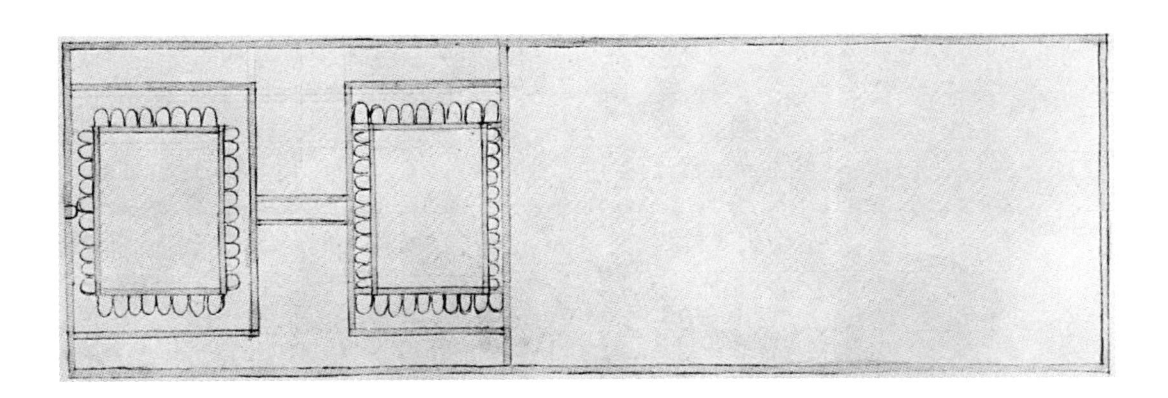

长的通道。这里您会发现另一个空间，宽 14 臂长，而高度是一样的。到花园入口的距离是一样的。这是一个在前面的院子，您从图中可以看到。我想让它四周有一道小柱廊，只有 2 臂长。在两侧的首部将是 6 臂长，而且会是，怎么说呢，两个小凉廊。从这两处都可以进入花园。

住房在地面楼层会用以下方式布置（86r 图 A、B）。居住区会根据其功能分布，这样入口的左右就是佣人和卫兵的宿舍、厨房、面包房，还有储藏室或叫食品室，以及所需的类似的东西。地窖会在对边的下面。在地面楼层，这些地窖的上方，将是一个大厅和留给客人的两个房间。在有需要的时候，就会在上面接待他们。这里会有一个宽敞的大厅，宽 14 臂长，长是 28 臂长，一端有一个房间，一边 12 臂长，另一边是 14 臂长。对面的一端朝向街道，两侧有两个房间。在另一边将有四个别的房间，每个 12 臂长乘 14 臂长。然后在这些的上面还有另外一个大厅，也有同样的房间。第一层的高度将是 10 臂长，而上面一层是 12 臂长。于是，在院子的立面上就是 22 臂长高。在角上会有额外更高的一层，每边有三个其他的房间。这些将比其他部位高出 10 臂长，这样它的总高就会达到 32 臂长。[230]

［86r］

在各边的两翼上，除去前部庭院的空间——即与大厅在一条直线上的空间——还将做两个其他空间来存放小麦和其他作物。这将使总高达到距地面 40 臂长。事实上，在施工过程中，很多问题都可以根据住房的需求和设施妥善处理，只是不能都讲。实践将教给我们很多东西，而这里不能一一道来。

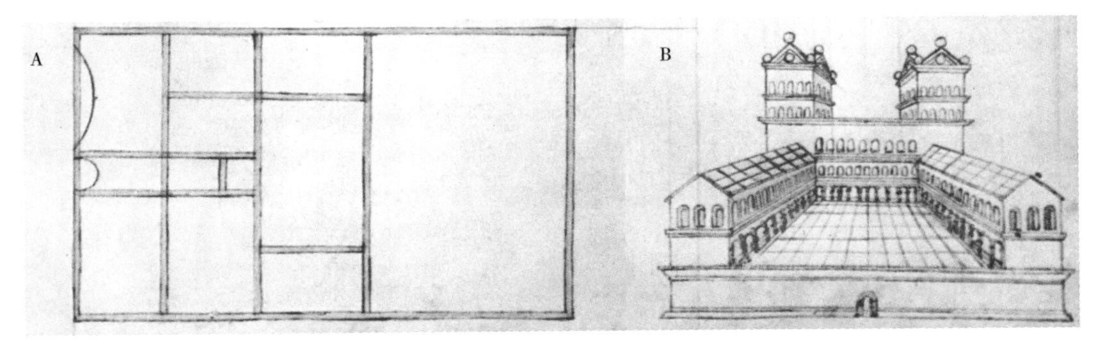

您将看到建成的房子。我想它会让您和其他任何见到它的人都感到高兴的，因为它一定会美轮美奂。这个房子还需要一个马厩。我们会把它建在花园的末端。它放在这里有几个原因，我在上面讲过了。还会有地方储存木柴、饲料，以及这座房子所需的东西。所有这些东西都会放在它们的位置上，例如排水的地方、盥洗室、壁炉等类似设施。盥洗室和上面的其他几个一样，都是用雨水来清洁的。我用自己的方式设计了门、出口和窗户，每个都根据其特征赋予有比例的尺度，正门是一个半正方形，窗户和内门是两个正方形。楼梯您可以从立面的基础图中理解得更清楚。商人的房子就讲到这里。

我把匠人的房子做成这样。[231]它将是一个方形，一边只有 30 臂长，另一边是 50 臂长。在前面，我要把立面的 30 臂长全拿去，另一边上拿去 20 臂长。在立面的中间我做了一个前门，宽 3 臂长。两侧有 1 臂长的墙，这样还剩下 25 臂长。分隔墙将是 1/2 臂长，这样余下 24 臂长的空间，用您在基础图中看到的形式布置。这样的话，前面的两个长 12 臂长，宽是 10 臂长的空间就不一样大了。我把其中之一做成一间匠人做生意的店铺，这后面是一个 8[232]臂长宽、长是 12 臂长的空间作为他的储藏室。对边将用同样的比例和平面布置。这将是他的餐厅和卧室。在这后面有一个小院，它的尺寸和形式您可以从基础中看出。在这院子首部的两侧，各有一个 6 臂长的空间。这其中之一将用于存放木柴和养鸡，而另一个用作厨房。这些就是地面楼层的各部分。他的地窖将在厨房的正下方，并且有拱顶。我想他可以把它做在上面。然后我给他做了一个大厅，宽 12 臂长，长是 18 臂长。一个 10 臂长乘 12 臂长的房间出现在这里的末端。在后部对应的部位上，我做了另外两个部分，每个 12 臂长。这其中之一可以做成一个房间，另一个布置成厨房。在这个大厅的高度上，为了达到必要的宽度，我让它从墙壁的垂直面上突出 4 臂长。这就给了[86v]我必要的宽度，它比下面要大。这个突起也会给店铺做出一个屋顶。靠下部位的高度是 8 臂长。上面的大厅是 9 臂长。在此之上还有一个高 7 臂长的地方，他们可以在那里储存谷物，例如小麦和燕麦，还有其他所需的东西。加上屋顶的尖峰，这房子的高度将和宽度一样，即 30 臂长。为了更加便于展开布匹和其他必需品的整个长度，院子的后面将做出一个 3 臂长的突起，您已经见过了下面的花园和院子。花园在一边上宽度只有 20 臂长，另一边是 30 臂长。关于匠人的房子就讲这么多。其他的房子都有它们的设施；因此这个也会根据其自身特点有它的设施。没有必要再展示更多东西了。当它建成之后，对于一位匠人或其他适宜的人来说将会足够美观。

一个贫民自己不可能把他的房子盖得非常吸引人。为了有个遮风避雨的地方，他会用自己会的任何方法盖房子。它将不需要很多尺度或布局，只有一个 10 臂长或 12 臂长的正方形。他可以按照自己的想法做平面。因为他囊中羞涩，所以就不会有太多需求；只要够花就行。不过，他的确有必要知道如何布置才是最实用的。他的小房子随您用什么方法盖都行。

当这些房子都盖好了以后，公子就回来了。他一回来就问我，这些房子是不是都盖起来了。我回答说是的，接着他说："我很高兴。我想咱们去看看它们吧。然后我要告诉你我去了什么地方，因为我确实发现了一些好地方。"

我们去看这些房子了，而他都看过之后感到非常满意。

"说真的，"他说，"匠人的房子美轮美奂，不过它可能不够大，因为有些手艺需要更大的地方。"

"是的，阁下，您所言极是。很多行会根据行业情况需要更大的空间。目前我将不会建造其他类型的房子。当令尊公爵大人驾临，并为每个人指定住房以后，他们就会来到这里，根据自己的需要，改变和调整它们。"

"这倒是。现在让我们离开这些房子吧。每个人都可以按照自己的方式建造它们。现在让我们转而建造一些高贵的东西吧。我想告诉你，我希望咱们建什么。首先，我想做一个马上枪术比赛的地方，人们可以在互不干扰的情况下观看比赛。这建成之后，我想我们要建另一个我们可以庆祝节日的地方，还要有战船比赛和海战，就像古人在罗马做的那样。接下来，当这也建成之后，我想我们可以到最近几天我去过的一个地方，这样你就可以看到场地了。我想那里非常适合建造一个港口和要塞。"

"您去了海边？"

"啊，是啊！"

"有多远呢？"

"没多远；我想大概三十哩吧。"

"请稍微和我说说您发现的这个场地吧。"

"我现在不想多说；让我们着手建造这些东西吧，因为我要亲眼见到它。"

"以上帝的名义，愿我们所开始做的一切都万事如意。首先是马上枪术比赛的地方。您希望它有多大？"

"我怎么会知道？按你最佳的方式来。把它做得像昔日罗马的那些一样。" [87r]

"在罗马有剧场和圆形剧场；有些是圆的，而有些是长的。"

"很好，稍微给我讲讲它们以前的形状和外观。然后我会告诉你我最喜欢哪个。"

"罗马的剧场就是您在这里看到的图中的样子。长的那些是这种形式（87r 图 B）。圆的那些是这另一种形式（87r 图 A）。在剧场里，古人曾经举行过战斗、角斗士比赛，还有其他与战争有关的事情。就在这里他们还进行过海战。不过，圆形的那些并不是正圆。还可以见到其他的一些，例如大角斗场和维罗纳的那座，它们两个很像。在这些建筑里，古人上演了喜剧和其他竞赛。"

"简要地告诉我它们是如何建造的。"

"我会根据我对今天罗马依然能够见到的那座建筑的理解为您讲解。我将为您对其用文字进行说明，还会给您画一张图表明它的外观，这样您就可以对它有所了解了。您还可以从那些基础尚存的建筑中得到一些认识。那些不

复存在的建筑有文字的描述，例如库廖内和马库斯·斯考勒斯的那些。[233]瓦罗，我想是他吧，曾经说后者把他的剧院建成了一个伟大的奇迹。它里面有三个舞台。他说第一个都是大理石的，第二个是一种玻璃似的材料，而第三个满是各式各样的好东西，有数不清的奇妙绘画，都用黄金镶嵌着。它全都是由高42臂长的柱子支撑的。他说这里有超过3000尊金属雕像，都是生活在那个时代的贵人的肖像。”

“这些都曾经是了不起的东西啊。我想了解一下这些舞台，它们以前是什么样子的，还有，它们做得如此豪华是为了什么目的。”

“我不知道它们以前是什么样子的，也不知道它们有什么用途。我只知道古人说演员要站在它们上面。今天在罗马没有任何关于它们的记载。我想上面以前一定还有过很高的地方让人们站着观看的，因为它们建造得太美了。也许在剧目进行的同时，还有女性和其他人在那高处跳舞作乐。它们究竟是什么样子的我不清楚，这我说过，不过我会按照我认为它们应该的样子，为您画一个剧场和舞台的。[234]

我以为剧场曾经是这个样子的。我会为您在这里把它画下来，就像我在罗马见过的那座一样(87r 图 B)。今天它叫纳沃纳广场。罗马以外，靠近圣塞巴斯蒂亚诺和卡波·迪·波还有另一座剧场，由于有了它，您也许就可以更好地理解这座剧场的造型，所以我会根据我在上面讲过的内容，把后者画在这里。[235]在这张图里您可以看出，它到处都有‘台阶’，人们可以站在上面观看而不会干扰别人。它的设计使得人们可以在天气不好的时候，或者下雨的时候，站在遮蔽物下面观看比赛，因为，您看，下面到处都有很多带拱顶的通道。这样，人就可以过去站着观看了。您看，它有四个入口——一个在首部，另一个在底部，还有两个在边上。在底部的那个只有一个入口，两侧带有其他两个通往拱顶之下的入口。人

[87v] 一进来，这些就同时出现在左右两边。这在剧场的一端上，而它是在最靠近

罗马一边上的主入口。它的形式就是您在这里的图中见到的那样（87v 图 A），而它有五个入口。[236]我相信，市民的领袖曾经站在这里观看。中间还有一个地方，我想是裁判站的地方。中心还有一个方尖碑，刻满了埃及文字，这和那些时代的传统是一致的。”

“告诉我这些文字都写了什么。”

“我不知道怎么给您讲，因为它们没法翻译。它们都是图形 - 文字；有的是一个动物，有的是另一个，有的是一只鸟，有的是一条蛇，有的是一只猫头鹰，有的像一把锯，而有的像一只眼，还有的带有某些形象；有的是一种东西，有的是另一种，这样一来，几乎没有人能翻译它们。事实上，诗人弗朗切斯科·菲勒佛曾经告诉过我，这些动物里有的代表着一种东西，有的是另一种。每一个都有它自己的含义。方尖碑意味着嫉妒。于是每一个都有它自己的意思。如果古埃及人没有按照他们的方法创造文字，而是像其他民族那样使用拼音文字的话，那么这些文字就可以解释清楚了。我所发现的那些采用动物形象的文字和其他东西，或许就可以像我们自己的文字一样被解释清楚了。”[237]

“告诉我它们像什么。”

“还有这样那样的动物形象。”

“给我讲讲它们。”

“眼下没有足够的时间给您讲这个。我会在我们有更多空闲的其他时间为您展示的。”

“那好，就这样吧，可是万一我要是没记住的话，你一定不要忘了。”

“您会让我想起它的。这一定会讲的。”

“现在给我讲讲这舞台，然后是圆形剧场。”

“它就像我在上面为您展示的那样。在我看来，舞台是这个样子的。

圆形剧场就是大角斗场的形式。大角斗场以前是这个样子的（87v 图 B、C）。我会尽可能为您把这解释清楚的。我会为您对此进行解释。它有很多入口，特别是从外面看，因为它全部由拱券包围着，就像您在这里看到的一样。不过，它不是正圆，而是，怎么说呢，像一个鸡蛋，就像您今天在罗马依然能够见到的那样。”

“罗马的那座有多大?”

“阁下，它的尺寸是这样的。首先，它的高度是80臂长。中间的开口，也就是广场，一边是153臂长，另一边是101臂长。从入口到中间的‘蛋黄’，即广场，是18臂长。[238]它在拱券上，并且有拱顶。拱顶贯穿各处，拱券也是，并相互对应。其中的四道拱券要比其他的大1/2臂长，就是说，大的那些是8臂长宽，高是12臂长。其他的是11½臂长。这四道拱券完全相似，这我讲过，而且相互正对。其他在边上的是这样的。一道拱券沿着一条楼梯通往上面的一层，这层的拱顶在此高度上贯穿各处。这对应着第二层拱券。然后又是更多的拱券通往上面的楼梯和里面。还有一些和下面那些一样的楼梯朝向上面的另一层。目前它是开敞的，但是我相信以前它是有顶的。它在内部有柱子，在这些柱子上还有一个屋顶朝向内部楼梯的顶部，也就是到处都有的楼梯或一排排座位。人们站在这些上面观看此处进行的演出。我讲的够多了。我相信您已经知道了它的尺度和形式，它以前一定有过的面貌，还有它现在的样子。”

[88r]

“我还是想看到它能被稍稍画出来一点。如果不能全画，至少画一部分，这样我就可以更好地理解它准确的情况。”

“那好吧。我会为您画出它的基础，然后是外部的一个部分”（87v图B、C）。

“现在我看它看得很清楚了。告诉我它是谁叫人建的，或者建筑师是谁，因为我非常喜欢它。我想它以前一定是一座壮丽的建筑。”

“阁下，没人知道是谁叫人建造它的，或者谁是它的建筑师，只是有人说是尼禄造的它。上面没有刻下文字。因为一个字母也没有，所以就无法知道作者，或是谁叫人建的它，或是谁建的，就像我前面说的那样。维罗纳的那座与此非常相像。据说那里的文字中刻有维特鲁威的名字。[239]也许他也建了这一座。就讲到这里吧。不管是谁，不可否认的是，这是一座最值得纪念的建筑。这一点您可以确信无疑：在罗马还有更为壮观和神奇的建筑。”

“你还记得你所提到的这其中的任何一个是什么样子的么？”

“记得，阁下。”

“我想让你给我把它们画出来，因为我非常想知道它们曾经是什么样的。”

“我可以根据回忆告诉您它们现在的样子，这很容易，可是还有更多的建筑，今天连基础也难觅踪影了，例如尼禄皇帝的宫殿，据说全都是镀金的。现在它已经见不到一点痕迹了。[240]还有更多的建筑我们一无所知。”

“那给我讲讲那些你有所了解的吧，不管是道听途说还是亲眼所见，我都要了解一下它们，然后要看它们的图。”

“如您所愿；我很乐意画出那些我知道的。

阁下您现在想做什么，首先建一座剧场还是圆形剧场？”

“我想从一座圆形剧场开始。不过我首先要知道古人举行海上比赛的那座是什么样的。”

“我不知道如何准确地为您讲述这座剧场的外观。不过，根据极少的还可以见到的遗迹来看，我想它的形式和我在上面描述过的那座完全相同。今天除了基址以外，任何痕迹都看不到了，而基址和上面的形式完全一致。‘讲罗马方言的人’今天在那里建造他们的花园，并把它叫做‘竞技场’。这肯定是在主宫殿下面的一个高贵的地方，靠近安东尼阿娜，一条涓流小溪依旧在那里流淌。据说其中的一个方尖碑曾经屹立在中间，现在还埋在那里。现在，就像我说的那样，一切都垮塌了，推平了，而人们在那里建起了花园。它以前一定就在这里，因为有基址证明。它离台伯河非常近，足以让其中的水排入河中。”[241]

“你不必殚精竭虑地做一个和它完全一样的，只要保证好就行。”

“可是，阁下，我想建一座让您高兴的。”

“告诉我你要怎么建造它。”

“我将用这种方法建造它，使其形式与上面的那座完全相同（88v 图 A、B、C）。请告诉我您希望它是多大，然后就把施工交给我吧。”

“我不希望它比罗马的那座小。我不知道它准确的尺寸，但是在我看来，它应该一边超过一场长，而另一边比半个多一点。它就按你的意思来吧。用你认为最佳的尺寸建造它。”

“我将把它建成长 600 臂长，宽 300 臂长。我想这会足够了。”[242]

“是的，那肯定会够的。给我画一张草图。不管是大比例还是小比例都没有关系，只要有比例就行。” [88v]

“眼下我将只画出基础。”

“好，这就够了。”

“它会被建成的，阁下。这里您看它是小比例尺的；实物将是同样的比例”（88v 图 B）。

"这我喜欢。你要在边上放什么?"

"我将把它们做得像舞台一样，而它们也将用于男女站立其上观看演出。"

"这我喜欢。你要把它做多高?"

"我将把它做成高50臂长。边上和立面将只有30臂长。"

"好，这就够了。"

"它将做得很大，足够让一排排座位升起20臂长。它们的宽度将达到40臂长，从最开始的一排到拱顶的外墙为止。还有三个拱顶，即三条通道用于内部交通。它们每个都有一个10臂长的空间，而且每个之间都有3臂长的墙体。您看，上面所有的东西都将在柱子上，内部空间是10臂长。这将像凉廊一样环绕一周。这里人们可以站着观看。角部将和您在这图中看到的一样（88v图A）。它们将从墙的垂直面上突出三分之一，即16½臂长。内边将突出同样的距离。这将到楼梯上一半的位置。我们将把它放在柱子上，一直到在上方环绕一周的通道的高度。这样人就可以在座位之间四处走动了。在这个高度上，所有四个角都将放一块与我们所谓的'舞台'所占据的空间相等的地方，有柱子，带女墙，并且与座位的顶部处于同一高度。柱子和女墙会在内侧；外侧是在拱券上的。这些拱券的空间将有6臂长乘10臂长。在每道拱券之间都会有3⅔臂长。它将全部有拱顶。因为会需要一个大拱顶来覆盖44臂长的地方，我将在其中间做一个10臂长见方的墩子。这样一来，拱顶将覆盖15臂长的地方。在墩子的内部有一个空间，做一条2臂长宽的楼梯从这些拱顶下来。在此之上，还有一个与此大小相同的楼层，并以同样的方式组织，只是中间的墩子被换成了四根柱子。这些柱子支撑着拱顶，就像下面墩子的作用一样。接下来，在这上面有一个大面积无顶的楼层，四周有

一道女墙，可以站立观看演出。在每个角上，或角部，都有一个高 10 臂长的大型雕像，代表着贵族和那些创作这些比赛和演出的人。”

“我想这么做它会妙得很。我想让你给我画出一面来，展示一下它未来的样子，因为我真的很想看到它画出来。”

“我会在这里按照应该的样子把它画出来。我首先要画出一端来，然后是其中的一个立面。我相信阁下您会这样理解它的”（88v 图 C）。

“当然了。赶快做吧，因为我想让建造这个和圆形剧场的每样东西都迅速安排好。”

“遵命，阁下。这只是外部。”

“那好。给我看看内部的一边。”

“内部的一边将是这个样子的”（88v 图 A）。

“我很满意，因为我喜欢这个。可以举行马上枪术比赛的那另一座我们要怎么做?”

“我想它最好是这个样子的”（89r 图）。

“好，可我们不需要水。” [89r]

“我们将做一个宽敞的大型竞技场，只要可以举行马上枪术比赛和马上比武就行；不管怎样大小要足够让四到六个人一起进攻。任何别人需要的其他比赛或庆典都可以在这里举行。”

“它采用这个形式会很好的。你要负责所需的一切东西，因为我想让它们马上建成。到了它们建成的时候，我要咱们去看看我跟你讲过的那个地方。”

“阁下，明天我就让工匠和工人开始建造这些建筑，保证在您看来它们如春笋般拔起。”

第二天早上，我让雕刻工开始工作。我叫人挖好了基础，还有水上剧院的坑洞。所有这三座建筑都完工了，应有尽有。它们建在面向城堡的那一角上。它们间隔两场长，在从城堡通往宫廷的道路两侧各一个。它们的位置可以在斯弗金达的轮廓图中看出（43r 图和英文版图版 1）。我说过，它们是以极快的速度被迅速完成的。亲眼看到它们要比从文字或图样所能描述出来的更为美丽雄壮。公子还想在这两座剧场中间树立一个方尖碑，上面有我提到过的那些动物和其他形象的文字，就像埃及的那些一样。他希望我写下他的名字和日期，即年份。他说想叫人在他学会这些文字之前把它做完，尽管他说希望以后找人给他解释。

圆形剧场和另外两座也建成了。他希望圆形的那座建在对着乡下的那边上，也就是在对面的另一角上，更接近领地的中间。这里也是金碧辉煌的，无论怎样的描述都不夸张。所有与它们有关的装饰品，合适的绘画和雕塑，都实施完成了。此时他希望我们去

看看他早先发现的那个场地。他对我说："如果你还有什么事要办，立刻就去，因为我无论如何要咱们明天就去。"

当所有在我们回来之前需要做的事情都安排妥当之后，我们骑上了马，带着很多同伴，踏上了朝西的路。我们跨过了阿韦洛河上的一座桥，那是我以前叫人用木头搭的，因为那样更快。公子对我说，我们回来的时候他希望用石头造这座桥，他还希望叫人在因多河上架三座。

"如您所愿。我会建造一切您想要的东西。"

于是我们沿着山谷一直骑下去。这座山谷从远处看去，就像全都被附近的群山包围着似的。事实上，要不是因多河从群山中穿过，并在河道两侧留下了一小块地的话，就真是这样了。在河的底部刚好能通一条路，我是说山脚的位置，河水和山体之间。从这条路就可以一直走过去。在河道的另一侧也是同样的。河道两边在这里有很高的堤岸，比上部山谷的还要高。尽管如此，河流还是相对平静，而我们就这样一路沿着走。[89v]

当我们到了谷底，公子说："这里可以有一座桥。"

"是的，而且既然山这么高，我们还可以建一座要塞守卫这座桥。"

"很好，现在我们先继续走，不过在回来的时候，我们要考虑考虑它，然后决定要做什么。"

于是我们继续走。在行进的过程中，我们又继续爬高了一点。这看上去简直是一览无余，因为不论在谁看来，这乡野都是一马平川。虽然地面是平的，但看起来是在爬坡，因为河岸越来越高。我们又骑了大约 20 场长的路程，之后发现了一片很大的平原和大量的水，因为这是大海了。

我看到场地之后，便说它的美触动了我的心底。我们四处查看这个地方(90v 图)。[243]这个平原四周都有山环绕，这些山都转向海岸。它们几乎就是一个半圆形。它们接着转入海岸附近的一个转弯处。河水环绕着这个平原，直到山脚下。于是我们就沿着河水一路骑。这个平原从河到山大概有四哩宽。从河流到海岸大概有 8 场长，即一哩。就像我说的，这条河几乎是在山脚处汇入大海的。就这样一路骑着，我们到达了河口。这里我们看到了一处港湾，周长大约有三哩，看上去虽为天成、宛似神作。我们来到了它的上面。放眼望去，这座港湾便在我的眼前展开。它所形成的姿态让我惊叹不已。就像我刚才说的，它远低于这座平原，跟河床一样。河水几乎是在湾口处流入其中的。它的地形让我非常满意。我对公子说："这在我看来是建造港口绝好的位置。"

他回答说："确实如此。不过，我希望你在我继续讲述它之前去看一看，因为我想它不只是适合建造港口。你不可能找到比这更合适或更美的地方了，你看，它在保护之下不会被风吹，而且永远是平静的。看外面大海波涛汹涌之时，这里却是波澜不惊，像油面一样平静。然后看看入口，再看看那狭小的海滩，高高的堤岸，它是处于怎样的保护之下啊。"

“阁下，有没有任何可能下去呢？”

公子回答说：“当然可以。有一天我在这里的时候，从你看见的那个转弯处下去了。人是可以从那里下去的。”

“让我们到那里去吧。”

海岸的情况不错，让我们不用下马就可以从平原上下到海边。它在每个位置的宽度大约有 50 臂长，有的地方小点，有的地方大点。最大的地方是 100 臂长。还有一处绝妙的地貌。一条可以推动十座磨臼的小溪从河岸顶部流下来。它有如水晶般清澈。从大海通往海湾的入口还不到半场长，这包括河水的宽度。一块礁石从它中间升起，并高出海面 12 臂长或 13 臂长。它看上去宽 20－25 臂长。它的表面像马路一样平整，并伸入大海足足有半哩。在它的首部有一块礁石升起半个多场长。从远处望去，它似乎比平原还要高一些。 [90r]

接着，我们在海岸上和场地上到处走到处看，越看越觉得它美。我们的足迹踏遍每个角落，直到最尽头。不要以为它寸草不生，因为桃金娘、月桂，还有其他类似的灌木和植物覆盖着它。我们在行进的过程中惊动了一头雄獐，还有我数不清多少只的野兔，看着它们蹦蹦跳跳的，我们不知有多开心。当我们到了另一边的尽头，我们发现它形成了一个海湾，里面可以很容易地停下十艘战舰。

到这里，公子说：“那天我在这里的时候没有看到这些。”恰在转弯处有一眼泉水，被一片月桂包围着，一看便知是佳境一处。我们立刻靠近这眼泉水，在那里还发现了一些饮水的动物，而我们一点一点地靠近，最后终于到了。这汪泉水大约直径 12 臂长，可能还要大一点，它位于山肩之下。月桂几乎在它周围形成了一个花环。泉水清极了，要不是有些小鱼儿在里面嬉戏，那看上去就像空的一样。泉底是细腻的沙砾。在某个地方泉水向上涌动着，恰似里面带着灰烬开始沸腾的锅炉。一涓细水不知疲倦地从这里流出汇入海湾。我们继续前进到了海外的尖嘴处，那里我们可以一直看到对面海岸的尽头。我们去看山体对面的一侧。那山高高的，压着大海，在这里形成了一壁又高又陡的堤岸。见过了所有的地方之后，我们就兴致勃勃地带着对这宝地的赞叹返回了。然后我们就回到了上面的平原。

我们在这里环视四周，观察并思考这座平原。此时，两位当地村民凑了过来，虽然这里人烟稀少。他们很可能是住在山中各地的牧羊人。当他们到了我们面前，公子问他们来自何方。他们回答说住在山中的几座村居里。

公子问道：“你们为什么不愿意住在这里？这在我看来要比山里面美丽怡人得多。”

年长的一个答道：“要不是俺们瞧见你们在这里，也不会过来的。您自己没赶上也没见过，俺倒是蛮奇怪的。那些挨千刀的海盗船隔三差五就得来这儿闹一回，沿着海岸抢啊。就这么着，尽管这地方美，干啥都好，可谁也不敢住这儿。”

接着公子说道："有一回，我确实是在这里看见一条船，朝那个方向开走了。"

然后他们说："他们在那块可恶的礁石上留了人盯梢。他一瞧来人了，就发出预先定下的暗号。这样一来，他们就知道有多少人。要是太多，他们就跑，要是人少，他们就下船到处抢。所以啊，没人住这儿。要是真有位大人或能人能在这儿建个要塞，不让他们下船的话，那来这儿住的人就多了去了。"

[90v]

公子说："告诉我那些山里有什么。人是不是非常多？"

"多啊，大人。有那么几座村居和房子，还有些好地方呢。"

"这些房子有多远？"

"得有个三四哩才能瞧见住的地方。"

"我想我们应该去那里稍微看一看。告诉我，能不能找到一个给我们过夜的住处？"

"我寻思着有。您这有几位啊？"

"我们大概有五十人。"

"成，没问题。从这走那么六哩地有座村居，你们今晚可以在那过夜。"

公子说："我想去看一看。"

我们带上这两个人一起上了路，公子问他们这个地方的名字。这两个人现在加入了我们的队伍，他们说了它的名字。在我们骑行的过程中，经常会惊起一只野兔或一头雄獐，有时是这一种动物，有时是另一种。我们就这样跨过了整个平原。在平原的首部，我们发现一渠流水垂入海湾。这条溪流源自上面的山中，而现在我们正要从这条小溪的河床往上爬。当我们爬到了平原以上大概半哩的位置，我们发现了一个大约 1 场长的小平原。它整齐有如刀切，只不过非常狭窄。[244]在这里山势再次走高，那里有一汪泉水，和下面的那眼一样大。我们在这里停了一会，俯瞰乡间风光。每个人都被这地方的美惊呆了。我们的向导说，这座山谷叫卡里纳，而海湾叫卡利奥港。

接着公子说："仔细看看这个地方的海湾，因为我要咱们给我父亲大人呈送一张图，好让他看到这里。"

"遵命。"

然后我们上路继续爬山。我们骑了足足两哩之后便到了山顶。爬上山顶之后，我们尽可能地往高处走，以便把乡野的全景都尽收眼底。我们转过身，又四下张望。站在这里，我们在山的另一边发现了一座山谷，看上去是一个不错的地方。

接着我对公子说："在我们继续出发之前，我想把这个地方画下来，这样就能记得更清楚了。"

"你非画不可么？"

"阁下，我会在画板上简要地把它画下来，让我不会忘记它。"

“好吧，就这样。”

带着这个目的，我走开到离大家稍远一点的位置四处查看。然后我就开始画这个地方，它正好就是这样的（90v 图）。我画完之后，就去把图拿给公子看了。

[91r] 他看了之后非常高兴，然后说：“不错。我们把它送出去的时候要再润色润色，还要用一张好纸。我曾经到那边的小山包上去过。我看见了一个不可思议的东西，这是我后来听别人说的，也是我自己亲眼看到的。我那时听见了很响的水声，以为是大海。他们告诉我那是一条落入大海的瀑布。我又问了问，他们说那是从山中的一个湖里流出的。如果你愿意，我们可以去那看看。”

“不，那稍微有点远了。现在我们还是别管它了，因为我想早点回去。对于那些必要的工作下命令吧，让我们给公爵大人写一写我们在这个地方发现了什么。”

我们继续往上骑，穿过了群山。沿途中我在很多地方都看见了不同的石材和木材，对于将来必要的工程都会有用的。我看到这些非常高兴，并向公子汇报说，这里有很多对建筑有用的东西。

然后那两个人说：“在这山里头有最白最漂亮的石头，看上去简直就跟雪似的。在这小山的另一边还有一种黑石头。”

听到这些公子说：“我们要做的事情所需的东西都会有的。”

我们一路走过，穿过树林，又穿过荒无人烟的地方。在我们穿出树林的时候，眼前豁然开朗，几处房子出现在面前。我们的向导就住在这里。当我们到了这座村居的时候，很多住在这里的人都出来迎接我们。其中就有一位精神矍铄的长者，留着长长的胡子，面容和蔼可亲，他走上前来，在大家面前说："欢迎光临，尊贵的客人。"接着他问我们的向导，问我们是谁，我们要做什么。他们一五一十地讲给他听。长者走上来说："大人，今晚和我们一起在这里做您的忏悔吧。"

他把我们带到他的住处，对于这个地方来说是非常漂亮的了。我们下了马，每个人都被分到了一个住处，连马也有。他热情地欢迎我们，表情非常友善，他还说，要是我们感到照顾不周就请多包涵。我们见了他和善的面孔和友好而欢快的问候，觉得找到了个好地方。在我们谈话的过程中，两个年轻人带着狗走上前来。一个肩上扛着一头雄獐，另一个拿着两只野兔。他们到了之后多少有点吃惊，不过还是用笑脸对我们表示欢迎。我们问长者他们是谁。他说他们是他的侄子。不一会，这里又来了三个年纪更大的人，带着雉鸡和八哥。我们看了，都对他们带来的猎物和禽类的数量大吃一惊，他们沿途发现的其他动物也让我们很惊讶。长者说："这地方有这么多东西，你们用不着奇怪。"说完，他命令准备晚餐，所有需要的东西都备齐。一切都安排得太好了，看起来我们根本不像是在村居或是他家里，要知道这些东西在城里也是绰绰有余了。他对餐桌进行了布置，让每个人都可以坐下来。我们坐下来，一看到美食就胃口大开，不论是野味还是家畜都吃得津津有味。长者和他家所有的人都挂上了喜悦而满意的笑容。

[91v] 晚餐中，长者问我们要去哪里。我们回答说我们想去因达山谷。他接着说，我们或许应该去看一看那座新城，是某位公爵正在叫人修建的，愿上帝保佑他。"愿上帝再赐一位贵人降临到这片土地上，沿着海岸建造一座城市吧。如果不是一座城市，至少一座城堡也能保一方太平啊。假如能够在您过来的山那边建一座要塞，那就会保证海岸的安全，而很多人就会到那里安家了，那可是功德无量啊。"

公子回答说："你看这乡下适于居住和耕作么?"

"人活着不能缺的东西，您说吧，没有一样不能种在山那边的，只要有人去种。麦子、酒、油，还有所有的庄稼，我都不用说了。"

"我相信，"公子说，"我们已经看到了，乡下不但风景优美而且物产丰富，毕竟这还是荒山野岭啊。"

"零零散散还有些人种的树呢。"

"我们发现它们了。虽然我看那里很蛮荒，却还是发现了这些树。"

"您别不信，整个因达山谷都是块福地，就像那位建造城市的大人一样。还有，他真是选了块宝地，又美又好。"

"我想你一定是见过它了。"

"我的几个儿子给我讲过关于这座城市和这位大人的事，真是太神奇了，虽然我都这把年纪了，可是一听到建造它的这位大人的尊名，就立即动身亲自去看了个明白。”

当晚我们讨论了各式各样的话题，我说过。公子用他平常的优雅方式向我们道了晚安，然后上床睡觉去了。第二天早晨，我们起床之后便询问返回因达山谷的路，又问了正在那里建造的新城离这里有多远。长者回答说我们要走大约三十哩的路。

“途中有可能迷路么?”

“不会的，大人。我会派我的一个儿子跟着您的，如果您不嫌弃，他可以带您一直到那座新城。”

“只要他把我们带上正确的路就够了。”

那天早上我们所有喂饱睡足的马都放上了鞍子。就在我们上马的时候，长者问我，他（公子）是谁。他还补充说：“如果这个问题可以问的话。”

“他是一位绅士，在四处游玩；您的儿子回来以后会告诉您的。”

“不，告诉我吧，这样我才能安心，因为我敢肯定，他一定是一位了不起的人。”

“别告诉任何人，至少在今天别说。”

“我一定守口如瓶。”

“他就是那位命人建造城市的贵人的儿子。”

我刚说完，他就变得懊恼不已。[245]他说：“哎呀呀！这我可真是不知道啊，早知道是他，我就不会这么怠慢他了。”他跑过去抱住公子的腿——他已经骑在马上了——然后是喜极而泣。他恳求公子的宽恕，说他之前没有对公子做该做的事。公子握了握他的手，为他所受的礼遇向长者表示感谢，并向长者所有的家人伸出了他的手。他向长者和他的家人道了别，又向其他在场的人辞行，他们都是大大小小的村居里的居民。所有那些来为公子送行的人，在他离开的时候看上去都非常难过，为他们之前没有给公子应有的一切待遇而哭泣。公子下令为我们的开销留下报酬。长者勉为其难地接过钱，说：“您是不是觉得我连一顿饭也拿不出来。我其实更希望您能在这里住一个月，而不是一天。”之后他再也没有别的愿求了。 [92r]

我们骑上了马，带着长者的儿子，还有那两个有狗的年轻人。我们一路骑了不久，穿过了一片树林，里面有冷杉、松树，还有其他漂亮的树。在我们穿越树林的过程中，惊起了小鹿和其他动物，令我们高兴的是，年轻人的狗把它们都逮住了。还有一些我们的人抓住了一头达玛鹿。我们继续前进，到了树林的边缘，那里有一条小溪在流淌。我们发现身处一片美丽的草坪之中。这里的草地上已经铺开了一块块布，布置的方式就像是要举行某种接洽盛宴似的。我们到了以后，我便问起其中的缘由。年轻人告诉我，是他的父亲、那位长者事先安排的，他让我们在这里用午餐，因为所有住处都离得太远了。这距离我们呆过的地方大概有六哩。这里布置得就像一次狩猎宴会。

我们一到这里，就对这些物资大吃一惊。这些备好的东西让我们一看就满心欢喜，尤其是在我们需要它的时候，因为我们已经是饥肠辘辘了。我们到了之后便下马。然后坐在清新的草地上，把马儿拴在月桂和树上。他也备好了谷子，这样，不但我们可以尽情饕餮，连马儿也可以吃个饱。虽然我不清楚，但是我相信，他是提前在晚上叫人准备好这一切的。我们坐下来享用可口的面包和红酒，还有各种各样的肉类；他不但把雄獐和野兔用炖和烤的方法烹调好了，而且还做了一些野味冷餐，吃起来好像糖果。我们都吃得非常尽兴，而我觉得给我的是最好的，虽然这些都很好。他做了雉鸡、八哥，还有阉鸡，味道之鲜美，让我们觉得不能再好了，也让我们觉得再不能找到更好更快活的地方了。若问缘何竟至此：青青绿草百花艳，汩汩涓流万鳞连。空气中弥漫着各种花香，明镜一般的水从旁边流过，令我们好不激动的是，里面还有小鱼儿在游动。还有一些大家伙穿越其间。在河床上我们看到了一些螯虾在爬动，还有各种造型奇特的动物在水中生息繁衍。松树张开它们长长的枝条，为我们撑起一片绿荫，让大家好不惬意。我们就在这里愉快地停留了片刻。

接着，在我们用过午餐之后，公子向长者的儿子表示了感谢——他的名字是卡里诺——然后把那些带来午餐的人都派了回去。我们都骑上了马，兴高采烈地跨过了这条小河，它只没到马身而已。我们在这片平原上骑了大约四哩地，然后登上了一座非常宜人的小山，它大概有一哩高。等我们到了山顶，发现了一片美丽的平原，上面有一个很大的湖。看到这里的风景，我觉得自己来到了一个新世界，这里美不胜收，遍地是房屋和村居，到处有喜悦欢快的地方。我问他这湖叫什么名字。他回答说这叫皮切纳里奥湖[246]，他接着补充说，湖水从出口落入大海。我们设想它就是在我为港口画图的时候，公子曾经看见的那个。继续骑，我们就到达了湖水的岸边。我们为湖水而感到欣喜。我们沿着湖岸慢慢骑，它是那么美又那么清，不费一点心思就能望见湖底。其实，在这里，眼睛完全可以休息了。湖面上飞过各种鸟儿，水中又撒着星星点点的小岛，叫我们看了怎能不高兴。不知有多少地方从水里跃起一群群鱼儿，除了这，我什么也说不出来了。我问他这湖中是否产好鱼。

[92v]

“最好的，”他答道。

湖周围风光无限，还盛产各种食物。我们离开湖水，越过一座小山，然后进入一道小山谷，看上去相当宜人。黄昏时分，我们的向导把我们带到了一处极美的村居，那里的房子对于这个地方来说是很漂亮的。村居在中心处，被一条从中穿流而过的小溪隔开。在村居的中间有一块很大的地方，很多高大的榆树在那里枝繁叶茂。

我们的到来，给住在这里的人带来了不小的轰动。有一个人认识这个儿子，他一点也不比我们先前的东道主年轻。他问我们是谁，要去哪里。我们的向导给他讲了。他刚一听完就积极地要求我们停下来，因为谁也不想让我们走。他几乎是要生气了，责问我们的向导说："天都已经这么晚了，你要把他们带到哪里去过夜？"他坚持要求我们当晚留在他那里。他再次对向导说："我很是吃惊啊，你爸爸卡林多没让你来找我，想想他和我的交情，我们的友谊多深。也许他怕我没有招待他们的条件吧。"

"不是这么回事，是因为他们说希望尽早赶到因达山谷。"

"好吧，以上帝的名义，明天早上他们出发，晚饭时间就可以到那了。"

这样一来，我们就不得不在这里下马。他用敬意和一个热情的问候迎接我们。假如说我们前天晚上已经受到了很好的款待，那么我们今晚得到的欢乐和愉快一点也不比那少。我们下了马，然后，在等待晚餐时间到来的过程中，我们兴致勃勃地到四处去散步，穿过村居，又循着小河。看着无比清澈的河水从覆盖河床的圆石之间一路流过，真不知有多畅快。要是那西塞斯从这里走过，他就根本不需要到泉水那里去看自己的倒影了。到了晚餐时间，我们全部就座，餐桌上已满是欢声笑语。这不像是在一处村居，倒好像是有人一个礼拜前就通知了他们。餐桌的摆设完全配得上一座豪华城市。然后我们美美地享用了那里的佳肴，而最重要的是，一切都笼罩在一片欢乐的气氛中，淹没了其他，如此说来，在很多方面我们都处于佳境之中。然后我们在松软的床铺中进入了梦乡。第二天早上我们起来，他命人备好我们的马匹，而他坚持要我们留下来和他一同进餐。他还说，我们随后可以在我们喜欢的时间早早出发。不过，公子想去斯弗金达，而在我看来，距离上次到那里似乎已经有一千年了。我们决定出发。我们骑上了马，向他道了谢，然后同他告别，尽管他对我们的离去很不高兴。他一边说着动听的话语，一边同公子握手，我们就这样告辞了。我们和向导一路骑去，到了一座小山顶上，那里俯瞰着因达山谷，一览无余。我们停下来欣赏这风景；每一处都让我们感到无比自豪，尤其是在看到新建成的城市时，还有它周围那优美宜人的田间风光。赏完美景过后，我们下到平原上，来到了斯弗金达。我们的到来让所有人欢呼雀跃，特别是卡林多的儿子卡里多洛[247]，我们的好向导。我向他展示这座城市以及所有已经建成的建筑。他拿到了一份体面的礼物，并在人陪同之下被派回到他父亲那里。 [93r]

"万分感谢他对我们表示过的敬意和殷勤。在你经过我们另一晚住过的村居时，向我们的菲洛蒙特致敬，并告诉他不必对我客气。对你的父亲卡林多也是一样。代我向他表示问候，还要告诉他，改天应该来这里见见我们，尽管我们当然还打算近期亲自去看他。"

第十三书

以上第十二书，以下第十三书。

在这第十三书中，我们将讨论木桥和石桥，以及其他几种建筑。

当卡林多的儿子离开以后，公子说：“我们应该先做什么？在我们做其他事情之前，也许把我们考察过的那个场地向我的父亲，公爵大人汇报一下会比较好。然后我们就可以去做他认为这项工程中应该完成的工作。我们可以叫人修建桥梁，或许还有其他几样东西。”

“是的，阁下，最好知会一下令尊公爵大人。叫人写信吧。”

“我不想让别人写。我要你自己写。因为你见过这些东西，你更清楚要怎样描述它们的外貌。你写完之后给我看看，然后我们把它送出去。一定要早点写完。”

尽管这对于我来说是件麻烦事，为了服从公子大人，我还是安下心来写信。

“阁下，这封信的主旨是这样的。读一读吧，阁下；如果您觉得它还不错，您就可以把它送出去；如果不行，我们就再重写一封。”

“你来读。”

“‘最辉煌的公爵，最杰出的君主，我至爱的父亲。由于我们肩负着规划并建造这些建筑的重任，而阁下您会在亲临现场的时候，用您自己的双眼看到所建成的一切，所以目前我不希望对此多做赘述。我只想论述我们在最近几天发现的几处场地，它们离这里并不远。这些场地是下面这样的，即……’”

“好了，你不需要再往下念了。你在下面讲了我们看到的东西没？”

[93v] “是的，阁下。”

“好，这就够了。”

“至少让我为您念一念下面这部分吧。‘您已经了解了，阁下，我们发现的那些场地。而通过我们呈献给您的这些图，您会对我们用文字所描述的这些东西的特征有更好的理解。因此请务必在回函中明确您的意见。我们的建筑师相信，我也相信，在这里建造一些建筑会很好的，因为这些地方非常适合也非常宜人。因此，阁下您已经清楚了；现在就需要您来决定了，您要命令做什么，您喜欢什么。于我们新城建立的第一年的5月的第一天呈上。’”

“很好。把信叠好，我现在就要把它送出去。”

信被叠好，封上，然后送给了公爵大人。他收到信之后很快就看了，当他理解了信的内容之后，感到极为高兴。他的回复是下面这些。“我们已了解你们对于所发现的场地所写的内容。那些让我们非常欣慰。不过，我在到那里之前不想定下任何事情，因为我要用自己的眼睛看到它。去看看那些已经开始的和尚未完成的建筑吧，它们的建造多么迅速。在它们建成之后通知我，我会去视察它们。那时我们会决定要做什么。”

我们明白了公爵大人所写的意思之后，便再没有做什么。不过，公子说他无论如何也想在因多河和阿韦洛河上修几座桥。于是他对我说：“好好画一张图，让我看出来怎么才能把它们修得漂亮。”

“阁下，我在很多地方都见过优美的古桥，也有一些现代的。请告诉我您要如何建造它们。”

“你太让我吃惊了！你居然也谈起现代了！我告诉你，我要它们采用古代的风格，除非这些现代的玩意儿更漂亮。”

“我相信您也见过一些古代和现代的桥梁。”

“这倒不假，可是我都记不太清了。是的，我的确在帕维亚见过一个，还有曼图亚那座非常长的。它们都是佳作。我喜欢有顶的那些。我在佛罗伦萨见过四座，也都很美。有一次我们在穿越里米尼的时候，跨过了一座桥，我觉得那很漂亮。据说那是古代修建的，可是当时我非常小，所以我不记得它了，而且我那时也不懂得欣赏这样的东西。”[248]

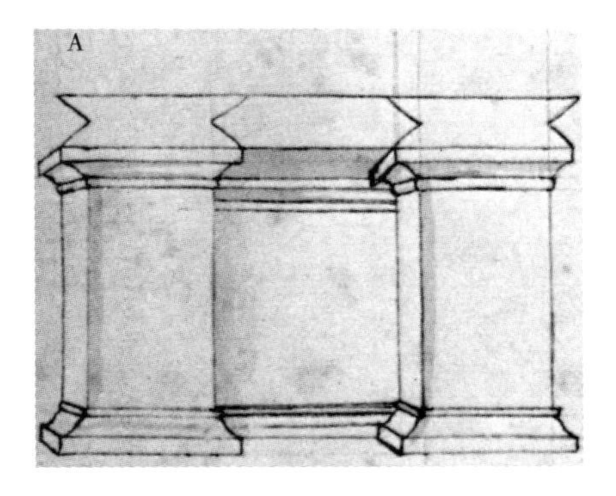

“阁下，这些我也全都见过。它们很美，可是与古代的结构没有任何关系。您提到的在里米尼的那座非常漂亮，不过我还在罗马见过一些台伯河上的桥，尤其是哈德良陵墓和圣安杰洛堡下面的那座，今天它叫圣彼得罗大桥。还有另一座叫孤岛之桥。”

“什么？罗马有岛么？”

“阁下，在台伯河上有一座相当大的。改天我会给您一五一十地讲。还有一座叫圣玛利亚大桥；它也很美，不过圣彼得罗大桥要比其他的任何一座都更能让我感动。其他修护得更好的桥就无法见到原状了。可以看到的是其他三座的遗迹，像圣灵桥和另一个叫断桥的。在波尔塞纳围攻罗马时，霍雷修斯摧毁的那座大桥，也还有几处遗迹。这些大桥除了已经提到过的几个之外，再也没有可以见到的了。它们也可以在瓦列里乌斯和李维的著作中找到；其他人也曾经提到过它们。”

“我想让你把你认为最好看的一两座画出来。然后我们就建造那看起来最令人激动的那座。”

“我同意。我将首先为您画出罗马的那座，也就是圣彼得罗大桥，它是这个样子的（93v 图 B）。它的尺寸如下：长 150 臂长。从一根壁柱到另一根有一个宽度 14 臂长的距离。这些桥墩的壁柱，也就是主要的那些，厚有 3⅓ 臂长。每根壁柱之间还有其他的，就像您在这图里看到的一样；它们是略小的壁柱，支撑着女墙。这些一边是 1 臂长，另一边是 1/2 臂长，高度和它们在图中的样子一样。它们互相是分开的，所以就像这图上画的那样，每根大壁柱之间有 6 根这样的小壁柱。女墙的布置您从这张图中可以看得更清楚（93v 图 A）。您也可以看到桥墩的大壁柱。我上面说过，它们是 3⅓ 臂长。它们在外面突出 1. 5 臂长，里面也是。大拱券的跨度是 14 臂长，从拱墩，也就是从圆的开始处起，高 7 臂长。这些是中心部位的三个主要拱券。在各边上的其他两个拱券宽 8 臂长。我相信您可以从这张图中看出它们应该是什么样子的。迎着上游一侧的桥墩是您在这张小图中看到的样子。您可以看到，另一侧的各面都是正方形的，因为水流不会冲击到这里。还可以看出它有顶。这看上去是可能的，因为依然还有某些拱券可以见到。”[249]

[94r]

“我喜欢这个。的确，古代的要比现代的美得多。你刚才提到的位于里米尼的那座古代的桥，它也是这个样子的么？”

“几乎是这样的，不过要小一些。事实上在这些壁柱里还有某些圣龛，我相信里面树立着人像。我会在别的时间把它们给您画出来的。”

“好，给我画一个，因为他们看上去适合我们的工程。如果你愿意，给它加一些东西让它更美观。去做吧。”

“阁下，我取了河的宽度，然后根据它，我用我自己认为最佳的方式做了一个。河的宽度是 200 臂长。我说过，河水有很高很坚固的土堤。这里还有一种非常结实的石灰华，这样，不管河水有多满，也绝不会淹没它的堤岸。因此，桥就会有很好的拱腋。我说过，我见过这桥，测量过它，还给它画了张图。它是这个样子的（94v 图 B）。[250]我把它带去给公爵看，而他看了非常高兴。”

公子说："我想让你告诉我它的尺寸。"

"它们就在下面，您马上就会看到了。阁下，首先河是 200 臂长。我从中拿出 140 臂长做七道拱券，每个宽 18 臂长。然后我把大桥墩做成 12 臂长厚。"

"那这些拱券有多高？"

"它们高出水面 28 臂长。"

"告诉我，你为什么要在这桥的两端做这两个建筑？"

"我建它们有两个原因。第一，是为了让它们成为桥梁的支撑物。第二，它们很好看。"

"这我喜欢。你把它们做成了多大？"

"它们有 40 臂长见方，从地面到第一层拱顶有 24 臂长。在每个面上我都做了一道宽 16 臂长，高 24 臂长的拱券。于是每个角上剩下 12 臂长。在这些角上，我做了一个 8 臂长的空间，里面我放了一条两跑 3 臂长宽的楼梯。在上面的楼层，我将把这个大厅沿中间一分为二，这样就会有两个房间，一个 12 臂长，另一个 16 臂长。在这上面还会有另一个大厅，它的拱顶还要再高出 14 臂长。它也会有两个同样模式的房间。" [94v]

"我喜欢这个模式。下令迅速叫人开采石料。要保证我们有足够的石料来建造桥梁，因为我想在因多河上修建三座桥。我想阿韦洛河上有一座就够了。"

"石料一点也不会缺的。在我们离开之前，我就叫人去采掘石料了，它很快就会到这儿。在挖掘基础的同时，我会让非常多的工匠用很好的方法对其进行加工，让它很快就备好。"

"很好，既然是这样，要确保早日建好基础。告诉我你打算怎样建造基础，好让它们坚固耐久，而且不会因为洪水或任何其他原因而垮塌。"

"我会告诉您我打算用什么方法来做。我想定做某些木制沉箱，它们将做成这个样子。它们将一边是 14 臂长，另一边是 24 臂长。它们必须用优质的木材制成，这种木材在水中会膨胀，所以会非常紧。因为它们应该纹丝不动，我就会叫人在各个位置放上铁尖，就像在闸门上一样，这样它们就会被牢牢地固定在河床上。"

"以你的信用为证，在一张图里把你制作它们的方法给我画出来。"

"乐意效劳。这些沉箱，您看，将是这个样子的"（94v 图 A）。

"它们将用什么品种的木材制作？"

"白杨木就足够好了。它们的缝隙将被堵得严严实实，不过，连接处会用沥青涂好，就像做船一样。"

"它们没有底么？"

"没有，阁下。"

"你把它们放入河中之后要做什么？"

“这些尖会刺入河床，我说过。它们会被牢牢地固定住，这样在两个桥墩的基础完成之后，它们就会散开，不需要完整地把它们捞上来。”

“好，这我喜欢，不过你把它们放下去的时候要怎么做？那会非常困难的。”

“我会这么做的。首先您有两艘船。您在它们上面用木头建造一个悬臂起重机，然后用这把它们放到河床上。”

“我真想看到你来操作。我想让你先给我画出它们中的一个。给我画那个起重机吧。”

“它将是这个样子的，您可以从这张图中理解一部分——但不会像您在它被建成的时候看得那么清楚。起重机将是您在这图中看到的样子，不过在它造好之后，您就会理解得更好了，那会比图中展示得更明白（95r 图 B）。每条船都将长 40 臂长，宽是 16 臂长。它们之间的距离等于一条船的宽度。”

“你把它们放入水下以后呢，到时候你要怎么做基础？”

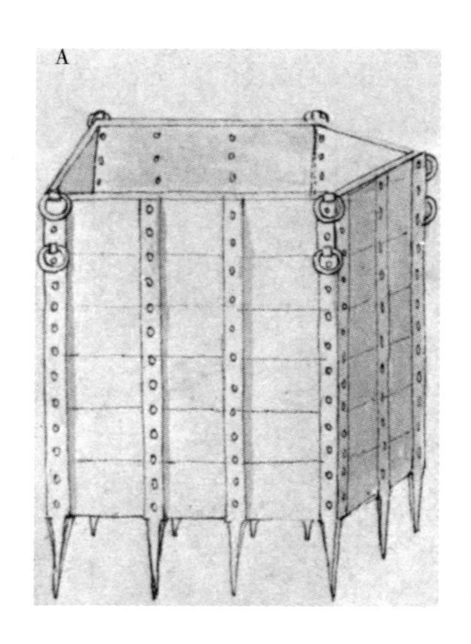

“它放下去之后，我会叫人把沉箱里面的水都排空。尽可能排净之后，我会看河床，叫人把它挖开。如果我发现它是适合做基础的河床，我就叫人做；如果不是，我就叫人把桩子打入河床。我会叫人在那个地方把石板从一根桩子铺到另一根桩子上，让它们密合，就像在威尼斯处理基础的方法一样。”[251]

“威尼斯人是这么做的吗？”

“是的，阁下。”

“他们一定在水中需要很多沉箱。”

“阁下，他们不用这种制造沉箱的方法，而是每隔 1 臂长左右并排打桩。他们在各处放上和未来基础一样大的厚木板。然后他们排干这个沉箱里的水，并打入桩子。当他们把柱子打进去以后，就要放下石板，或者是

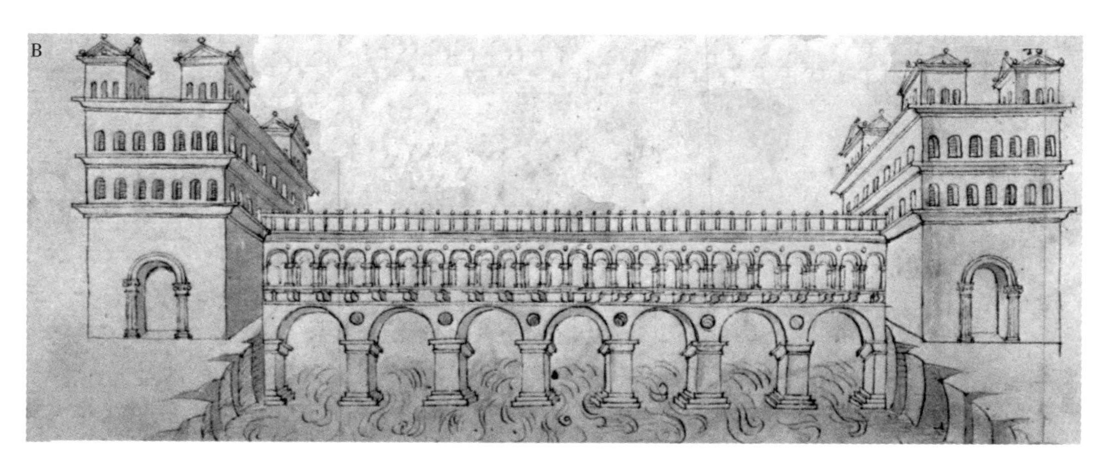

碎石。在这上面他们会铺上厚两盎司的橡树板，这上面再放石头，直到水平面以上。在这上面他们一般会砌上一道砖墙。”[95r]

“这些桩子要用什么品种的木料制成才能坚固耐久？”

“有好几种木材可以在水下永存，只要保证它们在水下。如果任何一部分露出了水面并与空气接触的话，它就会腐烂。”

“告诉我这些木材是什么品种的。”

“它是橡木，或者说土耳其橡木更好，桤木，还有油松，就是那种像落叶松的。这些在水中能保存很长时间。”

“告诉我你要用什么。”

“我会用橡木来做桩子，因为我已经有过使用它的经验了。我见过一些永恒立于水下的橡木，它们已经变得和煤一样黑了。它要比拿出水面到地上更结实一千倍。我记得在贝加莫教堂，即我建的那座教堂里，我在教堂的基础中发现了一种植物，它在地面以下16臂长还要多。由于它很大，挖出来很困难，所以我们就把它留在了那里，在它上面砌了墙。它像煤一样黑。想想那木头在那里该会已经埋了有多久，别忘了它有多深。这不是说它是因为这样或那样的原因才被放在那里的，因为它还有枝干，就像一棵死去[252]的树倒了下来。它曾经生长在这里，这也许一度是片海滩。它一定是这样发生的。不是因为下雨就是由于别的什么原因，不管是什么，它倒在了这里。另外，这一定发生在贝加莫建造之前。我这么说是因为它是在这个地方被发现的。在它上

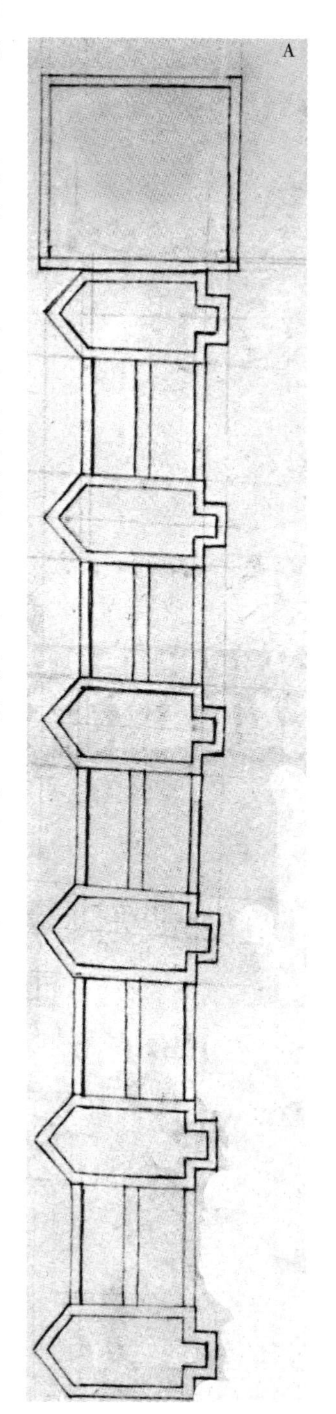

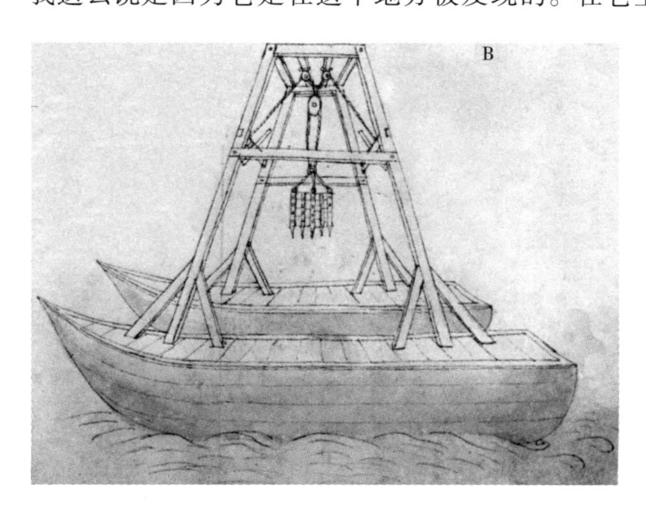

面还建造了另一座教堂。尽管它是现代的，也是很久以前盖的了，不过还是要比那棵树倒的时间要晚，因为它的基础没有像那些上面提到的那么深。离这棵树不远的同一个基础里，我们还发现了一块石头，它是一道古代拱券的一部分。它是很久以前制作的了，毫无疑问比这块木头还要早。它在那里有很长时间了，而它还在那里是因为，我说过，前人在它上面盖了房子。由于这个原因，我们会用同样品种的木材来做我们的桩子。”

“就这么定了。你打入这些桩子之后要用什么品种的石料来做基础呢？”

“如果需要它们的话，我会用刚才说过的铺下石板的方法来做基础。我们还会铺下橡木板。我将在这些板顶上铺一层石料，它们都用铅相互拴在一起，然后在上面再铺一层，也就是另一排。这我一周只做一层。中间余下的空间我将用河砾石和石灰填满。然后我会再做另一层。”

“都拴在一起？”

“当然，不过我会留出一些石头，它们比其他的长，这样它们就会插入砾石里去。因此所有的材料都会拴在一起咬合住，河水就绝不会对它造成损害了，不论是下雨还是洪水。”[253]

“告诉我你要在它里面使用什么铁件，才能让它不会在水下被锈蚀或是被石灰侵蚀。”

“阁下，我们所有这些栓子都将用青铜制作，因为青铜既不怕水也不怕石灰，所以它会持续很长时间。然后我想从一个桥墩到另一个桥墩砌起一道墙，它一边长 10 臂长，而另一边等于两座桥墩之间的距离。在这里面我会放入橡木梁，它连接着两座桥墩，使得河水只能一下子把整座桥都冲走，否则不会对桥有任何的损害。我不想让我在某些别的桥上见过的事发生。其中就有我在托迪见过的一座在台伯河上的桥，还有离得不是很远的另一座在一条叫布雷默河上的贝加莫桥。它们的两道拱券垮了下来，仅仅是因为基础塌了。如果它以前是用这种方法建造的，就不会塌了。这是一场可怕的灾难啊，因为那对于现代桥梁来说曾经是件佳作。”

[95v]

“这我喜欢；我想它会非常坚固的。叫人尽快把它建成，不过我还是怀疑这种木材。如果你把它围起来，石灰就会侵蚀它。”

“我会给它一种配方，让它不受侵害。”

“你要做什么？”

“在我把它垒筑起来之前，我会叫人用沥青把它全涂满，和做船是完全一样的。”

“这些桥墩之间的墙你想做多高？”

“只高出河床 1½臂长。我们至少有深度达 8 臂长的水。在这么大的深度里我们需要做出，怎么说呢，整条河的基础。”

“我真是看不出来你怎么才能做得到。”

“为了在两座桥墩之间建造这道墙，我们最好把沉箱布置得像两道平行墙。

桥墩垒到水面位置的时候，我会在沉箱之间放入这些接榫。它们会以和沉箱一样的方式固定，而在水排干之后，它们将会像桥墩一样做。”

“好，就这样吧。给整座桥的这些基础画一张草图。”

“遵命，阁下。”

“我明白了。它如果能早点建成就好了”（95r 图 A）。

我们备好了所有将会需要的东西，石料和石灰、木料、铁件，以及所有必需的物品。这座桥开工了。当所有必需的东西都备好了之后，我们就开始工作，工匠如此之多，以至于大桥很快就建成了，它需要的东西也都有了，两端还有气派的建筑，就像我在图中展示的一样。这让公子大人和所有其他见过它的人都高兴极了。在这座桥开工的时候，其他两座也迅速上马，这样因多河上的全部三座桥都很快被建成了。

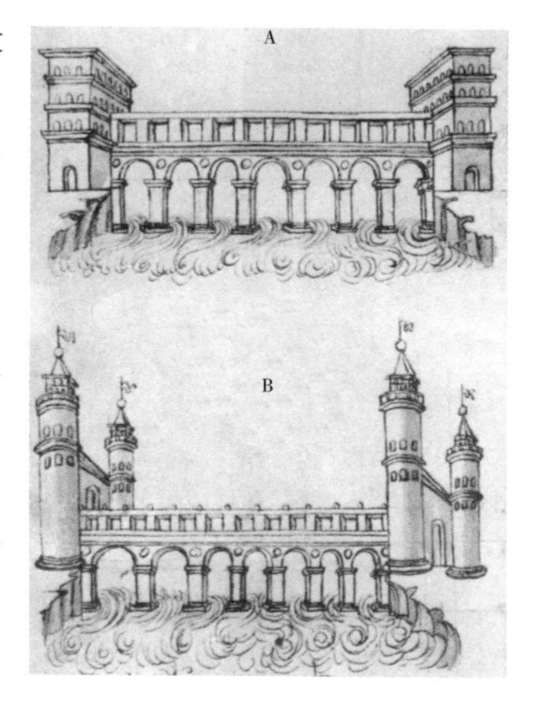

公子说："我想让你把这三座桥都画成图送给我的父亲公爵大人，这样就不会浪费时间了，因为我想咱们还要在阿韦洛河上再建一座桥。"

"那很好，这两座就不用了。因为它们是用同样的方法建造的，送一张就足够了。不过，中间的那座不一样。因为它有堡垒，而且是双重的，所以我们就需要送这个。"

"这两张图现在就够了。快点把它们送出去，让公爵能够了解它们。"

"我们也许还应该叫人把信使找来，然后把这些跟他解释一下，这样他在回去的时候就可以进行说明了。"

"很好，你来负责这件事；我会去办另一件。"

"不，阁下，还是我写一封信更快，里面会用令人满意的方式为他说明所有的内容。"

"随你的便，因为我想留在这，是怕万一有什么纰漏发生。也许你最好还是写信吧。"

我写了一封信来解释这些东西，还附了这两张图（95v 图 A、B）。我列出了所有的尺寸，让他可以清楚地理解所有的东西。公爵回复说它们让他极为满意。他再没有什么要讲的了，只是说它们应该按照我们所决定的最佳方式建造。他传话说，在这些桥梁的入口上方应该进行题名，其中要包括它们建造的日期，公爵的名字，公子的名字，还有我的名字。[96r] 他还想让我们写下大桥的名字。它们的名字如下：中间那座叫 Gephiracagli，而其他两座叫……和……。这些完成之后，我们题上了它们的名字和所有要求的内容。[254]

公子想让我给阿韦洛河上的那座桥画一张图。我很快就把它画成了这个样子（95v 图 C）。它的长度只有 150 臂长。我做了五道拱券，每道跨度 16 臂长。桥墩中的四座我做成 12½臂长厚。在边上的两座我做成 10 臂长。我这么做是因为河在这里有石堤；因此就不需要其他支撑了。您知道，它将是高 40 臂长，宽 14 臂长。您看，我会为它做若干个 24 臂长见方的房子，它们既美观又实用。它们将被大桥的宽度隔开。会有一道拱券让人从一个房子通向另一个。这道拱券将是大桥的入口。

"我喜欢这个造型。人可以住在这些地方么?"

"可以，阁下，因为这里的内部空间将有 20 多臂长，或者说正好 20 臂长。它们上下都可以分成各区，这样住起来将会非常舒适。"

"好啊，这很好。"

"在最高处我们将做一个人像，或者也许是一匹马。我们会做您觉得合适的东西，不管是什么。我们会把它的形式做得让您满意。"

建造这座大桥所需的一切物品都已去置备。用于其他几座桥的布局也用在了这里。它很快就被拿下了，是用又大又漂亮的石材在很短的时间内建成的。

这些完成之后，公子说："现在我们可以叫人把下面的木桥拆掉了。"

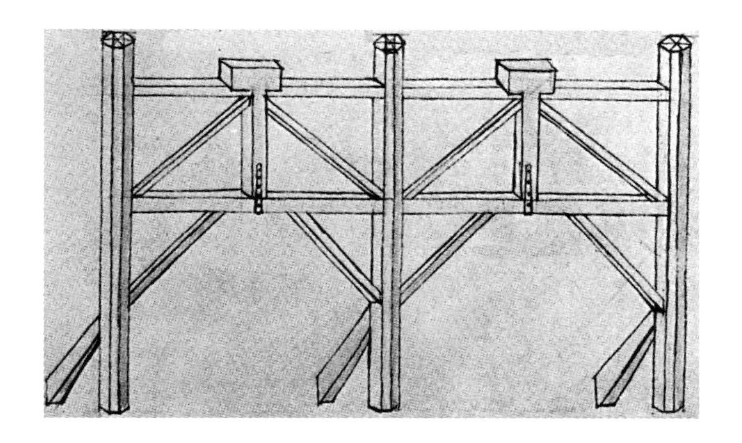

“它可以拆掉。可是，它还很结实，所以我们应该让它尽可能长久的保留。”

“不，我要人拆了它。不过，若是万一我们真会在别处用到它的话，还是给它画张图吧，带上尺寸。在需要它的时候，随手就能再拿到，而不必再设计一座新的了。”

“我将只画它的一部分，并保证有这一部分就可以看出整体来。它就是您在这张图中看到的样子（96r 图）。我肯定它这样看起来很难懂。在您必须找人建造它的时候，就会需要一位能理解的人。他很快就会看出木料必须以怎样的方式入水，因为，就像您在这张小图中看到的那样，木料以一种特殊的方式结合在了一起，水流越强它就越结实。主要的木料从后面支撑；它们在水流最快的时候最结实。随着水流加快，这些主要木料就会受压。结果它们之间就会相互挤压得更加牢固。因此它们就被水流加固了。它们几乎是三角形的。它们不完全是三角形的，而几乎是。有尖的一侧将在面向上游的一边。在下游一边，表面是平的，因为在后部水流不会像在分水一边那样造成冲击。还有一个八边形固定在泥土中，它越是被水挤就越会牢牢地压在河床上。这里只画出了一个，不过所有其他的都是用同样的方法制作。它们每边都是 2/3 臂长。基础的构件是 1/2 臂长见方。它们在两边上都相互隔开 12 臂长。那么 [96v] 这就是大桥的宽度。它在两侧还可以增加 1 臂长，这样宽度就达到了 14 臂长。这就够了。我已经讲过，要造它的时候，您将需要一位能理解又有经验的人来加工木料，因为他应该了解并非常熟悉木材的特性。它应该加工精细、布置合理。基础构件应该尽可能地长，这样它们才能够埋嵌牢固。它们钻入河床越深越好。有这些就足以了解它们应该如何建造了。在需要它们的时候就可以建造了。”[255]

“告诉我，它们可以用其他方式建造么？”

“阁下，它们可以有很多建造的方法。我会给您讲讲我见过的一种。它就像我在托迪见过的那座。它是由伟大的弗朗切斯科·斯弗扎建造的，他当时统治着那些地区。[256]他希望跨过台伯河，可是那个地方没有别的桥可以让他带着军队跨河。那时他们连蹚过这条小河都不行。过去在那个位置，曾经有过一座石桥。它已经塌成废墟了，不是因为修得很差，就是因为河水的力量。其实它确实有两座甚至三座桥墩保留了下来。他的一支部队当时被认为是非常能干的，他命令在这些上面建造一座吊桥，不管是自己的意思还是按照大人的指令。他在小河的两侧安置了绞盘，并在桥墩之间尽可能地把它拉紧。到了最大距离的位置上，他叫人放下一块块木板来支撑绳索。在这四根绳索上面，他放了厚片，或者叫厚板更好。这样，他就可以带着他的军队过河了。”

“告诉我，它很结实么?”

“我没看见军队过河。它一定发生过震动和位移，这看上去才是符合逻辑的。我曾经在其他一些过河的人前面过了桥，即便桥上只有光脚的人，它也会发生剧烈的震动。您可以想象以前马匹过桥的时候桥会怎么样。这是很多我在过河时见过的人告诉我的。它以前一定是这样的，这是可信的。”

“告诉我，你见过其他类型的么?”

“除了浮桥，我没见过别的类型了。其实我在罗马见过刻在为纪念图拉真而树立的纪功柱上的其他桥。在诸多纪念物中，有一条他们在过什么河的桥。您可以看到他们建造了某种桥梁，我想那以前一定很坚固。”

“它们是怎么造的?”

“我想它们是用一块块像一副圆规似的木头连接而成的。您可以从此处的这张小图中看出其中的样子。[257]如果真的要建造它们，我不认为我有足够的知识来把它们建好。”

“那好，这就够了。我并不怀疑在需要建造它们的时候，你可以把它做得足够好。”

“人们还在恺撒的《高卢战记》里，读到过他曾经建造过的一座桥，水流越急，那桥就越坚固。我相信，它就像我们上面描述过的那座一样。我们还读到过他有时叫人在酒囊上建桥；这些桥他随身带着，还带在船上，那样子我相信您已经见过了。很多这样的桥梁都造起来了。我想目前说这么多就够了。”

当这些房子建成完工之后，公爵大人便得到了通知。他立即赶过来，一到就要看所有建成的房子。它们都让他兴致高涨，接着他说，我们应该去看[97r]我们在信中给他写过的那个地方。第二天我们骑上了马，奔向该地。我们到了群山看起来交会的地方。公爵看到这个地方的景色高兴极了，他说想要叫人在群山看上去交会的地方建一座桥，两端带一座堡垒。

“我想让你在我们回来的时候把它画成图，不过，让我们继续到你们过去几天到过的地方去吧。”

公爵看到并观察了场地之后，它的美景迷住了他，公爵不由得说道：“我真希望我们在这里建一座港口，因为我的意思是一定要它高贵。”他想看看乡间周围的一切。他观察并见过了所有地方之后说："我们走吧，因为我希望我们设计一些东西建在这里。首先，我想让你设计这座桥，然后是港口。我要它比任何其他的都更出名。我还想在海湾上面的平原处做一个村庄，因为我相信它放在那里会很好。"

"不必担心，阁下，它选址在那里会非常好的。"

我们返回之后，公爵命令我给这些分别画一张图。我坐下来，按照他给我的命令把它们画了出来。它们就是您在这里看到的图中的样子（97r 图）。

"这我喜欢。根据我对你画的图的理解，我想它们会很坚固的。我想让你把它们的尺寸解释给我，尤其是大桥的尺寸，因为，在我看来它只有两道下部拱券。我还想知道所有东西的尺寸。"

"阁下，这些就是尺寸。首先是大桥的尺寸：由于河水在这里变窄，只有 100 臂长，我将做两道拱券，每道 40 臂长宽；这些就是河中的拱券。在中心的桥墩是 20 臂长厚，并且从水面到拱顶的拱墩有 40 臂长高。于是这两道拱券的高度就将是 60 臂长；它们的宽度将是 40 臂长。因为河堤很高，您看，所以我有必要把这道拱券做得比一个半圆小，也就是以五分之一圆，这样它就会达到地平高度，或者说路面。"

"告诉我，路面和这里的河水有多高？"

"您是在说河堤还是河水？"

"都是。"

"河床应该很深，因为它在这里变得这么窄。您看，河堤有 120 臂长高。因此大桥正好在地面或是路面的高度，您可以从这张图中看出来。"

"我想让你给我讲讲这些堡垒，因为它们看上去非常美观。不过，我首先需要知道它们的每一个部分，因为这相当重要。我想知道它们的尺寸，还有你对它们进行的划分"（97r 图）。

"首先，您看，大桥进行了尽可能的加固。为了防止水流冲击桥墩，我在

前面放了两根壁柱，这样洪水或河中带来的木头就会撞上它们而不是桥墩。”

“这我喜欢。我想把这也做在其他几座已经建成的桥上。”

“在地平以上桥的长度是200臂长。大桥这些最前的角，也就是拐角，一边是30臂长，另一边是40臂长。[97v]大桥的路基将是20臂长宽。于是桥墩宽度就是同样的20臂长，而从一拱到另一拱将是20臂长。这些中间的拱券每道都将隔开20臂长，而在大桥两端的其他拱券将是5臂长。基础采用的就是您在这里看到的形式。大桥总共有100臂长高。首先这些拱券有40臂长高。从这些拱券到最顶层还有40臂长。在靠上的一层和这些拱券上的那层之间的这个空间里，有两个居住区，算上拱顶1½臂长的厚度，是20臂长高。每个住处就是18½臂长高。在这个空间里有房间和其他居住区，配有居住所需的一切设施。塔还有额外的20臂长，因此大桥的总高就有100臂长。您理解大桥及其外观了么?”

“是的，这大桥我已经了解得够多了。现在和我讲讲那些堡垒。”

“首先是堡垒的尺寸。由于有群山的高度，所以它们非常高。”

“这要好得多，因为它们将会很结实。眼下我不能在这里多待了。把它们一起做出来，保证要好。它们建成之后通知我，我就会来这里。那时我们会建造港口。”

公爵走了以后，公子和我留下来去安排墙体的开工。我们置办并备好了全部需要的东西，这样我们进展非常迅速。我们首先从大桥开始，在建造大桥的同时，我们削平了山顶。群山被修平挖空，特别是那些要做大门的地方。全都安排妥当之后，我们就去测量这些台状的山。它们的直径是1场长，所以它们的周长大约就是每个3场长，即1136臂长。这一圈都挖空了，除了大门位置后面的部分。我们首先用一道墙围住了山体。它只有6臂长高，是正圆的。它全都是塔，每座间隔40臂长，只有在大门将来的位置上不是。这里它们只隔开12臂长。这道墙包围着整座大山。在墙的内侧有四级踏步，为的是能够环绕一周，并爬上围墙在城垛的高度上走动。

在这完成之后，公子说：“到这里我都很满意。现在我想让我们拿出一个200臂长的正方形，做一道10臂长厚的墙。在每个角上我都想要一座直径30臂长的圆塔。这道墙将是20臂长高，而塔是40臂长。然后我想让你再做一个100臂长的正方形，这样还剩下一块30臂长的地方。在前面，一道墙和另一道之间，我想有一整圈带柱子的柱廊，高12臂长。在此之上将有房间。我希望它坚固。我希望柱子直径是1½臂长厚，而算上柱础和柱头的总高是8臂[98r]长，这还要抬到地平以上1臂长。”

“阁下，到目前为止这我都喜欢。不过，在我看来，把柱廊做在高出地面8臂长会更快。然后我们就可以在一周都做上拱顶，下面有台阶，也就是一条通往柱子下面，到达柱廊高度的楼梯。这样所有的都可以完成得更快。下面可以有住处，而在上面的拱顶上，人可以到达户外。卫兵可以住在塔里。”

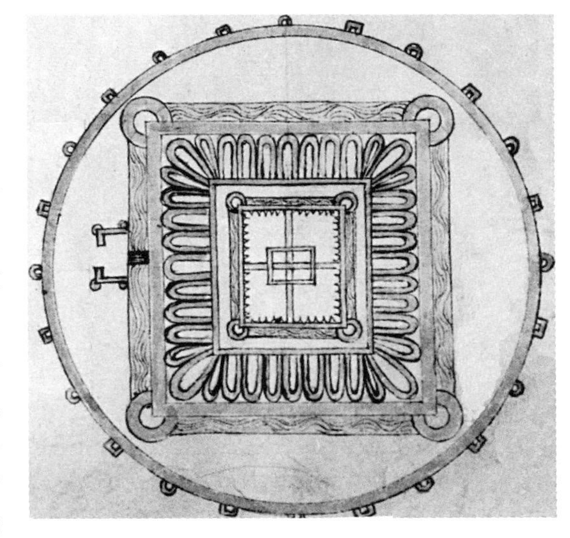

“好，这我喜欢，不过稍微给我画一下基础，让我能对它有更好的理解。”

“我将为您画出所有堡垒的基础。这就是基础图，通过它，您就可以理解它到底是什么样的了（98r 图）。就像您看到的那样，我把柱廊做成这个样子。第一道柱廊是 8 臂长。台阶和柱子我再做额外的 8 臂长，而拱券的拱顶是 3 臂长。这就是 11 臂长。我们会给底部和顶部各半个臂长，让它的总高是 12 臂长。它上面将是 2 臂长厚，因此总共就达到了 24 臂长。然后，女墙和城垛的高度会让它达到约 30 臂长。下一道墙一直到城垛的高度将是大概 40 臂长。它会有一道 6 臂长厚的墙，内侧有同样的柱廊，高是 8 臂长，宽度与另一个成比例。这将在地平高度上，而在它上面将会是 18 臂长宽的房间和住所。在柱廊和中间的塔墙之间有 12 臂长。在这里面，我们将做一条 8 臂长宽的壕沟。在环绕塔身的壕沟和柱廊之间，还余下了 4 臂长宽的一块地方做一条路。我说过，这些住所的高度有 40 臂长。较矮的第一个将高 12 臂长，而紧上面一个是 16 臂长。在它上面是别的住所，高 8 臂长。这些也将是品质较差的住所。

我们在上面已经说过了那座 40 臂长见方的塔（98r 图）。它的墙厚将是 6 臂长。这堵墙里将有一条 2 臂长宽的楼梯。我们将把这个正方形做成 50 臂长高。在这上面，我们将做一个直径 20 臂长的圆。它的墙将是 3 臂长厚，高 40 臂长。在内部 14 臂长的空间里可以做些住处。尽管它在内部是圆形的，它在里面可以被缩减成一个正方形，让所有这些住处都是正方形的。它会有拱顶，就像堡垒里其他所有的东西一样。这座塔每隔 15 臂长的高度分一段。在中心处会有一道墙，就像城里的要塞里的那道一样，也是 3 臂长。在它的中间，有一个 1½臂长的开口打眼井。在这个圆上面，我们将再做一个每边 16 臂长的正方形。它的墙有 2 臂长厚，高 50 臂长。因此这座塔就一共是 150 臂长高，包括塔尖。在它里面会有住在这种地方所需的一切设施和必需品，以及那些必需的房间，和在紧急情况发生的时候加固它的措施。它的加固方法和斯弗[98v]金达城里的要塞是一样的。您看这里把它画出来了（98r 图）。在大门的入口前，会造一种带有双墙的‘瓮城’，就像您在这图中看到的一样。它会从胸墙达到主入口的位置。双墙将是这个样子的；有两道墙，每道都将是双重的。在需要的时候，人可以在内侧走动。这些会与圆塔相连，就像您在这图中看到的那样。人可以从中心位置的大塔到这里来，或者通过地下通道到大桥去。人可以从大桥去另一座堡垒。同样的，人可以通过地下通道从另一座堡垒来到这里。这些通道无法在图中表示出来。”

“到目前为止，这些东西都让我很满意。你想让另一座堡垒是同样形式的么？”

“对于另一座堡垒，我已经想出了其他方法和别的模式。我想它们会让您高兴的。”

“那就这样吧。画一张图，把它尽可能地做坚固。”

“我建造它所采用的形式，我认为，将比以前想出的任何一种都要坚不可摧。它是这样的”（99r 图 A、B）。

“好的，把它解释给我听，因为我觉得它与另一个非常相似。”

“阁下，它们在视觉上看起来的确非常相像，但请听一听它们在内部是如何布置的。”

“告诉我，在内部你要叫人如何建造它们。”

“在内部它将是这个样子的。内部的第一个正方形的壕沟将至少有 20 臂长宽。这个正方形的墙将离地平 20 臂长高。在这个高度中，我想在四周做一个环绕楼梯。这条楼梯将会以这种方式建造。我说过，第一周圈将会像其他的一样，就是说，第一周圈将是圆形的，有同样的塔和同样的造型。第二周圈也是一样的，在内侧有柱廊，形式和前面提过的那道一样。当它按照这种形式建到这里的时候，我要在剩余的空间里留出一块 40 臂长的空地。事实上，算了壕沟将是 60 臂长。因此，我把壕沟做成了 20 臂长宽。接着我拿去 30 臂长，还有这条楼梯在外侧占据的 20 臂长高度，这条楼梯环绕四周，就像您在这里看到的图一样（99r 图 A）。不过，在任何人试图进入塔里的时候，楼梯的设计会让他觉得找到了进去的捷径，而其实他是在绕远。尽管它不能通过一张图就被理解得那么透彻，即使在建成之后也不能看得很清楚，但是，我告诉您的却是真的。这些在外侧的踏步完全就是一个迷宫的形式。在内侧也将是一样的。尽管如此，它还是会建造得很合理，只要大人允许，任何人在求见时都可以快速进入。您很容易理解这将是什么样的，也就是这种形式。您看，在主入口的地方将会有这种‘瓮城’，它有四座圆塔和一块 25 臂长见方的空间。这就是它们的基础。它们会有一个入口，从这个高度一直通到塔脚下。[99r] 任何您不想立刻放行的人，必须要留在里面，然后绕过无数的转弯和通道，就和他在外面的经历一样。这个迷宫是用这种方法建造的（99r 图 A）。在您进来的时候，会看到一个带柱子的柱廊。这里有一条坡道，设计得让马也可以从它爬到顶上。在塔的内部也会有另一条用同样方法建造的坡道，这样人就可以骑着马一直到顶。这些东西无法用语言来表达；它们用张图来解释也非常困难，不过只要愿意，任何人稍稍动动脑筋就会理解它的。塔的内部会用和先前那座完全一样的方式来建造，也就是斯弗金达城的要塞，带上所有相同的隔间，一口井，还有其他设施。”[258]

“这我喜欢，不过告诉我，你要把它做多高？”

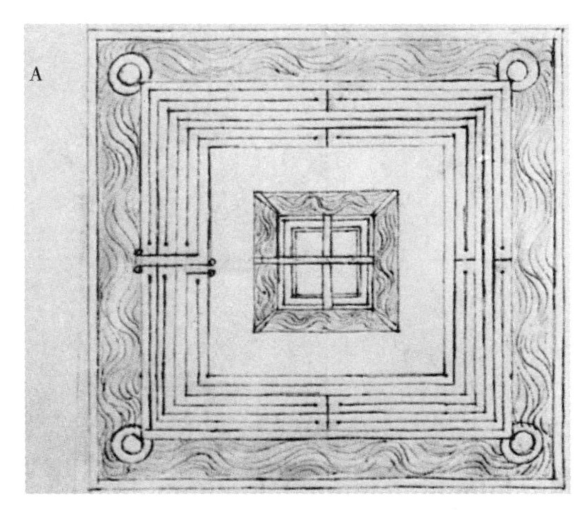

“我把第一个正方形做成100臂长，这是从地平高度一直到城垛的位置，也就是圆形开始的地方。它有40臂长见方。圆形是80臂长高；它的直径是50臂长，因此它的周长就是150臂长。它的墙将是6臂长厚，因为在厚墙里有一条楼梯。在内部它是正方形的，有和上面提过的一样的布置，即在中间水井的位置上，有一堵墙。它的厚度是3臂长；2臂长给水井的地方，其余两份将给各面墙，各是1/2臂长。剩下的空间将是一条楼梯，完全和堡垒里一样。”

“不错，这就足够下令开始砌墙了。”

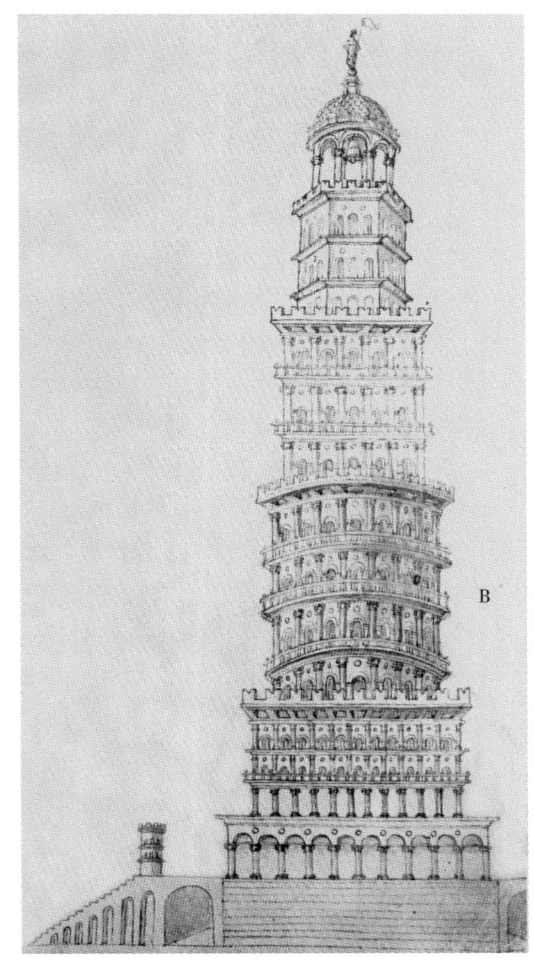

建造所需的全部指令都已下达，两座堡垒也都迅速开工。在给这座塔挖掘基础的过程中，我们几乎是在它的正中心发现了大量的水。我们为这和它带来的便利大为高兴，因为这些堡垒主要的问题就是水。我们在这塔上充分地利用了这水。别的不说，这口我们已经提到过的井能直达塔顶。它里面流出的水如此之多，以至于我们让它灌满了所有的壕沟。而且，我们还叫人用一条水道把它引入了另一座堡垒。我们从大桥上跨过了河流。看上去我们用管道把水送了这么远也许是不可思议的。但没有什么好吃惊的，因为它们相隔只有两哩，更何况其中一座要比另一座低一些。即便不是这样也会有可能的，因为水落多低就升多高。因此两座堡垒都有大量的水供应，而且对于其他事情来说也是非常有用的。我们还叫人在两座堡垒里都造了一座水磨，因为有充足的水量保证满足所有这些需要。这两座堡垒是按照前述形式建造的，而它们亲眼看上去要比用文字能够表达的漂亮得多；更何况不可能用一张图把所有的部分都表明。尽管如此，任何人只要仔细研究这张图都会理解应该如何行动。当这两座塔完工之后，它们让每个人都非常高兴，因为它们是用各种不同的方式建造的。人们尤其是被它带有楼梯和转弯的入口迷住了，因为它里面进[99v]去的人数不能超过四个。如果没有公爵大人的许可，没人能进得去。从这座塔可以穿过有顶的秘密通道，进入另一座堡垒。公爵大人也可以走新的秘密通道。万一副官心怀不轨也无法下手，因为我说过，只有在公爵大人不设法阻止的时候，人们才能达到他的区域。

亚历山大大帝在泽诺克拉泰斯向他解释要在黎巴嫩山[259]上建造的城市时说过的那番话，您也可以说。他问是否有可能为居民的生活种粮食。他的回答是否定的。我要对这个地方给出相反的答案。要驻扎在这里的一百人尽可以种植他们所需的面包、酒和油。这样一来，不论是战争还是围攻，都无法阻止他们随意播种，您从这个地方就能看出来。

当所有必要的围墙都完成以后，公子便给他父亲公爵大人送信过去。他一看到我们已经完成的东西，就赶来视察。这一切是如何布置的，我都解释了，他也都看到了。他想通过穿于桥中的地下通道，从一座堡垒到另一座去。他每个地方都看仔细之后说："我当然认为这很好，而且我非常喜欢它。我觉得它们太坚固了，只要卫兵们不叛变，它们就永远也不会被攻陷。毫无疑问，它们对于这座山谷的上部和下部都是一个关口，因为，按照我对它的理解，塔顶可以看到很远的地方。我还坚信，在早上晴空万里的时候，可以望见遥远的大海。"

"阁下，我和别的好几个人都已经有过体会了，有的时候风和日丽，能够看到海那一边的群山。"

"这我相信。我很高兴。现在让我们看看还有什么要做的，因为我打算尽快让人们住进这座城市。这些堡垒也应该有合适的人守卫。"

公子和我问他希望给它们起什么名字。接着公爵转向另一位跟他一起来的贵族，他是因为敬爱和善意而来的，或许是因为他们之间的其他事情。[260]他在我看来是一位非常博学多才的人，尤其在建筑方面造诣颇深。看起来他也极为满意。可以看出，他对于建筑这项事业是精通的，因为，在转向我们的公爵时，他说："阁下，这一切都让我无比激动。这座塔真是匠心独运，而且还配有这样一座坚固的高塔所需的一切。如果我真的要建造这种建筑，除了这个形式以外，绝不会用其他的。"

接着公爵说："我想让你来参观一下我们新建成的城市，因为我觉得我们建成的东西会让你满意的。"

"从我在这里看到的东西，我就知道那一定会让我激动的。根据人们对这些堡垒的判断，它一定是件惊世骇俗之作。阁下，虽然我还没有建造过类似的建筑，但这些东西已经让我深深地陶醉于其中了。尽管如此，就像我说的[100r]那样，它们让我很高兴。我还想讨论讨论它们或是看一看它们，尤其是在它们按照古代的风格建造的情况下。这些显然是以一种不同的方式建造的，而且有一种与现代建筑完全不同的优雅。"

公爵回答说："阁下，我也非常喜欢它们，但是现代的建筑也很感人，在我看来也很美。”

“阁下，它们是很美，不过它们之间的关系有如白天和黑夜。我曾经也被现代建筑所取悦，但一当我开始欣赏古代的东西，我就对现代日感厌恶。想当初，如果我要叫人建造什么东西，我通常会选择现代的样式，因为我的父亲大人曾经使用过这种时尚。”

“可您是怎么察觉到这一问题的呢?”

“阁下，其实我真的渴望把这种时尚改换成别的什么东西。当我听说有人在佛罗伦萨用古代样式进行建造的时候，我就决定找一位我听说过名字的人。在与他们签订协议的过程中，我终于觉醒了，以至于到现在，假如不是用古代样式来做的话，我连最小的东西也不会盖的。如果我还记得的话，阁下您在我们的房间里的时候……”

“我确实看到它们了，而且我非常喜欢。”

“……阁下，一位侍臣当时也在那里，他对这些东西非常博学。我把他留在了身边有好几天。他用木头给我做了某些建筑的模型，这些建筑是我为了自己的信仰而打算建造的。”

“他是谁?”

“阁下您和他说过话，不过，也许因为他是一位寡言少语的人，而且不会用语言来展现自己的知识，可能您就不记得他了。在阁下您有兴趣希望认识他的时候，我会召他来这里的，因为我知道，他乐意为您效劳。”[261]

“我想认识认识他，还有其他每一位博学的人。我一定会将他们视为上宾。当一位贵族碰见一位受过教育的人，他应该善待他，因为他很博学，才思过人，而且绝不是没下苦功夫就获得了他的知识。”

“我想您的这位建筑师，在他的教育过程中，一点时间也没有浪费。我目前不想再多说了，因为他就在这里。”

他们转向我又说了一些事情。公爵示意我应该从他们身边退下。他们在一起又谈论了一会我的功绩。在前往城市的路上，他们一直在讨论，内容除了建筑没有别的。我们看到的几座大桥让他们大加赞赏。在我们进入城市的时候，他要把所有的东西都细细看个明白。

当他看过并领会了所有东西之后，他说：“阁下，我仿佛又看到了昔日曾经屹立于罗马，以及在关于埃及的记载中流传下来的那些高贵的建筑。我仿佛再次重生，回到了古代，亲眼目睹了这些高贵的建筑。在我看来，它们是多么的美啊。”[262]

“根据您的信仰，阁下，您认为为什么这些技艺会衰落，以至于古代的风俗不能延续，即便它是如此的美丽。”

“我告诉您吧，阁下。是这样的原因造成。随着文学在意大利的衰落，建筑也衰落了；我是说，拉丁的语言和文字变得日渐粗鄙，直到五六十年前为止，此后，思想又变得日渐文雅，并且重又被唤回到过去的时代。要我说，那真是一件令人恶心的事情。同样的事情也发生在建筑这门艺术身上，被蛮[100v]族发起的战争践踏和蹂躏了多少次之后，意大利竟成一片废土。然后，又有数不清的奇风异俗从阿尔卑斯山的另一边侵袭过来。由于意大利已经变得贫穷，因而没有再建造过伟大的建筑，因此，人们对于这些东西也不再经验丰富。随着人们经验的流失，他们的知识变得越来越不精细。因此，这些东西的知识终于失传了。这时，如果有任何一个人想在意大利盖任何一所房子，他就要求助于那些想干这活的人，找金匠、画家还有泥瓦匠。尽管他们这些手艺之间有相通的地方，但更多的是差别。他们会用自己知道的时尚，即在他们看来在现代传统中最好的时尚。金匠会把他们的房子盖得像神龛和香炉。他们用同样的样式来盖房子，因为这些形式在他们自己的工作里是美的，但这些形式与他们自己的工作而不是建筑有着更加密切的关联。他们已经接受的这些模型和习惯，我说过，是从山那边学来的，是从日耳曼人和法兰西人那里学来的。因为这个原因，古代的风俗就消失了。”

公爵的儿子专心致志地听着这一番话——他已经成为了这位讲话人的女婿。他转向他说：“您会继续欣赏这种风格么？”

他回答说他喜欢这种风格胜于现代的东西。

接着这位父亲说道：“我不知道。他们看上去已经在内部达成了一种默契。我想他们是在随心所欲。”[263]在这次和其他多次讨论中，公爵说：“如果您愿意，就来看看我们发现的一个地方吧，我们认为那会非常适合做一个港口。”

“好的，阁下。我想去看看它。”

随即我们便决定第二天去视察前面提到的那块场地。到了第二天早上，我们都骑上了马。我们上路直奔港口，途中还讨论着过去的建筑。他问那些堡垒是否已经命名。公爵回答说没有名字，就叫“桥头堡”。他接着补充道：“我们必须给它们一个名字。不管您要叫它们什么我都会同意的。”

“好，我会稍稍想一想的。”

我们就这样骑着骑着，终于到了前面提到的那个地方。他见到这个地方就开始赞美它，因为它让他极为高兴。他说：“在这个地方，港口的上面建一个村子一定会很好。”他说完这些，公爵便回答说：“我也这么想。”

公子也同意，说：“如果阁下您愿意，这位建筑师和我将对它进行设计。”当这位来访贵族听到这些，他感到非常高兴，说：“阁下，您应该给他这个委任，因为这是一件高贵的事情。”

公爵回答说：“我同意。”于是这项建造港口和村庄的委任就交给了他和我。在我们跨过所有的地方和场地之后，便打道回府。当我们再次经过堡垒时，他说：“既然您把为它们命名的责任交给了我，我就把右边的那座称为赛拉卡里，意即壮丽的堡垒，而左边的那座叫阿克罗波利，即堡垒。”起完这些名字之后，我们便骑上马回到了我们的斯弗金达城。

第二天一早那位贵族便告辞了。我们留下来开始做委任给我们的工程。

第十四书

以上第十三书，以下第十四书。 [101r]

在这一书中，我们将看到这个港口和村庄的建造。公子和我对于建筑的形式有不同的意见。在讨论的过程中，我们确定了一个双方都认为最佳的方案。在我们画完图并布置了所有此类工程所需的东西之后，便去了预定的地点。当我们到了那里，我做的第一件事就是叫人根据平面把线拉好。它就是您在这张图里看到的样子。[264]

线拉好以后，我对公子说："如果您同意的话，也许在我们叫人挖掘基础的同时，把这张图送给令尊会更好一些，这样他就可以看到了，而且能告诉我们，比起其他方式来，他是否觉得某一种做法应该会更好。"

"那是当然。"

"如果您想在我画这张图的过程中帮上忙的话，您可以负责完成挖掘工作，这样我们一收到公爵的回复，就可以马上开始建造了。"

于是就这么定了。我开始画这张图，样子就是您在这边上看到的。[265] 首先，我画好了正方形。我们有一块大约 20 场长的地方，即两个半哩，这是从海湾到山脚的距离。我从这个海湾和山脚之间的空间里，拿出大概 12 场长，另一边我拿出了约 30 场长的地方。按照我们的规矩，我把这用小方格铺开，就像您从这张小图里看到的一样。为了让公爵能够对它理解得更好，我把场地画了出来，您在这里就可以看到（100v 图）。然后我们迅速地把它呈给公爵过目。

他唯一的回复就是，我们应该按照自己的方式建造它。我们一收到他的

答复，就开始为我们的新工程建造基础，再没有浪费更多时间。基础极为快速而又小心地挖好了。

在挖掘的过程中，发现了一块正方形的石头，那简直就是一个大箱子。它的体积有3臂长，并且全部磨光，非常平直，看起来就是一整块。我一看见它就非常喜欢，并叫人把它全都挖出带上来。在它顶上，是用非常古老的文字写的东西，有希伯来文、阿拉伯文和希腊文。我看到这些便非常高兴。我们对此大吃一惊，但很快就叫人把它从基础里带了上来。它被拿出来之后，我们仔仔细细把它看了个遍，我在它的盖子上，辨别出一幅模糊的图样来。我们发现不撬开盖子就无法打开它。我已经说过，它结合得非常密，看上去就像一整块。我叫人把这些文字原原本本地誊下来，然后在没有别的地方被弄坏之前，我们就派人把它们送到了公爵那里。他看了之后惊叹不已，并很快找人把它们翻译了出来。他理解了其中的意思之后，便马上回信说，在他[101v]过去之前不得打开，而且我们要注意墙体的建造。他一定会在八到十天内抵达。我们得知他所写的内容之后，就没有再继续。

我们把所有的基础都做好了，小心翼翼地到达了地面高度。在每个角上我们都建了一座圆塔，就像我们在另一处做过的一样。它们和其他的几座造型完全一样，只不过没有那么大（43r图即英文版图版1）。我们造了五座城门。第一座我们建在面向我们城市的那边上，即标着A的那一角。我们在标着D的那角上又造了一座。从角A到角D是9场长。于是从一角到另一角的距离就是3场长。我们在标着H、O和R的角上建了其他的门。这些门都在非直角上。因此，一共有五座城门。年轻的公子希望这些城墙和塔，严格按照他的父亲公爵大人曾经在斯弗金达建造的那样做。他希望所有其他东西也模仿斯弗金达。如果场地真的合适，他会把边界的形状用城墙围起来。在城门、塔和所有与外城墙相关的东西，都按照我在上面描述过的方式建好之后，我们通知了公爵，而他一听说完成得如此迅速，就即刻上马赶到我们新建成的村庄，一方面是因为渴望亲眼看到它，一方面是因为渴望亲眼看到我们先前发现的那块石头。他及时赶到了，而他一到，便同时被我们在如此短暂的时间内完成的大量工作，以及我们发现的那块石头震住了。

我说过，当公爵看到这块正方形的石头时，他非常吃惊，而且想看一看它是在哪里、从什么地方找到的。他叫人把它打开，然后往里面看了看。它里面有一个小铅盒，宽1½臂长，高度和石头的内部一样。还有一本全部用黄金做成的大书。它和这块石头内部余下的空间一样宽，高是1/2臂长。其厚度和宽度等于这里的空间，或者说从盖子到底部的1½臂长。这本书是立着放的。在余下的空间里有两个瓶子，是用和书一样的金属制成的，高度和内部一样，也就是1½臂长。每个人都对这些东西惊叹不已，而且也非常兴奋。我们看到这件金灿灿的东西之后，所有的东西都带出来了，书也打开了。它是以一种不同寻常的方式制作的，所以我们在寻找打开它的方法时费了不少力气。打开它之后，我们发现它全是用希腊文写的。封面的外表有细腻的雕刻。瓶子也是一种非常美观的古代造型。它们和瓶塞都被揭开了，所有的东西也都拿出来了。公爵兴高采烈地叫人把它们带到他的帐篷里去，也就是他儿子的营地。当我们到了那里，所有这些东西都放在了帐篷里面，他身边只留下了他儿子和我。然后他打开了这个铅盒。它里面有一尊金头，带着一顶皇冠，上面镶嵌着精美的宝石。其余的都是各种类型的彩色宝石。其中还有一个有盖的杯子，上面全是宝石。杯子是绿色的，有一个红色的盖。那是用黄金装饰的。它里面有一个带着雕刻的头，很像那位国王的头，还写满了这些文字……[266]用的也是希腊文。里面其他地方装满了各种颜色和形状的石头，有大有小。它里面的石头和在威尼斯圣马可圣器室里的那个盒子里的石头一样多。看上去它比来自干地亚（Candia，希腊地名——中文译者注）的那个盒子里的石头还要多一点，它在我在那里的时候失窃了。而且也不比在罗马的圣乔瓦尼用来装饰圣彼得和圣保罗的头骨的圣骨匣上的石头少，这在我到罗马期间，被教堂的某些牧师偷走了。两者都被追回了，而那些拿走它们的人，以可耻的下场结束了他们的生命。[267]当我们看见这么多宝石和黄金，高兴极了。瓶子被揭开之后，里面除了灰什么也没有。我们那时认为它一定是几具尸体的灰烬。他们差点要把它扔掉了，幸亏我说：“别扔，阁下。您应该先叫人把这些瓶子上写的字翻译出来，然后您就可以随意处置它们了。”

[102r]

“这倒是真的；这些很可能就是那位国王的骨灰，要是扔掉就不好了。”

公爵对于那些要被丢掉的东西什么也没说，只不过他想回去，而我们应该负责完成所有那些在我们看来最美观最尊贵的东西。另外，在发现这块石头的地点，还应该在其正上方为这位国王建造一个纪念碑。

“在做任何其他事之前，你得先等，直到我找人把这文字都翻译出来。那时，我们将根据译文来建造他的纪念碑。那么，负责其他建筑吧，尤其是要布置这个港口，使其尽可能快地建成。”他第二天就离开了，把我们发现的所有那些东西都一并带走了。

我们留下来加速建造公爵已经交代给我们的所有东西。我做的第一件事情就是规划村庄。它的样子您可以从这张图里看出来。[268]您看，广场就在镇子的中间。我把它做成长 2/3 场长，宽是 1/3 场长。在它旁边还有两个广场，就像斯弗金达城里的那些一样，并且采用了大体同样的布局和形式。

在我干这些事情的同时，公爵写了下面这封信：“我至爱的儿子，你要这样对我们的建筑师讲，而我也要对你说，你应该高兴而情愿地承担高贵的事业，因为我们已经叫人把这黄金书上和其他地方的文字翻译出来了。我们已经弄清了全部的要旨。其中，我们以前要扔掉的灰是这样一种东西：有了它，不管你怎么花也不会缺钱的，因为一个瓶子里的东西与太阳有关，另一个与月亮有关。这将创造出无数砍掉百目阿耳戈斯之头的神灵。我们还发现了更好的东西，也就是制作它的方法。[269]因此，振奋精神，去做伟大而崇高的事业吧。忘记一切花费，相反，去铸造永恒的建筑吧；对于这位国王的纪念碑来［102v］说尤其如此。根据这些文字，他曾经是一位极为博学而值得尊敬的国王。因此，设计一些有价值的东西吧，而我希望它很快就建成，以便纪念这位国王。”

当我们领会了其中的主旨之后，便高兴起来。“你听见公爵说的了。搞出一些奇思妙想来吧，然后下令尽可能快地把它建成。”

“阁下，我已经想出了一个方法，我认为它将是有史以来最崇高的建筑。”

“告诉我你想建什么。”

“我将做一个40臂长的正方形，每边有五根柱子包围，离地平有20臂长高（102v图A、B）。然后在这些柱子上面，我们将放置多块大理石，它们将从一根柱子跨到另一根上。在它们中间还会有另一根柱子，直径是3臂长。这将由青铜制成，它可以让人从里面沿着它上到最高处。接着，我将在这里放置另外八根柱子，它们也将支撑多块位于柱子之间的大理石。在这根青铜柱和大理石柱之间，将会有7臂长的空间。阁下您可以从边上这张图中看出它将会是什么样子的。楼梯做得像一个螺旋，它将从这根青铜柱里面盘旋而上。水会上到由这个楼梯形成的圆柱体中，也就是在人上来的时候用手攀扶的那根柱子里。它将由水的巨大落差产生的力量升至最高处。您看，它的基础就是用这种方式建造的”（102v图A、B）。

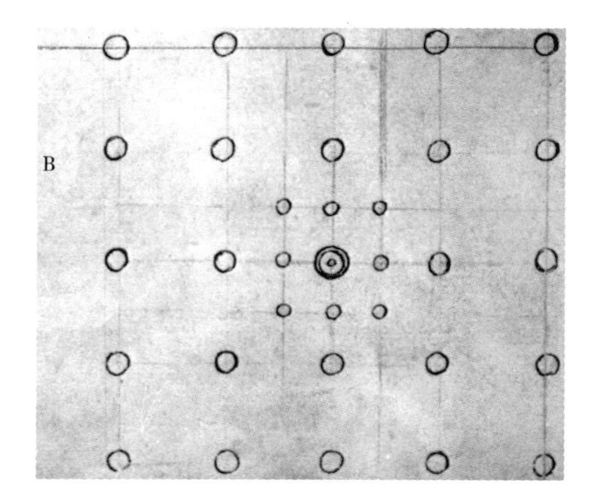

“告诉我，你制作的这些人像中，一个将有多高?”

“每个都将和柱子一样高。”

“这我喜欢，不过我想让我的父亲公爵大人见到它，看看他是否满意。我喜欢它这个样子。你可以下令让人准备这些大理石和其他必需的东西。”

在我理解他的意愿之后，我似乎最好还是给公爵写一封信，描述一下它所有的尺寸。他从图样中知道了它下面将要怎么做。他回信说这令他极为满意，尤其是那根可以让人从里面登上最高处的青铜柱。“水也可以从它里面上到最高处。这大理石无疑会成为一个美丽的物件，在那里人们会找到如此崇高而丰富的财富。它在那里非常好。我想把树立在中间、金字塔形下面的狮子镀上金，也就是镀上青铜。我本想让人用黄金来制作它们，还有那根柱子；可是我担心有的人不知在什么时候会怀着恶意把它们给毁了。考虑到这一点，我看它还是就这样吧。我喜欢下面那个在广场高度上流出的喷泉。我想把在这本书中发现的纪念物刻在那根柱子上；因此，确保你有优秀的工匠，还要保证他们尽可能地把这些大理石人像、柱子和狮子做得漂亮。我还想在这座方尖碑的顶尖处，青铜宝球上做一个椅中人像。它一只手里将拿着一个倒置的瓶子，另一只手里是一本书。他的名字将用尽可能大的字写在宝球上。我要这些尽快完成，而且要一丝不苟。150 臂长的高度让我满意。这个人像将会再高那么一些。我要它与宝球的高度和厚度成比例。依我看，这位国王的这尊雕像不应该低于 12 臂长。”这些就是公爵在看过图样之后给我的指示。 [103r]

我一知道他的意思后，就积极地投身于所有需要准备的事务上，即工匠以及青铜和大理石。负责执行这项工作的工匠有三人。他们按照我给他们的图样和要求，非常出色地完成了任务。他们的名字如下：多纳泰罗，一位大理石和石材以及青铜人像的雕刻家；另一位叫做狄赛德里奥，大理石和石材的雕刻家；还有一位叫克里斯托法诺·杰雷米亚·达·克雷莫纳。所有这三位最杰出的大师都被指派用青铜或大理石进行创作。他们都召集了很多助手和工匠来辅助完成这项工作。他们以高度的责任感和高超的技艺投入到这项工作中来，因此在设定的时间内就完成了。由于那根柱子的安装非常困难，所以增派了一位叫做莱蒂斯托里亚的博洛尼亚人。[270]他在起重技术方面有丰富的经验。到时候我会提到所有这些机械的。在他忙于其他建筑的同时，我们一点时间也没有浪费。

在我们处理这些的同时，公爵希望来视察一下，因为它的名声逐渐传开了。他不期而至。我们都不知道他来了。当他出现在我们中间时，被我们洋溢的热情和欣喜所包围，连在这里工作的群众也向他致敬。他们异口同声地欢呼着：“万岁！万岁！大人！”他在视察过，并理解了所有的布局和形式之后，表示这些都让他满意。然后他问，到这一天为止，是否所有的人都拿到了工钱。我们回答说欠了他们一个礼拜的。这让他大为恼火，随即下令，每人每天都要发放工资，也就是发放前一天的工资，就像我们以前在斯弗金达的做法一样。当天每个人都拿到了工钱。

所有人领了工钱之后，他说："我们在这里为这位国王建立的纪念碑，应该和我给你讲过的一样美，因为他配得上。"他希望把他所有的纪念物都刻在这根青铜柱子上，"因为根据我们的诗人告诉我的话，它们都是有价值的东西。你要按照他给你讲的，叫人把它们刻在这根柱子上。然后还要注意其他的建筑。"

"您对用那种形式建造港口有什么要说的吗？"

"按照他记忆中的样子建造。它就应该这样做。在完成这些的同时，你可以规划将会出现在这里的主要建筑。"

公爵走了，而他那精通希腊文和拉丁文的诗人留在了我们身边。他把黄金书全都为公子和我进行了翻译——所有镌刻在书页中的内容。这位诗人说它的含义是这样的。

"我乃国王佐加莱亚[271]，在我们的方言里意思是英明、富有、精通诸艺，将此宝藏交由 Folonon 和 Orbiati 阁下监护。绝无一人可染指此宝藏，直至有明君现世，他将身起小国[272]，而以王德克成大统。因其恩威浩荡而国业太平。[103v] 将有大厦为他而建。当他发现此种大理石并来到此地之时，万不得加害于他或有碍于他，而须继续阁下之事。"

他说这些话的时候，我插嘴说道："阁下，记得在盖子打破的时候飞出来的那两只蝴蝶么？它们看上去就像一阵疾风，刹那间就飞走了。我们当时觉得这没有什么。"

翻译官大为吃惊，只是说："他们一定就是那些神灵了。"他接着说："他以前一定是一位在所有方面都非常博学的人。他说发现这些的人将是幸运的，会有矫健的身躯，英俊的孩子数不清，还有一位贤惠美貌的妻子。在他登上王位之前会有若干争斗。最终他将获得王位，而他和他的儿子们会非常开心。在下一篇或下一页上，他说了自己和家族的经历，还有他自己的丰功伟绩。他还列出了其他事迹的一些实例，这些一定发生在他自己的时代或者稍稍早些。

他是这样讲的。我佐加莱亚，此诸地之国王，察觉此国国运已尽，我国之名终将不见于世。为使上述之人可知我国之实，我将略陈我国所成之大业。故时来运转之时，我国之事业将重见天日。此举亦将激励我国之后辈在获悉此事时成就大业。父王历尽万难方平息此地。他谙熟兵马，就像他的父亲一样。祖父死于兵马渡河的意外中，这是天命啊。[273]此事一出，众将悲恸。父王此时尚幼，但也为此悲痛欲绝。祖父虽然不可复生，但他的精神是可以继承的。父王在此地驻足，告众将士云：'众位亲父，你们已经看到了我的情况和不幸，这也是你们的不幸啊。天主命轮，神执生死，人何以抗之。上帝天意，我们只能服从，因为上帝是不能违抗的。所以我恳请你们不要离我而去，那么我也不会离你们而去。你们求君求主。而我说这些，绝不是因为我配做你们的君主。我倒更愿意你们做我的君主，这仅仅是由于你们对先父的敬爱。你们可以把我当做儿子。你们的斗志不应因先父的不幸而消沉，因为失去的不过是一个人而已。振奋精神，坚定信念吧。若有人不再为旧念而伤怀便上前一步。不论未来欠你们什么东西或者任何你们应得的东西，我都会尽数偿还的。为了让你们相信我的话，我总理账目在此。'* 于是，父王与他人的全部债务都记在了此册之中。众将士号啕大哭。异口同声皆称，若可以用自己的命赎回祖父，则情愿一死，因为命运夺走了他们的君主。'我等不求他君他主，王位非您莫属'，众人喊道。此言一出，又有许多肺腑之言，众人皆为此意外而悲痛。于是，将士们泪如雨下，叹息声、呻吟声不绝于耳。最终，众人称有生之年绝不离开父王。 [104r]

父王回答这些话说：'对于你们的钟爱我感激不尽，这种忠诚我已经发现好久了。可是今天，此时此刻，你们终于向我证明了。我是属于你们的。你们认为应该做的事，你们觉得我应该走的路，全都依你们。'众人一听，异口同声称愿为逝者的哀思而奋进。听到这些，我心里非常激动，故而士气昂扬、精神振奋，我随即启程继承前业。

将士群情激昂，不日即抵敌军之地。军士们投入战斗，奋力拼杀，死伤无数，而父王最终大获全胜。驻扎在此城的诸侯先是受伤，随后被擒，最终身亡。他名叫乔布拉。也是一员虎将。这是父王的首捷。父王随即退离此地，为此时统领这片地方的诸侯效力。他名叫波利菲亚玛。[274] 他发觉父王的灵慧，看他守地有功。因此在多番考验之后，把自己的一个女儿嫁给了父王，生了我和其他孩子。可是，这位诸侯临终之时听信小人谗言而心生猜忌，于是废除了父王的承继权，这在历史上屡见不鲜。最终他没有留下遗嘱就死了。诸侯死后，父王的领地遭到袭击，不得已只好放弃。此事一出父王便没落了，结果竟被妻子辖制，因为这个诸侯没有其他继承人。经过长期围攻，使其弹尽粮绝之后，父王主要的领地最终臣服于他，而父王再度安抚那里的百姓，尽管还有一些妒忌的诸侯不断挑衅。这是父王的再捷。父王此战打得非常好，以至于后来再没有纷争，天下太平。父王得到安宁之后，便大兴土木来自娱。父王起高楼，树广厦，尤其重要的是建了一座大城，它就在此地不远的山谷中。父王和我在此处又设了一个港口，它规模宏大而且非常实用。于是我们把这个港口叫丽宁港，这座城镇叫浦鲁西亚城。[275] 我们在这座城镇中盖了大楼，都是我喜欢的。港口的情况是这样的，阁下从这里的基址就可以看出来。我绝不认为此地将会受到风蚀日化，阁下可以看到，此地都是石灰华，且四周全是高堤。

我命人在四周建造有柱的廊子，高 20 臂长。这样，列柱抱水成廊。我命人在石灰华的堤岸中挖出仓库。仓库很高，每间开一个窗户。石灰华都已挖

---

* 根据文义补此单引号。——中文译者注

[104v] 空，又起了拱顶。柱廊也是从石灰华中挖出来的。它上面是开敞的，前面有一道女墙，可于兴起之时登临游赏。此廊抱港一周，两端皆有梯段供人登顶。堤中也挖出一条楼梯，它在柱廊上面，人可以上到城里。可以从我们的宫廷到这里来，因为那正好位于它上方。郊外流进来的水沿着渠道走，这条渠道将柱廊一分为二。柱廊两侧是磨粉机、漂洗机、造纸机和锻铁机。这水流各个行业都在用。

另外，在港口的入口有一座桥联结两岸，这桥架在一块礁石之上，这块礁石几乎填满了这个港口。桥高可以让船行其下而畅通无阻。这块礁石上面有双重墙，一直上至礁顶，在这里还要高出 30 臂长。此处用各种颜色的石头和斑岩建造了一座堡垒。阁下可以从书的镌刻中看出它的形状。”

接着我说：“这本书中刻有建筑么？”

“当然了，”他说，“这座堡垒，港口的全部，还有大桥，都按照原物刻在或者画在了这里，原原本本地说明了建造它们应该采用的形式。就在这儿，”然后他把这些拿给我看，它们都画在了另一页上（105r 图）。这些东西让我和公子都极为高兴。

他对它们进行了一番研究，觉得非常满意。他说：“我想每一样东西都应该严格地按照这里画出的样子来建造。你看这座桥。首先它建造得非常好，而且看上去会是一件神作；它在自己的时代也一定是这样的。我想把这座堡垒，在桥头的这座神庙，还有这座桥中间的圆塔，完全按照这种形式建造。根据每件东西的描述，你最好去把它们从黄金书原书上画下来，也就是从插图中把它们画出来。”

“请描述每一样东西；然后我将去把它们画下来。这样我就会更清楚地理解这一切。”

“是的，现在讲解一下其他内容。”

“他说在河岸上桥头的位置，有一座高贵的神庙，这是他的父亲曾经在获得王位时建造的。出于崇敬，也是为了感谢天神所恩赐的统治，每年他都要派人，让牧师在这座神庙里举行庄严的圣事。同一天，他还要表演模拟战事，来说明他是通过战斗和天恩才获得统治的。在桥的另一边，也就是较高的一边，建造了一座堡垒。它高高在上，足以统揽一切，这全凭这座山，它应该一直屹立在那里。这座神庙里有很多黄金和白银，还有青铜的装饰物，例如大门，实际上还有用一种类似的材料制成的其他装饰物，而它是用各式各样的绘画、大理石雕刻和其他高贵的物品进行的装饰。那其中就刻有他的战斗和胜利。这位于柱廊的入口处。在神庙里面，各种天赐美德的纪念物用马赛克连接在了一起。它全部由大理石和其他石材制成。实在无法准确表述它的

[105r] 外观。任何熟悉这些东西的人，都会从这些描述中，以及我的这本书中理解它们，这本书就是要留给后人，让他们了解我们的。

我们的住处也在我们的这座小城镇里。这里也有一座高贵的神庙，在它

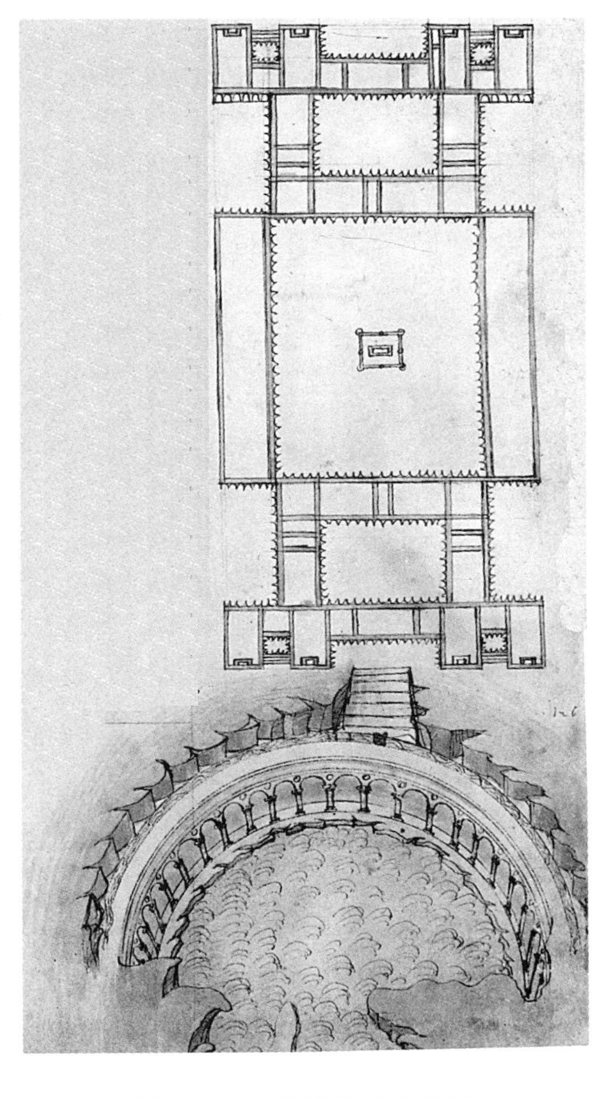

和我们的宫廷之间，还有一个引人注目的广场。这座宫廷和神庙一样美轮美奂，我不由得要把它描绘出来，让您可以对它的外观有更清楚的了解。它是如此之高贵，我自然是希望它能够永存，让千秋万代都能目睹它的风采。可是，我怀疑这能否做到，因为纵览古今，有几座大厦能够禁得住时间的考验，有几栋高楼可以受得了岁月的剥蚀。另外，我还为它算过，看到了这类东西的下场。我发现它将被诸多野蛮民族的战争所摧毁。由于这些原因，我在这本书中留下了记载。我恳请让它重见天日之人，要把它当做纪念物一样珍藏起来。他应该不厌其烦地阅读它，可以说无时无刻，他也不应该嫌它有些长，因为谁也不能用寥寥数语就把所有这些高贵的事迹讲明白，要知道这样的事非常多。

宫廷完全是按照您在这里看到的图中的形式建造的（105r 图）。这就是它的尺寸。它所占据的宽度和广场是一样的。宫廷在另一边上的长度是这个的两倍。准确地说，它在正面上是 1 场长，长度是 2 场长，即那条从港口上来的边，这您从这里的图中就可以看出来。它全部是由很多不同颜色的大理石制成的。它的墙是这个样子的。墙厚 4 臂长，不过实际上只有 $1\frac{1}{4}$臂长。这就是建造墙体的方法。它是这个形式的。有两道相互平行的墙体，中间有 $1\frac{1}{2}$臂长的空间。这些在各个部位用石块连接在一起。这两道墙，加上中间的空间，形成了外墙，并且，我说过，它们是联结在一起的。它们用这种方式一直从基础延续到上面的最高处。在某些地方有一条楼梯穿过这两道墙，然后从它们内部爬了上去。它们带有烟囱、盥洗室，还有排水管，既可排走屋顶的雨水，也能排走大厅里的其他用水。

它是用这种方式布置的。我讲过，它在正面上是 1 场长，并分成了三部分。[276]而这些部分每个又是 125 臂长。前面的柱廊是这其中的一部分。它有 10 臂长深，总高 20 臂长。从地面到这一层地板面有三个踏步。柱子有 $1\frac{1}{2}$臂长厚，也就是直径，它们高是 12 臂长。一根柱子到另一根的距离是 14 臂长。柱子和柱间距形成一比一的比例，因为柱础是 1 臂长，它下面还有额外的 1 臂长。柱廊的地板面高出地平面 1 臂长，柱子之间有 1 臂长的长凳。柱子立 [105v] 在这条长凳上。拱券有 7 臂长的高度。它们上面有 1 臂长的墙，这样整体的高度就达到了上面讲过的数字。在这道柱廊的上方，有一个开敞的凉廊，它前面带一道漂亮的女墙。人在它上面就可以从建筑的一部分达到另一边的那部分。后部和正面是完全一样的。人从中间的一扇门进来，门宽 6 臂长，高是 12 臂长。

它由很多雕刻和纪念我们祖先的高贵物品装饰而成。其中就有纪念我祖父的物品，他叫洛齐奥穆。[277]由于他是我们世家的创始人，我父亲希望把他的生平一直刻画到他不幸的结局。您可以在那里看到，他是如何因为某些与邻国的敌意和纷争而被迫离开的，还有他是如何学习武艺的，要知道他是一位有伟大灵魂和侠义的人。尽管年少，他还是教会了自己这方面的技能，很快，他的刻苦和精神就让他成为他人的领袖。他与当时统治这片地方的一位贵族达成了协议。他为他效力了一段时间，并为其取得了一定成果。在有一天他驻扎在他主人的一处偏远属地，并担任其副官职位时，他必须去和他谈论某些事情。他只带了一个马童就上路了，然后骑了好远。由于天气非常热，他就在一棵橡树处下马乘凉，让坐骑和自己都放松一下。按照士兵的惯例，他把马交给了马童，可马童于他在树荫下打盹的时候，把马笼取了下来。在他睡觉的过程中，他似乎觉得玛尔斯来到了他身边，告诉他起来去阿西西王国。如果这样做的话，王室的尊严就会降临到你的后人身上。他听到这些话一下就醒了，完全陷入了沉思。由于那个王国正在交战中，而且一个好战的人是不愿意无用武之地的，他便决定请求离开他的主人。他一拿定主意便开始行动。在他收到这条启事之后，他便带着很多礼品和通行证去了那个王国。在经历了无数挫折、囚禁和痛苦之后，他最终继承了爵位。这样，我的父亲就成为当地的贵族。他的事迹就这样刻在了这扇门上。

在进入这扇门的时候，会发现一个很大的院子，一边是 120 臂长，另一边是 86 臂长，里面的柱子和外面那些是一样的尺寸。它全都是用精美的石材和大理石装饰的。接着，您可以从这里看出，住所的布置使得这样一栋房子应该具备的所有设施，连最细微的东西也不会缺少。中间有一个花园，一边是 320 臂长，另一边是 150 臂长，其四周有一道带柱式的柱廊，它和内边上的另一座回廊院一样。它全都画着尊贵的古代和现代历史故事。这些都是由最出色的工匠完成的。

这些绘画表现了很多内容，其中有埃及各国王的起源和兴起，还有其他非常久远的历史，例如赛勒斯的事迹。[278]他的祖父梦见他的女儿生出了一条蔓藤，把整个亚洲都笼罩在阴影之下。在他贤者的建议之下，加上他自己的猜 [106r] 测，他决定把她嫁给他最不起眼的一个下臣。他下令，在她分娩之后，要把婴儿献给他。人们服从了他的命令。他拿到这个婴儿之后，立即把它托付给了一位最可靠的总督。他命令他杀了这个婴儿。这位总督继而对他手下的一个牧羊人发出了相同的命令。而后者把婴儿带到了一片树林里，把它藏在了一个隐秘的地方，却一点也没有再伤害它，因为他觉得野兽们会吃了它。他离开之后，便回到了自己的住处，到家之后，就把这些事情告诉了自己的妻子。她像他们一样，更多的是敏锐而不是迟钝，在丈夫给她讲完这些经过之后，她对他说：‘哎呀呀，使不得啊。最好还是丢下我们自己的孩子，留下这个，也许它能带来些好处呢。这个孩子一定是个大人物生的呀。’她苦口婆心地劝说，丈夫终于同意了。他拿了自己的儿子把他带到了那个地方。他在那里发现一条母狗一直保护着这个婴儿不让鸟吃。他丢下自己的儿子，把这个婴儿带回了自己家，于是夫妻俩便把他当做自己的儿子养大。一天，孩子已经八岁了，他在孩子们的游戏中，像往常一样被推选为管别的孩子的国王。在他们的游戏中，有一位贵族表示反抗。这个男孩立刻叫人把他从马上拉下来，然后叫人狠狠地揍了他一顿，结果那孩子哭着跑回了家。这孩子的父亲问为什么会这样。他听到回答之后怒不可遏，便把事情告到了国王那里。于是国王派人把那对父子叫来。在国王问他那男孩怎么会大胆到竟敢打这孩子时，他勇敢地回答说：‘因为他们已经让我做了他们的领袖。由于他不想服从，所以我就给了他一个下臣不服从君主时应得的东西。’阿斯塔戈国王听到这个勇敢而合理的回答时，大吃一惊。突然间他感到血脉涌动。此时他开始产生怀疑了，因为他觉得这个男孩看上去简直就是自己的骨肉。他立刻派人找来阿帕斯，即他当初托付婴儿的那位总督。他回答说自己又把婴儿交给了下人去处死。后来他接受了彻底的审问，最终不得不和盘托出。据说阿斯塔戈国王龙颜大怒，命人把这位总督的儿子宰了做菜，然后逼这位父亲吃下去。这个男孩，也就是赛勒斯，被他遣送到另一个省去接受教育，而且又命令禁止任何人与他讲话，也不许给他写信，除非有国王的批准。几年过去了，儿子被吃掉的那位父亲，让自己手下的一个人，巧妙地把一封信藏在了一只兔子里送了出去。信中含有这个男孩出生和被流放的真相。由于这个原因，送信人希望让他做君主。赛勒斯为之一振，并痛恨祖父以前对待自己的方式。他同意了这个提议，并安排了国王与他和阿帕斯决战，后者做他的大将军和军队统帅。战斗打响，而国王溃败，最终被赛勒斯擒获。他没有伤害他，只是以自己所经历过的同样方式流放了他，随后夺取了整个国家。最后，在经过无数次战斗和搏杀之后，他向托米瑞斯女王开战。她派自己的儿子率领大军反抗。赛勒斯用妙计把她的部队打散，然后杀了她的儿子。可是，她的国境里有太多险要的地形，让他在想要撤退的时候寸步难行。在他本应对她儿子大获全胜的地方，却轮到他寡不敌众成了俘虏。托米瑞斯砍下他的头，放在一只盛满鲜血的酒囊里，说：‘你的血让我口渴，我便喝你的血（Sanguinem sitisti et sanguinem bibes）。’[279]

［106v］

所有这些典故都画在了我们的宫廷里。那里还有塞米拉米斯征服她的王国的故事，以及很多其他与她有关的故事，如她是如何出生成长的。[280]埃及人说塞米拉米斯是女神伊希斯所生。不管出于什么情况，她以几乎和赛勒斯同样的方式被带走，丢在了一个不毛之地。据说她是这样被鸟喂活的。在这个国家有很多牧羊人，当他们从牲畜身上挤奶的时候，有些鸟飞过来，用它们的喙从桶里偷奶。它们用喙把奶带给她，并喂到她嘴里。这样，它们喂饱了她，让她长大。有时它们用酪乳冻喂她，有时是凝乳或奶酪。就这样，它们继续喂养她。一天，一个牧羊人察觉了这个持续的偷奶行为，还发现它们用喙叼着一块奶酪。他朝鸟飞去的方向望去。反复几次之后，他决定去看看它们要去哪里。他锲而不舍，终于找到了这个地方，并在一个小洞穴里发现了这个小女孩。他极为惊讶，特别是因为她美丽动人而且身材姣好。

他把小女孩带回家，并当做自己的女儿养大。随着她一天天长大，容貌也越来越娇美，头脑也越来越聪慧。当她到了可以结婚的年龄，碰巧国王尼努什的一位总督路过那里，他被派来处理国王的事务。他来到了这位牧羊人的房子，后者也是国王牲畜的看守。总督看见这个女孩的时候，问牧羊人要把她怎么办。他回答说非常乐意把她嫁出去。接着，这位总督对他说：‘你愿意把她嫁给我么?’牧羊人觉得总督是在开玩笑，回答说：‘您不会要我的女儿的。’对此总督回答说：‘如果你想把她嫁给我，我在这一分钟内就与她成婚。’听了这话，这位父亲答道：‘那好吧。’

就在那个小时内，总督娶了她，并把她一道带走了。他们在一起每呆一天，总督对她的爱就多一分。当国王的某处属地发生暴乱的时候，国王不得不身赴战场。其中去参战的就有塞米拉米斯的丈夫。他刚到军营几日，就被对她的爱牵回到她身边。最终他把她一起带到了军营。他们在这里驻扎了一段时间，而已经有好几仗都无法让国王如愿了。

一天，塞米拉米斯说：‘假如国王按照我说的做，我用性命担保，我们一定会占领这个地区。’丈夫把这话转给了国王。她的建议让他很满意，于是他开始指挥战斗。她带着一部分军队悄悄到达群山中最坚固的地方，敌人没想到这里会受到攻击。战斗在另一边开始了。在敌人没有察觉的情况下，塞米拉米斯带着她的人占领了大山，并最终迫使他们臣服于尼努什国王。据说在尼努什看到自己用塞米拉米斯的智谋征服了这片地区之后，希望见见她。国王因她的美貌，还有她的智慧，一见倾心，甚至向这位丈夫索要她。他拒绝之后，国王便叫人把他杀了，娶她做妻子和女王。由于她被封为了女王，并与他呆了很多年，她让他做了很多有价值的事情。在国王去世的时候，他留下了一个小儿子，名叫尼尼亚斯。她宽宏大量，谎称这个孩子是她的。有一处领地发生了叛乱，消息传来的时候，她正在装饰头发。她没等弄完便披挂上阵，向敌人发起进攻并征服了他们。她在对自己丈夫的敌人，以及很多其他人的各类战事中，都做过了不起的事。她战胜了他们，拓展了她的王国，

[107r]

并加以巩固。她建了很多漂亮的东西，还叫人造了很多大型建筑，特别是她为丈夫修建的陵墓。她建造了神庙，巴比伦城墙，以及一大部分女墙。我们将略去很多她建造的房子、湖泊和高架渠，还有很多其他高贵的历史故事，它们都在我们的宫廷里被描绘了出来。之后她成了一位修女，最终过世，而埃及的人民至今仍崇拜她。

那里还有很多其他君主的历史故事，例如投身火海的萨达纳帕勒斯、自杀的康比斯、被自己人杀死的奥罗帕斯多斯。[281]我们还叫人画出了这些下人是如何谋杀他们的主人。接着，由于在应该由谁进行管理的问题上发生了争执，他们决定第一个看见太阳的人应该成为管理者。他们中间有一个人支持自己的主人。在他们忙于此事之时，他去问他主人的建议。后者建议他在第二天早上其他人都朝东方看的时候，他应该朝西方看，也就是朝着城墙和城里的高楼看。通过这个做法，他在其他人之前看到了太阳。别人想知道他是从哪里学得这么聪明的。他解释说他受到了他曾经帮助过的那位主人的指点。听到这些，其他的下人意识到他比他们聪明，所以他们让他做了管理者。

我们还叫人画了大流士是如何通过智谋荣登王位的。[282]埃及王国的贵族决定每一个竞争王位的人，都应该骑马到王宫去。坐骑第一个嘶鸣的人将成为国王。他们再也无法同意别的意见了。大流士的一位聪明的仆人，在某一天晚上领着他的马和一匹母马到了王宫，然后让它们交配。随后第二天早上，据说，他把手放在母马的嗓子上。当他们到了广场上，他就搓马的鼻子。公马记起了母马，并在其他所有的马之前鸣叫了。通过这点智谋，大流士便被选为了国王。

还有其他国王的英雄事迹和历史典故。也有建筑，例如埃及的金字塔，雄伟而永恒。也有埃及伟大的底比斯，那儿有一百道门，和林林总总所有那个地方高贵的东西。[283]古代其他很多高贵的东西都画在我们的宫廷里。

在院子里有一个喷泉，它的设计可以把水喷得和宫廷一样高，因为水来自一个和房子一样高的地方，而它的水源还要更高。它从一条导管中一直流到房子顶上，然后分开到不同地方去。一部分送到喷泉里，然后到所有其他的喷泉里。它从这些喷泉流入花园中的鱼塘。 [107v]

我们的花园在建筑的中心。它和我前面讲过的一样大，带一个凉廊，或者叫柱廊，环绕一周，而且还有各种各样的水果、苹果、橘子，还有非常可口的香橼。在它的中间有一座漂亮的大鱼塘，它有40臂长见方。它在各边上都有拱顶，鱼可以游到那里。它有这样一种设计，在必要的时候，所有的水都可以排出鱼塘。它里面有各个种类的鱼，数量非常大。宫廷正面的外部有各种装饰物，讲起来就太长了。

这就是它的布局方式。您在这里可以看到[284]，有另外四个正方形的回廊院，它们没有主要的那两个那么大。这些每边40臂长，都是有柱子的。每个都有一个喷泉、大厅、房间、厨房、仓库，还有这种建筑所需的一切。我不

想再多说它的造型或装饰了，因为您从刻在这里的图和我的话中，就可以把它的特征理解得足够清楚了，在我的话中，已经给出了有关其特征、造型和样式同样详细的陈述。

由于这座教堂，或者说神庙，在我看来很漂亮，我会一并为您讲讲它。您也可以从一张图里看出它的造型。由于它的美，我已经叫人把它刻在了我们这本黄金书里，我们留下它，是因为里面包含的许多高贵的内容，也是因为它将成为后人纪念我们的东西。

神庙是用这种形式建造的（107v 图）。首先，它的基础是 140 臂长见方。它的建筑师名叫奥尼东安·诺里韦阿。[285]他告诉了我这座神庙所有的尺寸和比例。他的国籍是萨伦罗佛。因为他为我们效力，而且由于我也用建筑这门学科进行自娱，所以我经常和他在一起，愉快地学习他的工作方式。他告诉我他希望如何建造所有的东西。我说过，我在这本书中记下了他给我讲过的与建筑有关的所有内容，因为这在我看来是一件有价值的东西。他还对我说：‘如果您仔细看，您就会在这本书里找出我所掌握的建造所有建筑的方法。’这是他对我说的。我看他是用这种形式来绘制基础图的：每边 140 臂长用小方格铺开。他一个臂长一个臂长地把它全分开了。接着，他在中心拿出了一个 60 臂长的正方形，这就给他在每边上留下了 40 臂长。这靠下的区域可以说是一个十字，全部有拱顶，并且四周有一道柱廊，高 24 臂长，深 12 臂长。这座神庙的外墙是 3 臂长厚，而内墙也是一样的。这些墙和其他一样，墙体之间有 1 臂长的空间，这样人就可以从一条楼梯走到顶上。这座建筑的内部体积是 100 臂长，被分成三份。中间的一份有 40 臂长的体积，而那些在边上的是 30 臂长。它们只有柱廊那么高，［108r］因为加上拱顶的厚度总共只有 30 臂长。然后在这一层上面，一切都做到了同样的高度。人可以从外部的四条楼梯上爬到这一层，您可以从这里看出来（见导论中英文版图版 11）。

这一层接着被一个与柱廊相等的空间缩减成这个形状。在这一层上，我现在还剩下一个 120 臂长的正方形。我把它分成，就像您在这里看到的那样，三个相等的部分，每个都是 40 臂长。中心的那个我把 40 臂长留出来。其他 40 臂长的空间我用墙的厚度进行挤压，所有的墙我都做成 5 臂长厚。其实我在这些墙的中间，留出了一个 1½臂长的空间。这里我放一条楼梯，可以向上连通整座建筑。它这样布置好以后，我就有九个正方形了。它们的尺寸如下。[286]中间的一个正好是 40 臂长，而那些在角上的是 30 臂长。在边上的那些位于两角之间，它们一边是30臂长，另一边是40臂长，您可以看到它们都在这里被按比例画出来了（见导论中英文版图版10）。[287]所有的正方形都被缩成了一个八边形。在每个这样的正方形前面，我还余下一个十字形状的空间。位于中间的那部分横跨有30臂长。最靠近角的那些，也就是在边上的那些，是20臂长，就像它们画在这里的样子。您在这里看到，在中央穹顶和边上的穹顶之间，有20臂长的空间。这些可以被称为采光的小回廊。所有地方都带拱顶。这些拱顶的高度如下：第一个的高度和宽度是一样的，为30臂长；中间的一个总高是100臂长。在这30臂长高度的上方，有几座八边形的塔，上面全是柱子。这些要比中央穹顶高30臂长。边上的穹顶总高是60臂长。小回廊就在这里面。我说过，在中央和侧边穹顶之间，有一个20臂长的空间，里面要建12臂长高的圣器室。它们是从礼拜堂的那一边，即大穹顶的下面进来的，它们还连接着大穹顶和侧边的穹顶。这座神庙的造型可以从已经描述过，并用多种方式画出来的图中理解。至于装饰物，任何人对于它的描述都会让您无法相信。我会很乐意说几样东西。也许我可以说，任何愿意相信它的人都会相信它；如果他不愿意，尽可随意。它全都是各色大理石，白色、红色、黑色，并用高超的技艺进行加工。整个地面都是由不同颜色的石材制成，还用了不同的方式加工。大门都是青铜的，刻上了各个高贵的典故，还全部镀金。侧立面都是斑岩、大理石镶嵌画，并按照当时的传统上了釉。它全是以高贵的故事，用杰出大师制作的马赛克联系在一起。上部顶盖都镀上了青铜。祭坛的装饰物都是用黄金和白银制作的。”

在他描述这些内容和图的过程中，我们的聆听也仿佛是一种享受。尽管它们听起来不大可能，但我们听到这些东西还是非常兴奋。公子和我一样地兴致满满。关于这些，他说：“用你的信仰承诺，再多给我们讲一些吧。” ［108v］

接着翻译官答道：“眼下这就够了。”

公子说：“让我们去用餐吧，然后我们会再多念一些。”

我们去用餐，而公子希望我们三个一起用餐。在吃饭的过程中，我们除了这黄金书的内容以外，什么也没谈。有人问这本书里是否有这么多东西。回答是肯定的，因为这些字都很小，而且希腊文有这样一种特点，即一个字可以有非常丰富的含义。

“好，我看我们应该给我父亲大人写一封信，告诉他我们发现了很多美观而又有价值的建筑，它们在这里不但有描述，还有图。我们应该问一问，他觉得这些建筑是应该按照我们发现的形式建造，还是用别的方式建造。”

我表示同意。翻译官负责写信，因为他是一位受过教育的人。他的名字叫伊斯科弗朗切·诺蒂伦托。[288]信写好之后立刻就寄出去了。我们恳请他不要在这件事上浪费时间。他给我们回信说，如果有可能建造更为高贵或更为壮丽的建筑，就应该去做；如果没有，也不应该建造比这更差的。当我们听到了他的回复并领会了他的意图，就开始建造我们在这本书的描述中发现的那

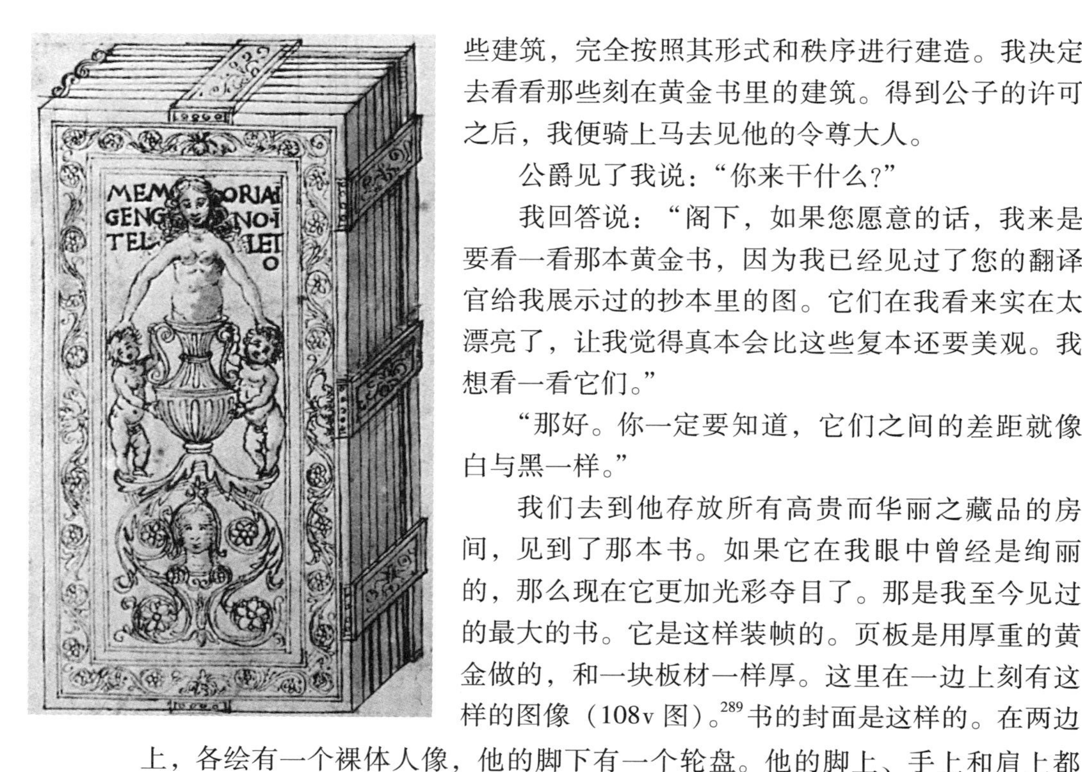

些建筑，完全按照其形式和秩序进行建造。我决定去看看那些刻在黄金书里的建筑。得到公子的许可之后，我便骑上马去见他的令尊大人。

公爵见了我说："你来干什么？"

我回答说："阁下，如果您愿意的话，我来是要看一看那本黄金书，因为我已经见过了您的翻译官给我展示过的抄本里的图。它们在我看来实在太漂亮了，让我觉得真本会比这些复本还要美观。我想看一看它们。"

"那好。你一定要知道，它们之间的差距就像白与黑一样。"

我们去到他存放所有高贵而华丽之藏品的房间，见到了那本书。如果它在我眼中曾经是绚丽的，那么现在它更加光彩夺目了。那是我至今见过的最大的书。它是这样装帧的。页板是用厚重的黄金做的，和一块板材一样厚。这里在一边上刻有这样的图像（108v 图）。[289]书的封面是这样的。在两边上，各绘有一个裸体人像，他的脚下有一个轮盘。他的脚上、手上和肩上都有翅膀。他的头上长满了眼睛和耳朵。他一只手拿着一张乡间的地图，另一只手拿着一副不平衡的天平，即一个秤盘在上，而另一个在下。他处于奔跑之中。在他头顶上有一个花环。他的舌头上还系着一根线，每只手脚上也各有一根。他身后有一个裸体人像，是一个女性的形象。她缠绕着一层薄薄的面纱，坐在一颗心上。她脚下还穿着一双看起来像是用铅做的凉鞋。她手里拿着一个平衡的天平，另一只手握着他嘴里、手上和脚上的线。她头顶上有一个纯金做的皇冠。从尺寸上看，这本书一边是 1 臂长，另一边是 2 臂长，[109r] 厚 1/2 臂长。每张外面的页板在页檐和页面之间的厚度是 1/2 盎司，那些东西就刻在这里。里面的书页写有这些文字，每张厚 1/8 盎司。这就一共是 40 盎司。它上面写满了字，而在其页边画上了，也就是刻上了各种象征道德的人像。翻译官对它们进行过解释，他还写出了每一个的名字。我仔细查看并注意到了所有的内容，然后把所有这些建筑的外观都画在了图中。它们在我看来十分高贵，不但制作精良而且刻画精美。在我看过所有东西之后，便向公爵告辞，回到了我们的新工程。我到了之后，迎接我的是公子和翻译官欢快的笑脸，他们都热烈地和我拥抱。他们马上问我是不是见过了那本书。我回答说见过了。他们问我对它有什么想法。对此，我用里面的描述做了回答。随后公子说："在这等着，我明天非要去看看它。在我回来之前，不要作任何决定。"

在公子去看这本书的同时，我们继续进行已经开始的工作，为的是不要浪费时间。他和他父亲在一起呆了我不知道有多少天，然后知道了他的心意，随后，公子希望我们按照书中所刻的样子，来布置宫廷和神庙。他还希望我们建造一座堡垒，然后跨过港口和河水建一座大桥，它要架在那块让因达河在港口入口处分叉的礁石上。我们设计并建造了这道拱券，高度足以保证不管船有多大，都可以轻松地穿过这道券，进入港口。我们首先建造了桥头的堡垒来控制整座大桥。堡垒是这个样子的。

“为了让我的父亲大人能够清楚地理解这一切将会是什么样子的，你是否已经收集了港口和河流所有的尺寸，以保证所有东西都可以明确地按照尺度建造呢?”

“是的，阁下。”

“它总共宽多少?”

“它有 186 臂长，算上河水的宽度、港口和所有的地方。港口的入口只有大约 100 臂长；河水是 60 臂长；分河的礁石只有约 25 臂长。”

“现在我放心了。你可以下令建造这座桥。这座堡垒我也希望快点建成。”

“那我自己就考虑建造这座桥了。”

“根据通往港口的这个入口的宽度，你要用什么方式来建造它呢?”

“如果我叫人从礁石向河的两岸建造一座浮桥，就最好不过了。我们将跨河做一座浮桥，这样我们就可以建造我们在这条河上的拱券了。首先，我们要在礁石上做一个 20 臂长见方的墩子。在它中间，会有一个 4 臂长的空间，里面我们将做一条通到顶上的楼梯。”

“好，稍微画一下，让我们可以看到它。”

“它将和黄金书中画的那个一模一样，如果您还记得的话。”

“我清晰地记得见过它的样子；尽管如此，我还是想再次见到它，要画得再好一点。”

“这就是。它完全就是这个样子的，因为我是按原图画下来的”（109r 图）。

“这我喜欢。它非常好。它就这么做，因为这会是最好的。”

由于这让公子很满意，他便下令开始准备工匠和这些建筑所需的一切物品，要又快又迅速。此时，城镇的围墙已经按照上面讲过的形式建成了。应有尽有。一切都准备好之后，所有这些建筑都在十分谨慎而又十分负责的情况下完成了。它们竣工之后我便通知了公爵。他一听说就立即动身来到新建成的港口。他到了之后，见到了所有这些建筑、港口及其大桥，他希望一个一个地去视察所有其他的地方。

［109v］

他见过一切之后非常高兴，他说：“这都很好，不过我希望这桥上有字，让所有进入这个港口的人都会知道它是谁建造的、谁派人建造的、如何建造的，还有它的名字、日期，以及那位国王的名字，他才是众多如此壮丽之建筑的缘由和创始人。他的形象也应该刻在那里。”

“这一定会做得很好的，还有您的形象，也应该刻在那里。”

“不需要做我的。”

“什么？不需要？说实话，我还想叫人把您公子的也放在那里，如果您愿意，还要有您翻译官的，因为他是一位博学的人。”

“很好，按你的意思来，把你自己的也放在那里。”

“阁下，加上我的就太多了。”

“既然你想要加其他人的，那就也得有你的。”

“好吧，阁下，我们会进行安排，它一定会做得非常好的。”

布置好这些以后，他说：“这块礁石上应该有一座漂亮的神庙。”

“这可以做到，阁下，不过也许建造一座堡垒会更好，这样就绝没有人可以威胁大桥了。另外，根据黄金书的内容，那里原本就有一座堡垒。”

“很好，建一座堡垒，但是它必须要漂亮，而且有坚固的墙体。这个地点非常坚固。”

他命令所有的建筑都应该完全按照他们在黄金书中画的形式建造。公爵走了，而公子、我们的翻译官还有我，要设计公爵指示过要做的文字和人像。

接着翻译官说：“书中提到那里刻有某些人像和文字。”

“好，让我们稍微看一看它们，因为它们也许可以用在我们的工程上。”

我们查看书中所讲的以前大桥壁柱上的人像。每根壁柱上都有一个；他们双脚直立于一个圣龛里。一位是父亲，而另一位是儿子。日期和建筑师的名字也写在了那里。我们也命令制作两尊镀了青铜的雕像，一个是国王的形象，另一个身披铠甲、手握长剑。他们放置的方式是这样的，您从这张图中就可以看出来（109r 图），任何进入或离开港口的人都可以看到他们。

接着公子对翻译官说：“用你的信仰承诺，解释一下这些文字的内容。”

“我会把我的理解告诉您。有些文字我理解得不是很清楚，因为它们排布的方式让人无法理解。每个部分也有很多文字。它们是这样的：国王加莱亚佐，弗朗切斯科·斯弗扎之子，他们以洪恩厚爱规划并建立了这座港口及其所有的建筑和城镇。经过此地之人将此铭记在心。它是由我们的建筑师建造的，我们叫他奥尼东安，他在 1460 年生于萨伦罗佛。这是我对它们所能给出的唯一解释。”[290]

“好，这就够了。我们要让人把日期，赞助人的名字，还有建筑师的名字都写上去。在我们完成这些建筑之后，我们就只剩下雕刻铭文了。你，伊斯科弗朗师傅，要负责这些。现在我想，我们可以去港口的那块礁石了。我想在那里造一个房子，方式我已经想过了。” [110r]

“别，让我们先看看黄金书里面有没有什么和您的想法一致的东西。”

“好，书拿给我看看。”

我们给他看了从黄金书上抄下来的图。他看了几个，然后发现了其中的一个，说：“这就是我想要的，而这和我的想法完全一致。画张图送给我父亲，让他能够知道我们想做什么。然后，不管他决定做什么都要执行。”

“阁下，这很快就会完成的，因为我会一丝不苟地执行大人的意愿，绝不会有偏差。”

“你把它完成之后就带过来。”

“在我完成它的同时，阁下您可以去看看我们已经下令开建的工程，并敦促一下他们。”

“交给我吧。”于是每个人都去做自己的事情。

第二天我画完了图并呈给公子他看。它是这样的（110r 图 A、B）。公子看了又细查了一遍，觉得很高兴。

“告诉我所有东西的尺寸，还有内部是如何布置的，这样所有东西就都可以向公爵进行解释了。”

“首先，您看，它是正方形的。这是基础（110r 图 A）。它每边是 200 臂长。第一个正方形的墙有 4 臂长厚。从这第一道墙到第二道有 30 臂长。它离地面是同样的高度。第二道和第一道一样厚。第一个拱顶的高度是 30 臂长，它上部的宽度是一样的。在这个高度上有一道柱廊，宽 10 臂长，高 15 臂长，都有柱子。柱子直径是 1½臂长，高是 12 臂长。上面的拱券再高出 3 臂长，因此总高就达 15 臂长。柱子的间距是 6 臂长。柱廊的宽度，我上面讲过，是 10 臂长，而高度是 15 臂长。这样它就是一个半正方形。柱子的拱券是两个半臂长。两个比例都可以用。这些柱廊您可以从这里的图中看到，它们在每层都可以上到最高处的那道柱廊。尽管如此，它们的宽度并不相等，因为一道是 8 臂长宽，另一道是 6 臂长，还有一道是 4 臂长。最小的是 3 臂长。高度都是相等的，因为每道柱廊都达到大厅的高度。”

“好，到这里我都喜欢。我想这里会有比原图更多的东西。”

“阁下，我在各角上为了装饰而增加了这些小圆塔，还有这些人像，它们象征着对古人的崇高纪念。”

“这我喜欢。告诉我，你要把入口做在哪里？”

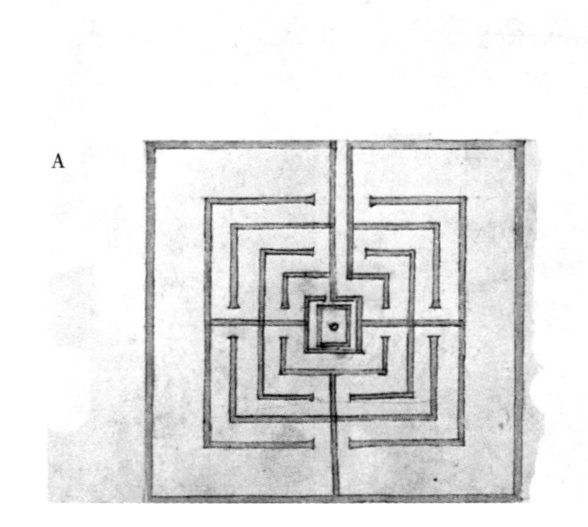

"入口将面向港口，而且将有两个。一个是公用的，并在来自礁石的大路上。它会在拱顶的覆盖之下，就和桥上堡垒的塔一样，像一座迷宫。我将做另一个秘密的入口，它在两墙之间，从大桥直接过来，并迅速登上最高处。在这条开敞的通道上，会有快速通行的道路，不过它们是隐秘的。"

"这些我都很满意。"

"在内部它将被分成若干房间用于居住。"

"非常好，这就够了。你要靠什么来在这里获得甘甜的水呢?"

"这可以用一个巧妙的方法。有两种方式。我们可以用一条水管把它从堡垒上送下来，然后越过大桥，再向上穿过礁石本身。水在管道中会达到您想要的高度。您也可以通过水窖的方法来蓄水，因为落下的雨水将超过居住在这个地方的人所需要的供水量。" [110v]

"好，我更喜欢从堡垒附近山顶上的喷泉那里修一条管道送水。那也将会是更为优质的水。告诉我这座建筑总共有多高?"

"它将是300 臂长高。"

"非常好。在这上面就可以建造灯塔了。你要如何处理将要立在那里的马像呢?"

"我们最好做一根厚厚的青铜柱，上面全是眼睛，而且要尽可能地高。火可以放在里面。由于它会上釉，所以在很远的地方都可以看到它。顶上的马像采用这种方法将是最好的。"

"它就这么做，但是在底部的第一个正方形上，我想让人刻上某些高贵的纪念物。"

"我会乐意这么做的，前提是您愿意把书中其他的东西都解释完。我派人去找过我们的翻译官了。他说他非常愿意这么做，可是他需要在这上面稍稍斟酌一下，因为有些东西与尺度有关，还有些东西是建筑师应该知道的。”

然后我说：“这我要听一听，因为这是我的专业。”

“很好，我们将在下一书里把所有的内容都告诉你。”

随后公子转向我说：“在他细致核查这些东西的同时，你可以去置办大理石和其他需要的石料。”

“我会去的，不过在我回来之前，不要往下读任何东西，这算我求您的。”

“别担心，没有你的话，什么也不会读的。”

第十五书

以上第十四书，以下第十五书。

我上马沿着山脚下的海滨一路骑去。走了大概有十二哩，我发现了一条相当大的河。由于没有桥或是其他过河的方法，我被迫沿着河往上游走。我骑了大约两哩之后，遇见一位牧羊人，他正沿着河岸边放羊。我向他打招呼，并问道："这条河叫什么名字?"他愉快地回答说它叫翁布罗内河。当他告诉我这个名字的时候，我说："它的名字再合适不过了，因为它有如水晶般清澈。"接着我问他附近是否有任何村庄。他告诉我十哩以内是没有村子的。这在我看来有些奇怪。由于天已经很晚了，我就说："告诉我，附近就没有可以住一晚的地方么?"

他答道："说真的，俺没法给您说个合适的地方，因为这儿除了放羊的谁也没有啊。除非您愿意来跟俺们一块住在棚子里，不然俺也想不出别的地方了。俺们天黑了就带着牲口扎在那儿。您今晚就可以住在那儿，随便凑合。"

因为没有更好的办法了，我就接受了他的邀请。我说："既然附近没有其他地方，我就接受您的邀请吧。"

[111r]

他收了羊，我便一道安静地向他的棚子，或叫住处走去。在我们沿着路走的时候，说了很多与这个地方有关的事情。其中我问他这里有没有木材。

他回答说："俺们只是这儿的一群牧羊人。不过俺们中有一个是车工。他可以给您讲这些东西，比俺可强多了。"

接着我开始同他说起这些羊，它们是如何繁殖的，主人是谁，为什么要给它们盐吃，一年要给它们剪几次毛，还有哪一只是最好的。还在我们谈话的过程中，我们就来到了他们的棚子。在我们到的时候，又有其他三个牧羊人到了那里，每人都带着自己的羊，有的还领着母马。我们到了那里，又过了一会儿，来了一些其他人，这样很快就成了一大群。又一个人带着一张愉快的脸出现了，他的年纪比其他人要略大一些。他快步走上前来，用一副活泼的面孔给我讲这里的情况，因为这在我看来不会是一个很自在的地方。我告诉他我来的原因。这让他很难过，因为这里没有他认为可以让我感到舒适而应有的条件。

他对我说："您会觉得不大舒服，但还请多包涵。"他立刻命令一个青年去找一份凉菜，另一个被他派去生火，还有一个被他派去宰两只小山羊。它

们很快就被剥了皮，一只放进了一口有盖的铜壶，而另一只插在一根月桂炙叉上，这是从附近的小树林里砍下来的。每个人都被安排了活干，有的干这个，有的干那个。马匹都圈在他们的一个棚子里，并受到了尽可能好的照料。去拿凉菜的那个人带回了一种香草，这让我大为高兴。那是一种干净的海绿，某种桔梗或者叫羊羔莴苣[291]，还有其他的野生香草，我看到它们非常高兴。他把这些香草交给我，我在他们茅舍附近的一眼泉水里，亲自把它们洗得干干净净。我就直接在泉水里洗这些草。我回来以后，他们都兴致勃勃地在做他们自己的事，有些人在把他们的羊圈进网里，并照管所有这些东西，同时其他人在准备饭菜。我负责做凉菜。我把它放进他们的一口木碗里，然后给它加盐。他们给了我一个细瓶，里面是油，还有一瓶是醋。我把这和所有其他的东西混合在一起。与此同时，一块桌布已经铺在了他们的一张叉脚桌上，这是用树枝做成的。吃饭需要的所有东西很快就摆在了这张桌子上，而我们全都在它旁边坐了下来。我被推着坐到了首位。他们的头领就在我身边。所有其他人都坐下来了，有的在背包鞍上，有的在木桶上，有的在麻袋上，还有的在叠起来的斗篷上，然后我们就开动手了。我有圣伯纳德[292]的调料，于是自己很快就消灭了这碗凉菜。我几乎是狼吞虎咽。在煮好的小山羊和其他肉食上桌之后，它们也被敞开的胃口享用了。

在战斗稍许平息之后，我们就开始讨论各种与他们的手艺相关的东西。在谈论其他事情的过程中，我问他们是否有可能从这些地区开采石料。一个人回答说，可以，不远处就有一些，但是他对这种东西不是很熟悉。“明儿吧，不管怎么着，我会和您一块儿去一个小村屋，离这儿不远，那儿有一个人熟悉这些大山；他可以告诉您一切。” [111v]

“好吧；就这样。”

于是我们一边吃一边谈论这样那样的事。一个人说他的小羊喂得很饱。另一个人说他的一只母羊下了一对羊羔。一个人说另一个人没去过一处好草场，而他回敬说他的羊比对方多挤出了一桶奶。我们吃了那些小山羊、新鲜的奶酪、凝乳，还有一些水果，让我觉得我不是在和牧羊人为伍，而是和绅士们在一起。

我们吃饱之后，便起身到周围散步，口中还谈着刚才吃过饭的地方。虽然那是一个牧羊人的营地，但非常宜人非常美丽。它微微高起。这里有三棵橡树，看起来就像有意种下似的，因为它们呈一个三角形。它们中间有大概25 臂长或30 臂长的地方，那里它们枝枝覆盖，叶叶交通。这就形成了一个漂亮的屋顶。他们在每棵这样的橡树前都建了一个棚子。它是这样的。他们用这种方式把羊圈在棚子的前面（111r 图）。您可以看出这个场地是什么样子的。我们绕着这里走了一会，因为皎洁的月光洒在了那里。我问是否有狼给他们惹过麻烦。他说有，偶尔还会叼走一只羊。就在这时，一头狼正好来到网前。他们的狗有几只嗅到了这头狼，便围住了它，漂亮地打了一仗。最终他们全体带着狗包围了它。突然，一条狗咬住了狼的喉咙，并在松口之前将他撂倒。其他的狗全都围了上来撕咬它，直到它们最终把狼弄死，这让我们极为尽兴。现在是上床的时间了。我自然也有这意思。

他们的头领说："您今晚上没吃得太好，所以睡觉的时候您还一样得将就着点。"

我回答道："晚餐已经不能再好了。"

他把我带进一个棚子里，里面有一张架在四个叉脚上的床，就和餐桌一样。床上铺着很多树叶和他们做的一些亚麻布，上面还有一张相当大的床单。还有一个麻袋，里面装满了树叶做枕头。

我们安顿好之后，他对我说："您和您的仆人可以睡在这儿，您尽可随意。受委屈啦。"他又加了一句。

他离开走出了棚子。他轮流叫来每一个牧羊人，并给他们交代明天的任务。然后每个人都回到自己的地方去睡了。我钻到被褥之间，觉得自己很是滋润。我就这么进入了梦乡，耳边叽叽喳喳地是鸽子和橡树上的鸟声。

第二天早上我们起来了，考虑到这个地方我们睡得还是不错的。牧羊人头领的名字叫皮曼，他是所有其他牧羊人的首领，他对我说："我知道您昨晚没睡好。"

"不，我睡得非常香。"

他对所有的牧羊人同伴说："告诉喂羊的把它们照顾好。"那个喂羊的就是我最开始遇见的那个人，他被叫做喂羊人，而且是头领的要人之一。[112r]

他一个一个地叫他们的名字，而每一个人都用自己当天的任务作了回答。我相信他这么做是为了能够和我一起走。他给每个人都指派了一个任务，有的是给羊挤奶，有的是剪羊毛，有的是做奶酪，还有的负责处理前一天的工作。在一切都安排妥当之后，他希望在我们离开之前吃些早点，有牛奶，有剩饭，还有某种炸腌猪，他就把它放在火上。于是我们享用了一顿牧羊人的早餐。接着我们上了马，而他骑的是他的母马。我们和每个人都握了手并对他们表示感谢。他们向我致敬，气氛活泼，面容愉悦。我们出发一路骑去，谈论了与野外有关的很多事情。

当我们到了那个村屋，觉得似乎只有一段很短的距离，可是他说那有足足六哩。我们从一座石桥上过了河，石桥在那里宛如一幅画。头领对我讲过的那个人，住在离这个过桥处大约半哩的地方。我们到了以后，我看到他们正在建造一座磨坊。我对此并没有什么不满，因为我觉得这里有人可以给我在这方面提一些建议。我四处走四处看。与此同时，皮曼，我说过的那个牧羊人的主人，把我带到了负责磨石的人那里，然后告诉他我希望和他谈一谈。这时，他说："您好，"接着给了我们一个热烈的欢迎。他想让我们下马。我下了马，可是与我同行的牧羊人的主人不想这么做，却说："我要去看看负责羊群的人。"说完他就走了。

磨石的主人认为我们以前见过。当他认出我来以后，他用一张笑脸把我带进他的家中。他对儿子说："给马弄点谷子吃。"我们前往他的家，在这个地方看一点也不难看，而是盖得非常好。他马上叫人准备好了一顿丰盛的午餐。在我们吃午饭的时候，我问他这周围除了这第一种以外，是否还有其他品种的石料。他告诉我有，这里的种类和颜色非常多。这时我觉得我已经找到了一直在寻觅的东西。"咱们还是先吃点吧，完了我带您去看那个地方。这山除了石头啥也没有，一直到海岸都是。"

他和我骑上了仆人的驽马，他儿子和我的佣人徒步。我们一道都朝着这座非常高的山走去。我们骑了有两哩之后，发现了一座小山谷，大约有一哩宽。一条相对较小的河从它中间流过。我们沿着山谷又骑了大概两哩地，看到了一座木桥。我们过了河便靠近了大山。我看到一处巨崖，真可谓：孤峰直立刺青天，红岩赤壁杵大地。当我靠近这些玫瑰色的山岩，发现它变得更红了，就好像斑岩似的。在我触摸它的时候，感觉仿佛就是斑岩。我们继续往前走了一点，又发现了另一种绿色的石料，也许是同一品种的斑岩。在我发现这些之后感到非常高兴。

这时，我的向导说："这附近还有其他品种的石料呢，颜色都不一样，有白的、有黑的。"他又说："沿这河再往上走还有另一种石料，几乎和俺做磨轮的石头一个样。那还要漂亮多了，颜色也啥都有，可就是，老实说，俺不想用它，因为这玩意儿硬太多。" [112v]

我说："以你的信仰为誓，让我们去看看吧。"

我们沿着这条河继续往上走，在大大小小的地方发现了各种杂色的石料，看上去就像一种糨糊。它们上面的多种颜色形式各异，不过所有石料都非常坚硬。我看到这些石料非常高兴，因为我发现它们能够开采成大块。而且要运送它们也非常容易，因为有这条河。

我们看到这些以后，他的儿子说："俺还知道山谷在这里有别的彩色石料。"

“那让我们去看看吧。”

我们去了，到了那里之后，发现很多不同品种和颜色的石料，这让我大为高兴。在我把它们全都看过，又搞清了一切之后，我们便往回返了。我也看到了运输它们的可能性。我对如此多品种和颜色的石料非常高兴。我们沿着河水往下走，还谈论着很多不同的事情。我问他们这条河的名字是什么。

他回答说：“它叫焦孔多。您是在琢磨把木头放在这河里把石料带下来么？这能行，因为俺就是这样运石头的。俺做个木筏子，然后让它们沿这河流下来，直到另一岸上。有时俺把石头弄大点。有时俺从陆上把它们运过来。”

现在我已经看到了所有运输石料的方法，也发现了所有我们将会需要的石料。我心里对这一切都充满了喜悦。我们回到他家之后，磨坊的负责人坚持要我当晚留在他那里，而他在那里对我进行了盛情款待。

我渴望赶回去，理由很多，特别是希望去听那本书的解释，而且也想确认一下我们设计好的建筑在施工中没有出什么差错。第二天早上我们骑上了马与他道别。他说：“俺们很快就会见到您的。”我们快马加鞭，当晚就到了家。我们一回来，公子和所有人便给了我们一个热情的问候。

他说：“你带回什么消息了？”

我答道：“好消息，因为我们已经发现了各种颜色的石料，数量充足，而且可以凿成大块的。”

“好极了。这的确是好消息，因为我以前担心我们不得不深入因达山谷呢。那够我们进行大量开采的么？”

“够，多得很。”

“我可是事事如意了。它一定没多远，不然你回来能这么快。运输它们会很方便么？”

“非常方便。我们有条河，还有海。”

“你觉得你可以用河水运送很大的重量么？”

“我相信这是可以的，因为还有一条小河汇入其中。它一直流到较大的那条河。实在没有别的办法，我们就陆路运输。”

“就这么定了。那就发出命令，叫人赶紧采掘。让他们凿出尽可能又大又好的块料。算一算将会需要多少石料，然后派人去凿，越快越好。”

“在这个问题上，需要阁下您来决定所需石材的尺寸。”

“你想把它们做多大就做多大。我不希望港口的柱子比黄金书中提到的还要小。”

“很好，以上帝的名义。我会安排所有的事情。”

我确定了尺寸、大小，以及这个港口所需柱子的数量。当所有的尺寸都[113r]设计好了以后，我派人找来一大群工匠。我把这些尺寸解释给最了解这些东西的人，然后让他带着一封信去找负责磨坊的那个人。这件事做完之后，我对公子说："我们需要安排一下运输柱子和所凿石料的事宜。"

"这倒是。你打算怎么做?"

"这么做。叫人带来足够的木材，然后下令叫人建造船只和浮桥来进行运输。"

"找人把这事做了。盯住所有必要的事情，保证任何物资都不缺，不论是铁器还是其他任何东西。"

所有必要的事宜都下达了命令。我叫人准备好了充足的木材、绳索和铁器。一切都安排好之后，我对公子说："在我们等待木材到来的时候，我们最好听一听这本书的内容，这样我们就可以保证船只和其他机械的建造了，它们将是运输石料和其他物资所必需的。"

"你说得对。我们叫他解释完吧。"

我们都坐了下来，我们的翻译官、公子还有我。这时，他说："这下面有很多好东西，也有很多好建筑。它讲了如何起重，还有这位国王的建筑师所要求的其他高贵的东西，建筑师应该知道什么，建筑师的能力应该得到什么回报，很多因为能力而得到赞扬和美名的人的事迹，一并还有那些受到不公待遇的人。现在告诉我您想最先听哪一个。"

公子说："我想听一听这些华丽的建筑。"

我说："阁下，先让他解释与建筑师有关的内容吧，因为我也许会学到一些我不知道的可能会对我有用的东西。阁下您听到这些也会高兴的。之后再让他解释这些建筑吧。"

"这倒是。那现在，从与建筑师相关的内容开始吧。"

"与建筑师有关的事情非常非常多。建筑师应该知道如何建造各种东西，并用各种装饰物对它们进行美化。就是说他应该理解很多技能，并能够用他手中的作品，用关于尺度、比例、体形和得体方面的规则，展示这些技能。他应该能够把它们按照将要建成的样子画出来，并用浮雕制作出来。"

"建筑师应该具备哪些学科的知识，掌握哪些科学呢?"

"书上说他也应该懂得文学，因为不懂文学，他就不能成为一位完美的艺术家。除此之外，他还应该了解绘画的艺术。他应该掌握几何、占星术、算术、哲学、音乐、修辞和医学。他也应该熟悉民法。他还应该在所有这些分支学科中成为一位历史学家。"

"如果他不能完全透彻的掌握它们，至少应该对它们有所了解。"

"您会问，阁下，建筑师为什么要知道这么多东西。我本人相信他是对的。维特鲁威也说了同样的话；建筑师需要所有这些科学。"

"告诉我，书上为什么说他应该知道这么多东西?"

"您看它这。首先，书上说他需要知道如何建造很多东西，以及如何用不同的装饰品对其进行美化，因为优秀的建筑师知道创作一个优秀的建筑所必需的东西。他还清楚他应该知道如何用所有的方法满足其要求并装饰它。您可以说，建筑有不同的要求和装饰。这样就需要他知道太多东西的做法，以致对他来说是不可能的。我要说的是，如果建筑师不知道如何用自己的手来做这些事情的话，他就永远也不会知道如何表达和解释建筑，并最终得到满意的作品。他必须聪明，在创造各种东西并用自己的手表现它们时富有想象力。除了这两样东西，也就是，知道如何用自己的手来进行创作和富有创造力，他还必须知道如何画图。尽管他可能很有创造力，也知道怎么用自己的双手做所有的事情，但是，假如他不会画图，他就不能造出准确或有价值的东西，因为在装饰的艺术里，唯一有价值的东西就是通过画图创作出来的那些。除了所有这些以外，他还应该熟悉文学，因为如果没有文学，他就永远也不能进行比较或是描述有价值的东西，除非他有别人的帮助。[293] 即便建筑可以通过艺术和画图技术的手段进行表达，文学还是非常有帮助的。他还应该了解几何，这样他所做的东西就可以用良好和完美的尺寸进行测量，用尺度进行控制。他还需要懂得算术以便加减数字。不用这些做出来的东西就不会是完美的，原因就在上面。”

[113v]

“哦，你刚才说他需要占星术。”

“当然了，因为在他设计建造一个东西的时候，他应该保证那是在吉星瑞象之下开工的。他还需要懂得音乐，这样就会知道如何用建筑的各个部分协调建筑构件。它们全部经过协调之后，应该像一首乐曲的各个音符。建筑应该以完全相同的方式达到和谐。”

“你说建筑师需要医学。这是为什么？”

“我们可以考虑建筑与人体的类比，不过我这么讲不是因为这个理由。我这么说是因为建筑师应该确保自己把建筑放在一个健康的环境里。这样，住在这座建筑里的人就不会因为建筑师没有考虑到把建筑放在空气清新的地方而生病了。他还需要历史学。每当需要做一个装饰题材的时候，他就会知道如何表现它，不论它是一个高贵的举动还是，举个更好的例子来说，赞助人的一件功德，或者历史上的其他典故。”

“他为什么需要知道民法？”

“他需要这个，因为假如他被选派去调解某些矛盾，他就会知道如何进行公平的审判。他应该是公正的，不得偏向任何一方。他应该是精明审慎的，并事先准备好建筑所需的物品，这样就不会因为任何短缺而造成损失。物资需要提前准备只有这一个原因。他也需要坚韧，因为他的作品是公开的。公开的东西就要在每一个人的面前接受审判，其中有最无知的人，也有最敏锐的人。有人想把它煮了，有人要烤了；有的觉得高，有的觉得低；有人这么扯，有人那么掰。由于这个原因，建筑师应该坚定自己的目标，而不受流言飞语的干扰或打击。尽管如此，假如有人喋喋不休说得太多了，就把理由说给他听。如果他听不懂也不想懂的话，就用另一句诗文回答他，因为圣哲罗姆说：‘过忍即驴。’给他应有的回答，然后让他保持自己那畜生般的愚昧吧。

建筑师还应该性格温和，因为在建造的过程中经常会出现做得不对的事情。他不应该对每一件做得不对的事都发火，而是要用和善的话语进行纠正。如果这些话不起作用，建筑师就应该更为严厉。如果这个人到这时候还不停下来，他就应该被赶走，不管是工匠、工人还是监工。信念——这是他最最需要的，因为如果他没有信念的话，他就不会有爱。这是至关重要的，因为如果他在这项事业上没有信念或爱，他就一点兴趣也不会有。他绝不会试图节省开支；如果他见到破坏正在发生也绝不在乎。他对待事情将不会有一丝良心上的不安。假使他真有信念的话，他将总会积极地节约，并为工程想出实用而精美的东西来。［114r］如果他不尽到自己的责任，那其他人也不会。他应该有一颗仁爱之心，因为为他工作的每一个人在才智、技巧或力量上都不尽相同。如果在发生这种情况的时候不致损坏建筑，他就会充满仁爱地把他们安放在最合适的岗位上。他会支持和帮助他们。这本书说所有这些东西造就了一个建筑师。接下来它说了应该为他做的事。”

“他接着说，在建筑师拥有了上述这些品质之后，他应该受到尊敬和优待，并且每一个与建筑有关的人都要服从他。他所效忠的主人应该用语言和行动向他表示感谢。他应该受到荣誉和物质的奖励，这样别人才会知道。我们对自己的建筑师就是这样做的，他建造了在这本书中进行过一些描述和绘制的建筑。当我们发现他能力很强的时候，我们就用了一种特殊的方式来对待他，让别人能够知道我们敬重他的贤才。可不要让人觉得他受到的优待是白来的，这种事发生过很多次。一位建筑师可以在偶然间创造出一件看上去美观而实用的作品。这本身确实是一件杰作，但是从那以后，他就只能做几件作品了。尽管如此，他仍然拿着丰厚体面的酬劳，并且还收到很多东西，全是因为这第一座建筑。我不是说这不对，因为最小的贤才也不能用钱买来。一个人在被发现富有多方面的才能时，又该受到多大的优待呢？由于我们看出了我们建筑师的能力，他便受到了很好的待遇。他把所有这些才能都集中在自己的身上了。首先，他知道如何用自己的手来加工白银、青铜、黄金、铜、大理石、黏土、木材，以及所有那些从绘图中创造出来的东西，而且他能像一个画家一样使用色彩。他也理解这些东西。这可以在他用自己的手创造出来的作品中看到。他还考察并发现了很多种东西，例如玻璃和其他种类的混合物。他还努力地学习文学。他考察了新的妙想和不同的道德和寓言故事。很多不同种类的建筑就是它的证明。它在这里就可以看出来。因此，就像我说过的那样，在我们发觉了他的才能之后，我们用恰当的优待让他也有理由满足。除了维持他的生计开支——这在一定程度上与他的贤才相称——每年还要发给他一百杜卡。这也使他能够考察并发现新的妙想和新的建造方法。我们还经常给他一些别的东西。我曾经希望把这留下来给后人做记载呢。当一位主人碰巧遇到一位有能力的人时，我们希望他给后者以鼓励，并出于对我们的怀念而善待他。”

这时公子对翻译官说："你对他刚才说的有什么想法？"

"我认为这位国王善待建筑师做得很好，因为建筑是一项崇高的技艺，而且受到的尊敬应该比今天还要多。"

接着公子说："这倒是千真万确。我也希望我们这里的建筑师能够受到我父亲大人的赏识。"

这时，我对他的好意表示了感谢，既是出于他对我的敬爱——这我是知［114v］道的，也是出于我对公子的美好期待。

翻译官说道："阁下，这里还有很多其他好东西呢。他提到了很多其他受到了国王优待的人。他还提到了那些回报不佳的人，因为他们过去的所作所为贪得无厌、忘恩负义，或者是这样那样的原因。我想他们被记在这里，是为了向那些善待自己建筑师的人表示敬意——他自己就是这样的人——同时痛斥那些曾经或是正在虐待自己建筑师的人。这位国王显然是位明君。他说一位主人得到一个在任何方面都才华出众的人，不论是建筑、文学，还是其他方面的人时是对的……我说这些不是为了我自己，因为令尊大人对我非常好。我说这些只是出于对您的尊敬，因为对于一个国君来说，让一个人富有是小事一桩。如此一来，他就鼓励了很多其他人力求上进，不论是在这个领域还是那个领域，这样便使道德被再次唤起。要不是因为古人受到了和您一样的贵族的善待和尊敬，您觉得过去为什么会有那么多杰出的人才呢？在我们的时代，令尊大人自从成为一位明君以后，便一直对那些有贤才的人非常慷慨，现在还是。靠着他，很多高贵的技艺都已重获生机，没有他，这些智慧不知还要沉睡多久。因此，阁下，我恳请您，要支持他做得愈来愈好。您也应该追随他的脚步，这样人们就会聚集在您的身边，给您增光添彩，让您美名远扬。"[294]

"弗朗切斯科先生，你说的太对了。就应该这么做。我下次和我父亲大人谈话的时候，一定会提到这些的。我会讲到这些东西并鼓励他。我会问他是否理解了黄金书的内容。他会说理解了。我要问他是否清楚地领会了这一部分。如果他说领会了，我就会告诉他没有，因为他还没有用他的行动证明这一点。假如他说这还没有考虑过，我就会提醒他。这样一来，我们两个人都会把这些东西铭记在心的。"

接着我说了普劳特斯的那句话："'愿您言出必行。'我不想再多说了。您会看到的。"

"现在让我们放下这些吧。您现在想让我念什么呢？您想继续听书中提到的那些古人呢，还是想让我讲一讲那些建筑？决定一下您最想听哪一个吧。"

"我更想听后者，这好理解这些建筑，因为我们要建的就是那样的东西，另外我们还需要进行起重。如果里面有什么东西对我们有用的话，我会非常开心的。"

"这对于现在来说的确是最好的。那我们就换个话题吧。改天在您高兴的时候，您可以再提起它。我们现在要念这些东西了，因为看看古代究竟有多少辉煌的建筑是一件绝好的事。

现在书中继续讲了一些壮丽的建筑，还有通过陆路和海路运输柱子和巨石的方法。”

“很好。既然你已经开始讲述这些建筑师了，为什么不继续讲他们呢？我想听一听这些大师的尊名，因为在我看来，他们就像天空中闪耀的星星一样多，而且根据书中的内容来看，他们备受世人尊敬。我会发现其他一些书，里面也说建筑是一项崇高的技艺。看看他们在古代希腊是否受人尊敬，因为那里曾经有大量的建筑师。我是相信这一点的，因为以弗所的人民非常有经验。他们希望建筑师接受学习以获得能力。他们通过了一条法律，其中规定，任何签订了合同的建筑师，都应该交出所有的个人动产做保证金，这样他就会在成本和施工的问题上尽力做好。假如开支超出了建筑师预算的四分之一，那就要由他个人承担——前提是按照他的预算进行了施工。维特鲁威是这样说的。[295]古人极为尊敬建筑师，还赏给他们名贵的奖品。我们今天也应该有这样的法律。很多自以为是的建筑师很快就会发现，自己大错特错了。” [115r]

我回答这些说：“千真万确。经常有这种人来到令尊大人那里，用优美的语言勾画出一件美丽的作品。而施工的结果与他用语言解释和图样表达的相去甚远、丑陋至极。很多人想装出一副什么都懂的样子。他们用一张图来展示一样东西，看上去是他们自己做的，其实他们是去找了一位画家进行的创作和表现。”

“这样的人应该生活在有那条法律的时代。倘若我们今天也遵循那条法律的话，我认为他们就不会如此大胆地伪造图样，或是在谎称知道如何施工的情况下承接这样的工程了。”

“阁下，我想教给您快速识别这种人的方法，万一他们真的出现在您面前的话。[296]假如他手里拿着一张图来，先问他这座建筑一边有多少臂长，另一边有多少，高是多少。一个部位一个部位地问它是如何建造的，他使用了什么比例和什么体形。如果他回答说有多少多少臂长，叫他把尺寸量出来。很快，他量尺寸的方法就能让您看出他说的是真是假。接着问他其他的细节、预算，以及所有与他给出的方案有关的内容。然后您就会胸有成竹了。若是他试图用语言来解释想做的东西，就让他画一张草图。如果您有时间，叫他当着您的面画。您要知道他在每一个部分所做的东西。他应该从基础开始，然后用单位臂长的方格进行尺度划分，接着继续用同样的尺度和比例处理其他部位、墙体的高度和厚度。这时您就会知道他是有实才的了。倘若万一您没有时间看着他，那就问他所有这些做法。”

“我们的建筑师给了我们很好的建议啊。我听到这些非常高兴，因为有朝一日，真有这样一个人来到我面前的话，我就会知道如何应对了。现在继续讲古代的建筑师和他们创作的作品。”

“我会按照这里讲的，和我说过在别的书里看到的内容，一五一十地讲出来。不过，我觉得我们也许最好还是先看看这些建筑。然后我可以在其他作者的书中找一找，是否提到了有关这些建筑师更多的内容，以及其他各艺术和科学领域众多创始人的事迹。因此，我想继续讲这些建筑会更好。”公子和我都同意，我们应该以这种方式继续讲。

这时，我们的翻译官说：“这些就是书中描述的建筑。其中首先讨论了提升在地面上延伸开来的重物。它是这样做的。我理解得不是非常好，不过我们这里的建筑师会更清楚，因为我们需要深入的讲解。您看它在这里是怎么画的，而他会给您进行解释的”（115v 图）。[115v]

“这倒是。”

他把图给我，我一看就明白了。我对公子说：“看看您还有没有其他内容想让我解释的。这个我随时都可以为您解释。”

“很好。我想我们应该派你去监督并敦促那些被派去采石料的工匠了，这样我们就可以下令完成港口和所有其他我们已经开始施工的建筑了。”

我即刻上马去了派他们挖石料的地方。我到了那里之后，发现他们已经挖出了很多石料，并加工成了柱块。我看了满心欢喜，尤其是因为那有数不清的华美石材。我鼓励他们并清点了他们的工资。每个人都似乎在不知疲倦地工作。我把其他石材的尺寸给了他们，便回到了公子那里。我向他汇报说，大量的石柱已经挖掘出来，并且还定制了某些其他石材。他对此非常满意，并问这些将如何运输。“这样运。我们需要调集船只来运送石料；我们还需要制造某些木制机械，它们将能够把石料带入河中。这可是首要的条件。”

“这些建筑和机械要怎么造？”

“这么造。我们会考察那些山里是否有合适的木材。”我接着又说。“阁下，您知道么，那位博洛尼亚大师已经到了，他就是我在几天前和您提到过的那位在运输方面非常有经验的人。”

“派人去叫他。他叫什么名字？”

“我没告诉过您么？他名叫阿里斯托蒂莱大师。”公子派人去叫他，给他讲了这些建筑，并希望了解一下，他要怎么做才能运送这么多石料。他一听懂就说，我们应该去找木材。

我们骑上马往山里去。在我们往山里骑了大概十或十二哩之后，碰巧遇到了一个神射手，他是这里的一位猎人，拿着一支弩。他把弩扛在肩上，身边是一只獾皮箭袋，或者叫弩箭袋，还有两个别的器械，一把随身武器，等等诸如此类的东西。[297]他头戴一顶便帽，尖朝前，脚下穿着一双皮靴。他的母马上还有相当大的一桶酒，以及面包和切割的工具。一条狗颠颠地在他旁边。我们向他问好，他友好地回答说："您好。您在找什么？"他又说："您一定是迷路了。"

"也许是吧，我们不知道是不是迷路了，因为我们以前从来没到过这里。我们正在试着为我们的某些事务寻找木材。"

猎人答道："这林子里有大量的木材，品种很多。"在我们看来，已经在探索的途中找到了一个绝好的引导，所以我们便和他一起出发。我们一边和他交谈，一边朝这片树林走去。等我们到了那里，我们问他这里有多深。他回答说他也不知道，因为林子太大了。

"那告诉我，这附近有河么？"

"有的，可是河道弯弯曲曲的，有时近有时远，不过最远也不超过三四哩。"我们谈着谈着就进到了林子里。我对他说："告诉我，要从这里走多远才能找到住处？" [116r]

"六哩之内没有住处的。"

这在我们看来可真算不上什么好消息。我们开始相互表示，时候看来已经不早了。这时我对他说："你可不可以建议一下我们应该做什么？"

他回答说："俺什么法子也给不了您，除非您愿意来，和俺一起住在俺在这片林子的棚子里。要是您想去个村子，就得夜里赶路。"

由于我们对这野外一无所知，便决定留在他那里。我们接受了他的邀请，同他一路走。路上他说："在那片密林里有一种动物。稍微再往前走一点儿，千万别做声，没准儿俺能给您一个小小的惊喜。"他带着狗离开了小路。我们没走多远，就看见一只狍子从树林里跳了出来。它大声地吼叫，从我们面前跑了过去。那只狗紧追在后面，又喊又叫的，而神射手在它们两个的后面追。他跑过来之后，兴奋地对我们说："要不了多远，俺们就能撵上它。"稍微过了一会儿，我们听到那狗在大声地叫。这时，他说："这狍子一准儿没走远。"

我们回答说："也许到狗叫的地方去会更好。"

他说："不不，咱们应该接着走，因为只要那狍子一倒地，这狗就会来俺这儿。那时候咱们就可以过去了，甭管他*在哪儿，就是他叫得最欢的地方。或许他要是没走太远，您也想去瞅瞅吧。"

"我们很乐意。"在我们行进的过程中，狗出现在了这里。这时他说："它来啦；咱们走。"我们跟着那条狗，大约走了两箭地，我们听见了她的叫声。"鹿就在那儿，"他说。我们走了大约二十五步，进到一个小山谷里，看见那头鹿四脚朝天倒在地上，几乎断了气。这时他下了马；我们把它放在他的马

---

* 原文在这里的人称使用有些混乱，我们尊重原文，不擅作修改；后文中也有相似的情况，不再一一说明。——中文译者注

上，跟在他后面愉快地骑走了。

因为要看管这头鹿，又因为这样那样的事给耽搁了，夜色终于降在了我们身上。若是菲伯斯的妹妹塞勒涅没有洒下如此皎洁的月光，我们不可能看清楚走过的路。不过，菲伯斯给她注入了自己的神力，让她变得那样丰满。没有双角，她倒是像用圆规画出的完美圆形，有如磨得光光的银盘一般闪闪发亮。我们就和白日里看到的一样清楚。只不过，树枝的倩影从我们的月亮上偷走了一点点银光。我们下到另一个小山谷里，在那听见了大量树枝折断的声音，还有猪的哼哼声。听到这些，我们问向导那是什么，也许好像是野猪在吃东西。他说那些是猪，接着又说，我们今晚要是碰到一些，也不必惊慌，因为它们经常穿过他的营地。

这时我说："告诉我，如果我们撞上它们，它们会发怒么？"

"不会的，只要您别挡它们的道儿，不过咱们离家不远啦，所以别担心。"我们沿着一个矮丘越过了这座小山谷。然后我们看到了他的棚子，它在几棵橡树下，旁边还有几棵别的树。我们在这里发现了他的两个伙伴，他们见了[116v]我们，便热情地问候我们，接着问我们是怎么到那里的，为什么要来。我们把理由讲了，他们中有一个人说，各个品种的木材都非常多。我们下了马，而仆人们接着尽力去照顾马匹了。我们的向导吩咐有的去做这个有的去做那个。他们取下那头鹿，开始给它剥皮。它很肥，却不太大。他们很快就把它的一部分放在了他们的一个烹调罐里，而另一部分他们给烤了。火也备好了，因为他们中有一个人在做木炭。我们过去的时候，他正在烧某种树的皮。由于火已经很旺了，鹿肉很快就可以做菜了。就在这些进行的同时，我们听见了山谷下面的一声巨吼。

这时，他们说："准是那些猪了。"我们的向导说："您想不想杀一只？"

我回答说："当然，以你的信仰为证。"他抄起弩说："来跟在俺后面。"他从那里走出大约二十五步，说："呆在这儿。"他和狗又往前走了一点。他们在一棵橡树后面埋伏好，然后他对我们说："看看这群猪里，您想让我杀哪头。"它们排成一条直线走过来，离我们不是非常远。我们往高处挪了挪，让出小溪边的堤岸，以免挡了它们的道。它们要穿过那儿，涉水过溪。就在这个节骨眼上，它们中有一头稍微靠近了我们一点。它不是很大。我们的向导射出了他的箭，正中它的肩侧。这头猪被射中之后，发出了一声大叫，脱离了猪群，开始奔逃，而狗紧随其后。我们回到棚子那里的朋友身边。他的另外两位同伴已经安好了一张桌子，那是用他们刚才在烧的那棵树的树皮制成的。我们努力挤着围在桌边坐了下来，然后美滋滋地把鹿肉吃了，特别是在我们骑了好几哩都没吃东西的情况下。我说不清楚，但是，联系到我的胃口和这个地方，这些在我看来还是非常不错的。我们吃饱之后就去看了看我们的马，还去欣赏了一下他们的篝火，我说过，那是用树皮制成的木炭点燃的。我问他们对树皮做了什么。他们说用它来做大片的木炭。他们把它放在大火上，在它烧透以后，他们把它放在厚板之间压平。他们已经用这种方法做了不少木炭。

我们进到他们的棚子里面，用我们自己的毯子铺在一些叶子上当床，随后便躺下睡了，这已经是我们能做到的最好了。第二天早上我们起来，放好马鞍之后，询问应该走哪条路才能找到木材。

和我们一道来的那个人说："俺跟您走一段，给您带上路，那路通向一个离这里约四哩的隐居处。您还会在这片树林里发现大量的木材。"

"告诉我实话吧，我们有可能迷路么？"

"您很有可能迷路的。不过呢，您要是一直朝右走，就不用怕迷路了。那样您就会在树林里瞧见干这干那的人啦。"

"好，就这样吧。"

我的同伴说："我们给他们点东西就赶紧上路吧。"

我们给了他们些钱，可是他们拒绝接受，说他们不想要。我们一直坚持，[117r] 直到他们最后拿了半个杜卡。我们进行了合适的道别，然后往树林中走去。我们发现了大量优美的木材，这让我们非常高兴。我们在这片树林里大概走了约一哩地，突然我们的向导听见他的狗在叫。我们赶到狗的位置，看见昨晚受了伤的那头猪蹬着腿倒在地上。

这时他说："这就是俺昨晚弄伤的那头猪啊。"他立即用身边的一把大刀从猪身上砍下一大块肉来交给我们的仆人。他说："沿这条小路走，您就会遇着一个十字路。走右手边，然后一直往前，您就能到那个隐居处。他到时候会给您指路的。"

他走了，而我们继续在树林里前进。我们有时在这里看到一种木材，有时在那里发现另一种，结果最后我们迷路了。我们到处转来转去。最后我们来到了河边。当我们发现找到了河水时，我们自言自语地说："我们迷路了。"我们沿着河水往上游走，发现了优质的木材，橡木、松木，还有别的用于造船和其他东西的木材。我们又往上走了一点，发现了一条小径。我们沿着它走了大约半哩地，遇见了一个樵夫。我们对此非常高兴，于是问他去隐居处的路。他说我们应该直着再往前走一点。我们非常激动，没走多远就看见了那个隐居的地方。我们到那之后，发现它在各种植物的掩映之下，有松树、橡树、冷杉，还有些别的树。这些树非常多，在屋子前面有一块草地，中间有一棵非常高大的榆树。这个地方是这个样子的（117v 图），屋子边上有一条清澈见底的小溪流淌。

我们到了这个隐居处以后，便下来把马拴在树根上。我们敲了好几下门，一个相当年长的隐士走了出来。他说："愿上帝永受赞美。"由于我们需要好几样东西，于是请求他给我们一些帮助和建议。他答道："我会把我有的给你。上帝的恩惠赐予我的，也将在你我之间平分。"[298]接着他又说："你需要什么？"

"我们想让你告诉我们去这附近村子的路，因为我们要吃点东西，还需要找村子里的人谈一谈。”

这位隐士答道：“从这到村子大概有十哩。”

这对我们来说有点远，因为我们还没有吃饭。我们接着问他：“您有面包么?”

他回答说：“我有面包，不过没有你们需要的东西。我没有酒，也没有其他你们需要的东西。我只有一些苹果和晒干的无花果。你要是想吃，我很乐意给你们一些。”由于我们需要填饱肚子，就接受了这些东西。我们来到他住的地方。他热情地接待了我们，而我们进到他的小屋子里。里面有一个小角，是他生火的地方。我们问是否可以在那里煮些肉。他答道：“你尽可随意，不[117v]过，我来之后还从来没有煮过肉呢。”

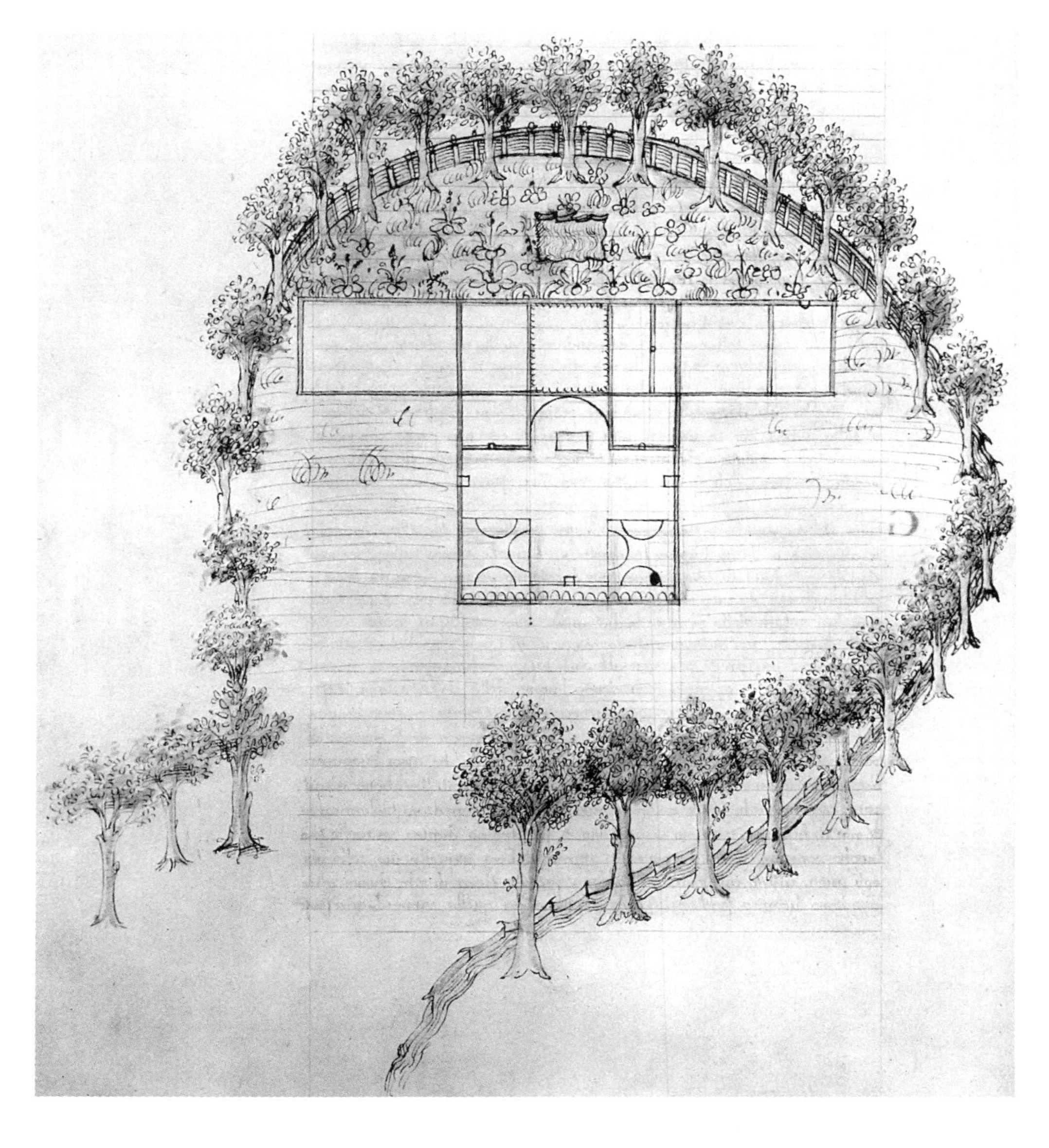

听到这些，我们便不煮了，因为怕他会不高兴，所以只吃了些面包和苹果，然后喝了旁边流着的河水。在我们吃午饭的时候，他说了些善言圣语。吃过之后，我们到周围走了走，看了看这个地方；它是这个样子的（117v 图）。这座 [118r] 教堂每边只有 20 臂长。您可以在这里的图中看出它的布局。我们吃过午饭之后继续查看这个地方。我们看了他屋子里面所有的东西。这位隐士给我们看了这座教堂和所有的东西。这座教堂对这个地方来说非常漂亮，其实它自己也很好看。随后我们进到他的花园里。那里非常美，而且满是芬芳的植物，上好的水果，花园中间有一个喷泉，里面的水很清，鱼也很多。那里还有一些蜂巢。我们问这位隐士有没有其他同伴。他说有，不过他们已经去村子要面包了。我们看过了所有东西之后，便吃了面包、无花果，还有几个他放在我们面前的苹果，这些东西稍稍缓解了大家的饥饿。我们问他这里和村子之间有没有任何住处。

“从这到村子没有别的住处，只在离这里两哩的地方有一些做木碗、勺子和其他东西的人。”

我接着问道：“我们有可能迷路么？”

他说：“没有。另外，我肯定你会找到可以为你指路的人。”

我们与他道别之后便离开了。我们继续在林子里走，到了那些做碗的人那儿。在树林里骑马行进的时候，我们不断发现有又好又直的木材，它们不但美观，而且可以做成人想要的任何东西。我们到了这些人工作的地方之后，便向他们问好。他们也友好地回答，然后问我们在找什么。我们给他们讲了，他们回答说各个品种的木材都有很多。我们问他们是否知道，我们接下来要怎样，才能把这些木材砍下来。我们解释之后，他们说可以。我们要找足够的人手，要是没有其他的，他们愿意自己来，既是为了钱也是为了帮我们。

“好吧，不过我们希望尽快完成。”

“以上天的名义，俺们会尽快干完的。您还可以从村子里找其他人来，那儿人多得很。要不了多久就全能干完。现在请您来和俺们吃点东西吧。”

由于我们饥肠辘辘，就接受了他们的邀请。我们也想看看他们的工作是如何完成的。我们下了马。马儿要是有干草，一定会吃得很开心，可是我们只给了它们某种麦秆代替。我们围住篝火，然后放了一块猪肉来烤。烤熟之后我们便一起吃。这可让我们活过来了。我们看了看他们的车床，想知道他们的工作是如何做的。

我们在向他们告别的时候说：“我们要么自己回来，要么派人来砍这些木头。”

他们中有一个人说：“俺还是跟您一起去比较好，毕竟路不好找，说不定您会迷路呢。”

“那很好，因为我们有可能走丢，今天早上就是。”

他拿上戟，叫上狗。我们上路了，走了大约一哩之后，遇见了一个在驴前面走的隐士。我们向他问好，我们的向导说他是另一位隐士的同伴之一。我们在林子里又走了好久，到处都是上好的木材。我们还在林子里看见了各种动物，熊、牡鹿、狍子、野猪，还有很多其他的。偶然间，我们遇到了一只相对较小的鹿，于是狗就开始在林子里追。最终，他掉到了某种灌木丛里，[118v] 让荆棘把角给缠住了。狗赶上来对他发起攻击。我们追了上来，而那个农民用他的戟，我们用自己的剑攻击他，最后杀死了这头不幸的小鹿，这让我们非常享受。小鹿被杀死之后，我们下马把他放在我们一个仆人的马上。带着这个猎物，我们继续走出了森林。由于被猎鹿和这样那样的事情耽搁，此时几乎已经是晚上了，而根据向导的说法，我们还有四哩多要走。我们听到这些以后，觉得还有这么远的路要走非常奇怪。由于几乎已经是晚上了，而且我们对于野外又不熟悉，我们就问他有没有比那村子更近的客栈。就在这时，我们看到两个骑马的人，带着狗和猎鹰，从十字路口的一边过来。

一碰见我们，他们就向我们表示了问候，而我们也回敬了他们。接着他们说："您收获不错呀。"我们也对他们说了同样的话，因为他们抓到了好多山鹑和野鸡。他们陪着我们走，我们也陪着他们，一路上海阔天空地交谈着。我们和他们相互提问题。最后，他们知道了我们为什么而来。他们向我们提出了热情的邀请，因为我们为了尽早赶到能住的地方，受了不少颠簸。

这其中一个年轻人说："我们也想回自己的住处。比起我们的住处来，您的或许更近，不过今晚哪个也不远啊。也许您在这附近的村居里有房间。不管它在哪儿，今晚您非听我们的不可。"

"我们感谢您的好意。我们还是要和这里的同伴一起赶路，他说离这里一两哩有家客栈。"

"是有，可是我的住处没那么远啊。"

"那好吧，我们去您说的地方吧。"在我们看到他有多热情之后，便答应了，随后去了他家。我们到了之后，看上去他们已经在等我们了。我们被当做他们自家人一般迎接。我们很快下了马，然后对他们的盛情款待简直不知所措。这种状况持续了好一阵子，之后我们又到了另一个大厅。这里有一张桌子，简直就是为贵族摆放的。我们洗了手，在桌边坐了下来。我们大吃特吃，只要是我们需要的，连最细微的东西都有，我们能吃得如此尽兴，全靠这位绅士的恩惠。用餐的过程中，我们还讨论了很多事情。首先，我们说了自己的猎物。然后我们讲了来的原因。他听懂之后说："我会交给您一个让您满意的仆人，因为我知道他在木材方面非常在行。您只管放心，让他做什么都行。"

"我们要找的不能比这再好了，"我们说，之后又补充道："我们会满意的。我们要怎么做才能和他说上话呢？"

"您明天就会在这里见到他。"聊了好半天之后，他说："我可以肯定，在昨晚和今天骑了一整天马之后，您可能已经累得不行了。我想您最好还是上床去吧。"

我们在那时已经不想别的东西了，所以就答应了，然后有人把我们带进了一个房间，里面有一张品质配得上一位贵族的豪华床。

他说："您今晚可以睡在这里。您的仆人就在隔壁。"他打开了一扇通往隔壁的门，而我们就留在了这里。在我们脱衣服的时候，我们问仆人马怎么样了。他们说马已经从当天的疲劳中恢复了，而且状态很好。就在这时，他的两个仆人带着蛋糕和红酒进来了，这可以让我们吃点东西。我们并不需要，所以就拒绝了。尽管如此，他们还是寸步不离，所以我们最后还是尝了一点，这样看上去不至于太不领情。他们走了以后，我们就上床了。这和前一天晚上的树叶床不一样，不过当我们钻进去的时候，感觉就像掉进了一座雪山。我的同伴和我之间有这么大一座山，让我们几乎碰不到对方。我们睡着了，第二天早上起床的时候，感觉精神百倍。 [119r]

那位绅士用优雅的问候说："您睡得如何？"

"说实话，非常好，"我们回答。"托您的福，"我们又加了一句。

"我已经派人叫来了我的朋友。他很快就会到这了，所以等他一下吧。"我们一边等一边照看马匹，它们看上去似乎已经休养了一个月。这时，那位绅士对我们说过的那个人到了。我们一和他交谈，就发现他非常聪明。我们向他说明了我们需要的东西，并给了他尺寸和钱。在离开之前，我们与他在所需的一切物资上达成了一致，并和他在这位充当保证人的绅士面前签订了合同。现在万事俱备，这位绅士说："让我们共同进餐吧。"

我们吃过饭，随后放好马鞍，又对这位绅士千恩万谢，因为他给了我们亲切而尊贵的款待。我们在离开的时候都说，我们要么是一个人，要么是两个人，肯定很快就会和他再见面的。我们道别之后都出发了。他派了一个仆人送我们上路前往港口。一路骑去，我们便到了那里。

我们到了之后，公子问我们做了什么。我们一五一十地把定制的所有东西都告诉了他，全是按顺序讲的。他对这些是喜出望外，还赞扬了这位绅士。我们汇报了他对公子的敬爱和友善。他对他大加赞赏，而且相当满意。

他说："现在，应该下令去做所有必要的事情，这样我们就可以开工了。"

"阁下，一切就绪。一点时间也不会浪费的。让我们坐下来看看我们的城镇规划中其他应有的建筑。下命令吧，然后它就会被执行的。告诉翻译官来念那本书。"

翻译官说："我乐意为您效劳，可是，看看这里，我想这些东西非常漂亮。我特别喜欢这座神庙；我想您已经见过刻在这里的城外的神庙了。我想还有一座花园，里面带一间漂亮的房子。"

"好，这应该作一下说明。我还想让你给它画一张图。"

"这座神庙可以在书的描述之后的这张图里看出。[299]它的基础是这个样子的（见导论中英文版图版 12）。首先，它一边是 160 臂长，另一边是 100 臂长。拿去 60 臂长，两边再拿 30 臂长，楼梯就可以做成 15 臂长高了。在这 15 臂长的顶部，有一个 10 臂长的楼板，正在一道同样宽度的柱廊上方。这些是边上的各部分。其他两部分是同样宽度的柱廊。在这个高度上，这个柱廊几 [119v]

乎环绕神庙整整一周。较低的部分在地平高度上，只是要抬高两个踏步。教堂本身是这个样子的。它首先被分成了三部分。这第一部分是50臂长乘100臂长；其他两部分每个是25臂长乘100臂长。各角拿去一个25臂长的正方形，在中间留下一块50臂长乘25臂长的地方。从这25臂长中拿走3臂长，剩下22臂长。中央部分每边拿去3臂长给墙体，一共留下44臂长见方。边上的各部分是这个的二分之一。[300]每个角上有一个穹顶，高16臂长。它们是八边形的，四面每个都带一个小礼拜堂。其形式被展示在了图中，而且理解起来很容易（见导论中英文版图版12、图版13）。

其装饰物可谓叹为观止。根据书中的内容，它外部全是五彩斑斓的大理石，白的、黑的，还有红的。在内部都是用镶嵌画制作的，有各种颜色的斑石和不同种类的镶嵌工艺。拱顶都是用斑石马赛克镶嵌的各种人物和故事。地面也是用斑石加工的。大门是青铜制造的，带有人物的图案装饰，还带有各种发明创造。一切都镀了金。还有很多黄金和白银制成的装饰物。其中也有青铜大烛台，以环形布置时最为超凡（120r图A）。在中间，也就是被它们的圆周围成的空间里，有一个高贵的祭坛。它上面有很多黄金和白银的装饰品。这个祭坛是这个样子的，您从这里就可以看出来。[301]屋顶全部镀着青铜，最高处有一个非常宏伟的大型镀金青铜雕像，四座塔也是一样的。这些塔，您看，做好之后，既是装饰物，也有加固的作用。它们是20臂长见方，全部由大理石制成。它们到大拱顶起拱处之前都是正方形的；到了这里往上，它［120r］们就缩成了八边形。它全是柱子，一个柱式接着一个，一层接着一层。一道出檐把各个柱式相互隔开。大烛台是这个做法。它是用黄金和白银装饰的。它们的华美不可能被超越。这座神庙里还有很多其他的装饰物。每座大烛台之间都附有灯。它就和您从这张图里能够看到的一样（120r图A）。我对这座神庙就不多说了，不过要相信，它里面建有很多装饰物和各式各样的东西。

我们现在要继续描述这座花园。它在这块平原上，而且离这座神庙一定不太远，您可以想到。根据书中说的，它每边有一哩。它是经由一座桥进来的，这桥长40臂长，宽是10臂长。它横跨在一条把花园团团围住的壕沟上。在它的每一个角上都有一个遮蔽物，一部分是柱子，一部分是墙。它是用这种形式建造的（120r图B）。它是一个20臂长的正方形，而且，您看，地面层在两边有柱子，而另外两边是墙。它离地平有20臂长高。距地面9臂长有一顶棚。第一层有两边，这我说过。柱廊有6臂长深，高是9臂长。接着有一个房间，一边12臂长，另一边是10臂长。还有一个房间，一边6臂长，另一边是12臂长。这些柱子是2/3臂长厚，高6臂长，包括柱头和柱础。它们总共间隔3臂长。它们都在一堵高出地平1臂长的墙上，这墙就像一个座位。在这些的上面，我说过，还有一层。它是这样布置的。它有一个大厅，长18臂长，宽是12臂长，带两个小房间，小房间一边是6臂长，另一边是12臂长，高是6臂长。在外部有一条仅挑出2臂长的通道。它围绕这个房间一周。

桥是用这种方式建造的（120v 图）。它只有两道拱，每道 12 臂长。在每道拱之间有 8 臂长的距离，而在两端是 4 臂长。这就构成了壕沟的总宽。在桥的入口处，人上来的时候有一座壮丽的大门，出口也是一样的。 ［120v］

然后在花园里有一个漂亮的方形建筑，它是用这种形式建造的（121r 图）。桥和这个方形都是一边 20 臂长，另一边 40 臂长。在地平高度上，它被分成了两部分，每边 16 臂长。在上面有大厅和房间，带两座小塔，两塔之间是一个开敞的凉廊。加上顶部的两座小塔，它们有 20 臂长高，就像这里展示的一样。所有这些在桥上和在角上，或叫角里的房间都起拱顶，不需要任何木头。从这个在桥上的方形到角上，还有一条带柱子的通道。它是一道建有柱子的双墙，这样人们就既能在地平上行走于檐下，又能在高处漫步于阳光中。较低的通道在朝向壕沟的一边上有一道女墙。较高的那条从一角到另一角。它就这样环绕了一周。这个花园有四个与此相同的入口；每个都是同样的造型和方式，不论是桥还是建筑的其他细节。不过，这个入口是主入口，并且直通花园里。

花园是按照这里的描述布置的。首先，它是一个 3000 臂长的正方形，并

被分成了七个部分，宽 100 土地臂长*。每条这样的街道都在各角上有一个 12 臂长见方的小棚子。从一个到另一个有条带柱子的通道，就和上面的那条一样。这样，人在下层上，就可以在顶盖之下，从一个地方到另一个类似的地方了，而在上层的室外空间里也可以。它们以一种特殊的方式放在两条溪流之间，这样，不论人选择这七条路的上层还是下层，就都可以看到水面了。一条溪流在外面，另一条在里面，这我说过。书上说，有一个每边 1000 臂长的正方形，被缩成了一个圆。这又被布置成了一个地球全图的样子。所有的溪水都从它的中心流入流出。

还有一座以一种新方式建造的花园。它的高度超过 100 臂长，而且全是柱子。它也围着一个大殿。它尽可能地与大山隔开，您从地图中就可以看出来。这座大殿和花园占了 300 臂长的地方。它是这个样子的，您从这张图和这里的描述中就可以看出来。就像我说过的那样，您也可以在这里的展示中看到，这座大殿是正方形的（122r 图 B）。这座大殿和花园每边 300 臂长。它被分成了九个[302]正方形，每个是 100 臂长。在这个 300 臂长的正方形角上的四[121r]个正方形，每个的边长都是 100 臂长。在它们的每两个之间，都有一个 100 臂长的开敞空间。而在中间还有另一个，也是 100 臂长见方，不过高是 100 臂长。其他的是 40 臂长高。每个之间都有一道柱廊，宽 10 臂长，高是 20 臂长。我知道，也许您不理解这些尺寸和布局，因为我自己对它们理解得也不是非常清楚，”翻译官说。公子也说，这些对他来说也相当晦涩。

* land braccia，这里意指丈量土地的臂长，与丈量建筑的臂长有所区别。——中文译者注

这时我说："我对它们知道得一清二楚。它完全和您在这花园的中间看到的图一样（122r 图 A、图 B）。您如果仔细看的话，就会发现，它在各边上都被分成了三个正方形。因此每边都有三个，而在各角上的有四个。在角部正方形之间的正方形有柱廊。在中心的正方形各面都有柱廊，前面还有一个回廊。"

然后公子和翻译官两人都说："确实啊。那就是这么回事。"

"您应该留心一下它在这里是怎么画的，阁下，然后想象一下它曾经的样子，"翻译官说。

"告诉我，你看了以后，这些和黄金书的内容一致么。"

"阁下，按照我的理解，我想它肯定就是这样的。依我看，这首先是一个正方形，和书中说的一样，然后被分割成了上述形式，也就是说，它里里外外以前肯定就是这个样子的了。这墙以前肯定至少有 6 臂长厚。" [121v]

"这里就是这么说的。"

"我想它以前的宽度一定是这样的；外部是一道 1 臂长厚的墙，接着是 2 臂长的空间，然后是内部 3 臂长的一道墙。您到这里都听懂我的意思了么？于是还剩下 88 臂长的地方。在我看来，这个空间里有一个 8 臂长的正方形，里面包着一个螺旋楼梯。在这条楼梯的中心，有一根管道，也就是，人用手握住的柱子，由青铜、铜或者别的材料制成，水从这里面升到位于中心的花园顶部。"

"书上在这里就是这么讲的。"

"在这个 100 臂长的正方形里，还余下一个每边 40 臂长的地方。我想，这里原来一定有过一座由柱子支撑的桥，它长 60 臂长，宽是 10 臂长。这就把这块地方从 40 臂长减到了 30 臂长。我这不是在说地平高度上的平面，而是在上面 20 臂长的高度上。所有其他在 100 臂长的最高点以下的楼层，都是以这种方式布置的（122r 图 B）。我想古人把所有在角上的正方形，都用这种方式进行了分割。不过，中心正方形只有下部是按照上述方式布置的。我想古人在中间用了一种较厚的柱式，它们支撑着拱顶。架在这些柱子上的拱顶，在最高点是 16 臂长高，宽约 18 臂长。这些柱子直径是 3 臂长，而且只有 9 臂长高。这些柱子叫侏儒和蛮人，即负重者。这些拱顶以前一定至少有 18 臂长高。我相信楼梯位于墙体中的 2 臂长空间里，在中间的壁柱里也有。其他的我觉得是在外部，各个正方形之间的柱廊下面。这些柱廊，我说过，高 20 臂长，宽是 10 臂长。这些柱廊下面，一定有过至少 6 臂长宽的楼梯。这些楼梯实际上是坡道，人在上面可以骑着马到达所有这五座花园的顶上。在这第一道柱廊上面，接着的是长度 60 臂长的柱廊。就是它把内部的空间缩减成了每边 30 臂长，我在上面讲过。我想楼梯是用这种方式布置的。上部被分成了房间和其他居住的空间。"

"我不知道我是否清楚地理解了这些东西，"他又问翻译官听没听懂。

他回答说："非常清楚，阁下，不过我只听懂了您建筑师的话。书上说，水从这根管子里流上来。它在每个房间里，都可以通过某种水龙头排走。说得再清楚一点就是，有若干青铜管从地面层直达每个正方形的顶部。每个都有自己的一份水源，这已经讲过。每个顶上都有自己的喷泉。这就是我对它本来情况的理解。书上接着说，里里外外都有数量惊人的装饰物。书里说在每个角的顶上都有一匹很大的青铜马，一匹朝东，另一匹朝西，另一匹朝北，还有一匹朝南。在每个角部正方形的顶上，都有一个镀了青铜的人像，手里拿着一面旗帜，按照设计，一有风吹它就会随风飘扬（122r 图 A）。这些都是镀了金的。在其他的四个上，也有和上述做法相同的人像。这些人像表现了贵人和诸多有价值之东西的发明者的形象，例如萨特恩，他教会了意大利人耕作土地和播种，巴克斯，他教会了埃及人种植葡萄，还有密涅瓦，她传授了羊毛的用法。卡曼塔，创造拉丁文字的人，也在那里。裸体的赫尔克里斯和他的十二个故事，或者叫功绩，也在那里，他是如何斩杀安泰的，如何把刻耳柏洛斯从地狱里引出来的，如何把卡库斯杀掉的，如何杀死吉里昂的，如何杀死尼米亚之狮、野猪、许德拉、公牛阿基鲁斯、半人马、狄俄墨得斯的马，还有阿耳特弥斯的那头鹿的，以及他是如何杀死守卫着黄金苹果的毒蛇的。所有这些内容都是用镀金青铜制作的，而且体形庞大。另外，在水的四角上，也就是街道的末端上——您从这图里就可以看到——有四个小棚子，您可以说它们象征着风。它们就是您在这里看到的样子（122r 图 A），每个上面的最高点处，有一尊大型青铜人像，代表着相应的风。关于这些，我就不再多说了。不过，在下一书中有两样好东西。”

[122r]

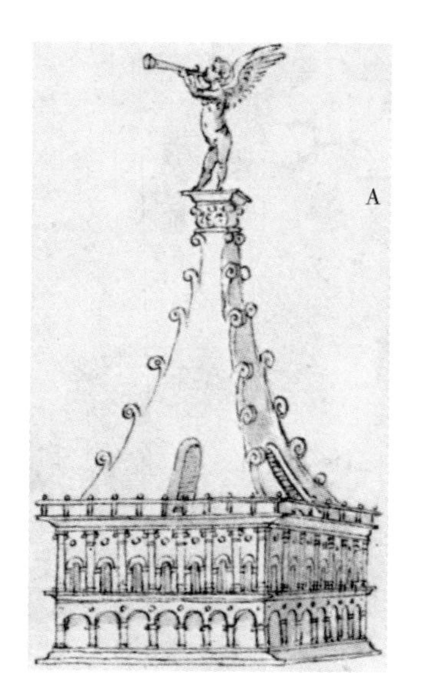

第十六书

以上第十五书，以下第十六书。

下列很美的东西 [122v]

“您想让我现在对它进行一下讲解呢，还是想等到别的时间呢?”

“也许最好不要等了，”公子说。“既然我们已经开启了这个论题，你就可以把它讲完，因为还有很多要说的。”

在我们讨论这些的同时，一封来自公爵的信被呈了上来，信中说，我们一接到信，就应该来斯弗金达。我们没有再继续往下念，而是服从了信中的旨意。我们到了之后，看见了公爵，同时还有他那光彩夺目的夫人，他们在观察这座城市、广场、教堂，以及城里所有其他的建筑。当公爵夫人看到并领会了这一切之后，她便想去看看城市周围的场地。其中，她最喜欢的就是我们在我第一次到那里的时候，发现的隐士的居住地，那时公爵派我去寻找建造城市的基地，这个地方就在离斯弗金达三哩远的月桂和橄榄林里。她把场地全都查看过了，因为那位隐士还在那里。

她完全是一位虔诚的信女、钟爱圣洁之人，在与他进行了一番长时间的对话之后，她对我说：“我真的希望在这里建造一座教堂，不论这位隐士所追求的是怎样一种方式。来和他确定一下意见吧，然后按照你的理解，告诉我将需要些什么。我特别希望它能快些建成，因为这在我看来，的确是一块非常圣洁的地方，而他看上去也是一位和善而虔诚的人。留下来，弄清他的意图，然后把一切都汇报给我。它早一天建成，我对它的喜爱就会多一分。”

我回到了这位隐士身边。他认出了我，并握住我的手，问是何种天意让我回来的。

我对他说：“您最惠善的公爵夫人派我来找您。她告诉我，她想在这里建造一座教堂，不过她希望您随意布置它。”

这位隐士问道：“这可以吗?”

“可以的，神父。”

他接着回答说：“赞美上帝。现在这个时刻终于来到了，我已经渴望很久了。可是我对这些东西一窍不通。公爵夫人有没有最想建的东西? 我当然可以把我脑海中反复出现的东西告诉你。”

“公爵夫人说得非常清楚，不管您说什么东西，她都希望造出来。”

“我待在这里已经超过30年了，有时候孑然一身，也有好多次高朋满座。现在既然城市已经建好，很多人都会来这里，这是肯定的，而这也就不再是一个隐居的地方了。既然公爵夫人希望在这里建造一座教堂，我想她就应该建造一座修道院，最好是给那些斋戒苦修的隐士，他们不能吃肉，因为我说过，这个地方已经有30年，几乎是40年没有吃过肉了。如果这条清规有可能延续的话，我会更高兴的。”

“在这个问题上，公爵夫人将只会按照您的意愿做的。”

“如果是这样的话，我要说，这里应该建造一座献给圣哲罗姆的教堂。还应该建造一个让他的隐士们，也就是那些不吃肉的人，可以居住的地方。尽管如此，告诉公爵夫人，不论她喜欢什么，我都赞同。”[303]

[123r] “以上帝的名义就这样吧。我回去之后会把这告诉她的，然后再回来找您。”

“那好吧；请慢走。”

我回到城里，来到了公爵夫人的面前。她问我这位隐士说了什么。我把一切都如实向她禀报了，之后她问要做什么。“在我看来，这第一件要做的事就是，下令准备必要的物资，然后就开始施工。”

“好的，可是我想知道它将来的样子。”

“以主的名义，如果夫人您愿意的话，我会给这个教堂和修道院，或叫隐居寺画一张图，无论它将来是什么。”

“我同意，可是我想要这教堂很美。”

“如果您愿意的话，我会用为贝加莫设计过的那个优美的方案同样的方式来建造它。我会告诉您它是什么样的。我曾按比例尺度把它最终的布局做成过一个木质模型。”

“告诉我，那里的人想建造什么教堂？”

“那是他们的大教堂。”

“什么，他们以前不是有一座大教堂么？”

“是的，夫人，他们曾经有一座，但是那很丑。[304]因为那里的主教希望他的教堂漂亮，而且他认识我，所以他就让我画一张图，然后为他们进行布置，使教堂与地形相合。主教在看过很多图之后，他和被指派负责这座建筑的市民们选中了我。尽管如此，上面说过，他们希望我为他们做一个木质模型，要与将来教堂建造位置的情况协调。我为他们做了模型，形式和尺度与您在这一页上看到的图是一样的（122v图）。它一边只有110臂长，另一边有更大的地方，但不超过60臂长。从中心往下只有52臂长。这对于一座大教堂来说有些捉襟见肘，但事实上没有地方了，要不是这样，他们很可能会把它建得大一点。”

“好，告诉我它的外观。如果我喜欢，我们就盖；要是不喜欢，我们就采用另一种形式。”

“它的形式，也就是我用木头表现出来的造型，是这样的。前部的外面，就是正立面。侧面是另一种做法。”

“从立面的角度来看，我喜欢外部的这个模样。告诉我它有多高，还有它在内部是什么样子的？我们也许可以用这种方式来进行建造，前提是它最终还能让我满意，就像到目前为止它在我心中的印象一样。”

“首先，我要为您说明一下基础，甚至还可以在这里把它们画成草图(123v 图 A)。基础是这个样子的。首先，它们长 110 臂长，我上面讲过。在另一边上是 52 臂长。从十字中心区一直到正立面，和从十字中心区到主祭坛，都是 64 臂长。整体的内部宽度——既是中殿的也是耳堂的——是 36 臂长。就像您在这张基础图中看到的那样，它是按照这种形式布置的。主礼拜堂放在东面，这您可以看到，而正立面在西。在祭坛的两侧有一个圣器室，一边 10 臂长，另一边是 16 臂长。在主礼拜堂里有一条向上的楼梯通往这些

圣器室。由于他们的老教堂低于地平好几步，我们就把它抬高了一些，这样人就要往上走3臂长，而不是往下了。于是就有必要建造地窖，因为我们把它抬高了。我们用这些地窖做墓室，基础图就是这样画的（123v图A）。在通向主祭坛的踏步两侧，我做了两间12臂长见方的礼拜堂。然后我又在中殿的两侧做了三个礼拜堂。它们每个是11臂长。人从各面都要登上教堂的踏步。因为地形不平，有的地方踏步要比其他的多一些，尤其是在北面。他们的房子就在那边。尽管它很丑，还是要进行处理和协调，让它看上去没有问题。”

[123v]

“到这里我都很满意。我同意用这种形式建造。不过，我想在某些东西上进行一下调整，这样它看上去就不会完全是借鉴其他的了。”

“那好啊，我会把内部和外部画出一部分来；然后您认为应该去掉的东西就去掉。”

“很好，就这样吧。告诉我，你以前把这些基础做多厚？”

“我叫人把它们做成了4贝加莫臂长厚。贝加莫的臂长单位比米兰臂长要小$1\frac{1}{10}$盎司。”

“我想让它们厚是5臂长，因为我想它们是越厚越好。”

“这倒是。我就把它们做成5臂长吧，这样我们就可以把墙体做的厚一点。”

“按照你认为最佳的方式去做。”

“我会把这些墓室全布置在地平高度的内部周围，并完全按照我以前的做法来给它们加上拱顶。中殿的高度，也就是教堂的主体，在外部到屋脊处将是52臂长。它将全都有拱顶。”

“礼拜堂你要做多高？”

“我们会把它们做成18臂长高。我们还可以把它们做成22臂长，如果您愿意的话。它们最好是22臂长，因为它们宽11臂长。因此，它们就会是两个正方形。其他的会略少一点。”

“很好，这没有关系。”

“为了把边上的礼拜堂提升到32臂长的高度上，我们将在它们的上方做一条宽5臂长的通道，它将朝向教堂的内部。它将采用这种形式，您可以从这里的草图中看出来（123v图B）。您可以看到，它在内部的两侧都是这样的。外部的侧面将是不同的。外部区域和这面侧墙都将是32臂长高。边侧廊的屋顶将出现在这里，并悬出2臂长。因此在这个高度上，边侧礼拜堂的上方就会有2臂长。在它的正上方，也就是在这个高度上，会有一道2臂长的檐口，而在外部是$1\frac{1}{2}$臂长。这将形成一道走廊，人通过它就可以到达教堂内外的各个地方。拱顶的拱墩将在它上方。我们将把它们做成十字形的，您从这张小草图里就可以看出来。[305]拱顶的跨度将是$12\frac{1}{2}$臂长。因此它将是其宽度的三分之一和十二分之一。每边都会有三个扶壁，每个2臂长。它们将在礼拜堂的墙后面竖起，而且在礼拜堂拱顶的上方将是宽边。它们将一直上到中殿

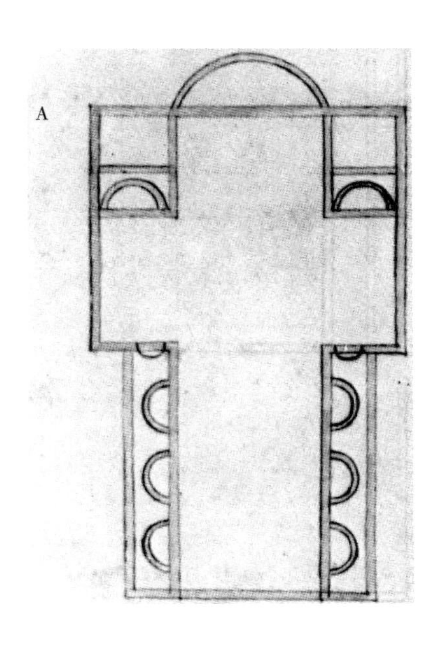

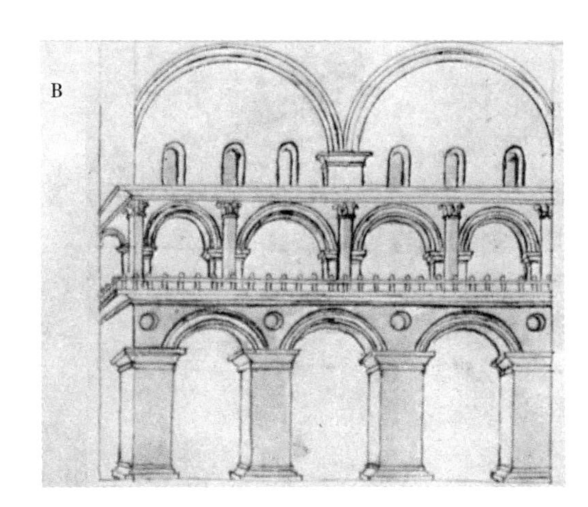

屋顶的高度。这些扶壁里面会有一条水管，这是用来收集来自屋顶的雨水的。它们将通向基础中的地下排水道里。这些水将足以冲走这些地方产生的任何垃圾。 [124r]

内部的高度形成了一个半正方形。它将采用这种形式，您在这里就可以看出来（123v 图 B）。您已经知道，它有 30 臂长宽。在十字中心区上方的穹顶直径将是一样的。它总共有 90 臂长高。”

“怎么是 90 臂长?”

“因为，首先它离地平是 52 臂长高。然后，它从拱券上到拱顶开始的位置，需要有 12 臂长。这个拱顶是一个 15 臂长的半圆。这总共就是 79 臂长，加上墙的 1 臂长就是 80 臂长，再加上顶部采光亭的 10 臂长就是 90 臂长。接下来就是这上面的宝球和人像，这也有约 10 臂长。因此这一共就是 100 臂长。

然后是钟塔，我将把它们建在圣器室的正上方。我用这种形式建造它们。首先，我会在这些圣器室的上方做一个正方形，我说过，这要和主屋顶的高度一样。在这个位置上，我将把它与环绕教堂一周的檐口连在一起，这道檐口就是收集来自屋顶上的水的那道。然后在这个高度上，我做了一个 12 臂长高的圆，周长是 36 臂长。因此它的直径就是 12 臂长。在它上面我做了一层柱式，算上柱础和柱头是 8 臂长高。我在这个圆周围放了 12 根柱子，让它们每根都占去 1 臂长。于是在每根柱子之间就有 2 臂长的空间。这就给我留下了 10 臂长的直径。这里我再做一道圆墙，直径只有 6 臂长，墙厚是 1 臂长。这样我就只剩下 4 臂长的空间了。在这里面，我做了一条上到最高处的楼梯。前面说的那些柱子继续按顺序往上排到最高处。在每列柱子的顶部，我都放了一道 2 臂长高的檐口。其他的柱子在这上方遍布各处。这样一来，它就比教堂的高度向上高出了 30 臂长（123r 图）。于是它就达到了 130 臂长的高度。一共有 8 列柱子。这条楼梯在内部和外部以同样的方式延续。在每排柱子的下面以及在每排柱子的顶部，都有一个内部拱顶。于是它就一个拱顶一个拱顶地延续到最高处。窗户的数量和柱子一样多，上面还有一些铃铛和一只立于宝球之上的雄鸡，原因已经在上面讲过了。”

“这些我都喜欢，不过我更想把它们放在立面的前面。只把立面给我画出来吧，还有一根这样的柱子，这样我们就可以下令用这种方式来进行建造了。”

这座建筑所需的一切事物都准备好了，工匠也都被安排去实施这个方案。他们极为专注地工作，很快就完工了。建成之后，我们最光彩照人的公爵夫人希望来看看。立面和所有其他的部分都让她极为满意。她也对这座建筑赞赏有加。随后她想看看隐士们将来居住的地方。她全部都视察过之后，感到[124v]非常高兴。关于修道院和所有其他的东西，她说：“我想让你负责教堂装饰所需的一切，还有隐士们的起居。我希望你来负责圣坛的装饰画，尤其是主祭坛的。”我命令，它应该美观，而且有很多人物。其中应该画上圣女玛利亚怀抱圣婴基督，两侧是圣哲罗姆、弗朗西斯、本尼狄克、洗礼者约翰、凯瑟琳和露西。所有这些圣人都傲然挺立。我要在祭坛台座的绘画中，表现出这些圣人的热情。基督降生图在中间。那是非常美的，在它周围用了大量黄金来装饰。它出自一位非常优秀的大师之手。然后她希望叫人为教堂和修道院制作所有其他必需的装饰物，比如圣餐杯、十字架、大烛台，以及那些由人像制成的饰物。她希望画上古老圣徒的故事，即神父传。其中，她想要圣哲罗姆、本尼狄克、安东尼和弗朗西斯，还有圣徒阿波洛尼亚和凯瑟琳。

在这些内容里，我们已经画上了圣哲罗姆讲述的那个僧侣的故事，他被囚禁了很长的时间。[306]最终他带着一个女性同伴逃了出来，此后他们一直忠实于上帝的事业。根据圣哲罗姆的描述，他们是神圣使命的创造物。他说有一次在埃及的时候，曾经见到了这两位年迈的长者，在一座属于一个别墅的教堂里祈祷。圣哲罗姆问他是谁。他倒没有金口难开，而是说出了他和这位老妇人一同祈祷的原因。当听到和善的提问时，他进行了回答，并说自己在年轻的时候，曾经到一座圣人的修道院里聆听上帝的教诲。我在那里只待了很短的时间就想回家了。我的父亲没有别的儿子，但很有钱。由于他的财产，同时也因为我想把它们献出一部分给上帝，我便决定离开。即便修道院院长对我进行了劝说，并鼓励我继续修士的生活，我还是做好了离开的准备。我同很多人一道旅行，由于那个地区的居民是坏人，他们潜伏在各个地方，伺机进行抢劫或是任何他们想对旅行者实施的暴行。我们走了好一段路之后，便遭到了这些该死的路霸的攻击。他们是撒拉逊人。他们发起了进攻，有的抢这个有的抢那个，然后把我和这位随行的同伴抓了起来。我们被当做俘虏带给了一个撒拉逊人，他让我们两个都为他卖命。几天之后，他想让我们以一种婚姻的方式结合。我不想被迫进行这一举动。在他多次以死威胁和她几番劝说之后，我们睡在了同一张床上，但是我们之间绝没有一点越轨的行为。由于他认为我们已经通过这样的做法结合在了一起，便相信我们是可靠的，并让我们看管他的羊群。在受到良心重重的谴责之后，我开始难过，并为离开那座修道院而进行忏悔。这位修女对我进行了安慰，而她最终找到了一条帮助我们摆脱奴役的路。感谢上帝，我们总是在户外带着牲口，而生活非常艰辛。我们商量了必须要做的事情，而在我们定下了一条行动路线之后，她又鼓励我去实施。我用养的阉过的牲口的皮做了两个酒囊，我们又为自己准备好了肉和其他活命的东西。我们逃走之后，到了附近的一条河。我们给酒囊充好气，坐在了它们上面，然后就随着河水漂。我们在天恩的帮助下，用手脚奋力地划，直到我们跨过了河水。我们的主人和一位仆人很快便骑着骆驼来追我们。过河之后，我们没有找到别的避难之处，只有一个洞窟，我们只好进去了。仆人发现了之后，也马上就进来了，他要用剑把我们赶出来。谢天谢地，那里有一头母狮和她的幼仔。那位仆人进来之后，母狮一下子扑在他的喉咙上，立刻令他窒息。主人因为他在里面待得太久，便大吼大叫，之后也进来了。母狮以同样的方式对待他，就和对待他的仆人一样。她喝干了他们的血之后，便和她的幼仔们离开了。她对我们连碰都没碰一下。我们看到这些之后，便感谢上帝的恩惠，之后便走了出来。我们看到了拴在一棵树上的几头骆驼，便骑了上去，带着他们的食品给养来到了这里。从那以后，我们便一起住在了这个地方。我和她之间从没发生过任何事情，只有贞洁而神圣的友谊。 [125r]

公爵夫人希望把这个故事画上去，另外还有一些其他的。他们都是由非常出色的大师完成的。教堂以及给隐士们的地方——其实应该叫僧侣——都已经完工了，就像我说的那样，带有这样一座建筑所需的一切。她命令，坚持做弥撒，而且圣事总应该在这座教堂里举行。

所有这些都完成之后，公爵大人，还有他的夫人和很多其他人，都希望来看一看。他们见过之后都进行了高度评价。我们回到斯弗金达之后，他问我在这个港口及其城镇里都做了什么。

“没有做其他的事，阁下，只把城镇的基础挖好并砌上了。在阁下您决定好要如何建造之前，是不会再对港口做任何事的。”

“我想要这样建造它：我想让它完全按照黄金书里的样子来做。那将会是高贵而壮丽的。书中记载的其他建筑都这样做。我不希望它们是别的样子。我更希望能对它们进行一下改进，如果有可能的话；如果不行，它们至少也不应该更差。我要那里和这里一样多。如果它们在那里挤不下，我将要把它们建在这里。”

“假如阁下您叫人把黄金书里描述的所有建筑都盖出来的话，那将会是一件非常高尚的事啊。”

“你说‘假如’是什么意思？我们当然要把它们盖出来，如果上帝开恩的话。”

命令被发出，完成这项工程所需的一切都已备好。工匠被安排去施工，他们以高度的责任感开始建造所有的建筑，形式就按照上面讲过的那样做。由于完成它们需要大量的铁，我问了一个熟悉野外的人，附近有没有一个产铁的地方。他回答说没听说过附近有，不过他知道在离这里约四十甚至五十哩以外的地方发现了一条铁矿脉。如果那是优质的铁，就会派上大用场。［125v］

“这倒是，可那里属于谁呢？”

“您不知道？”

“不，我不知道，因为我还没听说过呢。”

“那是托马索·达·列蒂先生的。[307]我想公爵大人把这个地方和周围的荒地都给了他。我想我听说过他要在那里建一座城堡。您可以问问他，应该能知道些什么。”

我想去和他谈谈，把情况搞清楚。我一和他提起，他便把一切都告诉了我。他想早点到那里去建一座城堡。听到这些，我提出自己也要去，说如果他愿意，我会和他一起走。

他回答说：“我刚才确实想问你来着，而且我还想叫大师莱蒂斯托里亚（阿里斯托蒂莱）来，因为我想建造一座漂亮的城堡。这样的话，我们就可以一起设计它了。”

我相当激动，因为我想去看看这个地方，还想了解一下铁是如何加工的。

没过多久，他就从公爵那里为我们二人要来了许可。大斋节的第一天，我们去了他家。我们和他一道坐船，上面还有很多他的仆人。当晚，到了夜里的第二个钟点，我们来到了一座名叫亚维帕［即帕维亚］的城市。当晚，我们在那里受到了非常热烈的欢迎。第二天一早，我们就登上了一叶轻舟，沿一条大河而上。当天，我们整天都留在了那条小船上，还讨论了各种各样的事情。其中我们就谈到了土地的度量。它们的内容如下：首先竿长是二十四桌长；桌长是十二足长；足长是十二盎司；盎司是十二点长；点长是十二阿卜蒂默；阿卜蒂默是十二微长。当晚我们到了另一座城市，它叫察琴皮亚（即皮亚琴察）。很多位绅士来与我们会面，因为他是一位名气很大的人，又是公爵的顾问之一。也是因为这个，他才受到了极大的尊敬。于是当晚，我们就留在了那个城市。

第二天早上，我们骑上了马，走了大约十二哩。我们到了一位绅士的城堡，他是我们这位同行伙伴的心腹之交。我们到了那里之后，受到了热情的欢迎。在坐骑得到照料之后，我们进了一个漂亮的房间，里面都做好了准备。到了适当的时间，我们用美食驱走了骑马带来的饥饿。我们很快又骑上了马，在一处平原上走了大约几哩地。在接下来的一段时间里，我们又翻过了几座起伏平缓的小山。那里看上去盛产谷物和酒。我们还能看到四处散落的民房。

在我们越过这些小山之后，便进入了一座山谷，那里有着如画般的风景，因为一条不大不小的溪流在其中委蛇而行，活似一条蝰蛇，把山谷从中间一分为二。我们跨过溪流之后，接着又在山谷中骑了几哩地，到了他的另一座城堡，而且零零散散地见到了很多房子。在菲伯斯刚开始收起他的光芒之前，我们就到了这里。我们到了之后，便进入了这座城堡，然后下马交付了坐骑。我们走出了城堡的大门，它高高地坐落在一个山丘上。这个山丘几乎从大山延伸到水里才不见了踪影。这座城堡就建在这一端俯瞰着水面。我们看着这个地方，由于它让我们非常高兴，于是又四处走了走，欣赏着它的美。我的同伴和我下到河边，接着一边沿着河岸走，一边采集一种野菜*。我们的上级一直在和我们一起旅行，他也带着其他的随从，沿着这条河行走。他到了一处城堡脚下附近的一块草地上，开始和他的随从一起享受这样的时光。因为他们大部分都很年轻，于是便开始跳跃和比赛。我们就这样度过了各自的时光，我们是采集野菜，而他们是进行比赛，直到菲伯斯几乎完全抛弃了我们。我们缓步回到城堡里，把我们采集的蔬菜拿到一条沿着城堡围墙流淌的小溪里。水流的冲劲因为山丘的落差推动了一座磨臼。水在上面已经筑坝拦起，然后通过一条水渠淌下来，也就是流了下来。其落差产生的动力推动着磨臼碾压谷物刻瑞斯。我的同伴莱蒂斯托里亚，还有我，坐在瀑布的旁边，并在这里清洗我们收集的蔬菜。然后我们回到了城堡，把它们拿到一个房间里，那里对于这个地方来说还是相当漂亮的。菲伯斯的妹妹已经可以见到了。由于夜空明净，她浑身都被他照亮了，看上去仿佛他并没有离开，倒像是把光芒留给了她。我说过，我们进去了，而食物都已经准备好，摆下来可以享用了。我们一秒钟也没有等。我们的上级还有所有其他人都按顺序给了他们水洗手，然后我们在桌前坐下。所有人都犒劳了自己的胃口，有的吃这个，有的吃那个。我们吃过之后，便都躺进了绝好的床铺。在赶走了过去一天的疲劳之后，我们就起床了。[126r]

我们的马已经备好了，而且喂饱了谷物，精神饱满。我们在太阳升起之前就上了马，然后按照习惯，与盛情款待了我们的那位绅士道了别。我们继续在山谷中前行，还伴随着一股迎面吹来的冷风，这让我们很难受。接着随之而来的还有一丝令人不快的寒意。我们继续沿着河往上走，每个人的脸上都裹得严严实实。在很多地方，我们都不得不过河，可唯一的桥梁就是我们的马腿。由于菲伯斯还没有释放出他的温暖，而寒气依然占据着上风，我们的脚根本没有出汗，可上面的水汽都已经凝结成了冰晶。这看起来更像是 12 月，而不是 3 月。随着我们不断行进，也需要越来越频繁地渡水，这让坐骑比我们更难受，尤其是我的一条狗。他渡过这条河的次数已经太多了，实在是无法忍受了。最后，他停在了溪边的一块小沙滩上，而我不得不把他驼在

---

* 一种用来做凉菜的蔬菜，有时特指莴苣。——中文译者注

自己的马上。我们在这座山谷中骑了一哩又一哩。在很多地方，山与山几乎碰到了一起，而且山高极了，一丝阳光也无法照进来。山上和某些多岩的高地上，还有几座塔，时不时看上去就像塞米拉米斯为了夺回那些反抗尼努什国王的领地而带领部队爬上的高山一样，甚至更像亚历山大大帝以同样方式征服的那块巨石。最后，我们实在是对如此频繁地渡河感到疲倦了，这时我们来到了一家客栈，在那里下来，让我们的马稍微休息一下，也让我们自己暖和暖和。我们随便吃了点午饭，有酒有面包，对这个地方来说也算是不错了，之后便又骑上了马。

[126v]

我们又开始来来回回地过河。我们继续往山谷里走，穿过了很多巨石，最后终于摆脱了这条河，开始爬山。我们能够看着这条河远去，都非常高兴。我们继续爬山，然后沿着一座小山的山脊骑了大概三哩地。这里，我们在对面发现了一座山谷，那里围绕着一座塔点缀着很多房子。我们接着骑了一哩地，然后在很多地方都看到了这些房子。它们特别矮，您可以用手摸着一侧的屋顶，不过另一侧就要高得多了。这是因为它们是建在坡地上的。

我们到了一个马更多的地方，不过非常分散。这里还有周边的一些居民朝我们走了过来。这些人在我看来根本就是吉普赛人，而且他们甚至不能同样以好的方式前进。他们的服装很短，而且是用一种粗糙发白的布制成的，腰上带着一面小圆盾，肩上扛着一柄长戟，侧面还有一把大弯刀。他们的模样简直就是劫匪或者路霸。他们面色苍白，气色也不好，从这些就能看出，这个地方毫无生气、了无人迹。我们到了这个地方之后，只说了说那里的一座塔。它的塔顶看起来就像水晶一样，清澈极了。[308]在它的四个部分里，或者应该叫立面上，有两个几乎就是在地面上的。人们都说，能重建就好了。他同意了，并给了他们期望。

我们经过这些房子之后，便沿着一条陡峭的小路往下走。我们走了大约两哩地之后，就穿过了那里，然后离开了河流。我们只过了河一次，就到了铁熔炉。它只是最近才开工的。我们到了以后没做什么，只是在这里四处走走看看。

当晚，我们赶上了一顿看起来相当粗野的饭菜。考虑到周围其他情况，伙食也只能将就了。我们的心情非常好，因为大家都围在火堆旁。这里每个人都放了些蒜蕾来烹调。我们有大量的鱼、腌沙丁鱼，于是有的人吃这种东西，有的人吃那种东西，还有一种酒，用来给马洗脚还差不多。我们吃得极为开心。我们一边吃一边热烈地谈论这个村庄的建造，因为他说希望建造一个奇迹。然后我们就去睡觉了，床是他们带进来的。那是一种用某类木材制作的床架，上面铺着枝条。这放在一个木板顶盖的下面。从裂缝中可以看到马车座、牛角座，还有通常叫做雄鸡座的星座。连通往苏拉的入口都没有堵上。我们都凑在一起，有的在床头，有的在床尾。我们就像沙丁鱼一样。尽管如此，由于这个原因，我们就没有受到寒气的侵袭，而是暖暖和和地非常舒服，我们就这样进入了梦乡。

第二天早上，我们起来就爬上了一座小山，它顶上有一块地方，一边大概只有一箭地长，另一边略短些。我们到了之后，便测量了这个地方和建造他想要的那个村庄所需的距离。这些被画成图之后，就按照他的意图布置出 [127r] 来了。我命令首先拔起很多这里的灌木，然后给基础布线。接下来他想开始挖掘工作。由于一位乡下的牧师来了，他就让他给这个地基祈福，然后便开始破土。接着，他又多挖了好几铲，而我们也跟着他挖。这时，乡下的人也跟着挖，并继续开凿建塔。

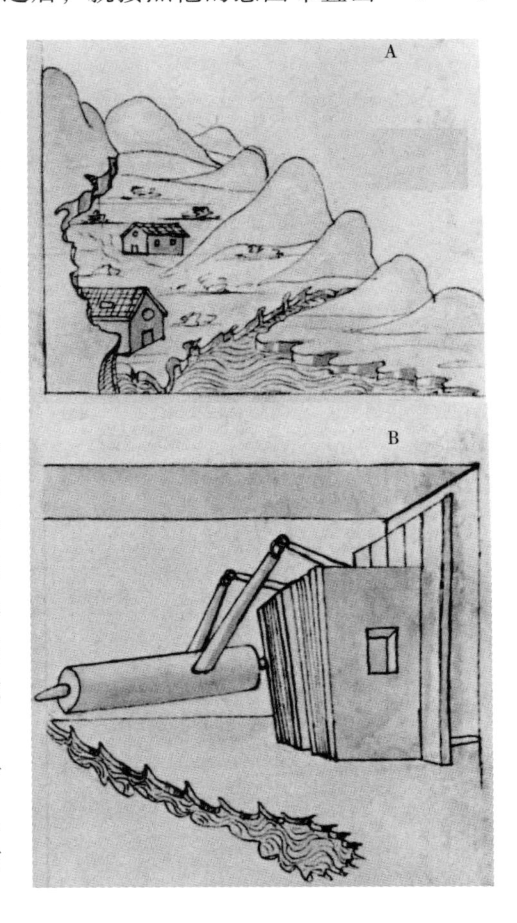

这些完成之后，我便着手准备去看我打算来看的东西，确切地说就是，铁是如何制成的，以及冶铁建筑——熔铁的炉子——是什么样的。这些做法非常复杂，用语言来解释非常困难。用图也不能完全表达清楚。不过，我会尽我所知和所能，来用一张图对其进行最大限度的解释。首先，它所在的地形是这个样子的(127r 图 A)。这些都是非常高的山，它们向后退，便形成了前面说的山谷。不过，在这山谷的尽头非常狭窄，人随便扔一块石头就能弹到两壁上。两条小溪同时在这里流淌，形成了那条河。

您已经了解了这里的地形。[309] 制铁的地方首先是一个正方形的房子，它坐落在山脚下，几乎在河上，您从这张图中就可以看出来。它在中间被一道约 8 臂长高的墙分成了两部分。

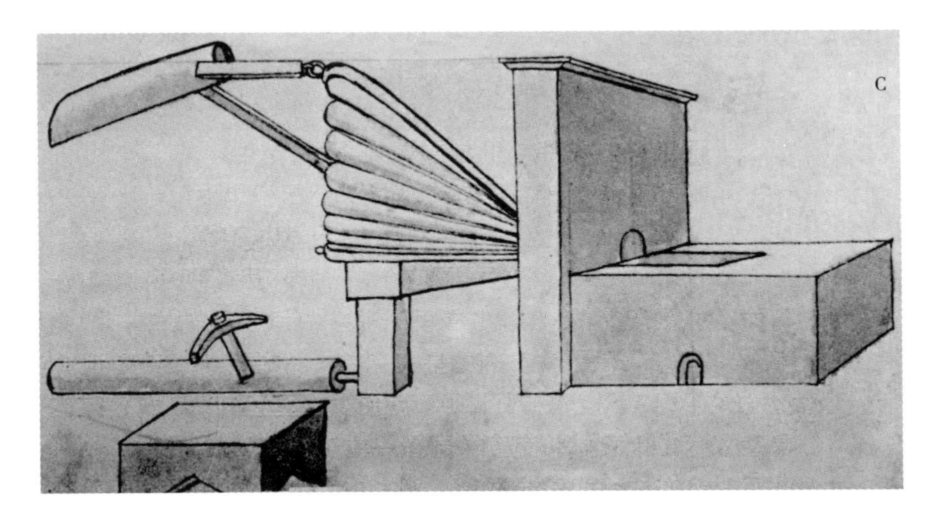

放置风箱的那部分是同样的宽度。另一部分则没有这么宽。这一部分朝向熔炉口。通过它放入木炭和矿石，矿石熔化之后，铁就制成了。

我说过，熔炉就在这个房间里。熔炉只能从放入木炭的那个角看到，这个角位于上部；这里就是前面说过的那个放入木炭和矿石的料口，这我在上面讲过。这位于上层。风箱在这一层下面的地面层上。它们所采用的形式，您从这里的图中就可以看出来（127r 图 B）。它们与其他的不一样，是立着的而不是平放的。水推动着它们送风，您从这里面就可以明白。它们大约高 6 臂长、宽 4 臂长。每个都有一扇宽 1 臂长的窗户，风就是从这里吸进去的。在送风的时候，它们会发出一种声音或者一种调子，声音极大，听起来就像是怒吼的大海。假如一个人被关在附近一个无法看到它的地方，那在他听来简直就是那样的。它们是用牛皮制成的。它们非常大，而且用又厚又结实的铁件牢牢固定在一起。尽管有两个风箱，它们只有一条送风管。它们在熔炼的位置被两块木头连在一起，您从这里就可以看出一部分来。就在风箱的管子吹入熔炉的这个地方，铁在熔化之后从这里导出，即略低于这条管子口的地方。这里靠近这些风箱的地方还有一种水井，里面总有流动的水，而且总［127v］是满的。铁水就灌到这里面。铁在沉下去很久之后依然是红红的。这水的气味非常难闻；里面有硫黄。

从事这种行业的人都是粗壮的男性。他们看上去，完全就像那些住在普路托的宫殿里被折磨的亡魂一样。他们全都是黑的，穿着一件衬衣，几乎没有别的衣服，脚上还带着重物。在他们放出铁水的时候，会用某种为这种工作设计的铁质工具来为它“拔塞”。他们把它敲到边上一点，也就是风箱管下面的地方。然后他们会费很大力气，让它带着一股热浪从里面流出来。铁水出来之后，就和青铜或钟铜完全一样地流动，里面还夹杂着某种耐热的矿石和风箱口。他们做完这些并放出铁水之后，也就是让它流入水井之后，它看上去就像硬化了的熔化金属。和上面说过的一样，铁在地下的时候是没有任何形状可言的，这是毫无疑问的。因此在铁流出熔炉之后，它将获得任何赋予它的形状，这就是金属的特性。作为对此额外的证明，在米兰主堡里有一门铸造的大炮，样子是一头狮子。看上去它是躺着的。它在被熔化之后放到了一个铸模里。然后他们把狮子拿到另一个熔炉里，在那儿再次让它熔化。接着他们用锤子，按照他们认为最佳的方式打造它。这么做是因为，他们在这里还没有布置或者建成一台锤磨机。

我要讲讲在罗马见过的那台。那离罗马大概有十二哩，在一座叫格罗塔费拉塔的修道院里，那里有遵从希腊教规的僧侣。[310]这个地方相当漂亮，修道院也是，而且它就像一座城堡一样被包围着，四周还有围墙。事实上，这个地方已经变得相当荒凉了，因为乡下住的人太少了。周围有大量的树林，而那台锤磨机就在这里。在这一圈之外不远，有一条小溪流过这个地方。面向大山的方向上，这山谷中的溪流把两座大山分开，并从它所形成的这个山谷中流下来。它经过一条水渠的引导推动转轮，转轮再吹动风箱使锤子击打。这些风箱制作的方式与那些熔炉的风箱不同，而与铁匠使用的类似。它有一个熔台，制作方式几乎与铁匠的一样。他们在这里再次让铁熔化，然后把它扔到铁砧上，按照他们想要的方式对其进行锻打，用的就是锤子和水。它几乎就和您在这里看到的形式一样（127r 图 C）。

到这里您都已经理解了。现在我们必须看懂，他们在把铁放到熔炉里熔炼之前，是如何把矿石挖出来的。矿石是如何挖掘的：它是从山里的各个地方挖出来并运到熔炉那里的。它在这里被放入一个熔炉，与石灰混合之后进行烘焙。烤透之后就冷却。它被完全打碎，进行细致研磨，最终与豆子一样大。接着过筛之后放入熔炉。他们铺一层木炭，然后是一层这种矿石。这他们每十二小时做一次，之后便放出铁水。他们说通常每天要装料 20 – 25 次。放出铁水之后，硫黄的气味很重，所以我想，它一定含有大量的硫黄。熔炉喷出的火焰也是这样，它几乎和燃烧的硫黄是一种颜色。它们还有很多其他的颜色。尤其是在晚上，当您看到这些在火焰周围工作的人时，赤炎袭到他们脸上，让他们看起来就像死人一样。这是世界上最奇怪的事情，尤其是因为从事这项工作的人，看上去就像那些折磨被诅咒的灵魂的鬼一样。 [128r]

我们一直留在这里，直到菲伯斯和他的妹妹现身过三次。在星期天为这三天画上了句号之后，我们便告辞去了一个地方听弥撒，那里离上面描述过的那个用蓝天中的星星做屋顶的塔很近。教堂就在它的上面，群山之中。我们到了那里以后，发现教堂和它所处的位置完全吻合。超过一半的屋顶还有几乎教堂的全部，都比金子还好，因为金子只是闪光，而这是在闪耀。[311]我们一直在那里等着，直到与我们一起来的那位绅士也来了，他去查看了另一处矿井。我们与前面提到过的那族人一起听了弥撒，他们看上去就像那些在整个世界游荡的吉普赛人一样，只是穿着没有那么好，每人都带着自己的戟、小圆盾，还有身边的刀。听过弥撒之后，我们去了教堂旁边的一个房子，它比教堂也好不了多少，我们就在这里用餐。饭菜也符合这个地方的传统。我们吃过之后，同伴和我按照他希望建造的村庄和塔的方式，画出了方案草图。

我们与他道过别，便上马离去。我们当晚去了在上来的路上吃过午餐的那家客栈，当初，我们有一位弗雷斯科巴尔迪的佛罗伦萨家族成员同行。我们当晚就留在了那里，就这个地方和风俗而言，这也算是舒适的了。第二天早上，我们上马去了在我们上来的途中盛情款待过我们的那位绅士的家。他热情地欢迎我们，尽管同行的已经不是那位一道上来的人了。由于他是一位殷勤的绅士，所以给了我们一流的招待，比起我们出去的那次毫不逊色。我们吃过饭告别之后便骑上马，当天晚上就到了皮亚琴察。我们当晚就住在了那里，第二天到了米兰。

当我回去之后，把所有的事情向公子汇报了以后，他说："以上帝的名义，就这样吧。如果你能找到一个更合适的地方就更好了。要是不行，我们就用这个了。现在我们应该监督从黄金书中学来的建筑的施工情况。书中是怎样描述它们的，我们就应该怎样建造它们。这样在它们建起来以后，叫人轻松地为我完成它们。假如你认为还有别的什么要做的，就做吧，因为我已经决定了，要把它们原原本本地按照书中的描述来建造。”

“我同意它们应该以这种方式来建造，因为那样，它们就必然会成为高贵[128v]的东西。另外对我来说，工作也会少一些，因为我不需要为设计而绞尽脑汁了。”

“我很高兴你的工作能够减轻，不过，要是它们没法让我满意的话，你就必须设计出一些能让我高兴的东西出来。”

“那好，这里将不会有困难，因为我们会采用任何您中意的方式来建造。”

在这决定之后，公子和我去了新镇和港口建成的基础。这里，所有筑造城镇和港口所必需的物品，都尽心尽力地准备好了。所有这些建筑以及港口，都尽可能地按照上面的描述建造好了，不但工作一丝不苟，而且形式丝毫不差。在它们全部建成之后，花园也完工了，不但没少下工夫，而且开销也不小。在我们去通报公爵之后，他也希望来看一看。他视察过这座城镇、港口和花园之后，觉得爱不释目，滔滔不绝地怎么也说不尽。

他说：“古代风格之美，容不得一丝怀疑，再不要有人给我说什么现代做法。我肯定，你们听了我的话，大部分人都要大吃一惊，因为在过去，我叫人造了许多房子，都是现代的做法。若是过去别人对我这么说，我也会像你们这么讲，但是，既然我见到了、也领会了古人使用的法式，特别是我听了这本黄金书的内容，我就改变了看法。这本书让我的建筑思路茅塞顿开。任何来到这里的人，都可以看出并体会到这是真的。人们把这称作真理，是因为这些建筑能让所有的人都感动。在那些现代人，也就是反对这些的人，对此指指点点的时候，给他们讲这个道理。这样，他们也许会同意的。我还承认，一座现代建筑曾经在我眼中是一件优美的东西，对于那些并不比我更了解建筑的很多人来说也是如此。有一天，我在和一位理解建筑尺度并熟悉其做法的人交谈。他为我解释了现代建筑的真相。它们有很多缺点，尤其在两个主要的方面上，即比例和尺度。他给了我很多证明，好让我能够看到事实如此，他还解释了很多其他与建筑相关的东西。我不想再多说了。我知道古代的建筑方法比现代更美、尺度更佳，这就足够了。因此我决定，不论今后做什么建筑，是大是小，我都要用古代的方法。现在让我们放下这个讨论吧。我希望大家到这山里去看看有没有什么野生动物，不管是野猪还是别的动物，总之可以让我们稍微放松一下。”

我一听到这些，便对公子说，最美的地方应该送他去我们的卡林多。“您知道他对您和令尊公爵大人有多么敬爱。他一个好人，又有钱，而且您记得，他的儿子们在我们留在那里的晚上，捕获了雄獐和很多其他猎物。”

[129r]“这倒是，我会跟他说的。”他靠近他父亲，然后对他说：“阁下，如果您

想去打猎的话，离这里大约十哩远有一处别墅，那里住着一位富人。这是在我们第一次到那里旅行时发现的。在回来的路上我们从山中穿过，并在他家里住了一晚。他热情地款待我们，当晚，他的两个儿子打了很多种类的猎物。当我问他有没有足够的猎物时，他回答说：‘不管想打什么猎物，都多得很，有野猪、雄獐、野兔、小鹿、达玛鹿，还有熊。这些在俺们山里都有’；接着他又补充道：‘多得很。’如果您乐意的话，我们可以去那里，因为我肯定他会非常高兴的。”

“这有可能，”他说。“问一下我们的建筑师，我们受到了怎样的礼遇。”

这时我回答说：“阁下，如果您去那里的话，我一点也不会怀疑，而是确信，您看到田间风光会非常开心的，而认识这个人更能让您高兴。他对您怀有无上的敬意，而且是一位善良的人。这个地方非常宜人，而且我肯定有很多猎物、禽类和鱼类。”

“假如这是真的，我一定要到那里去。不过我们应该先准备好必需品，这样才不致给这位绅士太多不便。以上帝的名义，最好通知他一下。派谁去好？谁也比不上我们这里的建筑师了，因为他很熟悉他。还应该有人和他一块去。”

去通知他公爵将要驾临的任务交给了另一个人和我。他想让我们说，只有公子想来放松自己一下。我们去了，并告知他公子希望来消遣一下。他一听到这些便激动不已，随即热情地招待我们。当晚，我们就留在了他那里，安排好了所有必要的事宜。我们辞行时，他说：“公子大人自然能让陋室增辉，不过他尊父若是亲自驾临，哪怕只有片刻，也能让敝人荣幸不已；倘若真能有幸，则此生无憾矣。”

“好吧，以上帝的名义。若是老天开恩，你有一天会见到他的。”我们走了，告诉他在第二天迎接我们。我们回到了公爵那里，把所有的安排都汇报给了他，公爵非常满意。

“既然这样，我们明天就去。”第二天一早，公爵乔装打扮，命令谁也不许叫他公爵，因为他不希望那么快就被认出来。我们上马，穿过大山一路骑去。越过大山之后，又从一片树种纷繁的森林中进入了一座小山谷，公爵和其他以前没来过这里的人，都对此感到非常激动。他把那些负责准备食物和一切与饭菜有关事务的人提前派了出去。在这些树林里骑马的过程中，我们惊起了一头雄獐，它被狗的吵闹声吓坏了。有些狗被放了出去，他还没跑多远，就被我们的狗弄死了，这让公爵和其他人都很开心。随着我们继续前进，又有一些达玛鹿被我们的狗夺去了生命，这给我们带来的满足感一点也不比那头雄獐差。我们继续在这片树林里行进，公爵和其他人都非常开心，尤为重要的原因是，公爵对这个地方和景色总是赞不绝口。

我们到了这位绅士的别墅之后，他带着他的仆人迎上前来，大概有一箭地远，脸上满是笑意，他说：“你们全是最尊贵的客人。”他和公子握了握手， [129v]

然后同他交谈着，一道走进屋里去了。谈话中，他问候了他的父亲公爵大人，并说他万分想见他。看到来此的一行人马，他显然是为了公爵而灵魂出窍了，因为他说："如果公爵在这里的话，我一定会说，这位往前走了几步的大人就是他。"

接着那个儿子说："他们的确看起来非常相像。我们还是别说这个了。你的人都好么？"

"非常好，阁下，只要令尊公爵大人、令堂大人，还有您全家都好，我们就好。愿上帝保佑您永远平安。"

我们到了他家之后，他全家大大小小都出来诚心诚意地迎接我们。他们全都喊着："万岁！万岁！大人！"我们下了马，安排好了当时所需的一切，之后进到了屋里。

在入口处有一道柱廊，这对于那个地方来说，还是相当漂亮的。走进一扇还算大的门之后，又穿过了一个据目测大约长 12 臂长或 16 臂长的空间。然后我们走进了一个极漂亮的有柱凉廊。它朝向一个可爱的院子，环绕着它的是一个美丽的凉棚，有些常青藤，有些玫瑰，还有些茉莉，小院被它们簇拥着，可谓是：百花芬芳万色浓，独泉清秀一空注。喷泉的旁边还有一棵橡树，轻轻地用自己的树荫把它掩盖起来，院子的中间还有几棵橘子树。这一切都好像是绿色的珐琅一般。我敢说，它长约 100 臂长，宽和整个房子一样，约 50 臂长。餐桌已经摆在了凉廊和凉棚之下，并铺好了最精美的桌布。而这上面，又布满了五彩缤纷的鲜花和其他美丽的镶嵌工艺，看上去不管是不是编织上去的，都有如刺绣一般。餐具柜我就不想提了。即便是最伟大的君王来到这里，它也一点不失体面，而与这种餐桌布置有关的一切，也都不会让任何人感到难堪。所有的东西都按照最好的方式进行了布置。我们进来之后，发现一切都准备的如此之好，如此规矩又如此华美，这些都让大家赞叹不已。没有再多等，他叫人给我们带上了洗手的水。三位年轻的未婚女子走了进来，还有三位青年；他们仿佛就是天使。女子一身素白垂下来，头上是五彩的百花冠。每个人的手臂上，都搭着一条白色的手巾，薄薄的，女子稍稍一动就会飘起来，仿佛是轻风在淘气。她们每人一只手是银盆，另一只手是水罐。看上去她们就像是戴安娜的仙女，或者更像是佩内亚的仙女。这些青年是一身绿，一缕缕长发上面是同样的花冠，这样，他们就好比是该尼墨得斯或波利多勒斯，或者是年轻时握着酒神手杖的巴克斯。他们以和女子同样的方式拿着盆和水。在他们开始送上洗手水的时候，公子希望他父亲先用。这位绅士拒绝了，可是所有人都要求他这样做。他还没洗完的时候，三位拿着水盆站在他面前的女子中，有一位向他深深地鞠了一躬。她把盆里的水倒入自己的口中。然后几乎是跪着把水盆举到了公爵身边，然后让嘴里的水流到他的双手上。由于水是从她的脸上流下来的，一些花瓣也落到了他的双手上，和水一起流入了盆中。水以同样的方式让所有与公爵同行的绅士都洗了手。所

[130r]

有人都来到桌前，按照爵位就座。公子希望那位绅士坐在餐桌的首位，旁边是他的父亲。他不想答应，不过倒是同意在他之后就座，旁边是公子。爵位最高的人都坐在了这张桌上。另一桌接着是其他同行的人。其余的客人坐别的桌，每人都按照自己应有的座次；这样所有人都就座了，就像是在一座大城市里一样。蜜饯、杏仁蛋白软糖，还有其他按照传统都是献给大贵族的食品，这些都上了，还有酒和其他与此类相称的食物。其他种类的食物上的量很大。首先，这些青年带上了大浅盘。每人前面都有一位少女领路，少女只拿着两副餐刀和一把银叉。一个人开始在公爵面前切分食物，另外两个也照着做。于是，每个人不是由青年服侍就是有少女伺候。

在我们用餐的过程中，那位绅士转向公爵说："先生，您看起来实在是太像这里的公子大人了。要不是他告诉我公爵大人没有来的话，我甚至会把您当做他的父亲。"

"我们长得像，这没什么好奇怪的，因为他是我妹妹的儿子。这里真的是田间风光美如画啊；这儿的猎物一定也很好吧。"

"再没有更好的了，"这位绅士答道。"您会看到很多的。"

我们说这说那，一直吃到杯盘狼藉。饭毕，贵族们饭后所需的东西和水都送了上来，水和蜜饯。接着，在他们用餐结束之后，按照习惯要交谈一会，至少要等到仆人们也吃完。他们开始谈天说地，而唯一的话题就是这个地方的美和陈设。每个人都惊叹不已，特别是那些年轻人，他们太美太好了。他们几乎没说些别的什么。在我们闲聊的过程中，那三个女孩和三个男孩又穿上了色彩各异的服装来到这里。每个人除了头顶上的那个百花冠之外，手中还拿着两个额外的花环。三位衣着华丽而成熟一些的男子加入到他们当中，每个人手里带着一种乐器。他们开始边演奏边跳舞。每个人都带着一种端庄而优雅的气质翩翩起舞。他们曼妙的舞姿与优美的乐曲构成了最和谐的韵律，仿佛他们都在王家宫廷中接受过训练似的。他们又跳了几个小舞之后，每个人都按照另外两个人的音律唱了一支歌，歌曲一部分是法兰西式的，另一部分是意大利式的，结果每个人都对他们赞叹不已，而公爵尤甚。

他问这位父亲，有没有任何想法或意图要把她们嫁出去。他回答说已经想得够多了，不过，至今还没有结论。

听到这里，尽管还没有暴露身份，公爵还是说："如果您愿意，我想您可以让我给她们找丈夫。我还会给每个青年找一位妻子。" [130v]

他说完这些话后，他们全都从桌边起身，到院子里去了。我们进到屋子后面的花园里，那里每边都要超过300臂长宽。在它周围是柏树和月桂，它们在鱼塘上洒下斑驳的树影。那还有很多其他种类的果树，例如橘树、柠檬树以及葡萄架。在花园的首部散布着一些松树，它们的枝叶提供了良好的树荫。在它们下面长着一种草，看起来就像是绿色鹅绒。几只雄獐和其他小动物在上面四处吃草，这景观的确是赏心悦目。

还有一种鸽子窝是这样的（130v图）。它首先是一个正方形，四周都有柱子，就像一道柱廊。在这中间还有一个每边12臂长的正方形。这是一个漂亮的房间，有一条楼梯一直上到柱廊的上面。它有6臂长的地方是开敞的。接着又是一列柱子，直径要比下面的小。尽管如此，这里还有一个房间，正好在下面房子的上方。从这里可以进到上面另一个房间，它四周有一道只有……臂长宽的柱廊。[312]在这第三个正方形上还有一个，它还要再高出12臂长。按照常规，它满是窗户，鸽子就从这里飞进飞出。我们爬到了顶部，透过鸽子出入的窗子眺望四周。有的窗户透过墙体，而其他的只在内部，并不朝外。鸽子就在这里搭窝。每个这样的窗子都挑出约一拃。在每扇不朝外的，也就是鸽子安巢的那些窗户的正下方，有一块堵上的瓦。那些在鸽子窝中开敞的窗户，并不直接对着那些百叶窗，而是交替的。这些窗户是这个样子的。我想人们把它们做成这样，是因为下面的原因。万一有任何动物和鸽子从同一个窗户进来的话，它也不会到它们的巢里去。鸽子窝就是用这种方式布置的，外观就像这样（130v图）。

我们把花园和鸽子窝都看完之后，就回到了屋子里。在入口的两侧有两个房间，里面已经铺好了床。它们看上去简直就是为国王准备的。我们每人都去休息了一下，有的在这个房间，有的在那个房间。一个半小时过后，这位绅士带着他的几个女儿进来了，然后叫她们给了我们洗手和洗脸的水。那似乎不像是井水或泉水，而是玫瑰水，或者是一种用别的花蒸馏出来的水，有着一种沁人心脾的芳香。我们洗完手和脸之后，就走出了房间，进入凉廊。蜜饯和美酒很快就上来了，而每个人都不得不吃顿午餐，有的是出于对这位绅士的敬爱，其他人则是自愿的，因为他们想吃，还有另外一些人是为了取悦那些服侍的少女，她们的一举一动都是那样地优雅而殷勤。［131r］

我们用过午餐后，公子拉住这位绅士的手，走出屋子与他交谈。他问打猎的地方离这里有多远。他说大概最多有一哩半。接着他又补充说，他们最好到那里去小小地消遣一下。

马匹喂得也很饱，精神头一点也不比我们差，都已经可以上路了。在上马之前，我们徒步走了一段，说说笑笑的，一直走到别墅的尽头。这里的美胜过一切语言。一涓溪水从别墅中间流过。水流并不小，而岸边有很多榆树，还有一些别的树，它们婆娑的树影驱赶着小溪，让它在来来回回地奔跑中咕嘟咕嘟地笑着。我们沿着河岸走，听着汩汩的溪声，看着闪闪的河面，心情别提有多舒畅了。不一会儿，几条小鱼从石缝中钻出来，倏地又不见了，让这铺满沙砾的河床变得无比奇妙。离开别墅之后，我们来到了一片草地，这条小河就从中穿过。大家都上了马，那位绅士便回去了。

我们朝着根据命令已布好网的地方去。途中两只雄獐受了惊。其中一只在草地中一路跑过去，结果掉到了几张布在那里的网中。另一只冲进了马群里，被我们的狗逮住了。它们把这只雄獐撕得粉碎，不过另一只在网里的还有气。这给我们提了提神。随后我们进入了一座小山谷，那有大片的湿地草坪。在它周围已经布下了天罗地网。人和狗进到这座山谷之后便一路打猎，一只个头不大不小的野猪从一个没有布网的地方冲了出来。我们一发现，每个人都开始骑马追他，最后在一座小山上把他抓住了。他在另一座小山谷里被马群包围了。我们中有人下了马。其中就有一位身着长袍且博学多才的人，急着要向这头野猪发起攻击。他除了带在佩架上的一把剑，什么也没有。他就拿着这个开始进攻这头野猪，可是野猪毫发未伤。尽管如此，野猪转过身来试图攻击这位多才的博士。由于这位博士穿着长袍，所以野猪首先想用蹄子抓住这件袍子。于是，野猪往这边拽，博士往那边拽，所有人看了都大笑不止，只有这位智者看上去不是很自在。就在此时，我们中有一个人骑着马拿来两柄长矛。我拿了一支，还有一个人拿了另一支。我们立即下马，接着，他从一侧，我从另一侧，将长矛刺入野猪的肩部。这时，野猪被迫松开了博士的袍子；然而，他想攻击我们，因为我们在刺他。我们牢牢握住手中的长矛，其他人则用小刀和弯刀，或者叫剑，把他团团围住，结果他很快就断气了。这让所有的人都大呼过瘾。

还有件事一点也不逊色，尽管有些人并不为此感到开心。是这样的。我们中有人下来便把马丢在了一边。这其中就有一位少年。他的马因为这头野猪而受了惊，他又是蹬踬又是弓背，结果前脚腾空高高跃起，少年没踩住马镫最终摔在了地上。这匹驽马还没折腾够。他一直不停地尥蹶子，最后把马鞍也给甩了出去，结果更是害怕得不得了。此时，他开始跟着所有其他的马一起飞奔，他们都被他给吓坏了。谢天谢地，在所有的马都开始惊逃之前，还有一位绅士没有下马，并且及时抓住了我的马笼头。于是我侥幸保住了自己的马，不过其他的马到下午也没抓回来。没了马的人当晚只好徒步走回去，或者坐在马屁股上了。我们派了一些人去找马，不过他们直到半夜才把他们抓回来。即便如此，要不是马跑到了一群放牛人做奶酪的地方，当天晚上是不可能把他们抓回来的。我们就这样回去了。 [131v]

网里逮住了一些东西，我们把它们带回了屋子。这让那位绅士和他全家都非常高兴，可是那些走回来的人就没有享受这一盛宴。我们到了之后，便全都在桌边坐下，吃得是心里美嘴里也美，因为不但有美食还有美意。之后我们便去睡觉了，安排的床铺华丽无比，舒适极了。即使没有摇篮曲，我们也睡得美滋滋的。

第二天早上起床，我们为了不给这位绅士添太多麻烦，便告辞了。可是，他却希望我们再待两三天。我们告诉他要赶到斯弗金达去。他很不情愿，但看出了我们的决心之后，说："既然您坚持要走，至少要回来住几天啊。"

公子说："我们会来的，我们还会把我父亲公爵大人带回来的，或许还有我的母亲，公爵夫人。"

他听了这些话的承诺，便同意了。我们用了午餐，因为不这样他就不肯放我们走，随后便上马与他和他全家告辞。我留在了后面，告诉他那位是公爵。这时，他面带怒色地说："这是第二次您这样对我了。* 要是您不保证他将带着妻子和其他孩子一起来的话，我就再也不是您的朋友了！"这我只好答应。我快马加鞭赶上了公爵，然后告诉了他所说的话。

他回答说："说真的，他是一个好人。有朝一日我要为他做些什么。"

我们继续向斯弗金达骑去。到了那之后，我们唯一的话题就是受到的尊敬和礼遇。大家都异口同声地称赞他。

我们聊了一会儿之后，公子说："我们应该完成黄金书的解释，然后决定哪些建筑要按照书中的描述来建造。"

这时翻译官说："如果阁下您希望建造我发现的那两座，那将是非常实用且非常高贵的。"

"我们当然要建，而且不只是房子。如果还提到了其他漂亮的东西，我也想做，不管是柱式还是别的任何东西。我要你把所有提到的东西都记下来，因为我知道，这本黄金书也许会落入别人之手，他们很可能会把它给糟蹋了。[132r] 最好叫人把它抄录下来。"

翻译官说道："好的，因为书里有优美的布局和高贵的东西。此外，这位国王的英名也将万世流芳。"

"不管怎样，叫人把这件事做好，"公子说。

---

* 第一次见第十二书第 159（91v）页。那里隐瞒了公子的身份。——中文译者注

第十七书

以上第十六书，以下第十七书。

“阁下，此书中有一座高贵而实用的建筑。它会让阁下您美名远扬，而且还会让众多人士变得情操高尚。”

“告诉我那是什么，因为我想把它建造出来。”

“阁下，书中的内容如下。在我们城里众多高贵的事物中，还有一座大厦被选出用于下述目的。其造型和场地也在这里进行了描述。继续往下读，您就会明白我们的建筑师是如何设计这座建筑的。方案完成之后，我们便叫人施工。因此，我们希望把这其中的成功之处讲出来，这样，他们就会渴望在自己的城市中建造一座这样的建筑，这也是为了不让贫穷扼杀一种高贵的智慧。在它盖起来之前，我们的建筑师用这种方式把它向我们作了说明。我们将把它讲给我们的后人。他劝说我们的话，和您将在此书中看到的完全一样。

“阁下，您已经在您的城市里建造了很多不同的建筑。我又想出了一种，它会非常实用而且高贵的。”

“倘若它真的值得我们去建造的话，就告诉我们你一直在想的是什么。”

“阁下，我一直在想的是这些。应该建造一座可以照顾二十或二十五个孩子的建筑。他们都应该不到8岁，也不应该在6岁以下，尽管直到9岁都是可以接受的，这要看他们的相貌和智力。我想让他们留在这里，至少要到20岁，最多到24岁。首先应该为他们提供生计。然后，他们应该有一位校长教文学。他要接受细致的核查，先看他是否令人满意，先天和后天的能力都要好，就是说要有禀赋和教养。他应该有一位助手来协助他教育他们，并把良好的习惯教给他们。这里应该教授所有学科的知识和技能；这些我会列举的。首先应该有一位法律博士；尽您所能找一位最精干的。每天他都要把指定给孩子们的功课朗诵出来。他应该确保他们的头脑接受了这一学科的训练，而且应该让他们专注。还应该有一位医学的博士，一位教会法规的博士、一位修辞和诗歌的博士，还有，总之，应该每个学科有一位。若是某个孩子的才智比起其他学科来更适合某一科的话，他就应该因材施教。事实上，某些学科更难达到完美的境界；因此，他们可以留在这里直到30岁，但是不能再长了。” [132v]

“好，这将很像一所学校。”

“是的，阁下，不过您还没有明白我的意思，因为我希望它不只是一所学校。我还要再说一些，因为会有很多教员的。尽管某些手艺没有这么尊贵，我还是希望这里有从事它们的人来进行讲授。这个地方应该包括下列这些人物：一位大画师、一位银匠、一位雕刻大理石的匠师和一位木雕大师、一个车床工、一个铁匠、一位刺绣大师、一名裁缝、一位药剂师、一个玻璃工，还有一位泥匠，也就是制作精美花瓶的人。除了这些以外，还应该有一个击剑、歌唱和乐器的大师。孩子们应该根据他们的天赋和才智被分配到最合适的技艺上，而且要坚持到期限终止。此外，不论是哪个学科，如果学成的话，每个人都必须，而且有义务把一年的薪水交到这个地方来，以维持其运转。假如他是因为其他缘故而离开的话，不管他到哪里去，都必须把当年的收入上交。在这建成之后，所有的规章都将进行说明。”

“听到这里我都很满意，因为我相信在它建成后，将会是一样值得尊敬而且十分有用的东西。你的想法让我很高兴，不过，我希望你在组织它的时候要特别细心，保证不要让我们所做的事情出现意想不到的结果。”

“阁下，我想让您来为此项事业下命令，使它实用、尊贵，而且公正，值得人们赞美和传颂。”

“很好，告诉我你要给它怎样的布局才能使它尊贵。”

“阁下，这是您的事。”

“是，但是我想听一听你的意见。如果它能让我满意，我们就采用。还有，你应该动脑筋想想，努力让它的造型和模式取得好的结果。”

“既然您这么想，我就告诉您我认为应该做的事。首先，在为建起这座建筑做任何事之前，我们应该算算这二十个孩子所必需的开销。”

“在这个问题上，你要决定他们的伙食和服装需要多少钱，同时还有校长和助手的薪酬，按照刚才说过的，他应该是一个优秀的人才。这可以是同一个人，一个两个都行，不管你怎么挑，只要他有才学就行。用一种对你来说最合理的方式，列出并确定工资的开销。然后把它们全部汇报给我，然后我们就会按照你的计划来实施。我在这些安排完成之前，不想听到任何有关的内容。”

他给了我这项任务之后，我和一位朋友确定了开销和薪水，他对这些事务非常熟悉。开销达到了每年约 4000 杜卡。他听到了之后想知道细目，而我们把这些向他做了说明。我们说，首先给一位有经验的博士开出了 400 杜卡。

“很好，他一定要是一位在艺术方面有造诣的博士。”

“我们的目标也不比这个低。然后，我们给另一位应该很有经验的博士开了 800 杜卡，他是一位熟悉教会法规的学者，同时也是一位神学家，配得上相应的报酬。”[133r]

“你已经花了 1200 杜卡。”

“一位修辞学专家兼诗人要 300 杜卡，这就是 1500 杜卡。[313] 一位有才华的音乐家至少要值 200 杜卡。”

“你还应该考虑其他艺术。”

“我们还需要有人来教算盘，还有一位教击剑、器乐和舞蹈。我说过，孩子们可以根据他们自己的爱好和能力来接受这些方面的训练。在整个领地中，将会给这些领域以充足的供应。因此，算上所有这些的薪水，我们就达到了2000杜卡的数额，因为您要是想让每个人选都令您满意的话，就不能给出低于100杜卡的工资。”

“这是我们最重要的目的。确保他们都是有才干的人。”

“现在我们必须要看看，那里要教授的其他手艺的师傅们的工资。让我们从一位优秀的画家开始吧；他最少也不能低于200杜卡。”

“哦，再加50杜卡。”

“一位杰出的石材雕刻大师不能比这个少，金匠也不能。”

“你已经用了750杜卡。一位优秀的木雕师和一位车床工需要多少？”

“每人不低于100杜卡。”

“那就是950杜卡了。”

“我们会需要一位理发师。到目前为止一共是3000杜卡。接下来，根据不同的原因，还有其他几门我们需要的手艺，例如：一位药剂师、一个裁缝、一个皮匠、一个铁工、一个陶工，还有一个玻璃工。这些当然会便宜些。所有这些，从头到尾，都可以同时兼职，这样，他们就会有一个比工资还高的收入。接着这里是这些孩子们、那位校长及其助手的开销。我不认为他们的开销、孩子们的开销以及他们的教学费用会低于每月50杜卡。”

“很好，我们必须削减开支和工资，保证他们有平等的待遇。我不希望草率地给出不必要的花费。加上开销，他们每个人的费用每月给5杜卡就足够了。总之，我要你保证他们都是品行端正的人，绝无任何劣迹。”

“阁下，我们要做的绝不会比这个差。”

“很好，以上帝的名义，但愿如此。现在你应该设计这座建筑，让它适于所有这些事务。然后把每一件事都安排好，一定要做到最佳。盖一座建筑，它要有这项工程所需的一切设施。把它拿给我看，因为我要它快点建成。”

“悉听尊便，阁下。”

我用这种形式来建造这个房子，以保证它便于使用。首先，我给一边400臂长，给另一边300臂长。其形式您从这张图中就可以看到（133r图）。接着我在一端的两侧拿出100臂长，这样中间就剩下了100臂长。从每个这样的正方形四边上拿出20臂长，我就得到了一个60臂长的回廊院。在这20臂长里，我去掉墙体的厚度，即1臂长，或者稍微多一点。然后我从整个边界中拿出30臂长。这我将做成作坊，很多手艺人都可以舒适地安置在这里，他们可以住在那里随心所欲。接[133v]下来，从这个空间里，我将拿去16臂长，并在这里面去掉同样的墙厚。于是我一共还有14臂长。在地平高度上，这道墙的后面会剩下14臂长，而且它在整个边界上的高度将只有16臂长。这里我们将做作坊和住宅。至于它们的宽度，我们将给每间14臂长的地方，这样在边界上就会有大约100间作坊。

“怎么是100？沿着一条长边肯定没有那么多。每100臂长里只有七间。”

“好吧，以上帝的名义。它的两边比400长，另外两边比300长。一边上有28间，而另一边有21间。42加56得98臂长。”

“你算对了。”

“还有楼梯，一共要占3臂长。不过还是让我们把它做成4臂长吧，这样我们就剩下94臂长了。我希望所有这些地方，就是说，地下室和地面层上，都要起拱顶。靠上的一层将没有屋顶，因为我打算让它露天。它也将是一条可以在上面走动的通道。我会用一种合适的方法来布置它的。”

“它们在外部或许应该有一个屋顶，这样雨水就不会落到他们作坊的入口里去了。”

“我会处理这个问题的。”

“你要怎么处理？”

“用这种方法。当我修到作坊的前部时，我将甩出3臂长的托架，然后我们将在它们上面建造一道小凉廊，这么说吧，它将是下面的那些作坊的屋顶。人们站在下面也会是非常有用的。我们要修一条楼梯，它将在外部从入口跨到美德之屋。每间都会有自己的入口，而且在内部有人们所需的全部设施。盥洗室也将用这样一种方式来布置，保证它们会非常实用，就像我在上面讲过的一样。”

“很好，到目前为止，这些我都很喜欢。”

“在实施过程中，它将会比我们在这里用嘴说得更好。”

“告诉我，在正面上的那些部分你要怎么做?”

“我说过，我将把前部分成三部分，每个100臂长。接着我要从每部分中拿出20臂长，就和我在上面说过的一样，给我留下一个60臂长的回廊院。我打算让孩子们住在中间的一部分里。教室将在它们上方。手艺人将住在边上的其他两部分里。那领工钱的人将在同样的地方，并且都住在地面层上。”

“好，不过要保证他们可以住在这个地方。”

“不用担心，阁下，在建造它们的时候，我会用一种特殊的方法来精心地建造它们，保证让所有人都感到便利和舒适。它们的高度将是下面这样的。中间的一部分将是30臂长。边上的其他两部分将只有20臂长。我这样做有几个原因：第一是要给授课的地方更多的尊严，第二是为了更美观，而最后是因为我们在这里不需要更高。"

"我相信这会很好的。"

"阁下，您建造了它就会同时得到上帝和人类最高的崇敬。它还将会在众多学科的分支中，培养出技艺高超的人来。贫穷和教育的匮乏夺去了多少聪慧之人学习的机会？这将会是一座永久屹立的建筑，而且，更是一件史无前例的作品。即便这个国家里有很多住校生要支付一定学费的大学，它们也仅仅是给那些文学学生的。其他的手艺也很必要很高贵，因为其中有优秀的大师。更何况，并不是所有人的智力都相等。因此就有可能训练每个人的思维。"

"这倒是。现在要安排这些地方可能有的每一种设施。我希望这些布置尽快完成。把必要的事情做完，越早越好。我说过，保证那里有厨房、储藏室、食品室和马厩。如果有必要的话，叫人做一个面包房，还有这样一座建筑所需的一切。还应该有一座教堂，每天早上要在那里举行弥撒。你要把它建在哪里?" [134r]

"我将把它建在中心回廊院的中间。"

所有必要的东西设计好之后，各处的基础便按照上面讲过的形式开挖。由于供水充足，我们设计了一条特殊的水流，让它清洗盥洗室和整座大厦下部产生的所有垃圾，并带走作坊和其他地方的废物。各地的基础都建成了。所有地下的部分都有拱顶，储藏室啊、盥洗室啊，所有东西都达到了地平高度，或者更高一点。[314]我们还是略去完整的描述吧，只说一说中间的那部分，也就是孩子们要住的地方。

这里我们做了一道高于地平 8 臂长的拱顶。它的地面层就将在地面之上的这个高度，而且由于前述原因，它会比其他部分高。这就将是它的地面层。我们在它的正面上建造了一条 8 臂长宽的柱廊。由于侧边与另外两个回廊院之间隔着 15 臂长的距离，我把侧边柱廊做得只有 3 臂长宽。它与该层处于同一高度。上部将处在柱廊的高度。上面的柱廊将是露天的。在前部的柱廊在其下将会有作坊。8 臂长宽，高是 12 臂长的柱廊将在它上方。因此，这中间的部分到这里的高度就是 20 臂长。在侧面的其他两部分只有 8 臂长。由于我已经从这两部分里各去掉了一块地方，因此，手艺人的这两个回廊院就只有 40 臂长的内部空间了。这些都将布置在这一高度上。给手艺人的那两个回廊院，每个都可以根据手艺的需要建造。

在右侧的回廊院是为更为高贵的艺术提供；左侧的那个将用于更需要体力的技术。中间的回廊院在这个高度上，由于其所需设施而被分成很多部分。在此之上，位于 20 臂长的高度上，将是大厅和教室。这里，博士们将进行演讲，而其他前面提到的技能也将进行传授，例如击剑等技能，每个都与其他的隔开，而且每个都在一个不同的房间。这些房间将与在那里教授的学科相适应。每个房间的每个细节不可能都描述出来，也不可能在一张图里表示出来。您可以通过这张图和上面讲过的话，来理解这座建筑的各个部分将来会是什么样子的。

您已经知道，花园将宽240臂长，长270臂长。除了穿过住宅群，是没[134v]有别的办法进入这座花园的。花园将用这个形式建造（133r图）。首先，它中间将会有一个鱼塘，宽30臂长，长60臂长。如果有需要，花园也可以用于其他类型的训练。在侧面上，有墙把它和手艺人的作坊隔开，我说过，这墙将只有8臂长。侧面一周都将呈梯台状，这样它上面就都可以种上有用的植物了。

“到目前为止我都很满意。这些作坊你要做多大?”

“它们的大小并没有什么成规，根据手艺的不同，作坊会有大有小。”

“这倒是，不过有很多人，例如画家、裁缝什么的，他们不需要很大的地方。”

“的确如此。我会把他们的作坊做成一边12臂长，另一边8臂长。这就是一个半正方形。一边将有八间这样的作坊，因此在第一个方形院里就会有32间。所有那些不需要很大地方的作坊都将在这里。这个方形院在其外边上也可以有同样大小的作坊。”

“非常好。其他的你要做多大?”

“我们将根据其他作坊手艺的不同，把它们做得大小各异。木工的我们将做成14乘16。锻工也将如法炮制，他们是加工锻铁和铜的人，石工也是。我还希望我们建造一间与其他隔开的作坊，那里可以铸造青铜。它将位于这个方形院的前端，面向花园。它一边是30臂长，另一边与其他的一样宽，也是16臂长。它的高度将是其二分之一，即15臂长高，或者说与房屋的屋顶等高，这样就可以建造熔炉了，它们将根据需要来铸造大炮、大钟什么的。这个地方对于整座城市来说都将非常方便。其他的将根据其需要建造。”

“所有这些手艺都让我满意，不过这一个尤为突出。我想看看金属是如何熔化的，人们不是说这很危险么?”

“不，阁下。”

“我想让你告诉我，这是怎么做的，还有熔化青铜的熔炉是如何建造的。你应该对此有所了解，因为你给罗马的圣彼得大教堂的巴西利卡做过大门。”

“是的，阁下，但是如果您不能见到它，那么用语言来描述是极为困难的。尽管如此，我将尽我所能为您对其进行说明。”

“还有，你要是对玻璃熔炉有所了解的话，我也想让你给我讲一讲。”

“我不会有任何保留的。[315]也许我们最好先完成这座建筑，并把所有必要的东西安排妥当。然后我会把知道的一切都告诉您；到那时，我们也会有更多的时间。当我们把工匠派到这些地点去工作之后，我就会告诉您，为了配得上这些岗位，他们需要知道些什么。每当需要有人加入到这个行列中去，都必须对他进行同样的审查。那时，如果他知道如何应答，就像我将要告诉您的那样，他就可以被安排在那里工作。”

“非常好，我同意。”

“我将把给玻璃熔炉的地方做得与青铜熔炉一样大小，它也会在花园的那一侧。我们将用这些尺寸建造这一侧所有的作坊，其他的各随其宜。我说过，它们将朝向内部和外部，也就是朝向回廊院和大街。其他的将根据需要布置在内部和外部。” [135r]

“这会很好的。我现在想让你给我画出基础和外部，因为我想把它们呈给我的父亲大人，看看他对此有什么想法。我不希望在没有他认可的情况下进行建造。”

“是的，我们不应该采取其他方式。”

“你可以说已经完成了一半，然后把它呈给了他。况且我知道，他会同意的，因为他曾经委托我们用自己的方式来建造。”

“那好，我们最好开始做这件事，这样它很快就可以完成了。不过，如果这个您不满意，我们也可以做些别的东西。”

我做了基础，又画了前部立面。当我把图拿给公子看的时候，他希望我带着图让他的父亲公爵大人过目，继而公爵希望我对其进行说明。它从头至尾看上去就像这样，您在这里可以看出来（133r）。[316]他看懂所有内容之后龙颜大悦，接着补充说，如果能快点建成，他会更高兴的。我回来之后，把一切都向公子做了汇报，由于他非常满意，我们工作的干劲更足、速度也更快了。在这座建筑全部完成，所有与这样一座大厦相关的设施和布置到位之后，他的父亲公爵大人便来视察了。他对此赞不绝口，并说比以前拿给他看的还要壮丽得多。因此他表示，希望所有已经做好的设计都要遵守，还要进行改进。里面越早住上人越好。他首先想看到它配上所有必要的设施，床铺和其他家用品。

“这一定会做到的，不过，也许最好由阁下您来确定一下心中最佳的布局。”

“我要把这交给你，因为你已经对它做了很好的组织，而且心中有数。即便如此，把它写在一张纸上交给我，这样我要是觉得需要，就可以准备或增加一些东西。”

他走了，工作就委托给了我。我们添置了所有必要的物品。接着我们便开始做下列安排。

“阁下，既然令尊公爵大人委托我们来建立这个地方的组织，我想我们另外再找一位博学的人。他可以帮助我们做这件事，因为比起两双眼睛来，三个人看得更清楚。而且看上去，我们也把这些事情做得更加成熟。”

“这合适的人我们可以找谁呢？稍微想一想。”

“阁下，我已经想到了一个优秀而又娴熟的人。”

“他是谁?”

"佐洛伦·达·托内科尔师傅。"[317]

"你是对的。派人去找他。"

他到了之后，便被告知叫他来的理由。他说自己不擅长这样的事。"虽然如此，既然您给我下了命令，我就用自己微不足道的那一点小聪明告诉您，我所了解的完成出色的作品。既然您已经开始建造了，那就继续吧，我会跟随在您的脚步之后。阁下，说说您认为我们应该如何开工吧。"

"不，你来说。"

"可这是阁下您的事。"

"我要你说。"

"以上帝的名义，悉听尊便。既然您觉得这是我的事，我就说说我认为我们最先应该处理的事。我想应该找到一个值得尊敬而又作风良好的人。他不应该有家族利益，不管他是外国人还是本地人。"

[135v]

接着，我们的第三个同伴回答说："首先他应该是一位外国人，因为如果他来自国外，就不会有涉及利害关系的朋友或亲戚。由于这个原因，他对那些不应该做的事就会三思。他也会处处留心，因为他知道自己身处他乡。因此，他就不会有在此地立足的企图，而要做出明智的举动。"

这时公子答道："此话不假。"

"但是为了以防万一，他应该有两位市民做同伴。他应该与他们商量并决定那些对于这个地方来说最有益的事情。他们将负责监督和管理收入和支出。每个月他们都将审查收入的账目和花费的金额。这两个人除了新年时这里生产的某些价值 10 杜卡的产品作为礼物之外，就没有其他的薪水了。另一个，也就是这位外国人，可以推想，将会一直住在这里，而且没有其他薪水，只有食物和高贵的服装。他有一种特权，每年都可以把一个价格相等的作品送给任何一个他选中的人，同时另外两人也要同意这是给了一位尊贵的人。所有这些都属于管理者的权力。大主教也将是这三个人之外的另一位管理者。选举的过程将和上面讲述的一样，而且每年都会选出一个新人。每年还会有一次对所有这三位管理者治理情况的总评，这是由该领地的其他三位人选来进行的。"

"很好，以上帝的名义，就这样吧。到这里一切都非常好。不过万一他图谋不轨，该怎么办呢?"

"要是那两位市民心术不正，他们就会背着耻辱被驱逐出去。他们在这个地方或是这座城市里，将永远也不准拥有尊贵或荣耀的地位。如果是那个外国人徇私枉法，他也要背着骂名被赶出去。除此之外，他的行径也应该以书面形式交给他的国家，这样他们就会有证据惩罚并处置他了。"

这时，第三位成员说道："万事俱备了，但我们需要特别注意资金的问题，一定要保证在支出合理的同时避免浪费。这是问题的核心，因为如果它处理好了，一切都会进展顺利。由于金钱是非常可口的，所以我们就需要充足的储备。”

“很好，你认为应该怎样做呢？”

“我将告诉您我的想法，然后您可以选择您认为最佳的事来做。我要说，这里收到的钱应该存在一个箱子里。这个箱子应该非常结实，并且全部用铁件联结在一起，尤其是内部，还有外部，要用尽可能坚固的方式。我将让您在这里的建筑师来决定如何把它制作得牢固。它还应该有三把钥匙。这三位管理者每人都会有一把钥匙。这个箱子应该这样设计，不用打开就可以往里面存钱，但是取钱必须打开。”[318]

“这我喜欢，不过怎么才能方便地接收资金和发放工资呢？”

“关于工资，雇员每两个月领一次薪水。总要延后一个月的时间。手艺人每两周发一次。如果有必要，应该坚持延后一周的时间。每个人的任期结束之后，或者不再需要他了，就会根据其工作发放全部的薪水。每周的开销都将在前一天进行审查，很显然，要由前面提到的那三位官员来完成。在开支总额核算出来之后，他们将一同打开这个箱子，然后拿出工资所需的数额。他们将把这放在另外一个箱子里，这个箱子的钥匙由出纳或者司库保管。第二天，他将给每个人发放工资。要是他有任何不端的行径，就会剥夺他的职位，并且再也不能留在那个地方。不过，假如他改邪归正，应该准许其复位并发给他工资。此外还应该有一个人保管账目。他每天都要把各项支出和收入登记在册，这样，每个月都可以对各笔借款和贷款进行核查。每当有人来付款的时候，就应该给他一个收据。接着，他与收款人的交接将由主管进行见证。在他收到付款后，将会把它们放在那个箱子里，前面已经说过，人们不用打开它就可以把钱存进去。这些钱除了上述条件以外绝不得取出。如果三位官员不是全部在场的情况下也不得取出，这上面也说过了。万一有特殊需要，那么可以在主管和至少一位证人在场的情况下取出。要是实在没人能来，他应该请求主教派一两个人来。假如主管不幸患病，主教就应该再派一个人来代替他的位置，直到他康复。倘若他过世了，大主教必须以书面形式给另一位主教派去一个同样合适的人选，前提是他在辖区内有一个这样的人。他还要负责告诉他要做什么，并给他穿上法衣，带上徽章。”

[136r]

“是的，他当然应该有一枚徽章，”公子说，“可法衣是哪种？”

他回答说：“我希望他看上去就像您的臣民一样。我会给他做一身高贵的法衣，颜色接近黑色，就像主教的一样，不过没有那么黑。它要有暗绿色的平纹绉丝，而且他头上要戴一顶法冠，也接近黑色，不过要比牧师们戴的略大一些。然后是一件同样颜色的礼服，上面绕着一条白色的圣带，在其胸部以上和以下是一样长。在礼服上应该有一枚徽章把它与其他法衣区分开来。”

“我们应该制作什么样的徽章呢？”

“随您喜欢。”

“不，你来告诉我。”

我们的第三位成员答道："我会把它做成一个月桂叶的花冠，因为它象征着智慧，而且古人曾经给他们最高贵的人戴上这样的花冠。"

"这我喜欢。"

"在它的中间，我会做一只蜜蜂，它正在一朵花上采蜜。"

"这我喜欢，因为它象征着才智。这是一种高贵而又公正的动物，并有着深刻的象征意义。这非常好。你要用什么材料来制作这种徽章？"

"既可以用刺绣，也可以用珐琅。"

"以上帝的名义，我喜欢这些。我想让每一个在这里入伙的人都根据他的地位戴上这样的徽章、穿上这样的衣服。到目前为止一切都让我很满意，不过，关于资金问题，我想让大主教每次都派来不同的人。" [136v]

"可是，如果他每次都派一个新人来的话，那会需要不少人呢。"

"这是解决问题的办法。让大主教轮流给每个教区传信，并命令教区的牧师为他派一个人来。"

"毫无疑问，这就好办了。然后他的差办就要用一份备忘录把所做之事向他进行汇报。在年终的时候将会对所有账本进行总审，那时就可以把这些账本和各份备忘录进行比对，之后在另一册全部由羊皮制成的账本中进行汇总。在这个账本里总可以看到每年的开销。所有放入箱子里的收款都应该记在这同一本备忘录中，而且在每次支付金额的时候也要这样做。万一有心善的人把他的钱存在这里赚取利息或者存定期的话，就应该放在另一个以同样方式制作的箱子里。他将按照准确的金额领取一张收据。这些账目应该记录在另一个账本里。这个箱子会有四把钥匙，其中一把归教士大人。每当这个地方需要资金的时候，所需的款额就可以从这个账目里提取，方式同上。这些储户将优先得到还款。万一某位储户没有留下遗嘱就过世了，那么其账目的十分之一就要归此机构所有，并将余额交给他的继承人。假如没有继承人，全部余额都将归此机构所有，不过，考虑到他高尚的情操，十分之一将以上帝之爱赐予那些需要钱给孩子们结婚的人，或者是任何贫困的人。要是他已经留下了遗嘱，那么他的意愿将原原本本地得到实施，前提是遗嘱是自愿的。"

"到目前为止，这些安排我都很喜欢。这很好。现在我们需要考虑这些孩子们的管理方法。关于这一点，你愿意讲讲么，佐洛伦教士？"

"我想他们首先需要一位教授语法的校长。接下来需要有对他们负责的人。他将同这位校长一同辅导他们，这样校长就可以适当的休息。而且，当校长不在的时候，也不应该有任何理由让他们做傻事。这两位将佩戴的徽章和穿着衣服的颜色都和主管是一样的，不过他们的服装将是非常文雅的，和市民的相似。所有的孩子穿衣服的样式、颜色，佩戴的徽章都一样，这已经说过了。每个人都应该穿一件短外套，底下是一件礼服。他们全都应该戴一顶同样颜色的帽子在头上，这要根据他们的大小和年龄来。"

"你要怎样安排他们的后勤？"

“首先是主管的佣人：我要他配有两位穿着相同的人，只是衣物稍稍平常一些，没有那么高贵。他们再加上其他两人，只要他走进这一地区的任何地方，都要跟着他。那位校长和他的助手也会有指派给他们的佣人，佣人们也戴着同样的徽章，这样就可以认出他们来，而所有上述事情就都可以有条不紊地完成了。

至于食品，应该有一位大管家负责提供全体人员所需要的一切。他也应该是一位出色而博学的人。如果有条件的话，他就不应该有亲属。要是能找到一个愿意把自己的余生都无偿奉献出来的人就更好了，假如有这种可能的话。如果没有，就尽您所能去做吧。每周他都应该审查院长所布置的各项事务。他们的食物应该像下面这样。周日和周四他们将供应六只鸡。两只端到主管的餐桌上，四只放到孩子们的桌上。一周内他们可以有不同种类的肉食。这要按人头来分，保证既没有剩余也没有不足。每人 6 盎司的面食就足够了。应该注意不要让孩子们吃得太多。应该给他们难嚼的肉吃，这样他们就不会习惯于吞咽食物了；另外这还能让他们更强壮。猪肉绝不能用，除非腌过之后。不吃肉的时候，他们可以适当地吃些鱼和其他合时宜的东西。厨师将会有两位，他们会有两名助手。餐桌将只有三张。一张给主管和他的同僚，而他们将总会有一位来自外面的客人，不管是外国人还是本地人。同一个人不能连续来两次，这样他们就有必要遵守规矩。” [137r]

“这很好，因为他会把他们所遵守的规矩在整个领地内传开。”

“这就是主管的桌子。它将采用这里画出的形式，这样他就总是能够看到，而且他们还可以促使每个人都能感受到更高的崇敬和畏惧（137r 图）。在大家吃饭的时候，总会有一个孩子来朗读。大家来到餐桌上以及离开之前，都要感谢上帝并祝福那个人的灵魂，因为没有他就不会有这个地方，然后用一段主祷文和一曲圣母颂来祈求上帝保佑他平安。所有孩子都要跪下。他们直到 20 岁的时候都要站着用餐。”

“现在你可否讲一讲学习、用餐和就寝的时间分配呢?”

“我想一天应该分成三部分。其中一部分用于睡眠。诚然，八个小时稍微有点多，不过可以用这种方式分配。最少六小时、最多八小时要用于睡眠。七小时就够了。这就是睡眠的时间。”

“既然白天和晚上的时间不相等，你要如何分配呢?”

“用餐的时间将是这样的；然后睡眠的时间将根据用餐的时间进行调整。夏季，他们总要在22点钟吃饭。这样，到了1点钟，所有人都会上床了。然后每人都会在8点钟起床。这就是从3月中旬到9月中旬的时间表。从9月中旬到3月中旬他们将在2点钟吃饭。晚餐和午餐都将长一个小时。这样每个人都会在4点钟上床。由于他们在3点钟已经吃了饭，另一队就有一个小时。因此到4点钟最好他们都已经上床了。他们要按时起床，保证到12点钟每人都已经到达各自的岗位。这就是晚餐、午餐和就寝的时间表。夏季的午餐总是在13点钟，而冬季是在16点钟。按照季节的不同，午餐和晚餐都可以根[137v]据院长的决定提前或推后一个小时。由于在午餐和晚餐之间有很长的间隔，应该允许主管按照时令，指定一个小时给孩子们和佣人们吃一顿有面包、饮料和水果的便餐。”

“现在我们应该看看学习的安排。”

“既然我们已经为他们提供了伙食，下面就是学习的时间安排。早上他们起床的时候，首先要感谢上帝，然后再去学校。他们要一直读书到弥撒的时间。弥撒将在合宜的时间到指定的教堂举行。他们参加完弥撒之后，就要回到学校，一直到午饭的时间。午餐之后，准许所有的孩子们娱乐一个小时。他们的娱乐活动将采用这种方式。在校长助手的陪同下，他们将穿过所有做手艺的地方。然后他会把他们带进花园里。由于孩子的天性就是爱跑爱玩，所以这是允许的。随后，他们将穿过手艺区的其他部分返回。要是有孩子突发奇想，愿意学这其中的一门手艺，而且可以看出，是他的天赋很自然地将他引导过来，同时他还不能低于14岁，这样，他就可以做这门手艺的学徒，直到前述的年龄为止。他可以留在这里，这样就要再找一个孩子加到二十人。然后他们回到学校，在那里待上四小时。此后，他们有一个小时来背诵课文。之后他们去吃一顿简单的午餐，那是已经备好的，就像上面讲过的一样。接下来，他们要去击剑学校训练一个小时，内容不限，只要是他们最适合或者最喜欢的就行，不管是击剑、舞蹈、音乐，还是那里教授的其他技能。在此之后，他们要返回学校，直到晚饭时间。他们在23点钟用餐。在24点，那些适合的孩子要上音乐课，而其他人是他们的禀性和天赋所指引的任何课程。这将持续到上床的时间。

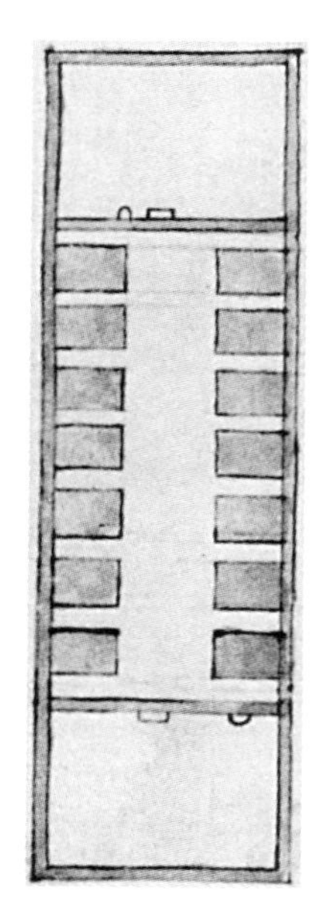

在宗教节日里，他们的时间也应该进行管理。他们将在

正常的时间起床。万一天还黑着，他们就要在学校里等到弥撒的时间；不过，他们应该在弥撒开始前的一个小时到达教堂。在这段时间里，他们将歌唱赞美上帝的颂歌。弥撒完毕之后，他们将留在学校里，用一个小时的时间对他们的功课进行辩论和复习。之后，校长及其助手将走到孩子们的前头，两个两个地带领他们来到大教堂。他们将留在仪式场地，这样就可以看到他们，而大主教也可以看到他们。每个重要的宗教节日和每周日，校长都要带他们去教堂。他们可以随心所欲地娱乐，一直到晚祷的时间。应该允许他们有一两个小时参加任何一种得体的运动，不管是跑步、跳远、耍球、摔跤，还是任何一种他们喜欢的游戏。尽管如此，监护人应该在场，保证不致产生混乱，也绝不能有失礼的事情。”

“他们的就寝应该如何安排？”

[138r] “这样做。应该有一个地方，两边沿整个房间都是床（137v 图）。其各端都有一个房间。其中之一有两张床，带有两张可以移动的床，这是校长和他的两位同事睡觉的地方。就是说，校长睡一张，他的同事、监护人，以及他们的两个仆人睡另一张。其他的两位仆人也睡在校长的房间里。这两间房都将从孩子们的宿舍进来。在每个这样的房间中部，还会有一扇朝向宿舍的大窗，这样早晚都可以通过喊话让他们全部迅速起床。每扇窗户上都要挂一盏灯，使它能够给房间和宿舍照明（138r 图）。这里将有一种唤醒装置，每天晚上都为他设置好上述起床的时刻。它将根据需要鸣响一个小时或半个小时，这样每个人都会按时起床而且毫无睡意。他们起床之后将感谢上帝，这已经说过，然后去学校。如果到了去作弥撒的时间，他们就会被派去作。接下来将遵从上述程序。此后，每个人都将去进行各自的运动。鞭打和处罚将根据需要由院长决定。”

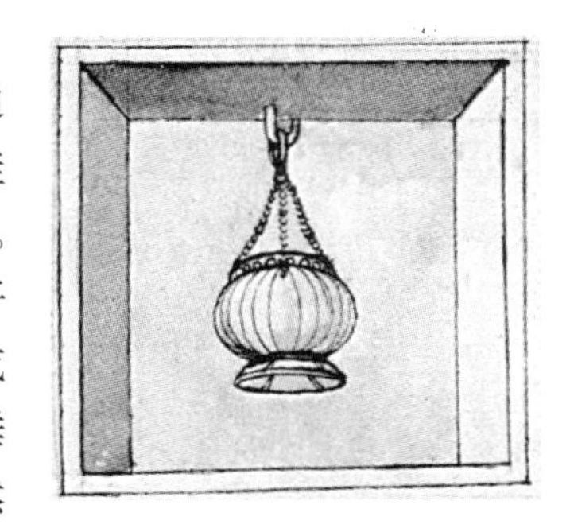

大家都认为这种安排非常好。这时，我们的第三位成员问，是否所有人在这里都会受到欢迎。“我希望它是给那些没有能力抚养和教育子女的穷人服务的。”

“当然了，如果发现一位心地善良的人不堪重负，而且有一个公认天资聪慧的儿子，这些院长就应该收留他。这样的话，孩子们就会多起来。但我不希望超过三十人，也不要少于二十人。假如收入增加到可以接纳更多人的话，我们就可以负责那些贫困的人和走读学生。走读学生应该穿着同样的服装、戴同样的徽章来这里上学。这可以随他们的便。到了宗教节日，所有人都必须按时到达这里参加弥撒和晚祷，而且所有人都应该一起去参加晚祷，这和早晨的弥撒是一样的。晚祷之后、晚餐之前，按照约定，校长和他的助手有权力带他们四处走走。之后，他们可以送他们回家，并让他们进行一些训练。

这他们可以自由地去做。在我看来，这些安排到这里都相当好。”

“是的，一切都很好，不过我想让他们稍微多学习一些宗教。”

“告诉我们您的想法。”

“我想他们每周应该在礼拜五或礼拜六那天斋戒一日。每个月他们都应该忏悔。要不是每个月，至少一年要有四次，也就是在四个季节里。然后，在大斋节期间，他们一周至少要斋戒两日，忏悔一次，这样他们就会为教会的[138v]礼仪做好准备。对于走读学生和寄宿生来说，这都是适用的。”

“很好，这我喜欢，要是我，会把这都交给他们的监护人。不过，最好还是把它作为规章，这样谁也不能为自己开脱了。”

“现在我们必须看看手艺人的制度和管理，也就是那些领薪水的工匠们。”

“阁下，这些人也应该有一个制度。”

“他们应该有什么样的制度呢？这由你来安排，因为需要什么你知道得更清楚。”

“或许你们两个应该做这件事。”

“不，你来说，如果有我认为不合适的，我们会调整。”

“在我看来，我们首先应该安排一个人来管理所有的人，他要保证各项工作进展顺利，质量上乘。他应该来自三门主要手艺之一，不论是一个画家、一位金匠或铁匠，还是雕刻家，甚至可以是一位木工，前提是他会画图，而且在各方面都经验丰富。他应该由这里所有的工匠选出，如果那些来自乡下的人住在这里的话，他们也要选。一旦选出，他将终身在位，而且没有开支。他既可以从外国人中选出，也可以是本地人，当然，要知道的是，他必须是一位熟练的专业人士。要是他做了不应该的事，他就要背着耻辱被开除。先前没有干过三年的人是不能取得这个位置的。他有义务检查这个地方，并且对所发生的一切了如指掌，这样，要是有人渎职，就可以解雇他；这要有主管的同意。他将是所有手艺人的首领，并且所有人都要尊敬他、服从他。每当这里完成了什么作品，他就要和他的两个同事与制作它的工匠一起对其进行评价。他将公正地对其进行估价。款项将带到前面说过的那个分开的箱子里，在那里，每个行会的账目都是分开记录的，然后存款将记在他的账本里。最好每个行会都有一个账本。”

“这的确是件大事。他们也各需一个箱子。你知道这是对的。它应该分开放，而且要在外面标出每个行会的位置，就和理发师的做法一样。”

“他还应该有义务检查和了解他们每天完成的工作。

首领应该根据自己的能力，和同事们一道组织对各行会有用的全部事情。他还必须和他的同事们审查任何希望住在这里的外国和本地工匠。审查中还要有一位与申请者属于同一门手艺的人来协助。他的两位同事可以来自任何一个行会，而且每年其中的一个人都要更换。这些工匠选出的人将从校长那里领薪水。假如有任何外国工匠决定要住在这里的话，他首先要接受一项口头审查，然后他应该按要求制作某些作品，好让人可以评判他是否合格。如果他是一位优秀的工匠，但想留在这里不到一年的话，就不要接纳他。假如他希望留下来，就给他一个适度而公平的薪水。要是他不想留下来，给他点东西就让他走吧。要是他想留下来，就支付他的开销。审查他的时间和作品都将记录在他所属行会的簿册中，而这件作品将留在这里。如果他不令人满意，给他点东西就让他走吧。

倘使有外国或本地的年轻人因为金钱或是别的缘故而误入歧途，但是他还有学习一门手艺的愿望和能力，那就可以把他留下。假如真的像他说的那样，就应该帮助他，但是还应该要求他在这里待上六年。在这段时间里，他将领取他的经费，穿和其他人一样的衣服和鞋，也就是和其他人同样的着装方式，还要戴徽章。期满之后，他应该得到一些物品，这样，如果他愿意，就可以离开了，然后还要给他一封信。假如他是一位优秀的工匠，而且希望留下的话，那就给他一个合适的工资，并让他留下。不管怎样，总是要问他想要什么，如果少于一年的话，就不要收留他，不论是本地人还是外国人。他应该凭任何一种他所熟悉的手艺或艺术而被接收，但要清楚那是一门需要思维的艺术。在他通过了测试之后，并且是一门有价值的手艺，同时这里还未有太多人的话，就把一个位置指派给他，附带他的手艺所需的一切。然后按照他的技能对他以礼相待。 [139r]

如果有炼金师想来，就要让众人小心地审查他，因为您知道，偶然做出一些东西来是相当可能的。尽管如此，我相信还是有几件真东西。这一部分到此为止了。

假如有人因为年迈或者事故无法再靠自己的手艺谋生，那么他就应该在这里得到供养。要明确的是，这仅适用于在这个地方从事的艺术。每一个来到这里的人，都要有一个独立的吃住空间。每个行会都应该有一张床，也就是一间房，他们可以在需要的时候，把人安置在那里，方式如下。如果来者希望把自己托付给行会的话，应该允许他们留下；就是说，要是他们有财产想交给这个地方的话，那就可以接受他们。

我还希望这个地方没有任何强制和税务，即税金。还有，这里没有人可以因债务而被带走。一天一天都应该安排好，让他完成应做的工作，不论是用于债务还是获取资金或是商品。”

“我希望要求这个地方每年都庆祝圣安东尼节，因为我想让这座教堂以此命名。不过，我不是说它将属于圣安东尼教会。这里将只有三位牧师。他们将有义务行使神职。在这一天，我希望所有领薪水的人都来献上一把火炬，或者叫大蜡烛更好。它应该根据人们和行会的身份，而或华丽或朴素。”

“这很好，阁下，不过我想把这些蜡烛将来的模样画出来，他们会非常漂亮的。”

“我同意。你要怎么制作它们?”

“我要把它们做成这样”（139v 图）。

“好，那会很好的。它们在我看来就像古人曾经使用的那些。”

“是的，但那些是银质的，而且价值更高。古人在任何一位罗马人凯旋之后，都会制作它们。为了对他表示尊敬，人们拥到他面前，手里捧着这些，跳舞欢迎他。人们在 8 月的圣母节的某些庆典中依然保留着这个仪式。他们要做好几支这样的蜡烛，不过它们是木头或者彩纸做的，而且满是小铃铛。所有的人都在他们的遗迹前行进，场面好不壮观。”

［139v］

“好极了。它们就要用这种方式制作。”

“他们将离开大教堂，然后进入我们这里的教堂，此处将以诗歌的形式举行一次庄严的弥撒，大主教、令尊公爵大人，还有您都将出席。”

“还有这个。我还希望这个地方在当天为大主教和所有的博士、领薪水的人，还有我自己举办一次晚餐。我不希望教士大人或是别的人随行带什么人来，只带一个为他服务的仆人就够了。他们带着祭品到达教堂之后，校长们，也就是院长们，应该把这里制作的一件礼品赠送给教士大人，还要给我一件。它们最多应该值 10 杜卡，另一个应该值 5 杜卡。”

“值 10 杜卡的那件应该给阁下您，值 5 杜卡的那件给大主教，给博士们的值 2 杜卡，校长们的值 1 杜卡。接下来，大体上说，每一个与这里有关的人，或是在这里工作的人，都应该送一副手套。所有这些东西都要在这一天里赠出。要由校长赠送的礼品应该给他，然后他再送给他满意的任何人。当年应属各院长，也就是校长助手的那件礼品，应该给他们，而行会各首领的也是同理，价值达 2 杜卡。”

“要是校长把他的礼品送给了一位杰出的外国人而不是一个该市居民的话，我希望能多一些。”

“是的，但要是校长的礼品和您的等值，又比大主教的更漂亮，就不大合适了。”

“的确如此。我们就这么做吧。”

随后，我们的同伴说，给公爵的礼品应该价值 12 杜卡，其他人的值 10 杜卡。差别将体现在造型和材料上，华丽程度有高有低。这些礼品的类型将由院长们决定；只要他们觉得满意就行。

“关于这个，你认为我们还需要再说么？”

“我们认为这些安排非常好。尽管如此，还是把它们呈给令尊公爵大人吧，如果他喜欢就可以把它们定下来。要是不喜欢，他可以增加一些内容，并注明他认为应该如何去做，而这由我们来完成。”

我们把所有这些安排都送了出去，而他回答说，我们应该负责建筑的施工。与此同时，他会仔细检查每一条，并把要做的事情送出信来。我们全心全意地铺在这座建筑的施工上，造型和您在上面看到并理解的一模一样。

“为了让令尊公爵大人能够充分地理解，我将在这里为他画一张图，其形制会尽可能地好（140r 图 A、B）。我将首先画出基础，然后是其中的一个立面。人们可以用他们的想象力来推想室内的情况。”

“好，这就够了。他们看到这图的时候，就等于亲眼看到室内和室外了。”

我们把信附上图送了出去，当他全都看明白了之后，便这样回答道：“我们已经理解了你们为这座建筑所做的安排，你们把它称为‘初级学院’，或者还是叫‘丘比特学院’吧，它的意思是美德之始。我还看了你们送来的图。［140r］我们凭此就对其特征有了充分的理解。这让我们很满意，不过我想到了我们看到它的时候，它的外观会更加壮丽，因为那时，我们就会对室内的公寓和房间有更好的了解。通过一张图就理解楼上楼下的房间和公寓及其所有设施，是不可能的，还有那些手艺人的住宅和作坊，也就是他们对于居住和工作两方面的需求。因此，从你们送过来的图和写下的话中，我们相信它是令人满意的。一切都让我们高兴。不过，我们让博士们阅读的房间以及用于唱歌、器乐和击剑的房间，都成为公用的，对所有人都开放。”

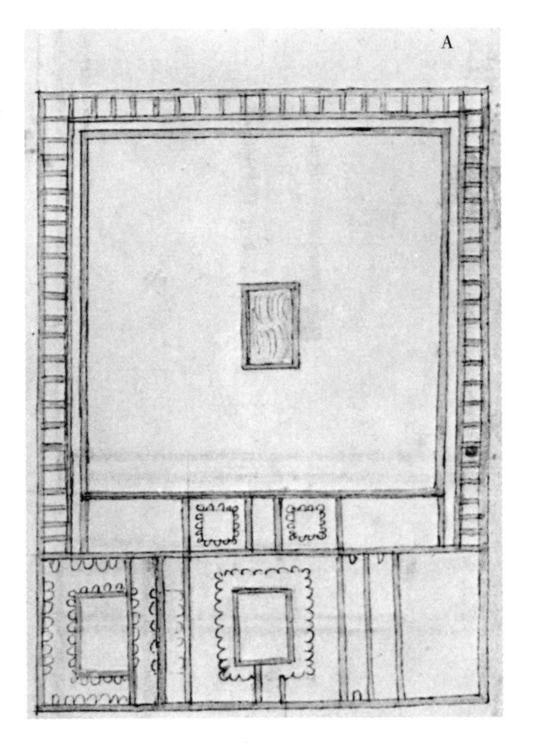

不论是这张图还是这些文字，都不能令他满足，因为在我们还没有读完这封信的时候，他的使者就突然喊道：“看，那是公爵大人来了。”他到了之后，就想亲眼看看这里里外外。他全都看遍之后，每一处都让他激动不已。他甚至还视察了厕所、储藏室，还有用管道输送到整座建筑里的水。所有地方都为他进行了解释，例如建筑中的水是如何使用的，落下的雨水是通过地下管道排走的。它流经所有的房间和厕所，并把一切都清洗干净，即便是来自鱼塘的水，也流向各处进

行清洁。此外，这些水对于手艺人来说也是非常实用的。一部分水经过设计，从他们院子的后面流过。因此，在所有边上，他们都可以使用这水，就像已经说过的那样。再者，这大量的供水有很多用途，可以磨谷物、造纸、锻铜和加工布料，还有很多其他非常有用的功能。

公爵看懂了所有东西之后，非常高兴，并说："应该尽可能早地住上人。"

"这取决于您，阁下。"

"好吧，首先要找到那些来管理这个地方的人，然后是那些男孩。派人四处发出布告，让任何一个领域或行业的每个熟练工都来这里。在我们核查过他们的能力之后，他们将会受到优厚的待遇，绝没有理由不满足。告诉我，谁将在这些孩子年幼的时候照顾他们？"

"我们会找一两个妇女来照顾他们，如果可能的话，适合这项工作的男子也可以。"

"很好，把各个方面都安排好。那么，在这座建筑完成之后，我想再建一座，给二十个女孩。我希望她们留在这里最多只到 17 岁，除非她们可以留下来照料其他人或传授自己掌握的任何技能。第一，我要有人教她们识字。接下来，应该有人按照她们的天赋对其进行引导，不管是烹饪、刺绣还是编织；总之，所有与妇女有关的技能。我希望她们处于同男孩们一样的生活规则之下，除了一条：我不想让任何一个男性有进入这里的可能，只有那三位院长可以。而他们也绝不可以独自来到这里，每次都必须至少有两个人。所有住在这里的官员都不得低于 40 岁。[140v]

我要让他们在女孩们学习的各个房间里一眼就能被看到，但是我不愿意，我说过，让任何男性有可能到那里。因此，我希望女孩们的所有安排都和男孩们一样。我还想让她们的管理员和女校长在宗教节日里，把她们都带到大教堂里，除了女校长以外，都要穿绿衣服。我要她们穿着体面的服装。她们都要佩戴这种徽章——一个橄榄叶的花环围着中间的一头沉睡的独角兽。每人都要把这个绣在她的右肩上。礼拜天，她们要两个两个一起端庄地前往大教堂。此后，到了她们离校的时候，要找一位这个女孩合意的丈夫。她们每人都会有不超过 50 杜卡的嫁妆。若是其中的女孩有亲戚想娶她，就让他们成婚。她将只会得到一枚价值 10 杜卡的戒指。这将是一颗带有搪瓷柄的钻石，还有前面提到的独角兽徽记。在戒指的下部，将是相互紧握的双手。其他人除了那 50 杜卡外，也会得到这枚戒指。她们都必须用这枚戒指结婚。要是她们嫁给了其中一个毕业的男孩，也如法炮制。要是他没有那么多钱，就要为他准备订婚宴会。给他 100 杜卡，让他们可以过日子奔小康。

因此，给他们布置一个会很舒服的地方就靠你们了。我已经说过，应该设计成这样，没有男性能够以任何理由进入其中。那么，在这完成之后——

我已经想出了一个用我自己的方式来解决这个问题的方法。"

“好，画张图，然后让我看看，因为我希望大家来设计它。”

“阁下，这我会考虑的，接着，在下一书中，我将把它按照我认为最合适、最能满足这一要求的方式画出来。[319]在我看来，阁下，一座要满足这些女孩需求的建筑就会像一座修道庵。”

“是，但不能把她们关起来，不然怎么嫁人。”

“以上帝的名义，就这样吧。我将首先拿出一块230臂长的地方。[320]其中的100臂长将给女孩们的宿舍区。我要留出150臂长给花园。它将采用这种形式，您从这张小小的基础图里就可以看到（140v图）。这将和另一个完全一样。我们将把它提到高出地平6臂长的位置。这将需要一些拱顶，在此我们可以建造储藏室、存放木头及其他各种必需品的地方。我将用您在这里看到的形式把它布置在地面层上。首先我要在各边上都拿出100臂长。这就给我留下了一个60臂长的回廊院。这里我建一座30臂长宽的教堂。我不会把它建在中间，而是靠近一端，这样牧师不用从女孩中间穿过就可以进来举行弥撒。在前面，我们要做一道不超过4臂长宽的柱廊。它的上下都有拱顶。在地面层上将首先是入口大门。然后会有带铁栅栏的窗户。人们从外面可以看到学习技能的房间的内部，也可以看到正在做的事。尽管如此，谁也无法从这些窗户里进来。” [141r]

“这我喜欢。”

“其他的房间将根据其用途建造；厨房、大厅、房间，以及这样一座建筑所需的一切设施。它四周都会有流水，其功能与男子学院的一样，只是在那里从事的手艺不同。”

“不过，告诉我，他们不需要磨臼来磨面粉或者谷子么?”

“这他们会有的，此外还有一个炉子和这样一个地方所需的一切，上下都有。我不会在所有的细节上展开，因为另一座建筑的配置也会用在这里，包括水流和其他各方面。

花园及其鱼塘将采用这种形式，您从这里就可以看出来（140v图）。在住宅和花园的墙体之间会有一条通道，车马可以从那里为大家运来木柴、酒，以及他们维持生活所必需的各类物资。您可以看出，通往花园的通道将在上面，并有朝向花园的露天楼梯。他们无法从其他途径进入花园。花园的各面墙将不会低于 20 臂长高。四处的墙面内外都是平滑的。水就从这里流过，把各种东西都清洗干净。园丁的小屋将在里面，偏于一端。"

"好的，不过我希望这位园丁是一位已婚男子。没有女校长的许可，他绝不可以把任何人带进来。我希望她是一位优秀的女性，用优雅的方式教导她们，还要根据其天赋教给她们这样那样的东西。倘若某项技能这里没有教，而某些外国或是本地的人碰巧会，而且还乐意教，那么他就可以借此受聘。他每天要来一两个小时为她们进行演示。他将在女主任到场的情况下进行展示，还要在所有人的面前把这些技能传授给她们。要是他不能事先答应这些，就不要聘用他。不过如果他答应了这些并表现出色，就应该允许他进来，并为此付给他应有的工钱。"

"阁下，这些我都喜欢，不过有一件事我很想知道，那就是，要什么样的女孩呢?"

"这是一个很好的问题。我希望只接受下面几类。第一组是贫穷绅士的女儿。这有两个条件。第一，他们本人、他们的亲戚，特别是他们的女眷必须是诚实的人。然后，人们一定要知道他们很穷。第二组虽然不是上流人士，也会被接收的，前提是人们知道他们品德高尚，因为人有德才高贵。这就是将住在这里的两类人。还必须明确，她们有合法而真实的婚姻。"如果她们最 [141v] 低还不到 3 岁就不能接收。超过 6 岁也不行。她们将受到上述方式的待遇。要是有钱人想安置在这里的话，是可以接受的，条件是她和她的亲戚有上述的声誉。他们到时要用自己的钱把她嫁出去，就是说，他们想给她的嫁妆，应该和她一起存放在这个地方；他们要支付她的开销，用和其他人同样的方式和习俗给她穿衣穿鞋。这些嫁妆将会给她。若是她希望留在这里，嫁妆也会留在她身边。我们这样做的话，她的嫁妆就可以在她离校的时候返还。之后她就可以决定是否要它。

应该这样做是因为，她的父亲和亲戚有可能在此期间变穷了。这样一来，她也不至于没了嫁妆。"

"他们也有可能变富呢。"

"好吧，要是他们想再多给她点，也可以随他们的便。当这些女孩参加婚礼的时候，我希望在这里举行，并且那些自己有嫁妆的女孩和其他人的婚礼要一样。父母和亲戚也应该出席这一婚礼。校长和上述各位院长一定要保证婚礼是令人满意的，尤其是那些由于贫困而来到这里的孩子。可以允许他们用舞蹈、欢庆和音乐来举行庆典，就和传统的习俗一样。还要允许教给这些女孩音乐、唱歌和舞蹈，这样她们就可以通过一种优雅的方式，锻炼她们的体格并学会她们应该的东西。等她们到了懂事的年龄，就应该传授给她们一种技能。最重要的是，她们还应该学习宗教的传统。在宗教节日里，她们将照着上面讲过的那样做。她们只需每周去大教堂一次，为的就是让人们能够见到她们。她们回到学校之后就用餐，这时可以进行一些娱乐，跳舞啊、奏乐啊，还有其他适宜的训练体格的活动，这将持续到晚祷的时间。然后，在晚祷的时候，她们就可以按照自己的选择接受不同的课程。晚祷之后，晚餐之前，她们可以进行一些合适的活动。在用餐、就寝、参加宗教活动、斋戒，以及修持我们基督教戒律的时候，她们将会以这种方式得到管理。她们进行忏悔和参加圣礼的教规将会和男孩们相同。还会有女主人和监护人来管理并教导她们。我希望她们有和男孩们同样的规章。

我想把它叫做'贞德堂'。这就是我所期望的。假使这里传出了什么丑闻，不管她是谁，都应该开除，然后背着骂名被赶走。她永远也不能再回到这个地方，不论她是年长还是年幼。我希望，要来管理这个地方的妇女，如果她不是在这里被养大的话，就不得低于40岁。女校长不得低于50岁，我说过，前提是她不是在这个地方养大的。就算她是这里养大的，没到40岁的时候也不能选她。假如她来自该地区之外的地方，就不能低于50岁。一定要精心挑选一位品行端正的妇女。这将由男校的各位校长或者院长来审查考核。她将由他们选出，并由大主教核准。还要留意的是，女校长的亲戚中既不能有身居高位的，也不能有穷困潦倒的。除此之外，我还是希望给她两名同事，没有这两个人的认可，女校长就无权决定任何事情。这两个人一定要从这个地方的妇女中选出。要是她们令人满意的话，就可以在女校长过世之后通过选举继承其职位，条件是她们能够遵守规章制度，并且达到了上述年龄。我不想再多说了。要是那些管理人还缺什么的话，就补给她们，因为比起凭空想提要求，在付诸实施的时候更容易理解她们的需求。 [142r]

现在该是进行安排并准备所需一切的时候了，要知道，我希望它能快点建成。你已经明白了这些要求。把所有可能的设施都用到设计中。"

"我将按照这张图进行设计。"

"可以，但要在图中加上你认为有用的各种东西。"

"以上帝的名义，就把它交给我吧。"在他把任务交给我之后，我便叫人把所有我们工程所需的东西都准备好，例如砂、石灰、石料、砖头、木料、工匠还有工人，一切都井井有条，这座建筑不日即成，样式和上面讲的完全一样。在大厅、房间、厨房、仓库、烤炉等所有必要设施完工之后，公子便想给他父亲送信去，告诉他建筑完工了。公爵听到之后便上马赶来。他视察了每一个地方的每一个角落，结果没有一处不让他满意。接着他便下令让人们住进来。两座学校都住满了，而且秩序井然；不论是对谁而言，只要有这两座建筑在城里，都会让人感到实实在在的便利和无与伦比的自豪。

公爵看到这些建筑还有其他东西的时候，心里无比高兴，他说道："我很喜欢这座建筑，可我还想再建造一座更为壮丽更为杰出的。"

"要是您有这样的想法，阁下，我之前想到过一个或许能让阁下您满意的方案。斯弗金达早已落成却没有人住，况且也没有建成想象中那么多的房子。

那里还有大块的空地，要多少有多少，我们可以随意拿来做我们想要的东西。”

“那就这么办，以上帝的名义。你想要做什么，又打算怎么做?”

“我将告诉您我首先要做什么，然后是方法和这座建筑未来的布局。我要建造一座房子，我们将把它称作美德之屋。要是您愿意，我也可以给您讲讲这美德之屋。”

“这也可以很美，前提是有可能把它做的得当。”

“阁下，您一定要让我用语言来描绘它，就像准许奥维德描绘太阳宫与嫉[142v]妒宫那样，就像允许斯塔修斯描述马尔斯宫、维吉尔描述华梦宫那样。对我而言，也可以让我描述这两座，即美德之屋和恶习之屋。假如您愿意建造它们，便可以做到；要是您不愿意，我们就作罢。”

“把它解释给我听，既然已经建成了这么多，这些也一定可以完成的。”

第十八书

以上第十七书，以下第十八书。

“首先，阁下，我要拿出一块600臂长见方的地方，并拿掉一个150臂长的正方形。每边上都会剩下300臂长。我打算把这个空间全都围起来，而且不会超过两座门。其中一座高出地平9臂长。这主门将位于高出地平9臂长的地方(142v图)。人穿过这座门进来的时候，会发现另外三扇门，每扇门都通向另一道门。之后会进到一个回廊院，里面是一个有八扇门的房间。这个房间将会包含三个房间，而每间房又会被再分成别的三间房。在这里面将会是不同的房间。人只能从另一扇门出去，然后会通过一条很陡的路，即一条楼梯，进入另一个房间，它是与其他房间分开的。”

“告诉我你为什么要只做一座门，还要让它高9臂长?”

“最好还是让我把所有的奇思妙想都给您讲完之后，再一点一点地解释我采用这种形式的原因。在这个房间里，将会教授一种文科课程。人可以经由这间房，到另一间以同样方式建造的房子里去，然后就这样继续，直到第七间。接着，当人来到这七间房的尽头时，会看到一块平地，那里有七座桥。每个人都必须跨过这些桥，才能达到一处非常惬意、非常优美，而且非常宜人的地方。

现在我要为您解释，阁下，我为什么会心血来潮，用这种形式来设计这座大厦，以及建造它的意图和目的。您知道，人有两种品性可以使其出名。一般说来，只用一种就可以出名，而有时是兼有，但那种可以使人成就美名的品性却只是一种。这就是善。这就是给人带来幸福的源泉。尽管恶也能让人出名，但这却是一种卑鄙的、邪恶的，并且是阴暗的名声，而善带来的名声是美好的、光明而又纯净的，而且值得尊敬。我说过，这就是那种可以使人今生后世都幸福的品性。我常常感到困惑，不知道善恶应该如何描绘，才能让人们一目了然地看清它们的本质。我投身书海，苦苦追寻，就想知道古人是否曾经找到过一种用人物来描绘它们的方法，好让人们可以

一眼看出何为善、何为恶。我还没有发现用单个人物来描绘它们的，倒是有[143r]用很多人物的例子，例如四大德、三神德，以及七宗罪。有的用一种动物，有的用另一种；‘善’也被画成了很多人物。诚然，塞内加把它画成了一个身着白衣的女性。‘恶’却被画成了一个衣着华丽的女性。她们就以这种形式来到赫尔克里斯的一场梦中，每人都要求他跟着自己走。‘恶’和‘善’两人都给了他水果，一个是甜的，一个是苦的。他是一个聪明人，拿了那个苦的，而不是甜的。在我看到并理解了这些象征手法之后，心中并没有感到满足。我便开始用自己的头脑进行探索和思考。最终想出了这个办法，把‘恶’和‘善’二者画在一个单独的人物上。他们的造型我会在这里告诉您，还会画一张图给您。

首先，我想的是‘善’如何能用一个单独的人物来加以表现。我脑子里想出来的办法就是用这种形式来表现它(143r图)。那将是一个全副武装的人。他的头有如太阳一般。右手里握着一棵枣树，而左手是一棵月桂。他屹立在一颗钻石之上，并且这颗钻石的底部流出一种甜蜜的液体。‘名誉’位于他头顶之上。”

“这我喜欢，不过我想知道你为什么要用这种造型来表现它。”

“我会告诉您的，但我想先给您讲讲我之前对于‘恶’的想法。”

“我同意。”

“我当初是用这种造型来考虑‘恶’的。我做了一个由七根辐条支撑其轮缘的轮盘。然后在这个轮盘之上，我放了一个萨梯造型的裸体坐像。他一手托着一只盘子，里面盛着吃吃喝喝的东西，而另一只手是一块放着三个骰子的棋盘。就像从钻石底部溢出琼浆玉液一样，这下面也会流出七条满是污泥和秽物的河水，它们汇成一个泥潭，里面还躺着一头猪。”

“这我也很喜欢，但是我想知道其中的原因。”

“我把他们每人都放在了一个我认为合适的地方。我画了一座四壁陡峭的高山，而且只有一条上去的路。然后，在这山顶上，两峰及此两树之间的位置，我把‘善’放在了他的钻石之上。在山脚下有一个漆黑的地下岩洞。在这里面，我放了‘恶’。”[321]

“这我也喜欢。现在我要你把一切都解释清楚。”

“也许我最好还是为您设计好这座建筑，之后再把所有内容一起解释。”

“我同意。”

“我们将采用上述方式来建造这座建筑，然后把它分成七个部分。每一部分都要比前一个高出 15 臂长。它的造型有方有圆，几乎和大斗兽场一样，不过这里会有若干列叠置的柱子，柱子的直径是 1 臂长，周长是 3 臂长。它的造型将是这个样子的（143v 图）。我说过，首先将从一边拿出 4 场长，另一边拿出 2 场长。在这里面，我要在一端拿出一个 200 臂长的正方形。这只会高出地平 10 个臂长。我前面讲过，人必须要登上九级踏步，而这仅仅高出地平 3 臂长。人上来之后，就会发现一座带有一个小小的方形回廊院的门。在这座大门的入口处，将会有两扇这样的门，一扇在左，一扇在右。右边的那扇将叫做‘至善门’，而左边的那扇将叫做‘万恶门’。[322]人进去之后，右边的那扇门是一条 7 臂长高的楼梯。左边的那扇是一条很陡的楼梯，却全然没有踏步。在这些门的上方会有题字。右边的那扇会叫人写上‘至善门’——苦中乐。左边的门上会写乐中苦；它将叫‘万恶门’，意即悲痛。大门上方也会有题字。‘来者必知，二门择一，右苦而升，左乐而降。’‘善’与‘恶’的人物造型也将采用上述形式被刻在此门之上。在右门上方将只刻‘善’的造型，还要有这些文字，‘以苦成善，即入斯门’。在另一扇上面将只刻‘恶’的造型，其方式已经描述过了，并且也有文字，是从他的嘴里说出来的，‘逐乐之众，由此而入，不日之内，痛思悔改。’

[143v]

现在我要告诉您，我以前对于这座建筑之造型的想法，尽管我前面说过，曾经把它做成了一座大山的样子。因为我们希望把它建成一种可以使用的形式，所以我们必须改变这个方案，并使其与我们的提议相适应。它所采用的形式，您可以从基础的这张线条图中看出来（144v 图）。您已经知道了其尺寸和造型，这和图中表现的是一样的。从这张展示图中，您还看出了这座建

筑的主入口应该是什么样子的，以及其通往美德之屋和恶习之屋的各个入口。

现在我要讨论一下这个房子里内部分区的功能。我说过，它的周长将长 4 场长，宽是 2 场长。您已经知道，这等于长 1500 臂长，宽 750 臂长。由于我已经从一端的中间拿去了 200 臂长，那么在总宽度中，这个正方形的两侧就剩下 235 臂长了。[144r] 在这个空间的中间，我拿出 200 臂长做一个剧场。读过上文的人就会知道什么是剧场。我们现在将略去其布局，说一说这座建筑。我做出这个 200 臂长的正方形，就和您从这张图中看到的一样，这图要比我用语言进行的描述更好理解（144r 图和 144v 图）。我从这个正方形的四周拿出 25 臂长，这样我还剩下 150 臂长。在这里面，我又从各边上拿去 20 臂长，给我留下一个 110 臂长的正方形。我在其中留出一个 30 臂长的开口，这样我还剩下 50 臂长。我要把它缩减成一个圆形，直达下面的基础。在这 30 臂长的空间里，我做了七道 2½臂长厚的墙，它们从中心向 20 臂长的空间辐射出来。这些辐射状的墙体从中间的圆形部分突出 5 个臂长，在下一个圆形部分的内部也是这样的，因此，这 30 臂长的空间就被缩减成了 20 臂长。它现在是这个样子的（144v 图和 145r 图 A、B）。说实话，这确实很难理解。尽管如此，稍稍动动您的脑筋吧，在下文中，我会用一种您可以理解的方式来把它解释清楚。这是一张小小的说明图，画的是它将来的样子。尽管我们在这里只展示了两道墙，实际上还是有七道，我们在上面已经说过了。您可以明白，它的一部分将会是这个样子的。”

“这第一部分，也就是在地面高度上的那部分是什么？”

“这个圆是维纳斯的地方，而边上是巴克斯的各个房间，还有浴室、酒吧等与这种地方相关的类似行业，从传统上讲，虽然不是什么好传统，这里到处是各式各样的鬼把戏。监狱在这第一层圆之上，此处是维纳斯的女祭司居住的地方。第三层是监督检查的官员。尽管这里是罪恶之所在，但也许还应该有一些约束，不至于出现什么不光彩的事，或者即便发生了，也可以得到制裁。”

“告诉我，为了让这群人在这里住下来，你要如何处理他们的垃圾。”

“我会告诉您的，阁下。首先，我要在直径 50 臂长的这个圆里做下列事情。我要把基础做得足够厚，好在其上建造一堵双层墙。人们所有的垃圾，都可以从这里面排走。我将在下面做一整圈 4 臂长宽的柱廊，这些妇女就在那里。它会高出地平 3 臂长。这里也会有四个入口。在这一高度上将出现壁柱，它们使得柱廊的高度达到 10 臂长。下面还有 3 个臂长，这就是 13 臂长，再加上拱顶厚度的 1 臂长，总共就是 14 臂长。14 乘以 7 得 98。这些柱廊将围绕着这个圆一层一层地延续，不过靠上的那些会有 1½臂长的女墙，女墙上面还要安柱子。因此，其他柱廊的高度就会达到 11½臂长。它将用这种方式进行布置。在这个圆的中心，我要拿出 10 臂长做一口井（144r 图）。它里面会做一条楼梯，一直上到这个圆的顶部。这条楼梯将会一层一层地往上走，和这个圆的各层是完全相同的。在每一层上，都会有一处平台，然后从这里接着升到另一处平台。这不可能用一张图来表示，除非在三维空间中把它做出来。这里就有必要让思维来理解它的模式和造型了。” [144v]

“从这条楼梯（或者叫井）向外直到对面的外墙，那里的柱廊要怎么做？”

“我们会起一个拱顶，把它全部贯穿。其跨度大约有 10 臂长。根据住在这里的人的需要，可以在里面做出单元房间来。它的墙体在外侧是 2 臂长，内侧是 1 臂长。井壁也是 2 臂长厚。您可以从我的语言以及它的某些部位的草图中，理解这座建筑应有的外观。

现在我们要陈述其中的理由。这个圆形外壳的形式。前面已经说过，离这个圆会有 30 臂长的一段距离。它各处的基础形式将与您从这张小图中看出来的完全一样（145r 图 A）。我在上面说过，您在这里也能看到，它首先是一个正方形。在中间有一座门，两侧还有两扇，做法上面都讲过。这第一个正方形的首层柱式在通向‘至善门’的入口处是 10 臂长高。人在进来之后，就会发现一条上到这个正方形一层的楼梯。登上这条楼梯之后，可以看到一块有柱子的方形空间，很像一个凉廊。在这条楼梯的顶端有一扇门，穿过它就可以上到这座建筑的顶部。穿过同一个凉廊，还可以到达一个柱廊，它通向要教授所有学科的各个房间。我说过，位于这条楼梯顶端的那扇门通向顶部。进入此门之后，要穿过 23 道间隔 6 臂长的门。在穿过所有这些门之后，还有八扇间隔 8 臂长的门。然后再是五扇间隔 10 臂长的门。接着是三扇间隔 12 臂长的门。然后是另一个方形凉廊。这里有一条上到这个正方形顶部的楼梯，亦即到达 20 臂长的高度，之后是下一层。最先提到的那条楼梯，就是在这一连串门中第一扇的那条，也被一分为二。一条按照我说过的那么走，而另一条直接上到这个正方形的顶部。这条楼梯除了赶到这里的重骑兵之外，不得使用，您在下面可以看得很清楚（144v 图）。我说过，这些楼梯是隔开的，因此就在这个地方，即这个 10 臂长的凉廊顶上，人可以向前穿过一条门廊到达前面讲过的那些博士举行演讲的地方。这仅

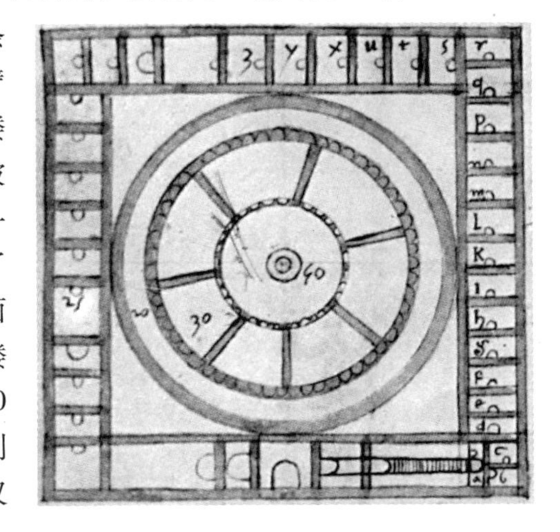

仅是为了避免让他们爬得太累。

您到目前为止或许已经知道了这个地方是如何布置的。现在还要看看在这个正方形之上的圆形部分应该如何处理。您已经知道这个圆形的外壳有 20 臂长厚。在这 20 臂长的厚度中，有一个 17 臂长的开口，因为这道墙是 1½臂长厚。它的形式就是您看到的这样（144r 图）。它被分成了七个主要的部分。[145r] 第一个部分位于这个正方形顶部 20 臂长的高度上。它被分成了七个主要的部分。第一个部分是一道环形的门廊，穿过它就可以达到这个分区里的所有地方。它宽是 3 臂长，高是 12 臂长。因此，从 17 臂长中减去 3 臂长，剩下 14 臂长。再减去环绕着门廊的墙体的 1 臂长，总共会余下 13 臂长的空间。这里全都起了 12 臂长高，1/2 臂长厚的拱顶。第一个房间有一扇门，上面刻着一个穿着色彩斑斓的线纹长袍的人物。这被制作成了一种‘逻辑’的象征。在这个房间里，刻着这门艺术的诸位创始人，还有那些在该学科非常杰出的人。在这个房间里，有一条楼梯上到另一层。它和这张小图里的形式是一样的。这条楼梯朝向位于下面柱廊正上方的那道柱廊。同样地，这里也有一扇门，上面刻着另一个身着长袍的人物，她的手里还有一本书。这就是‘修辞’。所有这些房间都延续同样的布局、形式和尺寸，一层一层直到最高处，每扇门上都有象征着该门科学的人物。在这些房间里，其创始人的形象都被刻了出来，还有那些在这些学科里尤为突出的人，这和第一间是一样的。在这座建筑顶部的最后一层上，是‘占星’的房间。因为这是一门研究高高在上的天体的科学，故而在这里置于所有学科之上。在它里面，刻着这门科学的创始人，和他们用来测量天空和太阳、划分时令并区别行星的工具，还有他们用来研究这门科学的所有工具。还刻有那些在这门科学里非常出色的人。

到这里，您已经理解了全部基础。顶部是用如下形式建造的。顶部是一个平层。它在内侧和外侧只有一道墙体厚度的女墙。在这道女墙上面，有代

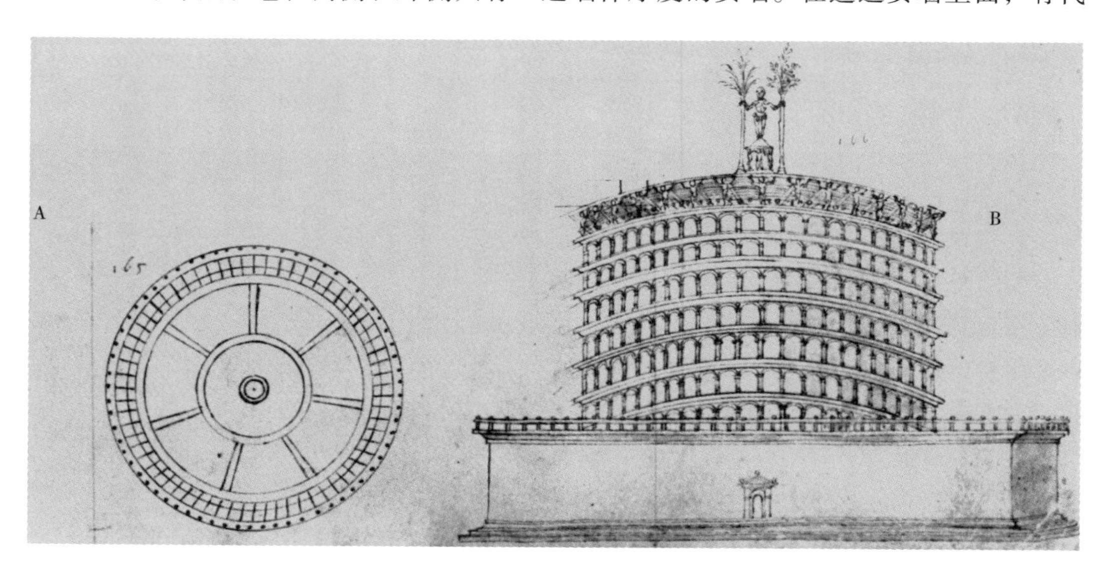

替柱子的人像。[323]它们高12臂长，直径1/2臂长，比例协调，间隔5⅓臂长。在它们顶上，有一个青铜屋顶，就像阿格里帕以前建造的圆形圣母堂的柱廊一样。[324]在前面提到的位于这条外边之上的女墙上，上面已经说过，它是450臂长，我要放70个这样的人像，间隔的距离相同。这样的话，它们的距离和直径就会填满这450臂长的圆周。这个圆形的内侧有同样多的人像，虽然它的周长没有外侧的那么大，您从这张图里就可以看到。它会有七道分割墙，就像在内部的20臂长空间一样，后者的底部都住着妓女。这张小图表明，这些墙在每个部分都连接着两道券，一直上到顶部。它们在外壳和中间圆形的跨度之间构成了桥梁。这七座桥全都有七德人像在其上，即三神德和四大德。这些桥每一座的桥头上方都刻着一种德。它们的布置方法，使得人们必须通过所有的桥，才能到达中间的圆。这些桥宽3臂长，并且和外壳一样用青铜覆盖着。接下来，这个圆的周长，我说过，是150臂长。其最高处是一块露天的空间。在它的中间，井的正上方——我说过，这井直径是10臂长，所以周长就是30臂长——我放了九个人像，每个都是直径1臂长，高9臂长。在此之上，我做了一个菱形的穹顶（145r 图 B）。然后把按前述造型用青铜制作的'善'的人像放在这上面。这些人像的脚下是九位缪斯神，我在这里做了两个像山一样的圆，高度和人像相等。我从其中一座山上向另一座山发一道券，穿过这道券，人就可以到达'善'的顶部。这些山做得就像楼梯一样，人是可以走上去的。在这些山的顶上，有一棵像橄榄树一样的青铜树，还有一棵像月桂。[325]从这些山里流出了一股泉水，就好比帕尔纳索斯山上的赫利孔山。要是没有掌握前面提到的艺术，或是不熟悉武器的话，谁也不准到这里来。任何想来看它的外国人，都可以在两种条件下——确切地说是三种——得到批准；第一，任何没有受到这七种艺术的训练或考核的人，只能在精通这些艺术的一位博士的陪同下，到那里去参观；第二，在这个剧场里举行某种庆典的时候；第三，在它向外国人开放的时候。谁也不能凭借其他理由到那里去。我说过，除了博士们，任何人都不能到顶部去。即便如此，在有庆典的日子里，如果真有善良的人来了，他们就有权让他参观这个地方。 [145v]

上部和下部的分区都已经看过了。我现在要对它进行深入的解释，让您能够更好地理解所有这些地方。爬上从'至善门'通往凉廊的楼梯之后，人们就可以穿过所有这些门，或者直接到达正方形的顶部；后者跨过大桥，通往教授手艺的学校。每种手艺都与其他的分开，并且在每扇门上方都画着相应的人像。所有的文科课程都在这些地方教授。

现在我们必须看看其他部分在过去是如何安排的。我已经说过，人们通过前面提到的楼梯和通道上到正方形的顶部。除了在表演或庆典的时候要在剧场里搏斗的人，谁也不能到这里来。进入这个正方形顶部之后，就可以到达面向剧场的部分了。在每个转角上方都有一座桥，造得就像是一座罗马的凯旋门似的。它们上面有雕刻和伟人事迹。这些与楼面齐平，都在正方形里 [146r]

20 臂长的高度上。跨过这些桥之后，或者您喜欢的话叫拱架也行，人们就会发现一个存放着所有武器的地方，它们对于那些即将开始搏斗的人来说是必不可少的。在其中的一个里面，是将要骑马搏斗的人所需的武器，另一个里面是给那些徒步搏斗的人的武器。每个都有自己的楼梯。人从那里便进入另一个较低的地方，它和人们坐下来观看表演的剧场的墙齐平。在下面地平的高度上，有另一个这样的房间，在船上作战的人在那里进行武装。所有那些希望在这些军事表演中锻炼自我的人，都会在他们想来大显身手的时候，从前面提到的那个地方进来。他们不能走别的路进来，因为那样就无法报名了。

要是有人想做些其他娱乐活动，像跳舞之类的，就可以在剧场的转角之上找到地方，剧场底部也有类似的空间。这些房间就像舞台一样；这里全是各种各样的道具，可以让人们做任何想做的事。这些都放置在了它们的指定地点。每个人都根据要扮演的角色，穿上自己所需的铠甲。每个人演出结束之后，都要交回自己的铠甲，而那些负责的人会把它收好。

剧场的形式看上去就像这样（143v 图）。不过没有必要对它进行过多的描述；要是有人无法从这张图中把它想象出来，那就可以通过上面的文字来设想并理解它的样子。

除了建在其内部的池塘，或者还是叫湖水吧，关于其造型再没有什么需要描述的了。您已经知道了它的长度和宽度。在它里面还有一道 6 臂长深、10 臂长高的廊子，靠柱子立在水中。所有这里要用的船都停泊在这道柱廊下面。这道柱廊下面的水低于地平 12 臂长——是水面，不是水深。还有一些楼梯穿过这道柱廊的下面达到水面的位置，人就从这条楼梯下来。这道柱廊的下面设计了一条街，有点像一条提升到池子高度的街道，那里是系船的地方。人在它上面可以四通八达。在它的立面上刻着伟人的形象，他们都是海上的英雄，还有文字讲述他们成就的辉煌业绩。各个地方都有朝向某些地下房间的门窗，在罗马的很多地方依然可以见到这样的东西。在这道柱廊上方，也就是建在水面之上 6 臂长，却还是低于地平的地方，做了一排排座椅，遍布整个剧场。这样一来，观众们就都能够看见演出了，而且每个人都可以很放松。在他们的竞技或者叫水战结束之后，他们就在同一个地方卸甲，然后交出他们的武器，这已经讲过了。船只也被小心的看管着并停好。您已经了解［146v］了剧场、湖水，以及‘美德之屋’和‘恶习之屋’的形式和分区。现在我们必须看看它的总平面。

它的周长，您在这张图和基础中已经见过了，长 4 场长，宽 2 场长，即长 1500 臂长，宽 700 臂长。您知道，剧场在长宽的中心线上占据了 200 臂长。由于它被这个剧场一分为二，所以就要在两边上继续等分。它的形式将是您在这里的线图中看到的那样（143v 图）。这就是它的总体平面，您可以看出来这些是街道。它们每条都是 25 臂长宽，在中间还有一条水渠，有了它，人们既可以走水路，也可以走陆路到达各处。每条这样的水渠都是 13 臂长宽。

这些全是带花园的作坊，有水井，还有他们所需的一切设施。这些作坊是以这种方式排列的（146v 图）。您可以理解，它们因行业和从事的手艺不同而有大有小。所有现存的手艺或职业都在这个地方。在剧场的底部有一座神庙，这是为手艺人和那些教授手艺的人服务的。这里也举行弥撒。

我说过，这个地方对每个人都是开放的。他们可以在任何一个自己选择的学院里接受训练。那些培养自己文学才华的人如果被证明有成就的话，就会受到如下方式的尊敬。在他要接受博士学位的时候，他所在的学院将授予这一学位。这不会花他一分钱，因为学校负责所有人的费用。尽管如此，还是有必要让他所在学院的博士对其进行细致的审核。学位不能通过金钱或关系取得，因为在审核结束之后，必须要求他到主广场去接受其他博士的审核，之后才能得到认可。万一审核表现得不好，他就会非常难堪。曾经审查过他的那些人也会跟他一起丢人。戴在他头上的月桂冠或常青藤花冠此时就要被取下，然后带回当初领到它的地方，即‘美德之屋’。在那里，它将被挂在他以前所在学院的墙上，下面是他的名字。这在他弥补了错误之前，是不能取下来的。那些博士将被革职，再也不能进行审核。倘若他不打算回来了，不管是出于羞耻还是因为要弥补过失而决心放弃自己的学科，那么这个花冠就会带着他和审查他的博士们的名字一起，钉在那个地方一年时间。如果他回到了自己的学科并且取得了成功，那就要归还给他，而他要被带回到同一个地方再次接受审核。假如审核通过，他将在小号和其他乐器的伴奏之下，满载着无限的荣光回到自己的学院。一个男子会走在他的前面喊，说他重新获得了失去的荣誉。要是他又一次没能通过审核，那就会被再钉一次。这要重复三次。如果他三次都未能恢复自己的声誉，他就将彻底失去它们，再也不能到那里去了。 [147r]

他们在会合并发现有人对所有手艺都能做到熟练、博学和精通时举行的活动：在他审核完毕之后，他们就会把他放在第一门手艺的房间里，在他的头上戴一顶月桂花冠。他首先穿过所有他学习过的地方，然后把花冠和他的名字钉在那里。这他们要粘在博士的座椅上方，而这在所有房间里都要做。他把花冠留在一个房间里，然后接着走到正方形之上的圆形中的第一个房间里。在那里，他会同他的博士和其他学者在一起。他们在乐器声的伴奏下，把另一顶花冠戴在他的头上。他们让他坐在椅子上，说一大段赞美之辞，然后把花冠从他头上摘下来，戴在刻在那里的该门手艺的人像头上。接下来，他们再给他戴上另一顶，然后到下一个房间里去，在那重复同样的仪式。这些完成之后，他们便到下一个房间去，就这样一层一层地上到最高处。他们到了这里，跨过这七座桥之后，就来到‘善’的人像所在地。在这里，他们用庄重的言辞从他的头上取下花冠，然后把它戴在‘善’的头上。这当天一直要留在那里。接下来，伴随着音乐和欢乐绕像一周之后，他们便下来，给他从这两个地方取来的水喝，然后在这里给他一顿午饭。他们返回之后，第二天就要到广场去进行另一次审核。如果表现优秀，我说过，他们就会跟着他以无尽的荣耀回到他自己的学院举行庆典。您已经知道了，他们在所专技艺方面取得了成就，会得到怎样的荣誉。

荣誉要给那些以这种方式，通过锻炼自我身心取得成就的人。不论演出是在陆上还是海上进行，表现比其他人优秀的人，都会在头上有一顶橡树叶制成的花冠。如果是靠武器，并且在马上赢得花冠的话，还要赠给他一柄长矛。徒步表现突出的奖一面小圆盾，或者叫盾牌更好，还有一顶白杨做的花冠。在舰战中获胜的人，将得一艘战舰和带有撞角的花冠。在其他勇力竞技中表现突出的人也是如此。在摔跤中胜出的人奖励一件礼品和一顶女萎的花冠。那些把铁球、标枪或石头掷得远的人，或者跳得远的人，或者这样那样的项目做得好的人，每人都要发一个不同树种的花冠。投石或投球优秀的人要奖一顶栗树叶花冠。跳远的人要给一片山茱萸叶。在赛跑中表现超凡的人要授予一顶用匍匐冰草制成的花冠。射箭准的人奖一顶杜松做的花冠和一只箭袋，也就是装箭的东西。用弩射击很准的人给一顶用黄杨木制成的花冠，还有一件这样那样的礼物。使用弹弓的能手也要用类似的方式进行嘉奖。跳舞的人也有奖励。最优美的舞者要授予一件奖品，头上还有一顶鲜花制成的花冠。在那座剧场里举行的任何活动中表现突出的人，都要以相似的办法进行表彰。一把剑、一面盾，再加上一顶柳叶花冠，要奖给那些在击剑中技艺精湛的人。[326]每个人都会按自己的名次得到这样的奖励和奖品。所有今天保留的比赛类型或体能竞技都在那里举行。还有各种各样来自辉煌古代的演出。徒步和骑马搏击是应有尽有。有马上斗矛、骑马比武，还有西班牙式的配短马蹬马上竞技。他们还举行赛马以及其他马上比赛。徒步的情况下，他们有各种类型的格斗，用拳头、用石头、用棍子。他们还用船进行多种搏斗。

[147v]

这些比赛或者庆典会在全年的宗教节日里举行，有时是一种，有时是另一种。它们也经常会为纪念某些外国人举行。在这座剧场的一端有一片树林，全是橡树、山毛榉、月桂，还有很多其他品种的树。任何人也不准到这里来砍树或是破坏。幸运的是，这座剧院在某些地方有非常高的松树，它们在夏天的时候挡住了阳光，却绝不会形成阴影，让人们在举行庆典的时候无法看清每个细节。每个人都会把发给他们的奖品和荣誉带到神庙里去。在那，它们和获奖者的名字放在一起，而他将带着花冠回到自己的学院去。存放这些奖品的神庙就在这座剧场的脚下。在设计和施工中给它做了很多礼拜堂，数量与比赛和庆典一样多。这样，每个人都向他自己的礼拜堂进行捐赠。

现在我们必须关注一下那些颁发这些奖励的各位裁判。这些裁判年轻时都是这些项目的佼佼者。而由于年龄的关系，他们如今就当裁判了。当天，只要在想参加的项目上报了名，任何人都被允许参加这些比赛。如果没有报名就不能参赛，这是为了防止混乱。裁判们要坐在指定的位置上。他们可以进行很好的评判。只有三名裁判，绝对不能多，也绝对不能少。前面说过，每场比赛或演出在进行的时候，都有与之相应的音乐，种类繁多。小号、号角和定音鼓为马上项目开道，鼓和六孔箫是徒步项目。水上项目伴随着小号进场，不过这些小号的制作方式不同，是螺旋式的。马上项目的小号是直式的。这样，每个其他的项目都有不同的乐器。自己没有马的人不准参加马术联赛，但其他的项目都向所有人开放。您已经了解了在这座剧场里举行的比赛和庆典。 [148r]

现在我们应该稍稍看看给那些住在恶习之屋里的男男女女一些什么样的报酬。您已经知道了剧场和恶习之屋是如何设计的。为了让您有更清楚的理解，我会解释一下其特点中的所有细节。上面已经讲过，在主入口的位置刻着‘恶’的人物形象。从这里下去就是第一道圆。它的入口上画着巴克斯。他的儿子普里亚普斯在中间。那里还有从海泡中诞生的维纳斯。他们是这样描绘的。蔓藤之下，巴克斯骑着一头猛虎。他一手拿着一支大酒杯，另一只手拎着一串葡萄。他一丝不挂，有两支山羊角，头上还有一顶蔓藤叶做的花冠。浑身上下散发着一股女性的柔美之气。普里亚普斯相貌丑陋，满脸胡子，身体畸形，而且血色红润。他一手拿着一柄镰刀，另一只手举起他的标志物。看上去他就像是在用后者吓唬女性，用前者威胁男性。维纳斯赤身裸体，娇美动人。她的头上是一顶用桃金娘做的花冠，上面还有一只鸽子。她手里拿着一块海贝壳，也就是海扇的壳，或者还是叫牡蛎壳吧。她的儿子在那里为人类摄来慵懒和情欲。他光着身子，长着翅膀，手里还握着他的弓，仿佛就要射箭的样子。一条绷带蒙住了他的双眼。每个人物都说着一些话。巴克斯说：‘哦，所有来到这里的人啊，一定不要忘了享用我的美酒，它会让您幸福的，它会让您成为维纳斯之友的。’普里亚普斯说：‘所有渴望享受快乐的人啊，不论老少，一定要按我父亲巴克斯说的去做，那样您就会得到我的东西。看吧，它有多么骄傲，又是多么急切。’维纳斯说：‘所有的人啊，不论老少，不论贫富，只要您有像普里亚普斯那样的器具，就来我们这女性修身的净地吧，您一定会受到我们最热烈的款待。’然后她命令儿子朝所有人射箭，他说：‘我一定会服从您的命令。’他们说的就是这些话。为了让所有人都能看懂，它们是用拉丁语、意大利语、希腊语、匈牙利语、日耳曼语、西班牙语、法语等各种语言写的。您已经知道，这些地方是相互独立的。酒馆、酒吧、浴室，以及维纳斯的神龛都是分开的，还带有它们所需的全部设施和住房。

这里颁发的荣誉和奖励。禁止的事情和因巴克斯而犯的错，要受到应有的惩罚。如果他们犯的不是死罪，就要通过这样那样的处罚进行纠正。他们总要戴一顶用葡萄叶做的花冠，上面还要有葡萄，假如这个季节有的话。要是没有，就要在他们的脖子上挂一个酒瓶和一个杯子。如果是因为普里亚普斯而犯了罪，也就是，在做维纳斯之事的时候发生了某些丑闻的话，他们就［148v］要以一种类似的方式受到惩罚。围着他们的脖子，要在胡子下面放一个阳具的标志，后面还要放一个。在他们受到应有惩罚的同时，还要被牵着在整个领地游街。如果犯的是死罪，就要把他们带到指定地点，在那里将按照判决给他们执行死刑。还有另一种荣誉给那些来这里住的人，尤其是女性。假如领地里的一个少女的举止不能完全符合贞洁的要求，以致邻居们要起诉，那么她就应该被带到这个地方来。她应该穿上全白的衣服，上面洒满了黑色、红色、绿色等颜色的斑点，头上还要戴一顶用桃金娘做的花冠。[327]她应该在维纳斯的修道庵里最年长的两个女人中间，由指定的人带进维纳斯宫。她们应该走在她的前面，还要用黑管、小手鼓和六孔箫伴奏。[328]要是来了一个拉皮条的，就只给他头上戴一顶用蔓藤、茎条和越橘制成的花冠，上面还要挂一个小铃铛。他当天要戴着它来到这个地方，并且和在那里跳舞庆贺的其他同伴一起受到欢迎和尊敬。还有，女性来到这座修道庵的时候，大家会为新来的姐妹伙伴表示敬意。这些就是授予他们的荣誉和奖励。

我说过，所有种类的行业都在这个地方。这些人如果被评为杰出大师，并且很年轻，又是在这个地方接受的教育，那么就会授予同博士们一样的学位。[329]因此，这些大师不管来自哪种行业或手艺，都要在城里游行。之后，他们必须在该门手艺的一家作坊创作一些作品。如果这件作品被认为有价值的话，那么他就要身着锦衣，前面用音乐开道，在他作坊里所有成员的簇拥下，接受人们的庆贺。他们要穿过‘美德之屋’，然后达到神庙。他所完成的作品在他的前面抬着，然后人们把它放在神庙里。人群到了另一个地方，在这里记下作者的姓名。接下来，人们把他带回他自己的住处，而那一整天都要举行庆典。随后，他将被载入大师名册，并在所有地方都被尊为大师。还会授予他一枚与其行业相应的徽章，他要一直戴着。这枚徽章是银质的。

如果有外国的大师来了，说他精通一门手艺的话，就得要求他拿出一些自己的实际作品并接受审查。若是鉴定为优秀的话，他也要用同样的方式予以嘉奖。假如他想留下来，那就按照他的水平，发给他可以接受的薪水。所有这些人都要发一枚徽章，有的是这样的，有的是那样的，全看他们的技术水平了。他们总要佩戴这枚徽章，就像贵族一样。

这也会授予那些精通兵器的人。要是他手下没有一千人，也没有做过七［149r］件高尚的事，那就会在他取得这些成就的时候授予其徽章。此时，他可以用三种方式展示它，即作为标旗，戴在头盔上，或者像贵族一样放在胸前。对于贵族，或者叫外国人来说，这也同样适用，前提是可以得到他真实准确的情况。尽管如此，这位外国人应该向这个地方进献一匹与其阶位相应的马和一套带有马名字的铠甲。只要这匹马活着，就应该在有它受过训练的那项比赛活动进行时给其他人使用。这匹马死后，它的铠甲就会同名字一起留在神

庙里。经过此种武装之后，这样的人就会骑着马在剧场里游行，周围簇拥着一大群人，还有音乐伴奏，头上是月桂的花冠，前面是他的标旗，头盔还要做彩画并刻上‘善’。最终，他来到神庙。此时，他要在最热烈的欢呼中到达自己的住所。其他档次较低的人，也会根据他们的技能，受到同样的礼遇。您知道，有人是海枣，有人是月桂，而读书人是蜜蜂；它是这样布置安排的。这个地方只有三个人管理。第一个是其中的一位博士，第二个是凭借自己的武艺取得荣誉的人，而最后一个要来自手艺人。他们要善良、博学，而且是城里人，甚至是外国人，条件是他们都身怀绝技。

我说过，这座神庙位于剧场的脚下，只是它在其外部。[330]它的形式是这样的（149r 图 B）。您从这张图里可以看出，它首先是一个正方形。各边都是 200 臂长。从这 200 臂长中，我拿出 25 臂长给各边的两端。这就给我在中间留下了 150 臂长。然后它要缩减成一个直径 140 臂长的圆。这个圆形由若干柱子支撑，而这些柱子都是直径 1½ 臂长、高 14 臂长的人像。它们高出地平 5 臂长，除掉柱础和柱头是 12 臂长高。两个人像之间有 10 臂长的距离。这里的拱顶半径是 5 臂长，因此这些拱券就是 25 臂长高。您看，它们的样子都在这里画出来了（149r 图 A）。它们全都围绕着这个圆形，并支持着穹顶。其高度和宽度相等，因为在这些人像之上还有另一排柱子。它们立在一道出檐上，这道檐口把整体连接在一起。拱券加上人像，两者的总高只有 20 臂长。这些人像是 12 臂长高。在它们上面是 1½臂长厚的拱券。接着，在此之上，是一道环绕一周的檐枋，其高度是 1½臂长。然后是 2 臂长高的雕带。在它上面还有一道 3 臂长高的出檐。[331]这里开始又是另一排人像。不过，这些只有 10 臂长高。拱券还有 5 臂长，所以就是 15 臂长。拱券是 1½臂长厚，雕带也是，而上面的出檐是 3 臂长。在此之上就开始是拱顶了。这是一个半球形的穹顶，所以其总高就达到了 70 臂长（见导论中英文版图版 21）。

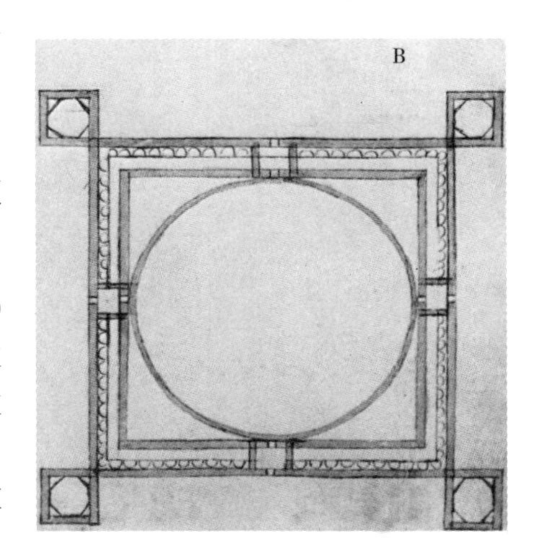

外部首先是一个四边宽度和高度都是 25 臂长的正方形，在地平高度上有一道 3 臂长高的出檐环绕一周。它有四个主要的入口。每道门前面都有一个 25 臂长见方的门厅。在这些小廊院周围，有一个每边 4 臂长的小门廊。在通向大门的入口，有两个这样的人像柱，其间隔是 10 臂长。因此，这些门宽 8

［149v］

臂长，高 16 臂长。进入这座神庙要走九级踏步。25 臂长的高度就从这一点开始量起。这样一来，下部的礼拜堂就是 24 臂长。在这些礼拜堂上方，其宽向上有一道沿着正面走的女墙，人们可以通过它环绕一周。接着，在此之上，正方形的每一个角上都有一道 3 臂长厚的墙，它就像拱券上的一道扶壁。这将高塔和各边连接在一起。每个这样的扶壁之间，都有一些我们在前面提到过的柱子，它们就像一条柱廊一样环绕一周。它们的间隔有 6 臂长，并且是成对布置的，两两之间有一道拱券（149v 图）。由于那些在内部的每根人像柱都是互相牵着手的[332]，所以与这座神庙有关的东西就都附加在了它们身上。它们在顶部是这个样子的。一共有上下两排，它们支撑着在穹顶起拱点处环绕一周的那道出檐。穹顶在外部是用一种退台式的方法建造的，这样在宗教节日里或是其他有可能发生的情况下，就可以根据需要，让十万人站在那里。它在角上的高塔是各边 25 臂长的正方形，高度与外部的正方形相等，也就是 25 臂长。从这里往上，它们就变成了圆形。每 15 臂长就有与其他相似的柱子。每层高度上有十二根，高是 12 臂长，厚 1½臂长。两两之间有 3 臂长的距离，或者还是这个距离的一半吧。它们所包围的圆的直径是 12 臂长。因为它的墙是 1 臂长厚，所以我还剩下 10 臂长的内部空间。它在每一层上都有拱顶，还有一条让人可以上到神庙顶部的楼梯。它们都造得一模一样。每一个的上面都放置一个风神像，是用青铜制成的，手里还拿着一面旗子。在刮风的时候，每面旗子都会随风飘扬。神像还进行了设计，各拿一个喇叭在嘴边，吹出的不同音调，可以让人知道在刮什么风。您知道他们的名字，即东风、西风、南风、北风。

在这座神庙之上有一个采光亭，其上有一个直径 3 臂长的大型宝球。在它上面有四个相互搭肩的立像。宝球通体满是釉彩圆窗。到了晚上，里面要点上火。按照设计，人们在晚上也能从这四个人像的眼睛里看到这火光。它们是马尔斯、墨丘利、菲伯斯和密涅瓦的人物形象。因为这座建筑是献给思维、武艺、智慧和恩惠的，所以他们要立在自己的神庙上。他们每人都要献[150r]给这些艺术中的一种：马尔斯给战斗，墨丘利给多种技艺——给思维、商业、辩术，以及其他技能。菲伯斯也在那里。在这三位神灵中间是女神帕拉斯，智慧就献给她（见导论中英文版图版 22）。

您已经理解了这座剧场及其各个部位。事实上，这座剧场的边界内外都有楼梯，它们位于离地 12 臂长的楼梯顶部。在其最高处有一块宽 4 臂长的平地，完全处于青铜屋顶的覆盖之下。支撑它的是一种人形柱，其形象做成了某些曾经造反、而后又被镇压屈服的民族。把它们做成这样，就是为了强化对他们的侮辱。另一种象征奴役的手法是，把他们做成一男一女的样子，也就是一对夫妻。善良的男女站在这个屋顶下观看演出，只是要把他们分开。

您已经知道了行业的分区以及各类贸易的分布。它们越是高贵就越靠近剧场。因此就必须为各类技艺在每个房间的大门上方刻出该门技艺的创始人。这里还有一个指定给建筑师的地方，建造了这整座大厦的建筑师将住在那里。这非常接近‘美德之屋’。他的名字是奥尼东安·诺里阿韦*。一个人只有达到如下条件才能进入这间屋子：他必须经过审查，而且结果令人满意，并能熟练掌握与建筑师职业相关的诸多技能，如制图、度量，同时还知道如何用自己的双手像这位建筑师一样取得大量成就。在认定他合格之后，就要给予他极大的荣誉，而他可以留在这间屋子里。它非常优美、非常华丽。其中有精通建筑科学的所有名人，不论古今，都刻在外面。他们的名字在里面。眼下我们要把这放在一边，因为我们要先给您讲讲这座房子是如何建造的，然后我们会告诉您刻在那里的所有人的名字。

现在我只讲讲那些刻在画着‘恶’那里的名字。您已经知道，巴克斯、普里亚普斯、维纳斯和她的儿子都画在那里。高贵的人都害怕被刻在那里。我们将只讨论古今有记载的人。所有人都会根据他们的恶行用不雅的形态来表现。第一个刻上去的是萨达纳帕勒斯。他在一大群女性中间纺纱。埃拉加瓦洛斯也在那里，还有尼禄、维泰勒斯、图密善等很多人。

我们现在要抛开古人，只讲来自我们时代的人。我尤其要说一位在我们意大利这里的君主。他在我们的时代被尊为有大德之人，但是，由于他的所作所为中也有两件不光彩的事，因此人们才看到了他的真面目。我们在本书中只提两件。第一件与君主的一位下属有关，他很有钱，还有一位动人的娇妻。君主设计了一个圈套把他处死了。由于他渴望霸占这位美女，于是便假装要把没收的财产卖给她。在这样的伪装之下，他传她来晋见，同行的是另外两个女性。他命令后者都退下。这样一来，他就能够要求她与其通奸，但她却不肯答应。在她坚定地回绝了他的无数次请求之后，他拿上了所有的武器，并命令两位仆人按住她。然后，他全副武装，靠着蛮力骑到了她的身上，就这样压着她撕扯她。尽管她已经遍体鳞伤，但还是在强大的精神和道德力量的支撑下，带着两个小儿子坐船逃离了自己的祖国。 [150v]

据说他还犯了下面这个罪行。在他还是重骑兵的雇佣兵队长时，他路过了一个地方，恰巧遇见了一位温文尔雅的女性，她具备所有贵妇应有的品质。她正在很多人的陪同下，参加几位身份与她相当的人的葬礼，其中就有她妹妹的丈夫。他靠武力抓住了她，并企图实施强奸。她拼命抵抗，队长怎么也无法得手，最终把她杀了。据说他连这位女性的尸体也要霸占。关于他还有很多要说的，不过为了不让您厌倦，我将不会再继续讲这些内容了。[333]因此，让我们放下这些事，回到我们的主题吧。在下一书中，我们将继续我们的工程。”

---

* 第十四书中是‘奥尼东安·诺里韦阿’。——中文译者注

这时，公子对我们的翻译官说：“现在接着要讲什么了？”

“下面是壮丽而高贵的东西。”

“首先说说这些东西看上去是什么样，我想知道它们是如何建造的。它们在过去一定非常壮丽，因为他已经建造了其他壮丽的建筑。”

根据这里的描述和图画来看，它们绝对是美轮美奂的。它们的造型您马上就会听到。首先，您将看到墙体及其基础，然后您会看到每一处细节（150v 图 A）。

首先，它的基础一边只有 34 臂长，而另一边是 102 臂长。因此就是三个正方形。其中只有一个是被基础占去的；另外两个是花园。您在这张图中可以看到平面。首先，它全部建在高出地面 $1\frac{1}{2}$臂长厚的拱顶之上。储藏室就是通过这种方式采光的。它被分成了很多部分。井在一边上。它的墙壁是双层的，不过只有 1 臂长厚。墙壁是这个样子的，因为砖，或者叫瓦更好，是用您在这里的图中看到的方式垒起来的（见导论中英文版图版 14）。它们以这种方式环绕一周。它们是 2/3 臂长厚，因此在这 34 臂长的空间里，一共占去了 $2\frac{2}{3}$臂长。它是用您在这里看到的形式垒砌的。

下部是用这种方式完成的。在主入口有一道长 12 臂长的柱廊，总宽只有 3 臂长，而高度是 8 臂长。它有四道拱券，每道宽 3 臂长。门是 $2\frac{1}{2}$臂长宽。在门的另一边有两个房间，每个房间一边是 6 臂长，另一边是 $5\frac{1}{2}$臂长。接下来，在边上还有两间，每间各边是 10 臂长，因此它们就是正方形的。然后进来是庭院，它不是很大，一边只有 12 臂长，而另一边是 22 臂长。在这庭院的周围有一圈柱廊。接着，对边上朝向花园的地方有两个房间，它们一边是 8 臂长，而另一边是 14

[151r] 臂长。最多要从其中之一拿去 4 臂长。在这些房子之间，与前面的通道位于同一直线的位置上，有一条宽度相等的通道，即宽 4 臂长，而长度与此翼的进深相等。所有这些在地面层上的结构都只有 9 臂长高（150v 图 A）。在顶层的边上，有两间 10 臂长见方的房间，恰好位于地面层上那些 10 臂长的房间

之上。它们里里外外都完全一样。在这些房间之间，有一块8臂长宽，长10臂长的空间。这层楼是9臂长高，就像地面层一样。然后是地面层上面的另一部分，只有一个10臂长的房间和一个20臂长的大厅，二者的高度都等于下部房间。这两个部分，也就是大厅和房间，形成了第一层。在前面提到的这两个房间在大厅上方。到这里的总高是18臂长。在第二层上有一个高10臂长的大厅，它从一端延伸到另一端。至此，高度是28臂长。接下来是屋顶下高4臂长的一块地方，那里可以储存燕麦和其他东西。后部只达到这两个部分的高度，即18臂长。因此，在院子两侧的这两条4臂长的通道就是有顶的，并且在第一层上有柱子，而顶上是露天的。

您已经熟悉了它的形式、组成部分和尺度。现在我们必须看看它的装饰。首先，我们要讨论这座花园（150v图A）。您已经看到了，这座花园是两个正方形。就像您在图中看到的那样，它在中心处有一个水池。在底部是畜栏、储存饲料的地方，以及放鸡和这座建筑所必需的其他物品的地方。您可以看到，它全都有拱顶。它们是用这种方式建造的。拱鹰架，即支架，已经建好。在这个支架下面，枝条被织成格栅状。接着把它铺上一层制好的石灰泥，并做成人造石的样子；它看上去就像一种胶粘剂，非常坚硬。这种灰泥混合物经过特制，水或是任何潮气都绝不可能使其发污。"

"那，告诉我，你知道这种灰泥是如何制作的么？"

"知道，阁下。"

"我想让你给我讲讲它是怎么做的。"

"好的。在我给您讲其他内容的时候，我会一并给您说说这个的。[334]

它全都带有这种样式的拱顶，一直到屋顶上。它的正立面看上去是这个样子的（151r图）。在侧面上的那些也采用了同样的做法。不过，立面上有很多装饰物。其中，在大门上方就是'善'，它下面是'恶'，这就像它们在自己的殿堂里描绘的一样。把这许给他*仅仅是因为他创作了'善'的人像。他的胸像也刻在那里，下面写着他的名字，还有与这两句诗内容有关的其他话：他是如何建造这座房子——'善'之剧场的，以及他是如何创作刻在这里的两个人像的。那里还出现了'意志'、'理智'、'名誉'、'记忆'和'智慧'。它们有的在入口柱廊的下面，有的在边上，还有的在外部的两边上。您可以看到那三个雕刻人像在图中呈现的样子。"

* 这里突然出现的代词，所指不明，英译者也未作考订。——中文译者注

第十九书

[151v]

以上第十八书，以下第十九书。

在这第十九书中，我们将提到诸多技艺的创始人。在通向这座房子的入口内部，全都是那些在建筑、雕塑、人像，或其他科学领域里最为杰出的人。所有人都进行了描绘，而他们的名字就写在下面。大部分创始人手里都握着一张画有他们作品的画，那是他们创作出的最高贵的作品。首先是建筑师。[335]他们一个个按照时间顺序排列。这些人当中，最前面的是建造埃及迷宫的那两位。一个名叫米尼多特斯，另一位叫韦尔纳龙。阿基米德在那里，手中拿着他发明的机械，这东西曾在马库斯·马赛勒斯围攻并最终占领港口的时候，把叙拉古从舰队中解救出来。他在绘制和设计圆形及三角形的过程中被杀的场景，也表现出来了。米尔梅西迪斯也有。普林尼说他是最精妙的一位雕刻家。他刻制了一辆由四匹马拉着的战车，而一只苍蝇就可以用翅膀把它盖住。这也和他一起画在了这里。还有巴特拉库斯、绍鲁斯、卡纳楚斯、雅典人第欧根尼、阿杰桑德和波利多鲁斯、罗得岛的阿忒诺多鲁斯、阿凯西劳斯、埃斯凯拉皮乌斯、利西亚斯、波利卡尔姆斯、菲利斯库斯、波利克利斯、狄奥尼西奥斯、阿里亚努斯·伊万德、以弗所的苏格拉底、迈伦、特拉里斯的阿弗罗迪修斯，那位雕刻家；帕皮鲁斯，普拉克西特列斯的门徒；小塞菲索多图斯，普拉克西特列斯的儿子；有迪亚底斯，据维特鲁威所说，他曾发明过一座移动木塔，建筑师希莱努斯也有。玛尔希亚斯也有，他发现了和弦。普里纽斯也画了，他最先发现了白羊座和射手座，即黄道十二宫。有阿特拉斯，发明地球仪的人。萨摩斯人毕达哥拉斯发现了被称作金星的恒星的特征，它总是位于太阳的前面。恩底弥昂发现了月亮的轨迹。据普林尼所说，利希斯特拉图斯发明了用人脸制取石膏模型的方法。斐洛写了关于圣庙的，或者叫教堂的尺度，还描述了在皮莱乌斯港口的一座民用武库。赫莫杰尼斯在一个叫马格尼西亚的行省里用爱奥尼柱式建造了戴安娜之庙。有阿塞西乌斯，科林斯柱式的创造者。人们说埃斯库拉皮乌斯，菲伯斯和仙女科罗尼迪斯的儿子，用他的双手进行了创作。

那还画着很多其他建筑师的肖像。他们的名字是，雅典的阿加萨霍斯、多立克柱式的希莱努斯、西奥多勒斯、凯西弗隆、梅塔基尼斯、皮修斯、伊克蒂努斯、卡皮翁、佛基亚的西奥多勒斯。还有那些建造了阿尔泰米西娅陵墓的人，画中他们正在建造这座陵墓。其中一个名叫蒂莫托伊斯，另一个叫皮西斯。还有萨蒂鲁斯、莱奥哈里斯、凯里斯、布里亚克西斯、拜占庭的斐洛、普拉克西特列斯。在其他建筑师和数学家中，还有德莫克利斯、波利多斯、阿格斯蒂斯特拉托斯、安提斯塔底斯、安提马基底斯、Cyrrha 的安德罗尼柯、塔伦腾的菲洛劳斯、佩尔加的阿波罗尼奥斯、叙拉古的斯科皮纳斯、珀修斯、德莫菲洛斯、波利斯、萨马古斯、迪亚底斯、尼姆弗多鲁斯、迪菲洛斯、皮洛士、普鲁希球斯、卡莱什鲁斯、波利努斯、乃克萨利斯、塞奥西底斯、莱昂尼达斯、厄弗拉诺尔·埃福伊欧斯。另外还有弗兰代特里托，他建造了所罗门圣殿。还有珀罗普斯，兴建比萨的人，以及安特诺尔，建造帕多瓦的人。 [152r]

此外，还有在绘画方面非常著名的古代画家，他们的作品和姓名写在下面[336]：画家那西塞斯、画家罗马人费比乌斯、画家卢修斯·马利尼乌斯、画家普罗托耶尼斯、画家阿佩利斯、画家蒂曼底斯、画家亚历山大、画家宙克西斯；画家西泰迪厄斯，执政官；画家帕库维乌斯，悲剧诗人恩尼乌斯的外甥；画家卡桑德、画家阿里斯提德斯；画家图尔皮利乌斯，一位罗马骑士；画家马蒂亚，瓦罗的女儿，一位画家；画家希腊人帕尔哈修斯、画家波利格诺托斯、画家蒂曼底斯、画家阿格劳丰、画家雅典人尼西亚斯、画家厄弗拉诺尔、画家塞浦路斯的蒂曼底斯。下面都是皇帝：画家尼禄、画家瓦伦蒂尼安、画家亚历山大·塞维鲁。据说哈德良画得也很好。我想这些都是引人注目的人物，因为在那个时代德艺是受珍视的，尤其是在它与绘画有关的情况下。这些皇帝、国王还有贵族，都不以了解制图和绘画为耻。今天看来却会是很丢人的事，绝没有当年罗马的光景了。费比乌斯是一个非常高贵的家族，他们很多人都是画家。他们也是通过这门艺术成就声名的。等他们升到执政官的级别时，便把自己的成就画在了罗马。还有很多很多非常高贵的画家、才华横溢的罗马人，以及来自其他尊贵国家的，也不乏值得尊敬的国王和贵族。福弗拉诺不是一位国王么？还有我说过的其他人，画家德米特里、卡拉米斯；泽诺多鲁斯是一位雕刻家。雅典的画家尼西亚斯、赫拉克利德斯、不会画人像的塞拉皮翁，除了人像什么也不会画的狄奥尼修斯。画家亚历山大、画家奥里利厄斯；菲迪亚斯的绘画和雕刻精美绝伦。厄里底斯·格拉菲库斯，即画家，迪泰勒斯和克里特的希鲁斯。此外还有很多其他的古代艺术家，他们生活在塞勒斯之前、众神统治的时代，而且他们都名垂青史。雕刻家门拉斯，他的儿子米恰迪斯，还有他的孙子，名叫阿基姆斯，都属于这一列。到了诗人普塔勒的时代，阿尔卡米尼斯和阿戈拉克里图斯都是非常久远的画家。

很多实用物品的发明人和创造者也有所表现。西伯丽画在了最前面，她坐在由两头狮子拉着的双轮车上，头上还有一顶看着像塔一样的王冠。这是因为奥维德说她是第一个造塔的人。因此在她的头上画了一座塔。沃拉里创造了绘画艺术，而他是一位希腊人。[337]传说他是从一个影子里领悟到的。有人说绘画是在埃及发明的。埃及人说他们掌握绘画的艺术比希腊人早了六千多年。不管怎样，我们在书中看到的是，绘画源自阴影。据说波利克里特斯在古代发明了雕刻艺术，也就是，雕刻大理石和石材。菲迪亚斯和普拉克西特列斯也画在了这里，还带有今天矗立在罗马的那两匹马和大理石巨人。伟人皮洛姆尼斯也有，他发明了航海技术。他是非洲人。还有阿里斯丢斯，按照维吉尔的说法，他发明了在失去全部饲养的蜜蜂之后再次获取它们的方法，亦即，如何再得到它们。[338]

人们说，这位阿里斯塔俄斯就是仙女库瑞涅的儿子，佩内奥河的女儿。[152v] 这位阿里斯塔俄斯趁俄耳甫斯的妻子欧律狄刻在草地上采花的时候追赶她，并抓住了她。她出于矜持便开始逃跑，结果踩到了一条蝮蛇上。她很快就离开人世，来到了冥界那里。俄耳甫斯听到了降临到他妻子身上的怪事之后，便抄起他的里拉琴，一路弹着它深入到普路托的王国。他的演奏是那样地甜美，以至于到了普路托和普洛塞尔皮娜的王座前，竟没有遇到一丁点麻烦。他到了那里以后，被允许把她一起带回去，条件是他决不能回头。他到了冥界之门时，担心她又会被从自己的身边夺走。到了冥界的出口时，还在大门的里侧，他因为怕她已经被夺走了，所以就回头了。他一毁约便失去了她。就因为这个悲剧，他再也不想见到任何女人了，尽管他还非常年轻、非常英俊。有一次，鞑靼妇女们在向巴克斯祭献的时候，他游荡到了这个地方。她们一看到他便怒不可遏地把他杀了，然后砍下他的头，丢进埃布罗河里。据说那头沉到了波浪之下，呼喊着他的欧律狄刻。俄耳甫斯和他的欧律狄刻被这一切激怒了，他们把所有的蜜蜂都杀了。

阿里斯塔俄斯一只蜜蜂也找不到了，传说他去找了他母亲库瑞涅，她同很多其他仙女一起住在她父亲佩内乌斯的洞穴里。他到了她们的入口那里，或者叫门廊吧，便开始呼唤他的母亲，呼音中满是悲伤。一个叫艾里苏萨的仙女听到了他的声音。她伸出手来，问他想要什么。他把自己来的原因告诉了她。艾里苏萨一听说他是姐姐的儿子，便一下子拉着他的手，把他带到他母亲那里。她见了儿子便热情地亲吻他，还给他上了食物。她弄清了他来的理由之后，就回答他说必须要到尼普顿宫去，跟他的牧人普罗秋斯谈。

她们用过午餐之后，他便四处查看仙女的住处。在这里，他发现了若干河流的源头。他看到了尼罗河、幼发拉底河、底格里斯河、波河、罗讷河，流入鞑靼的那条河的源头，还有台伯河和它弟弟的源头，后者滋润着圣芳济各接受圣印的托斯卡纳各地。这两条河有如兄弟一般，关系绝没有那么融洽，一旦它们分道扬镳，就一个朝东走一个朝西走。尽管它们从同一片大海流出，二者之间也有不小的距离。您知道，一条河在奥斯蒂亚那里入海，它滋养着罗马，并把托斯卡纳与拉丁地区分开。它们就像兄弟俩，我说过，因为有时候一条河要从另一条河那里抢去一大部分。台伯河就是这样，它要占去比弟弟更多的领地。它的弟弟阿尔诺河就是这样叫的，它并不会为如此广阔的土地提供水源，而且也不在各省之间形成界限。但丁在解释这些内容的时候说："接着他答道，一条溪流绵延穿过托斯卡纳，在法尔泰罗纳山升起。它的河道有一百哩长，继而流经托斯卡纳，穿过佛罗伦萨和比萨的中间，再过五哩之后便同地中海的咸水融为一体。"[339]

在看过了这些主要河流的所有区域和居住地之后，他让母亲带他到尼普顿的牧人普罗秋斯住的地方去。同她的女儿欧里斯泰奥一起，他们越过紫海到了普罗秋斯住的地方。他们到的时候，普罗秋斯还没有带着他的牲口从草场回来。此时，他们就在他的洞穴里等他。母亲把为了得到重获蜜蜂的方法而必须做的事情教给了他。普罗秋斯一回来，他就必须用链子把他捆住，一定不能让他从手中跑掉，因为他可以变身成很多不同的动物。牢牢抓住他，最后他就会把一切都告诉你。 [153r]

库瑞涅说完这些话之后，只见普罗秋斯从远处走来，前面是他的号手，也就是特里同。随之而来的是在海面上跳跃和玩耍的一只只海豚，它们嬉戏的样子就好像围着妈妈们团团转的羊羔和孩子。它们的旁边来了一群鼠海豚，还有很多大海蛇和大鲸鱼跟着。一大群种类繁多的鱼都出现在了普罗秋斯前面。它们到了他的洞穴就钻进礁石里去，看起来和牧羊人在陆地上把牛羊带回圈里全然一个样子。所有的鱼都以同一种方式集中在礁石中间。它们的数量如此之多，以至于它们把海水给撑了起来，洞窟中的水面都涨高了，就像把一块肉放到锅里煮时水面会上升一样。正是：百鱼归巢波澜高，千鳖藏壑嶙峋深。水面上下都能看到它们躺着聚在一起。这里，鱼群正在洞窟中安定下来，普罗秋斯驾着一辆由两匹海马拉着的战车从中间穿过。所有的鱼都为他让路，仿佛是在向他表示尊敬，又好像是在惧怕他。尽管如此，要是有什么鱼挡在了他前面，他就会用自己的鞭子打它们，而鱼就会闪开，犹如一匹挨了马刺的奔马。全身灰白的普罗秋斯到了，他从战车上下来，然后给他的马卸下马具。他进了屋，也躺下休息了。

这时，阿里斯塔俄斯和他的母亲从他们藏身的一个地方出来，用武力抓住了普罗秋斯，并把他锁了起来。因为他不能用其他方法来保护自己，所以就变成了各种各样的东西，先是一头野猪，然后是一团火，接着是一头狮子，再是一棵树，继而又变成这样那样的动物。阿里斯塔俄斯记住了母亲教给他的话，没有让他跑掉，而是一直牢牢地把他抓住。普罗秋斯看到自己无法从他手中逃脱，便又回到了人形，然后问他想要什么。他跟他讲了。普罗秋斯说之所以会这样，是因为欧律狄刻和俄耳甫斯的死。如果他们不能得到满意的祭品，蜜蜂就永远也不可能再回来了。这些祭品应该按照以下形式制作。你要在众神之庙的附近建造四座祭坛。接着，你要拿四头公牛和四头小母牛，还有一头黑山羊，在祭坛上把它们杀了，然后把罂粟和它们放在一起。然后拿上公牛，把它们带进附近的树林里，再用森林里的树叶给它们盖上。把它们在那里放上九天，然后去看它们。

他松开了普罗秋斯，并陪着自己的母亲库瑞涅回到了她自己的住处。随后他便去准备交代给他的祭品了。在完成了所有牧人的要求之后，他在九天结束的时候去看那些祭献的公牛。他揭开一看，它们身上到处都是小虫子。阳光一照到它们身上，这些虫子便张开翅膀飞到了空中，相互之间附着在一起，就像一串葡萄。

阿里斯塔俄斯的蜜蜂失而复得之后，他便为重获的这群蜜蜂而感谢众神。[153v] 不过，要是您把蜜蜂丢了，就应该想别的办法去重新获得。我会在别的地方教给您一个更完整的方法。请在论农业的那一书中进行相关的阅读吧。[340]

蒂莱努斯也画在了那里，是他发明了小号。[341]达尔达努斯据说是第一位骑马的人，他也在那里。伊希斯也有，她是弗罗内奥（法老或者是甫洛纽斯?）的姐姐。传说她创造了字母表中的一些字符，发明了小手鼓，并教会了埃及人耕种土地。她是他们的女王。此外还有萨特恩，他在意大利传授使用和种植谷物的方法。特里普托勒姆斯也有，据说他是发明犁、并给多头牛一起上轭的第一人。那里也画了潘神，因为他第一个把嘴唇放到了潘神笙上，或者叫牧羊神之笛吧，人们说这是他发明的。墨丘利也有，据说是他发明了里拉琴，也就是，发音七弦琴。传说是他第一个发现它的。

人们还会在书中读到用弦发声的乐器的起源，那是以另一种方式发现的。有某位牧人死了母牛。他剥下它的皮，尸体干了之后，他听到风从肌腱之间发出了某种美妙的声音。他听了以后便去用手弹，而声音更大了。然后他又把它们放进一些空心的木头里。就这样一点一点地改进，之后人们便开始制作竖琴、鲁特琴以及其他乐器。

这也进行了表现[342]：埃里斯托努斯，发明战车的人，还有普罗米修斯，最先发明戒指的人。萨达纳帕勒斯也画在了那里。他发明了很多改进技术，例如躺在羽毛上，制作糖果，而且人们说他传授纺纱的方法和很多其他有女人味的东西。阿苏尔，塞姆之子，发现了紫色。此外，塞米拉米斯也在那里，据说她曾经发明了裤子，还有菲东，发明重量和尺度的人。塔尔坎也在那，因为他发明了脚镣和其他公正与不公正的刑罚。塞尔维乌斯·图利乌斯创立了人口普查，即按照宗族进行分区。琐罗亚斯德，诺亚之子，也在那里，他发明了魔术的艺术。尼努什最先发明了偶像。人们说，巴克斯发明了酿酒和种葡萄的方法。那还有梭伦，据说他在其他人有法律之前，就已经把法律传给了雅典人。莱克格斯也在那里，他把法律传给了古斯巴达人。特里斯迈吉斯图斯把法律给了埃及人，而努马·蓬皮利乌斯最先把法律给了罗马人。据说弗罗内奥第一个把法律给了埃及人。诺亚和他的方舟也在那里。据说第一个打猎的人叫雅巴尔；他是帐篷的发明者。犹八是他的父亲，据说曾经创造了音乐和演奏风琴的方法。土八该隐据说是第一个发现如何锻铁和铜的人。希腊人说是第德勒斯。人们说该隐是最先为城市和城堡筑起围墙的人。雷麦克同两个妻子在那里，因为他是头一个娶了两位妻子的人。奥达洛也画在了那里，因为据说他最先搭起了牧人的帐篷。奥莫古鲁伊斯也有，据说他是第一个给多头公牛上轭的人。女神刻瑞斯也在那里，因为她最先把铁放入土中。帕拉米诺是第一个发明研磨和舂捣谷物的人。贝扎利尔发明了圣龛的形式。阿皮图伊斯据说曾发明了烹饪各种食物的方法。密涅瓦发明了纺毛和织毛的技术。安娜，萨恩的妹妹，据说是第一个让驴和母马交配产下骡子的人。那里还画了很多其他的人，根据各种不同的意见，他们都是发明某些东西的人。

有人说伏尔甘发现了火。这也画了。有人说，某些牧人把岩石投向更大的石头，以便打出火星，通过不断的努力，最后他们就可以生起火来了。有人说一道闪电从天而降，把一棵树给点燃了。伏尔甘靠近之后就这么发现了它。所有这些故事都画了上去。［154r］

可以相信，很多东西都是由不同的人在各个地方以各种方式发明的。例如，玻璃就是偶然发现的。由于持久的高温，一些石头或泥土熔化了。据说它在熔化的过程中流到了一个地方，那里有一个人在灰烬中留下了脚印。它在这里便形成了印记的形状。有人说那种泥土中含铜，而这就是熔炼和铸造金属的发现过程。许多东西也一定是以前很偶然的发现。之后它们便一点一点地改进和提高。石灰也一定是过去偶然的发现。

这些东西的所有创始人都画了，姓名也写出来了，即那些可以知道名字的。无法知道名字的那些画出了他们的技术，而没有姓名。所有用手从事的技术都画了，例如玻璃的制造技术，那是一门高贵而华美的艺术。没人知道是谁发明了它，就是说，第一个创造它的人，也不知道那种使其能够不怕刀和锤的加工或熔炼工艺。据说，在奥古斯都的时代，有个人来给他进献了一只玻璃杯。他把杯子拿给他看，结果被嘲笑了一番。随后他便抄起杯子丢在地上；杯子没有碎，只是折弯了。接着他又拿锤子砸它。皇帝看到这里大吃一惊，拿起杯子留了下来。之后他便开会讨论这件事，结果叫人把他杀了。我认为塞维鲁做得很糟。他说，这样做是因为那样的话，金银就会一文不值了。不管怎样，如果有人能把它做出来的话，那在过去一定会是一件珍品，因为有太多的物件是用玻璃制作的，而所用的颜色数也数不清。[343]我说过，每一项技术都画了。那些最先测量天空和大地的人也画在了那里。据说切罗是第一位占星家。阿特拉斯和埃及的托勒密是测量世界的人。在那里我们画了太阳和星星，也就是行星，还有月亮的运行轨迹是如何发现的。据说古人把一个装满水的瓶子以这种方式分成了十二份。在这个瓶子的底部有一个小洞，他们让水一滴一滴地流出来。他们看到一颗星星升起，就在这瓶子下面放一个容器。满了之后，他们就把它拿走再放一个，然后取另一颗星星。古人就用这种方法在瓶子满的时候进行记录。他们按照想象中星星的样子来给每颗星命名。就这样，黄道十二宫全被发现了，白羊宫、金牛宫，还有其他的。接着，诗人们给朱庇特和萨特恩以及其他化作星星的人编织了神话。时刻就从水瓶满的时候开始。在太阳升起的时候，人们在它下面放一个小瓶并进行划分，使得在下一次日出的时候，能够从大瓶里接满二十四瓶。然后，他们继续划分小时，它有多少时刻就分成多少时刻。有了这些度量，就可以制作钟表和其他测量和划分时间的方法了。古人也用这种方法来测量太阳。[344]

[154v]

我说过，每个人的身边或是手中，都有某些他曾经完成的作品。其中，菲迪亚斯在他身边有很多雕像，一眼看去有如青铜一般。据说他多才多艺，尤其擅长人物绘画。他在这一领域独占鳌头。这位菲迪亚斯据说是一位雅典人，他生活在罗马建成之后300年的时代。在他身边画着朱庇特的雕像，那看起来是用镶金象牙制作的。如果它在画中都能闪闪夺目，想想真品在过去会是什么样子。他旁边还画着密涅瓦的雕像，那是他在雅典创作的。据说这尊雕像精美至极，甚至被赐予秀美之密涅瓦的尊名。还有一个密涅瓦雕像画在他身旁，据说埃米利乌斯曾经把它从雅典带到罗马，并立在命运之庙里。他在雅典塑造的另一件制作精良且高度惊人的密涅瓦雕像也可以看到。据说有26腕尺高，由象牙和黄金制成。这尊密涅瓦雕像手中有一面盾牌。在盾的边上，也就是缘上，是亚马逊人与赫尔克里斯和忒修斯的战斗。中间是半人马和拉皮忒的战斗。此外还有众神与巨人的战争。这幅图画工艺精湛、炉火纯青，以至于他对其的评价与别人一样高。因为在雅典有一条法律，禁止在密涅瓦女神像身上署名，因此他就把自己的胸像刻在了盾的最外缘，这样就可以知道是他制作的了。人们还说，这位菲迪亚斯是在雅典进行绘画的第一人。据说他还是最先在雅典用青铜进行雕刻或铸造的人。那里还画着一个他在雅典用大理石制作的人像。那是女神维纳斯，技艺高超、出神入化，不论是谁见了都会满心欢喜地对她赞叹不已。因此，它在奥古斯都时期被带到了罗马，并立在他的宫殿里。这尊雕像的名声远在其他作品之上。在他旁边还有用大理石做的那件骑马人像，今天在罗马还可以见到。它的旁边是普拉克西特列斯做的那件。今天也在罗马。它们简直是一模一样，竟没有一位鉴赏专家能够判断出孰优孰劣。甚至说这两件作品仿佛出自同一位大师之手也是不够的。应该说，它们看起来倒像是用同一枚印章从蜡里按出来的。真可谓史无前例、巧夺天工。[345]

这位普拉克西特列斯也同这尊雕像一起画了上去，旁边还有他的很多其他作品。它们将在下面进行论述。在他附近画着他为名叫克尼多斯的岛屿制作的维纳斯像。那是如此惟妙惟肖，以至于很多人乘船来到这座小岛，仅仅是为了一睹这尊雕像的风采。据说这件作品使小岛声名远扬。他的旁边还画着刻瑞斯和特里普托勒姆斯等神的肖像，后者是克琉斯之子。由于父亲克琉斯曾经给自己带来美名，维纳斯便把他放在一辆由毒蛇拉着的车里，让他周游世界，把种植谷物和耕作土地的方法教给人类，因为他是犁的发明者。那里还有拉托那和维纳斯的肖像，它们曾被带到罗马，放在了卡彼托山广场上，也有戴安娜和埃斯库拉皮乌斯的肖像，波利乌斯·阿克希利乌斯把它们放在了他在朱诺庙的墓地。下列与菲迪亚斯同时代的人也画了。他们大部分人都

[155r]

在效仿他。他们的名字是阿尔卡米尼斯、克里底亚、内西奥特斯和海吉亚斯。与此同时，就在这个时代有以下这些人：亚格拉达斯、卡伦、拉哥尼亚人高尔吉亚、波利克莱托斯、福雷德蒙、迈伦、毕达哥拉斯、斯科帕斯、佩雷勒斯。此外还有波利克莱托斯的弟子们：阿索波多卢斯、亚历克西斯、阿里斯提德斯、普律农、迪农、安泰诺多罗、克里托尼安人德米亚斯、埃米欧尔恩。之后是法拉尔希德、迪诺米尼斯、帕特罗克洛斯、波利欧克里托、希帕托多鲁斯、亚克蒂翁、泰利马库斯。此后是莱西普斯、他的弟弟莱西斯特拉特斯和斯忒尼斯。他们名叫欧弗隆、索斯特拉特。西拉尼翁据说在没有大师的时代创作了神奇的作品。[346]卡雷斯也画在了那里，他是莱西普斯的徒弟；他创作了一座高 80 腕尺的人像。据说一个人连雕像的大拇指都抱不过来。布里亚克西斯也在那里，还有他为意大利奥古斯都之庙创作的人像。它有 50 腕尺高，精美绝伦。还有泽诺多托斯，以及他在高卢的阿浮尔尼城所做的那尊人像。据说他花了十年时间才完成它，重量足有 400 磅。人们说它超过 400 腕尺高。它是在尼禄时代创作的，而且据说所耗不菲。[347]波利克莱托斯还创作了不可思议的墨丘利像，而泰斯西拉底斯创作了他母亲的那尊，也就是迈亚，这两件作品在罗马都是眼中的奇迹。

派利鲁斯也有，尽管他为叙拉古暴君发明了一种残酷的刑具，那是用金属板制成的公牛。他最先享用了这个玩意儿，因为，作为如此残酷死刑的发明者，由他来进行首次试验是再合适不过了。那也有卡利马楚斯，他总是批判自己的作品，因为他认为这些作品与他的期望相去甚远。他创作了坐在议员席位上、穿着长衣的赫尔克里斯像。此外，那里还有最先用大理石雕刻阿波罗神谕的人。[348]这些在梅迪斯人统治的时代。到了克里特饥荒的时候，他们雕刻了赫尔克里斯、密涅瓦和戴安娜的人像。人们说，不这样就无法挺过饥荒；据说这是太阳神的神谕指示他们的。

当我看到如此之多的杰出大师都被画在了这间房子里，便说："帕特罗菲洛斯，为狄奥多西在君士坦丁堡创作了如此一大尊青铜骑马像的人，自然也应该在这里。雕像体形之大，据说乌鸦可以从他的双眼中飞进飞出，而且雕像被放在一根高高的柱子之上，从地面上看去显得如此渺小。"

那里还会有创作了在罗马的那个青铜骑马像的人。阿尔卡米尼斯，菲迪亚斯的一个弟子，也会在那里，旁边是一个雌雄同体的形象，即一个维纳斯像，这是他用大理石雕刻的，并放在了雅典的城墙之外，尽管城里还有很多出自他手的其他雕像。此外，上文列出了名字的狄博努斯和斯基里斯也有，他们在叫希俄斯的岛上创作了戴安娜的头像。它被放在了神庙的入口处，这件作品太不可思议了，进来的人看它是在哭，而出来的人看它是在笑。马库斯·瓦罗说出自这些大师之手的很多珍品，都在领事的时代被运到了罗马，而后其中有很多又被送到了屋大维皇帝的庙里。他说，屋大维有很多用帕罗斯岛上开采的精美大理石制成的作品。 [155v]

布里亚克西斯也在那里，他以高超的技艺创作了在克尼多斯岛上的巴克斯像和密涅瓦像。此外，斯科帕斯也有，他曾创作了在佛莱明竞技场里的裸体维纳斯像。上面提到的普拉克西特列斯也在那里。旁边画着由他创作的维纳斯，这件作品技压群芳，让所有的男人看了之后都血脉贲张。维斯帕先皇帝命人把它立在他已经建好的和平神庙里。据说，屋大维·奥古斯都命人把坚纽斯的雕像从埃及运来，立在自己的庙里。阿尔希拜亚迪斯雕刻了立在屋大维庭院里的丘比特像。此外，那里还有四位萨梯的画，他们是因为俊美而被运到罗马的。其中有一位在肩上扛着一个巴克斯，另一位把他给盖住。还有一位看上去像一个哭泣的孩子，而第四位在他同伴的大酒杯里喝水。那里还有两位衣着轻薄而又飘逸的仙女。

摩索拉斯的大陵墓也画在了那里，边上是曾经建造它的大师们。他们都是斯科帕斯的同辈人和追随者：布里亚克西斯、蒂莫托伊斯、莱奥哈里斯。斯科帕斯负责东部，布里亚克西斯是北部，蒂莫托伊斯是南部，而莱奥哈里斯是西部。这项工程是为摩索拉斯而实施的，它实在令人叹为观止，当他的妻子阿尔泰米西娅过世的时候，这些大师都不希望它在完美之路上半途而废。他们又增加了其他大师，即皮西斯，他创作了一辆四匹马拉的双轮战车。据说这件作品栩栩如生，任何人看了都会认为他们是有生命的，而不觉得是用大理石雕刻的。人们说它的高度有 140 呎，周长大约是 450 呎。这件作品实在是太神奇了，以至于它被列为世界七大奇迹之一。

那里还有戴安娜和阿波罗的雕像，这些也被带到了罗马，立在了各自的庙里。它们出自前面提到的蒂莫托伊斯之手。吕西亚斯也在那里，他是一位极其引人瞩目的雕刻家。他的很多雕像都被带到了罗马，并立在了主殿帕拉廷里。屋大维为了纪念他的父亲，把其中很多雕像都立在了那里，而在他自己的宫殿里也有很多。[349]

所有这些杰出的大师和发明家都被画在了这间建筑师住宅里。[350] 每一位绘画大师及其部分作品也在那里进行了描绘。菲迪亚斯就是这些人中的第一位。他被放在了画家之首，就如同他位于雕刻家之首一样。这可以从他画了朱庇特雕像的事实中得到证明。人们说它画得是惟妙惟肖，任何人看了之后都会在心中对希腊的宗教重新燃起火焰。第二位是宙克西斯，他对自己的人像评价极高，即便只是用蜡做的也会是无价之宝。由他手所画的东西看起来不像是人工所得，却要当做神品。那西塞斯也在那里。他在化作鲜花之后便画出

[156r] 了自己的故事。昆体良所说的从阳光产生的影子中提取人物造型的人也在那里。这项技术之后便一点一点地改进。埃及人斐洛克里斯也在那里，据说他是绘画的创始人之一。我说过，埃及人说他们比希腊人早 6000 年开始绘画。马赛勒斯在西西里取得胜利之后，绘画才传入意大利。

那里有厄弗拉诺尔，他靠自己的色彩和尊严，几乎可以成为其他大师的国王。还有很多著名的大师，他们都理所应当地被古代的作家载入了史册，

比如泽诺克拉泰斯和安提柯。人们还说这两个人写了有关绘画的东西。阿佩利斯据说也向派勒斯讨论过绘画。第欧根尼·拉尔修说德米特里对绘画做出过评述。这在意大利也有很高的评价。绘画的艺术在托斯卡纳尤其被视为一种高贵的才能。同样在我们的时代，它也获得了很高的地位，您从上面就可以看出。绘画受到如此之高的重视，以至于特里斯迈吉斯图斯说它是与宗教同时诞生的。底比斯人阿里斯提德斯也在那里，看上去他画了一块镶板，据说卖了100塔兰同。普罗托耶尼斯也在那里绘制镶板，据说国王德米特里就是因为这，才没有一把火烧了罗得岛，因为他怕把它烧坏了。卢修斯·马利尼乌斯，一位罗马公民，也在那里，一起的还有费比乌斯，一位非常高尚的人，因为他们两人都从事绘画。出现的还有图尔皮利乌斯，一位罗马骑士，以及西泰迪厄斯，曾经的执政官和地方总督。这些人也在绘画领域颇有名气。帕库维乌斯，悲剧诗人恩尼乌斯的外甥，看上去在罗马剧场里画赫尔克里斯。苏格拉底、柏拉图、梅特罗多勒斯、庇罗都被认为在绘画方面很杰出。那里有360座雕像群，有的骑马，有的驾着为法诺斯特拉特斯的儿子德米特里·法莱里乌斯制造的战车。那里有如此之多的工匠为其忙碌，因此只用400天的时间就全部完成了。

在那些时代里，雕刻和绘画都是非常高贵的，因为有一大批备受尊敬的大师，而这些高贵而又值得尊敬的人研究并从事着绘画。据说保卢斯·埃米利乌斯就是一个这样了不起的人，其他高贵的罗马公民都让他们的儿子学习绘画。在希腊人里，绘画被当做一种优秀的传统、高贵而杰出的技术。他们还希望自己的儿子们勤勉地学习几何与绘画技术。不只男人可以学习绘画，女人也是可以的。这个的证据就是马蒂亚，伟大的瓦罗的女儿，他是我们拉丁语的明镜。由于其尊贵的地位，希腊人通过了一条法律，不许奴隶们碰绘画这门技术兼艺术。看上去，绘画应该被当做一件高尚的事业，不仅仅是因为人们把它抬得很高，更是由于大自然似乎也非常尊重它。可以看到，大自然用大理石和其他石料，画出了人类及其他动物的形式。为了证明这是真的，去看威尼斯的圣马可吧，我在前面说过，您会在某些大理石中看到大自然所描绘的人物造型。人们还在书中读到皮洛士有过一块宝石，一块珍贵的石头，［156v］上面画着所有九位缪斯女神，每一位都带有可以识别的标志。

画家帕尔哈修斯也画在了那里，色诺芬说他与苏格拉底交谈过。他的线条活灵活现。看起来他还是那位听到了阿佩利斯的大名之后，便到他的国家去和他交往的人。他没在家里找到他，只看到了一块他刚开始制作的镶板。在阿佩利斯已经画出的一条极细的线上，他用另一种颜色又画了一条。波利格诺托斯和蒂曼底斯也在那里，他们在作画时只使用四种颜色。阿格劳丰也在那里，据说他画画时只用一种颜色。当然了，他只用单色作画。雅典人尼西亚斯和宙克西斯也在那里；据说他们在光影方面登峰造极，超越了所有的人。蒂曼底斯也在那里，卡尔堪迪斯在他画中非常悲伤，也就是非常忧郁，因为伊菲革涅亚被杀之后，她父亲为了离开奥利斯岛，把她献给了诸风之王埃俄罗斯神。他还在伊菲革涅亚父亲的双眼上画了一道帘子，来表现他有多么悲痛。维特鲁威也画在了那里，他正在用脚测量他的机械。[351]潘菲利乌斯也被描绘在了那里，这位非常久远的画家曾经说，不理解几何技术的人，就无法在绘画上达到完美。

在旁边的另一个地方画着阿佩利斯，卢克莱修斯说他画了‘诽谤’。[352]看起来他应该是用这种方法作画的。‘诽谤’是如何表现的。首先是一个耳朵很长的男性，他旁边站着两个女性；一个叫‘愚昧’，另一个叫‘猜疑’。不远处来了一个女人，那就是‘诽谤’，她要不是看起来有点瘦，其实还是很动人的。她右手握着一把点燃的火炬，另一只手揪着一个少年的头发拖着走。他把双手举向天空。她的旁边有一个男性，面色苍白、深沉，而且丑陋，看起来很消瘦很邪恶。他就是‘诽谤’的向导，名叫‘恶毒’，也就是‘嫉妒’。有两个女性陪伴着‘诽谤’，给她打点衣装。其中一个叫‘阴谋’，另一个叫‘欺诈’。她们身后是一个身着黑衣的女性，她在撕扯她的脸和衣服。跟在她后面的是一位羞愧的、几乎是裸体的少女，而这就是‘真相’。

‘慈善’三女神也被画在了那里，也就是‘美惠’。她们张开双臂互相拥抱着站在一起，一位背对着我们，而边上的另外两位面对着我们。她们的名字如下：阿格莱雅、艾芙洛修妮、泰莉亚。[353]她们是慷慨的一种象征，因为其中一位正在接受恩惠，而另一位在给予。看上去在这座房子里，阿佩利斯是用这种形式描绘她们的。

卡里米斯也在那里；他雕刻了某些泽诺多鲁斯开始做的杯子。[354]他以同样的手法来制作它们，其相仿程度之高，使得二者之间看不出差别来。尼西亚斯也在那里，他是画女性的。那里还有赫拉克利德斯，他画了很多船，并因此备受赞誉。塞拉皮翁也在那里，他除了男人像以外，什么都画。还有狄奥尼西奥斯，他除了男性什么都不画。亚历山大也在那里，他只画野兽，而且画得惟妙惟肖，尤其是狗。一天，他在画某一条狗的时候，一群路过的狗突然开始咬他画的狗。他曾被委托去为庞贝大帝的柱廊作画。奥里利厄斯对少女情有独钟，并总是画女神。这些他都要当成心仪的姑娘的肖像来画。[355]看上去，他也在这个地方画过这些。那里还有画了一个葡萄架的人，鸟群见了他的画，经常会飞来啄它们吃，以为那是真的葡萄。那里还有一个画了马匹的人，他一直想在马嘴上画出泡沫来，却怎么也无法用笔画出来。只是一次偶然的机会，他的一个徒弟用了一块蘸满颜料的海绵，才把它画得栩栩如生。

[157r]

这对于每一个人来说，似乎都是一件优美而高尚的事。翻译官说：“阁下，书中从这里往下，写了很多华丽的东西。如果有可能把它们做出来，我想这会是一件高尚的事。它叙述了城市的布局，城里高贵不凡的建筑，还有那里施行的法令和规章。这对于任何将它们颁布实施的人而言，都是一件功德无量的大事。”

这时，公子答道：“这要看我的父亲公爵大人。或许当着他的面朗读这些内容会更好，因为如果他能够对此感兴趣的话，他会将其付诸实施的。毫无疑问，这是再好不过的了。”

于是便这样决定了，他写信给公爵，问他想让我们怎么做。他回信说，希望先把所有剩下的建筑都建成，之后我们就可以安排全部事宜了。因此，我们做好了完成港口和城市中所有建筑的安排。他还希望我们在港口附近设一座武器库。

我们找到了一个恰好满足这个用途的地点，就像当初乡野之地适于这港口一样。在港口附近有一块地方，看上去俨然是设计出来的样子。它是这个样子的（157r 图）。在群山中有一处约一哩长的凹形弯地。入口处约有 100 臂长。它恰好就是一个 C 的形状。四周的陡坡有如一道墙。这里有一处非常可口的泉水。我在看了地形之后，觉得建造一座武器库是非常合适的。

我们在考察过选址之后，对它非常满意，于是便下令开工。我们采用以下方式进行设计。在它周围，我们建了一道 20 臂长高的柱廊，其壁柱之间宽 16 臂长。从陡坡到这条柱廊的末端，有 50 臂长的距离。它就这样围了一周。它就是您在这里看到的形式。[356]然后，我们挖出了码头及其出口的淤泥。它的直径有 100 臂长，这样船只和战舰就可以下水出海了。清淤的区域全是砂，而且在清淤的过程中，我们发现这道“深沟”早已经用巨大的石块围了起来。由于大量带砂的泥土已经沉到这里面去了，所以我们没有注意到这里早先已经有所建设。我们就这样继续挖掘，在往下挖了很深以后，我们发现了一条

相当大的船。其木料非常坚硬，仿佛才刚刚沉到那里不久。我们看到这船和[157v]这墙之后，推断以前一定存在过一个港口或者武器库。在全部清理完之后，我们对此大为震惊。而更令我们惊诧的是，我们发现了整整一圈都已经用最精美的石材建起的方形壁柱及其上的拱顶。整个地方都清理好了。底面干干净净的，仿佛是铺了一种坚硬的材料，看起来就像熔化的石头一样。不过，我不想让您以为它就是这样。这些拱顶从底面的25臂长，或者还要多些吧，一直延伸到地面高度，而且非常干净，看起来简直就是新建成的。它们约有16臂长宽。我们觉得在发现了这之后，才真正找到了有价值的东西，而我们是欣喜若狂。[357]

在全部挖掘完成之后，我们小心地检查了前面提到的那艘船，因为它看上去曾经是用一种非常奇怪的方式建造的。我们对它惊叹不已，因为它迥异于今天所使用的那些。这艘船是以这种形式建造的，（157v 图）。[358]人们叫它Tiburna Serpentaria，因为它的外观好似一条毒蛇。我们是从刻在它上面的字母知道这个名字的，尽管这和我们自己的字母截然不同。我们在仔仔细细地把它全部检查完之后，发觉它的坚固程度就像是一年前刚刚建好的一样。它和煤一样黑。钉子全是铜做的，而且工艺上乘。我们把它里里外外仔仔细细看了个遍，而后在艉上发现了奇妙的箱子。我想它也是由这种木材制成的。我们发现它之后，便把它拖了出来。它很重，而且组合的方式很怪，谁也看不出来怎么打开。我们把它放在了一边，在公子没有得到任何建议之前不准备开启。这个地方全都弄好了以后就把水放了进来。这条船将将能浮起来，岁月使其异常坚硬，而这木材看上去几乎就和石头一样。我们艰难地让它立起来漂着。它就像一艘货船一样浮着。公子看了之后，希望把它沿河带到斯弗金达。它的古美、造型和奇异让所有人都激动不已。您可以在这里看到它的图。在盛大的欢庆活动中，船被带进了城里，之后放在了四根柱子上，不论是雨还是别的什么，都无法对其造成损害。它的身上装饰着字母和黄金，这些记录着发现它的时间和地点。船被放在了神庙的前面，也就是大教堂的前方。

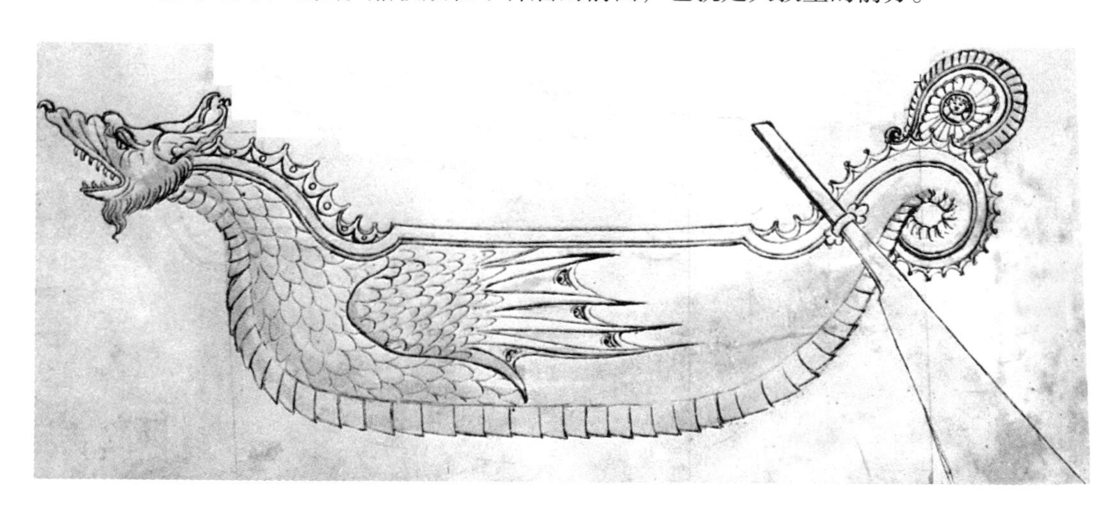

那个箱子被打开了。我说过，它外部的工艺非常精美，身上布满了铜铆钉。里面是用黄金和宝石制成的珍品，其不菲的价值引起了人们极大的赞赏和喜悦。它里面还有一个做工精良的小金匣。匣子里面有很多东西，其中有一个杯子，那是用最好的祖母绿制成的，它的盖子上刻着精美的版画和人物。在杯底的中间有一个人像，样子好像一位仙女，她一手牵着一头独角兽，另一只手是一头老虎。它的周围有字，写的是："我，德米拉米斯女王，将此杯送与您，您将用它品尝到幸福的味道。每当您看到它，请想到您的德米拉米斯。"那上面还刻着很多其他东西，其中有我们国家没有的动物和很多其他令人愉快的东西。这些全都是无价之宝。当我们看完了所有这些，我们设想它们一定是某位王后送给这位国王的。不幸的是它们没能如愿被送达，要么是被盗走，要么就是送宝人舍不得把它们交出来。不管怎样，它们最终还是以这种方式重见天日。

[158r]

他对这个发现喜出望外，特别是这块地对于我们的工程来说，有着得天独厚的优势。他要在两侧建两座堡垒作为护卫。其中之一因为地形要大一些，而且要建成这样（158r 图）。当这两座堡垒和全部武库建成后，他让我们开始造船、军舰和其他船只。为此工程还准备了大量的木材。

他随后说到要对斯弗金达进行规划，这样人们才能住进来。首先他令我负责供水，因为尽管水源充足，他仍然希望百姓取水非常便捷。"我要解决必需的问题。同时还要重新布置行会和作坊。它们应该布置得有条理，我可不想到处都能看见它们。不过，它们也不能相互隔开。等我们一回来，你立刻就办这件事，不要让我再多说。"

到了斯弗金达之后，我骑上马朝南方和东方之间奔去。路边不远处有一座小山，接着还有一座更高一点的山。我们过了这座山之后，看到它后面有一片相当大的湖水。当我发现河床和第一座山差不多在同一个高度的时候，心里非常高兴，因为这样一来，把山挖开或者打通之后，湖水就可以引入城里了。全部考察完毕之后，我便打算回去，却发现天色已晚，到任何一个我知道的住处的路程都太远了。我正站着犹豫时，湖上来了一条小船，上面有两个人。我走上前向小船示意。他们迅速靠了过来。我问他们附近有没有地方可以住一晚。他们说最近的也要十哩地。我又问他们该怎么办。

"要我说，您今晚只能跟着在我们那小屋里凑合了，虽然它有点小。我也想不出别的辙了。"

我接受了邀请，他们对我说："沿着湖走，过一座小山。我们家就在那。"我上路出发，他们便去收网。等我登上这座小山，便放眼望去。那边是道小山沟，还有条小河从中流过。那里有座小屋，从这里看去很漂亮。我快马过去，到了屋前，一个身长面善的人迎了上来。他问我有什么事。我就跟他讲了。

他听了后说："欢迎您。那几个年轻人是我儿子。他们在打鱼。"说完他［158v］帮我下马，然后又是热情的欢迎。

我下马之后看了看四周和这座房子。能在这里见到一座布局精美、选址得当的房子，很是令我欣喜。它坐落在河畔，大致是这个样子的（158v 图）。因为靠近湖，所以河水在这里很宽很满，没有摆渡是过不去的。刚才我说过，这座房子坐落在河畔。它是这个样子的。首先它在靠近河岸的一侧有个很好、很大、很宽敞的院子。院子中间有个很漂亮的鱼塘，里面有很多种鱼，有鳟鱼、鳝鱼，还有很多其他种类的鱼。我把这里和屋内外看了个遍，觉得实在是美轮美奂。房子后面还有一座花园，这是真的佳境。您从这张图里就能看出它的形式和特点。我又走出来，沿着小河漫步。真是太有趣了，河里看上去就像没有水一样。河底的砂石全能看得清清楚楚，而鱼儿仿佛在石缝里飞翔。再也没有比这些更能陶冶人的了。继续沿着河走，一直到湖边，此处又较之前更胜一筹。正是：鱼翔浅底近河畔，鹰击长空远湖滨。

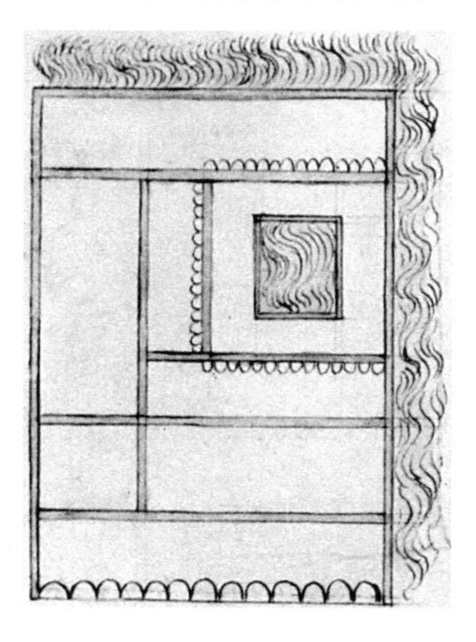

就在我们尽情赏景之时，小船回来了。他们到了之后，便给了我们热情而真挚的问候。他们把船驶入河道，然后靠在小屋一侧的岸边。他们从这上了岸，船里全是上好的鱼。其中一部分被放在鱼塘里，余下的被带走了。这里面有一条漂亮的鳝鱼和几条鳟鱼。别的鱼我说不上来，他们起的都是些奇怪的名字。他们把鱼给了女眷叫她们做。妇女动作麻利，有的煮了，有的烘了，有的烤了，有的这么做，有的那么做。没过多久就做好了。也不用客套，大家都坐下来，桌上是这些做好的鱼和某种沙拉。我胃口大开，尽情享受。而渔夫们的食欲看上去一点也不比我差。大家都坐在这宴席的周围。全部就绪之后，其他人便和我美美地饕餮了一番，无人不陶醉于席间，全拜我们的胃口和这鱼肉的肥美，还有这或煮或烤的高超厨艺以及桌上的很多其他美味。我要说，这是我吃过的世上最好的鱼，也是世上做得最好的鱼。

等到杯盘狼藉的时候，众人神情渐定，便开始交谈起来。我问起这湖的特点。长者便全讲出来，说里面全是上等的鱼，还有很多我没见到的。这湖里有鳟鱼、鲤鱼、梭鱼、鲈鱼、桶鱼、锥鱼、石斑鱼、雀鳝，还有鳝鱼。有时他们还能抓到鲟鱼和沙丁鱼。

“这些都是从哪里来的呢?”

“它们都是打海里来的。俺们跟岸这边是逮不着，不过奔下游去有时能逮着。”

“跟我讲讲，这湖有多大呢?”

“长宽一样，都不超过两三哩。离海约摸有四哩。” [159r]

我又问了所有的细节。他都一一回答了。

接着他问。“不知该不该问，可您来这儿是为啥?”

“我来是为了什么什么理由。”我把公爵的意旨全部道出。

长者听了很是吃惊，说：“俺觉着这事行不通啊，有座山呐。”

“这倒不必担心。要是实在不行，我们就把山打通。”

“这要是能行，俺觉得一定会是件好事，因为这水给你们那边儿确实很有用。”

“希望我们能做到，愿上帝保佑。”

我们就这样讨论了一会这湖和它的长度，它离海只有大概十哩。他们跟我说还有条宜人的小溪从湖中流出汇入大海。我想鱼就是从这里游到湖中来的。正因为如此，我确信打通山体将会是件又好又实惠的事。我聊了一会这些事情，便上床去了。第二天早上，我觉得离开公爵身边已有千年之久。我跳上马，和大家道别之后便上了路。众人又送出来很远，直到我上了回去的路。我快马加鞭，结果在日落之时就已经来到公爵面前。他迫不及待地问我考察的结果，有没有可能从高处引水来。我说有可能，只是有座小山给公爵的功德平添了几分周折。

此时公爵说：“这又何足挂齿。当初塞米拉米斯削平高山，引河入城。她们用力量引入这大河，才有了充足的用水。这我们现在就不用多说了。去找足够的人手把它凿通了，只要你认为能够用这种方式把水引到这里来，即便是铁山也要给我凿。”[359]

“阁下完全不必担心，大山凿通之后，河水肯定会被引到这里，您知道这是一条大河。”

“你肯定?”

“肯定，根据他们告诉我的话来看，湖很大，水量非常充足。他们说还有条大河从中流出，直奔大海。”

“告诉我，你觉得它有多远?”

“在下看来，大约有三十哩。”

“你认为把水引至地平高度需要多远?”

“在下认为，只需从平原往山上建起大约十哩的拱架。”

“很好，有上帝保佑，这将不费吹灰之力。立即下令，到这里所需的一切都要准备好。我要在凿通大山的同时，把拱架和高架渠建成。我要水一直流到我们的宫廷后面，因为我打算在那里建一座房子，这以后再和你说。它必将对整座城市来说都是美观、实用而且便捷的。”

“那我现在先要石材、石灰和石匠。”

“所有需要的都安排好。”

“向您的主管下令吧，我好开始命人凿山。”

“去吧，我会把其他东西都准备好。”

我赶到山那里，待万事俱备，便开始叫人挖。挖掘工作是这样开展的。首先凿出一个和城门一样大的洞，然后继续挖掘地面。这里和别的山一样，[159v] 有些地方是石头，其他地方是土。工人继续挖。等我们到了中间的地方，遇到了大量的黑土。里面有些亮晶晶的东西，我把它翻过来掉过去地仔细查看，发现这东西很重。我觉得这肯定含有一定量的金属。我叫人把这都放在了一边。我们继续挖，终于挖通了，可真没少费工夫。距离差不多有四哩。挖通的时候真觉得我们很了不起。而洞口足足离水面有 1/2 臂长。我看了这很高兴。打通之后，我们把隧道按需要作了尽可能的扩大。

然后我回到了公爵那里。他说想放下所有的事情，先来看看这隧道。我还呈上了发现的黑土。我们发现里面居然有大量的金和银，正好抵消了挖掘的全部费用。公爵听了这个消息说：“我们这些建筑的一切都会繁荣昌盛的。因为上帝要保佑我们，所以它们必将成为丰功伟绩。”

“这全都要靠您，阁下。”

“现在我要去看看这隧道，然后他们就可以开始砌高架渠了。我想工匠够了，石头和石灰也已齐备。你一定要把这些拱架造得精美而永恒。”

“包在我身上了。”

“不过，我还是想让你画张图。”

“遵命，我们出发吧。等阁下您视察完隧道回来，在下就会为您画一两张。您中意的那张将会被采用。”

公爵登上坐骑，沿着未来水道入城的路线行进。这似乎对于他来说有点困难。等到了山下，亲眼看到所完成的巨大挖掘工程，公爵大为震惊。他带着燃烧的火把走了进去，把它全看遍了，心里又十分高兴。要不是天太晚了，我们一定会穿过去到隧道的另一边。我们出来后，他说应该在洞口做些纪念物，好让人们永远看到它。

“告诉我，你把这洞挖了多大？”

“它有 10 臂长宽，约 15 臂长高。”

“很好，这很好。告诉我，这山顶有多高。”

“大概两哩。”

“好，山顶有平地么？”

“有的，阁下。”

“要是有人想从这山正中间打个洞下去，有可能么？”

“阁下，如果您想这样做，当然是可以的，因为我希望像在挖水平隧道时那样，按照岩脉走就不会花费太多。”

“以上帝的名义，明天我要和你一起到山顶上去，在那我们就会知道要做的一切。现在告诉我，我们是不是要在你的营地里过夜？”

“阁下，我们去附近的一个渔夫家里过夜吧。他是个好人，而且那边要比我们在这旷野里舒服多了。”

“一个晚上对我来说无所谓。你知道我是习惯于军旅生活的，你也知道我们去的话会比眼下好得多。”

“我已经在那里住过好几次了。”

“我们还是微服私访吧，这样更有家的味道。”

当晚，只有公爵、他的两个佣人和我去了渔夫的家。其他人都留在了这里。我事先通知了渔夫一家，说公爵那里派了位绅士来，要在他们那里住一晚。我们去了前面说到的渔夫的家。到了之后，我们受到了热情的欢迎。此人此湖都令公爵非常高兴。公爵问他湖有多大，里面产些什么鱼。所有问题的回答都令他十分开心。当晚我们就同渔夫一起住下，从这里的条件看，他的款待完全没有让我们失掉一分的尊严。 [160r]

第二天早晨，我们跟渔夫道别，到山下去看隧道最靠近湖边的洞口。然后我们开始往山顶爬。上去没费什么力气。我们到了山顶之后，公爵环顾四周，并开始思考这一切；结果他很开心。

他说：“既然洞口已经完成，我应该在这里建一座高塔或者某种堡垒，好守住隧道的入口。这也将是威严与美的象征，因为它将俯瞰整个湖面。”

“阁下，它必将会是无与伦比的。”

当我们把所有的地方都看了，一切问题也都定好之后，便下山去安排剩下的事。公爵说，水要尽快引到斯弗金达。我们离开后，便沿着未来的水道返回。一路上有很多人在挖，一直上到山顶，接着又进入斯弗金达平原。当他看到山丘的高度大约有 50 臂长，还有 60 臂长的落差，公爵说：“拱架要和这山丘一样高才行。”

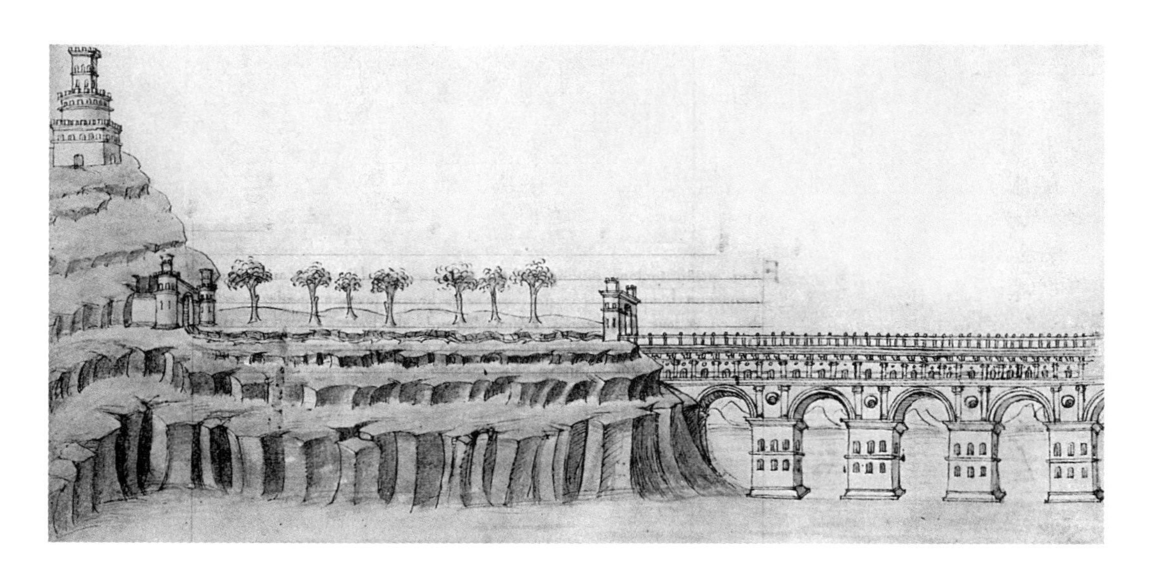

“遵命，阁下。”

“好，以上帝的名义，给我画张图，越快越好，这样我们才能开工。我觉得在水入城之前，好像要等上一千年似的。”

“阁下，明天一早您就会拿到我画好的图纸，它会让您对工程的情况一目了然的。”

“画在一张纸上就够，只要能让我看明白就行。”

回城之后，我就坐下来开始画图，就像您现在在这边上看到的形式一样（160r 图）。我把图献给了公爵，并依次说明了全部的尺寸和细节，公爵很高兴。

他说：“立即下令开工，争取早日完成。”

我命令开挖基础。工人和匠师很多，所有这些拱架的基础都在很短的时间内完成了。引水的水道，凿通至山顶的隧道，所有的事情都因为大家的努力和投入而并行不悖。这样，湖水被用来制作这些拱架的灰浆。挖出的土方直接运到城墙上造塔的转角处。拱架翻过城墙到达加利斯福玛城堡。高架渠的拱架越过其中的一条边。因为它们很高，我们走拱架进了城，进到了城里。

[160v] 我们直接到了宫廷。

对于那些没有见到基础的施工过程的人，可以通过下面的描述了解到拱架的宽度、高度和形象。基础挖至宽 20 臂长，用砾石和灰浆填充至地平 2 臂长以内。然后我做了一条 2 臂长宽的水渠。两侧其余的部分用砾石填到地面 1 臂长以内的位置。然后它上面用琢方石垒至高出地平 1 臂长。然后我再于两侧留出 1 臂长的基础。在此之上我们造墩子。拱券就从一个墩子跨到下一个墩子。因为我们的拱架将是 40 臂长高，我就首先要把这些墩子做成正方形。它们每边 18 臂长。每个之间的相隔是 20 臂长，墩子的高度是 30 臂长。拱券的半径是 10 臂长，所以拱顶离地面就有 40 臂长。墩子由 3 臂长厚的墙体构成，因此其中有 12 臂长的空间。这里做成上下两间房，每个都有 12 臂长的空间。在每个拱券之间，也就是在拱腋的位置，还有一间同样大小的房子。这样一来，拱架从上到下都能住人。墩子上的窗户是 6 臂长宽、12 臂长高。窗户的间隔距离和窗洞是一样的。这些拱架顶上的水道底部离这些窗户还有额外的 6 臂长。这里为 6 臂长高、1 臂长厚的拱顶所占据。水就在这上面流。这拱顶之上的平面高出地面 60 臂长。这个平面宽 18 臂长。我在中间留出 10 臂长的空间，然后在其两侧起 4 臂长高的墙。接着在两边，也就是这条中间的 10 臂长的两边，我留出 2 臂长的空间作走道。我把它的女墙做在外侧，它只有 1½臂长高。我在外面再挑出两臂长的架子支撑这个只有 2/3 臂长厚的女墙。这样在水道两侧就余下了 4⅓臂长的空间。在这 4⅓臂长的空间里，我又做了 1/2 臂长的小水渠。这些将把水运送过来，便于宫廷和全城的其他地方使用。[360]

高架渠修到这里，公爵说："现在我们必须建水库了。我要它 60 臂长见方，高度也是。我们会把女墙做成 10 臂长高，水就存到这里。我还要它作鱼塘。然后我要用这水来磨麦子，还要用于其他设施。我想这样才能发挥它的最大效用。你来负责把这件事办到最好。你一定要明白我的意思。" [161r]

"阁下，我想我已经明白了您的意思。请把它交给我吧，我一定会把事情做得让您满意的。我将为您画一张图，您看了就全都能明白了。"

"很好，快去做吧。"

"您看，这就是我对这座建筑的想法（161r 图 A，B）。平面上它是 100 臂长见方。我会在 100 的中间取 20，这就给我在 20 的每边留下了 40 臂长，您在这基础图中就可以看出来（161r 图 A）。这 20 臂长就像这鱼塘、或者我们叫它水库的扶壁，因为它会一直上到最高处。构成水库底部的拱会非常坚固，因为它们会分成九部分或者九块。接着它们会一直延伸至顶部的高度，使它们比用任何其他方式建造的都要坚固。它们之间跨度不会超过 14 臂长或 16 臂长。所以您完全不必担心它们上面水的重量。我们会按照图纸画的来做。

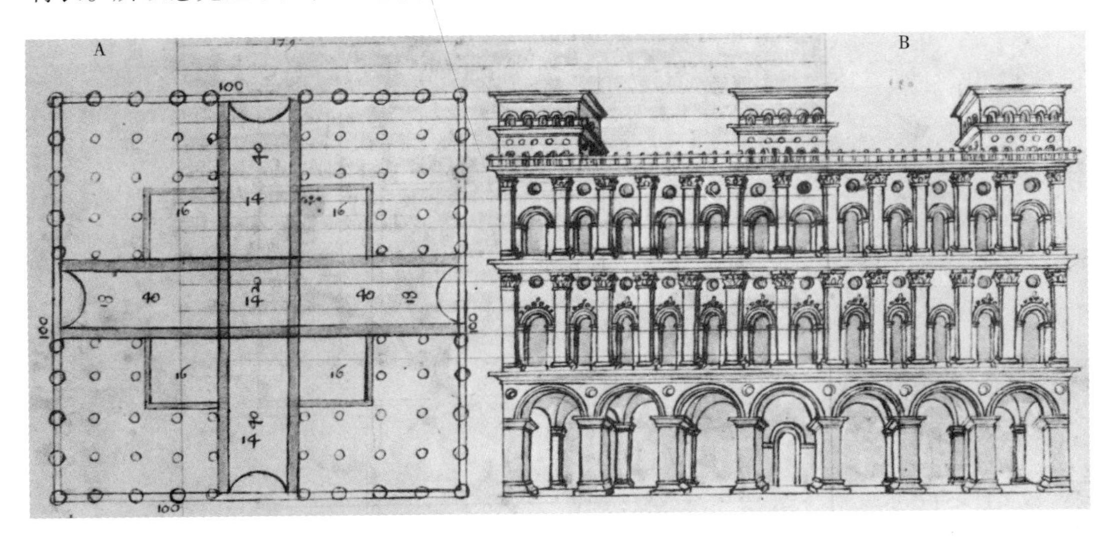

下面会有 2 臂长厚的柱子，加上其上的拱券，一共是 20 臂长高。这些会在这座大厦的四面形成一道柱廊，商贩可以放在里面。柱廊上面的地方将适于给磨坊，或者其他一些用水的行业，不是打铁就是别的什么。”

“不错，可你让这水从哪儿流出来？”

“我会让它从这些转角中的一个流出来，同时它会落到地面上。我们会想办法让它有用的。”

“那好，可你一定要注意，不能让水从墙里渗出来。”

“这很好办，我会做一种糨糊，水汽和寒气都不能透过它。不必担心它的效果，因为我已经用过它了。”

“告诉我你是怎么制作它的。”

“阁下，我先向您解释我的其他工程，然后再把这个教给您。”

第二十书

以上第十九书，以下第二十书。 [161v]

“我想您通过这张图已经理解了我的方案。如果您认为可以，我就下令营建。”

“好，尽快把它完成，与其他已经竣工的建筑相比，我更想看到这座。我希望它美观而且实用。”

“毋庸置疑，阁下，它一定会非常实用，因为船和鱼都能从大海来到这里。”

“那就快干吧，别的事情也要尽可能调整好。”

筑墙和切石所需的一切都已采办。整座建筑、拱架、水渠的隧道，以及朝向入口的水井，它们的墙都在很短的时间内围砌好了。这些都是和山顶的城堡同时完成的，这山俯瞰着阿维尔诺湖，或者还是叫阿里亚维尔诺吧，因为这才是它的名字。公爵要把城堡命名为利维尔拉诺。于是，全部高架渠便完工了。他还想在朝着湖水的一侧用大理石建一座气势恢宏的巨门，上面刻下建造的时间、主人的名字和设计者的名字。这高架渠非常奇妙，而且有很多用途。人们可以泛舟其上，不过太大的船还不能到那里。尽管如此，它的确是实用的，因为全程的水深都足够，不论是水渠上还是从拱架中穿过，即围起的 3 臂长水深的通道。这是最浅的地方，但即便如此，也能运送相当数量的货物，只不过船要小。

全部完工之后，放水入库，也就是鱼塘，一直灌到离顶部 8 臂长。我们从第 8 臂长到第 10 臂长的地方做了一个凹口，也就是一个洞口，水从里面出来流入若干水渠，推动水磨飞快地磨谷子。除此之外，还能打铁、打铜、磨光武器、磨刀和做其他事。再下面是织布和造纸。可以说这水是物尽其用了。最后它又形成了一个小水湖，还能有很多用途。然后它穿过剧场，可以在里面举行水上运动和庆典。接着，它通过其他水渠流入阿韦洛河，再汇入因多河，最终流走。谁也不应该对这水能起这么多作用感到诧异，因为我说过，它是从 60 臂长高的地方流下来的。每 10 臂长的落差就能产生很多用途。既然它设计成这样，我们就可以用于上述全部行业。公爵给这建筑命名为伊德罗尔斯，即水宫。这里还有一些水力推动的转盘，把货物吊起来装船和卸船。说起水轮机，我会说明这些转盘和其他东西是怎样做的。[361] 因为现在时间到了，公爵要在鱼塘里尽可能多的放入各种淡水鱼，除了梭鱼。公爵在针眼的地方把它们放进去，让它们沿着水渠游去。所以也可以说全程都是鱼塘了。 [162r]

我想每个亲眼看了这项工程，或是听到别人描述的人，都能理解它的形式。要知道它是可以住人的。很多地方都可以，尤其是拱架的壁柱，还有上部的一些地方，您从这张图里就能看出来。还可以全程在水渠下面走，它上面的水面高度位置也能走，骑马或者徒步都行。房子的楼梯在 20 臂长*的方墩里，而且可以骑马上去。

当与高架渠有关的所有事务都已安排妥当，出水口也已设在湖口处、隧道内及其出口处，还有公爵要求的其他一些地方，这时公爵便开始全面视察。一切都让所有的人十分高兴，包括公爵和公子。当我们登上山顶，到了拱架开始的地方，高架渠便一览无遗。公爵知道它是怎么从大水道通过小水渠导向四处的。他很满意，并说要一小部分流向宫廷。其余的部分要为领地的居民做喷泉和公共设施。

头脑还很年轻的公子说："阁下，这里有一处地方可作绝好的猎苑，那到处都是秀木美景。"

"阁下何时乐意，在下何时开始。这里还可用来带着猎鹰和苍鹰进行猎鸟。如果您愿意，还可以设一些渔场，放些野鸭、苍鹭之类的。"

听了这番话，公爵转身再次环视四野，说："你说得对。从现在开始，我便准你营建。要做到尽善尽美，四周要有围墙，不能让活物跑出去，还有绝不能太小。"

"另外，我会把旷野直到山上水渠口的地方也弄进来。"

"好，但水渠要从这中间穿过。"

"悉听尊便，阁下。"

这时公子过来对我说："现在你要静下心来做一件宏伟的事了。"

"阁下，我已经想出了一个尽善尽美的方案。全部用墙围起来，就像阁下您说的那样，一直到山上水渠口。一边是十哩；另一边有五哩就够了。"

"你在实施的时候，把另一边也做成十哩，再把这些小山也围进去。"

"好的，有上帝的保佑，这一定能做到。还可以在上面盖些房子，这样就能从那里看到动物们四处奔跑。"

"以上帝的名义，越大越美。用你最好的手法设置这些围墙。"[362]

"在下认为，围墙采用这种形式最好。首先它们要做成 10 臂长高，这样不论动物还是别的什么都不能跑出来。每一哩在墙上设一座小塔，再高出 10 臂长。每座小塔里有一间房子，住着工人和卫兵。墙上一周还能走人。还要[162v]把它分成两部分来隔开这些动物；每个一哩见方。食肉动物就放在这两个地方。环道的剩余部分之内将放上所有的猎物。"

"你要尽快准备必要的事宜，好让围墙迅速立起来，把各种禽兽放进去。"

所需的一切都已下令去办，匠师和工人也尽数雇来干活。苑区按照前述

---

* 前文是 18，见第十九书第 160v。——中文译者注

方案又快又好地围了起来。该围的地方围好了，该分的地方分好了，不过分隔墙没有其他的那么高。全部竣工之后，公爵便来视察。他看了之后非常满意，并说要下令尽可能多地搜罗禽兽放在里面。隔离区里只放食肉动物，比如熊、狼、狐狸、十字狐、獾以及其他吃肉的动物。在另一个里面可以放野公猪和公鹿。在更大的那个里面放梅花鹿、狍子和野兔。然后他下令种几片小树林，再挖些池塘养鸭子和苍鹭。

“尽管这里很多地方都有小树林了，还是再增添些树种，并整修现有的树木。”

周围已经有了很多挺拔的松树，但种了更多。他想要种更多的松树、柏树、月桂树、山毛榉，以及类似的树种，还包括冷杉。在苑区某个地方有座小山，比半哩高一点。似乎是有意做成的圆形，因为它看上去像座谷子堆成的山。它正好在食肉动物的一面隔墙上。公爵看了说：“我要这山上种满树。山顶上全种满月桂树。然后在这平地上种松树。这里还要建一座教堂，带一个修道院，一定要漂亮。”

“一定会的，阁下，一定会如您所愿。”命令下达，一片清新美丽的树林便呈现出来，还有一座优美的教堂。

当设计和施工进展到这一步，公爵便想在苑区中间的水渠上建一座尊贵而优雅的城堡。它的形式您一看便知（162v 图）。宫殿是正方形的，每一边，或者说每一面，都是 100 臂长。然后是一个 50 臂长宽、150 臂长长的院子。这就在宫殿的两端多出了 25 臂长。院子后面有一个 25 臂长的空间。它突出院子的部分和城堡一样多。这是佣人的宿舍、厨房、居室、大厅和宫殿其他的必要设施。院子用 6 臂长宽的柱廊围起来。上面有从一侧通往另一侧的带顶的路。这高 25 臂长。院墙 12 臂长高。第一个廊柱与此等高。宫殿只有 50 臂长高，而塔有 70 臂长。人们可以站在这里的任何一处上观赏狩猎。宫殿内部是这种形式的。有一个 50 臂长见方的内廊院。四周还有一道宽 8 臂长、高 12 臂长，和外院相等的柱廊。在这上面和下面有厅和室。柱廊下面每间屋子都是 14 臂长宽；上面是 22 臂长。楼梯在廊子的下面[363]并通往大厅。大厅设施齐全，有盥洗室和这座建筑所必需的东西。储藏室在整座建筑的下面，前部和后部都有。这些储藏室按照需要，尽可能地延伸到了院子的下面。马厩也很好，因为它们从地面抬升了足足 3 臂长。里里外外，各个部分都设计的合

[163r]

情合理。

等按照前面说的布置建成以后，公爵想要在它的周围建一个美丽的花园，半哩见方，带围墙。它在这一边和另一边是完全一样的。“这个你就照黄金书里写的那样做。我希望你如法炮制，要有水。”

这些就不用多说了，因为我们的储备丰富。总之是建造没有任何问题。当全部设计完成建好的时候，公爵视察过后，又把禽兽放进去了，便请公爵夫人来看。在夫人的陪同下，公爵安排了一次出色的狩猎，还有用猎鹰捕禽的过程，因为这些都很适合这座苑囿。这花园比亚洲人的那座毫不逊色，根据科尼利厄斯·塔西佗的记载，正是后者让卢库勒斯买来，结果惹了克劳迪奥·尼禄，招来杀身之祸。[364]这首开之猎大获成功。抓到了熊、公猪、鹿和其他很多动物，所有人都兴奋不已。

这些动物中有一头熊和一头公猪非常难杀，因为它们特别善于防守，尤其是那头熊。它简直像人类一样战斗。它抓住投过去的一支支标枪的柄，然后巧妙地把它们甩向狗群。它还向狗群发起进攻，并杀死了很多。一条勇敢的狗，叫撕啮之犬，最终扑到它的喉咙。它不放开，和其他狗一起咬这头熊。一个人徒步从远处用长矛向它的胸部刺去，并牢牢扎在肋骨之间，直到它断气。我想也没有别的办法能制服它了。不过，这可绝不是不费力气的事，而且还死了很多狗。这头熊死了以后，公爵和夫人还有其他陪同的人都十分兴奋。

熊的尸体还搁在一边，又来了一头野猪。看上去就像墨勒阿革洛斯的那种，甚至是那种在印度被说成和小牛一样大的猪。他们很大，有花纹，和这里的动物小时候是一个颜色。这头野猪竖起钢毛猛地冲过来，耳朵也前伸，咬牙切齿的，让狗也不敢发起进攻。这时，我们那条狗丢下死熊，转向这头野猪。它训练有素，并不立即进攻。还有一条好狗，叫切裂之犬，勇敢地跳到野猪背上。野猪转过来用刀一样的牙咬它。这时，我们的一条叫守持之犬的狗，在野猪转身的一瞬间扑到它的耳朵上。然后迅速地跳到猪脑袋的另一边，这头凶猛的野猪依然没有停下来。要不是另一条狗抓住了猪的睾丸，我想这条狗一定会被野猪拖走吃掉。不过，这野猪因为疼痛跑不了那么快。其他的狗围上来猛咬这头猪，同时又有无数的标枪投过来。但没有后来这两个勇敢的年轻人，一切都将是徒劳的。他们从两侧将长矛扎进野猪的胸。野猪的冲劲使长矛深陷进去。接着，他们中的一个非常勇敢地把矛尖捅进去，直到把手的位置，然后飞身跨到猪背上。他用刀在肩部一直将猪戳死。[365]最终结束了它那非同小可的野蛮劲。在野猪倒地之前已经杀了很多条狗，而人们也是不能再兴奋了。野猪死之后被献给公爵夫人。每个人都带着钦佩和愉悦看着这头猪。人们不禁要问，这么大的一头野猪，是如何在这么短的时间内到这猎苑里来的。几个农民，或者您更喜欢叫他们城外人，用网活捉了这头野猪，然后把它关在某种装置里，献给公爵打算换些好处。这就是这头野猪来

[163v]

到这猎苑或说花园的经过。

每个人都对狩猎很满意，尤其是这头熊和野猪，还有带来的其他动物，比如鹿、雄獐、梅花鹿、野兔等等。然后众人回到苑区的宫殿，当晚举行了胜利而欢快的猎宴。第二天公爵和其他人回到城里，把猎物一字排开展览，猎人们牵着狗就在边上，有的骑马有的站着，好不风光。喇叭声、号声还有其他乐器声，让场面十分壮观，连那些猎物也变得赏心悦目。他们从公爵和夫人面前一个一个地走过，井然有序，之后是随从的绅士。场面蔚为大观。公爵进城后便带着猎物在庭院下马。猎物卸下来后便被切开，一人一块。

在大型建筑建造的同时，其他的私人住宅也没中断。[366]小民、绅士以及匠人的房子都一直在造。公爵按人和行业指定了相应的地址和位置。他希望所有的匠人都能放在一起；就是说，每个行业都放在一个地方。高贵的行业互相靠近，挨着广场；例如，根据前面讲的斯弗金达的平面，商人、银行家和金匠都相邻，而且紧靠广场。每个行业都按公爵指定的位置安放。

等到所有手艺的分区和选址都完成就位以后，公爵便命人安置市民入住。为了鼓励市民早日入住，他免除了所有人10年的税。如果能干的人想来，而且在任何方面有一技之长，不论是有手艺还是别的什么，就免他20年。他这么想的，也这么做了。城外的人他也要免。他把五哩内的土地分块，按比例分给匠人，那些有归属的地没有动。这些都留给他们用，或者买过来给匠人们，让他们劳作或用可靠的方式再找人来；就是说，公爵把土地委托给别人，他们去找人劳作。他还要赐给百姓五哩以外的土地。为了让人们记住这一恩惠，每年两次要向宫廷进贡，可以是一对阉鸡、一只野兔、一对八哥、一头鹿、一只野猪，或者水土和时令不同的东西。如果做不到年年进贡，土地就要收回。公爵派了十个人监督五哩内外的土地。所赐土地的五至十哩分给上面说的匠人，还给了修道院和修女修道院。十至二十哩分给了绅士、几座寺院，以及宗教机构，比如医院之类的。这样公爵希望每人每年都能忠实地上供。他可以同意任何人卖掉地产，但也要人们永远尊重他的裁决。他还希望寺院和大块地主每年能献上一头阉割的公牛，就像每年在圣诞节献给米兰大公的一样。

[164r]

当公爵用这种方式定下了土地及其界限之后，便开始布置城市。乡下和城里一样，都全部重建了。他还要用他自己的方式建立各种新的法律。他召集了九个负责管理和维持这些法律条令的人。他希望他们都是公正的人，没有任何恶习，也不会冲动。他们还不能低于50岁。公爵让他们发誓，务必使得人人都遵纪守法，且绝无弄虚作假之事。他们发了誓，只要公爵所令不失公允，就一定以身作则，让全城守法。

对此公爵表示："我没有什么奢望。你们看到我说的有什么不公正的地方，我们就把它改过来，一定让它公平。首先我要看看这本书，了解一下那位国王当时使用的法律条文。如果对我们的规划适用，就沿用它。如果不适用，就用我们自己的。”

接着他们答道：“这是再好不过了。如果阁下允许，我们也想听一听这些内容。”

[164v] 公爵说：“那就在我的面前把它们读出来。”他召来翻译官托伦蒂诺说：“看看黄金书接下来写了什么。”

“下面是他的领地的法律条文。还有城外大约两哩处的一座建筑。根据描述，它过去一定很大，因为上面说它每边都是两哩。按照我的理解，它应该在因多河对岸，而且有一边包括了这条河，尽管上面还说它四周有一条40臂长宽的壕沟。这壕沟连通河水，因此人可以坐船从河里进来，一直到建筑的中间。”

“上面写了挖这条能通航的壕沟是要干什么？”

“他们说，这个地方是要接收那些罪该处死的人。”

“怎么个罪该处死？再往下看点，把所有东西说清楚。你知道他们很可能没有处死任何人。”

“按他们这里写的，确实没有，阁下。”

“那写的是什么？”

“写的是一座建筑，埃拉伽斯多伦，意思是奴隶的监狱，关到里面的都是犯下死罪的人，进去就再也出不来了。里面根据罪犯的死刑的类别，设置了各种牢房。其建造的形式和您在这里看到的图文描述完全一样（164r图）。只有一个水路的入口，还有一个在围墙上。这是一条足足50臂长宽的楼梯，跟围墙一样高。楼梯的顶端有一个25臂长的平台。平台上有一扇大门，通往跨到壕沟中间的木吊桥。这里还有一座通往高墙的吊桥。桥高10臂长。所以就是高出地面20臂长。这座桥的正上方有块方形空间，就好像塔一样，比墙还要再高出10臂长。这塔的顶部有一处平地，与其周长相等。这里是带进囚犯当面宣读死刑的地方。读完之后，就把他通过一条有拱顶的楼梯，带到这四个广场之一，也就是根据其罪行判定的那个。他们的形式您从这里就能看出来，是十字形的。它们每个200臂长见方，四周全是壕沟。这个十字形上有双重拱顶，也就是一个在另一个上面。下面的只在中央有一个入口。人进去要过一道吊闸，然后从十字形中间的一个方形壁柱下去。这壁柱里面也有一道吊闸，过了它才能继续往下走。这里的设置能够满足健康要求而没有异味。盥洗室做的和壕沟相通。如果在下部他们会做什么手艺的话，他们就做。如果不会，他们就给别的人当佣人。如果那里不需要他了，就会把

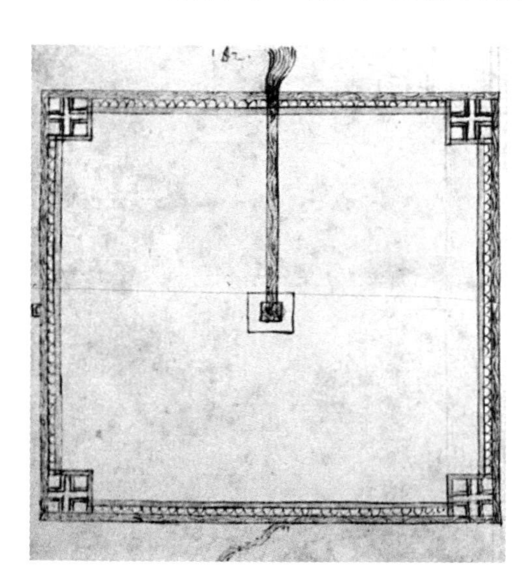

他放到需要他的地方。根据量刑，他要在这里待四年或六年。他们的生活仅仅维持在人所能承受的范围之内。 [165r]

上部怎么说要好一些。这里是已经在下部待过的人。他们要在这里待上十年或十二年，根据他们的手艺，有的多点有的少点。如果没有手艺，就给别人当佣人。再不然就把他带出去强制从事某种劳动。这里的安排能让每个人都根据自己的地位劳动，并且可以受到与其罪行相应的惩罚。这里的人在死之前是绝对不能离开的。

这里有各种手艺。每个人都在做活。前面说过，他们都根据自己的地位和牢房劳作。绞刑的人放在一间，砍头的在另一间，火刑的在一间，车裂的在另一间。各有不同的牢房，不同的刑罚，以及不同的服刑状态。”

“里面写了这些牢房的名字么。它们叫什么？”

“一个叫‘苦劳之牢’，一个叫‘折磨之牢’，一个叫‘饥饿之牢’，一个叫‘无宁之牢’。* 该上绞架的，即盗贼、叛徒和那些该判相似罪行的，放到‘苦劳之牢’。‘折磨之牢’是要砍头的人。弑父的和那些该车裂的以及其他死刑的放在‘饥饿之牢’。‘无宁之牢’是要上火刑的人。因此每人都有不同的牢房和服刑状态。在这牢房外面要从事各种手艺。如果一段时间他们表现很好而且处事得当，就会被带出去在外区做他们的手艺，不能停歇。如果他们不会手艺，就派去做其他事情，比如锯木头、搬石头和木板或其他木材、锯大理石和石材，以及其他这里需要的任何事情。”

“这可真是了不起，如果他们不想伺机逃跑的话。”

“这是不可能的，因为安排得很严密，墙高兵众，他们绝没有一分越狱的可能。还有，按这里说的，规定任何人揭发了任何形式的暴动或越狱的阴谋，都可以减轻他的劳役。这样就没有人热衷于想或者做一些会增加刑罚的事。书里还写着，揭发阴谋的人有赏，而企图以任何形式越狱的人将被虐待。这样一来，人人都想保住自己而不是害自己。因此，每个人都很老实，绝不想换另一种服刑状态。

另外，卫兵的管理等同于城堡被围攻时的情况。外墙 30 臂长高。在壕沟有阶梯的地方，墙是 12 臂长高。水面到地平有 18 臂长。所以从水面到这外墙顶有 30 臂长。水有 6 臂长深。在壕沟之间高 30 臂长的墙有 6 臂长厚。外侧都是用石头建成的。其他墙体是 3 臂长厚，做法相同。由一名狱长总负责。他住在这里的入口，石梯的顶端。在每个角，也就是这些牢房的每个角上，都有一个兵房。下面还有很多酷吏散布在囚犯中，所以根本不可能逃跑。卫兵守在外墙的顶上，绝对地安静。狱长也不能帮囚犯越狱，因为有官员每周来巡视。” [165v]

“我可以相信那里是戒备森严的，因为有这些规定。可是，关于他们的服

---

* 参看第十书 72r。——中文译者注

刑状态是怎么说的？”

“这里写着他们会根据关押的牢房和个人能力而有差别地对待。有手艺的就戴着脚镣做那门手艺。所有在下部的，和那些住在外区的人，都靠手艺给自己挣衣服穿。这样就很容易看出谁通过手艺干得多、谁干得少。有人会管这些事，所以一切都会按部就班的。

所有人都穿的衣服：住在外区的人在肩上带一块标识，写着他们应得的死刑。这使得任何进来的人都能一眼看出他们该受怎样的死刑。囚犯实在觉得羞愧，就算死了也不愿这么丢人，尽管除了羞辱以外，还有其他难以忍受的困苦和麻烦。”

“告诉我，他们如何对待囚犯？”

“上面说，每个死囚在第一年里，每周都要按罪行接受惩罚。他们被带到监狱中间的一块高地，这里要演示他们应得的死刑。一年后就不再对他们怎样了。国王要这么做。前面说了，每个人都在肩上有这种标识，写着他们是盗贼、杀人犯还是叛徒。他们肩上的字写有他们的罪行以及死刑的标志，这也说过。奴隶也关在这里劳作。有的干这个有的干那个。这里有很多手工艺活，几乎没有不做的，原因前面讲过。这里还有很多打工挣钱的人，他们是自由的。他们可以通过水道自由进出上下班。

您从图上可以看出，在这两个出口都有守卫，每天一换。有大船来的时候，他们就旋转打开里面的某些链条，大门就打开了。船过去之后，他们再关上。只有一条船有权把那些想来的人带进去。任何人，不论男女，都可以随意到这里来做买卖。妇女还有单独的牢房。她们若是犯了死罪，也会按同样的方法处置。 [166r]

根据黄金书，还有一条规定。任何人被关到这里，其处罚都要登记造册。如果被判死刑，他的全部罪行和判决都要记在一本册子里。如果罪该处死，就写在一本黑色的册子里。登记在册的人永不释放。其他各册也按应得的处罚全都记录在案，有的被判断手，有的是断足，还有些别的什么。他们的刑期也做了记录，都很有条理。

此外还有一条规定：被判死刑且有财产的要立遗嘱。根据对其财产的处理，可以免除他的某些处罚，但有此例外：如果他抢劫或谋杀了有家室的穷人，其财产将归被害人所有，以保证其生活。如果他实施了抢劫，且失主能够找到，那就要返还给他。如果没有上述情况，被告的财产可以遵循其意愿分配，完全等同于自然死亡。但被告将再也不能从中获取分文来使用。此外，如果他有妻室，则准她有权改嫁。如果选择不改嫁，她们在七年之内不能与被告见面。七年后可以来与被告共同生活，一切待遇与他等同。并单给一处房间让他们共同居住。如果他有子女，也要关押在这里，并学习一两门手艺。如果是女儿，将会嫁给一个自由人。他们的劳动所得皆为其私有，但不得带出任何物品。如果确有意愿或需要离开，其财产之一半可返还，只要监狱不需要这些。在必要的情况下可以遣送出狱。但这仅限于自由人。

如果有人引起了骚乱或暴动，将受到残酷而严厉的惩罚，与在王宫作乱等同视之。不过，剜割器官是从不被执行的。不论是被判砍手还是挖掉别的器官，都会被判带着上述标识服刑一段时间。剜割器官只发生在他们在狱中扰乱秩序的情况下。如果挖掉了某个器官就不能再做手艺了，那就不挖掉那个器官，换一个不会影响他做手艺的别的器官，比如鼻子、耳朵、眼睛，或者别的不会使其丧失劳动能力的器官。如果他不会手艺，手眼鼻之类的就随狱长之所愿来挖，无大碍。如果杀了别人，就会对其进行折磨和惩罚，让他觉得还不如死上一千遍。折磨要在所有人面前进行，不是这种就是那种。由于这些原因，囚犯总是会很老实，没有捣乱的。 [166v]

前面说过，这里几乎什么手艺都做。来到这里的人在奴役之下精疲力竭，所以毫无疑问，很多人都会小心谨慎不要犯法，因为这些囚犯被酷刑折磨得半死，剩下的半条命又要被劳役夺去。这是有些道理的，因为如果有人有贤名*又犯了罪，就会在死时失去它，而且不能将其转让给别人使用。如果没有，那最好让他劳动，并按照其罪行接受惩罚。他活着的时候会有疾病和痛苦。死了，身后也是罪恶与耻辱。而酷刑的恐怖与残忍之甚，无疑会令那些不得不忍受它们的人觉得生不如死。目睹这些的人也是同样的想法。

如果有囚犯死了，就从登记的名册上消去。这里就是这样安排和分布的。人们叫它埃尔伽斯塔隆托斯，意思是奴隶与死囚的监狱。”

“我很喜欢这办法。不知道你怎么想，但确实是一个好法子。有时的确会有能干的人犯下死罪。尽管如此，虽说有本事，但死刑是不能撤销的。这样他的贤名就会丧失。毫无疑问这办法更好。我已经决定了，你要是同意，就这么干。”[367]

“您满意的事我们当然同意。”

“你不觉得这好么？”

“好啊，阁下，这会做得很好，正因为它好，我认为所有的建筑都应该这样。”

“接着说，还有没有写些他们以前别的规定、法令或者传统。”

“有的，阁下。这里写了他们全部的法律、条令，以及赠与王子的金玉良言。他还要求王子遵守这些章典来维持和统治他的人民和主城。”

“很好，以上帝的名义，全都给我念出来，只要有好的我就全要。”

“您高兴什么时候开始，我就全念出来。”[368]

“下面是他的城市的律法。城区要分成四部分。每部分选出一个适合的

---

* virtù，古罗马的 virtus，内涵相当广泛，能带来很多权利和名誉；根据西塞罗的说法，仅限于个人，不能转让。——中文译者注

人，此外再选四个人。这些从不同地区选出来的人都要能干，他们将管理和统治这座城市及其附属领地。他们被称作地方领事。每周有一次例会。这是国王的意志，而且每周无论所议事情大小都要开会，这已成为制度。如果一周之内未能解决，国王就要过问原因。所以在事情解决之前，他们绝对不能离开。如果在那时他们有人退出，就会革去他的职位，不再录用。从乡下也会选出四个人来负责领地的次要事情。[167r] 他们有权处理土地、财产和司法的纠纷。从乡下还会再选出四个人来，他们只负责管理周边地区与商品和平准物价有关的事宜。他们也负责核准重量和长度。同时还负责城市及其周边的农村和该领地各区所有的人口普查。法令还要求每月都要有数名其他代表检查，这些代表由大地方官选出，并在他们的地区负责审案。如果他们中有人引起了争议，就应该根据争议起诉他。接着就会根据起诉他们的事由大小来判刑并处罚。以前并没有像现在这么多法律，有的只是讲过的那些。无论大小，偿还债务都不会拖过一个礼拜。超出这些期限不可能多于三天。”

“告诉我，要是有人否认了一笔贷款或者赊购，该怎么办呢?”

“这时他们会核查账本并寻找证人。实在没有别的证据，每个人就要发誓：如果有任何机会证明事实与此相左，伪誓者就要终身监禁，永不赦免，与谋杀罪等视。还要割掉他的舌头，再把债务偿清。如果没有能力偿还，就要用他在狱中的所得来抵债直到还清。由于有这样严厉的司法，整个社会都很安宁。那时并没有像今天这么多罪犯。

每个行会和商会都组织得很细致，工匠们从同住的人中选出一名作为头领。工匠中有任何纠纷，他都要把事情定下来做个了断。他不能把手上的事搁过三天。如果超过了这个期限，全部的后果都要他来负责。

对于妇女的节制也有法律，是关于嫁妆和着装的。[369]在整个地区内有另外四个人负责这一方面。具体是这样的：商会选出的所有官员要监督协调这些行会和商会，以及嫁妆是否符合她们的身份。这四个人根据呈上的、或委托收集来的信息发表他们的意见。两个行会出两人，新娘方出一人，新郎方出一人。他们可以按照行会的要求和双方的势力行事。绝不能有超过一半的嫁妆是首饰。这四名官员依据身份和地位负责核定服装以及颜色和材料。黄金、丝绸和珠宝不能在没有这四名官员的许可和监督下佩戴。颜色、材料和珠宝 [167v] 如下所述。贵族使用红色。他们的女眷着装的权利如下所述。可有一件金衣、一件银衣、两件丝绸的，羊绒的按其所需。每个妇女佩戴的珠宝不得超过200杜卡。男性只能有一件银衣，两件丝绸的，和不超过25杜卡的珠宝。商人穿胭脂红，他们的妻子只许有两件丝衣。一件可以是银衣，用色自红以下任选。其他丝衣同理。珠宝价值不得超过100弗罗林。羊绒衣物必须是蓝色或者近似黑色。高贵一些的行业只允许一件丝衣，不论其个人多么富有；颜色是绿色，羊绒也是。较低地位的还有较低等级的颜色。城外人只能穿蓝色和白色。根据他们的地位，不能拿出超过100弗罗林作为嫁妆。

城内外的每个人都必须这样管理。要给他们设置一些官员，这样有人出生或者死亡时，就能算出城内城外有多少人。还有一条法律规定，每人必须到指定地点为每一个出生的婴儿缴纳一种硬币。如果是个贵族，交的就是一枚金币，还要写下性别。如果是商人、银行家，或者主要行会的任何人，就会放进一枚纯银币。次要行会的匠人们放一枚半银币。无房无业的穷人放的是一枚不含银的铜币。所有这些匣子都放在每个婴儿出生时会被带去的地方，即洗礼池。这里放着缴纳硬币的匣子。死人的时候也是这样安排的，因为没有得到这些官员的许可是不能下葬的。硬币是同样的交法，但放在不同的匣子里。一个叫生之匣，另一个叫死之匣。每年都要数一数两个匣子里的总数。为了让逝者的灵魂安息，死者匣子中所有的钱都要分发出去。生者匣子里的钱给那些地位相等的贫困的人。如果富人、也就是贵族和商人中没有贫困的，就会用来聘姑娘，或者通过其他贫困的人献给上帝。这样每年每天都能知道出生和死亡的人数。这些都根据其地位，在不同的册子里作了记录。每种地位都有两册，一册记逝者，一册记生者。任何人离开城市都要在另外一个匣子里放一种硬币。如果有外国人开了店，就必须按他的等级交一枚硬币。这要放在另外一个匣子里，叫做外国人之匣。每个外国人都必须在过完三天之前办妥。总额每年都要按上述方法取出来记录在案。”[370]

“我喜欢这种办法，因为这样可以很快看明白到底需要什么。可以看出谁在谁不在，有钱没钱，国内还是国外。我非常喜欢。看看还有没有别的法律，我都要知道。” [168r]

“这还有一条法律。每年建城的周年纪念日，全城不论贵贱，都要在一个青铜匣子里放一枚银币。它有三把钥匙。一把由大公保管，一把由领地的人保管，第三把交给神庙的祭祀。每十年核算一次。里面的钱币将用于领地的维修和翻新。如果城市有其他的紧急情况，要么是因为战争，要么是其他的匮乏，如果确实需要，可以从这里出。如果没有，城里城外都要维修和翻新，比如桥梁和街道的维修以及其他方面的需求。如果这些也不需要，就可以用在装饰上。这样一来，总能有钱花在这种需求上。但如果十年的期限未到，任何要求也不能打开匣子。时间到了，匣子才能非常庄严地打开。钱就用上述方法花掉。大公自己的收入也是以和公众同样的方法分配的。他备出 10 万杜卡。这就好比在说：‘我没有收入，’然后自己管自己的账。上帝啊，真希望今天人人都能遵守大公的传统。有的人需要靠别人的怜悯度日，而有的人不应该。他拿出自己的财富作为公有，根据自己最佳的判断把它分给他的子民。这些法律和传统都在这座城市中得到了严格的遵守。”

“告诉我，你读过的书里，有西西里的狄奥多的么？我发现他说古代国王认为存金存银是可耻的。他们更喜欢建大厦而不是这么攒金子。不过，这不能叫攒，他们总会在下一个十年的时候花掉十年间积累起来的财富。他们总是这么花。总是存钱就总能有钱，如果真有什么需要，也不用向民众课重税。

出于这一点，我认为这是一条绝好的法律，我要把它用在我的城市里。[371]看看书里还有没有写些其他有用的法律。”

“阁下，我认为下面是对他公子的教育。”

“这我一定要听。”

“我的儿啊，悉心听话，你才不会因为缺点和过错而失去人民对你的爱。你看，我所予你的是个美丽的王国。我所予你的是吾民的爱戴。若想这爱长久，你先要公正。这是值得赞美的品格，是万德之德。于为王者所必需。因此我求你，也命你，在诸般品格之上先留住它。另者则与不可之事相关。如[168v]果欲念将你带入不尽善之事，则需三思，切不可盲进。设想我要是在他的位置上，也愿他对我如此么？若不然，则不要如此对待你的属下。不可与唯诺之人深交，而要那些因信仰与慈爱而向你开口的人。可以用这种方法试出他们。先与其谈些不当之举。若他附和你而且毫无异议，那就渐渐从各个方面疏远他，不可与其为友，也不要同他共事。倘使他进言巧妙并指出不当之处，则予他信任并采纳其意见。诚然，以此法试之，他在开始时主意未定，故话语含混、所言不尽，然而最后却能同意。但你决不能接受这种过分的行为。三四天后告诉他你已深思熟虑，而最终决定不去做。以后他就会敢于向你进谏。因此你识人要谨慎。他们可以对你有用，为你增荣。赶走奉承与唯唯诺诺之人。使你身边总是有德之人；爱他们，尊重他们，不要在意他们所学的专业。你会说，宫廷之大无人不需。此言不假，但不可以此为由，用你的亲近使其得宠，因为他们无法为你添彩。所以尽管无人不需，也不要重用懦弱之人，而用德美之人。

领地就好比用各种石材建成的墙。外表是大块石料做的。它里面还有柱子、琢面石和其他装饰，然后是料石填充，也就是碎砖和各种石填料。公国亦然。越大越是需要不同的人。外部撑住墙体的大块琢面石材是绅士、善意之人和有德之人。柱子是将军和重骑兵。其余的石材是兵士。砖头是人民。墙里填充的是领地的百姓。表皮是匠人。这样你就能明白这墙是由各种不同的石头组成的。如果缺了任何一种，你就会发现这会极大地损害它的美观和实用。就像你必须维护这墙里的各种石材一样，你也必须按照他们的地位维持人民的生计。在这方面你必须非常审慎，了解如何让他们维持、保养以及繁衍。方法就是上面说的，即要保持公正，不是为了惩罚有罪之人，而是褒奖有功之人。在恰当的时候应该宽厚；要慷慨但不要挥霍。确保你作好这面墙的主人和匠人。如果看到有东西会损害你的墙，用匠人的方法来对待它。你可以用别的石头换掉已经老化的那块来修补。如果看到有树根在生长并会损害你的墙体，去砍了它，连根除掉。这就是你看到莠苗时该做的事。连根[169r]除掉，决不让它像树根一样在墙里面生长，最终胀开，让墙体时时有倾倒的危险。因此你必须清楚所有可以对你或者你的人民有用的事。如果这样做，你就会受到爱戴。当你有需要的时候，他们就会立即来帮助你，给你供给。”

“我还要跟您讲讲我发现的，由西西里的狄奥多所记载的古埃及人曾经做的事。[372]埃及人有一条法律，任何人作伪证都要砍头，因为他们认为，他盗用神的名义，背叛了上天和下民。如果有人偶然遇到实施抢劫或谋杀的盗贼或刺客，而且他完全能够帮助受害者，却没有出手的话，他将被处以死刑。如果此人没有呼救或者举报他们，或是在这时疏忽了，它将被处以一百鞭，且三日内不得进食。他们说还有一条法律，每人都要把他的职业和收入写下来，交给城市的教长。如果有人作假或是收入非法，便要处死。任何人杀了人，不论杀的是奴隶还是自由人，法律都判其死刑。父亲杀了自己的孩子不会被处死，但要绕着他们的墓周围走三天三夜。他们认为既然他给了孩子生命，就不该剥夺他自己的生命。孩子杀了父亲，先要鞭笞，然后丢到荆棘受火刑。判了死刑的孕妇允许其先生下孩子。在战场上没有听从命令，或者做了不应该的事，就要剥夺其荣衔并流放。如果那时表现出色，就能让他们返回最初的荣衔和庄园。向敌人泄密要割掉舌头。要断手的是那些伪造、重割硬币的人，或是删除文字及伪造文书和信件的人。侵犯了自由女性的人将受宫刑。任何自愿通奸的人会受一千鞭，女的要挖去鼻子。如果别人欠了某人钱或其他东西，他们会相信债务人的誓言，更确切地说是债权人的，因为他们认为，既然他贷出了钱就可以相信他。如果有人有债务，他的财产将被用来抵债，但不能送其入狱。在希腊有条相反的法律，与手艺、农作和身体有关的任何东西都不能用来抵债。这样的法律既不能说好也不能说漂亮。还有一个传统，任何人想盗窃都应该到祭司那里登记。失主也要到祭司那里去讲他是怎么被盗的。他将被处罚所失财物的四分之一，并交给那个盗贼。我觉得他们这么做，是要让每个人都保管好自己的财物。他们也知道那里总有贼，但希望清楚有多少，而不能糊涂。所有祭司都可以娶一个妻子。埃及人想娶多少都可以。他们这是要增加人口。他们不把任何人看做私生子，而都是合法的。他们还说他们给孩子们吃香草及其草根，还有其他非常恶劣的东西。我认为这是因为他们人口太多。他们还要找人训练他们，比如祭司和其他有技术的人，来学习艺术，尤其是占星和算术。” ［169v］

第二十一书

以上第二十书，以下第二十一书。

在这第二十一书里，我们将会论及其他事物、温泉和建在沼泽地区的建筑。

“这本黄金书里当然有美妙的东西、有用的记载和教诲，但继续看有没有别的建筑。有时间我们再听里面写的法律和风俗，那些肯定也很好。现在我们要看看还有没有别的东西。”

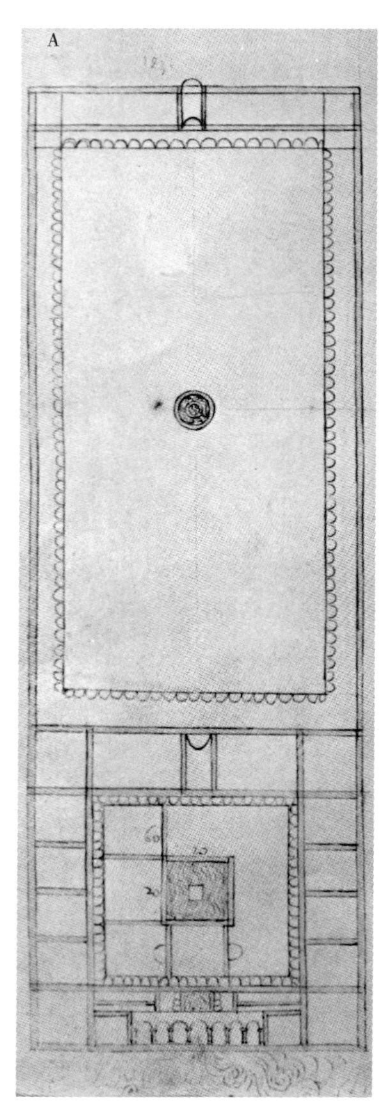

“有的，我想这里写的是一个建在沼泽湿地的建筑。这里的水很咸，而且从多处流入大海，但还有很多高贵的建筑。这里只提到了其中的一个，是这种形式的（169v 图 A、B）。

它的尺寸是一边 100 臂长，另一边 300 臂长。您可以看出它的形状，这里画出来了。它是一个 100 臂长的正方形。四周先有一圈 20 臂长的房子，留出一个 60 臂长的回廊院。要想清楚地了解这座建筑，必须先看明白它的外观。我会向您讲述书中是如何描写和绘制它的。首先，您在上面已经看到，它长 300 臂长，宽 100 臂长。100 臂长见方的地方留作住宅，就像您这里看到的（169v 图 A）。100 臂长的正方形的边墙有 2 臂长厚，因为首层有拱顶。它们从这到顶有一个 0. 5 臂长。它上面和下面的房间都是 16 臂长宽。内部的墙和外部的墙一样厚，所以剩下一个 60 臂长的回廊院。这里面再做一个 20 臂长的正方形，墙厚也是 2 臂长，于是围成一个 16 臂长的内部空间。绕整个正方形一周有 20 臂长的空间包围着它。在这包着中间正方形的 20 臂长的空间

里，再拿去3臂长的一圈。这3臂长的地方围一圈券，它们宽5臂长、相隔2臂长、高6臂长。然后每边再从这些券跨过中间的16臂长，向正方形发券。从一边到另一边数量之多，以至于在这正方形四周形成了一圈离地7臂长的拱顶。在此之上，3臂长的那个位置，还有一圈拱顶。这比5臂长的那个要高。一道只有1臂长厚的墙立在这些券的上面。它将朝向这条3臂长的过道开窗。您可以看出，它环绕着只有7臂长高的券。从窗子里进来的光照亮这条过道。过道全白，还要磨光，这样光线就会在7臂长的券下发生反射，并照亮那里的通道。这些窗户的布置能为下面提供良好的采光；尽管看上去不可能，但空气的反射也能提供采光。然后从这些7臂长的拱顶直到它上面的12臂长里，有一圈5臂长的空间围绕着中间16臂长的正方形。此处做一个比该空间低半个臂长的十字拱。顶上开一个圆窗，中间做一个水窖。大家都知道，在像威尼斯这样的沼泽湿地是不能做地下储藏室的，也不能打井或是做水窖，除非它们很小，而且能够过滤砂和某些泥土。[373]因此我们要在地下用石灰和石头以及桤木和橡木桩做一个臂长的坚实基础，好在这些支撑上面立墙。这样会给我们的建筑一个良好的基础，这座建筑同时也将是地面层之上的一个蓄水池。边墙的施工要非常细心，除了在我们按需要选好的地方，不能让里面的水渗出或是流出。前面说了，蓄水池里面将是16臂长，高是6臂长。这样拱顶以上就会有至少2臂长的水，拱顶以下有4臂长。在这些拱顶之上，墙里有一条铅管将水引到花园的喷泉，您可以从基础图里看出来。还有其他的管道将水引入厨房和其他需要的地方。您已经对水窖，或说蓄水池有了足够的了解。 [170r]

在这层之上，也就是这些拱顶的上面，是一个回廊院，里面有个花园，种着橘子、香橼和其他树种。水窖口就落在这中间。周围环绕着房子。这个回廊院在地面以上12臂长，每边有60臂长。如此一来，就可以在威尼斯做地下储藏室以及这里画的喷泉。在内廊院的这一层上，是第一层的大厅和房间。先是一个长56臂长，宽16臂长的大厅。在两端各有一个16臂长见方的房间。在这些房间的每一侧都留出一块，4 臂长宽，长是 16 臂长。我用这块给每个房间做一个更衣室，也就是放衣服和袍子的地方。盥洗室、更衣室和书房在一个 4 臂长的正方形里。我在这里放盥洗室和一间房，中间还有一道墙。通道用了 1½臂长的地方。人们通过它进到这里所有的房间。盥洗室的大小是 2½臂长见方。在低庭之上与正立面一侧相对的房间也是这样。这上部的正方形中有两个大厅和四个华丽的房间，都是上述的形式。在侧面有一座大厅，长 24 臂长，宽 16 臂长，它两边各有一个房间，12 臂长 ×10 臂长，每个都有自己的书房、盥洗室和一个稍小的更衣室。这些房间中有一个面向大厅，其余两个房间的入口要穿过面向大厅的这间房。大厅从内廊院进入。回廊院四周都有柱廊，宽 3 臂长，高 8 臂长。所有房间和大厅的高度都是 14 臂长。从地面到这里是 26 臂长高。在此之上还有 16 臂长高。再有两个和下面那些一样的大厅。它们两边有房间，一边五个。在这上面十臂长还有很多小房间，不是很大。在那里每个角上都有一个漂亮的房间，长宽高都是 16 臂长。然后在这上面是一个再高出 16 臂长的带柱凉廊。这里同整座建筑及其四边一样，全都有拱顶。从屋顶来的水都安排收集在一处；还做了一个水窖收集这些水，并送到那个大的水库。同时，它的设置还可以为建筑提供便利。每间房子都有盥洗室和排水的地方。大厅都有排水槽。厨房的设施更加齐全。您能从基础图中看出厨房的全部情况，大小、烤面包的炉灶、存木柴的地方，还有盖在这样一个地方的建筑应有的一切。后部也能从基础图中看出。那有一个回廊院，一边 40 臂长，另一边 60 臂长，四周有廊子，8 臂长宽，12 臂长高，和首层在同一高度。柱廊里有房间和其他满足建筑需要的便捷空间。在面向花园的一侧有一个长 60 臂长的大厅，在其两端的上方有两间房。它们有……臂长宽。[374] 边上的部分没有超过第二层的高度。它们在前面形成了一个屋顶，只是这大厅里的两间房还要高出 12 臂长。这里还有两个带柱子的凉廊。在这后面，花园的周围，还是那个上下都没有房间的柱廊。柱廊上下都有柱子，一直达到二层的高度。它有拱顶，所以在同一层是可以走通的。还有很多花草树木美不胜收。将回廊院与下面有房间的花园分开的那部分，与花园后面的部分是一样的。上面还有四间。设施齐全。高度与那些在 40 臂长的回廊院里的房间一样；它们都有拱顶，让人可以在屋顶上绝对安全地到处行走。前面说过，雨水在墙体内收集，这样下雨的时候就不会有人看到它的去处。门窗都是大理石和上好的石材做成的。正立面的样子可以从图中看出。

[170v] [171r]

花园里还有一个鱼塘，20 臂长宽，长是 30 臂长，下部的水在有雨的时候就流到这里。您知道，威尼斯的水是咸的，但这里是甜的。按照设置，里面的水要像水窖一样进行过滤。其内部绕鱼塘四周 10 臂长的空间里，都有用黏土和砂做的围墙，这样流进里面的水就得到了过滤，可以饮用。因此里面就能很好地养鱼了，而且可以是很多种。

我不愿再向您过多地描述内部的装饰或外观了，因为您能理解它的形式。

毫无疑问，它的品质与它的美是相称的。里面画满了名人轶事。在合适的地方绝不吝惜黄金和群青。行道全是以马赛克的形式，用各种石材精心打造的。在这里能看出做了各种动物、叶子，还有奇怪的鱼。我要把这放在一边，我相信这是大匠给贵人打造的，因为在我看来，即使小到门窗框，也是什么缺憾都没有。这些东西所耗不菲，而且技艺绝伦。很多是青铜镀金的，也有很多是象牙做的，里面还镶嵌着各式细木装饰。在没有拱顶的地方用梁，这也是青铜镀金的，与小梁和纵梁一样。一切都凝结着辛勤的汗水。在两道纵梁之间，条板的位置上，有青铜方片，上面刻着某种花和其他古代纹样。真是惊世骇俗。某些地方还有珐琅，看上去简直不是人工能做出来的，实在是不可思议。”[375]

接着，公爵说道：“这房子很漂亮。我们的绝不能比这差。告诉我，书里还有没有写别的东西？”

“确实还有几个好东西——包括，建城时必需的仪式和风俗，这您已经知道；他们的典礼；还有如何整饬和分隔各个行业。还有一件我觉得惊奇的事，他们说有一座能动的塔，它可以转动。”

“不可能。”

“可书里就是这么写的，而且这还说了它是怎么建的，还画了图。”

“这我一定要看明白，而且如果有可能建一个的话，我一定要你建一个。不过先告诉我这些行业是怎么分隔和整理的。”

“首先商人、银行家和金匠，都按阁下的意思布置在广场的周围。贸易市场、屠户、酒馆以及其他公共场所和斯弗金达完全一样。其他每个行业都完全独立。油漆匠在一起；木匠、裁缝、布商、皮匠；铁匠、铜匠、锡匠和其他用火的都在一条街上，但做砖炉和其他用土的活除外。吹玻璃的也相应和上述行业在一起。理发师为了更方便百姓而散布在城里。所以其他行业都在一起，只是某些准许在不同地方住有代表的可以例外，比如药剂师和一些对于百姓来说性命攸关的行业。不过还是有很多药店在一起，并且与其他行业是分开的。我讲过，其他的都是分开居住的。毛商行会及其下属都住在同一区，根据他们所从事工艺的性质分出织工、染工以及属于该行会的其他人。丝绸工人及其下属也是如此，还有所有其他的行会及其助手。每个行业都是与其他分开单独居住的。那些生产盈利的行业，比如箍桶匠、造船匠、车轮匠，还有其他人们生活所必需的人，都住在墙外的郊区。做绳子和类似东西的人也是如此。” [171v]

“好，这种安排我很喜欢。我们的城市也要这么做。”

“给马和其他动物钉铁掌的人靠近城门，和石匠一样。”

“以汝之信仰，跟我讲讲这塔。然后我们去看你说的那座城市的其他规章制度。”

“书上说塔是依照您看到的这张图上的形式建造的（172r 图 A、B）。[376]首先是一个矩形，两侧 20 臂长，另外两侧 30 臂长。每面两门，开口宽 3 臂长，高是 6 臂长。矩形一共 20 臂长高。在每边的角上有 3 臂长的壁柱。然后每门之间都有一堵实墙。这是在长 20 臂长的那边上；在长 30 臂长的边上是 18 臂长。这里刻着很多尊贵的东西。在前面，也就是 20 臂长那里，也刻了尊贵的东西。那有文字表明日期、它能转动的事实，还有发明人和出资人。他们说这转塔的发明人是奥尼东安·诺里韦阿。[377]

建造此塔的方法可以从这张图中看明白。您可以看到，它的中心，也就是支点，在 20 臂长的位置之上。首先，主基座是一块 6 臂长见方的石头。在它中间做一个套管，开口处宽 3 臂长。它然后往下渐渐缩小，再经过 3 臂长的深度就到达底部的位置。它一直收缩，到底部只有 1/2 臂长。它是青铜做的。在这一点处，或说顶尖上，有一个几乎是卵形的铁球。它被设计成可以转动的。这是用下述方法做成的。如前所述，石台是 6 臂长见方。它是环形的，几乎像个轮子，和其他石头连在一起一共宽 16 臂长。它们的联结方式使其比用一整块做成的更坚固。因为它们都是用上好的铜板钳住的，所以很结实。其钳接的方式就像您在这里看到的一样（172r 图 A）。在此之上有个深和高 1 臂长的牙子。在底部及顶部都是一个半臂长。它放在这个钳接石台的外缘。它连接起这整个基座。其形式就是这样。在这上面支撑另一个牙子的是人像柱而不是柱子。这第一列柱的高度是 6 臂长。立这些人像柱的台座是 1 臂长，前面已经说过。人像柱是 4 臂长，而牙子有 1/2 臂长。因此从下至上一共是 6 臂长。

[172r]

您从前面已经知道，这个基座的直径是 16 臂长。从外座，或说牙子，减去 1 臂长，这就占了 2 臂长，剩下 14 臂长。在这个地方的正中心留下 5 臂长的内部

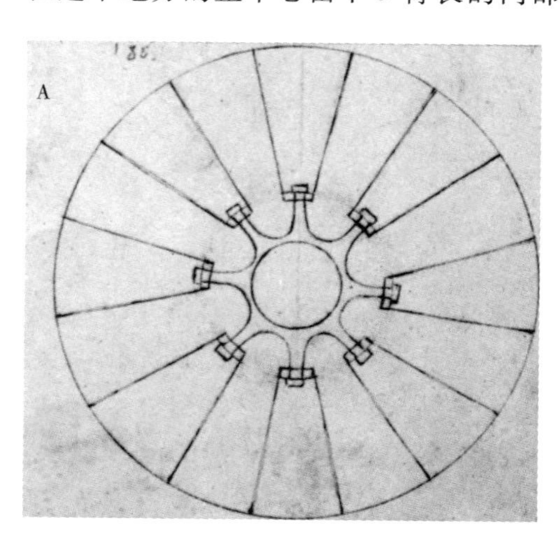

空间。那么，两边的墙各占 $1\frac{1}{2}$ 臂长的话，在这墙和柱子之间一周就会有 3 臂长的地方。接着，在这有柱的墙上垒起 5 臂长的石头，把这些柱子和墙联结起来。在这墙的里面有攀登的阶梯。您看它和这里画的完全一样。它上面是王子为了纪念父王而命人建造的国王骑马像（172r 图 B）。它是用铁和青铜螺杆驱动的。设计之巧妙，让人不费吹灰之力就能转动它，因为下面有很大的青铜环，或者叫辊，帮助塔身旋转。”

看懂了塔的图样以后，我们都很高兴，而且认为它在过去一定很壮丽。这时，公子说：“我当然想让父亲大人准许我建造一座。如果你肯来做的话，它将比书里这座毫不逊色。”

“在下早就认为可以看到它的建成，而且毫无疑义。”

“那现在以上帝的名义，让我们看看这书里还写了别的什么对我们工程有益的东西。”

翻译官说，这里面还有很多不同的东西。

“都是些什么?”

“是温泉和其他建筑。看您要我先讲什么。”

“现在先跟我讲一点温泉和它们的用途。如果书里说它们对病人有好处，还讲了它们的位置，或许我们可以去找找它们。”

“这里关于它们的位置讲得太多了，这温泉叫……[378]但是离这里好远。书里说它是这种样子的。它坐落在群山之中。据说山中充满了野趣，但根据这里的描述看，那里多少还是有点文明痕迹的。水从四处流出来，而且在水口处建了很多房子来蓄水。上面说主要建筑是这种形式的。它是一个 50 臂长的正方形，中间有 25 臂长。它长 40 臂长。有小柱子穿过它的中间，上面是直达地平的拱顶。下面除了水什么都没有，因此谁要是想找个藏身之地，都可以在那里躲着。这是给温泉的两部分用的。一部分是男士，另一部分是女士。在此之上 6 臂长有一个凉廊，可以从那里观赏洗浴的人，这里还有吃饭的地方。除了这个凉廊之外，还有出浴后休息的房间。再上面是类似的厅堂和绝好的地方，人们可以在那里彻底地放松。”

［172v］

“这让我想起在锡耶纳的领地见过的圣菲利波的温泉。[379]它们很美，也很有效，但建筑没有这个好。在我看来，那里有很多建筑。其中不乏对各种疾病有益的温泉。离这不远还有一座温泉叫阿维尼奥内之泉。还有一个叫派特里沃洛之泉。此外还有一座他们叫马切莱托之泉。我没到过这座。据说它对多种虚弱的体质都有好处。这些在意大利到处都有。在维特堡有一个涌出沸水的。它很小。在那不勒斯王国的波佐利，有些据说在古代是很高贵的，还有些美丽的建筑。罗马涅有一些据说也不错。以前穿过那片区域时，有人告诉过我一个叫做‘泉中圣母’的。我看了；它在地下。虽然小，但确实看到了一个令我着迷的东西。墙缝中透出一束光，高出水面差不多 3 臂长，就像一支蜡烛。它不断燃烧，却不消耗任何东西。如果甩些水上去它就灭了。过一会它自己又着了。在阿斯科利上面的湿地里，山中有一座叫‘圣水’的；据说对很多虚弱的症状都有好处。在托斯卡纳靠近比萨的地方，有一个温泉叫做‘水中泉’。听说以前很好，但现在毁了。紧邻博洛尼亚有个温泉叫做波莱塔泉。它既能起死回生，也能夺人性命。人们说它对多种疾病都有疗效，但必须非常小心，尤其不要睡着。取水时要绝对谨慎，因为他们说喝了就会死。我不知道那有什么建筑，也不知道是什么样。在皮埃蒙特的伦巴第还有一个叫做阿奎之泉。在瓦尔泰利纳还有一座，听说对于多种病痛也有好处。越过阿尔卑斯山还有一个，据说有很多疗效；它叫圣马蒂诺之泉。让我们放下这如此之多的温泉吧，我想它们在这世上数不胜数。告诉我，书里写没写它们的功效，它们是如何使用的，特点都是什么。”

“上面说如果水中含有硝石，或者叫硫黄，就可以消除黏膜炎，但病人要在水中浸泡半个小时或一小时。对于热带病或者中风等疾病，15 分钟就够。那些含有卤砂的对于软化膈很有效。含有明矾的可以用于治吐血、痔疮、发[173r]烧，以及行房、化脾。那些含铜的有益于压迫症，当然压迫症有很多种。这些温泉有硝石、硫酸盐、火山灰、大理石中的硫黄，还有盐类——也就是，朱诺的那些含铜的盐，或者土状的——对于因潮湿和寒冷而在腰部引起痛风的疾病，以及病后的康复、骨折、痈都有疗效。铁盐对于脾胃有益。硫酸盐对头、胸和水肿都有好处。明矾有益于祛痰、化血、行经，而且能抑制过度排汗。硫黄盐对腰有好处；它能够去痛。它们对痉挛有效，而且可以去除幻梦，也就是除掉过度的情绪。还能松弛阴户，缓解欲望。海水浴能使头脑混沌。对在其中洗浴的任何人来说都是危险的。要慢慢来。这些温泉每个都有自己的用途，并根据其特点有不同的功效。最近有个贵族告诉我，在皮斯托亚和雷焦之间发现了一些饮后有益健康的水。他曾经病得很重，连大夫都已经放弃了。医生和药物都治不好他了。不过，他决定用这种水。他从米兰要来大量这种水，足足用了 15 次。这样他就得到了净化，并治好了折磨他 15 年之久的胃痛。他重获健康，毫无病痛，再度回春，吃得香，睡得好。于是他就从一个被病魔拖得半死的身躯，又回到了完全健康的人。因此，上帝赐予了我们需要的一切灵药，不过，这还有赖人类去发现和使用它们。对于泉水的讨论已经够多了。”[380]

现在我要根据维特鲁威所写的，简要地说明一下在无水的地方找到水源的方法。必须在晴天的清晨出去看一看乡下。每当你看到某种像烟雾一样的蒸汽，就可以说那里有水。如果要确定的话，最好挖一条沟，并把它充分加热。然后在晚上用树枝把它盖上。如果下面有水，第二天早晨就会全沾满露水。如果没水，那就是干的。你还可以放一个未烘烤的黏土容器在这条沟里，看看它会不会变潮。这样你就能知道那里有没有水。

眼下我还不想就水的问题展开，因为我说了，我打算在其他地方，特别是我已经开始写的农业那一书里，更加全面的进行讨论。不过，如果您想知道水的各种效用，就去读普林尼的书吧，您会发现它的各种性质和效用，和其他东西很不一样。

“现在让我们放下有关水的事情。我要你履行你在开始教我绘图时许下的诺言。”

“这是一定的，在下非常乐意。我会把我知道的，还有我读到的，都在这第二十二书里展示给您。”

第二十二书

[173v]

以上第二十一书，以下第二十二书。[381]

“我认为对于任何想绘图的人来说，首先要了解什么是图，它的起源，以及如何理解其原理和逻辑。双手所做的一切事情都要以绘图的规则和制度为基础。数是十分必要的。没有数什么也不可能，就像没有规则什么也不可能一样。因此人们已经意识到，没有它，人就会如同野兽一般。让我们把这放在一边，继续我们的主题。

一是所有数的开始，而它本身不构成数，只有当更多的一与其相加才行，同理，一个点本身是毫无意义的。[382]连接若干个点就构成线。线本身只是一个标记，只在长度上可以分割。排列若干条线就形成面。将面与其他面组合构成体。从体中产生直角、非直角、管——也就是簧*，由它生成弯曲的或叫非直的线。从这些要素中就产生了所有的角和平面的形状，这前面讲过。既然点是这一切的开始，那就有必要先看看点是什么，线是什么，面是什么，体是什么，管是什么，然后看看它们的本质是什么。想绘出完美的图纸，就要遵循我上面讲述的方法，也就是从自然出发进行绘图。

首先，我向您讲过，点是绘图的开始。古代数学家讲过这个，我的巴普蒂斯塔·阿尔伯蒂也讲过，他还简要地介绍了这些点、线、面、体和其他跟绘图有关的度量。我不会和古人讲的一样，也不会和前面提到的那个人一样，我只会采用他们的构架。随着他们讲，我就会作出解释。

他们首先说这点是一个很小的东西，不能再分，但如果很多点连在一起，我讲过，它们就构成线。线，您已经理解，就是很多点一起构成的。”

“现在我要你讲什么是体、什么是面、什么是管，给一个轮廓，还有绘图时必须使用的所有量度。”

“您明白了什么是线，也就是很多点并列

---

* 管（tube），簧（reed）。——中文译者注

起来。线是这样构成的：……将它们若干个连接起来就构成您看到的线。排列这些线在一起就构成面，就好像用若干丝线并列起来织成的布匹一样。顶部可见的部分就是面。他们就是这么叫它的，而且它是体的一部分。

体是若干面组成的。它有深度。它有各种形象和形状，因为它可以是球形、圆形——也就是圆的——可以是尖的——也就是带角的——还可以是凹形的。它们这些每一个都有不同的量度。”它可以是密实的或者透明的；就是说，密得像木头或石头一样不透光。透明的意思是像水晶、玻璃或水一样透光。 [174r]

我说过，这些体由于形式各异，能够产生不同的量度。全都像我说的那样，由面、线和点组成。它们是通过这些线和点的分割来理解的，这我也讲过。从这些体中可以发现某些工具来分解这些形体供人们使用并掌握，即使它是大自然的产物。我说过，人们已经发现了可以随意而准确地构成形体的工具，因为它们是按照规则制成的。

要做一个方形就必须使用这些工具或者量度之一。这就叫矩。没有它，方形就不能准确地作出来。人人都知道，它是这个样子的（173v 图）。球形，也就是圆，没有规是不能准确作出来的。这是另一件不可或缺的工具。大家都知道，其形式是这样的（174r 图 A）。所有的体形都是用这两样工具衡量和构建的，这和前面说的是一样的。尽管从这里面派生出很多其他体形，但是没有这些工具，只有花很大工夫才能作出它们。我和您讲过，从方形里可以产生点、线、角还有面。您可以看这里画的图示（174r 图 B）。它的样子您一看便知。它有角（即隅）、线、面和点。延长点就得到线。线相交就构成角。在这些线中间包围的地方叫做面。它也是该体形的皮或壳，这前面说过。[383]

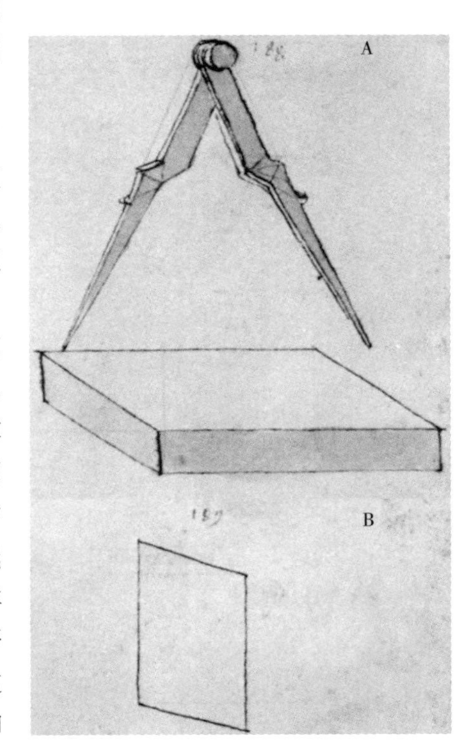

这些角可以是直角，也可以是非直角。直角就是两条直线像图上这样垂直相交形成的。非直角由像这里一样的非垂直线形成的，尽管它们也被上述垂直线所包围。您对角和直线已经有了充分的了解。

现在我们要讨论弯曲的，也就是扭曲的。它们都是自身含有某种弧的。其中不可能有直角。它们是用圆规画出来的。这就得出了圆、球或球体，以及管，即凹体，比如簧、桶等，只要它们有圆的体和面就都算。您知道，方形是用这两种工具产生的。就是说它们是用规和矩，通过画线作出的，这些线是上述形体的前提和见证。将体与面的分隔称为‘缘’，这是前面说的那个巴普蒂斯塔·阿尔伯蒂在其《绘画基础》里的叫法。这和镶布边差不多。他将其比作‘界限’。这界限和上面说的分隔是完全一样的，用一条线在前面说的方形中分出两个面来。它们以点、角和线终止，这您能明白。

您已经了解了体、缘和界限；现在是面。面是由缘围成的；您已经明白，一个面是通过一条线与另一个面分开的。这些可以以各种形式达到相等、不[174v]等或相似。它们在视觉上是不可能相等的。就视觉而言，一个图形可能比另一个大或者比它小。这个我们以后在别的地方再讲。

当它们有边界，而且直角相等，并有相同度量的点和线时，就说它们相似。人用肉眼就可以判断一个图形是否与另一个相像，就好像用了一个棋盘。您可以看出，从这些线和点就能产生所有的定义。从这些还能根据顶点的数量作出三角形、四边形和多边形。它们是按角来命名的。我说过，从这些就能得到相似和全等的图形。制图中的一切都是从这点和这线与角得出的。

下面需要领会它们并将其用于实践。有人说，前面提到的那个巴普蒂斯塔已经写了这些线、点、面和角、体，以及全等、相似，还有中心对称形的奥秘之在。我不会用同样的方式，我要用更简单的方法，让您更轻松地理解。如果您想全面了解的话，就去看他的书吧，您会从他的论述中明白的。

我现在要向您讲一讲我认为绘图应该遵循的方法。首先，您应该听说过，这些方圆都由量度作成，也就是规、矩和直尺。人们一定要按照上述方法来做。

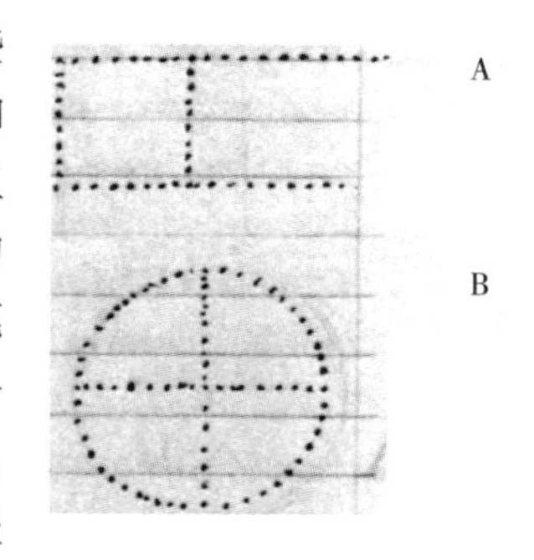

您可以不用规、矩或尺来作图，但不如使用这些工具那么精准，除非您可以做到像传说的阿佩利斯和宙克西斯那样。据说他随手就能画出一条直线，而且和尺子画的完全一样。更妙的是，前者在已经画好的那条笔直的线上又画了一条线。不但更细，而且一笔画成，恰好在其正中间。传说他还能不用圆规甩出一个正圆。另一个人就在中间点出圆心。把圆规放上去，发现他画的恰在正中。这绝对是一种天才，而不是经验，因为这不可能是偶然或者机缘所致。[384] “通过理解这些绘图的基本原则，[175r]并亲自动手实践，您就能在做任何其他需要绘图的工作中得到帮助。从前文您就能知道，第一件事是如何画一条，或者若干条等距排列的直线。然后，用这些画出方形。作图的方法请您看这里画的（174v 图 A）。用这些点就可以画出直线。由它们可以画出弯曲的，也就是扭曲的。它们的形式和您这里看到的一样（174v 图 B）。这样，从方形中就得到了一个圆，然后根据您对这个小图的理解，用这个圆就可以作出方形、三角形、六边形、八边形，或是任何想要的。这样，如果您想在方形上作一个圆，并在图纸上表现出来，就可以用这种方法，也就是不靠规和矩，而通过视觉和点来作。不过，一定要练习和使用。

现在讲作为绘图表现方法的方或圆的透视线。这里各部都是相等的，尽管肉眼看上去并不是这样，因为它不能判断一切。不过，它们是相等的。要作这个透视线，必须只从这一点起尺。我认为这是由于人眼和视线的缘故，这个下面再说。我还认为这些互相连接的点构成了这条线。您可以看出这实际上是一个方和一个圆，即便它们由于上述原因看起来不像。

有三种或者三类角，直角、锐角和钝角。直角是您在上面看到的两条直线与圆心相交时产生的。锐角，也就是非直角，是您在这个方形中看到的更近那个，虽然它离眼睛更远（175r 图 A）。之所以叫它锐角，是因为它比直角小，而且比别的角都尖。钝角比直角大。它看上去更近，尽管离视点更远。事实上它离视点或者眼睛更远。

应该要注意，如果把视点，也就是眼睛，放在圆的中央，就只能看到两个面，也就是两个平面。一个是相等的，就是说等大的，另一个向视点缩小了，看上去比实际的要小了。如果您站在一个立方体的中央，也会发生这样的情况。站的越远，顶面看上去就越小。与您视线相反的那个面看起来和实际一样大。

您已经看了如何把一个圆放在一个方上面，也知道如何根据规则将它们作出来。现在我要向您展示如何放大和缩小方和圆，还有一个既不是方也不是圆的东西。因为这些有难度，请将您的智慧集中在下面的话上。

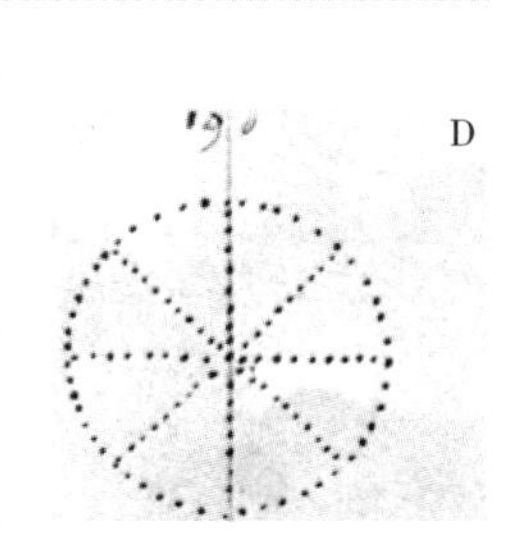

假设我要画一个用许多点组成的方。我会按其尺度画四个等距的点。然后把若干点放在一起（175r 图 B）。集中您的目力和脑力，务必使得这些点像前面说的那样相互等距。如果您要把它扩大二分之一或是三分之一，或者随便您想要多大，甚至是缩小，那么就注意画另外四个距离更近或更远的点。无论您想画什么都要这样。这是放大的。如果您要缩小，拿出您所希望对其进行缩减的最小部分，放进这四个定好的点以内。如果要放大，就放在您已经确定的四点以外。这可以从这张图来理解（175r 图 C）。

如果您要作一个没有透视线的圆，其绘制方法您已经在上面熟悉过了（175r 图 D）。并且就像有透视线的那样。为了让您更好地理解它，我将告诉您另外一个扩大或缩小的办法。这和上面方形使用的例子是不一样的。您一定要画这个圆，但首先需要作好这个方，并将这圆放进去。这样您就可以为其增加透视线。一定要按照上面写的做。首先，您看，这个方形要作透视线。[175v] 然后，从这个方形的每个角画一条线，线要从角和边上穿过它。您会看到它简直就像是一个星星，或者马刺，或者车轮。继而小心地绕过星形的尖，就像这里画的一样，另一侧也是同样的方法（175v 图 A）。您已经学会了如何不用圆规处理方和圆，以及透视线，还有如何扩大和缩小。[385]

接下来还要看看那些不是方、圆、六边形和八边形的图形。用同样的方法画出您所需数量的角。因为它们有更多的边，所以就要在放射形和透视形中画出与之相应的更多的射线。那些您要绘制的既不是方也不是圆的图形要用这种形式作，您在下面的图中就能看到。假设您要作一个像这样的或是别的什么东西（175v 图 B）。尺寸大小随意，但您会再画一个更大的，形状完全相同。每个角上都要作一个标记。就把这些字母当做我们的标记。首先您要目测，然后判断从标着 b 的角到标着 f 的角是相等的，标着 dac 的角也是。这样，您在每一个上面都要画一个点，再从一点到另一点画直线。如此就能准确作成。如果您想要放大或是缩小，按照上面说的做，从一个角量到另一个角，或者还是说一个标记到另一个标记更好吧。您希望扩大或者缩小的话，就按照前述方法来做吧。

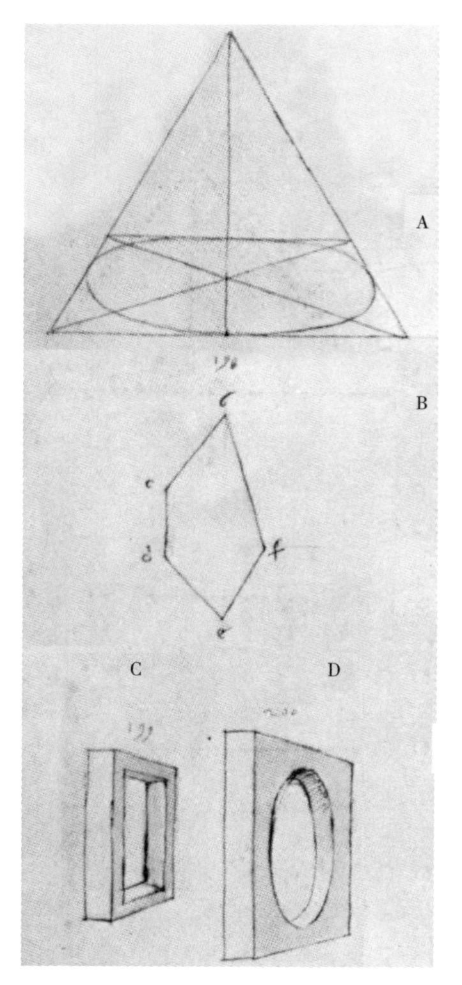

另一种方法是，首先要作一个足够大的方把它围进去。然后在方形中留出缩减后余下的部分。标出它的顶点，并在各角作记号。接着按上述方法画线。如果这里任何一部分呈圆形，或者有这个趋势，就要用眼睛从一个标记的角到另一个进行测量。将那一部分拉直，并按照目测的结果把星形的射线拉长。然后用这种形式做成环状。也就是说，先作方。凹形也是同样的方法，与方和圆的规则一致。如果您要将其放大或缩小，就应该按照上面写的作（175v 图 C、D）。

您已经了解了绘图的基础，即点。点非常小，因此不能再分，但可以延伸。延伸之后就是线。线就像一根非常细的头发，其厚度不能再分，但长度可以。每个面都以它为界。若干条线就构成面。什么是面？它是一个缘和一个形体，这您在前面就知道了。因此，任何在平直的面上的东西，都是通过这些线来分辨的；不论它们是直是曲，都靠它们区分。因此，有必要很好地理解它们，并练习徒手画出这些线条，用前面说的方法作成直线或者曲线，也就是延伸的点，还要相互靠近使其接触。您将看到，用这种方法，经过长期的练习，就能使您画得几乎和尺规一样，甚至更好。它们将以您希望的方式等距排列。关于点、线、方、圆、三角形、四边形、直角和锐角、曲线和直线，以及球形，还有很多的内容，但您掌握绘图的原理就足够了。如果您想对它们进行更加详细和深入的 [176r] 了解，去读数学家的著作和巴普蒂斯塔·阿尔伯蒂的那本关于绘画的小册子吧。[386]

您已经知道多少个点能连成一条线，多少条线并列构成一个面。现在我们得看看面的性质。下文即是。平直的面就是直尺各点都能接触的面。圆形的面是圆的。人们说它的边界是圆规画出的圆上的点。因此一个圆形的东西也是同样以点为界的。很多人认为绝对的正圆和平面一样难画。他们说绝对的正圆和没有坡度、完全静止的水都是不可能的。而且，他们设想，如果在一个绝对平直的面上放一个圆球，它就会静止不动。

有些面被挖空是凹进的，例如桶、簧等。这其中很多都有两种形式和性质，即球形和凹形。它们的边界是曲线。它们可以有两种形式和性质，即，一个平面和一个曲面，比如桶。它们有一个平底和一个圆体。这种有很多，例如鲁特琴、西特琴、鼓，以及类似的，还有柱。您能想到，还有很多其他物体，有各种面。依在下看来，平面的性质已经和您讲得够多了。

接着我们要看看它们是如何根据视线产生变化的。有时大的看起来小，小的看起来大，其实没有那么大。这都是视觉的缘故。看到的平面大小会根据远近发生巨大的变化。

在我继续讲这个之前，有必要理解一下视线和用它测量所见物体的方法。哲学家说，看到的每个平面都是眼睛通过视线测量的。[387]他们说那就像最细的丝线。想象你的眼中有一根或若干根线射向所看的平面。我会给您一个关于这些射线的例子。我想这些射线好比这样。它们就像从蜡烛或者其他亮的东西放出来的光线。如果闭上您的眼睛再微微睁开，就会看到烛火发出的光线。这是一些向您散射过来的光线。有一条似乎在中间。他们说视线和这个一样。它们有很多种，视内线、视外线和视中线。那条视心线总是落在所见平面的某个点上。它和上面说的例子是一个道理，就是说，光线从发光体向您的眼睛不断射出然后返回，同样地，视线从眼睛射出后，与所见物体之间也有类似的过程。尽管看起来不是这样，如果您仔细想想，就会发现我们眼睛的视线遵循完全相同的原则。

现在我们要观察并分析眼睛工作的原理。这三种视线每种都有自己的功能。视心线有，视中线有，视极线也有。不过，它们都用于观察一个物体。据说眼睛用视外线测出物体的数量。视中线是围合所见平面的那些部分或者 [176v] 那些东西。视心线为您指明所视物体的中心。叫它视心线，是为了类比中心线，或者说像圆规作图的那个中心点更好。画圆时的圆周可以认为是视外线。圆周和圆心之间的空间是视中线。圆心就是射向它的视心线断掉的地方。

我想这些视线好比磁石和铁一样，因为磁石能吸铁，就像这些视线连接所视物一样。不过，让我们假设眼睛是磁石，而视线是它对铁的引力。这样视线把视平面同眼睛连起来，不管其本质如何，眼睛都会把图像传达给思维，您就能知道这是个什么东西了。眼睛呈现出来的一切您都能够理解。如果磁石受潮或者浸水，就会失去吸铁的能力。因此，如果眼睛的功能因为黑暗或者玻璃或者任何缺损而受到妨害的话，视线也会因受阻而无法实现其功能。

这些视线还有很多可讲的。对您来说，知道如何用眼睛测量所看到的物体，了解其原理和手段，这就足够了。您可以设想，把这些视线在视平面上形成一个金字塔，用无数的视线将所视物体包在里面，就好像在一个用极细的管做成的鸟笼里。或者说它像一个灯芯草编的帽子更好，就是小姑娘把所有的灯芯草像金字塔一样的集中在一点上，也就是您看到的这里画的样子（176v 图）。

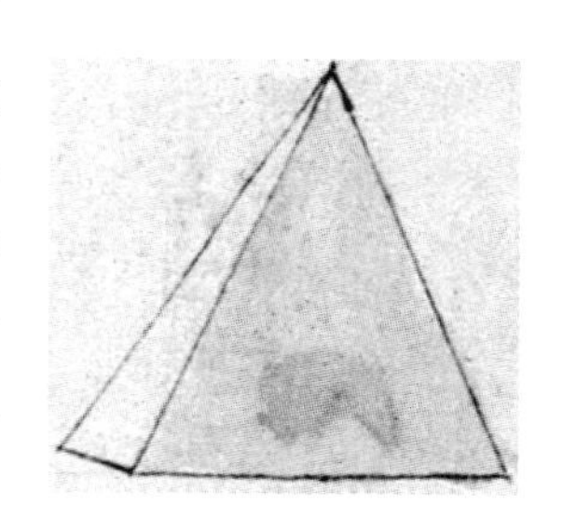

金字塔形是有五个端点的形式，您看这里，线从一点拉到另一点。这就形成了直角、锐角和钝角。如果您有机会去罗马，就会看到墙上或者叫墙外之圣保罗巴西利卡的大门，它是大理石建成的，据说是罗穆卢斯的墓。书上说还有很多采用坟墓形式建造的东西，尤其在埃及。看西西里的狄奥多的书。它的基础是直角，因为边界有四个端点。这里还会出现钝角，延伸后到达它们所会集出的第五点。它是一个锐角。这就叫金字塔形。您可以说它是由视线构成，并从眼睛发散出来的，只不过其尖端总是在光线和眼球上。这样，任何性质的任何形式，不论方、圆、凹，还是任何其他的，都是由点延伸成的线所构成并围合的。这样一来，人们就会识别出每一种形式的轮廓，以及这些线和点所包围的空气。这些空气会给所视物体增加或减少颜色。关于这些还有很多要说的，但这是一个哲学问题，与我们的主题不太相关，所以让我们把它留给哲学家去讨论吧。到此为止，关于视线、金字塔形和空气已经说得够多了。

现在我们必须考察这些点和线是如何构成平面或曲面的，尽管您在前面 [177r] 已经对它们有了一定的理解。不过，这些点和线也可以通过其他方式测量，并围合出所有您要在图纸中绘制的东西，比如建筑、人物、动物和其他没有这些界线就不能画好的东西。”

第二十三书

以上第二十二书，以下第二十三书。

“您已经能够从前一书中理解绘图的原理了。在这一书中，我要向您展示如何把这些线延伸出来，构成一座建筑或者其他图形，不论人像还是动物，并使其通过刻度定位在一个平面上。现在，您要注意睁开智慧之眼，因为我要讲的是非常微妙而不易理解的内容。假如您要盖一座房子，就必须为施工准备材料。备好以后，就要挖掘基础，接着布置围合。我们也要这么做。因为要营建和挖掘基础，所以就得有场地，我们也必须先造出图纸的场地。首先，我们的场地必须是带有尺度的平面。而绘制的图形就要服从量度和尺度。我说过，请专心。

首先，要做这个平面就必须有前面提到的两种工具。没有它们必将一事无成。我讲过，它们是规和矩，还有尺。用规为每个平面分割出尺度，而用矩或尺则可以控制所有您用尺测量的东西。”

“你说这为什么叫（六分）规？”

“因为它绕自己画出来的圆六周都不开合双脚。矩之所以这么叫是因为，在任何一个您想作出方形的东西上，沿着一个线图用它旋转四次，就能得到一个方形。人类想做的每件事，都必须应用某种原理和某种形式。应用之后还必须按照相应的规则继续下去。所以，我们假设是站在某扇窗户前，透过它我们去看所有要在平面上描绘的东西。

用一副圆规画四个等距的点（177r 图）。用直线把它们连接起来形成一个方形。您也可以用矩来作，大小随您喜欢。作好以后，您自己决定人物在图中的大小。您前面已经学过，这也是哲学家的格言，人乃万物之尺。[388] 从您定好的人上取三分之一；这就是一个公用的臂长，因为几乎所有的人都遵循同一个尺度。当您作好后，用圆规从中取一份，也就是一个臂长，分割这扇窗户的底边。然后沿着垂直方向从底边向上放三个单位臂长。在这个高度上画一条很细的线。接着在它的上面、下面或者线本身上画一个点，这可以在中间或两边。如果您想要这些图形正面朝外，就把点放在这条线的中间。我说过，它们将会更正更舒服。不过，您还是可以把它放在您喜欢的地方。

[177v]

现在您要考虑希望站在多远的距离来欣赏您的作品。您应该知道，站得越近物体看上去就显得越大，而站得越远就越小。不要站得太近或太远。在您站立的位置画一条垂直线，就是说，一条从头落到脚的线。在这条线上，从地面往上三个放大比例的臂长处作一个标记，注意这条线不要越过您的方形，即想象的窗户的底线。然后用一根线，其实是一把尺子，从这给定条件的 3 臂长向标记在窗户上的每个 3 臂长各画一条线，即您窗户的底线。接着用一根线也可以、用一把尺子也可以，在它与您窗户的垂直线相交的每一个地方都标个点。按照我说的做下去，一直到方形的另一边。每当您的弦与其相交的时候，就在那里作相同的标记。您把所有的部分都标记好了之后，用圆规把它们带到窗户的对边上。即便有的看上去很宽、有的很窄，也不必在意，因为理应如此。然后在这些标记的点里，用您的尺子从每个点向另一个点画直线。

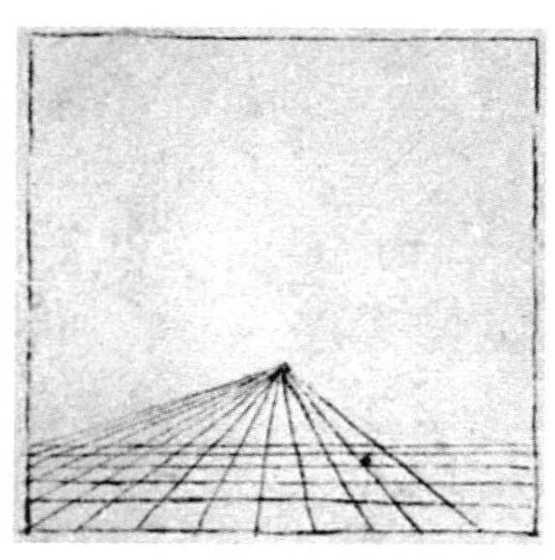

然后，不管您刚才定在这条中心线上的点是在上方还是别的什么地方，放一根线或一把尺子在这一点和方形底部的线之间。从这一点向每条线画线，这些是用来比作视线的。这些线就是目光，也就是前面说的视线。您会看到这个平面上都是网格，即每个 1 臂长的小方块。尽管有些在您看来比其他的要小，而且似乎不是正方形的，但是它们都是一样大小的同样的正方形，这您现在就会看到。我想您到这里已经知道了一个平面是怎么作出来的了”（177v 图）。

“我懂了，不过我要亲眼看你作一个。说说为什么这些正方形作出来不是正方形。”

“这是因为您在一个平面上观察这些物体。如果您直接去观察，它们看上去就会是正方形的。要证明这是真的，请看铺满方形木砖的人行道，或者从底下仰视顶棚更能说明问题。所有的梁都是相互等距的。在视觉上它们就会有大有小。它们离您越近，看起来就越是相等，而您离得越远，它们看上去就会非常紧密，以至于一个顶着一个，而且看起来好像是一根。如果您想进一步研究一下，可以拿面镜子从里面观察它们。您将清楚地看到确实如此。[178r] 如果恰好在您眼睛的对面，它们看上去就会是相等的。我想这种作平面的方法是那个佛罗伦萨人皮波·迪·赛尔·伯鲁乃列斯基发现的。[389]借镜子的成像代替平面发现用尺度作平面的方法，确实是一件巧妙而优美的事。不过，如果您仔细观察，还是可以用眼睛看出变形和缩小。

接下来在这个正方形中放入任何您想要的东西，不论是人像、动物、建筑还是柱子，然后用定在线上的臂长单位去测量它们。由于上述原因，有的会比其他的小。如果您观察一列柱子，那么后面几个看上去就会重叠起来，而且一个比一个小。这种现象的原因前面已经讲了。

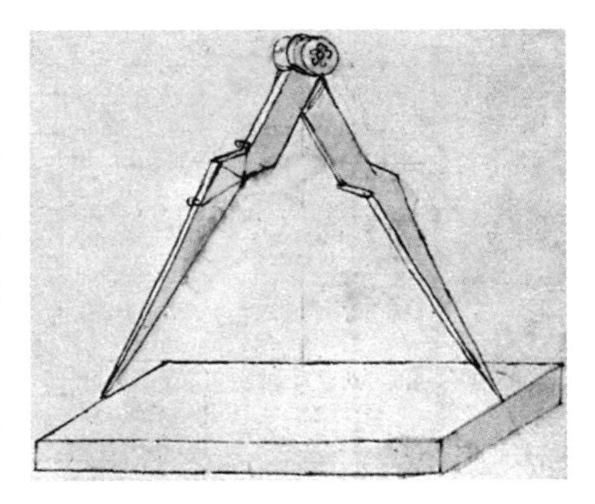

我想您已经理解了，即便这非常难懂。不过，您只要经常练习，就不会这么觉得了。狼第一次遇到狮子的时候很害怕。当它稍稍靠近一些，狮子就没那么可怕了。狼靠得越近就越胆大。读一读伊索的希腊文著作吧。万事万物都是一个道理。开头很困难，慢慢熟悉之后就容易起来了。

您已经学会了如何用尺度在平面上绘图。诚然还有别的方法，但为了让您不至于过度劳累，这种方法对于目前来说已足矣。

如果您想在平面上作些图形，比如广场上的人群，一座或几座建筑，或者随便您想要放什么，这样做就都可以正确无误。首先看看要把这个图形放在哪条线或者哪个网格上。打开您圆规的双脚，使其与一个水平臂长单位相等。用它就可以测量您的人像了，您知道它是三个臂长单位。根据它所在的网格会有大小的不同。请按照这里的图示（178r 图）使用您的圆规。[390]

如果您要树立一座方形建筑，也是同样的方法，需要用圆规。想好要作的高度和宽度。把圆规打开，与一个单位格等宽，在建筑的一角作一个垂直记号，另一角同样作一个，两角之间的距离应是正立面的宽度。对于侧立面，看看在较近的角处线高是多少。从这个网格画一条垂直线并在线高处打住。在较远的角再立另一条线。然后看它的高度是多少缩小比例的臂长。这第二条垂直线会和前两条一样高，即使在您看来它要矮一些、短一些。这是因为这些臂长单位在视觉上比在前面的要小；事实上它们都是一样大的。建筑的线条也是如此。用和在下面同样的方法，从上面画线并把它们连接起来。前面讲过，这些要用一根线从中心点处开始画；这样您就会看到所有的部分都有了量度。接着，如果您想作门窗或者楼梯，全部都要从这一点开始画，因为您知道，中心点就是您的眼睛，一切都会集中在这里，就好比弩手总会向一个确定点瞄准。 [178v]

您已经了解了方形的建筑。现在要作前面和您讲过的圆形。要在平面上作圆，先确定您建筑的直径。在平面上画一个大方。然后在里面作圆，形式您前面见过（178v 图 A）。如果您想作八边形、六边形或是多边形，就用前面的办法。也就是，先画您看到的圆的正面，然后画侧面（178v 图 B）。在您作好的放射星与圆相交的每一点处起一条垂直线。放射星有多少条线您就要做多少面。这些面需要延伸到两个点；就是说您必须在视平线上的第一个点之外再放一个点。如果您把建筑放在中间，那就要把这两点放在两侧，距离应满足您对建筑表现的需要（178v 图 C）。您已经知道了作圆形、方形和多边形建筑的方法。现在最重要的就是按照我教给您的这些规则来作图，因为您如果不使用和练习您的双手作图的话，就不会理解它们。

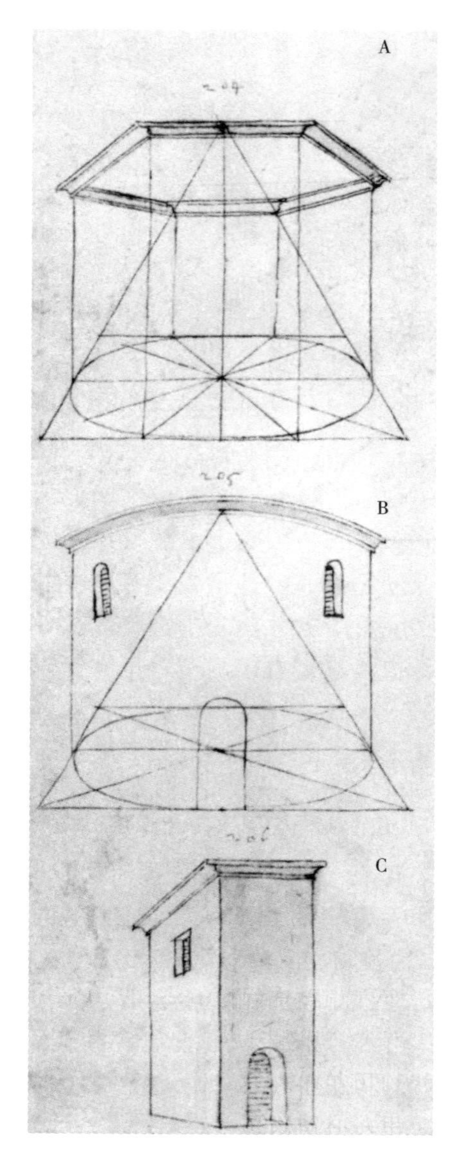

现在我们要看动物。您需要的方法是这样的：要画马的时候您要知道它有多大。用臂长单位按照量度作出马的形状。您可以用任何您希望绘制的角度，即使是透视的——抑或是正视的。按照尺寸把它放到平面上，注意它的脚。即便在您看来一条腿比另一条要短，这也是有原因的，就是前面说过的，平面的透视。如果您要证实这一点，拿一个有四条或三条腿的板凳，放在离您 3 臂长、4 臂长、6 臂长或随便多少臂长远的地方。然后站在它的正前方观察。离您最远的那些腿看上去会与靠近您的腿相交，而且看起来要比它们短得多。尽管如此，它们都是一样长的。之所以这样仅仅是因为它们离得更远。万物皆是如此。您可以用同样的方法测量其他东西，马也好，牛也好，狮子也好，任何您喜欢的东西都可以。如果您想把桌子放在平面上，就可以用同样的手段。要看出您对它做了多少透视，也就是，缩小了多少，拿把尺子放在桌子前面。看看尺子在什么地方与桌子的头和脚相交。然后在图中画出尺子所量的距离。通过比较实际尺寸和透视尺寸就能知道缩小了多少。有了这些量度和尺度，您就可以作出任何想要的东西。

如果您想用更简单的方法作图，就拿面镜子放在所绘物体的前面。往镜子里看您就会更轻松地找出物体的轮廓线。近的远的都会在您面前呈现出透视来。［179r］说真的，我认为皮波·迪·赛尔·伯鲁乃列斯基就是通过这种方法发现透视的。古人没有这么做，虽然他们的思维敏锐而精妙，却从没有理解和使用过透视。即使在他们的作品中表现出良好的判断力，也没有用这种方法和这些规则给物体在平面上定位。

您可以说这是虚构的，因为它呈现给您的是一个不存在的东西。[391]没错，但尽管如此，它在图纸中是真实的，因为图纸本身不是真实的，而是对您所绘制和要展示的物体的一种表达。因此，从这个意义上讲，它不但是真实的，而且是完美的，没有它，绘画和雕塑的艺术就不能尽善尽美。您会说：‘你曾向我高度评价古代的艺术家，而乔托等人都没有使用这些量度、透视，或任何他们应该使用的技术。可事实上，他们都是大师，而且有至上至美的作品。’您说得对，可是假如他们理解并使用了这些方法、模数以及量度的话，就会做得更好。要证明这一点，请看他们画中的建筑，有时候人物和房子几乎一样大。很多时候他们还会把一个物体的顶部和底部同时画出来。您可能要说他们心里清楚，只不过不想用这方法是为少点麻烦。但其实这方法更省事，因为如果掌握了它，就可以把所有的东西都按照尺度作出来。不论您做什么，都总能有个向导，您知道要把东西放在什么地方，而且绝不会犯错误。因此我向您作出结论，如果您想成为一名制图大师，就需要在绘图的时候理解并使用这种方法。

我想关于尺度这部分我已经和您讲得够多了。现在剩下的就要说一说模式、秩序和得体，这些都应该在素描、油画和雕刻中严格遵守。很多人在作典故或者人像之类的时候，并不考虑什么是适合其本质的。[392]这对于任何大师来说都是一个严重的缺陷和不足。无法完全理解这些要素的人，就永远也得不到完美的评价。当您学会了制图的模式和量度之后，就要留意这些要素。您在做某件作品或者某件艺术品的时候，一定要首先考虑清楚您要做的是什么。如果您要作一个孩婴，不要给他 6 岁或 8 岁男孩的肢体。而要保证您根据他的年龄作画。如果他还在襁褓之中，就不能和两三岁时的身材和特征一样。因此，从小到大，肢体都必须和年龄相称。您不可以给年轻人一个老头的身体。动作、模式、姿势等等都要与他们的性格、年龄和特征相对应。您在绘制圣人像和穿其他法衣的人的时候，应该注意他们的这种区别。圣人也要和他们的特征保持一致。如果您要作圣安东尼，他就不能是怯懦的，而是像多纳泰罗作的圣乔治一样英勇，那确实是一件完美无瑕的杰作。这尊大理石人像在佛罗伦萨的圣米迦勒修道院里。如果您要作一个斩魔的圣米迦勒，他就不应该怯懦。如果您要作圣芳济各，他就不能是英勇的，而是羞怯而虔诚的。圣保罗要勇敢、要强健。对于姿势和着装也要这样作。前面讲过一个为了纪念格提米内特而做了一匹青铜马的人，不要和他一样。[393]造型之丑陋使其鲜有好评。当您为生活在我们时代的人画像的时候，不能让他穿上古代的衣服，而是该穿什么就穿什么。如果您让米兰大公穿他不穿的衣服作像会是什么样子？看上去好不了，而且会不像他。让恺撒或汉尼拔显得胆小，并穿上我们今天的衣服，也会是同样的效果。即使让这些人物显出几分英勇，穿了现代的衣服也会不像他们。因此，一定要按照他们的性格和特征来作。如果您要作一群使徒，不要把他们作成击剑手的样子，就像多纳泰罗在佛罗伦萨的圣洛伦佐大教堂那里的圣器室的两扇青铜大门上作的那样。最好让这些人像的姿势能够突出他们的性格，但是不要过分表现以致落入畸形而丑陋。当您要作少女的时候，她们应该温文尔雅，举止矜持而不是强悍。但是如果您要作塞米拉米斯听到尼努什死后该省的叛乱，并登上那座山去战斗，就不

[179v]

是这样了。潘瑟希莉娅和卡米拉应该英勇、动作轻巧而有力，阿尔泰米西娅去进攻罗德时也是这样。愤怒而残忍的美狄亚将是邪恶的。朱迪思走向赫洛芬尼斯的时候将是勇敢的。克利奥帕特拉将是放纵而淫荡的。塔莱斯蒂不能作得羞赧或是纯贞，而要大胆地、充满激情地去作亚历山大的情妇。像珀涅罗珀那些纯贞的人，不应该表现出淫荡的行为，而是严肃而谦恭的面貌。当不得不作领喜圣女像的时候，您的表现千万要让她的圣洁和矜持再也无法增加一丝一毫。绝不能像很多人一样让她的姿色重于慈爱。不论您用怎样的方法和手法，她一定是万分高贵的。

同样，您要在所作的人像中考虑其所有的特点、意志和对比。您很明白，如果您要作赫尔克里斯——他勒死了尼米亚之狮，杀死了那头野猪，将三头犬引出了地狱，斩杀了卡库斯和九头蛇，与阿基鲁斯战斗，杀了狄俄墨得斯和群马、斯廷法利斯鸟、鹿和守卫金苹果的毒蛇——不论他的哪件英雄壮举，都应该是骁勇而顽强的。您很清楚，如果他在为帮助阿特拉斯而擎起苍天时，或者将安泰抱在胸前时，看上去没有奋力拼搏的话，那么不但作品本身欠妥，而且对于这位英雄来说更不是一个合适的形象。当圣克里斯托弗抱起基督的时候，他的辛苦应该能一眼看出，因为基督乃是在以吾主之重量昭示吾主。若不由此，他绝无可能识出吾主。所有的人物都要与其行为一致。因此，您务必要考虑外貌、服装以及与人物有关的所有动作与姿态。少女的举止要清纯而无拘束。少年的行为要勇敢而活泼。青年的一举一动都要灵巧而有力。男子的行为要更加谦和而矫健。老人的动作要沉重而虚弱。他们的特点都要与外貌、年龄和特征相符。我讲过，每个人的服装、姿势和特征应该和他们的类型相吻合。[180r] 您应该研究并分析所要作的动物的天性；按照他们的习性、行为和动作，有的要凶猛、有的要温顺。如果您要作一头拉车的牛，其外貌和行为就要不同于朱庇特变成的那头驮走欧罗巴的牛。同样，阿耳戈斯看守的那头牛，要不同于代达罗斯做成的那头让帕西法厄怀上弥诺陶洛斯的牛。亚历山大向给卡利斯塞纳斯下毒的人放出的那头狮子，与伊索描写的那头抓住在它身边转的老鼠的狮子，二者之间应该有区别。满是泡斑的卡利多尼亚野猪，不应该做成和他描写的那头小羊羔一样胆小，据说狼责怪处在下游的小羊羔弄脏了他喝的水。如果您要作发起进攻的狗，不论目标是一头熊还是公牛还是别的什么，它都不应该是怯懦的，而是凶猛的。亚克托安的狗因为偷看了水仙女受到惩罚而被黛安娜变成了小鹿时，也完全应该这样表现。还有，在作鸟类的时候，一只鹰或隼在向猎物猛扑的时候，不能和罩在拳头上的时候一样。朱庇特那只夺走该尼墨得斯的鹰，和所有的鸟类，都要按照其性格作同样的处理。您很清楚，一只斑鸠应该和一只鸽子有不同的温顺和单纯；鸢、苍鹰等也是一个道理。表现鱼类也要注意它们的特点，有的天生勇猛，有的胆小。您还要小心毒蛇和其他各类动物，一定要根据习性让他们的特点、凶猛、畏缩与自身相符。可驯和不可驯的动物就讲到这里。

自己不能动的东西，比如衣服、头发等，要靠风或者其他影响才能动，这些要和所描绘的场景统一。当有人在骑马，或是在奔跑什么的，就必须把各处都作得统一。如果人的头发和马鬃马尾在奔跑的途中仍然静止，就不合适了。如果衣服或者人身上其他轻的东西是静止的，就不匹配马的动态了。这些要在图中表现的形象的动作和姿势，已经讲得够多了。[394]

现在请听如何在绘图时使用光影来表现物体，以使其有立体感。您可以按照真实情况给它们上色。当您在绘制物体的时候，您只有它们的形状。接着，您必须一点一点地仔细研究光线照射下的物体。没有光的地方就暗一些。在那里要轻轻地、轻轻地加重，不论是用墨水笔还是毛笔，看您喜欢哪个了。如果您看还不够黑，再回到那个地方，一遍又一遍，直到您认为所表现的立体感和实物一样。镜子在这里可以帮上大忙，因为用它您就可以很好地辨别光影了。据说古代的画家尼西亚斯就因为这个而受到了赞美；雅典人宙克西斯，一位上古的博学画家，就非常了解这些光影。除了图形的形式，绘画的艺术还要求很好地洞察和理解光影的作用。前面讲过，如果不掌握这些东西，就无法充分展现绘图的完美。对于那些不想当画家而只当雕刻家的人来说，只要这两点就足够了。他们也足以在其他想从事的工艺中得到赏识，不论是银、石、木还是大理石，您喜欢的都可以。这两点将会让他成为一个颇有造诣的大师。画家也必须熟识这两点。 ［180v］

除了这两点，一名杰出的画家还应该知道一点，少了它就算不上杰出的画家。他所必需的第一个，也是最重要的东西，是对于黑白的明确理解，因为只用这一种颜色就能改变物体的明暗。”

“色彩和我们关系不大。如果还有其他关于制图的东西就告诉我，要是没有的话，现在还是让我们先放下绘画这一部分吧。”

“阁下，除了典故的构成以外，没什么可讲的了，那是关于它的构成的方法、其中人物的数量，以及对他们的性格和特点的表现。”

“这我倒要听一听。”

“我也乐意为您讲述，阁下，能够做到像我描述的这位画家一样的人，必将成为受人仰慕的大师。伟大而高贵的人是不会鄙视绘画的；国王和领主也想知道如何使用色彩。色彩的知识有着伟大的力量和无上的美，因而绘画被尊为万事之上最贵者。我曾经在书中读到法莱里乌斯·德米特里放过了罗德城。他不想烧掉它，仅仅是因为一幅出自普罗托耶尼斯之手的画，他可是上古之时一名英勇的画家。不过还是先不说这些了。色彩能让不在场的人在场，使您看来简直就像活的一样。[395]因此，阁下，掌握好色彩的知识是一件美好而有价值的事，也是与绅士相称的艺术。书中都说，古代的时候，绘画受到希腊人的高度重视，他们甚至规定了一条法律，说任何奴隶都不得学习绘画。我想您知道古代有多少尊贵的画家，因为在我讲建筑原理的时候您已经记住了。他们也在很多著名作家的作品中受到了尊敬，比如维特鲁威、图利乌斯、瓦罗、维吉尔，还有其他提到过这些画家的人。如果绘画不是一项高贵的事业，他们就不可能如此之高地赞美和尊敬这门艺术。没有任何一门艺术能够拥有像绘画这样再现自然的力量。有些情况下有的事情连时间之父也无能为力，而伟大的画家却能够通过他对色彩的运用做到。难道您未曾目睹过 1 月份绽放的玫瑰么？伟大的画家能在雪中让春花怒放、秋实落地！这就是绘画，人类的双手所能成就的最高贵的事业！”

[181r] “妙极了，我非常喜欢，我相信你说的全都是真理。我以前倒是没想过那么多。觉得用大理石、青铜什么的进行雕刻和创作要比绘画高贵得多。[396]如果有人在雕刻人像的时候把鼻子或是别的地方弄掉了一点——因为有时的确会发生破损的情况——那就再也无法弥补了。然而一个画家可以用他的颜色掩盖和修饰这一切，完美无瑕，纵使有千处败笔也能做到天衣无缝。还有，一个人用光玉髓等石头作凹雕的时候，也会极为小心。绘画则相反，全然不必。”

“阁下所言千真万确。大理石雕刻是一项伟大的艺术。试图仿造自然的色彩来戏弄人类的双眼也是一件了不起的事。不管雕塑如何精美，它看上去只是真实的材料。然而绘画看上去却是真实的物体，让不少人都误以为画中物是真的。而且不光是人类，连动物也被色彩的力量所欺骗。我曾经读到古代希腊的某个地方画了个房子。我想是在雅典。房顶画得是惟妙惟肖，竟然好几次有乌鸦要落在上面。那里还有个葡萄架。据说时常有被骗的鸟儿以为那是真的，飞过去要啄葡萄吃。还有一些狗画得非常逼真，别的狗见了以为是活的，就朝它们狂吠。此外还有一匹马或者母马，真是巧夺天工，马群经过时便对它们嘶鸣，如同见了活物一般。我有一次去威尼斯，一个博洛尼亚的画家邀请我去他家吃午饭，并让我坐在一些水果画的前面。我完全被迷惑了，想伸手去抓一个，结果最终还是放弃了，因为它们毕竟不是真的水果，可看起来实在是太逼真了，假如把它们和真的水果混在一起的话，谁也不可能分得清。我还读到过乔托在年轻的时候画了几只苍蝇，他的师傅契马布埃没看出来。他以为是真的，就拿一块布打算轰走他们。这些奇妙的故事都是来自色彩的知识和应用，而雕塑则不可能。

我现在不想再讨论绘画了。请明天再来，我会向您继续介绍它和典故的构成。之后，我们就结束制图与绘画技巧的讨论。”

第二十四书

以上第二十三书，以下第二十四书。 [181v]

“在这接下来的一书中，我们要介绍色彩和典故的构成。

依我看来，有六种颜色。[397]主要的有白、黑、红、蓝、绿和黄。黑色好比影子，也就是太阳无法照亮的黑夜。白色就像白天，太阳照亮一切。蓝色就像空气，红色就像火焰，绿色就像小草，而黄色就像金子和大自然中的花草。自然的产物在颜色上和最后这两种比较接近，即黄和绿。在我看来，有理由把这些当做首要的和尊贵的颜色。不过，人们经常说只有五种，因为黑色不能叫颜色。不管是不是，我已经把它算进来了，因为没有它什么也画不了。从这六种出发相互混合，就可以产生很多别的颜色。您知道，如果把黑和白混合就得到灰；如果混合白色和红色就是玫瑰色。蓝加红就是紫，或者说深紫黑。当一种颜色和另一种混合在一起的时候，就不再是自己的颜色种类了，而是一种不同的颜色叫混合色。有的叫紫罗兰、彩虹色、biffo，还有的叫这样那样的名字。所有这些颜色都是自然的，因为它们是从各种天然物中提取出来的，有花有草，有动物有植物。他们也能人工制造。

白色可以从自然界中找到，黑色、红色、黄色、绿色还有蓝色都可以。前面说过，它们也可以制造出来。黑色是用柴烟制造出来的。如果您要做一些，就在一块铜板或铁板下面生火。用不了多久就能得到很好很细的黑颜料。也可以用木和炭来做。白色用煮熟后继续留在水中的石灰制成。它可以用于壁画，此外还有很多用途。干燥之后非常坚硬。它也可以用铅来做。我认为，把铅放在粪堆里腐烂以后就可以得到白色。它可以用于绘画和很多事情。绿色是用铜做的，蓝色也是。但我不知道怎么做。红色是用水银和硫黄做的。首先把它放在熔化的硫黄里面研碎。它就会消融，并和硫黄融为一体。冷却之后，再磨成粉。然后放入一个细颈瓶进行回火。即放在微弱的炭火上慢慢加热。它还要盖一块小铁板，或者其他不会熔化的东西，使它能够释放一些气体。黄色是用铅和赤铅做的。方法我不清楚。另一种非常漂亮的叫胭脂红的颜色也是制造出来的。这是用 cimitura di grano 做成的。把它放在碱水里和明矾一起煮。确切的我就不知道了。还有放在石灰中、用于壁画的颜料土。它们有五种：叫做赭石的黄色颜料，叫做类赭石的红色颜料，有时是黑褐色，有时是红土，有时还能找到黑色。这种黑土来自日耳曼。绿土也可以找到。

绿色、蓝色、白色和其他颜色是人工制造的。上乘的蓝色来自一种石头。它在大海里到处都有，所以叫海蓝。它能够耐火。另一种用铁制成的颜料作壁画很耐久。它很美，接近红色。在玻璃里是黄色。每种金属都能对应一种色彩。铅和锡在玻璃中是白色。铜是绿、银是蓝，据说金也能制成一种颜料。[182r] 人们说把所有这些颜料混合在一起，就能在玻璃中制出很多不同的颜色。关于在壁画中可以使用的颜料，您已经了解得够多了。其他人工颜料不能在壁画中使用，除了用铁制成的那种。不过，石灰经过处理以后，能把所有颜料都用于湿壁画和干壁画。”

“告诉我，这种石灰是怎么做的，竟然能带上颜色。”

“去除盐分。”

“怎么去除盐分？”

“我会另找时间告诉您的。[398]现在我们要了解如何在作品中使用它们及其混合物。在下一定知无不言。由于石灰会同颜料融合，所以颜料必须磨得很细，几乎呈水状，这样才能在施于墙面的时候与其成为一体。先施一层所要使用的颜料。然后用同种颜色的不同色阶涂在周围，浅些的作光，深些的作影，一点一点直到您满意为止。这您必须要掺蛋清和油来做。您可以把所有这些颜料混合在油里，但这是另一种方式、另一种做法；对于掌握它的人来说是非常美的。在日耳曼，这种技术人们做得很好，特别是扬·范·艾克和罗吉尔·凡·德尔·维登，他俩都是使用这些油彩的高手。”

“告诉我，用油是怎么作画的。是什么油？”

“是亚麻籽的油。”

“颜色不是很深么？”

“是的，但可以弄浅。我不知道怎么做，只知道要把它放在一个小爱神像里面。然后耐心等待，它自己就澄清了。不过，有人说还有别的方法能更快。但我们还是就此打住吧。

如何作画。首先要做打好石膏底子的面板，用墙更好，但墙上的石灰必须干透。即在最开始的时候，木板要打上石膏底子并磨光，然后涂一层胶水。接着，如果是上好的白色或者任何其他的颜色，就把颜料研碎后溶入油中，涂一层底在它上面。是什么颜色不重要。用最细的线画出您的平面，方法前面讲过。然后在这上面画出各个区域。接下来在上面按照您的需要画上白影。就是说，用这白色给您的人物、建筑、动物或植物，以及所有您要画的东西定形。这个颜料要磨得很细，其他的也要。每次都要让它们干透，这样自身才能很好地结合。当您给这个面板上要画的所有东西的形状都刷了一层白以后，在上面涂上影子要用的颜色，然后浅浅地涂一层覆盖影子的颜色。当您的影子干了以后，就可以继续了，您已经在画中使用了很多颜色，用与之协调的颜色和白色增加高光。您所画的每个东西都要做这个。面板和墙壁上都要用同样的方法。

您已经掌握了足够的用油上色的知识。请记住，熟能生巧。现在还有如何搭配色彩使其达到最佳的视觉效果没有说。[399]看看大自然里散布在丛中的花朵和绿地上的香草吧。每种颜色都是那么协调；黄红绿一同歌唱。您知道黑白也能配对。而红跟黄就没那么和谐。倒是和蓝很和谐，跟绿更是绝配。白和蓝也配合得不错。在您作画的时候应该选择最和谐的那些。一定要努力研究模仿它们在自然中呈现的搭配，模仿花的其他颜色和金属的颜色。如果您 [182v] 要画什么东西呈现出金银等金属的色泽，就要恰当地选择那些看起来像金属的颜色，即便它们不是。[400]在立体的东西上作画时也要这样；绝对不要在您的画中放入立体的东西，不论是灰泥还是别的什么。您应该用颜色仿造出需要表现成立体的东西。不要像很多人那样做。他们在画马饰的时候装了涂锡的铁器，那可是给真马用的。您可不能用真东西，而要按我说的用颜色来做到以假乱真。不要使用它们，除非是在檐口、柱头和柱式那些确实立体的地方。不可以在画上使用金银，除了能让它微微发亮。如果您画一条很细的线或者用毛笔蘸着碾碎的金属作画，我便会欣赏它，而且在很多地方效果都不错。白银也可以用这种方法画上去，但不太好。黄金更华丽更持久，因为白银在很短的时间里就会变黑。在与颜色搭配的时候要尽量少用。您已经掌握了足够多的内容。”

“告诉我，我曾经见过墙上的颜色像玻璃一样。”

“那叫做马赛克，是在火中着色的玻璃。”

“那是怎么做的?”

“一定要用马赛克来做。今天很少有人做了，不过很久以前相当常见，而且是高贵而华美的。”

“告诉我为什么。”

“因为它需要耗费大量的时间、材料和技术。”

“你知道怎么做么?”

“马赛克是如何做成各种颜色的。我知道怎么做金色马赛克，但这和画家没什么关系。它是玻璃工做的。给它上金不属于画家的技术，但我会把我听说到的有关它的事情告诉您。我说过，您必须要事先做好马赛克。今天做得很少，原因在前面。不过，威尼斯那里有个炉子能做，但是，说实话，和以前做得不一样。这是因为传统已经丢失，而且他们做这东西只是为了在威尼斯装饰圣马可教堂。尽管如此，如果您想用它，我还是会告诉您我所知道的关于它的一切知识。一次我到威尼斯去，看见他们在安装马赛克，就去问了问。首先，没有方嵌块的人要找人去做。方嵌块是这样切割的。把它们放在一块木头上，用锋利的凿子切割。一块彩色玻璃用一把切割斧击碎后，就形成很多小块的马赛克。当它们切割好了以后，就需要准备颜色，每种颜色要有五个明度。假如您需要五种蓝色。它们经过五个明度逐渐变暗。您要五个碗，在每个碗里分别放一个明度。在您安装马赛克之前，应该已经用这种方法事先准备好了所有需要的颜色。然后在安装的时候，墙面必须已经干透而且涂好了灰泥。您所要表现的图形以及所需的颜色，应该在墙面上标出。首先您需要给图形草草上色。然后在整个图面上用锤子轻轻敲打，好让您抹的下一层灰泥联结更牢固。接下来一点一点地在您画好的图形上涂抹石灰胶。经过上述步骤，您已经做好了您的方嵌块，现在可以把它们放在您的画上了。[183r] 根据阴影取明色或暗色，就和您用毛笔作画完全一样。黏结它们的胶水是用除掉盐分的石灰做的。这再和磨得很细的大理石粉进行混合，效果极好。

我说过，这门手艺自乔托的时代开始就已经失传，而且从那以后几乎没再用过。他只在罗马用过一次。您可以看看他亲手做的圣彼得之船。一个叫彼得罗・卡瓦利诺的罗马人也同时参与了。他是一个杰出的大师。[401] 我还在威尼斯见过一些来自希腊的小块嵌板。它们做工精良又小巧玲珑。据说是用蛋壳做成的。如果这是真的，我还真不知道它们是怎么做的。它们质量上乘而且技艺绝伦。

我所理解和见过的马赛克镶嵌您已经知道了。只不过，万事都要实践。如果您要理解它，就必须实践它。即使有人告诉您一千遍怎么做，而您也掌握了最细微的环节，那对于不进行实践的您来说，都是毫无疑义的。双手做的每件事都必须经过实践才能完全理解。

我想已经讲得够多了。现在该是时候看一看典故应该如何构成，以及人物所需的姿势如何满足我们的要求。[402] 如果您要做一个典故，尽可能全面地考虑如何才能使您所做的一切和谐。不要想着用过多的人物把它搞乱。一个典故不能超过九个人。而应该更少，除非是一场战斗、一次审判或一次狩猎——这应该由很多人、野生动物、树组成，还有动物和人的各种动作——或者是一次人群的集会，例如布道。像审判这样的场景需要好些人，但仍应该分布得当并有所区分，这样他们才能在画面上起到您希望他们起到的作用，他们才能向所有看到它的人传达一种和美的气息。这样一来，人人都会说：‘看，那个人多像在奔跑，另一个又多么疲惫。’有的做一种动作、有的做另一种，每个动作都和那个人协调相称，因此他们能带来一种和美的感觉。我说过，绘画的形象应该与您的意图以及人物的特征相称相协调。如果您要作一个帕里斯夺走海伦的典故，他就不应该和选择维纳斯的时候一样，而是热情奔放的。阿基里斯在女人堆里的时候就要有不同于驻扎在特洛伊时的形象。根据表现的效果，他与阿克伦在一起的时候，和他在神庙中要娶波吕克塞娜的时候，就需要不同的服饰和面貌。您很清楚，如果想要在特洛伊沦陷的时候让普里阿摩斯表现出高兴的样子，即便把他放在神庙里也是不符合他的本性的，因为成群的孩子被杀、成片的土地被毁。赫卡柏也不能在她四处疯狂嘶吼的时候表现得高兴。亚历山大在杀死普瑞狄凯的时候也不该是欢乐的气氛，就像他战胜了大流士之后，去探视那些囚犯和大流士的妻子和母亲的时候。塞米拉米斯在听到行省叛乱消息的时候，和她在庭院中消遣时应该表现得不一样。托米瑞斯在赛勒斯杀了她的儿子时，与她在杀了他的时候应该表现得不一样。这些人物的动作、样态和服饰要根据主题作不同的处理。如果 [183v] 您要让萨达纳帕勒斯一身戎装、英勇作战就不合适了，就像让一个男人扎到女人堆里去做女红一样不合情理。不过，既然他总是和女人们在一起，这么画他也是可以的。在描绘他的葬礼时，当他投身到烈火之中的瞬间，让周围的人有的胆小、有的勇敢，对您来说也是很好的。赫尔克里斯在纺毛的时候可不能是残暴的，那是勒死雄狮的他，或者是他向疯狂屈服之后虐待自己的妻儿，以及最终因为德伊阿妮拉送给他的那件衬衣而自暴自弃的样子。他也不应该和发现珀涅罗珀要再婚时的尤利西斯是一个状态。克利奥帕特拉在与马克·安东尼和恺撒约会的时候，要和她被屋大维囚禁在高塔里的时候穿不同的衣服。在这里，她命人用罐子带进来一条角蝰进行自杀。寡妇朱迪思在她杀了赫洛芬尼斯的时候要有不同的形象。恺撒在庞贝的首级被呈上来的时候，要和他与克利奥帕特拉纵情的时候，以及他在与庞贝苦战时有不同的神情。汉尼拔在坎尼惨败之后，其弟弟汉斯朱拔的头被送来时的表情，绝不能和他陶醉在那些女色中的时候一样。贞妇卢克雷蒂亚在被塔尔坎堕落的儿子强暴的时候，面容和服饰要不同于她在丈夫和家人面前自刎的情形。而这同样的姿势可以用在心碎的索佛妮斯芭在丈夫被罗马人带进监狱时，用毒药帮他解脱的那一刻。残忍而疯狂的美狄亚在她杀死自己的哥哥时，看上去不应该同她与伊阿宋作乐时一样。同样地，阿里阿德涅在被忒修斯抛弃的时候，不该和给他那根进出迷宫的线时有一样的形象。而且她那歹毒的母亲在作那头牛的情妇时，也不该和她在为他倾心的时候一样。菲德拉在尽弃尊严，用女人的一切来俘获希波吕托斯的时候可不能是这个样子。半人马和拉皮忒的恶战不应该和他们的晚餐一个感觉，而要是一场血淋淋的战斗，还不能和珀尔修斯用美杜莎的头颅把人变成石头一样。达芙妮在被太阳神追求到害怕的时候也是。阿尔泰米西娅在她的摩索拉斯临死的时候，要和她去征服罗得岛的时候画成不同的形象。您在画希波吕忒被忒修斯俘虏的时候，她必须是悲伤的，而不是愉快的。圣女卡米拉应该画得轻松活泼。根据性格、服装和国家给每个人不同的服饰，就像雕刻罗马的图拉真之柱的作者所做的那样。您会发现那根柱子上所有您能认出来的内容都做得十分恰当。您要是到了那里，思考一下这个问题，您就会明白在下所言不谬。在这些典故中，所有的东西都是那么得体，因此您全都能认得出来。图拉真和儿子在那里，而每个人不仅穿着自己国家的衣服，还带着那国人的神情。那上面刻着西班牙人、阿尔巴尼亚人、希腊人、罗马人和努米底亚人，栩栩如生。我们还是放下这一部分吧，可以给出的例子和对比太多了。此外只需注意对应年龄，因为青年的动作有力，不同于老年人，对于青年和少年也是如此。儿童的动作应该是轻 [184r] 轻的、圆圆的、稳稳的；他们的姿势要重而不是轻。男孩的动作要更轻、更快、更浮。青年的动作应该自豪而坚强，没有一丝怯懦，勇敢向前，不知疲倦。岁数大一些的人则要更深沉，看上去要花更多力气才能站得住。老年人就更是这样了，手要扶着腰，动作迟缓不灵便，还要拿根拐杖什么的，看上去非常疲惫。女人，是指少女，应该有轻巧而不太有力的动作。婚龄女子有轻巧而稳重的动作。已婚妇女动作更稳健，特别是生了孩子以后。还有，在她们怀孕的时候，动作和姿态要缓慢而稳重。随着她们一年一年地衰老，姿势也应该根据年龄更加沉重更加疲劳。

描绘事物的时候永远要保证得体。在您描绘表现欢乐的故事时，每样东西看上去都要欢快。如果要忧郁，每个人物都必须配合，看上去悲伤而且忧郁。如果您要画一些关于葬礼的场景，每个人都应该满腔悲伤、神情忧郁。同样，如果您要办一场婚礼，一切都要欢快，伴随着笑声、歌声、音乐和舞蹈。无论什么东西都要保证所有的特征是协调的。

还要选择适合您所表现人物的服装。如果您要表现一个当代的事物，就不能给您的人物穿上古代的衣服。同理，如果您要再现古代，就不能给他们穿现代的衣服。我见过很多在服饰方面胡来的人，别学他们。他们时常会把现代的服装穿到古人身上。马索利诺就在这个问题上罪孽深重，因为他有好几次在描绘圣人的时候给他们穿了现代的衣服。这绝对不应该发生。有的大师，别的方面都很好，就是把今人塞到古装里去了。是何尊严？是何意图？若是叫我这么干，哪怕是一次，也绝对不会答应。我一定会给人物穿上他该穿的衣服。前面说的那匹马，还有在帕多瓦的那尊象征格提米内特的青铜人像[403]，就要因为这个而受到批评。请留心不要犯这些错误。谁若能在自己全部的作品中完美地模仿古代的东西，特别是建筑，谁就值得赞美。但是，我说过，如果您要表现现代的东西，衣服——如果是战斗就是铠甲，以及一切，下至马厩，都必须做成今天使用的。请牢记这一点，因为这些是招来唾骂的东西，而且一点也不美。

人物的姿势有很多种，但是在我看来静态的只有七种。其中三种强壮而热切，四种显得软弱。这些更适于妇女和儿童。这七种姿势源于自然，您会在不同的类型和年龄中看到它们。[404]

用实物来研究服装；还要研究古代的衣服，因为它们的衣褶很美。您可以学会多种弄出衣褶的方法。您要给一个人物着装时，不论想要古代的还是现代的，请按照我说的做。拿一个小木偶，接上胳膊、腿和脖子。然后照您[184v]选择的样式用亚麻做一件衣服，要和真人穿的一样。把衣服按您的意图给木偶穿上，固定好。如果这些衣褶并没有按照您的设想垂下来，拿一些融化的胶水让木偶在里面充分浸泡。接着根据您的需要捏出折皱，并把它们晾干使其牢固。如果您想要换别的方法来表现它们，把它放到温水里就可以让它变成别的样子了。照着这个木偶画出您的人物需要的衣服。假如您要给它们现代的铠甲，就画一套现代铠甲。若是要做古代的，就需要按照古代的来画。

您已经理解了学习绘画的方法和步骤。现在还有一种学习如何照实物来表现立体的方法。您需要做一个方框，1/2－2/3 臂长或者 1 臂长。这个方框是用四根木条做成的，用亚麻线或者细铜线编出边长两指长的小方格。然后，在您要画什么东西的时候，不管是头像还是别的，把这个方框放在您眼前，透过它观察您要画的东西。当物体被这个网分成方格的时候，您就可以按照这些方格来作画了。这样您观察到的就全都有了分格和尺度。您把它拿近或拿远一点，这些方格看起来就会变大或变小。[405]这是一个很好的方法。您能够明白尺度的每一个细节，从而画出所有的东西，不论动物、建筑还是您想要的任何东西。还有一个好办法，就是我说过的用一面镜子。要是您有两面互相反射的，就更容易画出您想做的任何东西了，也就是您希望描绘的东西。当制图人把所有这些规则都用于实践时，就会发现它们非常有用。

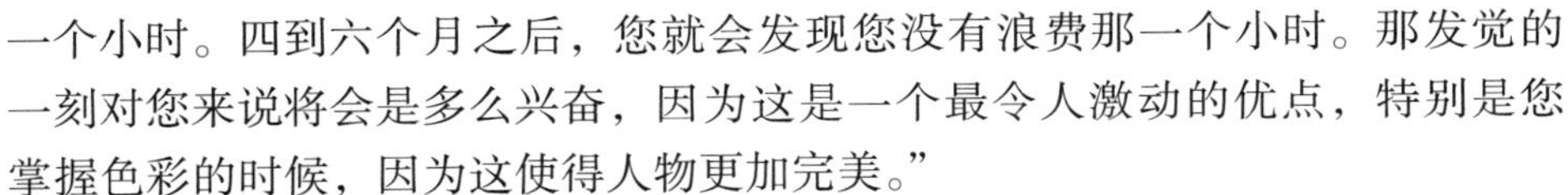

除此之外，您还必须善于对所做题材的构图进行创新。您应该有新的发明和新东西，就像阿佩利斯创作‘诽谤’一样。我知道您在很多地方都读到过这个故事；您也读到过其他人发明新颖而美丽的东西的故事。

总之，阁下，您已经掌握了人物的绘制、尺度和比例，以及上述其他内容。现在是练习的时候了，每天只需花上一个小时。四到六个月之后，您就会发现您没有浪费那一个小时。那发觉的一刻对您来说将会是多么兴奋，因为这是一个最令人激动的优点，特别是您掌握色彩的时候，因为这使得人物更加完美。”

“告诉我，怎样学会雕刻?”

“您理解了绘画，雕刻就容易了，尽管需要一定量的练习。您会需要用蜡雕刻的，因为所有想用青铜雕刻的人都先要用蜡。蜡要弄成黑色。用松脂和羊脂把它软化之后，再用木炭粉把它染黑。不过，人们可以按需要染成任何颜色，白、红、绿、蓝或是黄。简而言之，它可以是所有的颜色。要雕刻蜡像，就必须用硬木制作工具，其形式是这样的（184v 图），它们的尺寸和形状各异。它们还得是用铅制成的。有人用铜来做；这些是要用来弄很小的东西。不过，还是请您用铅里面加一点锡来做这些工具，因为这样效果最好。然后用它们蘸上水银。所有细小的东西，即使是头发和眼睛，也可以用这些工具来做。每一个部分，不论多小都能做，因为上面蘸了水银。所以蜡就不会粘在工具上，而作品就会很干净。这里画的一样的工具是用来做泥塑的。您看，它们是这个样子的。木头上面加了铁丝做的箍筋。这有很多种类型，有大有小。在泥稍稍变硬的时候使用这些工具。当您给它定了形，并用木制工具分出大的体块以后，就可以继续用这些工具进行清洁和加工了。其中的技巧是不可言传的。大理石和其他东西需要不同的技术。那可不适合一个绅

[185r]

士。所有类型的立体雕刻都要求先画图，然后就容易了；然而，实践是必要的，对于任何事物来说都是这样。”

“告诉我用象牙怎么做。”

“这也是用合适的铁工具来做的，类似的工具用于雕刻金银和其他金属。请先掌握绘画，然后就很容易理解每一种镌刻和所有的雕刻，不论凹雕还是浮雕。”

“凹雕是怎么做的？”

“凹雕只用银和其他金属来刻。用铁也曾经做过，尤其是古人做的奖章。他们在钢上面进行镌刻，然后再印出各种奖章，有青铜的、银的、金的，我们今天还能看到，因为每天都能发现很多实例。您要留神，这种镌刻是所有里面最难的。它需要更高的技巧，因为所有的东西都必须反着做。可以说，您是闭着眼睛来做的。这需要比作浮雕更高的技巧。古人在这方面做得实在是无与伦比，他们的作品简直是不可思议，曾经有一个用钢刻出来的人头看起来和真人无二。要证明这一点，请想一想，是什么样的技艺每天都能让我们认出恺撒、屋大维、维斯帕先、台比留、哈德良、图拉真、图密善、尼禄、安东尼·庇护，还有其他的人。这是多么伟大的事情啊，我们就是靠着它才能见到那些一千年或者两千年或者更久以前逝去的人。文字可没有对他们如此准确的记录。我们只能知道他们的事迹，但看不到他们的面容。文字的描述比不上这个生动。而且，古人还雕刻坚硬的宝石，比如红玉髓和其他非常坚硬的石头。他们以前一定是用钻石尖进行雕刻和镌刻的。此外，他们还在这些石头上刻画君王的头像和女性的头像，比如女神福斯蒂娜像，绝对的精品，还有其他一些极为精致的人物，就像大主教的红玉雕一样。在这件作品中有三个最为精致的人物，其细腻程度表现得淋漓尽致。他们一个是在一棵枯树前被绑住双手的裸体人，一个是手中拿着某种工具的人，腰间还垂下一片布，还有一个是跪着的。尼科洛·尼科利以两百杜卡把一块玉髓卖给了大主教。上面用凹雕刻着一个裸体男子坐在一块石头上，手里拿着一把刀。另一只手里抓着一个拿武器的男子。他们制作得如此精美，让我觉得天工也不过如此。这两件作品太过名贵，以致人们认为皆是出自波利克莱托斯之手，传说中的国王。除此之外，我还见过很多其他的珍品，既有浮雕又有凹雕，还有浮雕宝石等其他名贵的石头。前面说的大主教派圣马可的红衣主教到世界各地去寻找它们，他实在是太渴望能够见到并占有它们了。人们还在歌颂皮耶罗·迪·科西莫·德·美第奇。除了很多高贵的事业之外，他在这上面也已经投入了很多。[406]他已经把能做的都做了，因为这些的的确确是名贵的东西。请不要为这些人的投入而感到吃惊，阁下，因为当您也懂得欣赏这些东西的高贵以后，我绝对不会怀疑您将向我表示，它们给您带来了至高无上的喜悦。它们有一种我无法形容的优雅，但是当一个人开始欣赏它们的时候，就会理解它们，并从中体会到无与伦比的快乐。谁也不能在尚未理解的情况下，从一个事物中体会到快乐。”

[185v]

“你可真勾起了我的兴趣，我也非得要一个不可。怎么做才能搞到一个?”

“这对您来说将会很容易，因为只要传出消息说阁下喜欢，它们立刻就会被呈献给您。”

“献给我！我要买。”

“那也好，把这个话传下去就会有人来卖的。”

“无论如何我也要弄些来。”

“您会如愿以偿的，阁下。人们还赞扬贝里公爵对这些东西的强烈爱好。每当他听到一件珍品时，只要不是不可能，就会不计成本地把它搞到手。我见过一块玉髓的模子，还拿到了手，但没见过原物，而是从它上面翻出来的石膏模子。它每面是 1/3 臂长。上面还能看出有一点破损。这是我见过的最精美的物件之一了，说它最精美，也许既是因为它的大小——是我见过的最大的一个，也是因为刻在上面的人物所展示出来的高超技艺。那里有大概二十四个各式各样的人物，男女老少、婴儿、将士、马匹、坐像、立像，还有各种姿态和样式。那里有一件战利品，带着某些犯人和女囚。有这些人物的技法，它当然要值大价钱。据说这东西归他所有。根据我得到的那个模子的主人所说，现在它保存在图卢兹大教堂的圣器室里。”[407]

“能听到它我很荣幸。我也应该要其中一件。告诉我，既然它们这么硬，是怎么加工的。”

“这要解释起来很困难，除非亲自去看一看。我向您讲过，是用钻石尖、铅轮和翡翠做的，还有人用锥子做。”

“我肯定也需要一个雕刻工，哪怕只是为了看看他是如何加工的。”

“阁下，您以后随时都会有时间去理解并研究这些东西的。”

“不管怎么说，我想开始先学一点绘图。”

“这是最好的选择，因为一旦您掌握了绘图，理解其他的一切都会变得轻松，不论是红玉髓雕刻还是油画，还是双手能做的任何事。现在这件事已经讲得够多了。”

“是啊，不过你答应过要教我一些别的东西，却还没有教。”

“那好，阁下。那些东西是不在常识之中的，所以我会给您写一篇小论文，里面将包括所有我答应您的事情，我经历的故事，我发现的发明，还有我从别人那里学来的东西。”[408]

“很好，我满意了。”

“不过首先，我要完成关于农业的书，因为您知道我早就开始，而且已经写了两本多了。”

“可以。去写吧，完了以后，我要你给我按顺序写下你所知道的一切。”

“悉听尊便，阁下。”

第二十五书

[186r]

以上第二十四书，论建筑，第1月，最后一日。[409]

以下第二十五书，第五与最后。

“现在让我们放下这些雕刻红玉髓和其他宝石的事情吧。我想我已经从你和别人那里听到过好几次关于他们在佛罗伦萨建造宏伟建筑的事。我听到过伟人科西莫·德·美第奇对于建筑痴迷的传奇。他的儿子名叫皮耶罗，我听说他也对建筑非常感兴趣，而且非常了解它。如果你见过或是听别人说过关于他做的建筑，我希望你和我说一说，因为我听说过这位男士和他的很多事迹的传奇。请告诉我你听说过的有关他的事情。”

“在这第二十五书里，我将向您讲述我所听到的和看到的。阁下，我会告诉您我见过和听说的关于他和他儿子的事情。他在意大利内外的名声都不小。像他这样的一位公民很久都没有出现过了，将来也恐怕再不会有。让我们把古罗马人放在一边吧，什么卢库勒斯、阿格里帕、米洛，还有其他盖了宏大而壮丽建筑的人。他们由于在共和国里有巨大的权力，故可以称作国王或者大诸侯。多数情况下，他们统治着广阔的领地，并从中攫取巨大的财富。因此，这些伟人不能称作公民，而是大诸侯。但是，他和其他公民和商人一样生活，也没有任何特权，是和其他佛罗伦萨城公民平等的。这使得他的美名更加光鲜，因为他从如此低微、平凡、共和式的起点出发，获得了名誉和赞美，可谓是苦心经营，终成巨富。借此，他又做了很多人不会去做的事。感谢上帝所赐的天资，他为佛罗伦萨城的荣耀和人民的需要所进行的投入日复一日，不见辍止。赐予他这份天资的上帝也会对此满意。对很多贫苦的人，都给了他们神恩之免。[410]有的人因为他们的产业、技术和道德而值得获取这种贷款的，也都给了他们。

他所投入的结果人人可见，对于他的慷慨将会是长久乃至永久的证明。这就是那些由他修复和新建的教堂和宗教建筑。而其所耗绝非锱铢。这些都是有目共睹的，谁也不能说我是在这里信口雌黄。[411]您可以先看佛罗伦萨的圣马可教堂，圣多米尼克的僧侣住在那里。您可以再看圣克罗切教堂，圣芳济各的僧侣住在那里。我们可以放下很多其他的宗教建筑和教堂。我不想讲圣洛伦佐教堂，那将是一个尊贵而辉煌的教堂。菲耶索莱的修道院大教堂里面住着圣奥古斯丁的律修会修士，我对它该说什么呢？关于它，我是从这个教

[186v]

派的一个至尊至敬的人那里听说的，他的名字是神父蒂莫泰奥，人们叫他维罗纳人，是位杰出的传教士。他跟我说，已经批准了他所需之维修产生的任何费用，而且不止是维修还有新建。科西莫命令他的出纳支付他申请的任何费用，不论是书面上的还是口头上的。他告诉我，已经建成了一座美轮美奂的建筑，其费用截至当日已高达 5 万弗罗林。这也许是个大数目；但是，按照他的方案，这还没有完工。您可以在很多地方看到他为圣芳济各会的修行修士和其他宗教派别的男男女女所建的建筑。

他的儿子皮耶罗，在这方面同样是乐善好施。其证明就是佛罗伦萨的圣母玛利亚会教堂。这里为了昭示受喜圣女的荣光，由他下令兴建了一座小礼拜堂。在那座教堂里，用大理石和青铜制成的装饰和小礼拜堂，还有为它们做的很多东西都进行了维修和新建。您可以看看佛罗伦萨之外的山上之圣米尼亚托，那有本笃会的白衣修士，在那里，有他开始建造的一座华丽的小礼拜堂。您还可以见到他的其他美德，我们会在合适的时候进行更充分的论述。

至于城市内外的装点，他们的房屋和府邸可以在很多地方见到，尤其是前面说过的城市府邸。眼下我会对其雄伟和壮丽保持沉默。城市外面还有府邸和其他雄伟建筑，它们都能够成为任何一座城市的绝美装点，比如在卡雷奇的那座。在穆杰罗和很多不同的地方，也能见到由他下令修建的其他建筑。其中就包括一座圣芳济各会修行僧的精美建筑。他们叫做弗拉蒂·德尔·博斯科，因为他们把这座上帝保佑的虔诚之地建在了高地上的一片美丽的树林中。”[412]

“我对皮耶罗能够对这些东西有如此之高的热情当然非常惊讶，因为痛风诅咒了他。第一，他不能亲眼去看这些东西，第二，那些拥有它的人处事常常是相当尖酸刻薄的。”

“此话不假。但是，我和他的一个至交聊过几次，他叫尼科迪默斯，一个值得尊敬的人，也是米兰的第四任公爵、最伟大的弗朗切斯科·斯弗扎的朋友和大臣。[413]他和我谈了皮耶罗的体质，还特别讲到了他由于虚弱而接受的抚慰和放松。他跟我聊了能让他快乐和享受的事。在不受疾病困扰的时候，他是这样做的。其痛苦无人能忍受。而他却用全部的力量忍受着。一旦痛苦从他身上消失，他就去做任何能让他高兴的事，让憔悴的身心得以恢复。他跟我说的有以下这些内容。他命人把自己送进正在施工的建筑里面，并从中感到无尽的快乐和愉悦。他告诉我，在别的时候，他有别的消遣或者一点短暂的工夫，就会高兴地用下面的方式进行娱乐。他命人把自己送进一间书房，［187r］我会在合适的时间讲这个书房的。当他到了以后就开始阅读。这些书在他看来，简直就是一块块纯金。书的里里外外都是无比的精美；它们有拉丁文的，也有白话的，可以满足人的兴趣和爱好。他有时读这一本，有时读那一本，也有时让人念给他听。他藏书种类之多，绝非一日之内可以看到并理解其高贵的，那至少需要一个月。现下丢开这些阅读和作者吧。没有必要将它们一一列出，因为不论是拉丁文、希腊文还是意大利文，只要它们有价值，那么每个领域都会有的。您应该理解，他敬重这些书，给它们用最好的书法、插图以及黄金和丝绸的装饰，那是任何一个看出了这些作者的尊贵并敬重他们的人，都会希望用来装点这些书的方式。其他日子里，他会愉快地用眼睛浏览所有这些书卷，既是娱乐也是放松他的视力。

根据我所听到的，第二天，他要人用黄金、白银、青铜、珠宝、大理石等材料，为所有历史上的君王和贵人作像。全都是不可思议的作品。其尊贵之甚，只消看看用青铜雕刻的肖像——除去那些用黄金、白银以及宝石作成的那些——就能以卓越的技艺让他的灵魂充满快乐和愉悦。对于像皮耶罗一样能够理解并欣赏这些作品的人，它们会以两种方式带来快乐：一是所表现的肖像的精美；二是古代那些天使般的先人的高超技艺，是他们超群的才智，使得像青铜和大理石这样低廉的材料获得了巨大的价值。像金银这样贵重的东西，通过他们的技艺变得更甚，要知道，从珠宝以上没有任何东西比黄金更值钱。他们用手艺把这些材料变得比金子还值钱。前面说过，他们把所有比黄金便宜的东西变得比金子本身还要值钱。皮耶罗看了这个很高兴，看了那个也很高兴。他拿起一个，赞美作品的高贵，因为那是人工做的；又拿起另一个做得更好的，说它看上去像是天工所做，而非人为。当我们看到出自菲迪亚斯或普拉克西特列斯之手的作品，就会说它们看上去不像他们手工的作品。那看起来仿佛来自天堂，而不是人类所做的。他从这些东西中得到了万分的喜悦和快乐。又有一天，他观赏他的珠宝和珍石。他收藏的数量和价值超乎想象，工艺也是多种多样。他看着这些东西，谈论藏品的优美和价值，并从中体会到愉悦和快乐。还有一天，他欣赏来自各地的黄金、白银和其他材料的花瓶，其做工精美而且价值不菲。他非常喜欢这些，称赞它们的精美以及作者的技艺。再有一天，他赏玩其他来自世界各地的名贵物品，各种奇异的攻防器具。这种东西实在是叫人叹为观止。简而言之，他是一个有雅量[187v]的贵人，品德高尚、成就斐然，对每一件珍奇的事物都感兴趣，却从不在乎代价。我听说他的收藏之多，乃至于假如每件都欣赏一天的话，一件一件看下来要一个月。然后他可以再从头开始，依然能给他带来快乐，因为上次看到它已经是一个月以前了。他的乐趣和喜悦还来自聆听人声歌唱和乐器演奏，只要是有价值的。他还讨论和钻研其他名贵的东西。他喜欢音乐、占星术和几何。我说过，他尤其钟爱研究和收集建筑图纸。因为这个原因，他召集了高超的匠人。他们为他绘制了罗马和其他地方的建筑。而他时不时也要欣赏一下这些图纸。因此我认为他将来也会对我的书产生兴趣，尽管他有别人写的更有价值的东西。[414]

但请不要因为这个，就认为他心中无国事，不论何时何地，他都在为共和国和政府的利益担忧。然而病痛使他无法投身于其中，这是事实。因此这个重任就交给了他的父亲。同时，他的伟人父亲的才干和智慧总揽一切。年迈的他，在过去和今天的贡献，我们暂且不说。但我不仅仅认为，而且事实上坚信，再没有第二个人能以他的精干来治理我们的国家了，看看那些妒忌和毒计就知道了。除了我以外，还会有别的文人来为他书写赞歌。不过既然我们的主题是建筑，而且我的才智在这方面更擅长，所以我还是只讲这个。现在让我们放下那些他在佛罗伦萨内外兴建的宏伟府邸和建筑吧。在米兰还有一座雄伟壮丽的建筑，是第四任公爵、君主弗朗切斯科·斯弗扎怀着仁爱和感激赠予他的。他喜出望外，故而要让它锦上添花，即便它已经美轮美奂。就这样，它成了米兰最美的建筑之一。我会在恰当的时候描述它。

现在我想先简要地介绍一下他所修缮、复原或者新建的教堂和宗教建筑。由于对教会来说，从事世俗的工作更为崇高，我就从这里开始。圣克罗切教堂的圣芳济各修道庵的宿舍是个明显的例子；也就是见习修士的宿舍。身为一个忠诚正直而又爱惜名誉的人，他命人盖了最好的东西；宿舍、小礼拜堂、甬道，还有其他实用的设施都能看到。我不想在这上面展开了。到过佛罗伦萨的人可能都见过小兄弟会乞行僧居住的教堂。它很精、很大也很美。尽管市民已经给它装饰了很多东西——比如巴齐建的那座小礼拜堂，还有托马索·斯皮内利的那座——我也不会不提他开始建造的那个雅致的回廊院。[415]

此外，在圣马可教堂，您也可以看出他对其进行的修缮。毋庸置疑，如果允许的话，他一定会把教堂的一切重新建一遍。不过，我还是会提到一部分他复原和新建的东西。首先，在您步入这座教堂的时候，您会看到修士宿舍的两个别致的回廊院。他们那精美的牧师会礼堂坐落在第一个回廊院里，而第二个回廊院比它毫不逊色。然后是一个华丽的圣器室，里面有所需的一切物品。橱柜都是塞浦路斯的，并用嵌木细工精致加工而成。最为华美的法衣、圣餐杯以及圣器室所需的一切，只要是珍品，都在里面。对于宏大华美的图书馆我哑口无言。它有拱顶。直接立在柱子上。能让一个图书馆显要的东西它可一点也不缺，那就是，书籍。一座高贵的图书馆布置得有多好，它就有多好。里面有希腊文和拉丁文的书籍，全都看起来和新的一样。他把能找到的书都放进去。我们这个地区能有的品种它都有，不论是圣文经典，还是异教作品。所有见过它的人都可以发誓，这些都是真的。我要把修士们使用的其他设施放在一边。总之，这座建筑建得让这些修士所需的每种便利都能得到满足，不遗余力，也不计锱铢。在这些精美的东西里，所有的门和餐桌都是用松柏制成的。我不必说那座花园。所有名贵的水果、橘子、棕榈还有各种植物，里面都有。为了不要过长，我要略去有关它的其他细节。 [188r]

对于圣母忠仆会的装饰，我绝不能缄口。这是皮耶罗·迪·科西莫受了父亲的嘉许命人兴建的。作为一个虔诚的人，他真心地向圣母祈祷。不知多少次，她帮助了那些未曾祈祷的罪人，并在可能的情况下给了他们所需之物。要证明这是真的，您可以看看这座教堂里，上帝在她的劝说之下赐予人们的恩典。她回应了众人的祈祷，并将他们从诸多困境中解脱出来，不论是死亡还是其他在旁人看来不可能解脱的不幸。但是，没有人会在祈祷未得到应验的时候，挂起所受恩典的画像，这是一定的。我可以为此作证，因为在教皇尼古拉斯五世[416]的罗马，曾经有不幸降在我头上。我受到了莫须有的指控，所以去向她祈祷，而她回应了。从那天开始，我对所受的这种恩典的还愿物就放在那里了，您可以去看。因此，这两个最为虔诚的人敬爱着她，并愿为放有她画像的地方增光添彩，都用自己无比的热爱和渴望给这座建筑带来了荣耀。不过，还是皮耶罗获准用他认为最崇高的方式，来考虑这里将如何装饰。他对此项工作非常积极，而且也非常熟悉这些东西，这已经提过。他对这个项目非常热心，并且全然不顾代价就开始投入。首先完成的是礼拜堂。如您所见，它应有的美丝毫不差，因为我们要知道它是谁建的，为谁而建。我下面说的这些不是为了那些见过它的人，而是为那些没有见过它的人作一个简明扼要的介绍。首先，它是在圣坛前面，用方形的大理石建在四根柱子上的。[188v]它们的做工、雕刻、斑岩和玻璃镶嵌，全都是我们时代所能做到的最好的。要不是它们在那里只能做成方形的话，一定会用更精致的形式。它从地面升起一个踏步。它有一个青铜篦子围在四周，高出地面2½臂长或者更多一点。它的样子做得像一张网，并且布置得可以在其四周点燃火炬和蜡烛。我听说他在其附近增添了一座小礼拜堂，里面有一个精美的唱诗池，其上还有漂亮的房间。做这些是为了让他能够在渴望的时候来作祷告。他们还在圣坛的对面，入口之前放了一座圆形大烛台。那是用青铜精工制造的。在烛台四周净是百合枝，叶子爬满一根一根烛腿，就像所有的百合一样。在烛腿的顶端放火炬的地方，还有一朵百合。大约4臂长高。用的是最精美的装饰。那里还有一个精美的圣水池。它是大理石的，上面立着施洗约翰的像。人像是青铜镀金的，大约3/4臂长高。圣坛装饰精美，尽管有很多人，不论是为了还愿还是出于虔诚，已经做了很多银质装饰和其他美丽的东西。

他装饰并重建了许多宗教建筑，例如佛罗伦萨外面的圣米尼亚托教堂。皮耶罗·迪·科西莫命人用大理石建了一座十分精美的礼拜堂，用了各种大理石和青铜装饰，上面还镶嵌着金色和多种颜色的玻璃，叫谁看了都会感到无与伦比的美。

科西莫还有一个儿子叫乔凡尼，比皮耶罗要年轻一些。死亡夺去了他的生命，就像我们每人命中注定的那样。他不愿意举行圣礼，而是回到平民中去。他是一个贤明的人，一个慈父般温和的灵魂。要证明这是真的，您可以看看菲耶索莱山上的一座建筑，那里是圣哲罗姆的隐士。他命人在那里建了一座最为虔诚和可敬的教堂，其品质绝对相称，并在那附近建了一座隐室，可以在他想呼吸乡村空气的时候去。他也对各种文雅的事物很感兴趣；书籍、古代宝石、器具，还有其他高尚而精致的东西，特别是建筑。要证明这一点，他在遗嘱中表示，死后要建一座修女修道院，并布置妥当。我知道他父亲批准并叫人实施了。这是我从前面讲的那位德高望重的神父蒂莫泰奥那里听说的，是他和科西莫设计并下令开工，它一定会是一个可贵的东西，一个绝好的地方。即使他在世，无疑也会效法其父的。

从他的所作所为您就能看出，科西莫值得用最美的诗歌来赞颂。在其诸般品德之上，还有两个不可思议之处。这就是灵魂的坚强与坚韧。这些表现在他次子过世的时候，还是前面那位尊敬的神父告诉我的。他跟我说，他认为由于科西莫年事已高又身体欠佳，而皮耶罗深受痛风折磨，无法处理事务，科西莫自然变得非常忧郁。出于这一点，他的很多至交纷纷来看望他。作为一个坚强而自知的人，他意识到痛苦和悲伤无法改变这一事实。他打起精神，用动人的话语开始鼓舞来探望他的朋友和亲人，一滴眼泪也没掉。轻轻地，他说：'人类不应为上帝所做之事而恼怒或悲痛，特别是死亡降临的时刻，那对于世人来说乃是寻常之事。而于此时则更不该有如此之多的纷扰，因为我相信，按照我们的信仰，他已为我主拯救，因为他已受了教堂的全部圣礼。正因为如此，我们无须忧伤，无须悲痛，因为我们坚信，这也是我们未来的路啊。'他就这样鼓舞每一个人，让他们见了这分安定便全能释然，还鼓舞着那些来探望的人。灵魂的坚韧对于这种时候、这样的人来说绝非小事。现在，还是让我们放下这些，回到我们的议题上吧。 [189r]

我要说，他们全家从过去到现在都对建筑非常积极和热心，尤其是宗教建筑。要证明这一点，请看佛罗伦萨的圣洛伦佐教堂。其建造非常精美，而且所耗不菲，主体部分已经完工。意大利全境再也不会有和它一样的了。让我们搁下教堂的主体吧；那些巨人般的石柱擎起教堂的屋顶，使其显得格外雄伟。我不愿描述兴建圣器室的技艺和高贵。菲利波·迪·赛尔·伯鲁乃列斯基是它的建筑师，也是我们时代最伟大的建筑师。应有的装饰全都有了，包括杰出的雕刻家多纳泰罗做的青铜大门。那里还有一座精致的大理石圣坛和其他装饰。在这座教堂里安放着一座科西莫家族的大理石墓。他的父母、哥哥洛伦佐——一个值得尊敬的人——还有前面说的儿子乔凡尼，都葬在这里。他还为牧师们在这添置了上好的居室。它们该有多美就有多美，而且按照他的习惯，绝不吝惜荷包。不论是在佛罗伦萨还是在千里之外，都不会有第二座这样漂亮的牧师会了。如果我们要一点一点地列举这座教堂的外观，那就太长了。而且那也是不必要的，因为可以亲眼去看。同时也是因为它实在是太完美了，根本没有可能把它全部的形式和美用语言一点点表达出来。因此现在让我们还是离开它，回到菲耶索莱山上的那座教堂吧。[417]

在这里，前面说的那位伟大的科西莫，命人建了一座高贵的圣奥古斯丁的律修会修道院。它叫菲耶索莱的古代修道院。之所以这么叫它，是因为这里曾经有一座古代修道院，随着时间的流逝几乎被湮没了。它没有与之相称的尊严。虔诚的心和可敬的修士们的话语打动了他，其中就有前面说的那位神父蒂莫泰奥。我们前面说过，科西莫从他的善言中认定，他是一位适宜而可敬的人，并给予他充分的信任，准他在这项工程上按照最佳方式随意使用资金。当他看出这位伟大的科西莫·德·美第奇的美好意愿，便尽心尽力地 [189v]

去实现他的愿望，指导和监督这座修道院的重建工作。他跟我说，这座建筑能有多美就有多美。这不只是我的意见。在藤架上面有介绍这座建筑的文字，写着那个以其虔诚之心和对上帝的尊敬建造它的人的名字，并恳请那些和他一样虔诚的灵魂慷慨解囊。这个他已经讲过很多次，每次都回到同一个主题。他在讲话的时候，除了赞美这座建筑的崇高和巨资之外，不说别的。另外他还说，教堂需要翻新。根据他对我进行的讲解，它的形式将会是最美的。他表示，每当有善人来到这个地方，通常要回避不让人看的建筑后部，在这座建筑里要最先展现。就是那些畜栏、鸡窝、洗衣房、厨房和后勤区。每个细节都罗列就太长了。让我们抛开圣器室和唱诗池吧，它们都是用细木镶嵌精工制造的。这是出自一位最杰出的匠师之手，还有他的兄弟，佛罗伦萨当今最好的匠人之一。他们一个叫古斯多，另一个叫米诺雷。他给了这座建筑以圣器室和图书馆所需的一切。这并不是我自己说的，而是像他多次布道时说的那样，他叫人誊写了多卷圣文经典，其中包括教会四博士，圣哲罗姆、圣安布罗斯、圣奥古斯丁和格里高利，还有其他圣文博士。它们被全部抄写，缩为几卷。我记得他说的是，所有著作都放进了三卷里。他还命人誊写了西塞罗、亚里士多德和其他古代名人的著作。此外，他还下令为这些书卷增加名贵的装饰。与科西莫一道，他布置了一个鱼塘，一边 120 臂长，另一边 60 臂长。在它的中间，添了一座桥和泄水渠。我的意思是指围堰。每当需要鱼的时候，只需要升起围堰。另一侧的水就全都流到这座桥的中间。而鱼就留下来了，这是设计的结果。这样就可以在需要的时候，轻松而快捷地抓鱼了。他告诉我，鱼塘周围还种了各种各样的果树，有无花果、梨、苹果、李子、樱桃、山梨、欧楂等等类似的水果。它们成熟之后就会掉下来。鱼把果子吃了，还有固着鱼塘堤岸的树根。堤岸退后 10 臂长的地方围着一圈墙，高度足够防止未经许可的人进入。这从花园边界的底部开始，那附近有一条小溪沿着它流动。里面的水便流入鱼塘。因此花园被一道高墙围住，没人能翻进来。我不想再说这个地方的特点了。不管怎么说，它都值得和所有尊贵的地方一起赞美，因为它实在是太漂亮了。

现在我们将讨论他在佛罗伦萨城内外修建的府邸和房屋。他那尊贵的府邸并不只在所建的地区得到赞美，而且整座城市都在尊敬它。所有见过它的人都知道这是真的。对于这些人，就没有必要描述其特点了，而是为那些没见过它的人说一说它的某些特征。首先，您知道它位于宽街之首。这条街的尊贵我们先不说。另一侧的主街十分高贵。在另一侧还有一条尊贵的街，因此建筑三面是街。它是方形的。从圣洛伦佐教堂的拐角到宽街拐角的那一边是……臂长。从宽街的拐角到建筑的尽端是……臂长。从对面的拐角，也就是从朝向圣洛伦佐教堂的一边到建筑的尽端，有……臂长。从地面到屋顶的高度是……臂长。[418]在面向宽街的一侧是主入口。非常豪华。当人们走过了这个入口，就进到一个四通八达的柱廊里。它形成一个方形回廊院，里面有房

[190r]

间和一条通道，通道从一个凉廊下面穿过，并引向一座花园。尽管它不是很大，但却非常尊贵，因为它能让任何进来的人都赞叹不已。进入正门以后，左边是一个宽大而美丽的楼梯。上去是一条同柱廊等宽的通道，它连接着通向大厅的入口。一个大厅能有的尊严都可以在这里找到。这个大厅连着皮耶罗的房间，也就是前面说的科西莫的儿子。这间房子之所以非常尊贵，是因为用了这样的房间所需的一切豪华装饰。任何君王都不会嫌弃这间房子的。这之后是一个小书房，用书籍和其他名贵的东西装点。书房的铺地也极为绚丽，和图案精美的釉陶顶棚相映生辉，让身在其中的人叹为观止。这些釉陶的匠师是卢卡·德拉·罗比亚，人们就是这么称呼他的。他是这种釉彩和雕刻的大师，其技艺人们早有所见识。[419]现在让我们放下这间书房和内室的装饰吧，我已经说了它们是最美的。大厅的天花装饰得出神入化，那些黄金和天蓝，还有其他颜色的画让它看上去气势磅礴。这还不包括其他名贵的东西，都是数一数二的大师现场制作的。接着，离开大厅，在右侧是一间礼拜堂，其精美程度同府邸的其他部分十分相称，更符合宗教所要求的尊严，因为在这里要用基督的真血和真身举行圣餐仪式。他在这里比其他地方做了更多的装饰，用了最纯的黄金和群青，并请了佛罗伦萨出色的大匠，用最高贵的方式进行作画。我听说他名叫贝诺佐。然后，在同一层，走出大厅向左，有一间屋子用来纪念他的儿子乔凡尼。它非常尊贵，因为除了精美的装饰以外，还有一间别致的书房，以及其他木装饰，还有架子床、框架都是上乘的精工镶木。我记得在同一层上，是他的房间和别的设施。它们都很细致，比如储藏室、厨房、餐具室等等。人们愿意相信，事实上是确信，他没有落下任何一处便利的设施，水井、盥洗室、排出废水的地方、畜栏、佣人宿舍，以及所有这样一座府邸应该有的设施。同样，二层也有大厅和尊贵的房间。在我看来，罗列其外形和面貌是多此一举。不过，我还是会为那些没见过它的人提供一些信息，让他们读了这些就能理解它。对此我只讲面向宽街的前立面。前面画出了它的形式[420]，你可以看。我记得，朝向宽街的第二扇窗户那里还有一个大厅和几个房间。要讲述这样一个尊贵府邸的每一个细节就会太长了。关于他们在佛罗伦萨城内外建造、复原和新建的建筑，我们已经讲得够多了。 [190v]

现在我们将谈论前面说的那座高贵建筑，也就是米兰的第四任公爵、最辉煌的弗朗切斯科·斯弗扎为了表示友好而赠送的那座，它象征着他对伟大而又值得缅怀的科西莫的感激和友谊。[421]科西莫对这个礼物喜出望外，他花费巨资将它修复并重新装点，几乎是新建了。他是一个极有雅量的人，他把它扩大了、增容，同时用黄金和白银制成的高贵的饰品来装饰它，并给它涂上各种各样的颜色。他的装饰还包括用大理石及各种石材木材制成的很多雕刻，均是按照各处的条件和装饰所决定的材料。他也全然不在乎开销，因为它比原先扩大了约 30 臂长。总共增加量达到 87½臂长。另一侧也是一样。从正立面的底部开始，一直到花园的底部，都是同样的尺寸。不过即使这样，它也不是一个正方形，因为周围还有其他房子延伸进去。这个花园宽 30 臂长，长 44 臂长。

现在为了很好的了解其尺寸及外观，我们将首先从立面开始（192r 图）。它的长度上面讲过。宽度是 26 臂长。只有一排窗户。中间都有一根大理石做的小柱子。装饰有刻着叶子的赤陶，还有用各种雕刻做成的其他装饰。它的窗楣，也就是檐子，以及下面的楣板上，都有小爱神像、人头像，还有其他雕刻。在建筑的顶部有一道檐口，是用木头按照古代的方式做的，它的下面是各式各样的赤陶头像。在窗户装饰的顶部，有一个泥质的人像。有的手持武器，有的裸体，有的是这个动作，有的是那个动作。建筑只有一排窗户，这说过了。不过它有三扇门；一头一扇，另一头一扇，还有中间一扇。这扇尊贵的大门是用大理石雕刻而成的，上面有各种人物、枝叶、爱神、圣宴，还有最辉煌的弗朗切斯科・斯弗扎的纹章和头像，以及他最华贵的夫人比安卡等其他人物。这扇门宽 5 臂长，高 10 臂长。门的入口有一条通道。宽 5 臂长，长是 13 臂长。其末端有一个米兰风格的下道，即一条朝向院子的入口走廊。院子一边是 26 臂长，另一边是 20 臂长。左边的凉廊在入口的位置，长 28 臂长，宽是 8 臂长。一个出色的匠人为它进行了彩画，他名叫维琴佐・佛帕。到目前为止，他已经画好了非常高贵的图拉真肖像，还制作了其他很好的装饰像。他要在这一部分全都画上君王的肖像和全身像。一共会有八位，[191r] 还要有最辉煌的弗朗切斯科・斯弗扎及其最华贵的夫人和他们孩子的形象和胸像。

对面的另一个凉廊，也就是在入口位置的那个左侧的凉廊，是 22⅔臂长长，7½臂长宽。在它的入口一端，有一个出口通向地面层的大厅，冬天可以在那里用餐。接着是一道拱门，或者还是叫门更好，那里有一个向上的石楼梯，这和我们的传统是一样的。在楼梯的顶部有另一个出口。这两个出口都是用砂岩做的。在这个出口旁边还有一个出口，它通向一个小院。这里有一口井。然后在另一端还有一个出口，进去是花园里的一个凉廊。那里也有一个向上的楼梯。走上去就是厨房和其他地方。另一个楼梯在大门入口的对面，长 25¼臂长，宽是 5 臂长。在它上面有一个通往储藏室的入口和一个朝向花园的拱门。在左侧有一个出口通向图书室。这属于另一部分，并且画着一只猎鹰用爪子抓着一颗钻石，旁边还有某种题词写着永恒。这些凉廊围绕着这个院子。它们落在柱子和拱券之上。

花园的形式可以从上面的尺寸中了解到。花园里面有一个凉廊，长 27 臂长，宽 6¾臂长。在它里面画着公爵和您的纹章，还有赫尔克里斯的肖像及其事迹。一个漂亮的藤架一直跟着这些画走到凉廊的对面。然后是一片小草地，种着玫瑰等美丽的东西。前面说的那个可以在冬天用餐的大厅长 21 臂长，宽是 13 臂长。有一个前厅为它服务，长度一样，宽是 6 臂长。

在凉廊的下面左边顶部的地方，有一个出口通向一个房间。房间一边是12臂长，另一边13臂长。还有一个前室长13臂长，宽是6臂长。在这一侧有一个仓库，即储藏间，长17臂长，宽是12臂长。门朝向建筑前面的大街。在这个储藏间后面有一个小院，长12臂长，宽是6臂长。在这附近有一个6臂长见方的小储藏间。同时在这一侧还有一条通道，每侧都是6臂长宽，还带有若干设施。通道在最靠近储藏间的地方能够俯瞰前面说的那个小院。

“在对面入口的右侧，在内院里穿过另一个凉廊，或说柱廊，就是一个院子。它一边20臂长，另一边是7臂长。在这个院子里有一口井和别的东西。在大街上的入口还有一扇门，它朝向一个立面。它有一条通道，5臂长宽，长是13臂长。在这扇门的入口有一个房间，一边12臂长，另一边是13臂长。在这个房间后面有一个存放木头的地方，长度是20臂长，宽度是8臂长。

在这后面还有六个为地面层的厨房服务的屋子。在这个厨房上方有其他六个屋子。也是为它服务的。厨房长13臂长，宽是10臂长。 [191v]

靠着这个厨房有一个小厅，长13臂长，宽是6臂长。靠着这个小厅有两条长13臂长的通道，面向院子和花园。在这些通道之一的上方有一个书房，长13臂长，宽是10臂长。在这个书房旁边有一个房间，一边是10臂长，另一边是8臂长。在这个房间后面还有一个同样大小的储藏间。这个储藏间有一个螺旋梯，上去就是前面说的那个储藏间。各边都是4臂长。在地面层上有一个储藏室，长20臂长，宽13臂长。已经说过，它的入口在柱廊下面，也就是在前部的那个大院子里。

前部房间的尺寸是这样的：首先，面向这个院子的主楼梯在上面已经说过了。那有一个小厅，一边是12臂长，另一边是13臂长。走进这个小厅，在左侧有一个同样大小的房间。在这个小厅的另一边，从右侧的楼梯上去，有一个通入主厅的出口。主厅长41臂长，宽是13臂长。它可以俯瞰大街，而小厅和那间房也可以。这间大厅比米兰的任何一间都要华丽。它装饰着美丽的顶棚，和在佛罗伦萨的府邸用的是一样的形式，即以古代手法雕刻的方板，再加上黄金和纯蓝，其做工让人看了赞叹不已。在这间大厅中间还有一个壁炉，刻着公爵的纹章和图案，再用黄金和精美的颜色装饰。还有尊贵而雅量的科西莫的纹章和图案。这间大厅有好几个门，都不是米兰式的，而是今天佛罗伦萨使用的那种，也就是古式的。在这间大厅的另一端有一个房间，一边是13臂长，另一边是12臂长。从这间房子走出来，就是一个警卫室，宽6臂长，长与这间房相等，也就是13臂长。在这间警卫室的后面有一个小凉廊，能够俯瞰一个小院，宽8臂长，长10臂长。靠着这个凉廊有一个房间。在这间房旁边还有一个房间，长10臂长，宽8臂长。它越过储藏间，在下部的通道上面。在这间房的旁边还有一间房，长11臂长，宽8½臂长。这间房越过院子里面的那个位于主门入口处左侧的凉廊。房间有两扇窗户朝向院子。这间房中间画着弗朗切斯科·斯弗扎公爵的纹章和图案。沿着它还有一个同样大小的房间。

在门的入口对面，有六间房位于前面说的那一层上。这些房间都有一边是 13 臂长。其中有三个宽 12 臂长，剩下三个是 8 臂长。这些房间俯瞰着花园。它们在厨房和地平层的小厅上方。上面还有两条从院子到花园的通道。他们记录和查阅银行账目的那间书房上方也是一样的。挨着这个书房有间用作布匹储藏间的房子，在它上面有三个粮仓。它们和这些房间是同样大小的，差不多就是每个 26 臂长。在上面，左侧还有一个小厅，长 22 臂长，宽是 7 臂长。

[192r]

在门的入口处往上看，有一个小型大理石柱的凉廊。它和在下面院子里的那个正好对应。大小是一样的，长 25 臂长，宽是 5 臂长。是用绿色描绘的苏珊娜的故事。他们想在前面女墙上画出最重要的几种美德。而在这上面还有另外一个凉廊在屋顶的下面；它的长宽和前面是一样的。这最后一个凉廊的高度没有下面那些高。每侧都有两个凉廊。它们从三面围住院子。他们说希望在前面女墙上绘出行星和天宫。

还有一些从大厅通往前述房间的走廊。其中一条是 20 臂长，另一条是 10 臂长。在 14 臂长的楼梯上方也有一条。

除了说这是米兰最高贵的建筑以外，再没有别的话可说了。而且据我所知，他们想要对它进行一些改进，因为正面相对的几个房子占去了大量空间。出于这一点，他们把这些房子买了下来打算拆掉，好让府邸更加开阔、更加美观。这是因为它们靠得太紧了。我想这条街还没有 8 臂长宽。毫无疑问，一旦把这些房子推倒，立面就会更壮观更气派。按照他们表达的想法对其用色彩进行装饰之后，毋庸置疑，在米兰绝对是独一无二的，看看它里面数不清的装饰，尤其是我前面说过的那扇精雕细刻的大理石门。它的入口极为高贵。如果能够按照我和皮格罗·波蒂纳利[422]讨论的方式来进行彩画的话，那绝对将是锦上添花。而他是一个值得尊敬的好人，在米兰负责他们所有的工程。我和他讨论过关于绘画的内容。我跟他说，我觉得他们应该在大门通道的拱顶上画出那些恒星，并在侧立面上做一个宇宙志，里面有托勒密和其他天文学家。我想它将会是这个入口顶上绝好的一景。”

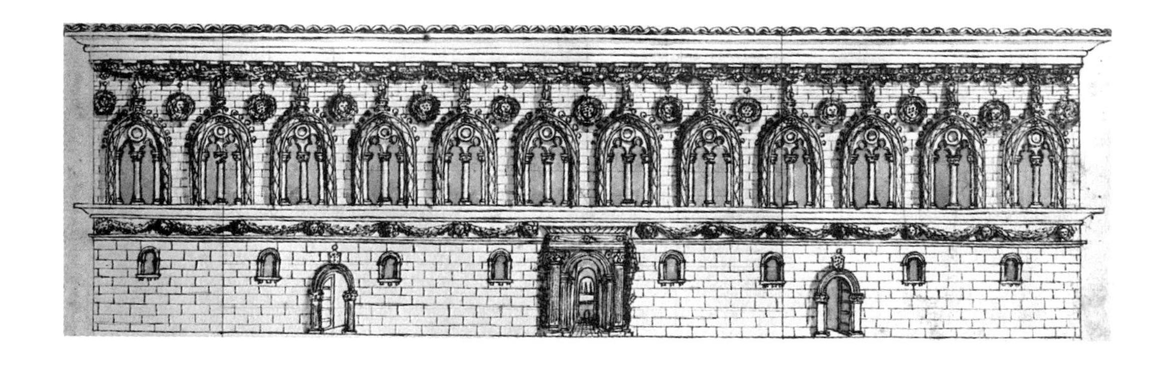

注　释

1　R. Dohme，“Filarete's Tractat von der Architektur”，*Jahrbuch der Königlich Preuszischen Kunstsammlungen*，*I*（1880），225－241.

2　Wolfgang von Oettingen，*Antonio Averlino Filarete's*［sic］*Tractat über die Baukunst*，Quellenschriften für Kunstgeschichte und Kunsttechnik，Albert Ilg，ed.，3（Vienna，1896）.

3　Baron Michele Lazzaroni and Antonio Muñoz，*Filarete*（Rome，1908）.

4　Oettingen，*Tractat*，p. 22.

5　同上。

6　见下文，第1r页，“intendere modi & misure dello hedificare.”（了解建筑的形式与尺度）。

7　见下文，第1r页，“Come sisia pigliala non come da Vetruvio ne dallialtri degni architetti ma come daltuo filareto Architetto Antonio averlino fiorentino.”

8　见下文，第183v页，注释。

9　James S. Ackerman，“Sources of the Renaissance Villa”，*Acts of the Twentieth International Congress of the History of Art*，2，6－18.

10　Giorgio Vasari，*Vite*，etc.，G. Milanesi，ed.，2（Florence，1878），461. 后文所有的引述指的都是这个版本。Julius Schlosser，*La Letteratura artistica*，F. 罗西（F. Rossi）译，奥托·库尔茨（Otto Kurz）修订并扩充（Florence，1956）pp. 129－134.

11　见下文，第28v页，“Eglie vero cheio havevo hordinati iponti dove due maestri stavano alavorare colle scale daessere serviti secondo che essi andavano cosi quelli ponti siconducevano & erane due ariscontro luno alaltro coe uno dentro & uno difuori almuro & stavano inquesta forma come sivedranno qui apresso disegniati.”

12　在最近重建佛罗伦萨圣三一大桥的过程中，采用了与此相同的步骤。基本上石头垒不到1米高，就要及时用这种混凝土填充。

13　见下文，第114v页至第115r页。

14　见下文，第124v页及其后。

15　见下文，第67v页。

16　见下文，第68r页。

17　见下文，第75r页。

18　见下文，第75v页。

19　见下文，第144v页及其后。

20　第十九书，见下文，第151v页及其后。

21　见下文，第69r页。

22　见下文，第67r页。

23　见下文，第64v页及其后。

24　见下文，第65r页。

25　见下文，第100r页和第100v页，“& intese tutte disse Signiore ame pare vedere diquegli degni hedificij cherano a Roma antichamente & diquegli chesileggie che in egipto erano mipare rinascere a vedere questi cosi degni hedificij & a me ancora paiono molto begli. Do per vostra fe Signiore perche credete voi chequesta scientia sia venuta cosi meno & che sisia cosi intralsciata lusanza anticha poi chellera cosi bella Dirovelo Signiore eglie stato perquesto checome lelettere mancorono in ytalia cioe chesingrossorono neldire & nellatino & venne una grossezza chesenonfusse da cinquanta oforse dasessanta anni inqua chesisono asottigliati & isvegliava glingegni egliera come op detto funa grossa cosa & cosi e stata questa arte che perle ruine ditalia chesono state & perle guerre diquesti barbari chep iu volte lanno disolata & sogiogata poi e achaduto che pure oltramonti e venuto molte usanze elloro riti & perche diquesti grandi hedifitij non sifacevano percagione che ytalia era povera glhuomini ancora nonsi exercitavano troppo insimili cose & non essendo glihuomini exercitati nonsi assottigliavano disapere & cosi lescienze diqueste cose siperdono Et venuto poi quando perytalia se voluto fare alcuno hedificio sono ricorsi quegli che anno voluto far fare aorefici & dipintori & questi muratori iquali benche appartenga imparte allora exercitio pure e molta differentia & che anno dato quegli modi che anno saputo & che e paruto alloro secondo iloro lavori moderni gliorefici fanno loro acquella somilitudine & forma detabernacoli & de turibili dadare incense & acquella somilitudine & forma anno fatti idificij perche acquegli lavori paiono begli & anche pui siconsanno neloro lavori chenon fanno nedificij & questo huso & modo anno avuto come o detto datramontani cioe da todeschi & dafrancesi & perqueste cagioni sisona perdutte."

26 见下文，第64r页，"delli inbasamenti tibasti questi avere intesi che inqualunque altro modo sifanno senon sono antichi no stanno bene Siche prieghо maxime quelli che volgiono fare hedificare o che perloro vogliono questo exercitio seguitare gliene risultera questo che quando lara fatto piacera allui & acquelli chentendevanno & acquelli chenon intenderanno ancora piacera & delle cose moderne non avien cosi che achi intende non piacciono perche non intendono ne misura desse ne anche forma."

27 关于"蛮族"一词的含义及使用，最新的研究，请看 Denys Hay，"Italy and Barbarian Europe，" in *Italian Renaissance Studies*，E. F. Jacob，ed. （London，1960），pp. 48 – 68。

28 见下文，第59v页。比较 L. B. 阿尔伯蒂，《论建筑》，I. 7 和 III. 8（对该书所有的引用，指的都是 Leoni 翻译的 Rykwert 版本，伦敦，1955）。

29 见下文，第59v页，"dimi quail sono gliantichi oquegli chesono meglio"。

30 见下文，第59v页。

31 见下文，第55r页。

32 见下文，第63r页及其后。

33 见下文，第56r页。

34 见下文，第100r页，"Signiore ame pare vedere diquegli degni hedificij cherano a Roma antichamente & diquegli chesileggie che in egipto erano mipare rinascere a vedere questi cosi degni hedificij & a me ancora paiono molto begli."

35 例如，Elizabeth Holt，*A Documentary History of Art* （Princeton，1947），p. 151；rev. ed. 1 （New York，1957），252。参见 Erwin Panofsky，*Renaissance and Renascences in Western Art*，Figura 10 （Uppasla University，1960），p. 20。而对于该作品的评论，参见 P. O. Kristeller，*Art Bulletin*，44 （1962），65 – 67。布兰德斯大学 Brandeis 的 Creighton Gilbert 向我指出了这个短语的正确理解。

36 J. R. Spencer，"La Datazione del trattato del Filarete desunta dal suo esame interno，" *Rivista d'arte*，31 （1956），97 – 98.

37 见下文，第100r页，"ancora a me solevano piacere questi moderni mapoi chio cominciai agustare questi antichi misono venuti innodio quelli moderni."

38 见下文，第128v页，"questi modi antichi sanza fallo sono veramente begli & nonsia niuno chemai a me ragione piu acquesta husanza usanza moderna sono certo chelamaggiore parte diquegli chemodono simaravigliano chio dica cosi considerato cheperlo passato io o fatto molti hedificij & gli fatti fare tutti alla moderna & lemedesimo arei detto selavessi sentito dire aunaltro overo aniuno altro ma ora chio o inteso & veduto ilmodo che usavano quegli antichi & maxime poi chio o hudito questo libro doro……. Non voglio piu dire basta chio o inteso elmodo antico dello hedificare e piu bello & conmiglior ragioni & bellezza chenon e ilmoderno. Siche io o diterminato che quanti hedifici o grandi o piccholi che abbia affare tutti voglio chesieno almodo antico."

39 见下文，第2r页，"alcune cose da noi trovate & anche dalhantichi imparate che oggi di sono quasi perdute & abbandonate……."

40 Cennino Cennini，*Il Libro dell' arte*，D. V. Thompson，ed. and trans. （New Haven，1933），p. 2.

41 见下文，第100r页（参见上文注释）和第57r页，"queste differenze che e da lecose antiche a lemoderne io

vene daro uno exempro cioe Come chenelle lettere e differentia dacquelle degli antichi aimoderni cosi e proprio queste cose che appartiene alledificare & discolture odaltro exercitio chesotto ildisegnio sifacci dove sitruova alpresente un Tulio uno Virgilio & daltri assai ben che alcuni sisforzino dicontrafargli pure ancora nonpossono aggiungiere acquella perfectione cosi e diquesti exercitij appartenenti alledificare. ” 也参见第59r页。

42 见于 Rudolph Wolkan 所发表的一封被断定为1452年写的信，*Der Briefwechsel des Eneas Silvius Piccolomini*，2（Vienna，1918），100。

43 见下文，第61r页和第61v页，“Siche ben chequesta nonsia lagran Tebe degipto ne anche lagran Ninive ne lagran Babillonia laqual sidice che Semiramisse fece tanto maravigliosa ne anche laseconda Tebe digrecia laquale sidice che Cammo hedifico ne anche Troya laquale hedifico Laumedonte & per suo figliuolo priamo fu riedificata ne anche Cartaggine da Dido laquale sidice prima dalei essere fatta ne anche a Roma lavoglio asimigliare……Ma lasciamo hora stare delle magnifiche citta antiche passate ne anche delle presenti lequali sono state & anche sono molto maravigliose & grandi & fatte pergrande spese & anche per gran tempo. Questo non dico che sanza grande spesa nonsia fatta & anche idificij che anno afare non produchino spendio grande ma acquesto emagnanimi & grandi principi cosi Republiche mai sidee ritrarre difare grandi & belli hedificij perrispecto alla spesa perche fabbricare li hedificij mai terra niuna nefa povera ne anche niuna perquello nesia perita……infine deltempo quando e fatto uno magnio hedificio nepiu danari nemeno nella terra e & quello hedificio rimane pure nella terra o vuoi dire nella citta & lafama & lonore. ”

此处没有引用 Peter Tigler 的 *Die Architecturtheorie des Filarete*（Berlin，1963），这并不意味着我忽视或反对这本书。只是它出现的太晚了，没能在这一版的编辑中使用。而且，我们在主要的观点上，似乎相对独立地达成了共识。

44 菲拉雷特在此处及下一页中，列举了美第奇最为重要的一些建筑工程。第二十五书中还有一个更加完整的清单。在“异教横行的边境地区”的美第奇建筑，很可能是指科西莫在耶路撒冷设立的朝圣者会馆。

45 圣洛伦佐教堂。美第奇家族对于该建筑的赞助在1418年始于科西莫的父亲乔凡尼·迪·比奇。工程后来中断，直到1442年才由科西莫牵头，带领一群捐款人捐资完成了这座建筑。

圣马可教堂是1435－1457年间在为美第奇工作的米开罗佐指导下建成的。

46 在第二善本手稿中，曾有人试图把“Antonio Averlino fiorentino”改成“Ausonio averlinorio faentino”。

47 青铜雕刻大门——老圣彼得教堂的中央青铜大门开始于约1433年，1445年安装并刻名。1619年门被加大并重新放到现在教堂的中央入口处。1962年对其进行了清洗。

“穷人的光荣庇护所”——米兰的马焦雷医院。菲拉雷特提供了基本的方案（在施工过程中有所调整），并且至少在名义上是总建筑师。建筑的奠基石于1457年4月12日埋下。菲拉雷特与该工程的联系到1465年8月中止。关于这座建筑的历史，请看 Vincenzina Biagetti，*L'Ospedale Maggiore di Milano*（Milan，1937）；Gaetano Cajmi，*Notizie storiche del Grand'Ospedale di Milano*（Milan，1857）；Pietro Canetta，*Cronologia dell' Ospedale Maggiore di Milano*（Milan，1884）。

贝加莫大教堂。由菲拉雷特于1457年期间在巴罗齐主教的指导下进行设计。参看 Bortolo Belotti，*Storia di Bergamo e dei Bergamaschi*，2（Milan，1940），下文第十六书注释。该教堂由卡洛·丰塔纳在1689年和19世纪分别做了两次现代处理。

48 佛罗伦萨国家图书馆1411年的帕本第1r和1v页有给弗朗切斯科·斯弗扎的下面这篇献词（这里保留了原抄本的拼写和标点。行末用斜杠表示。）：

［E］XCELLENTISIMO PRINCIPE / per che ti dilecti dedificare come in moltre altre / virtu se excellenti：credo quando non sarai occupato / in maggiore cose，ti piacera vedere et intendere / questi modi et misure et proportioni dedificare / le quale sono stato trovate da valentissimi ho－/－mini：Si che tu come degno et magnanimo principe / et optimo maestro di guerra et amatore et conservatore di pace / quando non se occupato da quella che per difendersi si fa con ra－/－gione：Tu per non istare in otio collefetto teserciti collamente，/ senza niuna istima di spesa：Questa e ben cossa degna a uno / principe a simile exertitio attendere si per utilita si per gloria：/ et per accomodare anchora il suo tesoro a molte persone et dare / vita a molti i quali perirebbeno E questo si vede inte et che cosi / sia la testimonanza appare nello excelso tuo castelli：et in molti/

altri edificij: quail senza una grande ispesa non si fano: chome / aqueducti: cioe navilij principiati et instaurati: et altre reparatione / dedefitij di nuovo facti: che arebbeno mosso pensiero a quelli / principi romani antichi: Piacciati dacceptarla et vederla non per / che de loquenza sia degna: ma solo per li varij modi di misure / che sappartenghono di sapere a chi vuole edificare: Per questo credo / dara alquanto di piacere a tuoi orecchi: Si che non essendo cosi bene / ornata pigliala non chome da oratore ne come da Vetruvio / ma come dal tuo Architecto Antonio Averlino fiorentino: Il quale fece le porti di bronzo di sancto pietro di Roma iscolpite / di degne memorie di sancto pietro et di san paulo et deugenio / auarto sommo pontifice sotto il quale le fabricai E nella inclyta tua cita di milano lo glorioso Albergho de poveri di Christo Il / qualle colla tua mano la prima pietra nel fondamento collo – / – casti: et anche altre cose per me in essa ordinate: Et la chiesa / maggiore di bergamo con tua lizenza ordinai: Si che Illustrissimo / principe non ti rincresca di leggere o far leggere: per che in essa / (fol. 1v) intendo chome o detto di sopra di trattare modi proportioni qualita / et misure et donde dirivorono i primi loro origini, e questo ti / mostrero per ragioni et per auctorita e per exempli et come / dalla figura et forma dellhuomo tucte si derivano e cosi tutte / quelle chosse che si deono osservara a conservare et fare ledifitio / E poi tracteremo di materie opportune alledificare et chome / sanno a usare calcine, harene, o vuoi dire sabbione, pietre cotte / e vive legnami ferramenti e corde, et altre cose opportune e / cosi de fondamenti sicondo iluogi e iloro bisogni e poi quello / appartiene allarchitecto o vogliamo dire ingegnierei: Si che non dubito chi vorra observare questi modi e misure non errera /a suoi edifitij.

49 维特鲁威和阿尔伯蒂是菲拉雷特在建筑理论领域中仅有的前辈，他提到他们就强调了自己作品的重要性，即第一部用现代语言写的关于建筑的现代论文。他对于维特鲁威《建筑十书》的借鉴是相当广泛的，并且在文中基本上都加以注明。阿尔伯蒂的影响基本上被最小化。不过我不同意厄廷根的说法，Tractat, p. 687, n. 1, 他认为菲拉雷特不熟悉阿尔伯蒂的《论建筑》。维特鲁威既可以通过流行的传统而被菲拉雷特接受，也可以在1409年后通过波焦·布拉乔利尼在圣加尔所发现的拉丁文抄本接触到。阿尔伯蒂的论文很可能完成于1452年。既然菲拉雷特懂拉丁文，那么翻译这两个作者的话时所犯的错误，则很可能是抄本的质量问题或是抄写员的问题。

50 简单地说，菲拉雷特的论文将分成三部分。第一部分讨论建筑的主要材料——即创造它所依据的理论和物质。第二部分把原材料和理论用于实践，附带还讲了一座城市的建造及城中所包含的一切。第三部分探讨复原的古代建筑，以及以它们为基础而进行的自由调整和独特发明。菲拉雷特并没有严格遵循这一思路，一边写一边添加内容。第一部分写到第二书中间的时候，开始插入第二部分的内容，描写了城市的大致轮廓。尽管第三书是唯一带有题目的一书，其标题是“论城市的建造”，但其内容主要是讨论建筑的材料，故而应该属于第一部分。真正的建城过程开始于第四书，并一直延伸到第七书的开头几页。从这里开始，菲拉雷特认真地讨论了古代和他自己的发明，虽然关于古代的内容来得有些早，比如第八书中关于柱、门和拱的起源及比例，第九书中的线脚和一种柱式。诚然，菲拉雷特不会像一个20世纪的作家那样严格地遵守其提纲，但我们还是应该包容一个15世纪作家一定程度的杂乱和离题，不论他是菲拉雷特、阿尔伯蒂，还是埃涅阿斯·皮科洛米尼。

51 帕尔马的尼科洛，在圣彼得大教堂的大门上有所表现，就在描绘西格斯蒙德皇帝1433年进入罗马的那块镶板上。

“来自阿斯科利的巨人”，其记载见于 *Mesticanza di Paolo di Liello Petrone de lo Rione di Ponte, della cecità de Romani* (*Ludovico Antonio Muratori*, *Rerum Italicarum Scriptores*, 24, 1126)，时间写着1445年。”In questo Anno, e del detto mese [April], o poco innanti, venne in Roma uno, che era grande come un Gigante. Aveva il piede piu lungo che questa carta in tutto foglio tre dita. Io Paolo lo misurai. Era di statuta carta in tutto foglio tre dita. Io Paolo lo misurai. Era di statuta XI. palmi, viso e voce proprio di Gigante. E vero, che era mal fatto, e di brutta, e sempre stava quasi ignudo, peloso secondo la sua gioventu; & aveva secondo che diceva, ventidue anni, e già non ne mostrava più. Il braccio quattro palmi di canno lungo, e simile dallo ginocchio allo gavollo.”

52 菲拉雷特在这里和后文犯了明显的错误。维特鲁威（4.1.6–8）说多立克是七个柱径高，爱奥尼是九个柱径高。值得注意的是，阿尔伯蒂也和维特鲁威的经典相悖。他遵循了维特鲁威的多立克柱式（七个柱径高）却把爱奥尼柱式（八柱径高）与科林斯柱式（九柱径高）颠倒了。参看《论建筑》VII, VI 和 IX. 7.

53 用 occhio（眼）代替 orecchio（耳）。

54 此处对于人体比例和源自人体尺度的单位的讨论，在菲拉雷特身上非常典型，也是文艺复兴的一个方面。

菲拉雷特没有像他同时代的人那样，用古代的权威来决定比例（吉贝尔蒂），或者自己从一大群人身上量取比例并进行总结（阿尔伯蒂，《论雕塑》），而是采用了传统的宗教手段，即声称所有比例可以上溯到亚当，并由此源于上帝。这一论点导致很多评论家把重点放在了菲拉雷特论文中的中世纪传统上，然而，这也体现了一种在15世纪或者是佛罗伦萨并不罕见的思想。

厄廷根（Tractat，p. 688）批评菲拉雷特偏离了维特鲁威严格（却相当含混）的经典；不过，正是因为他摆脱了，或许是改良了维特鲁威的东西，才使得他与佛罗伦萨的同辈们紧密联系在一起，并在一定程度上反映出某种普遍的工作室实践。菲拉雷特的比例更接近于吉贝尔蒂在其《自传遗札》的第三书中所陈述的内容，而不同于维特鲁威。事实上，厄廷根所批判的三个鼻子宽的面部显然来自吉贝尔蒂或者一种常见的工作室实践。菲拉雷特不愿接受维特鲁威对于圆中内接人的描述，也发生在阿尔伯蒂、吉贝尔蒂和莱昂纳多·达·芬奇身上。和其他这些艺术家一样，菲拉雷特关注的是人和宇宙之间的关系；因此，他们都不约而同地执著于在人体形式中探寻所有比例和所有几何形状的起源。张开双臂后高宽相等的人可以内接于一个正方形。展开双手双脚就可以放入一个圆中。这个圆或这个方，或者二者结合起来，就能派生出所有的平面和立体几何形式。人作为万物的尺度——尤其是将理性所在的头部作为尺度的单位——对于15世纪来说非常根本，而且也许是这一点，而不是维特鲁威的权威，解释了作为许多15世纪建筑理论和实践之特征的神人同形同性论。

菲拉雷特清楚地意识到了对所有基于维特鲁威的比例系统进行文字阐释时所面临的主要困难之一。任何严格按照维特鲁威的定义画出的人体，会在被围进正方形的时候与圆形有一个不同的中心。达·芬奇在威尼斯学院所绘的著名图形与这一段相吻合，证明了菲拉雷特的发现。就像小查尔斯·西摩在数年前耶鲁的文艺复兴研究会上所指出的那样，圆中人的中心在肚脐，方中人的中心在骨盆的底部。这不仅仅概括了15世纪绘画和雕塑中的两大人体比例系统，而且为以源于圆形的黄金分割率为基础的系统以及那些以数字序列和源于正方形的2的平方根为基础的系统提供了几何来源。要注意的是，菲拉雷特倾向于正方形及其派生物。为调和维特鲁威的这两个图形的矛盾所进行的尝试是众人皆知的。我们看看切萨里亚尼为维特鲁威所做的插图“完美比例的人体”就可以对16世纪为解决这一困境所做的努力略知一二。

55 臂长也许是中世纪和文艺复兴时期意大利最广泛使用的尺度了，它显而易见是源自人体手臂的长度。不过在实践中，臂长的实际尺寸有很大差别。在这篇论文中，菲拉雷特描述了罗马、佛罗伦萨、米兰和贝加莫使用的臂长的差异。另外，臂长也会根据所量的物体有所变化；木材的臂长比羊毛的要长，而后者又比天鹅绒的长。在一般情况下，佛罗伦萨的臂长可以换算成23吋或者58.36厘米。

56 坎帕诺·达·维杰瓦诺，13世纪著名数学家，其另一个名字坎帕诺·达·诺瓦拉更为人熟知。厄廷根的观点基本是正确的，即菲拉雷特一定已经知道了坎帕诺对欧几里得的第十四书所作的评述。

57 所有抄本中都有这个拼写错误。竿长被定义（下文125v）为24掌尺，每掌尺是12俳，每呎是12盎司，每盎司是12刺（*punto*），每刺是12 *aptimi*，每 *aptimo* 是12 *nichil*。

58 尽管阿尔伯蒂把建筑比作一个动物（《论建筑》，IX. 5），但不论他还是维特鲁威（3. 1.），都没有像菲拉雷特这样走向神人同形同性论的极端。

59 也许是指文献中没有记载过的阿左内府工程，该工程占据了于米兰大教堂南边的场地，现在雷亚莱府所在的位置。弗朗切斯科·斯弗扎在1450年2月进驻米兰的时候，安布罗斯公国已经摧毁了以前在焦维亚大门以外要塞里的维斯孔蒂住宅。在要塞重建的过程中，他占领了位于城市中心的老维斯孔蒂府邸，该建筑一直在那里直到1451年12月，这是最早的时间，而更可能的时间是1453年。终止的时间出自贝尔特拉米（Beltrami）引用的一个文献中（Luca Beltrami，*Il Castello di Milano*，Milan，1894，pp. 101 – 102），在其中弗朗切斯科要求宫廷占星师为军队占领焦维亚大门的城堡确定最吉利的日期，另一个参考是他提到了勒内·安茹视察1453年9月接近完工的要塞（Beltrami，*Castello*，p. 143）。由于阿左内府已经废弃有很多年了，1450年的维修就非常有必要，不管是菲拉雷特还是当地建筑师负责实施的。与此同时，米兰大教堂的法布里卡在1450年初向弗朗切斯科·斯弗扎申请批准在阿左内府庭院之内为大教堂奠基。对于大教堂的扩建方案要求除掉公爵府的一部分正立面（参看 Paolo Mezzanotte 和 Giacomo C. Bascapè，*Milano nell' arte e nella storia*，Milan，1948，p. 158，其中有一个16世纪该广场的平面图标明了移除的部分）。1452年8月16日，大主教乔凡尼·维斯孔蒂为这一奠基亲自引导了一个游行队伍。从这些相关事实来看，可以认定菲拉雷特对于阿左内府的工程早于1452年，而且很可能早于1451年9月，也就是文献中第一次提到他来这个城堡工作的时间（Beltrami，*Castello*，p. 107，n. 2）。工程在1450年的夏天开始也未必不可能，这也会进一步印证瓦萨里对于菲拉雷特随从弗朗切斯科·斯弗扎进入米兰的描述（II. 455）。如果是这样的话，这将是他已知最早的、虽然没有保存下来的建筑项目。

60　安东尼阿娜——卡拉卡拉浴场。

帕西斯神庙——马克森蒂厄斯或君士坦丁的巴西利卡。乔凡尼·鲁切拉宫移用了它的一根直径12臂长的有槽柱。

马焦雷宫——巴勒登丘上的奥古斯都宫。

卡彼托山——不清楚菲拉雷特在这里指的是否是卡彼托山上的神庙或者帝国档案馆，还是指奎里纳山上的老朱庇特庙。后者的可能性更大，因为帝国档案馆的遗迹在他所处的时代还是可以看到的。

尼禄宫——在埃斯基山上，大部分先后被图拉真浴场和提图斯浴场所覆盖。菲拉雷特是通过硬币（例如，参看 *Coins of the British Museum*，*I*，pl. 43）和文字了解到的。

屋大维剧场，人称平丘——也许是指平丘宫，尽管提到了一个方尖碑而更有可能是指平丘山下战神广场里的奥古斯都大日晷。

群芳苑里的庞贝剧场——今天群芳苑已没有遗存。基本上被庇护府占据。

伯爵塔附近的恺撒剧场——很可能是指奥古斯都广场，因为伯爵塔附近没有剧场。

勒·卡波西——不是一个剧场，倒更有可能是一个吉利亚水库的蓄水池，其基址现在被维托里奥·埃马努埃莱纪念碑所占。在菲拉雷特的时代确实有过一个像洞穴一样的拱顶。

阿格里帕之屋——可能是指万神庙后面的阿格里帕浴场。

还请参看 Ernest Nash，*Pictorial Dictionary of Ancient Rome*（2 vols. London，1962）.

这些遗迹大部分都被列在了《罗马城之奇迹》中，尤其是在15世纪的人文主义者的作品中。很难找出这些建筑对于菲拉雷特准确的影响，虽说它们可能决定了他在方案中所表现出的狂妄自大。

61　普林尼，《自然史》（36. 19）里描述这一建筑为300呎见方、50呎高。金字塔高150呎，但底部只有75呎。普林尼只是在提到波尔塞纳位于丘西城下的墓葬时，才引用了瓦罗。阿尔伯蒂也提到了这个建筑，《论建筑》，VIII. 3.

62　有100扇大门的底比斯：Diodorus Siculus，Bibliotheca historica 1. 15. 1。阿尔伯蒂在《论建筑》，VIII. 9中的提法是有100个槽厩的底比斯。

塞米拉米斯，Diodorus Siculus，ibid. 2. 3。

63　维特鲁威，4. 1。还请见第一书注释。

64　第十五书。

65　这几页包含了菲拉雷特的一些最有原创性、最为现代的思想。类似的讨论没有出现在维特鲁威的书中，而阿尔伯蒂的著作也只是接近了这一内容。（《论建筑》，IX. 9和10。阿尔伯蒂对自己的描述做了评论，给出了他自己对于理想建筑师的观念，这些基本上是对《论绘画》第三书开头几页讨论的扩展，也是对于维特鲁威的一个"敏感"的批评。阿尔伯蒂确实在《论建筑》IX. 9的最后几行中，作了与菲拉雷特相似的描述，阿尔伯蒂在文中提到了模型、建筑供给的准备，以及对工人和工作的细致检查。）从菲拉雷特的观点来看，他在米兰的主教堂和城堡两地遇到的古老系统已经不再适用了。那些"工程师"或者说大匠能够逃避来自公爵的命令以及下属的错误两方面的责任。与此同时，他们在实际中又缺少施行自己或公爵之意志的权力。菲拉雷特对于建筑师角色的定义，在他所处的时代无疑是不现实的，却显然是现在居于主导地位的观点。这种新角色将对赞助人和他自己直接负责。尽管"执行者"仍然要延续其监工或现场代表的职责，但建筑师却独自对施工的实际细节负责——这一观点多少与阿尔伯蒂有些矛盾，后者的建筑师主要负责设计。由于这种新的权力和责任，建筑的合作完成者这样的地位，让位给了与画家或者雕刻家的工作相等的个人创造。尽管菲拉雷特精巧的比喻显得有点单薄，他试着把建筑师与建筑之间的功能关系，从怀孕和分娩转换成画家和雕刻家那样更为高贵的脑力活动这样的尝试是相当明显的。很显然，他希望在与任何一种人文艺术相比较的时候，把建筑纳入美术的行列之中——这种讨论在他所处的时代应该已经非常流行了（参看第309页，绘画与雕塑之间的比较）。这种考虑的现代意义，对于15世纪和20世纪来说，都不需要再详细讨论了。

菲拉雷特的建议，有很大一部分似乎是建立在个人经验和日常实践的基础之上。执行者，对于阿尔伯蒂和伯鲁乃列斯基这两个人来说都至关重要，在这里依然还要肩负传统的职责，不过其责任的程度发生了微妙的变化，使其只是建筑师之手的延伸，而不是他曾经在实际操作中担当的自由执行人。菲拉雷特实际上在马焦雷医院中同时肩负了这两个方面的职责，虽然程度有限。从理想的情况来看，他的建筑师－执行者的双重角色，应该可以在旧系统中赋予他新的自由和新的责任，但是，医院的代理人和工人有效地遏制了这一创新。即便如此，他在根本上还是对最初的设计负责，而且确实为建筑提供了雕塑构件。文艺复兴建筑对于每日计划和模型的应用已经为人们所熟知。坚持合理支付建材和劳工价格的观点，很可能基于神学上以及理想化的思维，而不是源于实际操作，因为有文献记载提到工人工资过低（包括这篇论文也曾提到，参看下文第四书注释），还有实行补贴价格的建材。（弗朗切斯科·斯弗扎从米兰堡购得的石灰是每百单位6分，而城市中的“自由价格”是20分：Beltrami，*Castello*，p. 154. 他还从米兰向威尼斯派工人去建造斯弗切斯科府邸，因为他们要的工钱少：Luca Beltrami，*Cà del Duca*，Milan，1900，doc. 5.）菲拉雷特似乎愿意接受很多传统的技术和做法，但当建筑师作为一名艺术家和个人的形象出现问题的时候，他就会基于亲身经历和时代的先进思想，对创新给予强烈的支持。

在这一段中，前人对菲拉雷特产生的影响仅限于源自阿尔伯蒂的基本概念和维特鲁威的坚固（firmitas）、美观（venustas）、实用（utilitas），对此任何一个文艺复兴时期的艺术家都觉得有必要增加砝码。阿尔伯蒂《论绘画》的主旨中，大致也可以找到相似的内容，因为菲拉雷特希望同时对艺术家和赞助人进行新艺术的教育，以鼓励二者有更大的创造，既包括质量上的又包括数量上的。

66 关于泽诺克拉泰斯，请阅读关于狄诺克拉底的内容。这个故事的来源可以在维特鲁威，2，前言和阿尔伯蒂《论建筑》I. 4 和 VI. 4 中找到。二者都源自普卢塔赫的《亚历山大传》。圣马可抄本（fol. 14r）更正了菲拉雷特人名中和事件中的错误（泽诺克拉泰斯应为狄诺克拉底，黎巴嫩山应为阿陀斯山）。

67 菲拉雷特的“朋友”指的其实就是他自己，讨论的项目就是米兰的马焦雷医院。菲拉雷特1459年的薪水正好被降低了六分之一，“non obstantibus literis ducalibus”（Milan，Archivio del Ospedale Maggiore，mastro 1459. fol. 3v）从每月24弗洛林变为20弗洛林。这一段在圣马可抄本中没有。段落的其余部分似乎表明了菲拉雷特在马焦雷医院的亲身经历：负责人过于吝啬，认为所需工程量不值得给那么贵的薪水；包工头和工人漠视他的命令；方案被迫修改。

68 第十和第十一书。

69 维特鲁威，5和6。更贴近的内容见于阿尔伯蒂《论建筑》IV. 1 和 VI. 1 以及后面几书。阿尔伯蒂的名单和菲拉雷特基本上是一样的。

70 第六书。

71 第七和第十一书。

72 第十和十一书。

73 第十书。

74 第十一和十二书。

75 菲拉雷特的风势图似乎有一部分来自维特鲁威，还有一部分与弗朗切斯科·迪·乔其奥关于建筑的论文抄本中的命名有关。和维特鲁威（1.6.8）一样，他主要关心的是调整城市的朝向，以避免把街道的主轴放在冷风的方向上。这些风的名称中有明显的意大利语源，不过可能要排除维特鲁威的Leuconotus，在这里变成了诺特，还有Euricicias变成了奇尔乔。

76 参看下文，关于占星师确定日期的内容（“1460年4月15日，第10个小时之后的21分钟”）。阿尔伯蒂（《论建筑》，I. 6 和 II. 13）也提出建筑开工要在适当的星象吉兆之下。

弗朗切斯科·斯弗扎对于占星术的观点似乎是矛盾的。人们知道他至少雇佣了三位占星师。为了确定占领焦维亚大门主堡的最佳时刻，他问了其统帅福斯基诺·德·阿滕多拉·达·科蒂尼奥拉准确的出生日期。（Beltrami，*Castello*，pp. 101－102引了1451年12月26日的数字。）有了这条信息，占星师把时间精确到了分钟。在给其统帅的一封信中，弗朗切斯科传送了这一日期，但补充道“al che respondendo te dicimo chenon se curamo de tanta subtilita.”他更关心的是，在部队进驻新城堡的时候应该是月盈而不是月亏（Beltrami，*Castello*，p. 102）。

77 似乎不可能把菲拉雷特的选址与任何具体的地理位置联系起来。相反，它们是菲拉雷特熟悉的各个地方的杂粿，这些地方有托斯卡纳、利吉里亚，以及，大多数情况下的米兰周围。虽然因达山谷可能暗示出对佛罗伦萨附近的阿尔诺谷的拓宽，但山脉和湖泊如此靠近，看来是指米兰以北的某地。不过参看 E. Puliga，“Sforzinda……，” *La Martinella di Milano*（1953，fasc. vii）.

78 后文第十五书中也出现了一个类似的描述。根据公爵夫人的命令，这个密室后来变成了一处修道院和教堂，见第十六书。

79 这一总的线性平面图是统领菲拉雷特论文中绝大部分设计的简单几何形式的典型。他主要关注的是正方形及其尺寸；他不具备准确限定更加复杂之图形的尺寸所需的数学工具。由于这一原因，他对于相邻两角间距离的描述是不正确的。10 场长的距离是沿着正方形的一边测量的，即从角到该边与叠置的正方形的对角线的交点。他所谓图形的“角周长”并不是指实际的圆周长，而是指可以内接于其中的一个正八边形的周长的近似值。那么，厄廷根对于直径的修正（*Tractat*，p. 692）就不能采用，因为菲拉雷特只关心正方形的直径，而不是八边形的直径。对于正方形的尺寸（3750 臂长）也是同样的道理，而不是厄廷根所假定的八边形的边长。菲拉雷特自然要受制于正方形的尺寸以及四边与直径交点的距离，因为他没有用于准确测量的三角学。而且，这些尺寸对于用拉绳的方法来实现这一形式的通常做法应该是够了。这只是线图；墙体和沟壑的布置只能以后再算。

厄廷根正确地注意到菲拉雷特在他的线图中使用了一个 1∶4 的比例，而且提议做一个比例为 1∶20 的浅浮雕模型，不过没有实施。

这样的星形平面，对于一座城市来说，永远都是一个不同寻常的形式，是在这里首次出现的。它明显地与罗马军营的四方形［维特鲁威（1.5）对它偏爱有佳，尽管他从没有明确的表示］或者同心圆平面背道而驰，而二者在中世纪始终都相当频繁地出现。要注意阿尔伯蒂（《论建筑》，IV. 3）同时提到了圆形和多边形平面，但似乎偏爱后者。那么，菲拉雷特的方案显然与文艺复兴城市规划的主流是一致的。文艺复兴艺术家对简单几何形式的重视，当然是城墙布置的主要决定因素。不过，我却无法接受这样一种批判，即这样的平面只能有效地抵御中世纪的战争模式，因为它已经潜在地蕴含了厚墙要塞带加固棱堡这样的基本概念。诚然，这对于城堡来说是不成立的；不过，它内含在城墙之中，并且主要是一种装饰性符号。就任何一种情况而言，对于抵御炮火的特别关注，不是阿尔伯蒂的论文考虑的主要因素，更不是菲拉雷特需要考虑的。这两人主要关心的都是把城市建造得优美，即建成 15 世纪的光明城市。菲拉雷特规划方案的优势在于其自然产生的轴线，它确定了主要街道和广场的位置。虽然按照菲拉雷特的描述建造的城市，将完全会是 15 世纪的，并留有一些中世纪的痕迹，但平面中狭长的街景以及开阔的广场，都预示了未来 17、18 和 19 世纪的城市规划。

80 这里可以把描述（*discriptione*）读作判断（*discretione*）。

81 教堂，第七书，内容有些偏题。贵族的宫殿，第七书。绅士的宅邸，第十一书。官府、市政厅和市长厅，第十书。平民住宅，第十二书，那里简要讨论了商人、手工艺人和穷人的房子。

菲拉雷特的原始方案（此处和前文）似乎相当接近阿尔伯蒂文中出现的对社会的划分（《论建筑》，IV. 1）以及阿尔伯蒂第十书的标题：国王的宫殿和要塞、管理公国的人的政务局、大教堂和修道院、运动的地方和医院、军营、公共建筑，包括学校和粮仓（但没有菲拉雷特所说的蓄水池），平民集镇和农房。

82 第三书是唯一有题目的一书，但实际上题目却是不恰当的，因为这一书更多是在讨论建筑的材料，而不是城市的实际施工。

83 菲拉雷特没有像维特鲁威（2.5）那样在意对于石灰性质的哲学解释，而更接近于阿尔伯蒂对于可以用来制造石灰的石头种类的关注。阿尔伯蒂（Ⅱ. 11）和菲拉雷特两人都把他们讨论石灰的基础建立在个人经验之上。这是最早也是最强烈的对于罗马把古城作为采石场这一传统的谴责。

84 实际上是安杰拉湖，马焦雷湖的意大利分支。

85 可能菲拉雷特使用了 *sabbione* 和 *rena* 这样的词语，是为了区分坑砂和河砂。他的论述显然源自维特鲁威（2.4），因为他也是这么说的。不过，他对这一主题的处理比维特鲁威和阿尔伯蒂（II. 12）要简略得多。他对砂的测验方法，同样也出现在维特鲁威和阿尔伯蒂两人的书中，只是他略去了这两个源本中后续的测验步骤。

86 *Pietre cotte*（焙石）一词在全书中都译为砖头。

此处内容的处理完全不同于维特鲁威（2.3），而且与阿尔伯蒂（II. 10）的相似之处，也仅限于对于适当调配和研磨黏土的建议，以及适度对其烘烤的警告。这些作者对于砖头尺寸的描述都不尽相同，尽管看上去菲拉雷特比阿尔伯蒂更在意当代的尺寸。同时参看普林尼的《自然史》(35.49) 中有关烧砖的时机及其尺寸。

87 下一段只能在组织上与维特鲁威 (2.7) 和阿尔伯蒂 (II.8 和 9) 进行对比。所有这三位作者都主要关注于个人的经验。

关于这些材料更加全面的内容，请看 Francesco Rodolico, *Le Pietre delle città d'Italia* (Florence, 1953)。这部著作的相关页码将在下面列出。

塞里基奥大理石——serizzi，不是一种大理石而是花岗石。富产于整个米兰地区，特别是科莫湖附近。各个时代都在米兰有广泛的应用；菲拉雷特把它用在了马焦雷医院门廊的内外柱上 (Rodolico, p. 128)。

安杰拉石——一种白云岩的石灰石，颜色范围与菲拉雷特所描述的一致。它可以在安杰拉和阿罗纳附近的马焦雷湖找到。它被广泛应用于马焦雷医院的拱券。和维罗纳石一样，它常常同砖头一起使用 (Rodolico, pp. 128 - 129)。

阔可里——现代的卵石，即砾石。厄廷根认为是各种大小和性质的河石。如果它们是石灰质的，就可以用于制造石灰；假如是沙质的，就可以用于制造玻璃。不过最常见的还是把它们作为碎石填充料。

维罗纳石——一种产于维罗纳附近的大理石，颜色范围包括各种黄，从极浅到极深的各种红，还有一种青铜色。其中那些红色的在整个波谷地区经常同赤陶和砖头一并使用 (Rodolico, pp. 112 - 114。特别请参看第 83 页的地图上关于这种石头的分布情况)。

砂岩——准确地说属于沙石的一种，可以在佛罗伦萨以北的菲耶索莱山上找到，其种类有主要靠颜色区分的清石和莺石。前者主要是暗灰蓝；后者就像其名字暗示的那样，更多的是一种暖土色 (Rodolico, pp. 235 - 239)。

普拉托产的红色和黑色大理石——实际上是一种蛇纹岩。暗绿色的品种看上去几乎是黑色的，它产自费拉托山，而且在整个阿尔诺谷地区广泛的使用。尽管绿色确实是其主要的品种，但也能偶尔找到红色的 (Rodolico, pp. 232 - 233)。一种红色的石灰石，被瓦萨里 (I. 117) 称作大理石，也可以在普拉托附近找到。它被用于佛罗伦萨大教堂。

禄华大理石——普林尼，《自然史》，36.8。

劣质大理石——很可能是一种卡多戈里亚大理石，被用于圣玛利亚感恩教堂，资料引自 Beltrami, *Castello*, p. 147。

斑点米兰石——可能是一种卡多戈里亚大理石，或者是科莫湖的穆索和奥尔吉亚斯卡采石场的斑点大理石。最好的卡多戈里亚大理石是白色的，并且很像卡拉拉的石头，尽管它很容易折断。菲拉雷特所谓“像铁一样的斑点”多数情况下是正确的——上面有磁铁的小坑 (Rodolico, pp. 96 和 129 - 130)。

贝加莫大理石——白色的很可能就是“marmot di Zandobbio”。黑色的品种产自以下采石场，圭里诺大桥、切内、塞里亚纳谷，还有迪赛奥湖 (Rodolico, p. 100)。

含盐大理石——瓦萨里也提到过 (I. 121)，但既没有指出石头的产地，也没有说明引文的出处。

88 此处明确提到的用米兰白色大理石创作的作品，要么根本不存在，要么还未发现。马焦雷医院里现存的白色大理石作品，不论从风格上看还是根据文献的记载，都没有一件可以归在菲拉雷特的名下的。值得怀疑的是，他也许是指焦维亚大门主堡的支架，因为这些不是用大理石制作的，这与他的愿望相左 (Beltrami, *Castello*, pp. 111, 114, 147)。这种作品，不论是他说的雕像还是建筑，可能已经在 1452 - 1454 年间他与工程发生短暂联系时，被用在了主教堂上。

89 这个“新建立面后面的老立面”似乎是指对米兰地区一个已有建筑的翻新。但不清楚它指的是一座宗教、私人还是公共建筑。还没有人尝试过基于这一明确的描述，将该工程与菲拉雷特联系在一起。最不可能的情况是指贝加莫大教堂，因为这座教堂绝不只是被进行了现代的处理。

90 同一块大理石板也出现在 Fra Leandro degli Alberti 的描述中：“Si vede altresi nelle pareti di finissimi marmi incrustate a man sinestra nella Crossata due tavole di marmo bianco, alquanto di nero tramegiate, nella congiuntione di esse effigiato unhuomo tanto perfettamente ch'ella è cosa molto maravigliosa a considerarla. Delche Alberto Magno nella Metaura (sì come di cosa rara) ne fa memoria” Descrittione della molto magnifica città di Vinegia，附在他的 *Descrittione di Tutta Italia* (Venice, 1561, p. 74; 1 st ed. Bologna, 1550) 之后。这块石板似乎已经丢失。参见 Jurgis Baltrusaïtis, *Aberrations* (Paris, 1957)，尤其是“Pierres Imagèes”那一章，pp. 48 - 72。

15 世纪把大自然视为艺术家这种理念的重要性，也体现在莱昂·巴蒂斯塔·阿尔伯蒂的《论绘画》中，约翰·R·斯宾塞译（纽黑文，1956）第 67 页。

91 菲拉雷特并不满足于对圣玛利亚阿拉柯利教堂的柱子进行的推理，而是对其进行了试验，这是一种典型的文艺复兴做法。他的结论是正确的；它不是一种人工石材而是大理石。在圣玛利亚阿拉柯利教堂里的卢卡·萨韦利（Luca Savelli）和洪诺留四世（Honorius IV）的坟墓中，还保存着类似的石头。他所谓的一种用石灰和石头制成的坚硬而耐久的“人工石”，似乎是指一种人工大理石（terrazzo），很可能是仿古的一种尝试，这在论文中还会出现好几次。也许这是阿尔伯蒂《论建筑》（VI. 10）和维特鲁威（7. 14）所提到的混合物的一种变体。

92 从总体上说，菲拉雷特沿袭维特鲁威（2. 9. 1 – 17）的东西比沿袭阿尔伯蒂《论建筑》（II. 4，6 和 7）的东西更多，尽管菲拉雷特和阿尔伯蒂两人在讨论杉木及其用途以及最佳种植地时，都不同于维特鲁威。阿尔伯蒂论述的翔实程度远远超过了菲拉雷特和维特鲁威，但菲拉雷特似乎仅仅把自己限制在个人的经验之中。

93 就像菲拉雷特所说，这一典故源自维特鲁威（2. 915 – 917）。

94 不是帕拉斯而是戴安娜。维特鲁威（2. 9. 13）。

95 菲拉雷特所谓的每百单位重量 5 分的石灰价格是完全不现实的。在同一时期，位于焦维亚大门的主堡施工中的石灰固定在每百单位 6 分，即使是从科莫湖地区经由运河运输过来也是如此。城市中石灰的自由价格是每百单位 20 分（Beltrami，*Castello*，p. 154）。

菲拉雷特的算术并不总是准确，尽管意图是明确的。对于 7680 块砖来说，我认为要用 3072 磅石灰，而不是 3066 磅。根据这里引用的价格，3066 磅石灰是 4 里拉 12 分；显然抄写错误也混杂在该段落中。虽然这些数字在 1411 年帕本（Palatine）抄本中是一样的，无论抄本中给出的计算结果，还是厄廷根精确到十分之一便士的价格，都无法得出 60 里拉 5 分 6 便士的总额。

	菲拉雷特			厄廷根		
墙体用砖	32L	1s	0d	32L	0s	0d
石灰	7L	13s	6d	7L	13s	7d
砂	5L	10s	0d	4L	12s	2d
总计	45L	4s	6d	44	5s	9d

计算所用汇率为 12 便士（d）=1 分（s），20 分（s）=1 里拉（l）。

96 厄廷根认为（*Tractat*，p. 695），菲拉雷特的 calzatore（填工）是指那些雇来用碎石和灰浆填补墙壳的人，这是基本正确的。不仅有圣马可抄本作为佐证，还有贝尔特拉米（Beltrami）对于米兰主堡的研究（*Castello*，pp. 619 ff.），其中对工序有一些细节的描写。要注意的是，这些石匠只要配了助手和填工，每天就要垒砌 2500 块砖，相当可观的数字。

97 尽管这些工资看上去很公平，但菲拉雷特的工人实际上没有得到足够的工资。每个小队有一个工匠和 7 个工人，每天砌 2500 块砖，领 47 分钱。古英李福特·索拉里奥根据合约得到的工资是每 1000 块砖 32 分钱（Archivio del Ospedale Maggiore，mastro 1461，dated February 10，1462），或者砌相近数量的砖得到 70 分钱。还请对比马焦雷医院的雕刻师每月四弗罗林或 16 里拉的工资。同时参见下文“手艺更高级”的匠人的工资。

98 关于占星术，参看前文第二书注释。

这里指明的准确日期很可能毫无根据，或者是某个特别的纪念日。这并不一定是指论文写作的时刻，就像厄廷根假想的那样。我自己关于这个问题的看法已经表达清楚了，参见 *Rivista d'arte*，31（1956），93 – 103。

99 “善恶图”在后文中有描述。下面接着就是置于奠基石中的这些物品的象征意义。

文献记载中没有与此处描写类似的青铜书，这似乎就是后文发现的“黄金书”的基础。这是纯粹幻想的呢，还是菲拉雷特在暗示已佚失的一系列编年史形式的雕版，抑或是这种编年史的雕刻印刷版呢？尽管没有已知的印刷本流传下来，但对于那些有着金匠训练（参考巴萨诺十字架上的“雕版”）并对波拉约洛和菲尼圭拉敬仰有加的任何人来说，自然很可能做过一点印刷本。而对于那些铅质和青铜雕像来说，同样没有已知的现存实例，除了在维多利亚和阿尔伯特博物馆（the Victoria and Albert）以及米兰的斯弗切斯科城堡（G. F. Hill，*Corpus of Italian Medals*，no. 905）的自画像奖章。Filelfo 的一枚奖章（Hill，*Corpus*，no. 906，被认为是菲拉雷特的作品，是在布雷西亚最好的实例）铸造质量之差、磨损之严重，使得鉴定非常困难，几乎是不可能的。比较一下圣彼得大门上众多的奖章和菲拉雷特对奖章的兴趣，就会觉得像此处提到的那些肖像奖章如果真的铸造了也不是没有可能。即便有印刷本和奖章的双重证据，鉴定工作还是会由于人们对菲拉雷特的真实风格了解不足而蒙上了一层迷雾。对于圣彼得大门和巴萨诺十字架的凹雕部分的深入研究，也许能最终在这件目前被认为是匿名的作品中找出菲拉雷特的手笔。

对“他的朋友”实施的暗算，依然是他的一次亲身经历。在 1445 – 1449 年之间，菲拉雷特被指控从罗马的圣西尔韦斯特罗盗窃了施洗约翰之头的圣骨匣。显然他受到了审讯、拷打，然后释放。1449 年从佛罗伦萨写出的一封信指示在佛罗伦萨的罗马教皇教枢的代表 Paolo de Chiaceto 去帮助菲拉雷特进行调解，目的是为了得到赦免状，好准许他返回罗马去完成葡萄牙红衣主教安东尼奥·马丁内斯·德·查韦斯的坟墓。由于坟墓是以赛亚·达·比萨完成的，显然赦免状没有即刻发放。在这一系列事件结束之后，菲拉雷特最终到了米兰。

尽管这是纯粹的猜测，但还是不得不怀疑佛罗伦萨政府中的有关人员，很可能在幕后操控着对施洗约翰之头的盗窃活动。1411 年伪教皇约翰二十三世（John XXIII）打算把它以高价卖给佛罗伦萨人。罗马市民及时发现了这一阴谋，并把遗物送回了原来的圣西尔韦斯特罗。绝没有一个 15 世纪的佛罗伦萨人可以如此轻松地逃脱一个关系到自己的护佑圣徒的指控。由于 1449 年的信件措辞非常强硬，而且是以官方的形式发送的，所以再次利用菲拉雷特作为工具进行盗窃也不是没有可能的。那么，这封信就可能体现出一种官方上良心的自责。Stefano Infessura 日记中的一段，再加上在康斯坦茨（Constance）对约翰二十三世进行的指控，可以看做菲拉雷特企图盗窃而又未遂的背景材料：

“［Pope John］ volse che ne gisse la testa di santo Iovanni Battista processionalmente con intentione di mandarla a Fiorenza； et recevevane parecchie migliara de ducata da Fiorentini， et per questa casione le moniche de Santo Silvestro et tutti li cittadini di Colonna una collo caporione et molti altri cittadini di Roma non la volsero mai lasciare， et reportarola sana et salva ad Santo Silvestro， et non li riusci lo pensiero allo papa et alli Fiorentini”： Stefano Infessura， scribasenato， *Diario della città di Roma*， Oreste Tommasini， ed. （Rome， 1890）， p. 18， dated 1411.

“Et quod deterius est caput sancti Iohannis Baptistae quod erat in monasterio monalium S. Silvestri de dicta urbe vendiderat seu pactu de tradendo fecerat Florentinis pro precio quinquaginta millium ducatorum， quod et fecisset， nisi civibus Romanis id periculum revelatum fuisset”： Galletti， ms Vat 7955， par. 2， c. 85， 3a.

100 对此及下面的“占卜”所进行的解释，请看第六书。

101 不论维特鲁威（1. 5. 1）还是阿尔伯蒂（《论建筑》，III. 2），他们都不赞成在砾石较多的基础上立墙，然而两人也没有给出准确的说明。

尽管建造墙体所需要的工程几乎是天文数字，但菲拉雷特的 102000 名工人每人只需要挖出 0. 27 立方码的土，就能挖出 27500 立方码的基础。

102 菲拉雷特的方案需要在城墙的直角处建造圆塔，并通过小方塔同间壁连接起来，钝角处是城门。这已经是从中世纪的间壁向文艺复兴盛期的棱堡类型工事大大地迈进了。菲拉雷特在这里可能是重复了当时斯弗扎工事的组织形态；我们知道他参与建设了贝林佐纳的工事。这一方案当然与焦维亚大门的主堡没有关系，那里仍然保持着类似于帕维亚的维斯孔蒂城堡的主堡兼要塞组织形态。

103 没有图。

104 城市的城壕和城墙以及间壁的墙，这整个综合体，让人们同时想起帕维亚的维斯孔蒂城堡（城壕 24 米宽、6 米深）和米兰的斯弗切斯科城堡（或焦维亚大门）。菲拉雷特在下文中把城壕的深度定为 12 臂长。它在内侧用压低的胸墙进行了加固，就像米兰的那个一样。与斯弗切斯科城堡不同的是，这里有一块 10 臂长的空间，入侵者必须跨过它才能到达间壁的墙本身。

105 Magl.， fol. 31v， line 12： pure perubbidirlo non messo in ordine la cena.

Pal. 1411， 41r， line 34： per ubidirlo non restai， messo in ordine la cena.

106 直径 40 臂长的圆塔在首次提到的时候是 50 臂长，见第 28r 页。

107 *Restaculo*，长矛的支架。

108 厄廷根 *Tractat*， p. 701， s. 157， n. 5 认为 *Roman d'Alexandre* 是一个可能的文献。他对阿尔伯蒂《论建筑》（VIII. 5）的引用肯定是个错误，因为那段讨论是关于托勒密灯塔的，这个灯塔除了照明灯还有风向标。

109 菲拉雷特并没有完全参照维特鲁威（1.6.12），后者只列出了八种风的名字，他也没有参照阿尔伯蒂，阿尔伯蒂一个名字也没列。他的资料来源很可能类似于弗朗切斯科·迪·乔其奥所使用的那个，该资料提供了丰富的风名（Bib. Naz. Florence，*Cod. Magl.* II，I，141，fol. 5r.）。还请参考普林尼，《自然史》2.48 中类似的风。

	菲拉雷特	维特鲁威	弗朗切斯科·迪·乔其奥
西北	Corus	Caurus	Maestro，Argestes，Careus
东北	Boreas	Aquilo	Greco，Boreas，Aquilo
东	Subsolanus	Solanus	Levante [,] Apheliote，Subsolano
东南	Euro	Eurus	Sirocho，Eurus，Vuturnus
南	Nottus	Auster	Astro，Notus，Auster
西南	Africus	Africus	Garbino，Libs，Aphiricus [sic]
西	{ Zephirus	Favonius	Ponente，Zephyrus，Favonius
	{ Circinus	—	—

110 第八书，第 60r 页及其后。

111 这些城门的名字，源于弗朗切斯科·斯弗扎的妻子比安卡·玛利亚·维斯孔蒂以及他们的孩子们。由于一般的家谱中没有列出奥特维亚，因此我认为，菲拉雷特是通过这个名字认识伊丽莎白的。菲拉雷特把自己包含在其中的意图是非常明显的；弗朗切斯科及其子加莱亚佐·玛利亚之所以被省略，是因为城市及其领地已经带有他们的名字了。不过，请参看下文第 80 页，加莱亚佐获悉赐给一座城门的名字加利斯福玛，当他知道了这个名字所具有的含义时，感到非常骄傲。

布兰迪西玛　比安卡·玛利亚

波利提西玛　伊波利塔，生于 1446 年

菲利斯弗玛　菲利波·玛利亚，生于 1448 年

斯弗洛斯弗玛　斯弗扎·玛利亚，生于 1449 年（注意不要与斯弗扎混淆，后者是 1433 年出生于格罗塔梅尔的私生子）

洛多斯弗玛　洛多维科，生于 1451 年

斯卡尼斯弗玛　阿斯卡尼奥，生于 1445 年

奥塔维斯弗玛　伊丽莎白（？），生于 1455 年之前。

尽管利塔没有给出伊丽莎白的出生日期，但是她在 1469 年嫁给了蒙费拉托的侯爵古列尔莫。由于新娘至少是 14 岁，她的出生肯定早于 1455 年。

112 意大利 15 世纪的军事建筑，还没有完全演变成在马其诺防线中达到巅峰的断面低、墙壁厚的构造，而且，中世纪幕墙也还尚未获得它在后来若干世纪中围绕着它的浪漫光环。但菲拉雷特关于斯弗金达城堡的概念，却已经预示出了未来的发展。尽管城墙还没有形成 16 世纪工事的典型形式，但这些概念在这里已经处于萌芽状态。城堡特色既不是中世纪法国的城寨，也不是由弗朗切斯科·迪·乔其奥、巴乔·蓬泰利或朱利亚诺·达·桑迦洛建造的城堡类型。它一方面带有曼图亚、费拉拉和米兰的主堡－要塞布局，并且和它们一样，背离了时代的潮流——在这个时代中，据说土耳其大炮在围攻罗德城的时候，射出了直径达 3 英尺的石块。虽然无法知道弗朗切斯科·斯弗扎重建在焦维亚大门的城堡是什么意图，但似乎菲拉雷特的城堡并没有任何实际的用途。其价值是象征性的，而不是实用性的，而斯弗切斯科城堡也可能是这种情况。作为一种防御设施，这座要塞离城墙过于接近，无法躲开炮击，而另一方面又离得不够近，无法成为周界上强有力的点。塔楼过于豪华的装饰和围绕整体的迷宫，显然是在进行一种尝试，一方面要重建波尔塞纳的要塞和奥奇曼迪亚斯的陵墓，另一方面，是要用一种中世纪晚期包罗万象的宇宙学，来结合形式与数字的游戏。中世纪晚期的所有攻击和防御性要素都出现了，只不过其中心思想明显是要把这座城堡变成公爵权力的象征，而不是一种工具。

菲拉雷特城堡中更为实用的几个方面——从马厩、储藏室、面包房，到堞口和工事前陡坡的建造——可以从他熟知的米兰焦维亚大门的要塞、贝林佐纳的要塞，以及位于帕维亚的维斯孔蒂府邸中找到源头。似乎后者尤其能与他对服务区的分布相吻合，特别是与他有关马厩的描述非常接近。参看 Carlo Magenta，*I Visconti e gli Sforza nel Castello di Pavia e loro attinenze con la Certosa e la Storia cittadino*（2 vols.，Milan，1883），1，74－85.

这座城堡最不寻常的特征之一，就是在这里出现了最早的丁字形楼梯的实例之一（38v 图），甚至就是最早的那个。菲拉雷特论文中的大部分楼梯梯步都是很陡很直，或者螺旋向上的，体现着意大利 15 世纪的家用建筑的特点。然而，此处的楼梯设计，看起来有一些礼仪方面的因素，即作为一条从庭院通往上层大厅的列队行进的通道。尽管我无法从最初这些谦虚的做法中，演绎出 17 世纪礼仪性楼梯完整的演化过程，但耶鲁大学的乔治·库布勒已经为我提供了一种可能性，即菲拉雷特的观点可能已经传播到了西班牙，并于 16 世纪在那里发生了演变，之后又在巴洛克兴起的时期回到了意大利。

113 虽然这里可能是把 fianchetta 误抄为了 pianchetta，但焦维亚大门城堡目前的情况（参看 Beltrami，*Castello*，pp. 727 – 733）似乎支持这种译法。

114 参考阿尔伯蒂《论绘画》，第 51 页，“您要是问某些人，他们用颜色涂满一个平面是为什么的话，他们一定会答非所问的。”

115 关于这些以及后面的征兆，参看第六书第 78（45r）页及其后。

116 Sbozzate，粗面的（?），抑或菲拉雷特指的是与米兰圆塔类似的金刚石刻磨的石材?

117 这样一座高 365 臂长，有着 365 扇窗，代表了一年天数的塔的概念，很可能源于狄奥多·西库鲁斯（*Bib. hist.* 1. 49. 1 – 6），其中奥奇曼迪亚斯的陵墓，被描述成顶部带有一个周长 365 腕尺的金边，上面还刻有一年的天数和群星的起落。还请参考阿尔伯蒂的《论建筑》（VII. 10）中一个略有不同的描述。

118 这些通往城堡的入口，与菲拉雷特对圣安杰洛堡的复原相关，该复原方案可以在罗马圣彼得大门上的《彼得殉难》镶板中见到。而这又可以与被认定为西里亚科·丹科纳所做的一个复原联系起来。参看 F. Saxl，*Journal of the Warburg and Courtauld Institutes*，4（1940 – 1941），19 ff.

119 菲拉雷特对于城市广场的概念，几乎完全是建立在简单的几何比例之上，这种比例统治着他在整篇论文中的设计。这表达出了一种对秩序的渴望，这种秩序显然与中世纪的城镇规划毫无关系。与此同时，菲拉雷特在这里并不关心古人的建议，因为他忽略了维特鲁威给中央广场提出的 2∶3 的比例（5. 1. 1 和 2。维特鲁威还引用了希腊城市广场 1∶1 的比例）。相反，他更接近于阿尔伯蒂的《论建筑》（VII. 6），阿尔伯蒂引用了希腊人 1∶1 的比例、罗马人 2∶3 的比例，但却偏向于菲拉雷特在这里采用的 1∶2 的比率。不过，应该注意的是，阿尔伯蒂把广场周围建筑的高度，限制在广场宽度的三分之一到六分之一之间。菲拉雷特的大教堂占据了广场的全部宽度，而且其长度与高度相等。此处非常简要说明的附属广场，在第十书中有更为详细的讨论。

120 即阿尔伯蒂在《论建筑》（VIII. 6）中所提出的附属广场，不过没有这里讨论得清晰。

121 关于与街道交替出现的运河运河这样的观念，厄廷根（*Tractat*，p. 705，n. 211）引用了阿尔伯蒂的《论建筑》（IV. 7），文中把运河运河定义为不过是另一种类型的道路。尽管传统上习惯把运河的使用与菲拉雷特的威尼斯之旅联系在一起，但更为可能的情况是，他把米兰的纳维利奥及其诸多分支当做了原型，并在对其进行了调整之后，运用到了自己的方案中。

沿街柱廊的概念立即让人想起了罗马，尤其是莱奥尼诺镇（参看 Torgil Magnuson，*Studies in Roman Quattrocento Architecture*，Stockholm，1958，p. 79 and n. 28）。对一座意大利城市主街的这种处理方式，早在 11 世纪时就没有什么不寻常的了，而在 14 和 15 世纪的新星城中同样是如此。皮奇纳托在他的 *L'Urbanistica dell' antichità ad oggi*，G. Giovannoni et al.（Florence，1943）一书论述中世纪城市规划的章节里，引用了斯蒂亚和斯塔基亚小城，这两座城位于帕多瓦和维罗纳之间的托斯卡纳和蒙塔尼亚纳。还请参看 Wolfgang Braunfels，*Mittelalterliche Stadtbaukunst in der Toskana*（Berlin，1953）以及 Richter Maina，“Die ‘Terra Murata’ im Florentinischen Gebiet，” *Mitteilungen des Kunsthistoriches Institut in Florenz*，5（1937 – 1940），352 – 386。一个更为确定的文献来源，可以在维特鲁威（5. 1. 1）和阿尔伯蒂（VIII. 6）的书中同时找到，那里提到了与主广场有关并与互通的街道有一定联系的柱廊。

122 *Uno moraglio.* 参照圣马可抄本第 51r 页、第 26 行：duplici ligno narib（us）.

123 菲拉雷特惊人的现代雕刻家名单非常重要，不仅仅是因为它在瓦萨里的书中再次出现并为人熟知，更是因为对于当时那些被认为重要的艺术家，它给出了不寻常的见解。在菲拉雷特的思维中，第一位和最后一位提到的艺术家之间，似乎没有一个价值上的等级标准，但我们自己的时代可能也会接受这样一个类似的名单，而不需要作太大的修改。把石匠和青铜雕刻家并列的做法，没有显示出任何现代思维中内含的偏见倾向。不过，他还是有偏向的，即侧重托斯卡纳人。重要的佛罗伦萨人首先被列出，随后简明地列举了一些锡耶纳人，而其他被列举到的人，据我所知，都有一个共同的基础，即都受到了佛罗伦萨的影响。这一时期的伦巴第和威尼斯雕刻家被略去了一部分，但这些人却比被列出来的这几位更为杰出，这再次表明菲拉雷特对于佛罗伦萨艺术所怀有的传教士般的狂热。

中世纪和现代的交汇，体现在这个名单末尾的一个简短的词语中。中世纪工匠和助手的等级依然存在，但却是以一种严格的现代方式存在的。只有工匠被允许在他们的作品上署名；助手的作品绝对不得留名。

多纳泰罗，约 1386 – 1466 年。

卢卡·德拉·罗比亚，约 1400 – 1482 年。

阿戈斯蒂诺·丹东尼奥·迪·杜乔，1418 – 1481 年之后。不要念成卢卡·德拉·罗比亚的哥哥，瓦萨里 II. 177 ff. 就犯了这个错误，该文对菲拉雷特作品的依赖是明显的，但不准确。菲拉雷特可能于 1447 – 1454 年间在里米尼的时候，就已经知道了阿戈斯蒂诺的作品。

奥塔维亚诺，很可能就是奥塔维亚诺·丹东尼奥·迪·杜乔，约 1426 – 1478 年。一位金匠和青铜雕刻家，活跃于比萨、里米尼和切塞纳。菲拉雷特似乎在他建立家族关系的过程中起到了重要作用。

狄赛德里奥，1428（1431） – 1464 年。

迪诺·米诺·达·菲耶索莱（?），1430（1431） – 1484 年。

米开罗佐，1346 – 1472 年。（英译本这里有误，应为 1396 – 1472 年。——中文译者注）

帕尼奥（·达·拉波·波提切亚尼），活跃于 1408 – 1470 年。

贝尔纳多（·罗塞利诺），1409 – 1464 年；他的弟弟（安东尼奥），1427 – 约 1479 年。

洛伦佐·迪·巴尔托洛（·吉贝尔蒂），1378 – 1455 年。

维托里奥（·吉贝尔蒂），1416 – 1496 年。

马萨乔（·马索·迪·巴尔托洛梅奥），1406 – 约 1456 年。菲拉雷特很可能在乌尔比诺和普拉托的时候，就已经非常熟悉他的作品了。

瓦罗内，约 1420 – 约 1460 年。菲拉雷特在圣彼得的青铜大门作品上的助手之一。被 Eugene Müntz（“La Renaissance à la cour des Papes……,” *Gazette des Beaux – arts* series 2，t. 18，1878，pp. 92 – 93）认定为瓦罗内·迪·阿尼奥洛，他在尼古拉斯五世的教皇任期期间，活跃于罗马。还请参看 W. R. Valentiner，“The Florentine Master of the Tomb of Pius II,” *Art Quarterly*，21（1958），117 – 150，其中尝试着定义他的风格，还试图把一组罗马陵墓归到这位鲜为人知的雕刻家名下。

尼科洛，根据瓦萨里（II. 462）的记载，与瓦罗内一起为庇护二世在罗马创作了雕刻作品。

卢卡，很可能应被认定是卢卡·凡切利，他更为人们熟知的身份，是作为阿尔伯蒂在曼图亚的建筑作品的佛罗伦萨籍执行人。在菲拉雷特写作论文的时期，凡切利刚好完成了位于里维尔的贡扎加府邸的雕刻装饰。

来自西班牙的德罗。德罗·德利，约 1401 – 1471 年。一位佛罗伦萨雕刻家，从约 1442 年起在萨拉曼卡和巴伦西亚进行创作。

皮波·迪·赛尔·伯鲁乃列斯基，1377 – 1446 年。

乌尔巴诺·达·科尔托纳，约 1426 – 1504 年。这位著名的锡耶纳人出现在这篇论文中，很可能是基于他对多纳泰罗的借鉴，而不是他自己的能力。

雅各布·德拉·奎尔恰，1375 – 1438 年。

帕斯奎诺·达·蒙特普尔恰诺，约 1425 – 1484 年。与菲拉雷特一起创作大门，后来一起做过罗马陵墓。与马索在乌尔比诺和普拉托共事。参看 Cornelius von Fabriczy，“Pasquino di Matteo da Montepulciano,” *Rivista d'arte*，4（1907），127 – 131；以及瓦萨里 II. 462。

比萨的安东尼奥。也许是指安德里亚·瓜尔迪（Guardi，而不是 Antonio），被人称作安德里亚·达·佛罗伦萨，他从大概 1450 – 1467 年之后活跃于比萨。他的风格也许会得到菲拉雷特的赏识，因为据说其中有多纳泰罗、米开罗佐和那位加基尼的影响。参看 Matteo Marangoni，“Opere sconosciute di Andrea Guardi,” pp. 429 – 434 in *Miscellanea……I. B. Supino*，*Rivista d'Arte* 15（1933），以及 Margherita Moriondo，“Ricostruzione di due opere di Andrea Guardi,”*Belle Arti*，anno I，no. 5 – 6（1948），325 – 337.

以赛亚·达·比萨，活跃于 1447 – 1464 年。因其为葡萄牙红衣主教安东尼奥·马丁内斯·德·查韦斯在拉特兰宫创作的墓室作品而得名，该墓室最初由菲拉雷特设计。

死于威尼斯的乔凡尼。我不太清楚。很可能不是在大门上作为助手列出的那一位乔安尼斯。

多梅尼科·德尔·拉戈·迪·卢加诺。最近他被认定为与建筑师多梅尼科·德·卢卡诺为同一人，他于1463－1469年在罗马工作。参看 Eugenio Battisti，"I Comaschi a Roma nel primo rinascimento," in *Arti e artisti dei Laghi Lombardi*，Edoardo Arslan，ed.，1（Como，1959），40－41.

杰雷米亚·达·克雷莫纳。这位青铜雕刻家显然只在菲拉雷特的这段文字中有所记载，尽管把他认定为一位奖章制作者也不是没有可能。

一位斯拉夫人。可能的人选包括尼科洛·德拉卡·阿卡和弗朗切斯科·劳拉娜。不过，在意大利有太多达尔马提亚人，鉴定他们几乎是不可能的，特别是在菲拉雷特连艺术家的名字都不知道的情况下。在一段类似的段落中，瓦萨里把前面的两个雕刻家列为伯鲁乃列斯基的学生或效仿者，然后用"一个斯拉夫人"做了结尾（瓦萨里 II. 385）。

一位加泰罗尼亚人。也许是指一个德罗·德利的学生，要么是在那不勒斯制作了巨型拱门，也可能是一位在热那亚和米兰地区的加泰罗尼亚人。

多梅尼科·迪·卡波·迪斯特里亚。在1464年前的某个时候死于维科瓦罗。Cornelius von Fabriczy（*Jahrbuch der preuszischen Kunstsammlungen*，*22*，1901，244－245）认为维科瓦罗的弗朗切斯科·奥西尼死于1456年，他获得了大教堂的委任工程。他的侄子贾科莫在1464年邀请乔凡尼·达尔马塔来完成这个未完工的雕刻作品。

安东尼奥·迪·克里斯托福罗和尼科洛（尼古拉奥）·巴龙切利（死于1453年）。这两位佛罗伦萨雕刻家在1441年的竞赛中和1443年的委任中，完成了在费拉拉纪念尼科洛·代斯特的青铜骑马像。骑马像于1453年揭幕，于1796年被毁。安东尼奥据说制作了骑手－御马人尼科洛，还有其基座。参看瓦萨里 II. 386。

124 菲拉雷特关于蜜蜂的说法，来自普林尼（《自然史》，11.4－23）、塞内加（《仁慈论》，19.2），以及《美德之花》等。蜜蜂在此篇论文中反复出现，并作为一种多产的学术生涯的象征，出现在他个人的纹章和自画像的奖章上。

鹰的含义和特征，来自《美德之花》及其他中世纪动物寓言。

对月桂树的引用，来自普林尼的《自然史》，15.40－35。

鹰与猎鹰搏斗的那一部分，在《美德之花》中也有暗示，很可能与米兰和威尼斯之间从1452年开始，到1454年著名的洛代和约之后结束的那场战争有关，而与1444年以前由教皇尤金四世和弗朗切斯科的岳父菲利波·玛利亚·维斯孔蒂向弗朗切斯科·斯弗扎在马尔凯地区的领地发起的进攻无关。

猎鹰作为城市护卫的第二层意义，显然是映射米兰的主堡，其功能恰好被同时代人用同样的词语进行了描述。

对于蚂蚁的传统观点，再次与《美德之花》有关，其中把这些昆虫的含义定为节俭，并因其勤俭的习性而对它们大加赞扬。

125 此处的一个笔误问题，在圣马可抄本（fol. 53r）中因删节而得以避免。Pal. 1411（fol. 61r，lines 28－30）中含有用混淆的希腊语所记下的被省略的词语，还有一段译文"cioe buona e fertil terra."

126 菲拉雷特坚持按比例绘图，或许是一种把佛罗伦萨的设计方法置于米兰方法之上的教育手段。在整篇论文当中，菲拉雷特都在表明，他的图是按比例来画的。事实上，现存的图既不准确，也不是按比例画的，因此说明，那些图出自另一个人之手。

这一段和下一段都基于阿尔伯蒂的《论绘画》，或者在该书中首先提到的一般做法。这里的人体是3臂长高（参看该书第56页，"一般人……是……大约3臂长。"）一切尺度源于人体的概念，自然与阿尔伯蒂的上述段落，以及阿尔伯蒂的陈述（同书第55页）"人是万物的形式和尺度"有关。

对绘图（以及/或者绘画）的赞美，遍布于《论绘画》第二书的第一部分。绘画在古代的重要性也体现在费比乌斯和尼禄（第65－66页）身上，但不包括哈德良。

"国王波利克里托斯"的提法是一个常见的错误，把雅典暴君波利克拉提斯和雕刻家波利克里托斯混为了一谈。对于"今天在世的国王，一位杰出的作图大师"，厄廷根（*Tractat*，p. 707）认为是那不勒斯的费兰特。菲拉雷特很可能与安茹的勒内有更多直接接触，此人在菲拉雷特于焦维亚大门的城堡工作期间，曾经在1453年访问过那里。参看 Beltrami，*Castello*，p. 143.

127 “面相好”（Well complexioned）要按照星相学的意义来理解。菲拉雷特在这里继续用神人同形同性论来讨论建筑。建筑，就像一个人，应该在吉星高照的时候出生。

128 正如菲拉雷特自己所说的那样，他所引用的源本是维特鲁威（1.2.5）。关于林中之神的讨论，则显然是他自己的看法。

古代神庙普遍较矮的说法，受到厄廷根的质疑（*Tractat*，p.708，n.4），这一说法也许源于维特鲁威对于祭坛摆布方式的讨论（4.9）。对于基督教教堂之高度天才般的解释，现在已经是附着在哥特式教堂上的陈腔滥调，但其首次出现却可能是在这里。

129 一旦工作开始，就要坚持到最后的观点，在论文中进行了无数次的强调，而偏偏与现实——至少是在建筑这一方面——形成极为强烈的反差，在阿尔伯蒂的《论绘画》第97页中，也能找到类似的内容。

130 菲拉雷特常常因为其建筑的这种哥特式的超级装饰而遭人非议。人们一般会把阿尔伯蒂当做佛罗伦萨建筑简洁性的代表。不过，最接近菲拉雷特的装饰主题，也出现在《论建筑》当中。菲拉雷特暗示了阿尔伯蒂的观点，即要对神庙进行大量的装饰，来表达对居住在那里的神祇的崇敬。“如果我们用掌握的全部艺术来装饰和美化一个国王或任何伟人的居所，那么，我们应该怎样对待这些永世的诸神呢?”（《论建筑》，VII.3）菲拉雷特对贵重珍稀材料的强调，一次又一次地出现在阿尔伯蒂的书中：“人类被美丽材料的纯洁所打动，并因它们而生出对这些神圣的材料所象征的神灵的敬畏与崇拜”（同上书）。“我在一座神庙中，首先会追求的应当是这个，即你所看到的每一件物品，都应该让你立即停下脚步，惊叹这些工匠的天才和技艺，惊叹那些市民的执著和慷慨，他们把如此珍有和美丽的材料，用于了对这项事业的追求与奉献”（同上书）。“因此，屋顶和室内的装饰，除了用各种各样的大理石、玻璃，还有其他的永久性材料制作的马赛克以外，再也没有更合适的了。从古代的做法来看，画有各种人物的粉饰作品，可以是一种非常美观的外表面处理方式。比如，柱廊就是摆放表现伟大场面的画作最适合的地方”（VII.10）。

131 斯弗金达大教堂的平面和立面上的很多复杂之处是无法解释的，除非我们假定菲拉雷特在工程的中期改变了其性质，而没有告诉读者他这么做了。看上去第一个方案是要使用整个正方形，它已经被分割成9个正方形，而周边的正方形又再次分割，实际上形成了一个包含36个正方形的正方形。第二个方案按照立面的设计，放弃了四角的正方形。不仅仅是平面改了，而且建筑的比例也改了。第一套尺寸把中殿拱廊定为25加40臂长，算上拱顶，而第二套把这些尺寸改成了35加50臂长，因为菲拉雷特意识到原先的尺寸不适于把中殿的拱顶最高点升到100臂长的高度。第一个方案和第一套尺寸控制着角部礼拜堂的布置。由于菲拉雷特执著于统一大教堂的内外形式，这些尺寸上的明显误差就只能用这种方法来解释。看上去这个方案是经过各个部分的一系列演化形成的，而每一部分都有自己独特的价值，因此无法融合成一个统一的整体。由于上述原因，我倾向于把这座教堂留给日后进行更充分的讨论。

这座建筑的原型，可以在有限的程度上从威尼斯的圣马可教堂中找到。而更大一部分，似乎源于菲拉雷特自己的幻想。

132 菲拉雷特在这里用暗喻的方法，描述出了希腊十字教堂新的图像象征意义。十字象征着十字架上的基督。四个高耸的造型，很可能代表着四位福音书的作者，特别是由于“他们手臂下面的支撑，”即钟塔，每个都分别献给一位福音书的作者。钟塔及其中的钟作为一位福音书作者的概念，在中世纪早就已经确立起来了（参看Joesph Saure，*Symbolik des Kirchengebäudes und seiner Ausstattung in der Auffassung des Mittelalters*，Freiburg im Breisgau，1902）。菲拉雷特通过结合两个较早的概念，暗示出一种象征性的统一和集中，这与15世纪的结构性和审美性要求结合得非常融洽。

133 参看下文第八书第55r－57r，第59r－60v页；第九书第63r－64r页。

134 参照圣马可抄本第59r页、第14－16行。Itaque duos fornices / ab equalitate huius edicule majoris in columnis / altos erigemus.

135 根据这一版本的内容和圣马可抄本第60v页、第10－13行意译。

136 根据这一版本的内容和圣马可抄本第60v页、第14－18行意译。

137 根据这一版本的内容和圣马可抄本第60v页、第28－30行意译：ad median Testitudinem designandam animum intendi：quem maxime are fastigium & proportionem assequentur.

138 圣马可抄本第 61v 页、第 5 – 6 行中，只说明了 12 臂长的尺寸。

139 根据这一版本的内容和圣马可抄本后面的第 62r 页、第 33 – 35 行意译：Postquam super constitutos ac plures arcus：per ut res ipsam Postulabit. Fundamenta Turrium ad tecti equalitatem evexero.

140 菲拉雷特抄本中的附图与文字中的比例并不一致。

141 圣马可抄本第 62v 页、第 28 行：ad musicem rationem institutes.

142 关于教堂顶部的雄鸡，参看 Joseph Sauer，*Symbolik des Kirchengebäudes*，pp. 143 – 145。他引用了无数早期中世纪关于把雄鸡作为牧师象征的记载。

文中提到的一位“想重建其教堂的主教”，厄廷根（*Tractat*，p. 712，n. 15）的看法是正确的，他认为是指贝加莫的主教，这可以更进一步认定是乔凡尼·巴罗齐。他曾经是尼古拉斯五世的副执事，并于 1449 年 10 月 31 日被任命为贝加莫的主教。到 1465 年 1 月 7 日，他已经是威尼斯的大主教了。他在 1464 年末或 1465 年初被保罗二世任命为红衣主教，随后死于 1466 年（Conrad Eubel，*Hierarchia Catholica Medii Aevi sive Summorum Pontificium*，2，Regensberg，1901，15 n. 8，236，290）。

143 菲拉雷特关于柱式的起源看起来是他的独创，尽管他的推导过程可能受到了维特鲁威（4. 2）的影响，维特鲁威在文中讨论了希腊建筑的木制起源。

他在引文中把卡利马楚斯当做带凹槽的柱子的发明者，这很可能是因为他误解了维特鲁威的文字，维特鲁威说，爱奥尼柱式模仿了“妇女袍子的褶皱”（4. 1. 7）。由于这一部分紧接着就是卡利马楚斯的故事，所以混淆也是可以理解的。科林斯式柱头的发明，源自维特鲁威（4. 18. – 10）。科林斯式柱头起源的第二种说法，可能是口口相传的，菲拉雷特也是这么写的，不管怎样，我没有找到任何文献来证明它。

144 无图。

145 此处所列出的柱式比例和前文第 3r 页的比例，都与传统所接受的比例不符。其含义又进一步被菲拉雷特所混淆，他在这里堂而皇之地把爱奥尼称为“大个”或九个柱头高，而在第 3r 页又把它称作小个或 7 个柱头高。其余的柱式也都混成了一锅粥。我们只好认为，菲拉雷特在这方面的知识非常有限，或者认为他在写作这一段的时候有些心不在焉。下表对菲拉雷特、阿尔伯蒂和维特鲁威之间柱式的比例进行了一个对比。

	菲拉雷特	阿尔伯蒂（IX. 7）	维特鲁威（4. 1）
多立克	9	7	7
爱奥尼	7	8	9（但开始是 8）
科林斯	8	9	无

146 尽管菲拉雷特错误地理解了维特鲁威（3. 5. 8）的意思，并误以为框缘与柱头是同义词，但他拒绝盲目地照搬维特鲁威式术语的做法，却是相当现代的。参考《论建筑》VI. 1。

147 这些比例源自维特鲁威对于科林斯柱头的描述（4. 1. 12）。

148 菲拉雷特把涡卷和凸圆脚比作法冠的比喻很不寻常，这是一种在柱式和人体造型之间对比的逻辑延伸。在圣马可抄本中，整个这一段被一个过于谨慎的翻译省略掉了。类似的概念还可以在弗朗切斯科·迪·乔其奥的建筑论文插图，以及被认定是出自他的作坊的图纸中找到。参看英文版图版 19。

149 柱式的比例似乎更多是基于个人经验和普通的作坊做法，而不是遵照古代的任何法则。与阿尔伯蒂和维特鲁威的对比发现，某些地方的联系可能更像是偶然，而不是真正的演化。柱础：维特鲁威（4. 7. 3）只提到了塔司干柱式，为柱身直径的二分之一；阿尔伯蒂（《论建筑》，VII. 7），所有柱式都是直径的二分之一。菲拉雷特似乎在这个地方有意要与他们不一致。上部收分：维特鲁威（3. 312）1/6 – 1/8；阿尔伯蒂（同上书，VII. 7）1/8 – 1/9。下部收分：维特鲁威（4. 7）1/4；阿尔伯蒂（同上书，VII. 7）1/8。卷杀：维特鲁威避而不谈；阿尔伯蒂（《论建筑》，VI. 8）大约在柱身的中间。与树木的类比：维特鲁威（5. 1. 3）。

150 这些巨柱可以被认为是图拉真之柱和马库斯·奥里利厄斯之柱。

151 用 ellera（edera）代替 arbori。

152 不仅仅是支撑维罗妮卡圣龛的柱子，还有用于圣彼得大教堂中庭中的“Pignia”上的那些，可能还有在圣彼得大教堂和在拉特兰宫中的所罗门神庙里的柱子（Fra Mariano da Firenze，*Itinerarium Urbis Romae*，Rome，1931，pp. 82 and 154），都是这种类型的。

153 菲拉雷特的意思是，其实立面上只有十二根柱子。这就在柱廊的两端共留下了2臂长，此处被一个墩子占去。在第58r页，他把柱子的直径改成了2½臂长，这就需要一个162臂长的立面，两角没有留下任何空间，而不是他在这里所偏爱的160臂长。柱廊在立面上的深度被定为16臂长。

这个平面相对来说是准确的。朝向建筑立面的一对庭院很可能是40臂长见方，即便其尺寸没有在文中给出。这就在两个庭院之间留出了一个宽14臂长、长56臂长的地方，菲拉雷特想在这里放上四个14臂长见方的房间。8臂长见方的房间，将建造在每个庭院的外部柱廊和整体建筑的外部柱廊之间的地方。

154 菲拉雷特对于拱券和方头大门起源的解释，是他的“建筑的理性化起源”的一部分。维特鲁威的书中没有类似的段落，而阿尔伯蒂（《论建筑》，III，13）与他对于拱券起源的猜想截然不同。在这些创造建筑历史的尝试中，菲拉雷特反复使用了“这很可能是”和“这似乎是合理的”这样的词汇，这似乎是在暗示，他没有吸收任何历史或口头上的传统，而是在尝试着用推想的方式，来解释他的艺术的起源。这种对于过去的重视，体现着15世纪不断发展的历史主义的典型特征。参考《论绘画》，其中引证了绘画可能的起源。

155 即鲁切拉府邸。这一段的主旨取决于“nuovamente”的含义。这个词既可以指“最近”，也可以指“重新”。虽然有可能会被未来的研究证伪的危险，但我还是倾向于后一种的译法。院子看起来特别不像阿尔伯蒂的做法。它不仅打破了他把拱券置于柱子上、檐枋置于柱式上这样不可动摇的规定，而且像赛维评论鲁切拉凉廊时所说的那样，“过于传统而被埋没了”。另一方面，府邸的立面看上去几乎就是表面上包的一层皮。目前尚不清楚，外部的壁柱和束带层是一种对于揭示内部结构和房间布局的尝试，还是说它们只是一种对表面的抽象化和实用的组织。对表皮的引用，暗示出阿尔伯蒂在里米尼的圣弗朗切斯科和在佛罗伦萨的新圣玛利亚教堂的作品，他在那里负责为现存的建筑创造一种新的表面。鲁切拉府邸可能代表着一种类似的私人住宅项目，而且似乎可以与该建筑的视觉印象相符。在这样的情况下，菲拉雷特的描述，对于确定阿尔伯蒂方案的尝试来说，就不再有任何价值了，尽管传统的日期很可能足够准确了，不需要对其进行否定。

156 这很可能是指在波河上曼图亚附近的雷韦雷府邸，卢卡·凡切利从1455年开始在那里工作。

洛多维科·贡扎加对于古代艺术的接受，很可能同时是指雷韦雷府邸和圣塞巴斯蒂亚诺教堂，阿尔伯蒂已经在这篇论文写作的时候，就已经设计好并以模型的形式呈现出来了。此处对贡扎加的引用，进一步印证了他就是第174（99v）页及其后中提到的那位“来访的贵族”。

157 阿尔伯蒂（《论建筑》，VII. 12，厄廷根在 *Tractat*，p. 714，n. 20 中也作了引用）对于大门只给出了1∶2的比例，不过他把这与立面的总体高度结合在了一起。在《论建筑》（I. 12）中，他的比例与菲拉雷特的极值是相同的，从极大值的两个圆（即两个正方形）到极小值的正方形对角线，即1∶$\sqrt{2}$。这些比例也可以用算术形式来表达，即1∶2、2∶3、1∶1.414。维特鲁威（4.6）给出的多立克大门比例是11∶24，而爱奥尼是2∶3。阿尔伯蒂和菲拉雷特两人都没有很好地与维特鲁威的这些段落保持一致。

158 除了从这种肉铺和鱼店的布局中得到的明显的卫生方面的优点以外，菲拉雷特还可能把佛罗伦萨的古桥当做了他的一个原型。直到科西莫一世于1565年左右在桥上的店铺中设了金匠作坊之前，它都被城市里的屠户所占据。

159 菲拉雷特所引用的当时正在建造的城市，很可能是指尼古拉斯五世于1450年起为莱奥尼诺镇所做的方案，或者是庇护二世从1459年起为皮恩扎所做的方案，而两者都没能完全实施。

160 这个典故不是像厄廷根在 *Tractat*，p. 714 n. 23 中所说的那样，引自普林尼的《自然史》（36. 14）。对普林尼书中内容的混淆，很可能导致了他提到一个沼泽，但是这种描述并不在菲拉雷特最喜欢的文献中，即普林尼和狄奥多的作品中（*Bib. Hist.* 1. 63－64）。

161 遗迹，*conquassamenti*，源自 *conquassare*，猛烈地震动。

162 *Berrettino*，是一种类似淡棕的颜色。例如，米兰的乌米利亚蒂就着米色，并被称为 *Berrettini della Penitenza*（P. Mezzanotte and G. Bascapè，*Milano nell'arte e nella storia*，Milan，1948，p. 817）。

163 资质，*magistero* 一词最宽泛的含义。

164 要么是菲拉雷特在总结已经写好的各书时记错了，要么是在对前面各书进行了重新编排之后，这一段落忘记了修改。由于只有第七和第八书的内容与这段总结完全吻合，所以，第五书之前进行过一次大的调整也不是没有可能。第六书实际上讨论的是城堡的布局而不是城市；第五书只有塔楼和大门；第四书包括建造城墙，这可以引申到建造城市上面，但在这版抄本中，这是加在第三书上的题目。第二书中出现的城市平面，在这段总结中被略去了。

165 文中承诺要画的大烛台、花瓶、墓室和其他装饰，没有出现在现存的抄本中。

166 菲拉雷特拒绝使用拉丁术语，似乎表明他的柱上楣构源自一座罗马建筑，而不是他常用的文学资料，只是这座建筑还没有被准确地考证出来。关于类似但更为详细的讨论，参看维特鲁威（3.5 和 4.2 – 3）和阿尔伯蒂的《论建筑》（VII. 9）。由于这个术语体系翻译了意义也不明确，我就把原文保留下来了。（但中文译者为了方便读者阅读和理解，把这些术语都翻译了出来，有兴趣对照意大利原文拼写进行研究的读者，请参见文末的《中外名词对照》。——中文译者注）

167 图 D 非常类似于支撑鲁切拉府邸大门过梁的支架。

168 第 65r 页图和英文版图版 2 是由第 63v 页图 D 和第 64r 页图 A 组成的。这种柱式源自圣安杰洛堡的一根转角处的壁柱，它在菲拉雷特的那个时代已为人所知（H. Egger，*Codex Escurialensis*，Vienna，1905，p. 25）。在这个研究的早期阶段，我非常懊恼地发现，这一发现已经被克里斯蒂安·许尔森指出来了，见 *La Roma Antica di Ciriaco d'Ancona*（Rome，1907），p. 34.

169 没有任何关于内部的图留存下来。

170 参考阿尔伯蒂的《论建筑》（VII. 10）中类似的马赛克装饰风格。

171 这两位威尼斯锦砖艺术家，在下面被认定为安杰洛·达·穆拉诺（第 67v 页）及其子马里诺·丹杰洛·达·穆拉诺（第 83r 页）。佛罗伦萨人很可能是乌切罗和卡斯塔尼奥。乌切罗于 1425 – 1434 年间，在威尼斯停留了一段时间，并于此时在圣马可教堂的立面上完成了一件锦砖作品，该作品后来遗失。卡斯塔尼奥于 1434 – 1444 年间，也在威尼斯停留了一段时间，并于此时为圣马可的锦砖创作了一些草图。参看 F. Hartt，"The Earliest Works of Andrea del Castagno，II"，*Art Bulletin*，41（1959），225 ff.，其中有确凿的证据表明，马斯科利礼拜堂是卡斯塔尼奥所做。

172 格里马尔迪（被 E. Muntz 所引用，"Les Arts à la cour des papes" etc.，*Bibliothèque des ècoles françaises d'Athènes et de Rome*，fascicule 4，1878，p. 10）列出了圣彼得大教堂中庭里用锦砖制作的宗教题材，但没有提到笼子里的鸟。

173 在圣安东尼奥后面的圣安德里亚，被克里斯蒂安·许尔森（*Le Chiese di Roma nel Medio Evo*，Florence，1927）认定为老"S. Andrea Cata Barbara ovvero Iuxta Praesepe."它被乔凡尼·鲁切拉在 1450 年用如下文字描述为："una chiesetta nel cortile di Sancto Antonio，meza scoperta，che se n'è facto pollaio，fasciate le mura di belle tavole di marmi con belle tarsie et fogliami di marmi et musaichi et alter gentilezze"（*Giovanni Rucellai ed il suo zibaldone*，*1*，London，1960，73 及其注释）。它的图上有一些胡乱的涂改，现存于朱利亚诺·达·桑迦洛图书馆［Libro di Giuliano da San Gallo（Codex Barberini 4424，fol. 31v）］。还请参看纳什的《古罗马图典》，上卷，第 190 页（Nash，*Dictionary*，*1*）。

174 尽管厄廷根（*Tractat*，p. 714，n. 5）非常自信地把米兰的圣洛伦佐礼拜堂认定为圣阿基利诺的礼拜堂，但目前却并没有关于圣洛伦佐地板上有锦砖装饰的明确信息。

菲拉雷特对于圣洛伦佐的赞美，就其作为赫尔克里斯的神庙而言是可以理解的，它在古代的重要性与万神庙不相上下。他的建筑对于这座建筑的借鉴，在我的文章中有所讨论，参看 *Journal of the Society of Architectural Historians*，*17*（1958），16.

175 斯弗金达大教堂的高祭坛及其本身的原型，似乎可以在威尼斯的圣马可大教堂中找到，它还可能受到了托斯卡纳和伦巴第装饰作品的影响。黄金祭坛的正面嵌有宝石，这明显是指圣马可的黄金祭坛而不是米兰的圣安布罗焦。银质和珐琅工艺还可能有佛罗伦萨洗礼堂的圣乔凡尼祭坛的影响。

为这个祭坛及其圣龛找到一个准确的原型会非常困难，因为所有现存的抄本，都没有此处文中提到的图。

176 在 15 世纪早期，法兰西和日耳曼金匠对于佛罗伦萨艺术的影响，请看 Richard Krautheimer，*Lorenzo Ghiberti*（Princeton，1956），第 60 – 67 页。

马津果。安东尼奥·迪·托马索·马津果或马津吉。瓦萨里在他的波拉约洛传记中说，这位金匠于 1403 年与吉贝尔蒂共同创作过。

马索·德尔·菲尼圭拉（1426 – 1464 年）。这位杰出的乌银镶嵌家兼镌刻家非常有名，不需要考证。

“搬运工”朱利亚诺有各种各样的考证结果，其中有认定为 Giuliano di Giovanni da Poggibonsi 的，他曾于 1407 - 1415 年间，在吉贝尔蒂的工作室中当学徒。Schmarsow［“Juliano Florentino，ein Mitarbeiter Ghiberti's in Valencia,” *Sächsische Akademie der Wissenschaften*，Abhandlungen der Philosophisch - Historischen Klasse，XXIX，3（1911）］这一研究试图把他认定为瓦伦西亚浮雕的作者。关于这个问题的总结，请参看 Krautheimer，ibid.，p. 118，n. 10。我认为这个人可能是朱利亚诺·德尔·法基诺，1457 - 1458 年间佛罗伦萨铸币厂的 *sententiator*。还请参看瓦萨里 II. 256。

安东尼奥·波拉约洛（1429/1435 - 1498 年）。他的名字被涂改得很厉害，而且不论是在正文中还是页边上几乎都无法识别。这个名字在帕本第 90r 页上是清楚的，但在圣马可抄本第 73v 页上被漏掉了。

锡耶纳的乔凡尼·图里尼（约 1385 - 1455 年）。因其在锡耶纳洗礼堂的圣水盆上的作品，和与吉贝尔蒂的朋友关系而出名。

尼科洛·德拉·瓜尔迪亚（格雷莱）。主要因其教堂家具的作品而为人所知，特别是他的十字架。死于 1462 年前。参看 Vincenzo Bindi，*Artisti Abruzzesi*（Naples，1883），p. 193 中对他死亡年代引证的资料。

保罗·达·罗马。很可能不应该被认为是那位在 1417 年为他的最后一座墓室署名的雕刻家。可能是保罗·迪·马里亚诺·塔科内，他从 1451 年起就活跃于罗马，或许卒于 1477 年。E·明茨（“La Renaissance à la cour des papes,” *Gazette des beaux - arts*，18，1878，93 及注释）提出了一位名叫保罗·迪·焦达诺的人。

彼得罗·保罗·达·托迪。瑟默 - 贝克认为是保罗·塔科内的一位学生。明茨（同上书第 96 页及注释）提出了一位名叫彼得罗·保罗·迪安东尼奥·塔齐的人，他于 15 世纪下半叶在佛罗伦萨进行创作。明茨提出的彼得罗·保罗·迪·乌尔比可能性似乎更大一些，因为他在记载中同安东尼奥·迪·瓜迪亚戈里一起制作奖章，并且从 1468 年起成为了教皇的教师。

来自福利尼奥的一个人——明茨（同上书第 93 页注释）认为不是一个叫洛多维科的人，就是一个叫埃米利亚诺·道西尼的人。在这样晚的时期似乎无法考证这位无名的金匠。

177　不要指责菲拉雷特把自己和多纳泰罗以及吉贝尔蒂相提并论是傲慢的表现，因为这三位艺术家参与了 15 世纪主要的大门工程。圣器室大门一定是指多纳泰罗在圣洛伦佐的旧圣器室里的作品，而不是指大教堂的圣器室大门。虽然多纳泰罗在 1436 年接受了后者的委托项目，但米开罗佐、卢卡·德拉·罗比亚和马索·迪·巴尔托洛梅奥在 1445 年负责完成了大教堂的圣器室大门。工程直到 1451 年还没有开始，并且在 1469 - 1474 年间还没有完成，此时菲拉雷特的论文已经写完很久了。菲拉雷特对于多纳泰罗的大门进行了尖锐的批判，见下文第 306（179v）页。

178　圣水洗礼盆的图在所有的抄本中都没有。

179　事实上，第二善本抄本中的一些建筑图中的柱头和柱础被染了黄色。特别是第 65r 图和英文版图版 2。

180　墙体中清洁建筑并流入下水道中的雨水槽，属于菲拉雷特理论建筑的整体部分之一，并在马焦雷医院中实际出现了。参看下文第 139（80v）页及其后，外加注释。尽管菲拉雷特对于卫生的考虑，使他大大超越了他的时代，但这种从墙体中把雨水导出的概念，可能源自维特鲁威对于柱廊的讨论（5. 9. 7）。阿尔伯蒂《论建筑》中的一句话，也提到了类似的内容（I. 13）。同样的方案经过一些调整后，出现在了马焦雷医院的员工宿舍中。

181　这很可能是现代对罗马粉饰作品最早的引述之一。遗憾的是，菲拉雷特没有教给他年轻的贵族制作“这种糨糊”的方法。今天在大角斗场里已没有这种类型的浅浮雕存在。

182　安杰洛（巴罗维埃里）·达·穆拉诺是一个重要的威尼斯玻璃制造商家族的头领，他们以其水晶著称。他首先在 1424 年的资料中被提到。在 1453 年以前他在君士坦丁堡。之后的某个时间他到了罗马，并依附于教皇的宫廷。他在那不勒斯和佛罗伦萨为美第奇家族进行创作，在米兰为斯弗扎家族工作。他很可能死于 1461 年 2 月。参看：Cesare Augusto Levi，*L'Arte del vetro in Murano nel Rinascimento e i Berroviero*（Venice，1895），p. 18。朱利奥·洛伦泽蒂在 *Enciclopedia Italiana*，s. v. Barovieri 中，有一个关于该家族更为完整的讨论，其中把安杰洛的死亡时间说成是威尼斯纪年 1460 年 2 月 18 - 24 日，即现代纪元的 1461 年。该家族的商业活动依然在延续。

菲拉雷特这种看似漫无目的的吹嘘，其实是有事实依据的。马拉古奇的一份总结资料（“Documenti per la storia delle arti minori in Lombardia,” 见于 *Rassegna bibliografica dell'arte italiana*，1900，pp. 217 - 218），使人们重新发现了下面这份复制的信件。（巧合的是，安杰洛·达·穆拉诺到达威尼斯的时间，在记载中是 1455 年 12 月 28 日。）

Archivio di Stato di Milano. Missive ducali, n. 21, c. 189:

Magnifico domino Alexandro Sfortie

Mastro Antonio da fiorenza sera convenuto con nuy de fabricare larte del vetro christallino et ha recevuto da nuy ducati cento et per introdure meglio la dicta arte havea conducto seco uno Antonio del bello venetiano et datoli xx ducati [i] nanzi tracto et luy se obligato de venirlo ad servire con modo intenderai per uno scipto de sua stessa mano quale ti mostera el portatore della presente Messo del dicto Magistro Antonio. Esso Antonio del bello per quello intendiamo non se cura de venirlo ad service et deve essere capitato li se perche non venendo seria la disfactione del dicto Magistro Antonio perche lha facto la spesa et non poteva lavorare: ti confortiamo cascuno et strengemo. Vedo de indurlo con voy moda ad venirgli, et quando recusasse lo fazi strengere ad dare securta de venire et attendere le promesse al dicto Magistro Antonio como e justo et ragonevole perche cosi facendo ne farete cosa grata. Data Laude X decembris mccccLv, Fr [Francesco Sforza].

183 弗拉特·菲利波。弗拉·菲利波·利比（约 1406－1469 年）。

来自博尔戈的皮耶罗。很可能就是 Borgo San Sepolcro 的皮耶罗·德拉·弗兰切斯卡（1410/1420－1492 年）。这可能与米兰所记载的彼得罗·达·布尔戈有任何联系么？参看 Malaguzzi－Valeri, *Pittori lombardi del'400*（Milan, 1902）, pp. 89 and 217。

帕多瓦的安德里亚，人称斯夸尔乔内。安德里亚·曼特尼亚，1431－1506 年。

费拉拉的古斯曼。科西莫·图拉，约 1430－1495 年。

温琴蒂奥·布雷夏诺。佛帕，约 1427－1515 年。参看下文第 191v 页中菲拉雷特与他在美第奇银行的关系。

狄赛德里奥·达·塞蒂尼奥诺。1428/1431－1464 年。

克里斯托法诺。很可能是克里斯托法诺·达·杰雷米亚·达·克雷莫纳，1476 年死于罗马。

杰雷米亚·达·克雷莫纳。根据瑟默－贝克的意见，仅见于此处对他的记载。（在上文第 44v 页也提到过。）

184 此处的文字很难判断究竟是公爵和公爵夫人两个宫殿之间的哪个部分已经做了彩画。这段近乎意译的文字，是根据文章的思路进行的。圣马可抄本略去了这一晦涩的段落。

185 这些绘画的来源主要是奥维德，尽管这些人物和事件很可能在 15 世纪和在今天一样是家喻户晓的。例如，海罗和利安得的故事在奥维德的《女杰传》（*Heroid.*, 18, 19）和但丁的《炼狱》（*Purgatorio*, XVIII）中都可以找到。恺撒的故事最终源自 Suetonius；端庄的女性源自薄伽丘的《西方名女》。

菲拉雷特实际上似乎是要表达与阿尔伯蒂（《论建筑》, VII. 10）同样的审美追求，正是这一审美追求，导致阿尔伯蒂在一座房子的柱廊下，积极地描绘英雄的事迹。

罗马著名的大厅无法被准确定位，但肯定要与在 14、15 世纪意大利发现的著名男女或人类各时代题材的大量系列壁画有关。也许最接近的联系，就存在于下面对于人类各时代的描述和莱昂纳多·贝索佐在米兰克雷斯皮收藏中的《插图编年史》二者之间。还请参看 Theodor E. Mommsen, "Petrarch and the Decoration of the Sala Virorum Illustrium in Padua," *Art Bulletin*, 34 (1952), 95－116.

186 已知的当代记载中没有提到过一本青铜书。在第十四书中（见下文第 101r 页及其后）提到发现的"黄金书"包含一系列镌版，这不得不让人把它们当做是菲拉雷特镌刻的一组有象征性或寓意的图像。尽管这完全是一种臆测，但之前有一位金匠－青铜制作家曾经对铜镌刻感兴趣也不是没有可能的。

这里没有善恶图，但"善"经过一些修改后出现在了下文中。

187 我们不得不同意菲拉雷特的观点，在他撰写论文的时候，佛罗伦萨优秀的画家非常少。就像他所说的，大部分老一代画家都过世了——除了菲利波·利比和皮耶罗·德拉·弗兰切斯卡，他们在上文第 67r 页中提到过。值得注意的是，年轻一代还没有证实自己的实力。菲利波·利比当时只有五六岁；波提切利大概十七八岁，而且还没有画出任何值得注意的作品；安东尼奥·波拉约洛最早的引人注目的画作《赫尔克里斯传》很可能就作于此时。

马萨乔 1401－1428 年。

马索利诺 1383－1447 年（?）。

弗拉·乔凡尼。弗拉·安杰利科，约 1400－1455 年。

多梅尼科·韦内齐亚诺卒于 1461 年 5 月 15 日。显然这一段写于他逝世以后。

弗朗切斯科·佩塞罗。佩塞利诺，约 1422－1459 年。

贝尔托。也许可以认为是 Berto Linaiuolo。瓦萨里 II. 651 – 652 及注 4 中说他于 1424 年被录取。

安德里亚·卡斯塔尼奥，1423 – 1457 年。之所以被称为绞刑犯之安德里亚是因为他的画作描绘了 1440 年之后在市长厅上被绞死的美第奇的敌人。

布鲁日的约翰大师。扬·范·艾克，约 1390 – 1441 年。

罗杰大师。罗杰·范·德尔·魏登，1399/1400 – 1464 年。菲拉雷特可能是通过他在 1450 年之后旅行意大利时留下的画作了解他的，或者是通过一位米兰画家扎内托·布加托了解的，他于 1460 年被比安卡·玛利亚·斯弗扎派去向罗杰求学。布加托在 1463 年 5 月出现在米兰的情况，被记录在一封当天的书信中，公爵夫人在信里对罗杰表示了感谢。

让·富凯。对于富凯的死期，我们一点也不比菲拉雷特更确定。他最后一次出现在记载中是 1477 年。他的妻子在 1481 年就被列为寡妇。此处引用的是一幅富凯在罗马停留期间（1443 – 1447 年）创作的画，这一期间与菲拉雷特在该城的出现刚好吻合。我的同事沃尔夫冈·施特肖向我指出了一处类似的对富凯画作的引用，见 *Francesci Florii*, *fiorentini*, *ad Jacobum Tarlatum Castellionensem*, *de probatione Turonica*，被 A. Salmon 发表于 "Description de la Ville de Tours sous le regne de Louis XI, par F. Florio," *Mémoires de la société archéologique de Touraine*, 7（1855），82 ff.

188 现存的壁炉中，没有卢卡·德拉·罗比亚所做的与此段描述相符的作品，尽管这样的异教和基督教火神，经常出现在现存的 15 世纪晚期佛罗伦萨和米兰的壁炉上。

厄廷根（*Tractat*, p. 716, n. 17）把斯特劳（帕利亚）认定为帕拉斯和普罗米修斯的故事。更可能的情况是，菲拉雷特错误地理解了薄伽丘的《论伟人之命运》（II），书中认为是皮罗底斯用一块燧石发现了火，而第二位发现火的人是帕拉斯（编织）。薄伽丘最终的资料来源菲拉雷特也知道，就是普林尼的《自然史》（7. 56 – 60），其中认为西里克斯之子皮罗底斯发现了如何用碎石击打出火星。在同一段落中没有提到帕拉斯，尽管普罗米修斯在那里是发明在茴香杆中保存火种的人。

189 这些薪架被维特鲁威（1. 6. 2）称作"青铜埃俄罗斯"。不过，这个文献资料应该不是菲拉雷特惟一的来源。一份维特鲁威的抄本可能曾经被弗拉·焦孔多编辑过，上面可能还有他在页边对着维特鲁威的文字所作的注释，文中写道 *vidi hoc Venetiis saepe fieri*。（参看弗兰克·格兰杰在洛布经典系列中对维特鲁威的译文 1，xxvi。）库拉若（*Gazette archéologique*, 12, 286 ff.）相信自己已经在威尼斯的科雷尔博物馆里找到了菲拉雷特的这些薪架之一。我们因此可以假定，在菲拉雷特到威尼斯之旅前后，这样的薪架就已经被普遍使用了。他可能是从维特鲁威的书中或实际观察中得出了他的文字。不过，库拉若认为菲拉雷特实际上制造过一些这样的"机械"，这一论点还没有被驳倒。

190 普林尼，《自然史》（34. 7）。只不过那里提到的是万神庙。

191 轮廓图，边界图（*circumscriptione*）。阿尔伯蒂的《论绘画》第 68 页把边界图定义为"以一条线主导一个轮廓"。

商人广场与斯弗金达主广场的准确关系，从来没有被明确的表示出来。在早先的方案中，目前的形式应该要逆时针旋转 90°，长轴变成东西向，而市长厅最靠近主广场。不过，目前的朝向更有利于保证政府主要的功能区靠近贵族府邸，同时使广场上更为喧闹和恶臭的功能区更加远离公爵的住所。

商人广场的组织方式是典型的伦巴第式。只举一个例子来说明，即市政厅使人联想起贝加莫的一个类似布局。市长厅及其监狱、海关署、铸币厂，以及大大小小行会大厅的选址布局，一方面继承了传统，一方面纯粹是为了满足城市的功能需要。不过，总体上有一种与维特鲁威的沿革关系，维特鲁威就建议把国库、监狱和元老院与广场毗邻而建（5. 2. 1）。

第二善本抄本图中所缺的考证，在 1411 年帕本中得到了澄清。参看英文版图版 4 和图版 6。

192 此处描述的监狱，看起来只是后来第二十书中第 164v – 166v 页详细描述的大型国家监狱的最初草图。这座监狱带有刑讯室和有意做得不舒适的牢房区，尽管这似乎与 15 世纪刑狱学的概念相符，但应该注意的是，斯弗金达城里是没有死刑的。这些囚犯仅仅是应被处以死刑；他们在无期徒刑期间所受的待遇，在第二十书中有完整的描述。

193 监工，实际上就是监督这些工作执行的人。现代没有准确的对应名称。事实上，意大利语的文本内容倒是提供了一个相对满意的定义。监工的职责要求他监督施工的过程，尤其是要保证建筑的坚固，并与建筑师的方案一致。他就是建筑师在工地上的代表，但却与他没有特别的联系。从某种意义上讲，监工可以被认为是建筑师的技术顾问，因为他把线条图翻译成了一个木制模型，然后又变成了施工的材料。很显然，建筑师不能完全自由地选择他的监工，一定的控制权还被赞助人或委托机构保留着，因为一般来说，是他们而不是建筑师负责监工的工资。而有些监工还同时是包工头，并分包给他们自己的工作室，这样监工准确的职责又变得更加混乱了。马焦雷医院尤其是这样，菲拉雷特不仅仅是官方的建筑师，而且还兼作承包人（*ingigniero*），把一些建筑材料的合同分包，并承诺提供其中的一些柱子、窗户、部分装饰线脚和所有的赤陶檐壁。总的说来，监工的地位在工匠和建筑师之间。而监工的地位远不是奴役性的，因为 15 世纪的建筑师为他的角色附加了一定的重要性。很多监工，尤其是伯鲁乃列斯基身边的那些，后来都独立出来自己从业了。在这项工作中从业的人员之多，从阿尔伯蒂所雇用的人中就可以看出：在罗马的贝尔纳多·罗塞利诺，在里米尼的马泰奥·德·帕斯蒂，还有在曼图亚和佛罗伦萨的卢卡·凡切利。这些人当中，似乎只有凡切利在与阿尔伯蒂接触之后，一心扑在了建筑上。

194 参考圣马可抄本第 82r 页、第 17 – 19 行："& a quoque latere Sacellum habebit: ubi Sacri quottidie celebrentur: & mercatoribus ceteris que hominibus plane deserviet."

195 此处出现的四美德和'伪'与'真'的动作，都明确地指向与圣米迦勒修道院里的"好法官布鲁托"壁画中类似的表现手法，尽管这里没有'伪'与'真'的准确细节。我还没有找到菲拉雷特确切的资料来源，虽然这显然是他在旅行途中见过的某些东西。下文的老人再次指向了经常与布鲁托法官一起出现的"平民社员"。关于更完整的讨论，参看 Salmone Malpurgo, "'Bruto, il buon giudice' nell' udienza dell' arte della lana in Firenze," in *Miscellanea……I. B. Supino*, *Rivista d'Arte*, 1933, pp. 141 – 163。

尽管乌切罗和他的工作室被认为是这个壁画的作者，现存的壁画已经没有了，而且也没有别的地方提到过它。公正和偏私的描绘是更为典型的佛兰德式，并出现在现存的迪尔克·鲍茨和赫拉德·戴维的画作中，以及扬·范·艾克和罗杰·范·德尔·魏登佚失的画作当中。

196 菲拉雷特属于文艺复兴时期最先意识到墨丘利的表现手法中具有双重传统的艺术家。就像让·塞兹内克所指出的（*The Survival of the Pagan Gods*, New York, 1953, pp. 166 ff.），赫耳墨斯 – 阿努比斯的对应关系是通过 1023 年所做的赫拉班·毛鲁斯抄本的卡西诺山复本而为人所知的，只是没有衍本。这种希腊 – 罗马造型，可能源自西里亚科·丹科纳所画的图。

197 卢肯，《内战记》（3. 153 – 168）。很可能是通过拉波·迪·卡斯蒂廖奇奥或波焦的译文而得。

198 刻瑞斯在这里被做成了男性。

199 可以和固定在位于卢卡的圣克里斯托福罗上的布的度量单位相比较。

200 可能这里和上文第 74r 页提到的科皮亚女神，都与多纳泰罗树立在佛罗伦萨老市场中的富足神像存在某种关系。由于多纳泰罗的作品已经遗失，就不可能确定它们之间的关系到底如何。不过类似的画像可以参看巴尔的摩的沃尔特斯艺术馆中，那四块有时被认定为劳拉娜所做（也被认定为弗朗切斯科·迪·乔其奥和皮耶罗·德拉·弗兰切斯卡工作室所做）的建筑镶板。

201 这些文字没有明确地表达出菲拉雷特的意思。他希望保持自己 1∶1、1∶2 和 1∶3 的比例。为了做到这一点，他用复合礅柱，把礼拜堂 16 臂长的内部尺寸，缩小为 12 臂长的空间。这就在侧廊中给了他一个 12 臂长见方的"小间"。延续到中殿拱廊的同一礅柱系统，重复了侧廊的比例。礅柱的实际尺寸，将被附于其上的承拱壁柱所扩大。

文中提到的五道拱券，一定要理解为五个礅柱和四道拱券，否则的话，菲拉雷特将无法把平面中出现的十字拱，用于中殿之上，而且他会发现，有必要调整礼拜堂的尺寸，来保持礼拜堂和中殿体系的一致性。

202 菲拉雷特此段与圣奥古斯丁修会教堂前面柱廊有关的文字，其含义并不完全明晰。似乎有一处错漏，但是我能够对照的所有抄本，都没有与此不同的文本。教堂的简略平面，体现出了早期基督教的中庭，但却恰好是菲拉雷特选择来进行批判的圣彼得和圣保罗一类建筑的典型代表，只是他没有提到米兰圣安布罗焦的中庭。当然，圣安布罗焦不在他的主要视野之内，而他对罗马教堂的批评，可能源于他自己的一种纯粹主义，这使得他非常憎恶对他所认为的最典型的罗马形式进行任何形式的画蛇添足。

203 菲拉雷特没有为卡迈尔派白衣修士、塞莱斯廷会和本笃会的教堂画插图（他也没打算画）。

204 拉丁译文在一定程度上澄清了这一段的内容。圣马可抄本第87r页、第31－32行：“Ab utroque latere ediculas ex Parietem extremum recedentes.”这个概念也许受到过佛罗伦萨的圣灵教堂的影响。

205 尽管没有足够的信息可以进行准确的复原，菲拉雷特显然希望把这座教区教堂做成一个内接于正方形中的拉丁十字。教堂的形式本身并没有什么特别之处，并且与论文中在它前面的修道院教堂有联系。不过，菲拉雷特也许是第一个接受了阿尔伯蒂那无人理会之建议（《论建筑》，VII.5）的人，即将神庙抬高，并用一道柱廊把它包围起来。

206 集中式平面的本笃会修道院教堂，是这篇论文中七座希腊十字教堂系列之一。集中式平面的教堂在15世纪是相当罕见的，而一座集中式修道院教堂就更是凤毛麟角了。事实上，它是论文中唯一的一座集中式修道院建筑。各要素的分布建立在一种简单的几何形式上，把一个正方形分为36个小正方形。论文的附图，表明了平面中的主要元素和建筑，与修道院的其余部分之间的关系。带有柱廊的中庭与早期基督教的实例有密切的关系，而包围教堂的柱廊和教区教堂一样，与阿尔伯蒂的建筑论文有某种联系。此处的文字清楚地表明，我们不应该把这个平面视为一个三凸形教堂。它只有一个后堂，而主要的体积都被筒拱覆盖。文本中的信息足够完整，可以把15世纪的图样翻译成现代语言（英文版图版18）。从表面上看，它与近东的著名类型相似。尽管不可能完全排除掉通过西里亚科·丹科纳产生的影响——菲拉雷特可能已经于15世纪40年代在罗马知道了他——但更为可能的情况是，最终的构图取决于正方形的选择，和把它分成三份的方法。教堂本身是100臂长见方。墙壁的作用显然是把尺寸缩成整数。它们还有助于在沿中殿排布的礼拜堂之间，礼拜堂和穹隆下的墩子之间，以及礼拜堂和钟塔下的秘密圣器室之间，建立相关联系。菲拉雷特在这里遇到了后来建筑师在处理集中式平面教堂时同样的问题：祭坛的定位。他和后人采用了完全相同的方法来回避这个问题：把一个祭坛放在穹隆下面以满足审美要求，再放一个在后堂里满足圣餐礼的传统要求。尽管后堂破坏了教堂的完美对称，菲拉雷特通过把侧翼空间转化为带有与礼拜堂类似空间的圣器室这样的方法，避免了这一难题。这样，他的平面就基本上要依赖于一个简单的几何形式，这种形式经过调整后，可以满足圣餐礼和结构的迫切需求。

尽管这篇论文没有包含本笃会教堂的立面，也许根本没打算有，但从文字提供的尺寸复原一个是有可能的。论文中的教堂一般是高宽相等的。十字的各臂相当清楚地被描述为宽36臂长，长30臂长。由于侧边礼拜堂的尺寸与中殿的那些有明显的联系，很可能菲拉雷特打算在所有地方都使用2：3的比例。这些比例出现在礼拜堂中，并很可能延续到礼拜堂的开口上和中殿里。那么中殿就会是高54臂长，带一个高24臂长的鼓座，上面盖着一个半球形的穹隆，再高出18臂长，加上拱顶的厚度，总共高达100臂长。横跨一个立面的剖面图（英文版图版18）显示出严格按照菲拉雷特的尺寸绘制的高塔，被一道厚墙从中殿隔开的礼拜堂，还有一个很大的统一中殿空间，与阿尔伯蒂后来设计的在曼图亚的圣安德里亚不无相似之处。一个纵向的剖面说明了菲拉雷特内部设计中强烈的“墙壁特征”。礼拜堂开口之小和对巨墩以及连续墙面的高度强调，似乎揭示出某种罗曼建筑的影响。穹隆本身在尝试着解决该时期其他建筑师共同面对的问题；其在整个方案中的重要性，在重绘菲拉雷特的平面过程中变得愈发明显。

207 菲拉雷特明显是在按照他所期望建造的样子来描述米兰的马焦雷医院。米兰医院的管理者是大主教指定的，很可能还有弗朗切斯科·斯弗扎的参与。新医院的选址在圣纳扎罗附近的一块平地上，后部以纳维利奥为界，菲拉雷特把这里叫做城市的壕沟。这个基址被私人住宅占据着，有的是弗朗切斯科和公爵夫人原有的，有的是他们后来获取的。由于新医院要代替或是整合米兰很多现存的医院，于是自然就需要接受弃婴和体弱的男女。对于美观、便利和洁净的考虑，很可能更多的是来自菲拉雷特而不是公爵或管理委员会，特别是在后者为了经济而不惜牺牲一切的情况下。

菲拉雷特引述了提供给他的模型，有锡耶纳的天平医院和新圣玛利亚教堂，还可能有佛罗伦萨的育婴院，这些他都拒绝了。他到佛罗伦萨去考察这些医院并记录其平面的旅行在文献中有记载。参看米歇尔·拉扎罗尼和安东尼奥·穆尼奥斯写的《菲拉雷特》（罗马，1908年）第186页。

208 在基础中，把店铺的位置放在外部柱廊的下面，是菲拉雷特不希望浪费空间的一个典型实例。这个概念可能是他从罗马浴场前面的一排排店铺受到的启发，例如卡拉卡拉浴场，或者，在男生和女生学校的周围组织店铺是他自己发明的（见第十八书）。在16世纪时，街道的高度被抬高，菲拉雷特在医院入口的高台阶被废弃，因此这些店铺也被关闭了。它们那沉重的拱顶曾经覆盖着后面的仓库和前面的店铺本身，这些拱顶如今依然存在于马焦雷医院的基础中。

209 没人能确定菲拉雷特的卫生方案究竟有多少被实施了，尤其是在十字形的那部分中。在回廊1的上部内侧柱廊里，可以发现一些区域，也许曾经属于这些水道的一部分。可以肯定的是，只有该系统的输入部分在1695年正处于运行状态（参看 P. Canetta，*Cenni storici sugli acquedotti del Ospedale Maggiore*，Milan，1884）。由于对菲拉雷特的工程、尤其是气孔部分的猛烈抨击，该系统的大部分可能已经被堵上了。克雷莫纳的巴尔托洛梅奥·加迪奥是菲拉雷特在城堡项目上的对手之一，他还从菲拉雷特的手中赢得了克雷莫纳的圣西吉斯蒙多教堂的委任，贝尔特拉米（*Castello*，p. 146）发表了他下面的批评："Se la Va Magna se ricorda la bona memoria de lo Ill. Sig. passato per esser facto ad questo hospitale per Mag. Antonio di Fiorenza decorrere l'acqua pluviana per li pilastri et guastando tutte le mure，me mando per vedere questa cosa，et conoscendo io che non era durabile，ordinay de fare decorrere l'acqua da fora da le mura. Ma questi Fiorentini voleno fare de sua testa et a le fiate non sano quello se fazano"（写给 Cicco Simonetta 的信，1473年7月28日）。

210 菲拉雷特对伯鲁乃列斯基习惯性的景仰，在这段明确指向佛罗伦萨育婴院中的文字里却难觅踪影。这些批评从15世纪的角度来看，似乎是相当合理的。

211 这个凉廊，还有它在外部柱廊上面的女墙，一直没有建成。

212 南北在文中仅仅是传统意义上的方向。菲拉雷特所谓的北，是指靠近圣纳扎罗的一边。那么，西就是与纳维利奥平行的那条边，而东就是建筑现在的立面，尽管一般来说它曾经会有四个立面。

213 庇护二世所恩准的赦免令，实际上记载的是1459年12月5日（参看 Giuseppe Castelli，*L'Ospedale Maggiore di Milano e la storia dell "Perdono"*，Milan 1939，pp. 27－29）。日期上的差异，可以用赦免令在米兰的实际发布时间和斯弗扎进入米兰的"官方"日期——1450年3月25日——来解释。

214 在"这些拱券就像那些支撑它们的壁柱一样，是3臂长厚"之后，我略去了冗余的句子。

215 医院教堂是菲拉雷特论文中首次考察把正方形分割成四部分，来设计集中式穹顶教堂的可能性的实例。16个正方形的平面本身并没有什么特别之处，礼拜堂很小，又是孤立的，而中央空间又被过分强调。但是，它的确突出了穹隆的重要性，它将控制整个构图，以及它起拱位置的立方体基座。从这个意义上讲，它接近于阿尔伯蒂为里米尼的圣弗朗切斯科所提出的组织形式，该方案中穹隆的形式旨在控制一个理想十字中心区的立方体。在外部，菲拉雷特表达出希望把他早期构图中相对平面化的立面进行一种更为雕塑化的处理。他最终的决定还不是相当明确，不过看上去他要么就是为了让各塔靠前而把前部空间加倍了，要么就是去掉了间隔的空间。

这座教堂的原型很可能要到米兰的圣灵教堂上去找，因为它在16世纪之前的翻新之前就已经存在了。参考达·芬奇所做的该教堂平面，该方案保存于抄本第57r页。

菲拉雷特设计的教堂，作为医院综合体的一部分，一直没能建成，也许是因为他为教堂保留的空间——现在被一座迥然不同的教堂所占——在建造医院的过程中被用作了砖窑和料场。

216 佛罗伦萨的育婴院也有一个类似的转盘。

217 装饰物没有图。

218 要注意的是，菲拉雷特被允许按照方案建造这座医院。这一部分便体现了他最初的方案，可能还带有一些改动，但这些改动却没能被获准在米兰实施。

219 此处可能有遗漏，按文意添加。Pal. 1411 抄本正合此意。这一论述在圣马可抄本第94v页中缺失。

220 这种混合物或许是一种水磨石，模仿的是罗马的工艺，阿尔伯蒂（《论建筑》，VI. 10）和维特鲁威（7. 1. 4）对此都有描述。菲拉雷特已经在上文中对此有过描述，见第三书17v。

221 马里诺·达·安杰洛·达·穆拉诺（死于1490年之前），一位威尼斯玻璃艺术家，继承了其父的作坊和知识。1460年改称穆拉诺之加斯塔尔多·代·韦特拉依。

222 没有文献可以证明，这种新式的实用柜橱真的被制作过。马焦雷医院的病床是在1465年订购的（Archivio dell' Ospedale Maggiore，mastro 1465 passim）。它们的尺寸并没有记载。

223 没有文献证据表明，在马焦雷医院的基础中使用了被毁建筑的碎石。1456－1458年间没有现存的记载。不过，弗朗切斯科·斯弗扎和自治体在这一时期还没有宽裕到足以拒绝这些可用建材的地步。

224 没有任何关于落成仪式的实际记录被保存下来，但是这里的描述听起来相当可信。我没有听说有人尝试过寻找医院的基石，如果它还能被认得出来的话。不过，我毫不怀疑的是，如果它能够被找到，里面基本上就会装有菲拉雷特所列出的物品。

对于仪式中的人物所进行的考据，无法做到完全准确的结果，因为在15世纪宫廷间的关系上，还有很多工作要做。弗朗切斯科及其妻子和孩子很容易识别。加莱亚佐是帕维亚的伯爵。菲拉雷特对于孩子的选择相对而言是很不寻常的，因为他忽视了阿斯卡尼奥，他生于1445年，即加莱亚佐·玛利亚的后一年和伊波利塔的前一年。他后来在1479年成为了帕维亚的主教，1484年又成了红衣主教，对家族而言是举足轻重的。他于1505年死于罗马。请注意，在上文第37r页中，阿斯卡尼奥被包含在了城门的名称中。

伊波利塔，1446年生于佩萨罗，并接受了康斯坦丁·拉斯卡里斯的教育。她于1465年嫁给那不勒斯的阿方索二世，1484年死于那不勒斯。

菲利波·玛利亚，1448－1492年，他陪同伊波利塔到达那不勒斯。

曼图亚侯爵。洛多维科·贡扎加。他与弗朗切斯科·斯弗扎的友谊始于二人早期的事业，他们当时都经常把自己的雇佣兵投入同一国家服役。侯爵夫人是勃兰登堡的芭芭拉，她和比安卡·玛利亚·维斯孔蒂也是至交。这段友谊的决裂参看下文第99v页注。

古列尔莫·迪·蒙费拉托。他出现在这里极为异常，不过对于断定这篇论文的写作时间也许是有用的。他大约出生于1404年。在1443年他同洛多维科·贡扎加一起作为雇佣兵队长服役。1448年他投向弗朗切斯科·斯弗扎，尽管已经被安布罗斯共和国雇佣。为了对这一举动表示认同，1448年他被赐予亚历山德里亚，但被判于1450年放弃给弗朗切斯科。根据旧史，他此时因为爱慕比安卡已被囚禁。他在1451年反抗弗朗切斯科，但是事件却在勒内·安茹的干涉下平息，他又回到了米兰。1464年因为兄长的死，他成为了蒙费拉托的侯爵。1469年7月18日，他娶了第二任夫人伊丽莎白·斯弗扎，她于四年后逝世。他死于1483年。

塔代奥·伊莫拉。1448年他父亲过世之后，他由佛罗伦萨负责保护。他的叔叔阿斯托吉奥占领了伊莫拉，而塔代奥把余下的一生都用于夺回完整的领地，直到1473年。1450年由弗朗切斯科·斯弗扎和科西莫·德·美第奇在两人之间确立了和平。1454年洛迪议和之后，他又与叔叔开战；庇护二世在1459年重新恢复了和平。第二年他再次开战，但在庇护二世的驱逐令和弗朗切斯科·斯弗扎的威胁下被迫议和。他在1473年把所有的产权都卖给了佛罗伦萨，随后死于1482年。在1473年，他的儿子圭达奇奥娶了菲奥代利萨，即弗朗切斯科·斯弗扎的一个私生女儿。

尽管从古列尔莫·迪·蒙费拉托和塔代奥·伊莫拉后来入赘斯弗扎家族的角度来看，把他们包含在文中似乎是极为可疑的，这也并不一定意味着后来作过修改或编辑，因为他二人都很早就与斯弗扎家族有着密切关系了，这足以解释他们为什么会出现在这个仪式中。

225　此处所引的日期1457年4月4日与下文中的1457年4月12日，以及与瓦伦西亚抄本中类似段落的日期不符。这所医院的实际奠基日期，要比这乍看起来短短的八天复杂得多。厄廷根（*Uber das Leben*，pp. 20－33）认为是1456年4月4日，因为这一较早的日期同时出现在特里武尔齐奥和帕拉蒂努斯抄本中，而且看上去与弗朗切斯科·斯弗扎所做的正式捐赠日期更为接近，即1456年4月1日（Archivio dell' Ospedale Maggiore，Diplomi Sforzeschi，no. 22）。让事实更加扑朔迷离的是，在医院的主入口上方原来立有一尊弗朗切斯科·斯弗扎的胸像，现在已经被移到档案馆的庭院里，胸像下有一块15世纪的铭牌。它上面有下面这段铭文："FRANCISCUS SFORTIA DUX QUARTUS MEDIOLANI / QUI URBIS ET GENTIS IMPERIUM / SOCERI MORTE AMISSUM RECUPERAVIT / AD SUSTENTANDOS CHRISTI PAUPERES / DISPENSA ALIMENTA CONGESSIT / ATQUE EX VETERE ARCE AEDES AMPLITER / EXCITAVIT / ANNO SALUTATIS MCCCCLVI PRID. IDUS APRILIS."那么，这里就有当时所记录的4月12日，但却是1456年。这也许就是付给彼得罗·安布罗焦·德·穆齐奥6里拉的那块"intaliato a literis"的石头（mastro 1459，fol. 185v）。

1456年的日期值得怀疑，因为菲拉雷特直到1457年2月1日才开始拿他作为医院建筑师的工钱（mastro 1459，fol. 3v）。他在记载中还于1456年6月12日到佛罗伦萨旅行，去研究那里的医院。在公爵及其建筑师还不知道建筑所要采用的形式之前就奠基，这几乎是不可能的。为了解释日期的误差，也许可以假定铭牌所纪念的某种仪式发生在1456年。当年的其余时间和1457年上半年，可能用于推平场地上的建筑并准备基础。实际的奠基发生在1457年4月可能更符合逻辑，因为在那时医院的方案应该已经产生，同时还有一个组织机构来监督它的施工。在菲拉雷特1457年4月26日离开去承接贝加莫大教堂的委任之前，还有足够的准备工作要做。

226　这位托马索·莫罗尼·达·列蒂（1404－1476年）是一位重要的人文主义者和士兵，我们关于他的事情知之甚少。他于1436－1437年间在博洛尼亚大学教书，他在那里成功地战胜了波焦·布拉乔利尼，夺取了使徒书记的职位。波焦著名的辱骂就是这位对手的结果。他随后在费拉拉和曼图亚呆了一段时间，并于1440年到达米兰，他在那里依附于维斯孔蒂宫廷。他在米兰改换政府时幸免于难，并多次作为弗朗切斯科·斯弗扎的大使活动。由于他的效忠而得到了皮阿森蒂诺的几处封地。他一般被叫做菲勒佛的追随者。尽管追随者一词过于强烈，但他的确是那位人文主义者的至交，也是他周围圈子里的一员。

我特别要感谢佛罗伦萨的欧金尼奥·加林所提供的关于这位重要的却被忽视的米兰人文主义者的信息和书目。更多信息请看B. Boralvei，"Di alcuni Scritti inediti di Tommaso Morroni da Rieti，" *Bolletino della regia deputazione di storia patria per l'Umbria*，17（1911），535－614。关于波焦的辱骂和提到的封地，请看Ferdinando Gabotto，"Tommaso Cappellari da Rieti，letterato del secolo XV，" *Archivio storico per le Marche e per l'Umbria*，4（1888），628－662.

下文中没有提到菲勒佛所写隽语的痕迹。

227　菲拉雷特已经把社会的阶层比作了柱式。因此，多立克的比例就与贵族相应。他们的住所应该是2∶1的关系，或者用他的话说，两个正方形。由于这一原因，他在立面上增加了高塔，来把建筑提升到与其宽度相等的高度，尽管他对于美与和谐是同样的关注。

228　关于15世纪意大利的奴隶，特别是在佛罗伦萨的状况，参看Iris Origo，"The Domestic Enemy：Eastern Slaves in Tuscany in the Fourteenth and Fifteenth Centuries，" *Speculum*，39（1955），321－366。

229　商人是社会第二阶层的代表，他们应该有一个科林斯式的比例，这里说是3∶1。不过，这里没有尝试让立面与整体比例和谐。

230　一个文书在这里犯了一个明显的错误，把32臂长抄成了22。

231　匠人的房子比例是3∶5，即爱奥尼的比例。文中没有平面。

232　十（*Dieci*）用线划掉了，而一个阿拉伯数字8写在了文中行间的部分。

233　普林尼的《自然史》（36.15），其中提到了360根大理石柱子。

234　菲拉雷特没能够理解剧场最高处柱廊的功能，这似乎说明他对阿尔伯蒂的论文（《论建筑》，VIII.7，8）和维特鲁威（5.6.5）缺乏深入的理解，因为其中对这柱廊有相对细致的论述。不过，他在美德之屋的顶上放置列柱廊的时候（见第十八书），似乎对其功能和建造方法又完全理解了。

235　即在卡波·迪·波和圣塞巴斯蒂亚诺之间、阿皮亚路上的马克森蒂乌斯竞技场。

236　文中的图与描述不符。厄廷根注意到（*Tractat*，p.720，n.5），马克森蒂乌斯竞技场的方尖碑在15世纪已经倒下，变成了四块。

237　15世纪对象形文字的兴趣早就为人们所熟悉了。尽管菲勒佛在这里被说成是为菲拉雷特解释符号的人，其实这些内容也列在了狄奥多·西库鲁斯（*Bib. Hist.* 3.4）的书中，而这菲拉雷特只可能是通过波焦的译文了解到。阿尔伯蒂（《论建筑》，VIII.4）列出了：眼睛——一种神灵、秃鹰——自然、蜜蜂——国王、圆圈——时间、公牛——和平。另见Ammianus Marcellinus，*Rerum gestarum libri*，17.4.11。

238　用现代长度单位来讲，菲拉雷特认为大角斗场的尺寸是，高度46.4米，竞技场的内部空间是88.74米×58.58米，拱券的深度是10.44米。近期测量的尺寸是，高度57米，竞技场86米×54米。考虑到把这些尺寸转换成现代长度单位时产生的误差（竞技场的尺寸按照佛罗伦萨臂长来算，大概是88.74米×58米，而用罗马臂长来算是85.45米×59.11米，用米兰臂长来算是91.04米×60.10米），再加上菲拉雷特对于尺寸的取整，这些结果是惊人地接近。

239　菲拉雷特和他同时代的人所坚持的这一观点，即维特鲁威是维罗纳竞技场的建筑师，这一说法并没有依据。

240　尼禄的黄金宫在Suetonius的《恺撒家族传》（"尼禄生平"）中有相当长的描述。这座宫殿与大角斗场，以及与据说是表现他的巨像之间的相似之处，可能导致大角斗场被错误地归到了他的名下。

241　安东尼阿娜（卡拉卡拉浴场）底部的竞技场，就是马克西莫斯赛马场。

242　斯弗金达竞技场的尺寸是菲拉雷特自己定的。它们与阿尔伯蒂所提出的尺寸（《论建筑》，VIII.8）没有关系。

243 此处描写的这个理想的港湾，将成为以后的建筑论文标准的方案。举例来说，它曾出现在弗朗切斯科·迪·乔其奥的论文和切萨里亚诺的《建筑十书》中，而且改动很小。港口的形式有一部分源自维特鲁威（5.7）和阿尔伯蒂（《论建筑》，IV.7）的文字描述，有些源自对位于奥斯蒂亚的古代港口的描绘，比如后来在波伊廷格地图中发现的那个。参看 Russell Meiggs，*Roman Ostia*（Oxford，1960），fig. 7。

244 这是根据圣马可抄本第103r页、第26行及下文，进行的高度自由的意译。在第二善本的文本中显然有一处遗漏，而1411年帕本第129r页、第6－7行也重复了这一问题。

245 用 *esanimato* 代替了 *examinato*。

246 皮切纳里奥湖。Lacus Piscinarius，鱼湖？

247 卡林多的儿子在这里被叫做卡里多洛，可是在第92r页中却被叫做卡里诺。

248 在写这篇论文的时候，加莱亚佐已经见过了所有的桥梁，包括那些在罗马的桥，1458年他在那里出席了庇护二世的加冕仪式。当然，他通过帕维亚的家族城堡和作为该城伯爵的亲身经历，使他对那里有很好的了解。曼图亚是他在与苏珊娜然后是多罗泰娅·贡扎加（1454－1463年）订婚之前以及过程中，对该城市频繁的旅行所了解的。在1447年他3岁的时候，曾途经里米尼去克雷莫纳。他到佛罗伦萨记载最翔实的一次旅行，发生在他成为米兰大公之后，不过他可能在此日期之前，就已经对那座城市非常熟悉了（例如，在1459年4月23日的信中，他向他的父亲赞美位于卡雷奇的美第奇别墅。Paris，Bib. Nat.，*fonds it.* 1588，引自 C. von Fabriczy，*Michelozzo*，pp. 104－105）。

帕维亚大桥。在提契诺河上的一座有顶的桥，毁于第二次世界大战。

曼图亚大桥。很可能是带顶的磨群之桥（毁于第二次世界大战），而不是更短的圣乔治大桥。

有顶的桥。除了上面提到的两座，菲拉雷特可能还提到过那座在巴萨诺的有顶的桥（也已被毁）。这也许与下面这个假设吻合：菲拉雷特所做的游行圣歌十字不是在那里制造的，或者不是亲自送去的。

佛罗伦萨。这四座桥，卢比肯桥（或洪恩桥）、古桥、圣三一大桥和车马桥，当时都呈现不同的面貌。除了古桥以外，其他所有的桥都在第二次世界大战期间被德国采矿所摧毁。

里米尼。菲拉雷特从这座桥开始讨论古代建造的桥梁。

圣彼得罗大桥由哈德良于130－134年间建造，把他的陵墓和城市连接在一起。一部分在1450年的五十年节中塌毁，造成重大伤亡。1892年被复原。

孤岛之桥。用法布里西奥大桥（或朱狄罗姆或四首桥，其中有一处铭记写着公元前62年）建造而成，连接着岛屿左岸，而切斯蒂奥大桥（或格拉奇亚诺大桥）连接着岛屿右岸。它们可能是同时代的。切斯蒂奥大桥于公元365年重建，公元370年举行落成仪式。

圣玛利亚大桥。埃米利乌斯大桥（也叫断桥）。公元前181－179年建立，也许有顶。公元前12年由奥古斯都复原。

圣灵桥。尼禄之桥（也叫断桥）。在《罗马城之奇迹》中被称为"pons Neronis，id est pons ruptus ad S. Spiritum in Sassia"。很可能与下文的断桥相同。它位于现在的维托里奥·埃马努埃莱大桥以南。它把战神广场和在梵蒂冈的尼禄竞技场连接在一起。

霍雷修斯大桥。普林尼的《自然史》（36.100）似乎把它等同于桩支桥，下游的最后一座桥。

关于这些桥梁的更多信息，参看 Giuseppe Lugli，*I Monumenti antichi di Roma*，vol. 2：*Le grandi Opere pubbliche*（Rome，1934），296 ff。重要性略低但仍很有用的是 Emma Amadei，*I Ponti di Roma*（Rome，n. d.）和纳什的《古罗马图典》。

249 圣彼得罗大桥在复原之前的尺寸是卢利给出的，大约总长135米，除掉女墙宽10.95米。菲拉雷特把它做成了87米长、8.12米宽。这座桥的桥墩没有图。

250 这和下面的几座在两端有堡垒的桥，也许源自一种类似罗马诺门塔诺大桥的中世纪桥梁，这种类型的桥带有防御工事。要注意的是，狄奥多·西库鲁斯（*Bib. hist.* 2.8.1－3）用几乎相同的语言描述了一座塞米拉米斯建造的桥梁。与塞米拉米斯的长五个赛场长的桥，或者图拉真在多瑙河上修建的桥梁（Dio Cassius，*Romaika* 68.13）相比，菲拉雷特的桥真的是非常小，大概在400英尺以下。

251 一种类似的用放置沉箱来建造桥墩的方法，可以在莱昂纳多的作品中（Codex B，fol. 6r）和维托里奥·

吉贝尔蒂的《杂记》中（fol. 133r）找到。威尼斯打桩的模式与阿尔伯蒂建造沉箱的方法（《论建筑》，IV. 6）非常接近。菲拉雷特用这个方法来建造他的“沼泽地区的宫殿”（第二十一书第169v页及其后）。很有可能菲拉雷特和阿尔伯蒂观察到了这一在威尼斯使用的方法。如果菲拉雷特与在威尼斯的斯弗扎府邸（即公爵府）的建造密切相关的话，他也许自己就用过这个方法。

252 用 *ammalarsi* 代替 *allamarsi*。

253 这座桥的建造方式是15世纪最常见的。这里的步骤与阿尔伯蒂（《论建筑》，IV. 6）描述的那些非常相似，而且看上去与佛罗伦萨各桥梁所提供的原型也相当一致，它们也在拱券之间铺河床。把面石一层一层抬高，并用河砾石和石灰的混合物进行填充的技术，在最近重建佛罗伦萨的圣三一大桥时再次得到了应用。总建筑师已经研究过了这座大桥的遗迹，为的就是尽可能准确地还原阿马纳蒂所使用过的技术。在1956－1957年间为这一课题进行研究的过程中，我看到菲拉雷特的做法被应用到实践中而感到非常高兴，尽管没有书中写的那么快。

菲拉雷特给他的大桥的尺寸要比阿尔伯蒂的保守许多。阿尔伯蒂的尺寸所提出的拱券弦长是桥墩宽度的4－6倍；菲拉雷特做的只有1.5倍（桥墩12臂长，拱券18臂长）。

254 *Gephiracagli*，桥梁，或堤道，或房子。

其余两座桥在抄本中没有命名。留出这些空白也许是为了便于后来插入希腊文。

255 在下文（第96v页）中，菲拉雷特承认这座桥是他根据恺撒相对含混的那段《高卢战记》（4.17）所做的个人阐释。对恺撒这段文字更准确的还原，请看阿尔伯蒂《论建筑》（IV. 6）。菲拉雷特似乎没有理解这段依然有争议的文字。从图中来看，他完全没有理解横梁和连档的意义，不过倒是看懂了结构中的下游支撑。他对于搭扣的解释，也许可以说明支撑构件的重复，不过依然会引起争议。恺撒没有提到任何八边形（在图中，桩子被画成了六边形），只是说，在上游方向为每根桩子立起了某种结构，来保护它不被船或树干撞到。菲拉雷特含糊其辞，又在下面承认，自己无法建造出现于图拉真纪功柱上的桥梁，这都表明他非常乐于引经据典，即便是在他没有看懂的情况下。

256 弗朗切斯科·斯弗扎只是在1433－1443年间，当过托迪周边地区的主管。这位建筑师和大桥还没有被考证出来。

257 图拉真纪功柱上的桥没有图。

258 这座迷宫让菲拉雷特中了邪魔。它早就已经出现在了城市的主堡平面里，并将在他的花园平面里重复出现。尽管这种类型的建筑物的准确原型还不清楚，他在这里肯定是在尝试为他自己的时代唤起古代的形式。文学资料中有大量指向在克诺索斯的迷宫，指向埃及迷宫的也不少，据说是其原型，它们出现在希罗多德（2.148）、斯特雷波（《地理志》17.1.36－37）、狄奥多·西库鲁斯（*Bib. hist.* 1.66）和普林尼（《自然史》，36.19）的描述中。普林尼还描述了波尔塞纳的迷宫（同书）。狄奥多·西库鲁斯在草草指出的平面里，描述了塞米拉米斯在一座大桥的两端建造的两座由水下通道连接的堡垒（2.9），这可能为菲拉雷特提供了一个基础概念。

259 和上文第9r页一样，用泽诺克拉泰斯代替狄诺克拉底，用黎巴嫩山代替阿陀斯山。

260 对于“现代”建筑的批判，被放在了后面几页里这位来访贵族的口中，这使得考证他的身份对于评价他和菲拉雷特所说的话相当重要。

洛多维科·贡扎加，曼图亚的侯爵，显然是所指的人，因为加莱亚佐·马里亚“已经成为了这位讲话人的女婿”（见第100v页）。厄廷根意识到这不可能是指在1468年加莱亚佐在受人委托的情况下与萨伏伊的博纳进行的联姻；他设想了之前与博纳的婚约来取而代之。这样一个婚约事实上确实存在，但却是在加莱亚佐·马里亚和洛多维科·贡扎加的女儿两个之间。洛多维科·贡扎加和弗朗切斯科·斯弗扎之间的友情，始于他们同时作为年轻的雇佣兵队长为维斯孔蒂服役期间。尽管他们的关系并不总是一帆风顺，两人还是在意大利的权力政治游戏的关键时刻，给对方提供了帮助，不论是明是暗。是他们的妻子，勃兰登堡的芭芭拉和比安卡·玛利亚·维斯孔蒂在这两家之间形成了最稳定的联系。有人认为，这两位女性是促使加莱亚佐与苏珊娜，以及后来与多罗泰娅订婚的真正动力。两位青年人在双方母亲的陪同下，经常在克雷莫纳见面，这是比安卡作为嫁妆带来的城市，这让此一假设更为可信。可是，最初的序曲显然是斯弗扎家族在1450年奏响的，这紧跟在其占领米兰之后。到了1454年，婚约已经签署，加莱亚佐与长女苏珊娜，或者次女多罗泰娅订婚。在1457年，由于苏珊娜的肿块，教皇准许其解除婚约。多罗泰娅取而代之，但为了防止万一她也遗传了勃兰登堡的畸形肩膀，合约中加入了一个条款：如果她到了适婚期被发现有畸形，就自动解除婚约。这些年轻人有充足的机会相互熟悉（有频繁的信件交流，而加莱亚佐在曼图亚度过了很长时间）而侍臣们已经在讨论一场爱情竞赛了。在 1463 年 12 月 7 日，多罗泰娅即将 14 岁；人们都认为婚礼此后很快就要进行了。可是，弗朗切斯科·斯弗扎却为自己的儿子酝酿了一个更为远大的计划。早在 1460 年，弗朗切斯科·贡扎加，帕维亚的教皇首席书记就已经向他的父亲汇报了这个传言：斯弗扎打算与法兰西皇室联姻。这些计划到了 1463 年已经非常成熟，以至于弗朗切斯科·斯弗扎开始对即将到来的加莱亚佐和多罗泰娅的婚礼提出了反对意见。明确地说，他希望这位姑娘接受他自己医师的全面检查，以确保她没有畸形。侯爵夫人为她丈夫回复说，体检的程度会对于多罗泰娅和她的家族都是一种羞辱。在 1463 年的一封长信中，洛多维科又反复提到了两家之间长久的友情，结尾还说，加莱亚佐必须接受这样的多罗泰娅，或者干脆不要和她结婚。为了斡旋和解进行了很多尝试，但是出于所有实际的考虑，婚约还是取消了，既不是非正式地，也不是正式地。在 1464 年 6 月，法兰西国王和萨伏伊公爵在信中正式把萨伏伊的博纳介绍给加莱亚佐。从那时开始，就没有多罗泰娅·贡扎加的事了。加莱亚佐在整个事件中的角色根本不值得赞扬。他试着表现出一个负责任的儿子的形象，可惜没有成功。不管他在事件中的个人感情如何，他与博纳的婚礼庆典直到 1467 年 4 月多罗泰娅死于热病（不像以前的历史学家假设的那样是被毒死的）之后才举行。关于更加完整的信息，参看 Stefano Davari，“Il Matrimonio di Dorotea Gonzaga con Galeazzo Maria Sforza，” *Giornale ligustico di archaeologia*，*storia e letteratura*，anno 16，fascicle 1（1889），pp. 363 – 390，41 – 13 和 L. Beltrami，“L’Annulamento del contratto di matrimonio fra Galeazzo Maria Sforza e Dorotea Gonzaga，1463，” *Archivio storico lombardo*，anno 16，fascicle 1（1889），pp. 126 – 132。

这段相对较长的注释，其目的在于表明几个显而易见的事实。菲拉雷特论文的这一部分，不可能是在 1464 年 7 月之后写的，那时与博纳的婚姻正是宫廷的话题。这很可能是在 1463 年末的事件之前写的，而且可能反映了两人真实的会面。另外，这两个宫廷之间的密切关系，暗示了这两个公爵之间，以及他们的建筑师之间思想上的交流。最后，后面关于建筑的讨论，让洛多维科·贡扎加说出来，要比完全站在菲拉雷特偏爱佛罗伦萨的立场上进行的讲述基础更为坚实。

261 厄廷根（*Tractat*，p. 722，n. 11）似乎暗示，这位从佛罗伦萨引进的建筑师就是菲拉雷特。他在给这些句子断句时，把关键的词语放在了弗朗切斯科·斯弗扎口中。（这一段落已经被纠正，见 Elizabeth Holt，*A Documentary History of Art*，New York，1957，1，252。）前文提到的“我为了自己的信仰而要建造的某些建筑的木质模型”，和说话人积极地向他的朋友引荐这位建筑师的行为，更有力地指向了洛多维科·贡扎加。菲拉雷特在提到他自己和自己的作品时，喜欢故作谦虚，但从没有达到过这种程度。由于这些原因，我相信把这位建筑师与菲拉雷特画等号是可以否定的。

“一位从佛罗伦萨引进的谦虚的建筑师”的其他两个在贡扎加宫廷的可能人选，是卢卡·凡切利和莱昂·巴蒂斯塔·阿尔伯蒂。凡切利从大约 1450 年就效力于洛多维科·贡扎加。他具有重大影响力的第一件作品，就是位于雷韦雷的别墅（1455 – 1457 年），菲拉雷特提到过（第 59r 页）。弗朗切斯科·斯弗扎可能在曼图亚有过多次接触他的机会。不过，凡切利的建筑似乎在阿尔伯蒂来到曼图亚之前没有什么名气，或者影响力微乎其微。在 1459 年夏天，阿尔伯蒂在曼图亚当庇护二世的随从；弗朗切斯科·斯弗扎出席了同一会议，而这也许是他所提到的会面。圣塞巴斯蒂亚诺的木质模型完成于 1460 年 2 月。圣塞巴斯蒂亚诺和圣安德里亚显然都是为了实现洛多维科·贡扎加的一个誓言而委托建造的，尽管这并不必然表明它们是为了他自己的信仰而建的。关于这位建筑师被留下几日的描述，与阿尔伯蒂频繁到曼图亚旅行进行短期停留是一致的。阿尔伯蒂于贡扎加在曼图亚的圣塞巴斯蒂亚诺和圣安德里亚工程中，以及他于佛罗伦萨的圣母唱诗席工程中的角色，进一步强化了这位无名建筑师与阿尔伯蒂之间的联系。

262 词语“rinascere a vedere”（重生以亲眼目睹——中文译者注）的意思，明确指出洛多维科·贡扎加在表达一种古代的重生，不论是他重新降生在古代——文字看起来是这个意思——还是说古代建筑在现在重生。不论哪种情况，最终的结果都是一样的。从本质上讲，如果事实并非如此的话，这也许就是最早出现的“文艺复兴”的概念。文学人文主义者已经在历史的长河中意识到了自己的位置。彼特拉克、庇护二世，还有其他人，都察觉到了艺术的衰落，他们把这归咎于蛮族。尽管同样的这些概念，当然也构成了阿尔伯蒂《论建筑》一书的一部分基础，但菲拉雷特是第一位明确而有力地表达出自己要与最近的过去决裂这一意愿的艺术家，目的就是要回到古代的形式。他没有忽略伯鲁乃列斯基作为这场运动创始人的重要地位。不过，必须承认，菲拉雷特的兴趣更多的是在文学上，而不是在考古学上。尽管他不是没有对罗马的主要纪念物深入的了解——这篇论文中提到的建筑就可以证明——但他也许从没有进行过细致的考察，或者没有像阿尔伯蒂那样准确地应用过古代的主题。尽管如此，菲拉雷特的目的在这里表述得非常明确。他希望重建古代遗失的建筑。

参看导论第 xxxiv 页及其后，尤其是注释。大家可以在我即将于第 21 届国际艺术史大会备忘录（Acts of the XXIst International Congress of the History of Art）中发表的“Rinascere a vedere：A concept of a renaissance in the Renaissance”一文里，看到一个略有不同的侧重点。

263 弗朗切斯科·斯弗扎的话，也许要比一位被自己的建筑师穷追不舍的赞助人的喃喃咕咕有更深的含义。事实上，一种在传统伦巴第哥特形式中，混合了佛罗伦萨较新元素的折中风格，在他的统治之下，正在米兰开始形成。这可能就是他词语背后更深层次的含义，尽管非常值得怀疑的是，他是否意识到了，他的宫廷之中那些艺术家争吵之外的东西。菲拉雷特对于创造这种折中风格的作用，前面已经提到过了。他可能已经敏锐地意识到了事态的发展方向，而且可能已经利用了这个机会，在新近风格的发展中，以及在米兰人对新形式的反抗中，崭露头角，表达自己。

264 无图。

265 无图。

266 原文就有缺漏。

267 斯塔马蒂·卡西奥蒂（或克拉西奥蒂）于 1449 年 3 月 12 日被绞死，罪名是大肆地、彻底地，而且几乎是成功地盗窃了圣马可宝库里的藏品（参看 Marino Sanuto，*Vite de' duchi di Venezia*，in Muratori，*Re It. Scrip.*，Vol. 22，cols. 1132 – 1134）。我目前还无法考证从克里特盗走的圣骨匣；菲拉雷特也许曾经见过它，或者是在威尼斯领地某处听说过。厄廷根（*Tractat*）在面对拉特兰宫的圣彼得和圣保罗的圣骨匣时，难以自圆其说。他把这个和被指控为菲拉雷特从圣西尔韦斯特罗盗走的施洗约翰的圣骨匣混淆了。关于拉特兰宫失窃以及罪犯惩罚的完整描述，可以在 *Mesticanza di Paolo di Liello Petrone*（Muratori，*Re It. Scrip.*，vol. 24，col. 1120）和 Stefano Infessura，*Diario della città di Roma*，ed. O. Tommasini（Rome，1890），pp. 36 ff. 中找到。由于盗窃发生在 1438 年 4 月，而行刑是在同年 9 月，这些事件在菲拉雷特居住在罗马的时候被公之于众。

黄金书似乎是对菲拉雷特描述中已经制作好的青铜书（第 68v 页）的一个精心描述。对该书的一段描述，出现在下文（第 103r 页），它的内容贯穿于第二十一书。

268 无图。

269 菲拉雷特也许是指某种炼金发明，或许是一种与金银混合的汞合金。不过，墨丘利神在整篇论文中都作为贸易的守护神出现。不管这个财源滚滚的配方出自何处，它都为设计方案扫除了之前出现的所有障碍。从论文的这一处开始，菲拉雷特就不再考虑什么是可能的了，也不问成本是多少。尽管他的方案变得相当古怪，但他没有忘记自己的初衷。

270 阿里斯托蒂莱·达·博洛尼亚，一位著名的工程师和建筑师。他的名字在抄本中进行了强调，并且在页边上用黑色记做阿里斯托蒂莱·菲奥拉万蒂。根据贝尔特拉米的意见（Luca Beltrami，*Aristotile da Bologna al servizio del duca di Milano*，Milan，1888），他在接近 1458 年底的时候到达米兰，在 1464 年之前的某个时候离去。他在米兰地区的主要作品是水渠系统，尽管他还检查过防御工事。在 1457 年的一封信中，他被称作曼图亚侯爵的工程师。在 1458 年他给乔瓦尼·迪·科西莫·德·美第奇写了一封信，其中提到了一个由艺术大师帕尼奥（迪·拉波·波蒂奇亚尼?）发出的请求，*tagliapreda*，要移动一座塔。这个关系圈与菲拉雷特的非常相似，而且可以同时解释他在这篇论文中出现的原因，以及菲拉雷特的建筑（既有建成的也有理论上的）与博洛尼亚建筑之间的相似之处。

271 佐加莱亚：即加莱亚佐。

272 “身起小国之明君”云云，即弗朗切斯科·斯弗扎，他从马尔凯地区的一块小封地起家，通过他自己的王德（和他妻子继承的遗产）发展成著名的米兰公国。参看下面几页及其注释中斯弗扎家族崛起的简史。

273 祖父穆齐奥·斯弗扎，下文第 105v 页中称为洛齐奥穆，在 1424 年 1 月 3 日溺死于佩斯卡拉附近的一条河里。弗朗切斯科·斯弗扎当时只有 13 岁。他集结了他的部队，并在 1424 年 6 月 2 日赢得了阿奎拉的战斗（第 104r 页），而布拉乔·（乔布拉）·达·蒙托内在这次战斗中被杀。

274 波利菲亚玛：菲利波·玛利亚·维斯孔蒂。弗朗切斯科·斯弗扎在 1425 年开始为菲利波·玛利亚效力，并且遇到多次逆境，此处并没有提到。在1431年皮奇尼诺离开之后，维斯孔蒂试图把私生女比安卡·玛利亚嫁给弗朗切斯科·斯弗扎，以此来收买他。婚约于1432年2月23日签订，比安卡当时只有7岁，而弗朗切斯科是31岁。当她到了适婚的14岁时，维斯孔蒂毁约了。经过大量商议之后，嫁妆于1438年3月备妥。1440年，维斯孔蒂再次毁约，不过婚礼最终于1441年10月在克雷莫纳举行了。

菲利波·维斯孔蒂特别嫉妒弗朗切斯科·斯弗扎的权力，还有他与佛罗伦萨的交情，以及他在马尔凯地区的财产。在尼科洛·皮奇尼诺的煽动之下，他于1443年在教皇尤金四世的帮助之下，向自己的女婿开战，并在1446年将斯弗扎在马尔凯地区的巨额财产悉数夺去，只留下了耶西镇。同年5月21日，维斯孔蒂公布了一条对他的"敌人"弗朗切斯科·斯弗扎的禁令。第二年8月13日，他没有留下遗嘱就死了，也许是因为他依然不相信那些可能会继承他财产的人。

作为菲利波·玛利亚·维斯孔蒂的唯一继承人，比安卡·玛利亚可以宣称米兰公国是她在克雷莫纳领地之外的遗产，克雷莫纳是她当初收到的嫁妆。作为维斯孔蒂家族的雇佣军队长和克雷莫纳的封臣，弗朗切斯科·斯弗扎从严格意义上讲是她妻子的臣下。因此文中把他描述成"被妻子辖制"。围攻米兰和安布罗西亚共和国的灭亡，是非常著名的一幕。弗朗切斯科·斯弗扎实际入城的时间是1450年2月25日，虽然正式的凯旋仪式直到同年3月25日才举行。

心怀嫉妒的贵族进攻米兰新公爵的故事歪曲了事实，除非菲拉雷特所指的是与诸如古列尔莫·达·蒙费拉托之类的一些小冲突。1452年5月，弗朗切斯科·斯弗扎与法兰西和佛罗伦萨联盟，向威尼斯开战，最终结束于1454年4月9日的洛代和平协议。这段和平虽然很平静，但却不完美，也并不长久。弗朗切斯科·斯弗扎有能力把自己的注意力转向恢复自己领地内的和平，并为自己的政府建立一个坚实的基础。值得注意的是，米兰此时确实发生过大规模的建设活动，尽管没有所谓的斯弗金达城的建造，而且也没有已知的方案。

275 拉丁原文为：λιμημ γαλημομοχαιεν 和 πλουσιαπολισ。

Limen galenokairen。λιμημ = 港口，γαληνοs = 平静的。Kaipos = 比例，在正确的时间或地点。很可能是：美丽而平静的港口。

Plusiapolis。πλόουs 或 πλουs = 航行。上文第90v页中称为卡利奥港。

276 原文是：3 场长。

277 洛齐奥穆：洛穆齐奥·斯弗扎。传说中，他是一位农民，有一天，他把自己的锄头（或者其他农具，因讲述人而异）扔进了一棵树，并加入了一位路过的雇佣军队长的队伍。他在1412年效力于那不勒斯国王拉迪斯劳斯，并继续受女王乔安娜的雇佣，她曾经一度囚禁过他。弗朗切斯科陪同他的父亲到了那不勒斯，并在11岁的时候被封为特里卡里科的伯爵。阿西西王国可能是指在詹加莱亚佐·维斯孔蒂手下效力期间，以及台伯河谷中的战事。

278 赛勒斯事迹的来源是希罗多德，1.107－129。在薄伽丘的《十日谈》（II）中更容易找到。

279 希罗多德，1.211－214。薄伽丘，《西方名女》，XLVII；以及《十日谈》，II；奥罗修斯，《反异教史七书》，2.7；但丁，《君神论》，II.9.43－48，和《炼狱》，XII.55－57。

280 下面一段塞米拉米斯的生平事迹，源自狄奥多·西库鲁斯（*Bib. hist.* 2.4 ff.）和薄伽丘的《西方名女》。

281 萨达纳帕勒斯出现在狄奥多·西库鲁斯（2.23－27）和薄伽丘的《十日谈》（Ⅱ）中。康比斯见于《十日谈》（Ⅲ）。

282 大流士的情节同时出现在希罗多德（2.84－86）和薄伽丘的《十日谈》（Ⅲ）。

283 这里提到的埃及金字塔，来自狄奥多·西库鲁斯（2.63－64），而百门底比斯来自同一书（1.15和1.45）。

284 无图。

285 奥尼东安·诺里韦阿：安东尼奥·阿韦利诺。在论文中余下的部分里，黄金书中的建筑师都是以这种方式命名的，有时还会加上诺蒂伦佛罗（即佛罗伦萨人）。（这些都是颠倒字母顺序而构成的词。——中文译者注）

这座神庙在后面会有更完整的讨论，不过参看我的文章"Filarete and Central－Plan Architecture," *Journal of the Society of Architectural Historians*, *17*（1958），10－18。

286 尽管第二善本的文本是"nove quadri chestavano in questa forma equali erano in questa misura,"但1411年的

帕本更正为，“nove quadri che stavano in questa forma，i quail.”

287 第二善本抄本中的图不是按比例画的。

288 这位翻译官兼宫廷诗人伊斯科弗朗切·诺蒂伦托，是指弗朗切斯科·达·托伦蒂诺，人称菲勒佛。

289 文本中对黄金书的描述，与抄本中的插图并不吻合。描述中封面上的人像回到了上文写的“意志”与“理智”之图（第69v页）。

290 这段加密的铭文应该这样理解，“Re Galiazo figlio d［i］*or* D［omine］FR［ancesco］SF［orza］.”1411年帕本抄本（第156v页）写着DFRSF，而不是第二善本抄本中的DERSF。第二善本抄本中的日期在文本中写的是“nelle Mitor quacentasanse，”这可以通过使用*ta*音节两次而转抄为“nel Mille quatrocento sesanta”。它在文本中已经加了点要被划掉，而“nelmille quattrocento sessanta”也被同一人在页边上替换了。我已经在其他地方说明（“La Datazione，”etc.，*Rivista d'arte*，*31*（1956），93－103），我不相信这个日期与论文的实际写作有任何关系。这更可能是指弗朗切斯科·斯弗扎进驻米兰的十周年纪念日。

291 我把*raponzi*大致当做了现代的*raperonzo*。

292 根据此人的意见，胃口是最好的调味品。

293 原文是*segia none domanda altri*，我在翻译时把它当做*se gia non e da man degli altri.*

294 弗朗切斯科·斯弗扎的宫廷里还有很多内容需要研究，尽管弗朗切斯科·马拉古奇－瓦莱里在*La Corte di Lodovico il Moro*（Milan，1915－1929）中有出色的引论。虽然弗朗切斯科·斯弗扎身边的侍臣在他儿子周围才华横溢的侍臣前相形见绌，但可以肯定的是，“靠着他，很多高贵的技艺都已重获生机，没有他，这些智慧不知还要沉睡多久”。弗朗切斯科·菲勒佛也许是在米兰最广为人知的人文主义者了。虽然他最初是被菲利波·维斯孔蒂带到这座城市里的，但也许他的出名有两个同样重要的原因，一是这位新公爵发现了他的价值，二是菲勒佛敏锐地察觉到人文主义者可以在政治的风云变幻中幸免于难，并在宫廷中继续做一个受人尊敬和欢迎的成员。波尔切利奥和格雷戈里奥·蒂费纳特两位学者在1456年左右来到米兰，就很可能与菲勒佛有一定关系。古英李福特·巴尔齐扎和拉斯卡里斯是伊波利塔的两位导师。托马索·达·列蒂是另一位外国人，他不仅作为一个人文主义者受到人们的尊敬，更是公爵政府的一位德高望重的栋梁之才。在伦巴第的人文主义者里，有很多直接或间接地与宫廷有着联系的人，其中彼尔·坎迪多·德琴布里奥也许是最有名的，不过这些人中还可以加上诸如博纳科尔索·皮萨诺、帕维里·丰塔纳、潘菲洛·卡斯塔尔迪和科拉·蒙塔诺之类的学者。尽管奇科·西莫内塔从严格意义上讲不是一个人文主义学者，但上层知识分子的名单中却不能没有他。事实上，似乎弗朗切斯科·斯弗扎是把他最博学的公民用在了外交和行政领域；鲜为人知的尼科代莫·达·蓬特雷莫利就是这种情况的一个例子，他是被派往佛罗伦萨的一位大使。不论是在某些委托项目的鼓动下来到米兰的伦巴第人，还是众多被带来的画家、雕刻家和建筑师，他们的人数只要简要统计一下，即便不需再进行增加，也完全能够证明弗朗切斯科·斯弗扎的门人的复杂和品质足以让他与15世纪的另一位雇佣军队长兼人文主义者费代里戈·达·蒙泰费尔特罗平起平坐。菲勒佛本人在这个问题上的看法是用一种传统的手法表达的，这可以在一封把格雷戈里奥·蒂费纳特推荐给弗朗切斯科·斯弗扎的信中找到，此信标注的日期是1459年10月9日，内容如下：“E quantunque tale gloria sia inferiore a li magnifici et excelsi edifizi et altre opere manuali，pur vedemo tutte queste fabriche et industrie corporale per spazio de tempore mancare，ruinare e venire a nulla. Ove sono li palagi di Cesare，di Octaviano，di Lucullo? di Ciro? di Alexandro? Non solamente che li superbi palagi e tanti exquisiti edifizj fabricati contanta expesa e leggiadria non se trovano，ma eziandio no appare alcuno vestigio de le citta ove nascettero. Il perchè，non volendove piu disagiare，le vera gloria de qualunque vita se sia，per niun'altra via più eternalmente se conserva，che per la memoria litterale de li oratori e de'poeti e de'scriptori valenti et eruditissimi omini.”（*Atti e memorie dela r. deputazione di storia patria per le province delle Marche*，*5*，1901，143）。

295 维特鲁威，10. pref. 1.

296 下面对冒充有能力的拙劣建筑师的批判，对于15世纪批判任何艺术领域中的无能之辈来说都是非常典型的。类似的段落可以在阿尔伯蒂和莱昂纳多的著作中找到，当然还有很多其他的。此时期批判的一般趋向是，炮轰那些只有实践而没有理论的人。（参看James S. Ackerman，“Ars sine Scientia Nihil Est：Gothic Theory of Architecturat at the Cathedral of Milan，”*Art Bulletin*，*31*，1949，84－111，其中有米兰在传统上延续不断的技艺与知识（Ars et Scientia）之争。）考虑到菲拉雷特的性格，这种攻击很可能是双重的，一方面特别指向他的米兰对手，另一方面指向一般意义上的传统主义者。对于索拉里家族类似的一种批判，最近由一位当代作家提出，见 Angiola Maria Romanini, *Storia di Milano*, *7*（Milan, 1956），602－603（Fondazione Treccani publication）。

297 根据阿巴特·达尔伯蒂·迪维拉诺瓦的《百科大典》（Lucca, 1797 ff.），*imberciatore* 是一种用弩的神射手。*Bazzicature* 是指没有价值的小玩意。也许这些能解释菲拉雷特的意思。

298 菲拉雷特的隐士都有千人一面的毛病。这段描述在本质上与第二书（第 12v 页）和第十六书（第 122v 页及其后）的那个是一样的。

299 参见我的文章"Filarete and Central－Plan Architecture," *Journal of the Society of Architectural Historians*, *17*（1958），10－18 中对此的一种解释。

300 就是说，中央的正方形是 44 臂长×44 臂长，角上的正方形是 22 臂长×22 臂长，而长方形是 22 臂长×44 臂长。

301 无图。

302 原文是 3，即 3×3。

303 这位隐士首先在第二书第 12v 页中被提到。他和第十五书第 117r 页中描述的那个隐士混淆了，特别是这个隐居地已经有 30－40 年没有吃过肉的描述。

公爵夫人希望建造的教堂，当然是指克雷莫纳之外的圣西吉斯蒙多，那是比安卡和弗朗切斯科在 1441 年结婚的地方。在这个地方住着一位圣洁的隐士，这似乎没有事实的依据。新圣西吉斯蒙多的奠基石，于 1463 年 6 月 10 日由主教贝尔纳多·德·罗西举行落成仪式。捐献给圣哲罗姆修会的日期，被记为 1464 年 9 月 1 日。

这座无人问津的教堂引起了很多问题。首先，不清楚这座教堂是完全重建的，还是对现有建筑的翻新和扩建。奠基仪式和捐献的义举（假定教堂此时已经建成）之间短暂的时间，似乎会支持后一种假设。由于教堂在 1796 年进行了重新设计和复原，其内部已经无法再清晰地反映建筑师的本意。尽管如此，教堂现存的平面与菲拉雷特设计的修道院教堂平面相当接近，而且在一定程度上与阿尔伯蒂晚期在曼图亚的圣安德里亚非常相似。菲拉雷特对此平面的影响一定是微乎其微的，或者根本就没有，因为巴尔托洛梅奥·加迪奥（或加佐·达·克雷莫纳）最有可能是该建筑的建筑师，而他旗帜鲜明地位于反菲拉雷特的阵营。（他是一位军事建筑师，曾经参与建造位于焦维亚大门的主堡。参看上文第十一书注释中他对菲拉雷特马焦雷医院的排水系统的批判。）我们只能假定，菲拉雷特利用了这个机会来让公爵夫人留意他的项目。毫无疑问的是，他没能接到该教堂的委任。关于这个项目对确定菲拉雷特论文之日期的重要性，参看我的文章"La datazione," etc.，*Rivista d'arte*, *31*（1956），99－100。关于与这座教堂有关的照片和早期参考书目，参看 Giuseppe Galeati, *La Chiesa di S. Sigismondo presso Cremona*（Cremona, 1913）。

304 直到 1561 年，贝加莫一直有两座教堂，下城的圣亚历山德罗和上城的圣温琴佐，后者本是一个阿里乌斯派机构。圣温琴佐在 13 世纪和 14 世纪的内乱中陷入了绝境，后来它在 1561 年下城的圣亚历山德罗教堂被威尼斯人在建造防御工事的过程中摧毁之后，成为了圣亚历山德罗教堂。主教乔瓦尼·巴罗齐，即后来的红衣主教和威尼斯大主教，对这座教堂有过一个宏伟的设想。他委托菲拉雷特在仅比原教堂略大一点的地方上，创造一个新的、更壮丽的建筑。

菲拉雷特在贝加莫大教堂的建造过程中的确切作用，被 17 世纪中叶卡洛·丰塔纳对该建筑的全面翻新和 19 世纪所加建的穹顶及立面所掩盖。而主教巴罗齐在 1465 年离开了贝加莫，菲拉雷特又从 1461 年开始受到马焦雷医院之工作的影响，这些都使情况变得更加复杂。由于这一问题将在后文中进行深入讨论，这里只需指明一点就够了，即，根据记载，1457 年 3 月和 4 月菲拉雷特都在贝加莫。马焦雷医院的工作进展在 1457－1461 年间非常缓慢，这给了菲拉雷特足够的时间，让他可以抽身在 1458 年 3 月和 4 月到瓦雷泽和威尼斯旅行。停留在贝加莫的时间不可能比文献指明的时间还要长。他本人所宣称对大教堂的责任（第 1r 页），和他对大理石以及在挖掘中发现的树化石的描述（95r），都指出了他对该建筑的亲身经历。主教乔瓦尼·巴罗齐在 1459 年 5 月放下了新大教堂的奠基石。

菲拉雷特对建筑新大教堂的问题陈述得非常准确。教堂朝向西北。西南方向上树立着较老的圣玛利亚大教堂，东北是市政厅，而地面在东南方向上变得相当陡峭。因此，可用的空间受到了无情的限制。通过把建筑提升到一个基座上，他就可以回避凹凸不平的地形，得到一个地窖，还让教堂在其面前的广场上显得更为壮丽。在克服了地形的困难之后，菲拉雷特终于想出了一个开心的解决方案，让他可以满足自己对阿尔伯蒂式兼佛罗伦萨建筑的偏爱，而又不受传统主义者的干扰。

305 无图。

306 圣哲罗姆，《马尔休斯传》。

307 关于托马索·达·列蒂，参看上文第十一书，注释。

据悉托马索·达·列蒂在皮亚琴察地区占有多处封地。人们在米兰寻找《公爵法案》的一项研究中，发现了他领地的准确情况，但这仍然值得怀疑（参看 Ferdinando Gabotto，“Tommaso Cappellari da Rieti，letterato del secolo XV”，*Archivio storico per le Marche e per l'Umbria*，*4*，1888，637，n.2，作者在文中引用了一个早期的信息，这与1460年在皮亚琴察地区授予的一处领地有关，但作者无法确定其位置）。他在弗朗切斯科·斯弗扎宫廷里的确切地位也不清楚。如果菲拉雷特把他称作公爵的一位顾问和一位相当重要的人物是正确的话，那么就有可能把他和这处铁矿联系在一起，该铁矿通过菲拉雷特对路线的描述就可以确定下来。

这些旅行者去帕维亚乘坐的是纳维利奥河上的驳船，在这个地方，运河汇入提契诺河，接着流入波河。在皮亚琴察他们放弃了河道运输，往南向山里走。菲拉雷特提到的迎面袭来的 *boreo*（第126r 页）一定要理解为一股冷风，而不是北风，因为从皮亚琴察到山里必须要往南走。给骑马人带来如此大麻烦的溪流，一定就是特雷比奥。他们一直沿这条河走到博比奥，那里是由圣科隆巴诺所创立的古代著名的修道院之所在。他们从这个地方过了河进到努雷山谷，到达费列莱镇，那就有铁矿。这条线路与菲拉雷特的描述是吻合的，而且看起来是最符合逻辑的，因为特雷比奥山谷依然提供了从皮亚琴察到利古里亚海岸的最佳路线，而不是努雷山谷。况且，菲拉雷特提到的，由他自己修缮的被毁的教堂和塔，可能与在博比奥的修道院教堂和要塞是一致的。有材料表明，二者都在15世纪下半叶进行过修缮，尽管我还没能够发现修缮的程度或是有关的人员。

这处领地，也许是在上文中提到的1460年授地时并入托马索·达·列蒂的财产，虽然1461年和1462年的日期也不应该被排除。博比奥伯爵是路易吉·德尔韦尔梅，他女儿安东尼娅在1451年嫁给了弗朗切斯科·斯弗扎的私生子斯弗扎（生于1433年，不要与比安卡·玛利亚生于1449年的儿子斯弗扎·马里亚混淆）。在1461年，斯弗扎因为试图帮助让·当茹抵抗阿拉贡人而被自己的父亲囚禁。他作为新堡伯爵的财产以及土地，也许是他通过自己的妻子继承而来的，这些此时有可能被授予或置于托马索·达·列蒂的托管之下。另一个机会可能发生在1462年，谎报弗朗切斯科·斯弗扎逝世的消息在皮亚琴察引起了一场叛乱。奥诺弗里奥·安圭索拉和蒂贝托·布兰多利诺伯爵被囚禁，而他们的土地在此时也被没收。不对文献进行仔细的核查，是没有办法确定托马索·达·列蒂领地的范围和性质的，而这些文献很多都已经遗失了。他获取博比奥领地有数量充足的机会，这仅仅有助于表明，菲拉雷特的远足很可能是有事实基础的。我在别的地方表述过（started 恐为 stated 误——中文译者注），这次旅行很可能发生在1461－1463年之间的某个3月。那么，如果我们假设这趟旅行确实发生过的话，它一定早于1464年，因为此时阿里斯托蒂莱·达·博洛尼亚已不在米兰。关于托马索·达·列蒂，参看上文引用的参考书目。关于皮亚琴察的叛乱，见 Lodovico Muratori，*Annali d'Italia*，22（Florence，1827），第347页。关于皮亚琴察地区的那些城堡，见 P. Andrea Corna，*Castelli e roche del Piacentino*（Piacenza，n. d.）。关于对特雷比奥和努雷山谷地形的描述，见 L. V. Bertarelli，*Emilia e Romagna*，Guida d'Italia del Touring club Italiano（Milan，1935），第273和285页。关于斯弗扎和路易吉·德尔韦尔梅的信息，参看 A. Giuliani，“Di alcuni Figli di Francesco I Sforza，” *Archivio storico lombardo*，*43*（1916），34－38，以及 L. Cerri，“I Conti Sforza－Visconti e il Feudo di Borgonovo，” *Archivio storico per le Provincie Parmensi*，n. s. *15*（1915），125－130。

308 意思是，它没有顶。

309 位于费列莱的铁熔炉的描述，是现代欧洲最早最完整的对炼铁技术的讨论之一。原文翻译起来有些困难，因为，就像一位批评家在信中写道的那样，对于这一过程来说，“菲拉雷特是一位聪慧但缺乏经验的观察者”。

在费列莱炼铁的过程，可以用现代术语进行简要地描述。矿石首先通过石灰烘烤来进行熔炼。然后把它碾碎为装填做准备。熔炉本身很可能属于 *cannecchio* 类型，即一个倒锥形，里面交替放上若干层木炭和石灰与矿石的混合物。高效熔炼所需的送风，由交替送风的双重风箱提供，它要么是通过一种常用的喷嘴，就像菲拉雷特说的那样，要么是若干单个的，它与引入风道侧面的烟道相接，这种可能性更大。位于费列莱的熔炉，是一座真正意义上的熔炉，它把矿石熔炼成铁水，而不是炼铁炉里的多孔块。在熔炉中收集够了足够量的铁水之后，铁槽口就被打开，熔化的金属便被导入一口水井，它将在那里形成颗粒。这些颗粒接下来被收集起来，送到第二个熔炉里，即精炼炉，它们在那里被加热到一种接近熔化的状态，然后用锤子加工成锻铁。

这段内容的全部含义是不容忽视的。显然，菲拉雷特再次描述了一次真实的旅行，还有他观察到的一种流程。这一段显示出了文艺复兴时期对所有类别的技术和知识的兴趣，而不是在追求天马行空的幻想。同时，这一段对于技术史以及技术与机器从近东向欧洲传播的过程而言，也是非常珍贵的资料。

对费列莱的熔炉进行的更为细致的讨论，请见我的文章“Filarete's Description of a Fifteenth Century Italian Iron Smelter at Ferriere,” *Technology and Culture*, *4*（1963），201－206，特别是由李约瑟、西里尔·史密斯和沃泰姆在《技术与文化》［5（1964）］中所作的增补和修正。我还要感谢加拿大铁业的雷德尔对菲拉雷特所描述的颗粒化过程的解释。

310　对于菲拉雷特和其他任何一位熟悉罗马古迹的人来说，格罗塔费拉塔很可能都是非常熟悉的，因为它在著名的古迹乡的范围以内。庇护二世明确地把塔斯库勒姆的西塞罗别墅定位在那附近。这座修道院以前和现在都处于希腊教规之下。菲拉雷特的描述与一般的观点相左，后者认为，铁矿到了公元5世纪就已经被挖空或者废弃了。

311　这段近乎无法理解的文字与1411年帕本（第181v页、第26－28行）丝毫不差。圣马可抄本几乎略去了所有熔炼的实际描述。我感觉这里的意思是，教堂和它所处的位置一样粗陋。超过一半的屋顶已经没了，因此它闪耀着阳光而不是金光闪闪。

312　第二善本和帕本都有脱漏，但没有显示出留空。圣马可抄本中略去了所有狩猎和正餐的场景。

313　乔其奥·特雷比宗达1459年在威尼斯讲授修辞学时，每年有150杜卡的薪水（Marino Sanuto, *Vite de duchi di Venezia*, in Muratori, *Re. It. Scrip*, *22*, col. 1167）。

314　第二善本抄本134r，第14行：“furono al piano delterreno. Et cosi umpoco piu altetto lasciamo tutto questo.”

帕本抄本第190v页，第15－17行：“e tutte fino al piano del terreno. E cosi uno poco piu alto lassamo a questo termine tutto excepto.”

315　上文（第127v页）的一段描述，把铁水比作青铜和钟铜从熔炉中流出的状态，那一段和此处的描述，可以让人认为菲拉雷特对于铸造青铜的实际工艺非常熟悉。但这并不一定证明他真的铸造了自己的作品；他可能只是一个旁观者。在意大利中世纪和文艺复兴时期铸造工艺研究上处于领导地位的权威，是布鲁诺·贝亚尔齐，他在谈话中向我表示，在这一时期，实际的铸造工作基本上是由制作大钟或大炮的铸工来完成的。

玻璃制品中，还没有迹象表明哪件可以被认定是菲拉雷特的。他自己在上文中的描述以及引用的文献（第九书注释），明确地表示出他了解其制作工艺。他对于建造和操作熔化玻璃的炉子究竟知道多少，就只能进行推测了。

316　立面图不存在。

317　这既可以被视为洛伦佐·达·科尔内托，也可以是达·科尔托纳，因为菲拉雷特的起名规则并非一成不变。厄廷根（*Tractat*, p. 727, n. 1）当时无法确定此人的身份。佛罗伦萨大学的欧金尼奥·加林对于考订其他的米兰人文主义者非常有经验，而他也承认，并不熟悉一位名叫科尔内托或科尔托纳的洛伦佐。不过，他确实把我带到了一处收集手稿的地方，那都是被遣往佛罗伦萨的米兰大使尼科代莫·特兰切蒂尼·达·蓬特雷莫利收到的书信（参看下文第二十五书注释）。在这些藏品中，有一封来自在科尔内托的圣灵大教堂修会教长的信，其中推荐了一位叫洛伦佐·维泰莱斯基的人去进行布道（第108r页），这封信保存在佛罗伦萨的里恰尔迪图书馆（Ms. Ricc. 834）。

318　这些地方官和金柜的做法在15世纪是相当典型的。在马焦雷医院和米兰大教堂也有同样的做法。

319　这似乎是在暗示一个早期版本的结尾，但菲拉雷特继续着他的讨论，并且直到第142v页才结束第十七书。同样的事情发生在第十八书的第150v页上，该书直到第151v页才结束。我已经提出了一种可能性，即菲拉雷特的论文可能曾经只有二十书，然后在献给皮耶罗·德·美第奇时扩展到二十一书，再加上讨论制图的三书以及关于美第奇的最后一书。必须承认，这纯粹是一种猜想，而且对于各书长短不一，以及在第十七至二十一书的结尾中出现的差异来说，它并不是唯一的解释。

320　230臂长显然是一个文书把250臂长给抄错了。

321　菲拉雷特的善恶堂的重要性，以及“善”与“恶”的象征性人物出现在“位于十字路口的赫尔克里斯”

这一主题中，这样的早期实例的重要性，已经由帕诺夫斯基进行了阐释，并由莫姆森做了解析。

可以理解，菲拉雷特对自己的创作非常自豪。据他所知，从来也没有人尝试着去表现一般的“善”，只有个别的善。尽管埃吉迪提出过一个更早的实例，但没有菲拉雷特的人物那么明确，而且过于含混，导致其完全有可能被菲拉雷特所忽视。这一创作的动因，在这篇论文中可以看得很清楚，菲拉雷特首先用他对“意志”和“理智”的描述，开始向“善”的人物造型前进。随后由黄金书的封面进行推进，采用的是语言而不是图像的方式，最后在这里达到了高潮。“善”的人物造型，显然是在尝试着囊括所有已知的“善”的造型，但却从来没有在菲拉雷特的头脑中确定下来一个明确的形象。这里的戎装男子，或许是一位基督教运动员的形象，一手拿着象征胜利的棕榈叶和象征丰饶的海枣，但在下文（第145v页）却赋予了他月桂和橄榄。此外，在原来的解释中出现的赫尔克里斯的大山，出于实际的考虑，被换成了“善”的剧场。蜂蜜之河变成了一泉清水，而男性人物最终被众缪斯神所包围。这位基督教运动员因此就变身为阿波罗。而这个人物很快就会吸收贤德庙中的四位名义神，菲拉雷特的意图是很明显的。通过使用这两个具有象征意义的人物（而且“善”的人物造型确实受到了重点强调），他试图尽自己所能把基督教和非基督教的象征手法融合在一个统一而又具有鼓动性的实体之中。“善”的人物造型同时兼有全部非基督教和基督教的德行，以及它们通过赫尔克里斯、阿波罗、基督和基督教运动员的人格化表现形式。这一象征形式在过去被认为过于复杂，并且需要大量的阐释才能得以成立。它在15世纪可谓独树一帜，且在此后已知的作品中，没有直接受其影响的作品。

Erwin Panofsky, *Hercules am Scheidewege und andere antike Bildstoffe in der Neueren Kunst*（Leipzig－Berlin, 1930）。尤其要参看 Exkurs III, pp. 187－196。

Theodor E. Mommsen, “Petrarch and the Story of the Choice of Hercules,” *Journal of the Warburg and Courtauld Institutes*, *16*（1953）, 178－192.

F. Egidi, “Le Miniature dei codici barberiniani dei *Documenti d'Amore*,” *L'Arte*, *5*（1902）, 89 ff.

另关于高山和岩洞，参看：Frederick Hartt, “Mantegna's Madonna of the Rocks,” *Gazette des beaux-arts*, s. 6, *40*（1952）, 327－342。

322 Porta Areti：至善门。Porta Chachia 或 Cachia：万恶门。

323 这是菲拉雷特首次提到波斯柱式。他们在菲拉雷特的建筑中，构成一个整体的组成部分，见下文（第150r页）。

324 即万神庙。其青铜部分在17世纪被移除了。

325 月桂在这里取代了在前文中提到这一人像时所出现的海枣树。从本质上看，“善”现在变成了“帕尔纳索斯山上的阿波罗”这一主题的一种变体。

326 看起来在菲拉雷特为冠军花环所选择的材料与古代的材料之间，没有什么关系。根据普林尼（《自然史》，12.2），橡树是朱庇特的圣树，而杨树是赫尔克里斯的圣树。拓展开来的话，全能冠军就可以得到橡树花环，而步兵是杨树花环。不过，在罗马时代，橡树一般是赠与“国家救星”的公民花环（普林尼，《自然史》，16.2－3）。草制花环给那些化解围攻的人（普林尼，《自然史》，22.4－6）。

327 这个少女要戴的花冠应该是用越橘制成的，这是桃金娘的一个变种。这里讲的桃金娘（此处及狄奥多·西库鲁斯 *Bib. hist.* 1.17.4－5）都是维纳斯的圣物。

328 Ciaramelle（风笛）= cennamella（双簧管）。参看 *Dizionario universale*, l'Abbate d'Alberti di Villanuova（Lucca, 1797）。

329 这一段所描述的规则，与前面讨论“丘比特学院”各行业的内容相似（第138v页及其后）。

330 菲拉雷特为贤德庙所做的方案或许是本文中最远大、最具原创性的工程之一。我已经对这座建筑进行了简要的讨论（*Journal of the Society of Architectural Historians*, *17*, 1958, 10－18），并以此提醒人们关注其位于米兰的圣洛伦佐和位于罗马的哈德良陵墓这两个原型。参看导论中英文版图版21、图版22。

331 另有一人在行间加上了数字½。

332 现存的抄本中没有人像是牵着手的。

据我的浅薄知识判断，这是现代出现的第一个波斯柱式或者女像柱形象之一。这些形象的来源很可能是维特鲁威（1.1.5和6）。然而，在帕维亚直到1584年还保存着一座被称为波伊提乌塔的塔，上面同时使用了波斯柱式和女像柱。关于这座塔的复原，参看 Carlo Magento，*I Visconti e gli Sforza*，plate opposite p. 162；and S. Gallo，Codex Barberini，fol. 13v。

333 这些古代的“恶人”可以在很多出处中找到。萨达纳帕勒斯很可能源自狄奥多·西库鲁斯（2. 23），因为该作者已经被菲拉雷特引用过。罗马帝王的暴行有大量的描述，其中有塔西佗、苏埃托尼乌斯、迪奥和普卢塔赫。

要鉴定菲拉雷特的这位同时代的人，对于文艺复兴时期雇佣兵队长的个人事迹没有丰富的知识，那会是相当困难的。西吉斯蒙多·马拉泰斯塔总会立刻出现在这样的事例中，而且他事实上在1450年被指控犯有与这里描述的第二件事相似的罪行，其中也牵扯一位日耳曼贵妇及其随从，地点在维罗纳地区的某处（Marino Sanuto，*Vite de duchi di Venezia*，in Muratori，*Re. It. Scrip. 22*，col. 1137）。

334 可他并没有讲。

335 下列艺术家的名单很可能来自一个“常见人物”的名单，这对于希望通过适当地引用古代艺人来为自己的作品增色的作家来说是唾手可得的。从这个意义上讲，菲拉雷特处于雅各布·达·贝加莫和波利多罗·维尔吉利奥的名单之间。主要的出处可以从维特鲁威和普林尼的作品中找到，还有一些直接借鉴了阿尔伯蒂的《论绘画》。尽管如此，重复的名字及其拼写的变体表明其资料来源非常丰富，而拼写错误的数量很可能意味着资料的来源漏洞百出。例如，帕库维乌斯被称为“帕尼乌斯，悲剧诗人，尼努什的外甥”。

埃及迷宫。很可能出自普林尼《自然史》36. 19，却没有提到米尼多特斯和韦尔纳龙。

马库斯·马赛勒斯和阿基米德。可用的资料非常丰富，但所用的很可能不是由格里诺在15世纪翻译的普卢塔赫的《马赛勒斯传》，就是普林尼的《自然史》7. 38。

米尔梅西迪斯，即梅尔麦蒂迪斯。普林尼《自然史》7. 21. 87。还有薄伽丘《十日谈》。

巴特拉库斯和绍鲁斯，即 Batrachas 和 Saurus。普林尼《自然史》36. 4 中说他们是“奥克塔维亚的柱廊所包围的各座神庙”的建造者。

卡纳楚斯，青铜雕刻师。普林尼《自然史》34. 19 和 36. 4。

雅典人第欧根尼。普林尼《自然史》36. 4。他被认为给阿格里帕的万神庙进行了装饰。

阿杰桑德和波利多鲁斯，即 Alixander Polidorus，他与下文提到的阿忒诺多鲁斯雕刻了拉奥孔。普林尼，36. 4。

罗得岛的阿忒诺多鲁斯，即 Atonodorus Rodianus。

阿凯西劳斯，即 Argelaus sculpi，一位大理石雕刻家。普林尼《自然史》25. 45 和 36. 4。

下列人物出自普林尼《自然史》36. 4：利西亚斯、波利卡尔姆斯（即 Pulicarmus）、菲利斯库斯（罗得岛的，即 Fliscus）、波利克利斯（即 Polices）、狄奥尼西奥斯、阿里亚努斯·伊万德（即 Iceron Evandro）、以弗所的苏格拉底（普林尼在书中没有指明地点）、迈伦（即 Miroron）（亦见于普林尼 34. 19），特拉里斯的阿弗罗迪修斯（即 Iscusor Trallianus）、帕皮鲁斯（即 Paphi），以及塞菲索多图斯（即 Efisodomus）（亦见于普林尼，34. 19）。

迪亚底斯。维特鲁威，10. 12。

希莱努斯。维特鲁威，7. 前言. 12，14。

玛尔希亚斯。普林尼《自然史》7. 57。

阿特拉斯（即 Athalas），萨摩斯人毕达哥拉斯和恩底弥昂：普林尼《自然史》2. 6。

利希斯特拉图斯。普林尼，《自然史》35. 44。

斐洛。普林尼，《自然史》7. 37 和维特鲁威，7. 前言。

赫莫杰尼斯。维特鲁威，3. 2. 6。

阿塞西乌斯（即 Argelius）。维特鲁威在第7书前言中认为他是一位讨论科林斯式比例的作家。

埃斯库拉皮乌斯。是对维特鲁威 7. 前言. 12 的一个误解。

下列人物全部源自维特鲁威，7. 前言. 11，12：雅典的阿加萨霍斯、希莱努斯、西奥多勒斯、凯西弗隆、梅塔基尼斯、皮修斯（即 Phileos，因为他正好是下一个）、伊克蒂努斯（即 IC Tiones）、卡皮翁、佛基亚的西奥多勒斯。

陵墓的各位艺术家出自维特鲁威，7. 前言. 12，13 和普林尼，36. 4，有改动。普林尼列出了布里亚克西斯、蒂莫托伊斯、莱奥哈里斯和皮西斯；维特鲁威加上了普拉克西特列斯。

维特鲁威，7. 前言. 14，15 为下列人物提供了出处：凯里斯（即 Caridas）、拜占庭的斐洛（而不是 Philobizanteos)、德莫克利斯、波利多斯（即 Plivides）、阿格斯蒂斯特拉托斯、安提斯塔底斯、安提马基底斯（即 Antimatides）、Cyrrha 的安德罗尼柯（即 Cirestes）：维特鲁威，1.6.4。

塔伦腾的菲洛劳斯、佩尔加的阿波罗尼奥斯和叙拉古的斯科皮纳斯：维特鲁威，1.6.4。

维特鲁威，7. 前言.14 是下列人物的出处：德莫菲洛斯和波利斯。萨马古斯也许是 Sarnaca 的梅兰普斯。迪亚底斯、尼姆弗多鲁斯（即 Nimpho perus）、迪菲洛斯、皮洛士（即 Phirros）、卡莱什鲁斯（即 Calleschierus）、波利努斯（即 Pormos）、乃克萨利斯、塞奥西底斯（即 Teogides）、莱昂尼达斯、梅兰普斯和厄弗拉诺尔（Euphanos、Ephuios 也许是把维特鲁威文本中的 *Euphranor. Non minus* 给抄错了）。

弗兰代特里托，建造了所罗门圣殿的人，并没有出现在《圣经》里。

336 这份古代画家的名单，可以由阿尔伯蒂《论绘画》第二书中得出，而阿尔伯蒂又是从普林尼《自然史》35 和第欧根尼·拉尔修那里得来的。蒂曼底斯以不同的拼写出现了三次，而阿尔伯蒂不认为卡桑德是一位画家。

哈德良很可能出自迪奥·卡修斯，《罗马史》69（概要）3。

福弗拉诺可能是把 Fufidius（维特鲁威，7. 前言.14）看错了。

厄里底斯·格拉菲库斯也许代表 Euchir，这在普林尼 7.57 中有所引用，亚里士多德的书中也提到了。

门拉斯（即 Manlas）、米恰迪斯（即 Mitiades）、阿基姆斯（即 Archimisculus）、阿尔卡米尼斯（即 Archimonide），和阿戈拉克里图斯（即 Agoraclito）都是普林尼《自然史》36.4 中的雕刻家。

337 沃拉里对于一个希腊人来说是一个奇怪的名字，不过 Volario 倒是在 Villani，*Le Vite d'uomini illustri fiorentini*，ed. G. Mazzuchelli（Florence，1847），p.47 中被当做了一个古代画家的名字。普林尼（《自然史》35.15－16）和阿尔伯蒂（《论绘画》p.64）两人都说是埃及人斐洛克里斯和希腊人克里安西斯发明了绘画。论述绘画的其余部分与阿尔伯蒂保持着高度的统一。

338 菲迪亚斯和普拉克西特列斯创作的雕像自然就是《宙斯双子》，它现在位于通向罗马卡彼托山的入口。菲拉雷特的考订建立在一个更古老的传统之上。

阿里斯丢斯。维吉尔，《农事诗》4。

我尚未找到被认为是波利克里特斯和伟人皮洛姆尼斯的发明物的蛛丝马迹。

339 对但丁文字非常自由的发挥。这段准确的描述并没有出现在《神曲》中。

340 菲拉雷特写的有关农业的论文毫无踪迹。他在后文中也提到了它（第 318 页），这给人一种印象，似乎有一部分已经完成了。据我们所知，菲拉雷特不具备足够的能力来讨论农业。尽管如此，这还不足以吓退一个 15 世纪的人，就像阿尔伯蒂所表现出来的一样，他虽然是一个确信无疑的单身汉，却写了一篇关于家庭的论文。

341 普林尼在《自然史》7.56－60 中认为，第勒努斯的儿子 Pysaeus 是小号的发明者，而柏勒洛丰取代 Dardannus 成为了第一个骑手。

伊希斯和墨丘利以下的部分，很可能出自西西里的狄奥多，《历史丛书》1.5.68－84。

342 埃里斯托努斯（战车），普罗米修斯（戒指）：普林尼，37.1，2。

萨达纳帕勒斯。西西里的狄奥多，2.23。

阿苏尔、塞姆之子。闪的一个阿舒尔之子见于 I《历代记》1：17，但是我的字母索引没有把他和紫色联系在一起。

塞米拉米斯。西西里的狄奥多，2.6 中把波斯服饰的发明归功于她。

菲东（重量和尺度）。普林尼，《自然史》7.56－60。Fido 见薄伽丘《十日谈》Ⅱ。

塔尔坎（脚镣）。最有可能的出处是薄伽丘的《十日谈》Ⅱ。

塞尔维乌斯·图利乌斯。李维，1.42.4－5。

尼努什（偶像）。或许出自西西里的狄奥多 2.3 中关于兴建尼尼微并树立雕像的内容。

梭伦：李维 3.31－32。莱克格斯、特里斯迈吉斯图斯和甫洛纽斯可能源自狄奥多 1.94－95。

努马·蓬皮利乌斯。李维，1.18－19。

雅巴尔。即 Chus Eubal。《创世纪》5：20。

犹八和土八该隐。《创世纪》5：21－22。

该隐。《创世纪》5：17。

雷麦克。《创世纪》5：19。

奥达洛。参考雅巴尔。

贝扎利尔。即 Besel。《出埃及记》31：2。

安娜。即 Anna，萨恩的妹妹。《创世纪》36：24 把安娜写成了男性。

343 关于打不碎的玻璃这一幕，菲拉雷特很可能引用了普林尼，《自然史》36.66，那里说这件事发生在台比留统治时期。这一事件也见于佩特罗尼乌斯，51 和迪奥·卡修斯，《罗马史》57.21，他也把这件事放在了台比留时期。

344 使用漏壶来确定恒星的起落以及一天的划分方法，几乎在所有古代晚期的算术论文中都有所介绍，例如马可洛比乌斯，《论〈西比奥之梦〉》1.21.12－21。

345 见普林尼，《自然史》35.19，34 中关于菲迪亚斯的论述，35.19 中关于普拉克西特列斯的论述。

346 这些列出的雕刻家的名字在抄写的过程中频繁出错，他们出自普林尼，《自然史》34.19，而且几乎没有改变顺序。在波利克莱托斯的弟子的名单末尾处的“Emiorn”被隔开了，一种可能的解释，可以由普林尼在书中把莱修斯列为迈伦的学徒之一时使用的短语得出，而迈伦是一位雕刻家，他的名字经常被菲拉雷特和他的文书搞错。

347 卡雷斯被认为建造了罗得岛的巨像。普林尼说布里亚克西斯创作了五尊巨型雕像；菲拉雷特误以为他是奥古斯都之庙里那尊雕像的作者。普林尼的书中（《自然史》34.18）没有提到泽诺多托斯所做人像的高度和重量。

348 普林尼，《自然史》34.19 及 36.4。

349 同上书，36.4。克尼多斯岛的维纳斯没有被维斯帕先运到罗马。菲拉雷特把它同斯科帕斯所做的一件维纳斯弄混了，普林尼说后者的雕刻时间要早于普拉克西特列斯的那件。被认为是阿尔希拜亚迪斯的作品缘于一段文字的误解，内容涉及一位无名氏所做的该哲学家的胸像。丘比特和萨梯的描述亦是。菲拉雷特对于大陵墓尺寸的描述与普林尼稍有出入，后者是总高 140 呎，底部周长 440 呎。

350 下一段（到第 269 页）与阿尔伯蒂（《论绘画》第 63－94 页）几乎是一字不差，只是顺序略有调整，拼写有很大不同。

351 显然是菲拉雷特为了炫耀他的罗马前辈而加进去的。

352 要么是菲拉雷特记错了，要么是文书抄错了，总之把这段故事归于卢克莱修斯而非卢西安是不对的。此处“Insidia”的拼法取代了“Invidia”是一个小错。这些拼法的细小差异、考证的错误，已经下文中鉴别美惠三女神时彻底的混乱，很可能是因为依据的是菲拉雷特在佛罗伦萨对阿尔伯蒂文字道听途说的记忆，或者是因为他所看到的抄本残破不全，也有可能是因为现存的抄本有讹误。除了拼写的不同以外，菲拉雷特的文本与阿尔伯蒂的（《论绘画》第 90－91 页；《论绘画》意大利文 Mallé 版第 104－105 页）在顺序和主题内容上完全一致。此处出现的“赤裸的‘真相’”以及下文关于美惠三女神的一段，明确地表示出所依据的是阿尔伯蒂对卢西安而不是菲勒佛的译文。

353 即赫西奥德、厄弗洛尼希斯、普拉西特拉。参照阿尔伯蒂《论绘画》第 91 页。

354 同上书第 54v 页及注释。

355 参照上书第 56r 页和普林尼《自然史》35.47，40。

356 无图，但可以看第 158r 页图。

357 这座武器库在文字描述上与维特鲁威（5.12）和阿尔伯蒂（《论建筑》IV.7）相关。同一形式的各种变体也出现在弗朗切斯科·迪·乔其奥的文章中。还请看上文第十二书注释。

358 在这里进行了描述并附有插图的船，也许是在尝试复原一艘罗马的船只，其依据是各种雕刻造型（参照 San Gallo Barberini 抄本第 35r 页及 Codex Escurialensis 第 65－66 页）和阿尔伯蒂在内米湖建造船只的尝试。非常巧的是，莱昂纳多·达·芬奇在他的笔记中记载了一个非常相似的事件。“在干地亚、伦巴第，很可能是帕维亚以西、亚历山德里亚省以北的干地亚·洛美利纳，靠近帕格里亚之亚历山德里亚的地方，一些人正忙于为在那里有房子的瓜尔蒂耶里大人挖井，在大约地下 10 臂长深的地方，发现了一艘大船的骨架；由于木材已经变黑而且状况绝好，瓜尔蒂耶里大人认为，应该把井口扩大，以便露出船的两头”（Trans. Edward McCurdy，*Notebooks of Leonardo da Vinci*，*1*，New York，1938，356）。

359 西西里的狄奥多，《历史丛书》2.13.5－8。阿尔伯蒂（《论建筑》2.2.24）提到尼禄、Suetonius（Clau-

dius 20）提到克洛狄乌斯、希罗多德（3.60）提到萨摩斯人打通山体的事。显然菲拉雷特是在模仿古代的工程，但对其中的困难缺少清晰的认识。

360 菲拉雷特描述的水道系统，是包含了一个罗马水道（在菲拉雷特的时代及其后，有些墩子用来住人）和米兰水渠特征的混合体。拱架的形式和功能显然是罗马的；水道中行船则在明确地影射米兰的纳维利奥。

361 城市的平面图（第43r页图即英文版图版1）画了高架渠进城，但没有指明水库。前面的文字没有看出城市运河系统和高架渠的关系，只有一些用于清洁街道的小水池，这可能是后来这一宏大工程的来源。

目前没有已知的关于水轮机的论文，尽管菲拉雷特在前面说了要讨论这一问题。

362 这座苑囿的尺度，以及公爵所谓愈大愈美的评论，看来证实了菲拉雷特的狂妄。事实上，菲拉雷特很可能是把在帕维亚的维斯孔蒂宫附属的苑囿作为他的原型，那苑区大到靠近其北端还给了切尔托萨一隅之地。和文中描述的苑区一样，那里有围墙，而且显然有一些分区。菲拉雷特的高架渠流过这一苑区，和纳维利奥流过维斯孔蒂苑区如出一辙。在苑囿里放置猎物，是效仿了在米兰与斯弗扎城堡相连的大型苑区的做法（参看 Beltrami *Castello*, pp. 201 – 202，219，弗朗西斯科 · 斯弗扎有关在米兰苑区放置禽兽的文字）。

363 用 *sotto* 代替 *sono*。

364 塔西佗《编年史》11.1。

365 这一幕也出现在皮萨内罗制作的在阿拉贡的阿方索的奖章背面。我不清楚这一幕和奖章是否反映了事实，也许菲拉雷特用奖章的主题是要奉承阿拉贡家族，因为他们马上（1465年）就要通过伊波利塔嫁给阿方索二世而与斯弗扎联姻。

366 这段开头的方法似乎回到了第157r或157v页，黄金书的阅读就是在那里被打断了，菲拉雷特被命令去给城市分区，并为各行业选址。这样的话，猎苑的描写和狩猎的场景，就很有可能是后来为了扩充第二十和二十一书的内容而加上去的。

367 菲拉雷特的监狱学理念和他其余的论文一样，都是文艺复兴、古代和现代做法的奇怪综合。这座大型监狱的基本组织在市长厅及其监狱里已经说明（第71v页），只是前面的观点到了后来有了惊人的新发展。菲拉雷特在他理想的监狱里废除了死刑，这大大超越了他的时代。只不过他的理由并不是道德方面的，而是出于实用。他和其同时代的人一样无视囚犯的痛苦；文中的囚犯都被刑罚和劳役折磨的半死不活（第166v页），而且他也没有想过废除折磨。不过倒是有一个监管系统和监狱生产模式，狱友可以借此获得微薄的收入。这种与现代非常相似的做法，是建立在古代模式和文艺复兴时期的资产阶级理念之上的。尼禄曾经释放被判刑的罪犯去兴建他的“黄金宫”（Suetonius, *Vitae*, Nero 31）。西西里的狄奥多（1.65.1 – 3）记载了一个叫萨巴科的人在埃及废除了死刑，并派囚犯去做苦工，为的是“拿犯人创造的相当有用的东西来换毫无用途的刑罚”。引用的这最后一句肯定也是菲拉雷特处置囚犯的基本理念。但是，他同时也表现出资产阶级不愿浪费一门有用的手艺和生产力的态度。正是这最后一点，使他通过监管系统、微薄的薪酬以及告发狱友的奖励来刺激囚犯们。刑罚的描述很古怪，罪犯家属的处置是一种毫无必要的残忍，但是这一惩戒系统的基本理念，已经比佛罗伦萨大牢、维纳斯监狱、圣安杰洛堡，或者任何其他15世纪意大利监狱的管理先进了好几个世纪。

368 1411年帕版从这里断开，在第二十五书继续。

369 下面的禁奢令，有些是根据当时意大利和西欧通行的规定制定的，它限制了可佩带的珠宝的材料、数量和价值。另外，菲拉雷特还近乎幻想的设计出一个统一穿着制服的乌托邦，在那里各个阶层是严格确定的。

370 实施普查的办法与佛罗伦萨使用的很相像，那是根据每个接受洗礼的婴儿的性别，在匣子里放不同颜色的豆子。不用说，菲拉雷特的方法更广泛而且盈利更多。

371 很可能是西西里的狄奥多1.71，但是在第十二书里，还有很多君主大事兴建的例子。

372 菲拉雷特或是他的文书，错误地把狄奥多称作一个叙拉古人。下面的讨论一直到第二十书末尾，都是从狄奥多1.77 – 81引入的，菲拉雷特几乎没做什么改动。

373 用黏土和砂过滤海水的方法，也出现在阿尔伯蒂的《论建筑》（X.8）。因为二者都熟悉威尼斯的做法，我认为这种过滤方法也被使用了。

374 第二善本的遗失无法通过1411年帕本弥补，后者从之前的四张对开页处就断掉了。

375 鉴定这个“沼泽地区的建筑”及其作者有些问题。资料显示，菲拉雷特和在威尼斯大运河上的公爵府

（在 S. Samuele 地区）的规划和兴建几乎没有什么关系。然而这篇论文的附图，却和今天这座建筑的遗迹非常接近。

376 后面几页描述的旋转塔，看上去没有任何明确的古代原型，尽管它在文艺复兴的作品中相当频繁地出现，例如洛马佐的《Idea del Tempio della Pittura》。可能菲拉雷特误解了圆形建筑的内涵。不过，这座塔的形式与罗马的哈德良墓或塞西利亚·梅特拉类型有明确的关系。该建筑不是很实用，而且看上去除了炫耀建筑师的能力以外，对城市几乎没有什么明确的用途。

也许这座塔最重要的地方在于其顶部的骑马像（第 172r 页图 B 和英文版图版 15）。据我所知，这是全圆雕的跃马题材在现代雕塑中的首例。在高柱的顶端放置骑马像的做法想必菲拉雷特是知道的，从帕维亚的《莱吉索雷》以及他提到过的关于在君士坦丁堡的查士丁尼像的文字描述中都可以了解。不过，跃马题材不可能已经用在了任何他所知的全圆雕骑马像上。其来源应该是罗马硬币和宝石以及石材上的浮雕。在圣彼得大教堂的青铜大门上也有一个类似的形式，它同样源于罗马硬币。这是菲拉雷特原创性的一个标志，他看到了二维形式内在的可能性，并设想出了一种新的骑马像。受菲拉雷特这一创新之影响的人，有很多都是相当有名的；这里只需提一提在慕尼黑和纽约的两件波拉约洛的作品（参看 Milan，Sergio Ortolani，*Il Pollaiuolo*，1948，plates 134－135）以及莱昂纳多对斯弗扎和特里武尔齐奥纪念碑的研究。过去的学者不太愿意承认菲拉雷特作品的价值，并且否认他对其他艺术家有过任何贡献，除了一些极其有限的影响。在这明显是为弗朗切斯科·斯弗扎设计的纪念碑中出现的跃马，刚好再次出现在 15 世纪佛罗伦萨人波拉约洛和莱昂纳多被召来为弗朗切斯科·斯弗扎的骑马像进献方案，这绝非偶然。不论直接还是间接，菲拉雷特对后人产生了深远的影响，而且可以肯定他对贝尼尼的《君士坦丁》和法尔科内的《彼得大帝》的决定性作用。

377 安东尼奥·阿韦利诺，参看第十四书的注释。

378 这一处佚失，和抄本的很多其他地方一样，在原稿中可能是用希腊词填写的。

379 锡耶纳的圣菲利波。圣菲利波温泉，在瓦尔道尔契亚，靠近圣奎里科。

锡耶纳的阿维尼奥内之泉。维纽尼温泉，在瓦尔道尔契亚，靠近圣奎里科。

锡耶纳的派特里沃洛之泉。派特里奥洛之泉，在锡耶纳和格罗塞托之间。

马切莱托之泉。同上，在马切莱托大桥，或者是指在马尔凯地区的马切拉塔附近的温泉。

维特堡。维特堡之温泉仍叫做布利卡莫，也就是沸腾。但丁《地狱》（XIV. 79－81）中有所引用。

泉中圣母。罗马以北。

阿斯科利附近的圣水。圣水镇在阿斯科利和列蒂之间的马尔凯地区和拉提姆的分界上。

比萨附近的水中泉。卡斯恰纳之泉，以前的 *ad Agnas*。

博洛尼亚附近的波莱塔泉。在皮斯托亚和博洛尼亚之间的亚平宁山脉。

在皮埃蒙特的阿奎之泉。阿奎。

瓦尔泰利纳。见下，在瓦尔泰利纳和圣马蒂诺的马西诺。

圣马蒂诺之泉。实际是在瓦尔泰利纳。

380 在皮斯托亚和雷焦之间的温泉很可能是指波莱塔。

人们很可能以为文中写的这个被神奇治愈的人就是弗朗切斯科·斯弗扎。据悉，在 1461 年底、1462 年初他被认为无药可救，甚至已经宣布其死亡。不过与文中重合的部分只有神奇的治愈；弗朗切斯科患有痛风和水肿。关于伦巴第温泉，斯弗扎对其的使用，特别是弗朗切斯科·斯弗扎于 1462 年为在博尔米奥取水所做的精心准备等更多内容，可以参考卡泰利娜·桑托罗写的《Milano d'altri tempi》（米兰，1938 年），第 199－203 页。

黄金书的虚构到此结束。本书的剩余部分是对维特鲁威（8.1）所做的高度浓缩。参看阿尔伯蒂《论建筑》（X. 9）的类似处理。

381 下面关于制图的三书主要是以莱昂·巴蒂斯塔·阿尔伯蒂的《论绘画》为基础的，也有一部分源于他的《绘画基础》。厄廷根（*Tractat*，p. 737，n. 1）认为菲拉雷特可能已经看过这些书的意大利文版本，但是不排除他熟悉拉丁文版本的可能（参看第二十四书注释）。菲拉雷特以“我的巴普蒂斯塔”来称呼阿尔伯蒂，似乎是要表明二者的私人关系，甚至可能非常要好。总之，菲拉雷特希望简化阿尔伯蒂的概念，仅仅在论述的过程中保留了阿尔伯蒂的结构。在后文中，我将只会指明菲拉雷特对阿尔伯蒂有非常明显的借鉴，以及他们截然相反的地方。剩余的部分可以认为或许是他自己在行业知识，或者是希望囊括的相关事实的基础之上进行的发挥。

382　菲拉雷特将点与数字一联系起来，这有别于严格意义上的阿尔伯蒂式的定义，但却对不谙几何的人来说通俗易懂。菲拉雷特还沿用了阿尔伯蒂曾经使用的材料（马可洛比乌斯《论〈西比奥之梦〉》2.1.8），那里有相似的论述。此处和下一页的定义源于《论绘画》第43－44页，以及吉洛拉莫·曼奇尼编的《Opera inedita et pauca separatim impressa》（佛罗伦萨，1890）中的《绘画基础》。"缘"一词只出现在《绘画基础》的第50页。

383　交线成角和交面成线的方法源于阿尔伯蒂的《论绘画》第44页，以及《绘画基础》第50页。菲拉雷特所述下文源于《绘画基础》第50和52页。术语完全相同。

384　普林尼，《自然史》，35.36。

385　画圆的方法是《论绘画》第71页的节选。

386　从这里到第二十二书的结尾，菲拉雷特基本上和阿尔伯蒂是一致的（《论绘画》第44－48页），只是很多例子是他自己的。阿尔伯蒂只举了簧和柱作为复合表面积的例子，而菲拉雷特加入了更加普通的物体，桶、鲁特琴、竖琴和鼓。他把烛光和磁力画成和光线一样，而这不是准确的阿尔伯蒂式的方法，但比他所做的任何东西都更加生动。笼子和金字塔的类比是阿尔伯蒂首先使用的（第47页）；草帽却不是阿尔伯蒂的方式，但依然是更加生动的做法。阿尔伯蒂认定他的读者非常熟悉几何，所以用金字塔作的一个简单定义就足够了；菲拉雷特则引用了文学和形象的实例。

387　厄廷根（*Tractat*，p.737 n.1）认为菲拉雷特熟悉阿尔伯蒂论文的意大利版本。这可能是建立在目前仍然比较普遍的一个观点上，即文艺复兴时期的艺术家基本上只会意大利语，还有一点足够让他们看懂合同大意的拉丁文法律词汇。我觉得这个观点把问题搞得太简单了，尤其是对于菲拉雷特来说。他对波焦翻译的西西里的狄奥多的作品非常了解，足以证明其拉丁文的阅读能力。他在这里说，视力是一个要留给哲学家讨论的哲学问题，而这一论述没有出现在任何现存的意大利语版本的阿尔伯蒂的论文中，倒是所有的拉丁文版本中都有（参看《论绘画》第46，49页）。另一处只可能出自《论绘画》拉丁文版的引用，这在下文第313页中出现，也可以证明菲拉雷特对绘画的讨论是以拉丁文版本，而不是意大利文版本作为依据的。

388　人乃万物之尺：阿尔伯蒂（《论绘画》第55页），他引用的是第欧根尼·拉尔修的《哲人言行录》，9.51。

下面关于透视构成的讨论，来自阿尔伯蒂（《论绘画》第56－58页），而它更明确。将画布比作窗户，把基线分成正交的模数，以及按人的三臂长量度建立的截线收缩，都是严格意义上阿尔伯蒂式的作法。阿尔伯蒂没有像菲拉雷特那样大胆地表述地平线的高度；他只是说中心点（或者灭点）以及水平线在其与图中的人物等高的时候才正确。阿尔伯蒂也没有很清楚地给出中心点的位置。总之，这一点确实落在了中心线（或者地平线）的中间，但并不一定在图画的中央。还有大量灭点偏心的例子，尤其是雅各布·贝里尼的笔记。

从阿尔伯蒂较为含混的论述中演绎出来的方法（参看《论绘画》第一书注48），通过此处建立截线收缩的方式得到了澄清和证明。

389　关于伯鲁乃列斯基以及透视构图起源的最新讨论，参看R. Wittkower，"Brunelleschi and Proportion in Perspective，" *Journal of the Warburg and Courtauld Institutes*，16（1953），275－291；还有John White，*The Birth and Rebirth of Pictorial Space*（London and New York，1958），pp.114－121。Richard Krautheimer（*Lorenzo Ghiberti*，Princeton，1956，pp.234－248）提出了关于伯鲁乃列斯基的实验最可信的解释。Decio Gioseffi（*Perspectiva Artificialis*，Universtià di Trieste，1957，pp.73－83）研究了菲拉雷特提到之发明的另一方面，并将使用一个类似镜子的平面作为全部试验的基础。另参看A. Parronchi，*Studi sulla dolce prospettiva*（米兰，1964）。

390　在透视中放置人物或建筑的方法来自阿尔伯蒂（《论绘画》，第70－71页）。阿尔伯蒂的构成里也有圆形和多边形，不过与菲拉雷特更接近的是Piero della Francesca，*De Prospectiva Pingendi*，ed. G. Nicco Fasola（佛罗伦萨，1952），*I*，79－84 and 2，figs. xvi－xx。

391　这些为透视系统的辩护在此是以阿尔伯蒂（《论绘画》第75页）为出发点的，而菲拉雷特接着进一步提出了很多观点，后人对这些观点有广泛的沿用，比如皮耶罗·德拉·弗兰切斯卡和莱昂纳多，特别是16世纪的作家。

392　下面关于礼节或者得体的论述源于阿尔伯蒂（《论绘画》第80－81页），尽管菲拉雷特用了自己的例子，而且在讨论低级动物秩序的时候，将这一概念发展到了阿尔伯蒂不会发展的地步。

393 菲拉雷特对多纳泰罗的作品格提米内特和圣洛伦佐的旧圣器室的非议，出现在他对圣乔治的赞美之后，确实是令人吃惊的。据我所知，这是最早的关于该雕塑家的书面上的褒贬。不管菲拉雷特批评的首要目的是什么，他最少反应出了一种15世纪的艺术思想潮流。格提米内特的问题仅在于着装不当。对于这样一个有想象天赋的人来说，看起来多少有些酸腐，不过这很可能来自意大利人不断加深的历史感，还有在他们和古人之间形成的隔阂，以及他们对中世纪的蔑视，和对古代面貌日渐浓厚的考古兴趣。菲拉雷特所作的评述大概前无古人后无来者，因为与他同时代的人，以及后来几个世纪的人，都愿意被描绘成古代的英雄。不过，他对圣器室大门的批评，在现代倒是少有异议。要想解释这些构图的笨拙，当然可以赖在那些难使的钟铜或者作坊，但事实上，那些人物看起来的确很像是用宽剑搏杀的击剑手。阿尔伯蒂曾经对那些看上去像剑客和演员的人像进行过抨击（《论绘画》，第80页），也许有人会把这一抨击同菲拉雷特在这里的批评联系起来，但从时间上看这是不可能的。

394 讨论非生物的动态时，使用了与阿尔伯蒂相同的术语（《论绘画》，第81页），紧接着就是关于色彩的论述（第81－85页）。菲拉雷特对阿尔伯蒂的内容作了删节，但保留了尼西亚斯和宙克西斯以及镜子的内容。

395 关于绘画能让不在场的人在场、让死人复生的描述，也出现在阿尔伯蒂的书中（《论绘画》，第63页），而阿尔伯蒂又引用的是西塞罗的《论友情》，7.23。

396 这很可能是雕塑与绘画之间最早的一个对比，这种比较从莱昂纳多和瓦尔奇的信件到法兰西学院的争论，后人多有反复，却鲜有结论。菲拉雷特看来倾向于把绘画作为主要的艺术；他让赞助人提出传统的支持雕塑的论点，然后笔锋一转，说雕刻不属于绅士。他从古代和当代引用的实例，被后人过度引用，以至于一点意义都没有了。

397 阿尔伯蒂（《论绘画》，第50页）作了比喻，蓝是气，红是火，绿是海。第四元素土也包括在内，是灰色和灰白。黄被当做一种番红花的颜色（藏红花）（同书第85页）；黑和白（同书第84－85页）并没有被看成是颜色，而是营造立体感的手段。下面关于制作颜料的论述，更接近琴尼诺·琴尼尼的商业配方，而不是阿尔伯蒂的东西。有人（Ernst Berger，*Quellen für Maltechnik*，Vol. 4 in *Beiträge zur Entwicklungs－Geschichte der Maltechnik*，Munich，1901，p 6）提出菲拉雷特引用自然的颜色、花朵、动物等，并不是真的要说明自然存在的这些颜色，而是要指出这些颜色的有机来源。这个观点似乎站不住脚，因为菲拉雷特承认自己对矿物颜料的实际生产工艺一无所知。他熟悉玻璃制造中使用的矿物盐，但即使在这里，那位学者也必须承认“据说”某些矿物产生某种颜料。

398 菲拉雷特在这里食言了。

399 菲拉雷特的调和色与阿尔伯蒂的截然不同（《论绘画》，第84－85页，绿、白、玫瑰、黄；玫瑰配绿或蓝；白配灰或藏花红），一方面是因为，比起阿尔伯蒂所提倡的高调调和色，菲拉雷特喜欢更加丰富且更加传统的颜色，另一方面是因为他更关注视觉上的和谐，而不是心理作用。

400 对绘画中使用金属的批判，来自阿尔伯蒂（《论绘画》，第85页）。不过，菲拉雷特的批评超过了阿尔伯蒂——显然是针对北意大利人——反对在绘画中使用立体物品。尽管菲拉雷特在很多地方都忠实于阿尔伯蒂的评论，他还是不能完全接受对画中使用黄金的批判。阿尔伯蒂能够在蒂朵的箭袋上、她袍子的镶边上和她的马饰上涂色来模仿黄金，却拒绝使用任何金属。菲拉雷特只在必要的地方使用黄金，以便让绘画“微微发亮”。在这一点上他采用了当代的方法。

401 乔托在圣彼得大教堂的《扁舟》，阿尔伯蒂所提到的唯一非古代的绘画作品（《论绘画》，第78页），很可能还有卡瓦利诺在特拉斯特维雷的圣玛利亚教堂里的马赛克。

402 下面关于典故和姿势的讨论源于阿尔伯蒂（《论绘画》，第72－81页），尽管事例主要是菲拉雷特的。

在一个典故中最多只能有九个人物这一论述，只见于阿尔伯蒂的《论绘画》拉丁文版，但没有出现在意大利语的文本中（参看《论绘画》，第76页及注54）。阿尔伯蒂觉得可以在其意大利语译文中略去这一论述；而菲拉雷特认为这一论述需要修改。

论述人物动作得体的部分与阿尔伯蒂是高度一致的（《论绘画》，第80页）。

403 方括号的部分在抄本中用点作了划除记号。

404 这七种姿势来自阿尔伯蒂（《论绘画》，第79页），而他引用的是昆体良《演说术入门》，11.3.105。但是菲拉雷特为其增加了心理价值。

405 这个网格最先见于阿尔伯蒂（《论绘画》，第68－69页）。

406 皮耶罗·德·美第奇在1456年的一份收藏品清单中，列入了300枚银质奖章、53枚金质奖章、37枚青铜奖章，以及146条关于“珠宝和类似物品”的条目（Archivio dello Stato，Florence. Carteggio mediceo avanti il principiato，filza 162. Dated September 15，1456）。

407 菲拉雷特拿到的那个模子的原件——贝里公爵的“玉髓”，是那件著名的《奥古斯都化神》，一块缠丝玛瑙，在维也纳。

408 假如菲拉雷特确实完成了一篇短小的技术性论文，并在里面兑现了这篇论建筑里的所有承诺，那么这篇小论文不是遗失了，就是无法考订了。论农业的那一书，他在这里说已经写好了一部分，也没能流传下来。

409 这是菲拉雷特论文中唯一明确的日期。普遍意见认为（Oettingen，*Über das Leben*，pp. 9 ff.），这个日期一定是1464年1月31日（新历），因为下文中提到了乔凡尼·德·美第奇的逝世（见下第322页），而那是在1463年的11月。我在别的地方说过，1464年的日期可能只适用于第二十五书。不过，我觉得还是先把这个判断放一放比较好。我们无法知道菲拉雷特论文的原始面貌，但是有可能1月的最后一天只是指第二十四书的结尾。如果是那样的话，该日期对于确定论文的上限就没有什么实用价值了。我们只能断定第二十五书完成于1463年11月乔凡尼·德·美第奇死后，以及1464年8月科西莫死前。

410 gratis et amore 作为金融术语意思是“无需费用”。参看R. De Roover，*The Medici Bank*（New York and London，1948）第32页。

411 科西莫委托的建筑有：

圣马可教堂。建筑师米开罗佐。回廊院、饭厅、图书馆和教堂，1436－1443年，不过有的作家把建造的时间延长至1451、1454或1459年。

圣克罗切教堂。见习礼拜堂。米开罗佐，约1445年。

古代修道院，菲耶索莱。建筑师不明，但有各种说法，伯鲁乃列斯基、米开罗佐和阿尔伯蒂，或者其中一个人乃至所有人的学生。该建筑的日期一点也不比建筑师明确。另参见下文第323页及其后。霍华德·萨尔曼已经给出了对该建筑即将展开的一个研究。

神父蒂莫泰奥被认为是拉古萨的主教，并在Vespasiano da Bisticci，*Vite di uomini illustri del secolo XV*，Paulo d'Ancona and Erhard Aeschlimann（Milan，1951）第153－153页作了一定的讨论。他在Conrad Eubel，*Heirarchia Catholica*……（Regensberg，1901），2，170 and 243中被进一步认定为属于圣奥古斯丁之律修会修士。他在1467年的5月4日被选为拉古萨的主教，并在1470年4月20日去世。

皮耶罗·德·美第奇委托的建筑也是出自米开罗佐及其作坊的。

圣母礼拜堂，至圣母之巴西利卡。设计可能是米开罗佐，约1448年；乔凡尼·迪·贝蒂诺执行。

圣米尼亚托教堂，礼拜堂。1447－1448年。

更多内容请看W. and E. Paatz，*Die Kirchen von Florenz*……（Frankfurt a. M.，1952－1955）。

412 这座府邸是在宽街，由米开罗佐于1444年至约1464年间建造的美第奇府。城外的府邸，除了卡雷奇别墅，很可能是卡法鸠罗的那些和菲耶索莱的美第奇府，它们都是由米开罗佐建造的。弗拉蒂·德尔·博斯科（现在叫博斯科·艾·弗拉蒂）的圣芳济各会修行修道院可能要上溯到1427年。建筑师不明，尽管瓦萨里认为这座建筑出于米开罗佐。

413 对于这位尼科迪默斯的考证，我要感谢佛罗伦萨的欧金尼奥·加林。他就是尼科德莫·传契迪尼·达·朋翠莫里，弗朗切斯科·斯弗扎派到佛罗伦萨的一位大使。对这个有趣的人物研究不多；他肯定能给我们带来大量有关米兰和佛罗伦萨之间政治和文化交流的信息，因为他的信件保存在佛罗伦萨，而快件在米兰。可以认为，他为菲拉雷特了解佛罗伦萨的情况和受到皮耶罗·德·美第奇的赞助起到了桥梁作用。

414 这些关于皮耶罗·德·美第奇的图书和收藏的内容不大清楚，但可以通过前文中的清单补足（第二十四书注释）。除了奖章和宝石以外，该清单（第11v页及其后）还罗列了十三篇圣乐、六篇文法、十八位诗人的作品共十五卷；二十篇史实共十八卷；论艺术的十二书（主要是西塞罗的演说、关于演讲理论的著作，以及他的书信），二十五部关于哲学的著作共十卷（柏拉图和亚里士多德同西塞罗的论述放在一起比较），六部关于自然哲学的著作，六部通俗读物，其中有三部属于但丁，二十本短小或有残缺的作品（包括圣葛斯默和达米安的生平、教皇的宗谱，以及菲勒佛的 Hermaphrodite 和《斯弗扎传》)，一本关于拉丁语碑文的书，一本关于罗马绘画的书，以及三本关于音乐的书。手抄本还继续写了一份 1463 年的清单，其中有 82 个关于武器和防具的条目，包括一面带有乔凡尼·德·美第奇徽章的盾牌以及十七件佛兰德和意大利乐器。

415 参看前文第二十五书注释。巴齐礼拜堂不需要鉴定。托马索·斯皮内利的礼拜堂，可能是指圣克罗切教堂的第二个内廊院的工程，以及教会的会长在南翼上的住所，也许是由托马索·迪·莱昂纳多·斯皮内利承建的。W. and E. Paatz（*Die Kirchenvon Florenz*）提到了 1452 年和 1453 年的一些账目，那是关于把这个回廊院和第一个回廊院连接起来的入口大门和券廊的。“他所开始建造的那个雅致的回廊院”很可能是指圣克罗切教堂的第二个回廊院，它被认为是伯鲁乃列斯基或者米开罗佐所建。

416 即尼古拉斯四世。这也许是在暗指对菲拉雷特进行的起诉，指控他在罗马企图盗走装有施洗约翰的人头的圣骨匣，见前文第 44 页。我们可以根据这段描述认为，他摆脱了对其的指控，但明茨对此问题保留意见（“Les Arts à la cour des papes，nouvelles recherches”，*Mèlanges d'archéologie et d'histoire*，9，1889，137）。

417 在伯鲁乃列斯基 1446 年去世的时候，只有 1428 年建成的旧圣器室、十字的两翼以及中殿的几根柱子完成了。从 1457 年开始，安东尼奥·马内蒂就负责建造教堂一侧的回廊院。到 1461 年，牧师席和主圣坛已经完成。侧面礼拜堂直到 1465 年才完工。

418 菲拉雷特未能给出美第奇府的尺寸，这似乎印证了一个传统的意见，即他的论文全都是在米兰写的。与此有关的一封信是菲拉雷特写给皮格罗·波蒂纳利的，后来由 Fabriezy 发表（Cornelius von Fabriczy. “Ein Brief Antonio Averulinos，gennant Filarete，” *Repertorium für Kunstwissenschaft*，27，1904，189。他所给的出处是 Carteggio mediceo，filza 14，no. 478）：“Ricordo avoi pigello didire apiero chemi mandasse lamisura deloro palazzo eancora cosi uno poco congittato la facciata difuori ecosi ancora disalorenzo aver caro avere lemisure se possibile fusse seno almeno lafacciata dinanzi inche modo ara aessere per poterlla innarare [i] e cosi dealcuni altri nostril editifitij et racomandetemi asua magnificenza.

Antonius architectus Ritrarre la testa del S [ignor] che ha p [iero] .”

419 鉴定为卢卡·德拉·罗比亚的釉陶装饰保存在伦敦维多利亚和阿尔伯特博物馆，7632－1861 至 7643－1861。

420 很遗憾，在现存的抄本中都没有美第奇府的插图。

421 美第奇银行坐落在博西大街。它是弗朗切斯科·斯弗扎于 1445 年 8 月 20 日从泰奥多洛·博西和路易吉诺·博西兄弟那里得到的。该建筑在现代被多次改造并最终摧毁。主入口保存在米兰的斯弗切斯科城堡。庭院的图纸由阿戈斯蒂诺·卡拉瓦蒂发表（“Il Palazzo del Banco Mediceo in Milano”，*Arte Italiana decorativa e industriale*，4，1895，21－22，31－32)，这是根据一位 19 世纪米兰街景画家的回忆制成的。佛罗伦萨和巴伦西亚抄本的图纸是该建筑外观仅存的记录。

传统观点认为美第奇银行是米开罗佐所做，而科斯坦蒂诺·巴罗尼对此表示非常怀疑，见“Il Problema di Michelozzo a Milano”，*Atti del IV convegno nazionale di storia dell' architettura*（Milan，1939)，123－140 页。巴罗尼攻击的主要目标是汉斯·佛尔耐西克斯所写的一篇很难令人信服的文章，“Der Anteil Michelozzos an der Mailänder Renaissance-Architektur”，*Repertorium für Kunstwissenschaft*，40（1917)，129－137。尽管巴罗尼给出了强有力的论证来否定其是米开罗佐所做，但他把它归于菲拉雷特的做法却不是十分有说服力。巴罗尼认为，菲拉雷特没有提到建筑师的名字，仅仅是因为美第奇和他都知道。但这无法证明菲拉雷特就是那位建筑师。这个假设很有趣，而瓦萨里的观点同样有力。瓦萨里显然注意到，菲拉雷特没有提到米开罗佐与佛罗伦萨著名的以及有记录的建筑之间的联系。他推断，既然在米兰的建筑师没有给出姓名，那就一定是米开罗佐。菲拉雷特的论文和瓦萨里的《艺苑名人传》都没有为我们确定作者提供任何意义上的帮助。巴罗尼的第二个论断把基础建立在一个叫安东尼奥·达·翡冷翠在米兰的美第奇银行的存款记录上。他引用了一个 1463 年 7 月 24 日记录的一笔 40 里拉 2 分的存款。（Archivio dello Stato，Florence，Carteggio mediceo avanti il principato，filza 83，fols. 61r－66v，inclusive. Fol. 62r，条目 1，3 月 24 日的日期下面列着“Antonio da firenze ingiengnero，50L，2s.”）由于这接近于美第奇银行的工程日期，而贝内代托·费尔尼尼在同一本收支簿上收到了一笔只有四里拉的款项，巴罗尼据此认为，这意味着菲拉雷特作为美第奇银行的主要建筑师收到了那笔钱。巴罗尼在这篇文章中遗漏了两个重要的地方。在同一本卷宗的第 38r 第 6 条写着“*maestro* Antonio da Firenze，ingiegniero，132L”。从这一页的背面可以确定日期是 1459 年 3 月 24 日。如果菲拉雷特就是佛罗伦萨的这位安东尼奥大匠、工程师，看起来也很可能是，那么他在巴罗尼所认定的美第奇银行施工日期之前，就已经在美第奇银行里有大量的存款了。这笔50里拉的存款并不一定就是所完成的工程款项，尤其是在相对数额如此之小的情况下，要知道，菲拉雷特从马焦雷医院那里得到的年薪是384里拉。第二个地方就在于文献内容的含混。我们无法从条目中确定，这笔款项是别人欠菲拉雷特的，还是他存下来可以支付给在佛罗伦萨的主要银行的款项。在我看来，菲拉雷特是在准备离开米兰，因为弗朗切斯科・斯弗扎病情恶化，同时医院的工程接近尾声，如果这些成立的话，那么这些款项很可能就是在转移米兰地区银行的存款，以期在佛罗伦萨建立起一个可以使用的账户。

巴罗尼所做考证的最后一个支撑点就是对风格的分析，而这也许是整篇文章中最站不住脚的地方。美第奇银行的入口大门和菲拉雷特绘制的这个立面的图纸中，都出现了佛罗伦萨和伦巴第元素，这一点很早就被人注意到了，并把它作为菲拉雷特"折中风格"的开始，菲拉雷特对此风格在他的论文中做了暗示，并在实际作品中也有尝试。米兰有足够多的佛罗伦萨人，与佛罗伦萨艺术的接触也足够多，因此考订不只限于米开罗佐或菲拉雷特。马尔里亚尼府邸（1782年被毁；参看 Paolo Mezzanotte and Giacomo Bascapè, *Milano nell' arte e nella storia*, Milan, 1948，第891页上的插图和讨论）作为一个完全米兰式的建筑从未有任何争议，但它和美第奇银行有着同样的佛罗伦萨与米兰元素的病态杂交。从目前的证据来看，从任何意义上讲，都不可能辨别出负责美第奇银行的建筑师的国籍或姓名。

422 这位皮格罗・波蒂纳利是美第奇在米兰的代表。他是托马索・波蒂纳利的哥哥，托马索是商号在布鲁日的代表，并受胡戈・凡・德尔・胡斯之命承做了波蒂纳利的祭坛装饰。菲拉雷特当然知道皮格罗，不论他是否像巴罗尼所想的那样，接受过其委托承担美第奇银行以及圣欧斯托希奥的波蒂纳利礼拜堂的建筑工程。这在此段的描述里和前文第二十五书注释引用的信件里都有所记录。

中外名词对照

（以中文拼音为序）

A

阿巴特·达尔伯蒂·迪维拉诺瓦　Abate d'Alberti di Villanuova
阿比杜斯　Abydos
阿波罗尼奥斯　Apollonius，约前 262 - 约前 190 年，希腊几何学家、天文学家，最先为椭圆、抛物线、双曲线命名
阿波洛尼亚　Apollonia
亚伯拉罕和以撒　Abraham and Isaac
阿卜蒂默　aptimi，-mo
阿迪杰　Adige
阿尔贝雷斯　Alberese
阿尔伯蒂　Albertis
阿尔卡米尼斯　Alcamenes，雅典的古希腊雕刻家
阿尔诺　Arno
阿尔诺河　Arno R.
阿尔泰米西娅　Artemisia
阿尔希拜亚迪斯　Alcibiades
阿耳戈斯　Argus
阿方索　Alfonso
阿弗里科　Africo
阿弗罗迪修斯　Aphrodisius
阿浮尔尼　Averni
阿戈拉克里图斯　Agoracritus，公元前 5 世纪著名希腊雕刻家，菲迪亚斯的得意之徒
阿戈斯蒂诺·丹东尼奥·迪·杜乔　Agostino d'Antonio di Duccio
阿戈斯蒂诺·卡拉瓦蒂　Agostino Caravati
阿哥拉达斯　Agelades，作 Ageladas。公元前 6 - 前 5 世纪 Argos 的著名雕刻家
阿格莱雅　Aglaia，Zeus 和 Eurynome 之女，希腊神话三美神中的灿烂女神
阿格劳丰　Aglaophon，Polygnotus 的父亲、导师
阿格里帕　Agrippa
阿格里帕浴场　Thermae Agrippae
阿格斯蒂斯特拉托斯　Agestistratos
阿基里斯 Achilles
阿基鲁斯　Archeloös
阿基米德　Archimedes
阿基姆斯　Archermus，公元前 6 世纪 Chios 雕刻家
阿加萨霍斯　Agatharchus
阿杰桑德　Agesander
阿凯西劳斯　Arcesilaus，约前 316 - 约前 241 年，希腊哲学家
阿克伦　Acheron，希腊神话中的五条冥河之一，痛苦之河
阿克罗波利　Acropogli
阿奎拉　Aquila
阿奎洛（来自罗马的北方）　Aquilo
阿奎之泉　Bagno d'Acqui
阿拉贡　Aragon
阿拉贡人　Aragonese
阿拉库埃里教堂　Ara Coeli
阿雷底斯　Aletes
阿雷佐　Arezzo
阿里阿德涅　Ariadne
阿里斯塔俄斯　Aristeus，作 Aristaeus 译，意为“最佳”。希腊次级神，发明了养蜂等技能
阿里斯提德斯　Aristides，底比斯的。公元前 4 世纪希腊画家
阿里斯托蒂莱　Aristotile，1415 或 1420 - 1486 年
阿里斯托蒂莱·达·博洛尼亚　Aristotile

da Bologna
阿里斯托蒂莱·菲奥拉万蒂 Aristotile Fioravanti，约 1415 年或 1420 - 约 1486 年
阿里乌斯派 Arian
阿里亚努斯·伊万德 Arianus Evander
阿里亚维尔诺 Aliaverno
阿罗纳 Arona
阿马纳蒂 Ammanati
阿努比斯 Anubis
阿帕斯 Arpace
阿佩利斯 Apelles，公元前 4 世纪，老普林尼认为他是空前绝后的大画家
阿皮图伊斯 Apituis
阿皮亚路 Via Appia
阿塞西乌斯 Arcesius
阿舒尔 Asshur，闪的第二个儿子
阿斯卡尼奥 Ascanio
阿斯科利 Ascoli
阿斯塔戈 Astage
阿斯托吉奥 Astorgio
阿苏尔 Asur
阿索波多卢斯 Asopodorus
阿忒诺多鲁斯 Athenodorus
阿特拉斯 Atlas
阿特洛波斯 Atropos
阿提拉 Attila
阿陀斯山 Mount Athos
阿韦里亚诺 Averliano
阿韦利纳 Averlina
阿韦洛 Averlo
阿维尔诺 Averno
阿维尼奥内之泉 il bagno Avignione
阿西西 Acici
阿左内府 Palazzo Azzone
埃布罗河 Ebro
埃俄罗斯 Aeolus，希腊风神
埃尔伽斯塔隆托斯 Erghastalontos
埃勾斯王 King Aegeus
埃吉迪 Egidi
埃拉伽斯多伦 Eragastolon
埃拉加瓦洛斯 Elagabalus，约 203 - 222 年，以荒淫著称
埃雷米塔尼 Eremitani
埃里斯托努斯 Eristonus
埃米利乌斯 P. Emilius
埃米利乌斯大桥 Pons Aemilius
埃米利亚诺·道西尼 Emiliano d'Orsini
埃米欧尔恩 Emiorn
埃涅阿斯·皮科洛米尼 Aeneas Piccolomini，1405 - 1464 年，即后来的庇护二世
埃涅阿斯·西尔维厄斯·皮科洛米尼 Aeneas Silvius Piccolomini
埃斯基山 Esquiline
埃斯库拉皮乌斯 Aesculapius，Apollo 和 Coronis 之子，古希腊宗教的医神，持盘蛇杖
艾芙洛修妮 Euphrosyne，Zeus 和 Eurynome 之女，希腊神话三美神中的欢乐女神
艾里苏萨 Arethusa
爱奥尼 Ionic
安布罗斯 Ambrosian
安布罗斯公国 Ambrosian Republic
安布罗西亚 Ambrosian
安德里亚·达·佛罗伦萨 Andrea da Firenze
安德里亚·卡斯塔尼奥 Andrea Castagno，约 1421 - 1457 年
安德罗尼柯 Andronicus，Cyrrhus，公元前 1 世纪希腊天文学家，在雅典建造了八方风塔
安东尼·庇护 Antonius Pius，86 - 161 年，第十五任罗马皇帝，五贤帝之四
安东尼阿娜 Antoniana，即卡拉卡拉浴场
安东尼奥·邦菲尼 - 阿斯科利 Antonio Bonfini d'Ascoli
安东尼奥·达·翡冷翠 Antonio da Firenze
安东尼奥·德尔·波拉约洛 Antonio del Pollaiuolo

安东尼奥·迪·瓜迪亚戈里 Antonio di Guardiagrele
安东尼奥·迪·克里斯托福罗 Antonio di Cristoforo
安东尼奥·迪·皮耶罗·阿韦利诺 Antonio di Piero Averlino
安东尼奥·迪·托马索·马津果或马津吉 Antonio di Tommaso Mazzingo or Mazzinghi
安东尼奥·马丁内斯·德·查韦斯 Antonio Martinez de Chavez
安东尼奥·马内蒂 Antonio Manetti，1423－1497 年，佛罗伦萨数学家和建筑师。他还为布鲁内莱斯基写过传记
安东尼奥·穆尼奥斯 Antonio Muñoz
安东尼娅 Antonia
安菲翁 Amphion
安杰拉 Angera
安杰拉湖 Lago Angera
安杰洛·巴罗维埃里 Angelo Barovieri
安杰洛·达·穆拉诺 Angelo da Murano
安娜 Anna，只在《路加福音》中提到的女预言家
安茹 Anjou
安茹的勒内 Rene d'Anjou
安泰 Antaeus
安泰诺多罗 Anthenodorus，还是 Athenodoros?
安特诺尔 Antenor
安提柯 Antigonos
安提马基底斯 Antimachides
安提斯塔底斯 Antistates
盎司 oncia，once，ounces
凹圆线脚 scotia，内凹的圆线脚，用于过渡柱础上小下大两个直径不同的花托（torus）
螯虾 crayfish
奥达洛 Odalo
奥尔吉亚斯卡 Olgiasca
奥古斯丁教团 Augustinians
奥古斯都大日晷 Horologium Augusti
奥古斯都宫 Domus Augusti，作 Domus Augustus
奥古斯都广场 Augustus Forum
奥古斯都化神（带书名号） Apotheosis of Augustus
奥克塔维亚 Octavia
奥利斯 Aulis，希腊中东部一古城，相传为特洛伊战争开始时希腊舰队之出发点
奥罗帕斯多斯 Oropastos
奥罗修斯《反异教史七书》 Orosius，约 375－418 年，Historiae 即 Historiarum Adversum Paganos Libri Ⅶ
奥莫古鲁伊斯 Omogruis
奥尼东安·诺里阿韦 Onitoan Noliaver
奥尼东安·诺里韦阿 Onitoan Nolivera
奥诺弗里奥·安圭索拉 Onofrio Anguissola
奥奇曼迪亚斯 Osymandyas
奥斯蒂亚 Ostia
奥斯托 Austro
奥斯托（南风） Auster
奥塔维斯弗玛 Ottavisphoma
奥塔维亚诺 Ottaviano
奥塔维亚诺·丹东尼奥·迪·杜乔 Ottaviano d'Antonio di Duccio
奥特维亚 Ottvia
奥维德 Ovid，前 43－公元 17 或 18 年
奥维德《女杰传》 “Ovid，Heroid”

B

巴尔的摩 Baltimore
巴尔托洛梅奥·加迪奥 Bartolomeo Gadio
巴克斯 Bacchus
巴勒登丘 Palatine
巴黎美院式 Beaux－Arts
巴伦西亚 Valencia
巴罗齐 Barozzi
巴罗维埃里 Barovieri
巴普蒂斯塔·阿尔伯蒂 Baptista Alberti
巴齐 Pazzi，15 世纪佛罗伦萨的塔司干银行家贵族，他们最著名事迹的就是在 1478 年 4 月 26 日企图谋杀洛伦佐·德·

美第奇和朱利亚诺·德·美第奇
巴齐礼拜堂 Pazzi Chapel
巴乔·蓬泰利 Baccio Pontelli，约 1450 – 1492 年
巴萨诺 Bassano
巴特拉库斯 Batrachus
芭芭拉 Barbara
白衣圣本笃 White Benedictine
百科大典（带书名号） Dizionario universale
百叶 shutter
柏勒洛丰 Bellerophon，希腊神话中的英雄，驯服了天马，并斩杀了凯米拉
斑点米兰石 Spotted Milanese
斑岩 porphyry
搬运工（带引号） il Facchino
半人马 Centaur
半圆线脚 torus
保卢斯·埃米利乌斯 Paulus Emilius
保罗·达·罗马 Paolo da Roma
保罗·迪·焦达诺 Paolo di Giordano
保罗·迪·玛利亚诺·塔科内 Paolo di Mariano Taccone
保罗·乌切罗 Paolo Uccello，1397 – 1475 年
贝尔纳多·德·罗西 Bernardo de Rossi，1687 – 1775 年
贝尔纳多·罗塞利诺 Bernardo Rossellino
贝尔特拉米 Beltrami
贝尔托 Berto
贝加莫 Bergamo
贝加莫大教堂 The Cathedral of Bergamo
贝里 Berry
贝林佐纳 Bellinzona
贝内代托·本博 Benedetto Bembo
贝内代托·费尔尼尼 Benedetto Fernini
贝诺佐 Benozzo，Gozzoli，约 1421 – 1497 年，佛罗伦萨文艺复兴时期画家
贝瑞蒂诺色 berrettino
贝娅塔·维拉纳 Beata Villana
贝扎利尔 Bezaleel
背板 spalliere
本笃会 Benedictine
本尼狄克 Benedict
比安卡·玛利亚 Bianca Maria
比安卡·玛利亚·维斯孔蒂 Bianca Maria Visconti
比奥夏 Boeotia
比西斯特拉特斯 Pisistratus
比托里诺·达·费尔特雷 Vittorino da Feltre
彼得罗·安布罗焦·德·穆齐奥 Pietro Ambrogio de Muzio
彼得罗·阿雷蒂诺 Pietro Aretino
彼得罗·保罗·达·托迪 Pietro Paolo da Todi
彼得罗·保罗·迪·乌尔比 Pietro Paolo de Urbe
彼得罗·保罗·迪安东尼奥·塔齐 Pietro Paolo di Antonio Tazzi
彼得罗·达·布尔戈 Pietro da Burgo
彼得罗·卡瓦利诺 Pietro Cavallino
彼尔·坎迪多·德琴布里奥 Pier Candido Decembrio，1399 – 1477 年
彼特拉克 Petrarch
庇护 Pius
庇护二世 Piu Ⅱ
庇护府 Palazzo Pio
庇罗 Pyrrho，约前 360 – 约前 270 年，古典时期希腊哲学家，被尊为第一位怀疑论哲学家，庇罗怀疑论学派的思想源泉
臂长 braccia
边界图 circumscriptione
贬比 paragone
扁角梅花鹿 fallow deer
扁舟（带书名号） Navicella
便士 denaro
便桶 stool
波尔切利奥 Porcellio
波尔塞纳 Porsenna
波谷 Val Padana
波河 Po. R

波焦 Poggio
波焦·布拉乔利尼 Poggio Bracciolini，1380－1459 年
波拉约洛 Pollaiuolo
波莱塔泉 Bagno a Porretta
波利多勒斯 Polidorus
波利多罗·维尔吉利奥 Polidoro Virgilio
波利多斯 Polydos
波利菲亚玛 Polifiammia
波利格诺托斯 Polygnotos，公元前 5 世纪希腊花瓶画家
波利卡尔姆斯 Polycharmus
波利克拉提斯 Polycrates
波利克莱托斯 Polycleitos，或 Polykleitos、Polycletus，公元前 5（4）世纪的希腊青铜雕刻家
波利克里特斯 Polycretes
波利克利斯 Polycles
波利努斯 Porinus
波利欧克里托 Poliocreto，Poliocretes?
波利斯 Pollis
波利提西玛大门 Porta Politissima
波利乌斯·阿克希利乌斯 Pollius Axilius
波利西 polisi
波吕克塞娜 Polyxena，希腊神话中美丽的特洛伊公主
波提切利 Botticelli
波伊提乌塔 Tower of Boethius
波伊廷格 Peutinger
波佐拉纳（波佐拉之土） pozzolana
波佐利 Pozzuoli
伯爵塔 Torre de' Conti
伯爵塔附近的恺撒剧场 Caesar's theater near the Torre de Conti
伯拉孟特 Bramante
伯鲁乃列斯基 Bruneleschi
博比奥 Bobbio
博尔戈 Borgo
博尔米奥 Bormio
博纳 Bona
博纳科尔索·皮萨诺 Bonaccorso Pisano
博瑞亚斯（来自希腊的北风） Boreas
博斯科·艾·弗拉蒂 Bosco ai Frati
博西大街 via dei Bossi
薄伽丘《十日谈》 Boccaccio（1313－1375 年）De Casis
薄伽丘《西方名女》 Boccaccio，De Claris Muliebris
补贴价格 price－supported
布拉乔·达·蒙托内 Braccio da Montone，1368－1424 年
布兰迪西玛 Blandissima
布雷默河 Bremmo R.
布雷西亚 Brescia
布里亚克西斯 Bryaxis
布利卡莫 Bulicamo
布鲁诺·贝亚尔齐 Bruno Bearzi
布鲁日 Bruges
布鲁托法官 Brutus
步长 passo

C

材长 traboccho
采光亭 lantern
餐具柜 credenza
仓库 fondaco
藏红花 saffron
草图 cartoon
侧廊 aisle
侧面像 profile
叉脚桌 trestle
插图编年史（带书名号） Cronaca figurate
小查尔斯·西摩 Charles Seymour，Jr.
察琴皮亚 Zacienpia
场长 stadio（stadii）
唱诗池 choir
车马桥 Ponte alla Carraia
沉箱 caisson
承包人 ingigniero
城堡 rocca
城寨 château fort
齿饰 dentellato

齿形矮墙 toothing
赤铅 minio
赤陶 terra – cotta
初级学院（带引号） Archodomus
传令官 crier
床头（床架的） spalliere
雌雄同体 hermaphrodite
刺 punto
粗面石 rusticated stone
村居 villa

D

搭扣 fibula
达尔达努斯 Dardannus
达尔马提亚人 Dalmatian
达芙妮 Daphne
达玛鹿 fallow deer
鞑靼地区 Tartary
大地方官 magistrato maggiore
大管家 majordomo
大匠 capomaestri
大角斗场 Colosseum
大斋节 Lent
大烛台 candelabra
大主教 Patriarch
带饰 fascia
戴安娜 Diana
戴克里先 Diocletian
但丁《君神论》 Dante，De Monarchia
挡板 apron
德罗·德利 Dello Delli
德米拉米斯 Demiramisse
德米特里 Demetrius
德米特里·法莱里乌斯 Demetrius Phalerius
德米亚斯 Demeas
德莫菲洛斯 Demophilos
德莫克利斯 Democles
德伊阿妮拉 Deianira，希腊神话中赫拉克勒斯的第三个妻子，名字的意思是“杀夫者”
低庭 cortile basso
狄奥多 Diodorus
狄奥多·西库鲁斯 Diodorus Siculus
狄奥多西 Theodosius
狄奥尼西奥斯 Dionysius
狄奥尼修斯 Dionysios
狄博努斯 Dipoenus
狄多 Dido
狄俄墨得斯 Diomedes
狄诺克拉底 Dinocrates
狄赛德里奥 Desiderio，约 1430 – 1464 年
狄赛德里奥·达·塞蒂尼奥诺 Desiderio da Settignano
迪·拉波·波蒂奇亚尼 di Lapo Portigiani
迪奥 Dio，即 Cassius Dio，155 或 163/164 – 259 年之后，著有《罗马史》
迪尔克·鲍茨 Dirk Bouts，约 1410/20 – 1475 年
迪菲洛斯 Diphilos
迪农 Dinon，希腊历史学家，著有《波斯史》
迪诺·米诺·达·菲耶索莱 Dino Mino da Fiesole
迪诺米尼斯 Dinomenes，Deinomenes
迪赛奥湖 Lago d'Iseo
迪泰勒斯 Ditelus
迪亚底斯 Diades，4 世纪的派拉人，随亚历山大大帝东征，发明了多种攻城车、云梯等
底比斯 Thebes
底座 basement
地方领事 magistrato consolare
地理志（带书名号） Geography
地面层 ground floor
地球仪 sphere
帝国档案馆 Tabularium
第德勒斯 Daedalus
第 21 届国际艺术史大会备忘录 Acts of the XXIst International Congress of the History of Art
第勒努斯 Tyrrhenus，伊特鲁利亚神话中

E

F

番红花 crocus
梵蒂冈石窟 Grotte Vaticane
方尖碑 Guglia
方嵌块 tessera
坊区街 Via Contrada 意译
菲奥代利萨 Fiordelisa
菲伯斯 Phoebus
菲德拉 Phaedra
菲迪亚斯 Phidias，约前 480 – 前 430 年
菲东 Phidon
菲拉雷特 Filarete
菲勒佛 Filelfo，1398 – 1481 年
菲利波・玛利亚 Filippo Maria
菲利波・玛利亚・维斯孔蒂 Filippo Maria Visconti，1392 – 1447 年
菲利斯弗玛大门 Porta Philisfoma
菲利斯库斯 Philiscus
菲洛劳斯 Philolaus，约前 470 – 约前 385 年，希腊毕达哥拉斯派哲学家，主要观点包括：所有物质都由有限体和无限体构成；宇宙由数决定；地球不是宇宙的中心
菲洛蒙特 Filomonte
菲耶索莱 Fiesole
诽谤（带引号） Calumny
斐洛 Philo，拜占庭人，约前 280 – 约前 220 年，希腊作家，长于写器械
斐洛克里斯 Philocles
费奥・贝尔卡里 Feo Belcari
费比乌斯 Fabius
费代里戈・达・蒙泰费尔特罗 Federigo da Montefeltro，1422 – 1482 年
费拉拉 Ferrara
费拉托山 Monte Ferrato
费兰特 Ferrante
费列莱 Ferriere
分 soldi，soldo
粉饰 stucco
粉饰作品 stuc – work，作 stucco
风笛 Ciaramelle
封地 principate
佛基亚 Phocaea，在小亚细亚西岸
佛莱明竞技场 Flaminian Circus，罗马大型圆状区
佛兰德式 Flemish
佛罗伦萨宫殿 Florentine palazzi
佛帕 Foppa
弗拉・安杰利科 Fra Angelico
弗拉・菲利波・利比 Fra Filippo Lippi，1406 – 1469 年
弗拉・焦孔多 Fra Giocondo
弗拉・卢卡・帕西奥里 Fra Luca Pacioli
弗拉・乔凡尼 Fra Giovanni
弗拉蒂・德尔・博斯科 Frati del Bosco
弗拉特・菲利波 Frate Filippo
弗兰代特里托 Vrandetrito
弗兰克・格兰杰 Frank Granger
弗朗切斯科・奥西尼 Francesco Orsini
弗朗切斯科・达・托伦蒂诺 Francesco da Tolentino，1398 – 1481 年
弗朗切斯科・迪・佩塞罗 Francesco di Pesello
弗朗切斯科・迪・乔其奥 Francesco di Giorgio，1439 – 1502 年
弗朗切斯科・菲勒佛 Francesco Filelfo
弗朗切斯科・贡扎加 Francesco Gonzaga，1538 – 1566 年
弗朗切斯科・劳拉娜 Francesco Laurana，约 1430 – 1502 年
弗朗切斯科・马拉古奇 – 瓦莱里 Francesco Malaguzzi-Valeri
弗朗切斯科・斯弗扎 Francesco Sforza
弗朗切斯科先生 Messer Francesco
弗雷斯科巴尔迪 Frescobaldi
弗罗林 florin
弗罗内奥 Foroneo
弗洛拉 Flora，花之女神
伏尔甘 Vulcan，火神
浮雕宝石 cameo
浮桥 pontoon
福弗拉诺 Fufrano
福雷德蒙 Phradmon，Argos 的雕刻家

福利尼奥　Foligno
福斯基诺·德·阿滕多拉·达·科蒂尼奥拉　Foschino de Attendola da Cotignola
甫洛纽斯　Phoroneus，希腊神话中 Argos 的首位国王
副执事　subdeacon
富足神像　Dovizia
覆瓦　convex

G

该尼墨得斯　Ganymede
该隐　Cain
干壁画　al secco
干地亚　Candia
干地亚·洛美利纳　Candia Lomellino
竿长　perticha
高尔吉亚　Gorgias，约前 485 – 约前 380 年，“虚无主义者”，希腊诡辩家、前苏格拉底哲学家、修辞家
高祭坛　high altar
高架渠　aqueduct
高卢战记（带书名号）　Commentarii de bello gallico
格拉奇亚诺　Graziano
格雷戈里奥·蒂费纳特　Gregorio Tifernate
格里马尔迪　Grimaldi
格里诺　Guarino，Battista，1434 – 1513 年
格罗塞托　Grosseto
格罗塔费拉塔　Grottaferrata
格罗塔梅尔　Grottammare
格提米内特　Gattamelata，1370 – 1443 年，意大利文艺复兴时期著名的雇佣兵。1437 年成为帕多瓦的独裁者
工头　capomaestri
工作室　shop
公爵法案（带书名号）　Atti Ducali
公爵府　Cà del Duca，做 Ca' 译，亦作 Casa Regia
公社大厅　Palazzo del Commune
拱顶花边　cymatium，
拱墩　impost
拱腋　haunche
拱鹰架　centering
孤岛之桥　Ponte dell' Isola
古代　all' antica
古代修道院　Badia，Fiesole，圣罗穆卢斯大教堂，1028 年由雅各布主教用古迹的材料建成
古科夫斯基教授　Professor Goukowsky
古列尔莫·迪·蒙费拉托　Guglielmo di Monferrato
古桥　Ponte Vecchio
古斯巴达　Lacedaemon
古斯多　Gusto
古斯曼　Gusman
古英李福特·巴尔齐扎　Guiniforte Barzizza
古英李福特·索拉里奥　Guiniforte Solario
鼓座　drum
雇佣兵队长　condottieri
瓜尔蒂耶里大人　Messer Gualtieri
怪诞雕刻　grotteschi
管长　canna，canne
管井　chase
光明城市　ville radieuse
圭达奇奥　Guidaccio
圭里诺大桥　Ponte Giurino
国际风格　International Style
国家图书馆　Biblioteca Nazionale
孩婴　puttino

H

海吉亚斯　Hegias，五六世纪的新柏拉图主义哲学家
海绿　pimpernel
海伦　Helen，希腊神话中宙斯和勒达（Leda）的女儿，斯巴达国王墨涅拉俄斯之妻
海罗　Hero
海扇　cockle
汉斯·佛尔耐西克斯　Hans Folnesics
汉斯朱拔　Hasdrubal，第二次布匿战争的

迦太基将军
好法官布鲁托 Bruto buon giudice
赫尔克里斯 Hercules
赫尔克里斯传（带书名号） Deeds of Hercules
赫耳墨斯 Hermes
赫卡柏 Hecuba，希腊神话中的女王，特洛伊国王普里阿摩斯的妻子
赫拉班·毛鲁斯 Rabanus Maurus，约780－856年
赫拉德·戴维 Gerard David，约1460－1523年
赫拉克利德斯 Heraclides
赫利孔山 Helicon
赫洛芬尼斯 Holophernes，圣典别集中围城的将军，被Judith色诱后砍头
赫莫杰尼斯 Hermogenes
赫西奥德 Hesiod，可能生活于公元前8世纪，希腊口头诗人。常被当做第一位经济学家。著有《工作与时日》
黑暗（带引号） Tenebrosa
黑褐色 brunette
横梁（木） balk
洪恩桥 Ponte alle Grazie
洪诺留四世 Honorius Ⅳ
喉形 gola
后殿 apse
后堂 apse
胡安·德·埃雷拉 Juan de Herrera
胡戈·凡·德尔·胡斯 Hugo van der Goes，约1440？－1482/3年，佛兰德画家
花腿桌 mensole
画板 tablet
幻梦 morfea
黄道十二宫 celestial signs
黄金宫（带引号） Domus Aurea
黄金祭坛 pala d'oro
会长 General
绘画基础（带书名号） Elementi di pittura
霍华德·萨尔曼 Howard Saalman
霍雷肖 Horatio
霍雷修斯 Horatius

J

饥饿之牢（带引号） Hunger
基督降生 Nativity
基督降生图 Nativity of Christ
基座 base
吉贝尔蒂 Ghiberti
吉里昂 Gerion，作Geryon
吉利亚水库 Acqua Giulia
吉洛拉莫·曼奇尼 Girolamo Mancini
集水槽 sgoccolatoia
几何形状 geometric shape
妓院 bordello
技术与文化（带书名号） Technology and Culture
技艺 Ars
技艺与智识 Ars et Scientia
加尔都西会 Carthusian
加基尼 Gagini
加莱亚佐 Galeazzo
加莱亚佐·玛利亚 Galeazzo Maria
加莱亚佐·斯弗扎 Galeazzo Sforza
加利斯福玛 Galisforma
加拿大铁业 Canada Iron
加斯塔尔多·代·韦特拉依 Gastaldo dei Vetrai
加泰罗尼亚人 Catalan
加佐·达·克雷莫纳 Gazzo da Cremona
佳兰会 St. Clare
贾科莫 Giacomo
坚固 firmitas
坚纽斯 Janus，罗马神话中一脸向内一脸向外的门神
坚韧（带引号） Fortitude
间壁 curtain
监工 executor
见习礼拜堂 Chapel of the Novitiate
建筑师住宅 House of the Architect

K

坎帕诺·达·维杰瓦诺 Campano da Vigevano
坎托里亚 Cantoria
康比斯 Cambyses
康斯坦茨 Constance，即 Konstanz
康斯坦丁·拉斯卡里斯 Constantine Lascaris，1434－1501 年
康提迪奥广场 Forum Contidio
科拉·蒙塔诺 Cola Montano
科莱奥尼 Colleoni
科雷尔博物馆 Museo Correr
科林斯 Corinthian
科罗尼迪斯 Coronidis
科莫 Como
科皮亚 Copia，丰腴
科斯马蒂 Cosmati
科斯坦蒂诺·巴罗尼 Costantino Baroni
科西莫·图拉 Cosimo Tura
科西莫一世 Cosimo I
克拉西奥蒂 Crassioti
克劳迪奥·尼禄 Claudio Nero
克雷斯皮 Crespi
克里安西斯 Cleanthes，约前 330－约前 230 年，希腊斯多亚派哲学家，芝诺之后雅典斯多亚学派第二位校长，最初是一位拳击选手
克里底亚 Critias，前 460－前 403 年，生于雅典，Callaeschrus 之子，柏拉图的叔叔
克里斯蒂安·许尔森 Christian Huelsen
克里斯托法诺·杰雷米亚·达·克雷莫纳 Cristofano Geremia da Cremona
克里托尼安人 Clitonian
克利奥帕特拉 Cleopatra
克琉斯 Celeus，希腊神话中 Eleusis 的国王
克洛狄乌斯 Claudius，应为 Clodius Pulcher
克洛索 Clotho
克尼多斯 Cnidos，Caria 的古希腊城市
克诺索斯 Cnossus
克制（带引号） Temperance
刻耳柏洛斯 Cerberus
刻瑞斯 Ceres，谷神
苦劳之牢（带引号） Hard Labor
苦牢（带引号） Male Albergho
库拉若 Courajod
库廖内 Curione
库瑞涅 Cyrene
库萨之尼古拉斯 Nicholas of Cusa
宽街 Via Larga
框缘 epistylium
奎里纳山 Quirinal
蝰蛇 adder
坤舆图 mappamondo
昆体良 Quintilian，即 Marcus Fabius Quintilianus，约 35－约 100 年，来自 Hispania 的古罗马修辞家。著有《演说术入门》
阔可里 Quocholi

L

拉波·迪·卡斯蒂廖奇奥 Lapo di Castiglionchio
拉迪斯劳斯 Ladislaus
拉丁 Latinity
拉丁地区 Latinum
拉俄墨东 Laomedon
拉尔修 Laërtius，Diogenes，3 世纪时为希腊哲学家作传之人。有遗作《哲人言行录》
拉哥尼亚 Laconia
拉古萨 Ragusa
拉克西斯 Lachesis
拉里涅奥 Larignio
拉里涅亚 larignia
拉里斯 larice
拉皮忒 Lapith
拉特兰宫 Lateran
拉提姆 Latium
拉托那 Latona，即希腊神话中的 Leto，不得见的泰坦女神

拉扎罗尼 Lazzaroni
莱昂纳多·贝索佐 Leonardo Besozzo
莱昂纳多·达·芬奇 Leonardo da Vinci
莱昂尼达斯 Leonidas, Epirus, 是亚历山大大帝的导师
莱奥哈里斯 Leocharis, 即 Leochares, 参与建造了 Maussollos 陵墓
莱奥尼达斯 Leonidas, Tarentum, 公元前 3 世纪诗人
莱奥尼诺镇 Borgo Leonino
莱蒂斯托里亚 Letistoria
莱吉索雷 Regisole
莱克格斯 Lycurgus, 前 800? –前 730? 年
莱西普斯 Lysippus, Lysippos, 公元前 4 世纪希腊雕刻家, 亚历山大大帝御用雕刻家, 与 Scopas、Praxiteles 并称古典希腊时期三大雕刻家
莱西斯特拉特斯 Lysistratus, 公元前 4 世纪希腊雕刻家, 据老普林尼说是最早用人脸制作石膏模型的人
莱修斯 Lycius, 公元前 5 世纪希腊雕刻家, 也制作过雅典卫城的建筑
劳拉娜 Laurana
老圣彼得教堂 Old St. Peter's
老朱庇特庙 Capitolium Vetus
勒·卡波西 Le Capoccie
勒内 René
勒内·安茹 Rene d'Anjou, 1409 –1480 年
雷德尔 Rehder
雷焦 Reggio
雷麦克 Lamech
雷韦雷 Revere
雷亚莱府 Palazzo Reale
类赭石 sinopia
棱堡类型工事 bastion – type fortification
棱角分明 prismatic
冷风 boreo
黎巴嫩山 Mount Libano
李维 Livy, 前 59 –公元 17 年
李约瑟 Joseph Needham, 1900 –1995 年, 著有《中国科学技术史》
里拉 lire
里拉琴 lyre
里米尼 Rimini
里恰尔迪 Riccardi
理智（带引号） Reason
丽宁港 Limen galenokairen
利安得 Leander
利格莱雅 Legnaia
利吉里亚 Liguria
利塔 Litta
利维尔拉诺 Liverlano
利西亚斯 Lysias, 约前 445 –约前 380 年, 希腊演讲家
利希斯特拉图斯 Lysistratus
炼铁炉 bloomery
炼狱（带书名号） Purgatorio
凉廊 loggia
瞭望孔 loophole
列宁格勒 Leningrad
领地 Signoria
领喜圣女 Virgin Annunciate
六孔箫 flageolet
龙奇廖内 Ronciglione
垄沟 drill
楼座 loft
露西 Lucy
卢比肯桥 Ponte Rubiconte
卢卡 Lucca
卢卡·德拉·罗比亚 Luca della Robbia, 1400 –1482 年
卢卡·凡切利 Luca Fancelli, 约 1430 – 1494 年后
卢卡·萨韦利 Luca Savelli
卢克莱修斯 Lucretius, 约前 99 –约前 55 年, 罗马诗人、哲学家。著有《万物本质论》
卢克雷蒂亚 Lucretia, 罗马共和国史上的传奇人物, 她被强暴后自杀, 导致君主制被推翻
卢肯《内战记》 Pharsalia, Lucan, 即 Marcus Annaeus Lucanus, 39 –65 年

卢利 Lugli
卢西安 Lucian，约125－180年后，亚述修辞家、讽刺作家，著有《真实的故事》
卢修斯·马利尼乌斯 Lucius Manilius
鲁切拉 Rucellai
禄华 Lucullan
路易吉·德尔韦尔梅 Luigi del Verme
路易吉诺·博西 Luigino Bossi
吕西亚斯 Lysias，约前445－约前380年，古希腊演讲作家
绿土 terra verde
卵石 ciottoli
卵形线脚 ovolaria
伦巴第罗曼风格 Lombard Romanesque
论西比奥之梦（带书名号） In somnium scipionis，以讨论宇宙的方式将古典哲学流传了下来
论博学的无知（带书名号） De Docta Ignorantia
论雕塑（带书名号） De Statua
论建筑（带书名号） De Re Aedificatoria
论拉丁语（带书名号） De lingua latina
论伟人之命运（带书名号） De Casis Virorum Illustrotum
论友情（带书名号） De amicitia
罗得城 Rhodes，C.
罗得岛 Rhodes，I.
罗得人 Rhodians
罗杰·范·德尔·魏登 Roger van der Weyden
罗马城之奇迹（带书名号） Mirabilia，Mirabilia Urbis Romae
罗马涅 Romagna
罗马史（带书名号） Romaika，迪奥花22年写作的80卷史书，内容跨越1400多年
罗穆卢斯 Romulus
罗讷河 Rhone R.
洛布 Loeb
洛代和约 Peace of Lodi
洛多斯弗玛 Lodosfoma
洛多维科 Lodovico
洛多维科·多尔切 Lodovico Dolce
洛多维科·贡扎加 Lodovico Gonzaga，1412－1478年
洛多维科·莫罗 Lodovico il Moro
洛伦佐·达·科尔内托 Lorenzo da Corneto
洛伦佐·迪·巴尔托洛 Lorenzo di Bartolo
洛伦佐·迪·巴尔托洛·吉贝尔蒂 Lorenzo di Bartolo Ghiberti
洛伦佐·瓦拉 Lorenzo Valla
洛伦佐·维泰莱斯基 Lorenzo Vitelleschi
洛马佐 Lomazzo
洛穆齐奥·斯弗扎 Lo Muzio Sforza，1369－1424年
洛齐奥穆 Locuimo

M

马车座 the Cart
马德里宫 Palais de Madrid
马蒂亚 Martia
马丁娜 Martia
马尔凯地区 Marches
马尔里亚尼府邸 Palazzo dei Marliani
马尔奇传 Vita Malchi
马尔休斯传（带书名号） Vita Malchi
马格尼西亚 Magnesia
马焦雷 Maggiore，意为至大
马焦雷湖 Lago Maggiore
马焦雷医院 Ospedale Maggiore
马津果 Mazzingo
马可洛比乌斯 Macrobius，罗马语法家、新柏拉图主义哲学家
马克森蒂厄斯 Maxentius，约278－312年
马克森蒂乌斯竞技场 Circus of Maxentius
马克西莫斯赛马场 Circus Maximus
马库斯·阿格里帕 Marcus Agrippa，前63－前12年
马库斯·奥里利厄斯 Marcus Aurelius，

121－180 年
马库斯·卢库勒斯　Marcus Lucullus，约前 116－前 56 年
马库斯·马赛勒斯　Marcus Marcellus，前 268－前 208 年
马库斯·斯考勒斯　Marcus Scaurus
马拉古奇　F. Malaguzzi
马里诺　Marino
马里诺·达·安杰洛·达·穆拉诺　Marino da'Angelo da Murano
马里亚贝基纳Ⅱ　Magliabecchianus Ⅱ
马其诺防线　Maginot Line
马切拉塔　Macerata
马切莱托之泉　il bagno a Macereto
马萨乔　Masaccio
马萨乔·马索·迪·巴尔托洛梅奥　Masaccio Maso di Bartolomeo
马赛勒斯传（带书名号）　Life of Marcellus
马斯档案馆　Archivio Mas
马斯科利　Mascoli
马索·德尔·菲尼圭拉　Maso del Finiguerra
马索利诺　Masolino
马泰奥·德·帕斯蒂　Matteo de' Pasti
马提亚·科菲努斯　Matthias Corvinus
马西诺　Masino
玛尔斯　Mars
玛尔希亚斯　Marsyas
迈伦　Myron，公元前 5 世纪希腊雕刻家
迈亚　Maia，Atlas 和 Pleione 的长女，相貌最美、也最羞涩
麦提路斯　Metellus
蛮人　bastagie
曼多拉之门　Porta della Mandorla
曼特尼亚　Mantegna，1431－1506 年
曼图亚的公爵府　Palazzo Ducale in Mantua
蔓藤街　Via della Vigna 意译
贸易广场　Piazza Negoziatoria
梅迪斯人　Medes，古代伊朗民族
梅杜莎　Medusa
梅尔麦蒂迪斯　Mermetides
梅兰普斯　Melampus，希腊神话中传奇的预言家和医者，引入了酒神狄俄尼索斯崇拜
梅塔基尼斯　Metagenes，Chersiphron 之子，与父亲一起创造了七大奇迹之一
梅特罗多勒斯　Metrodorus
美德之花（带书名号）　Fiore di Virtù
美德之屋　House of Virtue
美德之屋（带引号）　Casa Areti
美狄亚　Medea，希腊神话中的女法师
美第奇银行　Banco Mediceo
美观　venustas
门拉斯　Menlas
门人　protégé
蒙塔尼亚纳　Montagnana
蒙特普耳恰诺的阿拉加齐墓　Aragazzi tomb in Montepulciano
弥诺陶洛斯　Minotaur
迷宫　Labyrinth
米尔梅西迪斯　Myrmecides
米开罗佐　Michelozzo，1396－1472 年
米凯利诺·达·贝索佐　Michelino da Besozzo
米兰堡　Castello
米洛　Milo，即 Titus Annius Milo
米尼多特斯　Menedotus
米诺雷　Minore
米诺斯　Minos
米恰迪斯　Micciades
米色　bigio
米西纳斯　Maecenas
米歇尔·拉扎罗尼　Michele Lazzaroni
密涅瓦　Minerva
密室　cell
面食　pasta
名声　fama
名义　titular
明茨　Müntz
明度　shade
冥界　Hades，也指希腊神话的冥王

缪西乌斯·斯科沃拉 Mucius Scaevola
模像 simulacrum
摩索拉斯 Mausolus，Caria 的统治者
磨群之桥 Ponte dei Mulini
莫姆森 Mommsen
墨勒阿革洛斯 Meleager
墨丘利 Mercury
牧师大人 Monsigniore
牧师席 canonry
牧羊神之笛 shepherd's pipes
穆杰罗 Mugello，佛罗伦萨以北的胜地
穆尼奥斯 Muñoz
穆索 Musso

N

内米湖 Nemi，在意大利中部
内室 camera
内西奥特斯 Nesiotes，公元前 5 世纪希腊雕刻家
内院 cortile，通常四周有壁画或雕像
那西塞斯 Narcissus
纳什 Nash
纳什《古罗马图典》 Nash，Dictionary
纳维利奥 Naviglio
纳沃纳广场 Piazza Navona
乃克萨利斯 Nexaris
南风 Nottus
尼古拉斯 Nicholas
尼古拉斯五世 Nicholas V
尼科代莫·达·蓬特雷莫利 Nicodemo da Pontremoli
尼科代莫·特兰切蒂尼·达·蓬特雷莫利 Nicodemo Tranchedini da Pontremoli
尼科德莫·传契迪尼·达·朋翠莫里 Nicodemo Tranchedini da Pontrmoli
尼科迪默斯 Nicodemus
尼科洛 Niccolò
尼科洛（尼古拉奥）·巴龙切利 Niccolò (Niccolaio) Baroncelli
尼科洛·代斯特 Niccolò d'Este
尼科洛·德拉·瓜尔迪亚（格雷莱） Niccolò della Guardia (grele)
尼科洛·德拉卡·阿卡 Niccolò dell' Arca
尼科洛·尼科利 Niccolò Niccoli，1364－1437 年，意大利文艺复兴时期的人文主义者
尼科洛·皮奇尼诺 Niccolò Piccinino，1386－1444 年
尼禄宫 Palace of Nero
尼禄马戏场 Circus of Nero
尼禄之桥 Pons Neronianus
尼米亚 Nemea
尼姆弗多鲁斯 Nymphodorus，公元前 3 世纪希腊内科医生
尼尼微 Ninevah
尼尼亚斯 Ninyas
尼努什 Ninus
尼普顿 Neptune，海王
尼西亚斯 Nicias，约前 470－前 413 年，雅典政治家
凝乳 junket
牛角座 the Horn
农事诗（带书名号） Georgic，四卷诗集，可能发布于公元前 29 年，是维吉尔的第二部主要作品
努雷 Nure
努马·蓬皮利乌斯 Numa Pompilius，前 753－前 673 年，罗马第二任国王
女神福斯蒂娜 Diva Faustina
女萎 clematis
女预言家 sibyl
女主人 matron
诺蒂伦佛罗 notirenflo
诺门塔诺大桥 Ponte Nomentano
诺特（南风） Notus，Notte
欧弗隆 Eufron
欧金尼奥·加林 Eugenio Garin
欧里斯泰奥 Euristeo
欧鲁斯（东南风） Eurus
欧律狄刻 Eurydice
欧罗（东南风） Euro
欧罗巴 Europa，希腊神话中的腓尼基

公主
偶像崇拜者 idolator

P

帕布里乌斯·霍雷修斯 Publius Horatius
帕多瓦 Padova, Padua
帕尔哈修斯 Parrhasius，以弗所的，古希腊最伟大的画家之一
帕尔马 Parma
帕尔纳索斯山 Mount Parnassus
帕库维乌斯 Pacuvius，前 220 – 前 130 年，Ennius 的外甥、学徒；Ennius 是最先将罗马悲剧提升到高贵地位的人
帕拉蒂努斯 Palatinus
帕拉米诺 Pallamino
帕拉斯 Pallas
帕拉廷 Palatium，罗马七山最中心的一座
帕里斯 Paris，普里阿摩斯的儿子，特洛伊国王。他与海伦的私奔直接导致了特洛伊战争
帕利亚 Paglia
帕罗斯 Paros，爱琴海中部希腊岛屿
帕尼奥·达·拉波·波提切亚尼 Pagno da Lapo Portigiani
帕尼乌斯 Parnius
帕诺夫斯基 Panofsky
帕皮鲁斯 Papylus
帕斯奎诺·达·蒙特普尔恰诺 Pasquino da Montepulciano
帕特罗菲洛斯 Patrofilos
帕特罗克洛斯 Patroclus，希腊语意为“父亲之荣耀”，他是阿基里斯的至交
帕维里·丰塔纳 Paveri Fontana
帕西法厄 Pasiphae，希腊神话中 Helios 之女，Europa 的胞妹
帕西斯 Pacis
帕西斯神庙 Templum Pacis
俳 pie
派勒斯 Pelleus
派利鲁斯 Perillus
派特里奥洛之泉 Bagni di Petriolo
派特里沃洛之泉 il bagno a Petriuolo
潘 Pan
潘菲利乌斯 Pamphilius
潘菲洛·卡斯塔尔迪 Panfilo Castaldi，约 1398 – 约 1490 年，在费尔特雷（Feltre）被认为是“活字印刷的创始人”
潘瑟希莉娅 Panthesilea, Pen – ，希腊神话中的亚马逊女王
潘神笙 pan pipes
佩尔加 Perga，在今土耳其西南岸
佩雷勒斯 Perellus
佩内奥河 Peneo
佩内乌斯 Peneus，希腊神话中的河神
佩内亚 Penea
佩萨罗 Pesaro
佩塞利诺 Pesellino
佩斯卡拉 Pescara
佩特罗尼乌斯 Petronius，约 27 – 66 年，尼禄时代的朝臣，被假定为《讽世录》的作者
配短马蹬 a la giannetta
喷嘴 tuyère
皮阿森蒂诺 Piacentino
皮埃蒙特 Piedmont
皮波·迪·赛尔·伯鲁乃列斯科 Pippo di ser Brunellescho
皮恩扎 Pienza
皮格罗·波蒂纳利 Pigello Portinari，1421 – 1468 年，美第奇银行的第一位经理，与斯弗扎宫廷有着良好的贷款关系
皮莱乌斯 Piraeus
皮罗底斯 Piroides, Pyrodes
皮洛士 Pyrrhus，或 Pyrros
皮曼 Piman
皮奇纳托 L. Piccinato
皮切纳里奥 Picenario
皮萨内罗 Pisanello，约 1395 – 1455？年，意大利文艺复兴早期杰出画家，被与其同时代的人文主义者与菲迪亚斯等并列
皮斯托亚 Pistoia

皮西斯 Pythis
皮修斯 Pythius
皮亚琴察 Piacenza
皮亚琴察地区 the Piacentino
皮耶罗 Piero
皮耶罗·德·美第奇 Piero de' Medici
皮耶罗·德拉·弗兰切斯卡 Piero della Francesca
平民社员 Commune pelato
平民社员 Comune pelato
平丘 Pincian Hill, Pincio
平丘宫 Domus Pinciana
平纹绉丝 taffeta
平缘 fillet
珀尔修斯 Perseus
珀罗普斯 Pelops
珀涅罗珀 Penelope
珀修斯 Perseus，公元前2世纪希腊几何学家
浦鲁西亚城 Plusiapolis
普拉克西特列斯 Praxiteles，父亲是老塞菲索多图斯
普拉托 Prato
普拉西特拉 Prasitra
普劳特斯 Plautus，约前254－前184年
普里阿摩斯 Priam
普里纽斯 Prinius
普里亚普斯 Priapus，男性生殖神
普林尼 Pliny
普卢塔赫 Plutarch
普鲁希球斯 Pluschicuis
普路托 Pluto，冥王
普律农 Phrynon
普罗秋斯 Proteus
普罗塞耳皮娜 Proserpina
普罗托耶尼斯 Protogenes，公元前4世纪，与Apelles同时代的画家
普洛塞尔皮娜 Proserpine
普瑞狄凯 Predicai
普塔勒 Putale

Q

桤木 alder
奇尔乔（西风） Circio
奇科·西莫内塔 Cicco Simonetta，1410－1480年
起拱点 spring
气门 spiracles
契马布埃 Cimabue，约1240－约1302年，意大利画家、来自佛罗伦萨的锦砖创作者，乔托的老师
前圣器室 fore－sacristy
强制 subjugation
墙壁特征（带引号） murality
乔安娜 Joanna
乔安尼斯 Joannes
乔布拉 Ciobra
乔凡尼·巴罗齐 Giovanni Barozzi
乔凡尼·达尔马塔 Giovanni Dalmata
乔凡尼·德·美第奇 Giovanni de' Medici，1421－1463年，意大利银行家，艺术品赞助人。科西莫·德·美第奇之子
乔凡尼·迪·贝蒂诺 Giovanni di Bettino
乔凡尼·迪·比奇 Giovanni di Bicci，即乔凡尼·德·美第奇
乔凡尼·鲁切拉 Giovanni Rucellai
乔凡尼·图里尼 Giovanni Turini
乔凡尼·维斯孔蒂 Giovanni Visconti
乔其奥·特雷比宗达 Giorgio Trebizonda
乔托 Giotto，约1267－1337年，中世纪晚期的佛罗伦萨画家和建筑师。对意大利文艺复兴产生重要影响的早期人物之一
乔治·库布勒 George Kubler
切尔托萨 Certosa
切裂之犬 Il Mordace
切罗 Celo
切内 Cene
切萨里亚尼 Cesariani
切萨里亚诺 Cesariano，1521年最先翻译并出版了《建筑十书》
切塞纳 Cesena

圣安杰洛城堡 Castel Sant' Angelo
圣奥古斯丁 Saint Augustine
圣奥古斯丁修会 order of St. Augustine
圣奥古斯丁之律修会修士 Canons Regular of St. Augustine，拉丁仪式中最古老的一支
圣彼得巴西利卡 St. Peter's Basilica
圣彼得罗大桥 Ponte San Pietro
圣伯纳德 Saint Bernard
圣带 stole
圣芳济各 St. Francis
圣芳济各会 Franciscan
圣菲利波 S. Filippo
圣葛斯默和达米安 Sts. Cosmos and Damian，早期的基督教殉教双胞胎，无偿为人们治病
圣加尔 St. Gall
圣杰罗姆 Saint Jerome
圣龛 tabernacle
圣科隆巴诺 S. Colombano
圣克里斯托弗 St. Cristopher，St. Christopher
圣克里斯托福罗 S. Cristoforo
圣克罗切 Santa Croce
圣奎里科 S. Quirico
圣乐 sacred works
圣灵大教堂 Sto Spirito
圣灵教堂 S. Spirito
圣灵桥 Ponte Santo Spirito
圣陵教堂 S. Sepolcro
圣洛伦佐教堂 S. Lorenzo
圣马蒂诺之泉 Bagno di San Martino
圣马可教堂 S. Marco
圣马太 Matthew
圣玛利亚·德拉·格拉奇 Santa Maria della Grazia
圣玛利亚阿拉柯利教堂 Sta. Maria d' Aracoeli
圣玛利亚大桥 Ponte Santa Maria
圣玛利亚感恩教堂 Sta. Maria delle Grazie
圣米迦勒修道院 Or San Michele
圣米尼亚托 S. Miniato
圣米歇尔图鲁斯的圣路易斯壁龛 St. Louis of Toulouse niche at Or San Michele
圣母 Annunziata
圣母节 Holy Virgin
圣母礼拜堂 Tabernacle of the Annunciate
圣母颂 Ave Maria
圣母忠仆会 the Servi
圣纳扎罗 S. Nazaro
圣欧斯托希奥 Sant' Eustorgio
圣普拉塞德 Santa Prassede
圣器室 sepulcher
圣乔凡尼教堂 San Giovanni
圣乔治大桥 Ponte San Giorgio
圣塞巴斯蒂亚诺 San Sebastiano
圣三一大桥 Ponte S. Trinita
圣水 Acqua Santa
圣水镇 Acquasanta
圣索菲亚 Santa Sofia
圣温琴佐 S. Vincenzo
圣西尔韦斯特罗 S. Silvestro
圣西吉斯蒙多 S. Sigismondo
圣像牌 pax
圣亚历山德罗 S. Alessandro
圣宴 festa
圣印 stigmata
圣哲罗姆修会 Hieronymite
圣真纳约 San Gennaio
师傅 messer
诗文 rhyme
施洛瑟 Schlosser
湿壁画 al fresco
十字形 cross
十字中心区 crossing
石膏粉 gesso
石灰华 tufa
实用 utilitas
使徒书记 Segretario apostolico
使徒信 Epistle
守持之犬 Il Tenente
束带 riga

束带层 string - course
竖琴 cetere
数字序列 numberical progression
双簧管 cennamella
双蛇杖 caduceus
水磨石 terrazzo
水中泉 Bagno a Acqua
顺砖 stretcher
说谎的人 denaio
斯布里乌斯·拉西乌斯 Spurius Larcius
斯蒂亚 Stia
斯弗金达 Sforzinda
斯弗金多 Sforzindo
斯弗洛斯弗玛 Sforosfoma
斯弗切斯科 Sforzesco
斯弗切斯科府邸 Palazzo Sforzesco
斯弗扎·玛利亚 Sforza Maria
斯弗扎传（带书名号） Sforziade
斯弗扎府邸 Palazzo Sforza
斯基里斯 Scyllis，同 Dipoenus 都是来自克里特的古希腊雕刻家，传说是 Daedalus 的学徒
斯卡尼斯弗玛 Scanisfoma
斯科帕斯 Scopas，前 395 - 前 350 年，古希腊雕刻家、建筑师
斯科皮纳斯 Scopinas
斯科沃拉 Scaevola
斯夸尔乔内 Squarcione
斯塔基亚 Staggia
斯塔马蒂·卡西奥蒂 Stamati Carsioti
斯塔修斯 Statius，即 Publius Papinius Statius，约 45 - 约 96 年
斯忒尼斯 Sthennis，公元前 4 世纪 Olynthus 雕刻家
斯特劳 Straw
斯特雷波 Strabo，前 64/63 - 约 24 年
斯廷法利斯 Stymphalian，希腊神话中的食人鸟，有青铜喙和金属羽毛
撕啮之犬 Il Mordente
四方形 quadrata
四福音书作者 Evangelists
四首桥 Ponte Quattro Capi
颂歌 lauds
苏埃托尼乌斯 Suetonius
苏拉 Sillana
苏珊娜 Susanna
梭伦 Solon，约前 638 - 前 558 年，雅典政治家、立法者、挽歌诗人
所罗门神庙 Temple of Solomon
索佛妮斯芭 Sophonisba，迦太基贵妇，汉斯朱拔的女儿
索拉里 Solari
索斯特拉特 Sostratus，公元前 3 世纪希腊建筑师、工程师，亚历山大港灯塔的设计师
琐罗亚斯德 Zoroaster，古代伊朗预言家、哲学家、宗教诗人

T

塔代奥·伊莫拉 Taddeo d'Imola
塔尔坎 Tarquin
塔莱斯蒂 Talesti
塔兰同 talent，古希腊重量和货币单位
塔利亚科佐 Tagliacozzo
塔伦腾 Tarentum，Taranto，意大利南部普利亚区港口城市
塔司干 Tuscan
塔斯库勒姆 Tusculum
塔西佗 Tacitus，约 56 - 约 117 年，主要著作有《历史》和《编年史》
台比留 Tiberius，公元前 42 - 公元 37 年，罗马第二位皇帝
泰奥多洛·博西 Teodoro Bossi
泰莉亚 Thalia，Zeus 和 Mnemosyne 之女，希腊神话三美神中的旺盛女神
泰利马库斯 Therimacus
泰斯西拉底斯 Tescirates
坦布拉内 Tamburlane
桃金娘 myrtle
忒修斯 Theseus
特拉里斯 Tralles
特拉斯特维雷 Trastever

特雷比奥 Trebbio
特里卡里科 Tricaric
特里普托勒姆斯 Triptolemus，Demeter 教给了他农业技术，他又传给了希腊人
特里斯迈吉斯图斯 Trismegistus，希腊赫耳墨斯与埃及透特（Thoth）二神合一
特里同 Triton，希腊神话中海神之子，海之使者。人身鱼尾，手持三叉戟
特里武尔齐奥 Trivulzio
藤架 arbor
提契诺河 Ticino
提图斯 Titus，39 –81 年
提图斯·赫尔米尼乌斯 Titus Herminius
天赐美德 celestial virture
天恩 Divine Grace
天花堞口 meurtrieres（在城门顶上）
天平医院 Ospedale della Scala
条纹岩 alabaster
跳远 jumping
铁笔 stylus
通俗读物 libri volgare
桶鱼 botte
痛楚（带引号） Dolorosa
头 Head
凸堡 ravelin
凸圆脚 ovolo，四分之一圆，与卵镖一起雕刻
凸圆线脚 bastoncino
图尔皮利乌斯 Turpilius
图利乌斯 Tullius，即西塞罗 Marcus Tullius Cicero，前 106 – 前 43 年
图卢兹 Toulouse，在法国西南部
图密善 Domitian，51 –96 年
图像象征意义 iconography
土八该隐 Tubalcain
土地臂长 land braccia
托蒂拉 Totila
托架 bracket
托勒密灯塔 Ptolemy's Pharos
托马索·波蒂纳利 Tommaso Portinari，1424？ –1501 年
托马索·莫罗尼·达·列蒂 Tommaso Morroni da Rieti
托马索·斯皮内利 Tommaso Spinelli
托米瑞斯 Tomyris

W

瓦尔道尔契亚 Valdorcia
瓦尔奇 Varchi，Benedetto，1502/1503 – 1565 年，意大利人文主义者、历史学家、诗人
瓦尔泰利纳 Valtellina
瓦雷泽 Varese
瓦列里乌斯 Valerius
瓦伦蒂尼安 Valentinian，321 – 375 年，罗马皇帝，早年就显示出雕刻和绘画天赋
瓦罗 Varro
瓦罗内·迪·阿尼奥洛 Varrone di Agnolo
瓦萨里 Vasari
外门 anteport
晚祷 Vespers
万恶门（带引号） Porta Chachia
万神庙 Pantheon
腕尺 cubit
王德 virtù
网格 parallel
网格划分式 celluar
威尼斯纪年 modo veneziano
威尼斯圣马可图书馆 Biblioteca S. Marco，Venice，cod. mem. lat.，Ⅷ，Ⅱ
微长 naught
韦尔纳龙 Velnaron
围堰 coffer
维多利亚和阿尔伯特博物馆 the Victoria and Albert
维多利亚和阿尔伯特博物馆 Victoria and Albert Museum
维吉尔 Virgil，即 Publius Vergilius Maro，前 70 – 前 19 年
维杰瓦诺 Vigevano
维科瓦罗 Vicovaro

X

香橼 citron
镶板 table
镶木画 intarsia
小爱神 putto（丘比特）
小爱神像 amoretto
小方形 quadretto
小喉形 goletta
小间（带引号） bay
小教堂主管 prior
小神庙 tempietto
小兄弟会修士 minorite friar
小檐口 cornicetta
小圆 ritondino，ritondetto
校长 rector
斜面墙 embrasure
斜挑檐 raking cornice
泄水渠 cataract
新堡 Borgonuovo
新圣玛利亚 Sta. Maria Novella
新圣玛利亚教堂 Sta. Maria Nuova
新星城 cittὰ nova
薪架 andiron
杏仁蛋白软糖 marzapani
胸墙 breastwork
雄鸡座 the Cock Galicole
修规 observant
羞辱 vergogna
许德拉 Hydra
叙拉古 Syracuse
悬臂起重机 derrick
悬雕 undercut
学院 Accademia

Y

雅巴尔 Jabal，圣经人物
雅各布·贝里尼 Jacopo Bellini，约 1400 – 约 1470 年，意大利画家，威尼斯的文艺复兴风格的创始人之一
雅各布·达·贝加莫 Jacopo da Bergamo
雅各布·德拉·奎尔恰 Jacopo della Quercia
雅克·依韦尔尼 Jacques Iverny
亚克蒂翁 Action
亚克托安 Actaeon
亚历克西斯 Alexis，前 394 – 约前 275 年，希腊喜剧诗人
亚历山大·塞维鲁 Alexander Severus，208 – 235 年，罗马皇帝。他的遇刺标志着三世纪危机的开始
亚历山大传（带书名号） Vit. Alex.
亚历山德里亚 Alessandria
亚历山德里亚省 Alessandria（della Paglia），在意大利北部
亚述 Assyria
亚维帕 Avipa
胭脂红 lake
严肃 Severity
檐壁 frieze
檐枋 architrave
演员 histrioni，拉丁语 histriō
扬·范·艾克 Jan van Eyck，1395 – 1441 年
仰瓦 concave
耶西 Iesi
伊阿宋 Jason，古希腊神话人物，寻找金羊毛的亚尔古英雄首领
伊波利塔 Ippolita
伊德罗尔斯 Idrors
伊菲革涅亚 Iphigenia，希腊神话中 Agamemnon 和 Clytemnestra 的女儿。名字意为“生而强”。他的父亲在圣地里猎杀了一头小鹿，狩猎女神 Artemis 为了报复，通过占卜告诉他必须让自己的女儿作牺牲
伊卡里亚岛 Icaria
伊卡洛斯 Icarus
伊克蒂努斯 Ictinus
伊丽莎白 Elisabetta
伊斯科弗朗切·诺蒂伦托 Iscofrance Notilento
伊希斯 Isis
伊希斯 Isis，古埃及神话中母亲、魔法，

和多产之女神
移开的（带引号）圣器室　removed sacristy
遗产博物馆　the Hermitage Museum
以弗所　Ephesus
以撒　Isaac
以赛亚·达·比萨　Isaiah da Pisa
以野餐的方式　al cacciatore
艺术大师帕尼奥　maestro Pagno
艺术之书（带书名号）　Libro dell' arte
意志（带引号）　Will
因达　Inda
因多　Indo
饮料瓶　carafe
隐士会　Eremitani
莺石　pietra bigia
永恒　SEMPER，拉丁语
优势位置　ascendancy
尤金四世　Eugene Ⅳ
犹八　Jubal
油松　pitch pine
宇宙志　cosmography
育婴院　Ospedale degli Innocenti
御马人尼科洛　Niccolo the horse
元老院　curia
圆窗　oculus
圆盘　roundel
圆形浮雕　tondo
圆形建筑　tholos
圆形球体　orb
圆形圣母堂　Santa Maria Ritonda
圆座　tondo
缘　limbo
院长　director
约翰·R·斯宾塞　John R. Spencer
越桔　bilberry

Z

杂记（带书名号）　Zibaldone
再会　addio
枣椰　date
泽菲洛（西风）　Zephyrus，Zephiro
泽诺多鲁斯　Zenodorus
泽诺多托斯　Zenodotus，希腊语法家、文学批判家、荷马史诗学者，亚历山大港图书馆的第一位馆长
泽诺克拉泰斯　Zenocrates
扎内托·布加托　Zanetto Bugatto
詹加莱亚佐·维斯孔蒂　Giangaleazzo Visconti，1351－1402 年
拃　span
战舰　galley
战神广场　Campus Martius
战神马尔斯　Mars
掌长　palms
掌尺　tavola
杖形　bastone
幛旗手　gonfaloniere
折磨之牢（带引号）　Torment
贞德堂（带引号）　Domus Honestatis
正义（带引号）　Justice
支架　armature，console
执行者　executor
指长　dita
至善门（带引号）　Porta Areti
至圣玛丽亚　Sta. Maria Maggiore
至圣母之巴西利卡　Santissima Annunziata，罗马天主教小巴西利卡，在佛罗伦萨、至圣母广场的东北侧，圣母忠仆会（Servite Order）的母教堂
智识　Scientia
智者　judge
中殿　nave
中国　Cathay
中楣　frieze
中庭　atrium
中庸　Moderation
钟塔　campanili
肿块　gibbosita
重生以见　rinascere a vedere
宙克西斯　Zeuxis，公元前 5 世纪画家。曾与 Parrhasius 比赛绘画技艺。他揭开

画布，鸟便飞来啄葡萄。而他要求 Parrhasius 揭画布时，发现那就是一张画。于是他只得认输

宙斯双子（带书名号） Dioscuri，即 Castor 和 Pollux

朱庇特 Jove

朱狄罗姆 Judeorum

朱迪思（犹滴） Judith，圣经次经中美丽而勇敢的寡妇

朱利奥·洛伦泽蒂 Giulio Lorenzetti

朱利亚诺·达·桑迦洛 Giuliano da San Gallo，1443 – 1516 年

朱利亚诺·德尔·法基诺 Giuliano del Facchino

朱诺 Juno

主堡兼要塞 donjon – keep

主堡 – 要塞布局 donjon – keep

主祷文 Paternoster

主管 president

主祭坛 high altar

主教堂 Duomo

属土的命宫 earthly sign

柱础 basement，base

柱顶梁 epistyle，源自希语“门梁”；同檐枋

柱间距 intercolumniation

柱上楣构 entablature

柱头 capitulum

著名画家、雕塑家、建筑家传（带书名号） Lives

桩支桥 Ponte Sublicio

锥鱼 tirsi

桌长 tavola， – le

硺方石 squared stone

字母索引 Concordance

自传遗札（带书名号） Commentarii

自然史（带书名号） Natural History

自治体 Commune

足长 foot，feet

佐加莱亚 Zogalia

佐洛伦·达·托内科尔先生 Messer Zoloren da Tonecor

佐洛伦教士 Domine Zoloren

作图大师 draughtsman